中国科学院科学出版基金资助出版

凝聚态物理学丛书·典藏版

# 晶体生长科学与技术

（第二版）

上　册

张克从　张乐潓　主编

科　学　出　版　社

北　京

# 内 容 简 介

本书是一部在 1981 年出版的《晶体生长》基础上进行扩充和改写而成的集体创作. 书中比较深入地论述了晶体生长的理论和技术, 总结了国内外的主要实践经验和成果, 重点介绍了我国在晶体领域中所取得的突出成就. 全书共 14 章, 分上、下册出版. 本书是上册(第一章至第七章), 主要介绍晶体生长的热力学、动力学, 溶液法, 水热法, 高温溶液法和从熔体中生长晶体及半导体晶体的生长. 每章末尾提供了大量参考文献, 书末还附有主题词索引和后记.

本书可供大专院校有关专业师生和从事晶体生长研究、晶体开发、应用的科技人员参考.

**图书在版编目(CIP)数据**

晶体生长科学与技术. 上册/张克从, 张乐潓主编. —2 版. —北京: 科学出版社, 1997.5(2017.1 重印)

(凝聚态物理学丛书 : 典藏版)

ISBN 978-7-03-005546-0

Ⅰ. ①晶…　Ⅱ. ①张…　②张…　Ⅲ. ①晶体生长　Ⅳ. ①O78

中国版本图书馆 CIP 数据核字(2017)第 002223 号

科学出版社 出版
北京东黄城根北街 16 号
邮政编码: 100717
http://www.sciencep.com
北京厚诚则铭印刷科技有限公司印刷
科学出版社发行　各地新华书店经销
*
1981 年 3 月第　一　版　开本: 850×1168 1/32
1997 年 5 月第　二　版　印张: 19 1/2
2017 年 1 月印　　刷　字数: 500 000
**定价: 158.00 元**
(如有印装质量问题, 我社负责调换)

# 《凝聚态物理学丛书》出版说明

以固体物理学为主干的凝聚态物理学，通过半个世纪以来的迅速发展，已经成为当今物理学中内容最丰富、应用最广泛、集中人力最多的分支学科．从历史的发展来看，凝聚态物理学无非是固体物理学的向外延拓．由于近年来固体物理学的基本概念和实验技术在许多非固体材料中的应用也卓有成效，所以人们乐于采用范围更加广泛的"凝聚态物理学"这一名称．

凝聚态物理学是研究凝聚态物质的微观结构、运动状态、物理性质及其相互关系的科学．诸如晶体学、金属物理学、半导体物理学、磁学、电介质物理学、低温物理学、高压物理学、发光学以及近期发展起来的表面物理学、非晶态物理学、液晶物理学、高分子物理学及低维固体物理学等都是属于它的分支学科，而且新的分支尚在不断迸发．还有，凝聚态物理学的概念、方法和技术还在向相邻的学科渗透，有力地促进了材料科学、化学物理学、生物物理学和地求物理学等学科的发展．

研究凝聚态物质本身的性质和它在各种外界条件（如力、热、光、气、电、磁、各种微观粒子束的辐照乃至各种极端条件）下发生的变化，常常可以发现多种多样的物理现象和效应，揭示出新的规律，形成新的概念，彼此层出不穷，内容丰富多彩，这些既体现了多粒子体系的复杂性，又反映了物质结构概念上的统一性．所有这一切不仅对人们的智力提出了强有力的挑战，更重要的是，这些规律往往和生产实践有着密切的联系，在应用、开发上富有潜力，有可能开辟出新的技术领域，为新材料、元件、器件的研制和发展，提供牢固的物理基础．凝聚态物理学的发展，导致了一系列重要的技术突破和变革，对社会和科学技术的发展将发生深远的影响．

为了适应世界正在兴起的新技术革命的需要，促进凝聚态物理学的发展，并为这一领域的科技人员提供必要的参考书，我们特组织了这套《凝聚态物理学丛书》,希望它的出版将有助于推动我国凝聚态物理学的发展,为我国的四化建设做出贡献.

主　编　葛庭燧
副主编　冯　端

# 第二版 序

当前，我们正处在一个伟大变革的时代。在即将进入 21 世纪的今天，人们依托于各类学科取得的成就，正在从各个不同的角度分析、展望和规划着科学发展的未来。科学技术是第一生产力，无疑地，科学技术的发展是人类物质与精神文明发展的保证。

材料科学是现代文明的三大支柱(能源、信息、材料)之一，是人类文明的物质基础。晶体生长属于材料科学并为其发展前沿。实验业已证明，一些高新科学技术的发展，无一不和晶体材料密切相关。可以预计，在 21 世纪中，由于人类社会发展的需要，会促使人们采用不同理论方法与技术途径来设计、合成与生长各种新型的功能晶体材料，从而将更加促使晶体生长科学与技术的进一步发展。

我国人工晶体材料的研究，开创于本世纪 50 年代中期。回顾 40 多年来，该领域内的研究从无到有，从零星的实验室研究发展到现在初具规模的产业，进展是相当迅速的。现在我国的人工水晶，人造金刚石已成为一个高技术产业。BGO($Bi_4Ge_3O_{12}$)，KTP($KTiOPO_4$)，KN($KNbO_3$)，$BaTiO_3$ 和各类宝石等晶体均已进入国际市场的竞争行列。BBO($BaB_2O_4$)，LBO($Li_2B_3O_5$)，NYAB[$Nd_xY_{1-x}Al(BO_3)_4$]，LAP (L 精氨酸磷酸盐)等晶体已达到了国际先进水平。无论是在学术界还是在国际市场上都为国家争得了荣誉。目前，在该领域中工作的研究人员正在进行着更广泛更深入的探索。空间微重力条件下的晶体生长研究已经起步，由传统的块状晶体发展起来的具有量子阱效应和超晶格结构的薄膜晶体材料也越来越被重视起来。总之，我国人工晶体材料方面已经取得的成就，对推动我国科技发展作出了贡献，随着它的进一步发展与壮大，其作用也将更加明显。

晶体生长是一门综合性很强的多学科交叉的学科，它的发展需要在物理学，化学，晶体学，晶体生长和工程技术领域内工作的专家通力合作，相互配合，做到物理与化学，理论与实验，结构与性能，研究与开发等多方面的密切结合，才能保证该学科的全面而持久的发展。

本书第一版《晶体生长》(1981版)反映了本世纪80年代初以前的国内外晶体生长技术与理论的成果与进展。在编写内容方面采用了理论与实际，研究与生产，从中国当时的国情出发等编写原则，比较深入地论述和探讨了有关晶体生长的理论和技术问题，内容比较全面。出版以后，不仅受到国内外有关读者的欢迎与好评，而且对培养专业人才与推动我国晶体生长学科的发展起到了一定的作用。十多年过去了，我国晶体生长科学与技术又取得了长足的进展，所取得的成就在国际上有了相当大的影响。为了反映出这一期间国内外有关的科技成就，便于国际同行间的学术交流，本书的新版已势在必行。为此，在中国科学院出版基金委的资助和有关单位的大力支持下，由科学出版社再次组织有关专家教授，运用集体智慧，对本书第一版进行了大规模地改写，使其内容更加丰富充实，所涉及的专业面更加广泛。为了更能反映出晶体生长学科的特点，新版书已改名为《晶体生长科学与技术》。该书已被列入《凝聚态物理学丛书》，这必将有利于促进中国与国际间该领域的学术交流。

晶体生长科学与技术属于新兴的学科分支，具有强大的生命力。我希望这部书的出版，在推动我国晶体生长学科的发展，促进国际间学术交流和培养跨世纪人才等方面起到推动作用。展望未来，随着我国改革开放的进一步深入，我国的晶体生长科学与技术必将有更大的发展，前景更加美好。

卢嘉锡

一九九六年九月

# 第一版　序

我们正处在一个伟大历程的起点，要在本世纪内，实现我国农业、工业、国防和科学技术的现代化，把我们的国家建设成为社会主义的现代化强国。这是我们人民所肩负的伟大而光荣的历史使命。

我们认为，一个国家要解决工业发展问题，必须同时解决两个重大的课题：一个是能源问题；另一个是材料问题。能源问题是显而易见的，世界上正在大力研究从传统能源寻求新能源。而材料问题包括两方面。一方面是提供工农业建设所必需的一般传统材料，这部分材料的重要性是大家都知道的，包括钢铁、特种合金及合成材料等等，所有的机械、造船、桥梁、铁道、钻探等工业都需要它们；另一方面是研制特种材料，这些材料在数量方面虽则比较起来并不很大，但在各种现代化的技术中，如自动化技术、激光技术、计算机技术以及遥感及空间技术等方面都有特殊应用的范围。可以说，这些材料质量的好坏决定着技术水平的高低，而且只有在材料方面有所突破，才能希望技术本身有所突破。

我们认为材料问题的核心是晶体学问题。晶体学通过对固态物质的内部结构及缺陷的系统研究，可以了解到各种物质的组成规律以及这些结构和缺陷与各种物理性质的关系；它还通过研究在各种物理条件下晶体生长的规律，从而有可能生长出满足人们要所求的各种性能的单晶体。

晶体生长是指要生长出配比成分准确而又很少杂质及缺陷或甚至无杂质和无缺陷的单晶体。近年来，对于固态的理解在很大程度上是以单晶为基础的。由于单晶的研究，发现了许多金属的新性质。例如在单晶状态下，铁、钛和铬实际上都是软金属，而晶须的力学强度要比同一物质在多晶情况下的大一千倍。物理学家需要完整的单晶来研究辐射损伤、超导性、核磁共振、电子顺磁共振等，而化学家则往往需要完整的单晶来研究晶体结构。固体的各向异性也只能靠单晶来测定。

以工业而论，对于单晶的需要恐怕再也没有比半导体更为迫切了。所以人们可以毫不夸张地说，半导体技术的发展实际上取决于晶体生长工作的发展。它一方面朝着难度较大的材料方面发展。而从锗到硅的过渡，使半导体器件在性能方面发生了一次革命，这一过渡是由于晶体生长工作者掌握了如何处理反应性较强而熔点较高的硅而完成的。半导体发展的另一方面是生长大面积的高完整性单晶。我们知道，电子计算机的最主要部件是大规模集成电路，而大规模集成电路的基本部件是大面积、高完整性的硅单晶。毫无疑问，提高计算机的科学技术水平，关键问题还是在晶体生长方面，今后大面积集成电路在密度及失效率方面的改进，相当的一部分将取决于所用晶体的质量。

关于磁性材料的情况也是如此。目前正在发展的一种电子计算机存储系统是石榴石磁泡系统。必须着重指出，晶体生长工作对这一特殊磁性材料起着无比重要的作用。因为首先要生长出符合理想配比成分而缺陷密度很低的稀土镓石榴石单晶，然后在此衬底材料上用液相取向附生（LPE）或化学气相淀积（CVD）的方法附生缺陷密度很低而无硬磁泡形成的稀土铁石榴石薄膜，这是先进的电子计算机存储系统的关键问题。

其它在激光材料、电光材料、铁电材料等方面的情况也是如此。

人类同晶体打交道是从史前时期就开始的。我们的祖先蓝田猿人及北京猿人在50万年前所用的工具就是石英。人造晶体也是很早就出现的，最明显的例子就是食盐。《演繁露》记载说："盐已成卤水，暴烈日中，即成方印，洁白可爱，初小渐大，或数十印累累相连。"《演繁露》为宋代程大昌撰，成书于1000年前。这就是从过饱和溶液中生长晶体的方法。关于银朱的制造也值得我们注意。银朱就是人造辰砂。李时珍引胡演《丹药秘诀》说："升炼银朱，用石亭脂2斤，新锅内熔化．次下水银1斤，炒作青砂头．炒不见星，研末罐盛．石版盖住，铁线缚定，盐泥固济，大火煅之，待冷取出．贴罐者为银朱，贴口者为丹砂．”这里的石亭脂就是硫磺．这里所描写的是汞和硫通过化学气相淀积而形成辰砂的过程，这一过程古时候称为“升炼”．在气相淀积的输运过程中，因淀积位置不同而所形成的晶体颗粒有大小的不同，小的叫银朱，大的叫丹砂．我们现在生长砷化镓一类的电光晶体，基本上用的就是“升炼”的方法．这种方法我国在炼丹术时代已普遍使用了．

在西方，关于晶体生长的大部分工作是从19世纪初期才开始的．焰熔法出现于1902年，水热法出现于1905年，而提拉法出现于1917年．1949年，英国法拉第学会举行了第一次关于晶体生长的讨论会，这次会议奠定了以后晶体生长理论的基础．但是一直到1952年才发展了区熔技术，而庞大的半导体工业对晶体生长提出了迫切要求之后，这部分工作还停留在工艺阶段．可以说，用原子观点讨论成核与生长问题是从本世纪的50年代才开始的．

由此可见，从历史发展看，晶体生长曾经是一种经验工艺，而理论远远落后于实践．但这种情况从50年代起就完全改观了．原因是两方面的：首先是由于新固态技术方面的要求，因为新固态技术不但要求大晶体，而且要求高质量的晶体；第二，晶体生长的理论，特别是伯顿(W. K. Burton)等人的理论，在那个时候起了推动作用．要定量地了解晶体生长的过程，必须具备下述三方面的知识：第一要研究晶体处于稳定态的热力学条件；第二要了解生长界面的热力学；第三要了解晶体生长的动力学．本书对这些方面都作了比较扼要的阐述．

晶体生长是材料科学的重要组成部分，这是晶体学的一个年轻的分支．希望这本书的出版能对这方面的工作起到推动的作用．

陆学善

一九七九年一月

# 目　　录

## 上　　册

# 下　　册

# 第一章　晶体生长热力学

唐棣生　李沈军

晶体生长是一门古老的"艺术"，但最近几十年来，由于热力学、统计物理以及其它学科在晶体生长中的应用，对解决晶体生长问题发挥了很大的作用，使晶体生长获得了牢固的科学基础，逐步发展成为材料科学中的一个重要分支，对解决工业与科研所需的材料问题作出了重要的贡献．因此，要想了解和掌握晶体生长这门学科，首先就必须掌握热力学的基本知识．

晶体生长是一个动态过程，不可能在平衡状态下进行，而热力学所处理的问题一般都是属于平衡状态问题．这两者结合到一起似乎有些矛盾．不过，在研究任何过程的动力学问题之前，对其中所包含的平衡问题有所了解，则可以预测过程中所遇到的问题(例如偏离平衡状态的程度)，以及说明或提出解决问题的线索．因而在考虑实际晶体生长情况时，必须确定问题的实质究竟是与达到的平衡状态有关，还是与各种过程进行的速率有关．如果晶体生长的速率或晶体的形态取决于某一过程进行的速率(例如，在表面上的成核速率)，那么就必须用适当的速率理论来分析，这时热力学就没有什么价值了．但如果过程进行程度非常接近于平衡态(准平衡态，这在高温时常常是如此)，那么热力学对于预测生长量，以及成分随温度、压力和实验中其它变数而改变的情况，就有很大的价值．

实际上，可以认为晶体生长是控制物质在一定的热力学条件下进行的相变过程．通过这一过程使该物质达到符合所需要的状态和性质．一般的晶体生长多半是使物质从液态(熔体或溶液)变为固态，成为单晶体．这就牵涉到热力学中相平衡和相变的问题．而相图(也叫平衡图)则是将物质体系中各相可能存在的状态，随成分和温度(有时还有压力)改变的情况明确地表现出来的一种图示. 也可以认为相图是将晶体生长(液相变为固相以及固态中的相变)与热力学联系起来的媒介,可看出整个晶体生长过程的大概趋势. 所以在这里首先将相图的原理及诠释法作一详细的介绍,以便在进行晶体生长时得到应用. 至于这里应用到的一些热力学基本概念及有关的公式请查阅有关的热力学书籍.

## §1.1 相平衡及相变[1—3]

所谓相,是指体系中均匀一致的部分,它与别的部分有明显的分界线. 例如,在大气压力下,冰和水混合共存时,冰本身是均匀一致的,它与水总有一定的分界面. 不管是一大块冰,还是许多小冰块,冰所表现的物理状态和化学状态总是一样的. 所以在这个体系中,冰是一个相,水是另一个相. 有时在同一种物质的固体状态(例如冰)下,由于温度或/和压强的不同,也可能有不同的结构(对称性)存在. 这时候同一种物质在固态下的不同结构,我们认为也是属于不同的相. 但是在气体状态时,无论是由单一种气体或是几种不同气体组成,都是单一个相.

两相处于平衡状态时,其宏观性质有什么关系呢? 我们可以根据热力学中的平衡判据来求出.

### 1.1.1 热平衡

设将 $A$ 和 $B$ 两个相封闭在一个与环境隔绝(与环境无热量和物质的交换)的体系内,$A$ 与 $B$ 两相间只有热量交换,即 $A$, $B$ 两相间的隔板完全固定,只能导热,如图 1.1 所示. 设此时从 $A$ 有微量的热传到 $B$ 内,则 $A$, $B$ 两相的内能变化为

$$\begin{aligned} dU_A &= T_A dS_A - P_A dV_A, \\ dU_B &= T_B dS_B - P_B dV_B. \end{aligned} \tag{1.1}$$

由于隔板固定,故 $A$, $B$ 两相的体积也固定,故 $dV_A = dV_B = 0$.

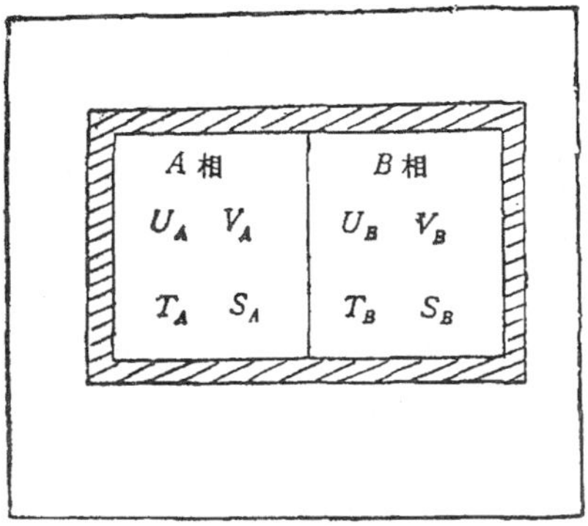


图 1.1 推导两相间热平衡所用示意图.

这说明此时体系内能的变化只表现为热的改变，即

$$\delta Q = -dU_A = dU_B.$$

这里假定由 $A$ 传至 $B$ 时，对 $B$ 相来说，$\delta Q$ 为正，反方向为负. 于是式(1.1)可写为

$$-\delta Q/T_A = dS_A, \quad \delta Q/T_B = dS_B. \tag{1.2}$$

两式相加，得

$$\frac{\delta Q(T_A - T_B)}{T_A T_B} = dS_A + dS_B = d(S_A + S_B) \geqslant 0.$$

不平衡时，$d(S_A + S_B) > 0$，即 $T_A > T_B$，热量由高温传至低温. 当体系处于平衡态时，熵应为最大，也即 $d(S_A + S_B) = 0$，于是得出 $\delta Q(T_A - T_B) = 0$，但 $\delta Q \neq 0$，故有

$$T_A = T_B. \tag{1.3}$$

这就是说，两相在互相接触的情况下达到平衡时，温度应该相等。

### 1.1.2 力学平衡

若两相都为流体时，我们将它们放置在一个恒温恒容箱内. 根据自由能判据，得出平衡状态时应有

$$dF = dF_A + dF_B = 0.$$

设两相间无物质交换，但可改变体积，则

$$dF_A = -S_A dT_A - P_A dV_A,$$
$$dF_B = -S_B dT_B - P_B dV_B. \tag{1.4}$$

由于恒温,故 $dT_A = dT_B = 0$;由于总体积不变(恒容),故 $dV = dV_A + dV_B = 0$,得 $dV_A = -dV_B$,于是 $dF = dF_A + dF_B = (P_A - P_B)dV_A = 0$。但 $dV_A \neq 0$,故

$$P_A = P_B. \tag{1.5}$$

这就是说,当两相在恒温,且总体积不变(恒容)的情况下处于平衡状态时,两相的压强应相等,这里假设两相间的接触面是平面,如果接触面为弯曲界面(如图 1.2 所示),且 $A$ 相是球体时,则应加入表面能项,即 $dF_A$ 中除 $P_A dV_A$ 外,还有 $\sigma d\alpha_A$ 项,$\sigma$ 表示比表面能,$\alpha_A$ 表示 $A$ 相的表面积. 于是

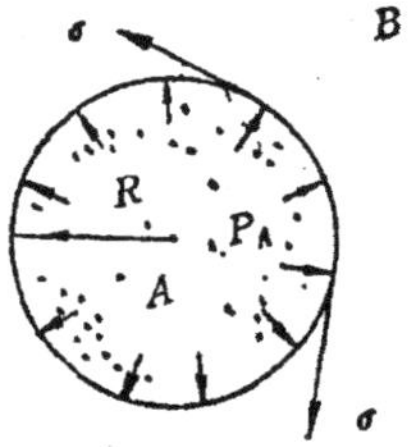

图 1.2 两相接触面为曲面时的力学平衡.

$$dF_A = -S_A dT_A - P_A dV_A + \sigma d\alpha_A,$$
$$dF_B = -S_B dT_B - P_B dV_B,$$

将 $dV_B = -dV_A$ 代入,则两式相减后,得

$$-(P_A - P_B)dV_A + \sigma d\alpha_A = 0,$$

故

$$P_A - P_B = \sigma d\alpha_A / dV_A.$$

由于球体的 $d\alpha_A / dV_A = 2/R$,代入后,得

$$P_A - P_B = 2\sigma / R. \tag{1.6}$$

当 $R \to \infty$,即曲面变为平面时,式(1.6)即变为式(1.5).

### 1.1.3 传质平衡

考虑由 $A, B$ 两相所组成的体系,处在恒温恒压下,达到力学平衡和热平衡(即 $T_A = T_B = T$, $P_A = P_B = P$). 设有 $dn_{iB}$ 摩尔的组分 $i$ 由 $B$ 相进入 $A$ 相内. 根据热力学中开启系自由能表达式,整个体系的亥姆霍兹自由能改变量(因 $dP = 0$, $dG = dF + PdV = \sum_i \mu_i dn_i$, 故可用 $dF = -PdV + \sum_i \mu_i dn_i$ 表示)

$$dF = dF_A + dF_B = -PdV_A - PdV_B + (\mu_{iB} - \mu_{iA})dn_{iB}, \quad (1.7)$$

式中利用了 $dn_{iA} = -dn_{iB}$，$\mu_{iB}$ 是第 $i$ 组分在 $B$ 相中的化学势，$\mu_{iA}$ 是该组分在 $A$ 相中的化学势，而前两项是对体系所作的功，设为 $w$，故有

$$dF = w + (\mu_{iB} - \mu_{iA})dn_{iB}. \quad (1.8)$$

根据自由能平衡判据，$dF \leqslant w$，则上式可写为

$$(\mu_{iB} - \mu_{iA})dn_{iB} \leqslant 0. \quad (1.9)$$

若过程为不可逆时，则取 $(\mu_{iB} - \mu_{iA})dn_{iB} < 0$，此式说明 $(\mu_{iB} - \mu_{iA})$ 的符号与 $dn_{iB}$ 的符号相反. 若 $dn_{iB}$ 为负(即物质由 $B$ 相进入 $A$ 相)时，则有 $\mu_{iB} - \mu_{iA} > 0$，$\mu_{iB} > \mu_{iA}$. 若过程为可逆时，则有 $(\mu_{iB} - \mu_{iA})dn_{iB} = 0$，但 $dn_{iB} \neq 0$，故有

$$\mu_{iB} - \mu_{iA} = 0 \text{ 或 } \mu_{iB} = \mu_{iA}. \quad (1.10)$$

由此得出结论，物质由化学势较高的相进入化学势较低的相. 达到平衡时，该物质在两相内的化学势相等.

同样，对其他组分也可得出类似上述的结果，同时也可推广至两个相以上的体系. 所以在由若干个相组成的体系中，当该体系达到平衡状态时，则组成体系的每一组分在各个相内的化学势彼此相等，即

$$\mu_{iA} = \mu_{iB} = \mu_{iC} = \cdots = \mu_{iN} \quad (1.11)$$

等. 因此，在恒温恒压下，当体系达到平衡时，各组分在整个体系各个相之内的化学势必须彼此相等，否则，在各个相之间将存在物质的传递过程，物质将从化学势高的相移到化学势低的相，直到组分在各相内的化学势相等为止.

### 1.1.4 相律

当我们研究一个体系时，一般说来，它是由不同的元素或化合物所组成的. 这些组成的元素或化合物形成不同的相（可能是一种或多种). 在不同的条件(压力、温度、浓度)下，体系达到平衡时所出现的相的数目也会有所不同. 我们感兴趣的是，这些变量之间究竟存在什么样的关系. 掌握了这个关系，我们就能了解、掌握

和控制体系向着所需要的方向变化和发展. 相律就是表示这种关系的一个方程式. 它表示一个多相平衡体系的自由度与相数、组元数及影响平衡的外界条件数目之间的关系. 也就是说, 必须知道要有多少的条件才能决定体系的状态, 实际上这就是一个众所周知的代数定理(即必须有 $n$ 个方程式才能确定 $n$ 个变数的数值)在物理化学中的具体应用.

关于相的概念在前面我们已经讲过,现介绍组元数的概念.任何一个体系总包含一些不同的元素及化合物, 我们把这些元素和化合物称作组分. 凡在体系内可以独立变化, 而且决定着各相成分的组分就称为这个体系的组元. 在没有组分间关系的限制条件时, 体系的组元数就等于它的组分数. 如果体系内有化学反应或存在其他的组分间关系的限制条件 (如某几个组分间浓度之比固定等)时,那么它的组元数就不等于它的组分数, 而是等于组分数减去组分间关系的限制条件数. 例如, $LiIO_3$ 水溶液, 组分数为 2 (即 $LiIO_3$ 和水),组元数亦为 2. 而 NaCl 和 $KNO_3$ 的水溶液,存在着一个化学反应

$$NaCl + KNO_3 \rightleftharpoons NaNO_3 + KCl,$$

这个体系共含有 5 个组分 (NaCl, $KNO_3$, $NaNO_3$, KCl, $H_2O$). 但由于有一个化学反应,同时 $NaNO_3$ 和 KCl 是反应的产物, 且其浓度比必为 1:1, 所以这个体系的组元数为 3 (可以认为是 $H_2O$, NaCl, $KNO_3$ 或 $H_2O$, $NaNO_3$, KCl). 水、冰、水蒸气组成的体系, 则是一个组分($H_2O$), 也是一个组元. 我们把由一个组元组成的体系称为单元系, 两个组元组成的体系称为二元系. 其他的依此类推.

关于自由度数的概念,它是指一个平衡体系的可变因素(例如每一相的温度、压力、成分等)的数目. 这些因素在一定范围内可以任意改变,而不使任何原有的相消失,也不使任何新相产生. 例如,单组元的水体系,在一定范围内压力与温度可以任意改变, 而不产生水蒸气或冰,这时我们称它有两个自由度(体系内只有水这一个相). 又如水与水蒸气平衡共存(两相共存)的单组元体系内,

由于温度和压力存在一定的关系($\mu_{水}(T,P)=\mu_{汽}(T,P)$)，所以两者之中只有一个可以在一定范围内变化，否则就将导致某一相的消失。这样，这个体系的自由度就只有一个。而水、冰、水蒸气三相平衡的单元系中，这3个相只有在固定的温度和压力下才能平衡共存，这个体系没有可变的因素，我们称它是自由度为零的不变体系。

下面来推导相律的表达式。在一个不存在化学反应的体系中，设有 $c$ 个组分，分布在 $\phi$ 个相中。要确定一个相的状态必须知道该相的温度、压力以及$(c-1)$个浓度的值(浓度采用摩尔百分数表示，$c$ 个组分浓度之和为100%)。因此，要知道整个体系的状态，就必须知道 $\phi$ 个相中的温度、压力及组分浓度，这样必须了解下列各项的数值：

$$\left.\begin{array}{l} P^a, T^a, (c-1)^a \text{ 个浓度}, \\ P^b, T^b, (c-1)^b \text{ 个浓度}, \\ \vdots \quad \vdots \quad\quad \vdots \\ P^\phi, T^\phi, (c-1)^\phi \text{ 个浓度}, \end{array}\right\}$$

式中 $a,b,\cdots,\phi$ 等表示 $a$ 相，$b$ 相，$\cdots\phi$ 相等(不是幂指数)。

但在平衡时，$P^a=P^b=\cdots=P^\phi=P$，$T^a=T^b=\cdots=T^\phi=T$，所以只需要知道 $\{\phi(c-1)+2\}$ 个变数的数值就够了。

另外，根据相平衡的条件，每个组分在各相中的化学势相等，有

$$\begin{array}{l} \mu_1^a=\mu_1^b=\cdots=\mu_1^\phi,\ \text{共}\ (\phi-1)\ \text{个等式}, \\ \mu_2^a=\mu_2^b=\cdots=\mu_2^\phi,\ \text{共}\ (\phi-1)\ \text{个等式}, \\ \vdots \\ \mu_c^a=\mu_c^b=\cdots=\mu_c^\phi,\ \text{共}\ (\phi-1)\ \text{个等式}. \end{array}$$

上列各式中的下标 $1,2,\cdots,c$ 表示组元数，所以共有 $c(\phi-1)$ 个方程式。确定由 $\phi$ 个相组成的体系的状态所需要的变数数目与已有的方程式数目之差为

$$\phi(c-1)+2-c(\phi-1)=c+2-\phi.$$

这个结果的物理意义是，要想确定 $\phi$ 个相的状态时，需要知道$(c+2-\phi)$个状态变数的数值。例如，上面提到的水、水蒸气这

个两相共存的体系，$\phi=2$ 而 $c=1$，故 $c+2-\phi=1$，也就是说，影响相的存在的变数中，例如压力、温度、组分浓度(因是单元系，故组分不能变)，只有压力和温度这两者之一才是可变的，即自由度为 1. 以 $f$ 代表自由度数，上面的结果可以写为

$$f=c+2-\phi. \tag{1.12}$$

应用相律时要注意以下几点：

(1) 这个式子推导时要求体系处于平衡状态，因此只适用于平衡状态的体系.

(2) 这个式子中的数目字 2，表示整个体系的温度、压力均匀一致，所以是两个变数. 若遇到不符合此条件的体系时(如渗透体系)，即需补充变数.

(3) 只以 $T,P$ 为外界变数，就意味着忽略电磁力、表面力、重力等效应. 虽然实际情况中有很多是与此相符合的，但不可忘记也有与事实不符的可能性.

(4) 自由度只取零以上的正值，不能取负值. 如出现 $f$ 取负值时，说明体系可能处于非平衡状态.

### 1.1.5 相变

这里考虑的是单元系的相变问题. 当某一体系(例如水)在外界条件改变时，会发生状态的改变(例如水结成冰)，这种现象称为相变. 在不同的压强和温度下，冰存在着不同的结构，由于每一种结构的性质不同，从晶体学的角度看来，其对称性也不同，则每一种结构也是一个相，所以即使在同样的固体状态下，一种物质内也可能有相变发生. 一般说来，在同一种元素(例如铁)的固态中发生的相变(例如 $\alpha$-Fe(体心立方) $\underset{1\text{atm}}{\overset{910^\circ\text{C}}{\rightleftharpoons}}$ $\gamma$-Fe (面心立方)) 称为多形转变(或同素异形转变).

热力学中处理相变问题是考虑各个相的能量状态在不同的外界条件下所发生的变化，并不牵涉到具体的原子间结合力或相对位置的变化，所以不能解释相变的机理问题，但是热力学的结论却

是普遍适用的.

对于某一特殊相来说，一般采用 $G(P,T)$ 这个吉布斯自由能函数来描述其所处的状态，即

$$\begin{cases} G = U - TS + PV, \\ dG = -SdT + VdP. \end{cases}$$

设两个相在恒定的温度和压强下处于平衡状态，则有

$$G_1(T,P) = G_2(T,P),$$

亦即

$$U_1 - TS_1 + PV_1 = U_2 - TS_2 + PV_2,$$

或

$$U_2 - U_1 - T(S_2 - S_1) + P(V_2 - V_1) = 0,$$

$$\Delta U - T\Delta S + P\Delta V = 0. \qquad (1.13)$$

这个式子说明，在恒温、恒压下，由一个相(这里是 $G_1$ 相)转变为另一个相 ($G_2$ 相)时，体系的内能、熵和体积要产生变化.

若压力和体积的变化都可以忽略时（一般的晶体生长和相变属于这样的情况），可以用 $\Delta F = \Delta U - T\Delta S$ 来表示恒温相变时自由能的变化. 当温度变化时，一般 $U$ 的变化小于 $TS$ 项的变化，因此 $F$ 是一个随温度升高而递降的函数. 如果两相的熵随温度变化的速率不同，则 $F$ 随温度降低的快慢也不同，如图 1.3 所示. 两条自由能曲线有可能相交（设在 $T_0$ 时相交). 因而在 $T_0$ 恒温时，从一个相转变为另一个相，体系的内能和熵要发生变化(虽然此时有 $F_1 = F_2$). 由于两相平衡存在时自由能变化为零，故

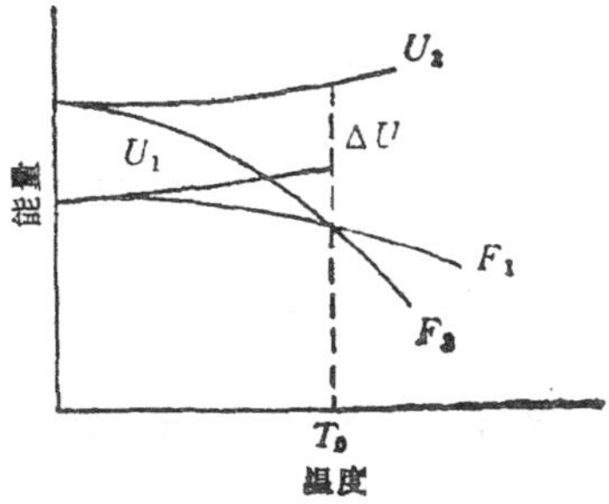


图 1.3 相变前后自由能随温度的变化的示意图.

$$\Delta F = \Delta U - T\Delta S = 0,$$

$$\Delta U = T\Delta S, \qquad (1.14)$$

即两相平衡时，内能的改变将由熵的改变加以补偿。一般在升温

过程中，稳定存在于较高温度的相，其内能也较大，所以在升温过程中 $\Delta U$ 为正．而 $T$ 总是正的，所以 $\Delta S$ 为正，即 $S_2 - S_1 > 0$，$T(S_2 - S_1)$ 代表相变潜热．因此，在正常情况下，如果高温相是稳定的，则在相变时因 $TS_1 < TS_2$，故必须要有能量提供给这个体系，即体系表现为吸热效应．相反，由高温降至低温发生相变，而低温相是稳定相时，则为放热效应．但体系从亚稳相或不稳相转变为稳定相时，在升温过程中要表现为放热效应，此时在降温过程中不会发生由稳定相变为亚稳或不稳定相．这种相变是不可逆的，有别于两个稳定相之间的可逆相变．

上述是假设在 $P$ 及 $V$ 的变化可以忽略的情况，如若不能忽略时，则需采用吉布斯函数 $G(T,P)$ 来表示．而 $G,T,P$ 之间的关系要用立体图来表示．其中两个相的吉布斯函数 $G$ 表示为两个相交的曲面，如图 1.4 所示．恒压时的曲线如图 1.5 所示．在 $T_0$ 时有 $G_1(T_0) = G_2(T_0)$.

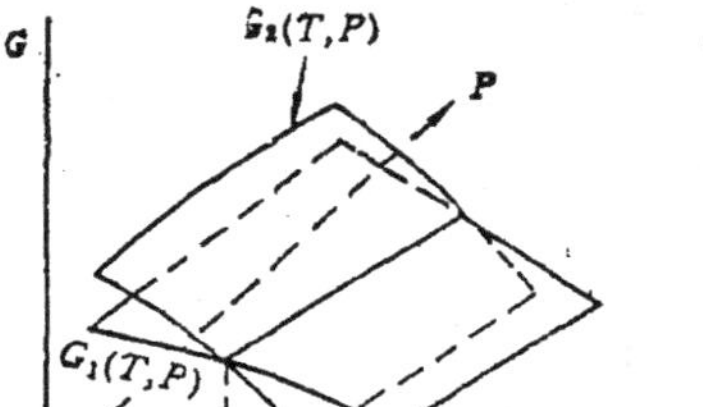


图 1.4 $G(T,P)$ 立体图.

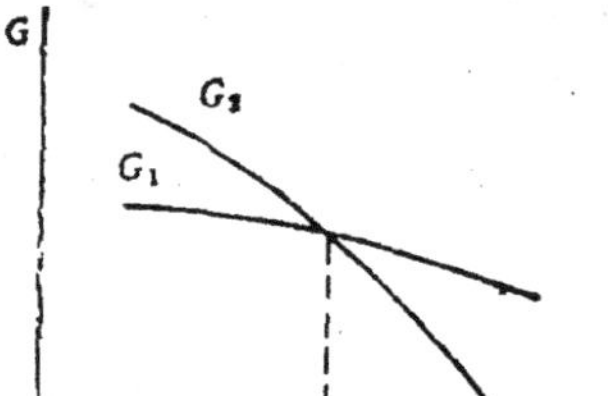


图 1.5 $G(T,P)$的恒压截面图.

根据 $dG = -SdT + VdP$, $G$ 的一级微分有

$$\left(\frac{\partial G}{\partial T}\right)_P = -S, \qquad \left(\frac{\partial G}{\partial P}\right)_T = V. \tag{1.15}$$

在图 1.5 内，当 $T_0$ 时，两曲线的交点处其两曲线的斜率也不同，这说明相变时熵有突变．如果$\left(\frac{\partial G}{\partial P}\right)_T = V$ 也有所不同时，则表明体

积也有突变．这样，在相变时，$\Delta V \neq 0$，$\Delta S \neq 0$．这种相变称为第一类相变(或一级相变)．例如，晶体的熔化、升华，或液体的凝固、汽化，以及固态中的大多数多形转变（$\alpha$-Fe$\rightleftharpoons\gamma$-Fe）等都属于第一类相变．

当两相平衡存在时，两相的摩尔自由能(或称化学势)当然是相等的（$\bar{G}_1(P,T)=\bar{G}_2(P,T)$），说明此时的 $P$，$T$ 有一定的函数关系．由

$$d\bar{G}_1=-\bar{S}_1dT+\bar{V}_1dP=d\bar{G}_2=-\bar{S}_2dT+\bar{V}_2dP,$$

(式中 $G,S,V$ 上面加一横表示 1 摩尔的量)，可以得出

$$(\bar{S}_2-\bar{S}_1)dT=(\bar{V}_2-\bar{V}_1)dP,$$

或

$$\frac{dP}{dT}=\frac{\bar{S}_2-\bar{S}_1}{\bar{V}_2-\bar{V}_1}=\frac{q}{T_0\Delta\bar{V}}=\frac{\Delta\bar{S}}{\Delta\bar{V}},\tag{1.16}$$

式中 $q$ 为相变潜热 $T_0(\bar{S}_2-\bar{S}_1)$．这就是克拉珀珑-克劳修斯公式，它表示两相平衡存在时的温度与压强之间的关系．它取决于两相转变时的相变潜热及体积的改变．

除第一类相变之外，还存在所谓第二类相变(或二级相变)，此时无熵和体积的突变，即 $\Delta S=0$，$\Delta V=0$，因而式(1.16)成为 $\frac{dP}{dT}=\frac{0}{0}$ 的不定式．利用微分学中的罗必达法则（即对该等式右边一项的分子和分母各取导数)来解决，得

$$\frac{dP}{dT}=\frac{\frac{\partial}{\partial T}(\Delta\bar{S})}{\frac{\partial}{\partial T}(\Delta\bar{V})},\quad 或\quad \frac{dP}{dT}=\frac{\frac{\partial}{\partial P}(\Delta\bar{S})}{\frac{\partial}{\partial P}(\Delta\bar{V})}.$$

由式(1.15)得

$$\left(\frac{\partial^2G}{\partial T^2}\right)_P=-\left(\frac{\partial S}{\partial T}\right)_P=-\frac{C_P}{T},$$

$$\frac{\partial^2G}{\partial P\,\partial T}=\left(\frac{\partial V}{\partial T}\right)_P=\left[\frac{1}{V}\left(\frac{\partial V}{\partial T}\right)_P\right]V=\alpha_0V,$$

$$\frac{\partial^2 G}{\partial P^2}=\left(\frac{\partial V}{\partial P}\right)_T=-\chi V, \tag{1.17}$$

式中 $C_P$ 为定压比热容，$\alpha_0=\frac{1}{V}\left(\frac{\partial V}{\partial T}\right)_P$ 为定压体膨胀系数，$\chi=\frac{1}{V}\left(\frac{\partial V}{\partial P}\right)_T$ 为等温压缩系数，由此得出

$$\frac{dP}{dT}=\frac{\frac{\partial}{\partial T}(\Delta\bar{S})}{\frac{\partial}{\partial T}(\Delta\bar{V})}=\frac{\Delta C_P}{T\Delta\alpha_0}=\frac{\frac{\partial}{\partial P}(\Delta\bar{S})}{\frac{\partial}{\partial P}(\Delta\bar{V})}=\frac{\Delta\alpha_0}{\Delta\chi}. \tag{1.18}$$

式(1.18)称为艾伦费斯特（Erenfest）关系式，它表明自由能一阶导数为零，而二阶导数不为零，即表示二阶导数有突变时 $\frac{dP}{dT}$ 的变化情况．具有这样特点 $\left[\text{即 } G_1=G_2, \left(\frac{\partial G_1}{\partial T}\right)_P=\left(\frac{\partial G_2}{\partial T}\right)_P=0,\right.$ $\left(\frac{\partial G_1}{\partial P}\right)_T=\left(\frac{\partial G_2}{\partial P}\right)_T=0$，但二阶导数不相等，且不为零的情况］的相变称为第二类(或二级)相变．一般合金的有序-无序相变、超导体变为超导状态，$He_{II}$ 变为超流状态等都属于这类相变．但实际上许多物质的相变特征既有一级的也有二级的特征，例如$BaTiO_3$，$KH_2PO_3$，既有微小的潜热，也有 $C_P$ 的突变．另外，例如石英的 $\alpha\xrightarrow{527℃}\beta$ 相变 $C_P$ 在相变点处发散（$\to\infty$)，而 $C_P$-$T$ 曲线成为 $\lambda$ 型称为 $\lambda$ 相变．因而不把它归入二级相变之列．

一般来讲，一级相变可能有热滞现象，而二级相变（$\lambda$ 型相变）则不存在热滞．因而例如石英的 $\alpha\to\beta$ 转变温度常被用作温度定点．

以上所述是热力学对相变的一般描述．虽然由各个相的自由能变化可以预测哪一个相在某个特定温度范围内处于稳定状态(即自由能较低状态)，但是自由能计算需要有精确的实验数据．实际上(例如比热数据)得不到很可靠的数据，因此有可能无法作出预测．近年来由于计算相图的需要，在这方面取得了可喜的进展．

## §1.2 相 图[4—10]

### 1.2.1 单元系相图

如上所述，当单元系中存在两相平衡时，已得到了压力与温度的关系式，即克拉珀珑公式. 根据这个公式，可以画出曲线以表示相平衡的条件，如图 1.6 所示，并称为平衡图（也叫相图或状态图）. 图 1.6 示出水在常温、常压附近的平衡性质. 图中的 3 条曲线将图分割为 3 个区域，每个区域代表一个相. 两相之间的曲线表示这两个相平衡共存时的温度和压强，即两相平衡存在的条件.

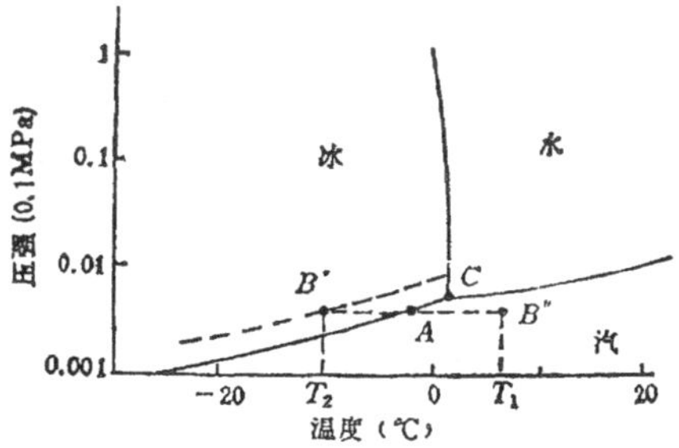


图 1.6 水的相图(示意图).

根据相律，$f = c - \phi + 2 = 1 - 2 + 2 = 1$，所以两相平衡时，只能有一个自由度，也就是说只能独立地改变一个变数(例如温度)，另一个条件(例如压强)则随之确定，例如图中的 $A$ 点. 如若改变则两相共存的状态就被破坏而变为单相，例如图中的 $B''$ 或 $B'$.

图中的 $C$ 点表示 3 相共存(例如水，冰，水蒸气)的状态，称为 3 相点. 3 相共存只能在一定的温度和压强条件下存在. 根据相律 $f = 1 - 3 + 2 = 0$，即自由度为零，此时的体系称为不变系.

图 1.6 示出体系的平衡状态. 有时体系的外界条件虽然改变了，但由于体系本身的某些性质和达到平衡的时间很长，那么体系

暂时仍以原来的状态存在．体系的这种状态称为亚稳态．例如图中 $B''$ 点表示体系存在的状态为水蒸气．当温度从 $T_1$ 变至 $T_2$ 而压强不变时，代表状态的点移至 $B'$．此时若体系为平衡态，则应为固态的冰．但实际上有可能仍保持其水蒸气状态而不转变为冰．这种水蒸气称为过饱和水蒸气，或亚稳态水蒸气．如果向处于亚稳态的水蒸气中加入一些冰碴或其他类似的物质时，则水蒸气很快就凝结为冰了．阴雨天时的雨云就是过饱和的水蒸气，若其中洒入 AgI 微粒，则雨云中的水蒸气就易于凝聚为水(或冰)．这种称为人工降雨的方法就是利用水蒸气处于亚稳态的这种性质．这种亚稳态体系，对于晶体生长来说也是很重要的．

石墨的相图(示意图)如图 1.7 所示．这是在较大的温度和压强范围内存在固态相变的单元系相图，它是制造人造金刚石工艺的依据．

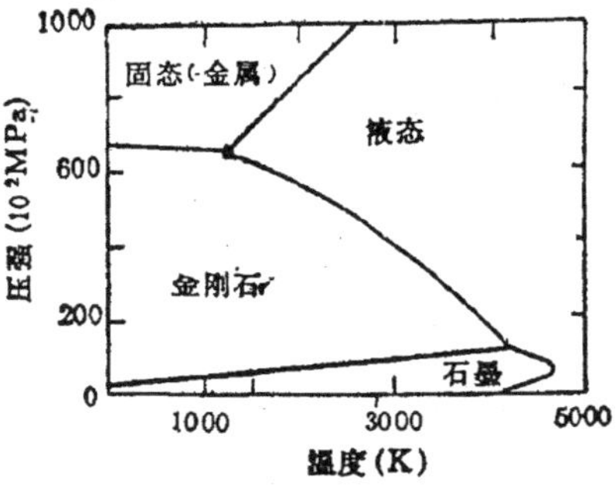


图 1.7　石墨的相图[4]

### 1.2.2　二元系相图[5,10]

二元系相图的形状与两组元之间的相互作用有着密切的关系．一般，在制备合金(或复盐)时，将两组元按一定配比加热至液态，然后冷凝成固态便得到所需的合金(或复盐)．在液态中，两组元之间的相互作用可能有下列两类：一类是经过熔制后，可以形成两组元能以任何配比混溶的均匀一致的液态溶液；另一类是形成具有有限溶解度的溶液，当某一组元的含量大于在另一组元内的极限溶解度时，就形成两种溶液的混合物．

绝大多数的组元彼此都能形成均匀一致的液态溶液．只有少数组元对(例如铁-铅、水-油等)，由于在液态时互不混溶，而形成两组元的完全分离的液层．这是上述第二类中的极限情况．

当合金（或复盐）从均匀一致的液态溶液冷却成为固态晶体

时，组元之间的相互作用可有下列 3 种类型：

（1）形成能以任何配比溶合的均匀一致的固态溶液（固溶体），例如铜-镍，$Al_2O_3$-$Cr_2O_3$ 等。

（2）两组元各具有有限溶解度。当组分浓度大于该溶解度极限时，就形成两种固溶体的混合物，例如，铅-锑，$NaNbO_3$-$LiNbO^3$ 等。

（3）形成化合物：两组元（A 和 B）形成的化合物一般可用 $A_mB_n$ 来代表。所形成的化合物可能是在熔化以前不分解的，也可能是在熔化之前发生分解的。另外，$A_mB_n$ 这个化合物本身也可能对两个组元来说，都具有一定的溶解度。溶解度的大小以及在熔化前是否分解，对相图的形状都具有很大的影响。

下面根据二组元固态相互作用的不同来看它们之间所形成的相图类型。

（1）固态两组元无限互溶的相图　这种类型的相图一般形状如图 1.8 所示，图中 Cu(Ni)加入 Ni(Cu) 中使其熔点降低（升高），但全组分范围内均形成固溶体。连接两熔点的两条曲线划分出 3 个区域，$L$ 为液相区，$\alpha$ 为固相区，$L+\alpha$ 为液相和固相共存

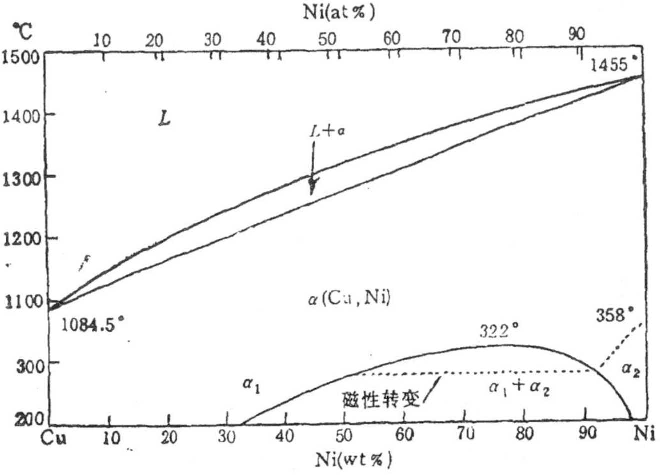

图 1.8　Cu-Ni 系相图。

区．其上面的曲线为液相线，下面的是固相线．在两相平衡区中，任意一条平行于浓度轴的直线(参看图 1.9)，一般与其液相线和固相线各相交于一点(图中的 $L_1$ 和 $\alpha_1$)，两点的连线称为结线，结线的两个端点代表的成分是平衡共存的两个相（在这里是 $L$ 和 $\alpha$）的成分．只要温度确定，平衡共存的两个相的成分就随之确定．因 $f = c - \phi + 1$（压力恒定），组元数是 2，相数是 2，所以自由度为 1．也就是说，可以独立改变的变数为 1．在这里，这个变数就是温度．相反，若改变某一相中组元的浓度，则平衡共存的温度也要随之改变．

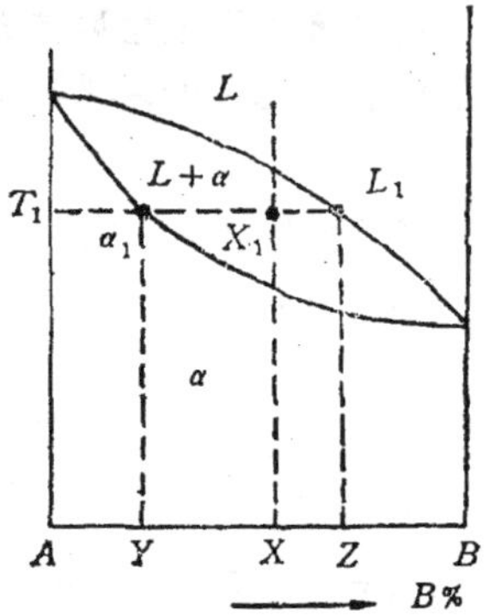


图1.9　说明杠杆定理用的示意图．

**杠杆定理：** 利用结线的性质可以计算出两相区内平衡存在的两个相的相对重量．设某一合金的成分为 $X$，在温度 $T_1$ 时存在着平衡的两相为含 $B$ 组元 $Y\%$ 的固相 $\alpha_1$ 及含 $B$ 量 $Z\%$ 的液相 $L_1$（参看图 1.9)．设合金总量不变(即无蒸发或其他影响)，则液相量和固相量之和应等于合金的总量．

设 $P$ 代表 $\alpha_1$ 相的相对量，$Q$ 代表 $L_1$ 的相对量，并设合金的总量为 1，则应有

$$P + Q = 1,\ PY + QZ = X,$$

由此可得

$$Q = \frac{X - Y}{Z - Y},\ P = \frac{Z - X}{Z - Y},\ \frac{P}{Q} = \frac{Z - X}{X - Y}.$$

由图可看出

$$\frac{Z - X}{X - Y} = \frac{\overline{X_1 L_1}}{\overline{\alpha_1 X_1}}, \tag{1.19}$$

这相当于以合金的总成分 $X$（也即 $X_1$）当作支点，共存的两相成分 $Y$（即 $\alpha_1$）和 $Z$（即 $L_1$）当作力点的一根杠杆．两相的重量与其各自到达支点的距离（这里以浓度百分数计）的乘积彼此相等．例

如，设 $X=60\%B$，$Y=20\%B$，$Z=80\%B$，则在温度 $T_1$ 时的 $\alpha_1$ 相和液相 $L_1$ 的相对量为

$$\alpha_1(60-20)\%=L_1(80-60)\%,$$

即

$$\frac{\alpha_1}{L_1}=\frac{20}{40}=\frac{1}{2},$$

此时的合金以两相(液＋固)形式存在，而形成的固相量与剩余液相量之比为 1:2．这就是相图两相区内结线所连结的两个相相对量的杠杆定理。

两组元形成固态无限互溶体系时，要求两组元的晶体结构相同，而且两组元的原子（或离子）半径差很小（一般约在 14% 以下）．因此这类体系也称为同晶形体系．Cu-Ni 以及 $Al_2O_3$-$Cr_2O_3$ 等的相图基本上属于此类。

根据 X 射线分析的结果及关于固溶体密度的数据，就可确定在同一晶格内溶质原子和溶剂原子的配列方式．若溶质原子进入溶剂原子的晶格内，并取代了原先溶剂原子所占据的位置时，称这类固溶体为替代式固溶体；若溶质原子嵌入到溶剂原子之间的空隙时，则称之为填隙式固溶体．一般的填隙式固溶体只能是溶质原子比溶剂原子体积小很多(例如类金属中的碳、硼、氢等)时才能形成，而且这种固溶体不可能形成连续互溶的固溶体系。

关于确定固溶体的类型，可根据实测密度 $d_{obs}$，与理论公式

$$d_{calc}=\frac{\text{重量}}{\text{体积}}=\frac{n\times A\times 1.65\times 10^{-24}}{V} \tag{1.20}$$

计算得出的密度 $d_{calc}$ 相比较来确定．式中 $n$ 为单胞内的原子数(例如，面心立方为 4 个，体心立方为 2 个)，$A$ 为合金的平均原子量，即

$$A=\frac{100}{\frac{p_1}{A_1}+\frac{p_2}{A_2}}, \tag{1.21}$$

或

$$A = \frac{a_1A_1 + a_2A_2}{100}, \tag{1.22}$$

$p_1, p_2$ 表示组元的重量百分数，$A_1$，$A_2$ 为组元的原子量，$a_1$，$a_2$ 为原子百分数，$1.65\times10^{-24}$为氧原子质量的 1/16(近似地等于氢原子的质量)，$V$ 为单胞体积(如为立方晶系则 $V = a^3$，$a$ 为晶格常数)。

在实验误差范围内，如有 $d_{obs} = d_{calc}$ 时，则该固溶体属于替代式的．若 $d_{calc} < d_{obs}$ 时，则为填隙式固溶体．若 $d_{calc} > d_{obs}$ 时，则由于固溶体内含有空位等缺陷而形成所谓的缺位固溶体．

在大多数情况下，形成的是替代式固溶体．在替代式固溶体中，两类原子通常是按统计平均方式沿所有晶面均匀分布的．然而在特定条件下，一种组元的原子常常聚集在晶格的某些特定位置上；另一组元的原子则聚集在另一些特定位置上．例如，若 Cu 和 Au 的比例为 3:1 时，则 Cu 原子聚集在面心立方单胞的面心位置，而 Au 原子则位于立方体角点上，这种固溶体称为有序固溶体．一般要很缓慢地冷却或固态在某一温度下进行长时间加热处理时才能得到．而两种原子占据晶格位置是按统计平均分布的固溶体则称为无序固溶体．有序固溶体的特征是，在 X 射线照片上形成所谓超结构线．有序固溶体实质上可说是普通无序固溶体与化合物之间的过渡相．也可以看成是化合物．

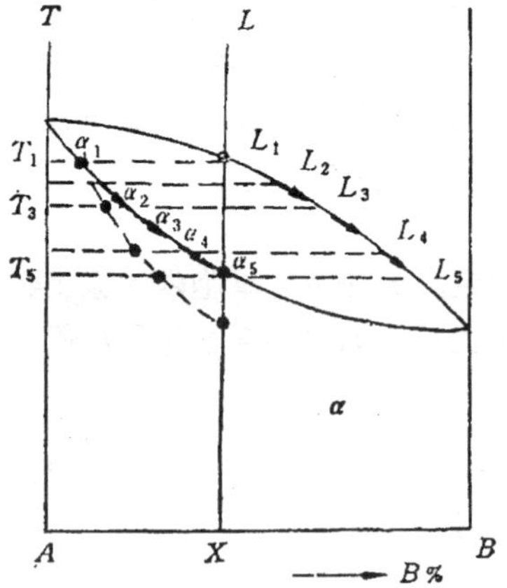


图 1.10　合金冷却时的成分变化．

这类相图中，合金凝固时所析出的固相成分是随温度而改变的(参看图 1.10)．设合金的成分为$X$，当温度达到 $T_1$时，从液态合金中析出成分为$\alpha_1$的固相，$\alpha_1$ 偏离合金的原始成分，因为此时只有 $\alpha_1$ 成分的固相

能与成分为 $L_1$ 的液相平衡共存．由于析出了 $\alpha_1$ 固相，使液相中含 $B$ 量增高，于是液相成分随温度降低而向富 $B$ 的方向改变．在每一个温度时，固液两相的相对量都可利用上述的杠杆定理来确定．由此可见，随温度降低，液相量逐渐减少，固相量却逐渐增加，而其成分则愈来愈接近于合金的原始成分．当冷却到 $T_3$ 时，液相量减至零，全部凝结为固体，其成分则变为原始合金的成分．

这种凝固过程要求温度变化很慢，以便使不同温度下析出的、成分不同的固相能经过扩散而成为均匀一致．但对于在一般冷却条件下的固体来说是不容易达到的．所以凝固后形成的固体在成分上来说，固体的各部分不是完全一致的．先凝固出的含组元 B 较少，后凝固出的则含 B 量较多．在凝固过程中各个温度下的平均成分，如图 1.10 中的虚线所示．这样，在生长晶体时，若有温度波动，而且固相内扩散速度又很慢时，就会引起晶体的成分不均匀性，这就是所谓的生长层．

这种缺陷一般可以把晶体放在低于该成分的固相点约 50—100℃的温度下进行长时间的加热来消除（均匀化退火）．一般金属的铸锭以及如红宝石晶体等，在凝固之后都进行这样的热处理；这样，除了使成分均匀以外，还有消除内应力的作用，否则就会影响到它的性能，例如易于开裂等．

倘若由于加入另一组元而使两组元的熔点，同时升高或同时

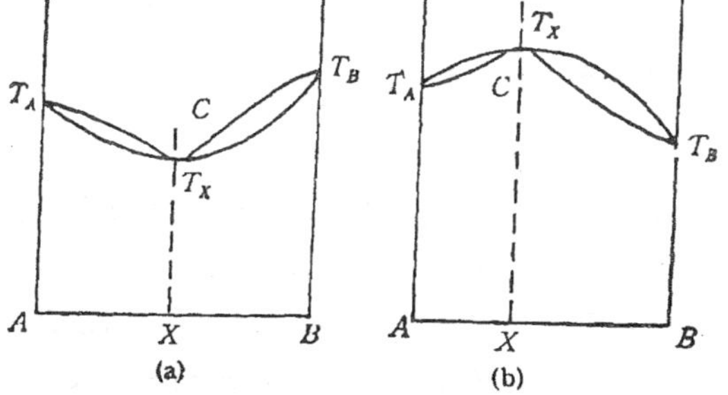


图 1.11 具有相同成分熔化点的连续固溶体相图．

降低时，则相图的形状将如图 1.11 所示。这时液相线和固相线在两组元之间的某一浓度处相切，切点处的合金将在某一个温度下(而不是一段温度范围内)熔化；同时，熔化时的液相和固相的成分完全一致，这个点(图中的 $C$ 点)称为同成分熔化点。它的熔化情况与纯组元的熔化情况相同，因此可以把它当作纯组元来看待。于是这个相图可以看成是由 $A-X$ 和 $X-B$ 两个相图合成的。以后可见，对于那些具有同成分熔化点的化合物来说，也可以这样来处理（即当作纯组元看）。Cu-Au 系相图(图 1.12) 属于这一类型。

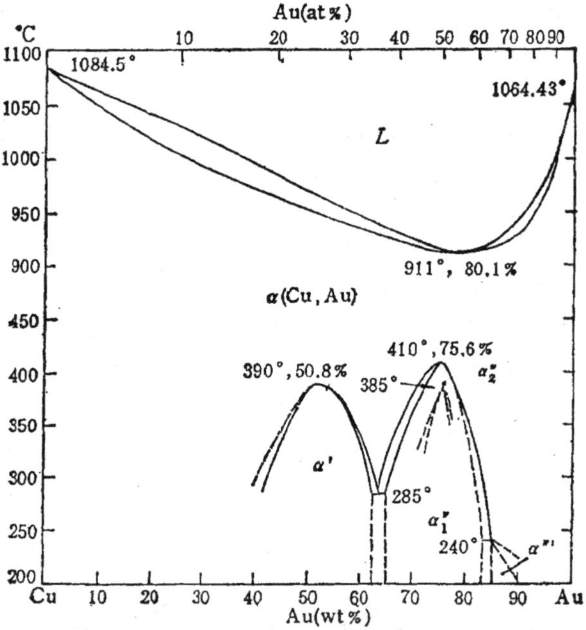


图 1.12 Cu-Au 系相图.

分凝系数 $k_0$：由上所述，在两相区内存在平衡状态的固相和液相，其成分是不同的，析出的固相含低熔点的组元 $B$ 的量少。倘若合金成分接近 $A$ 时，则可将合金看为以 $A$ 为溶剂，以 $B$ 为溶质的稀溶液。当合金熔化后再结晶时，溶质 $B$ 在固相与液相内又重新分布。其分布情况可用分凝系数来说明。

分凝系数的定义是

$$k_0 = c_s / c_0, \tag{1.23}$$

式中 $k_0$ 为平衡分凝系数，$c_s$ 为平衡存在时的固相成分，$c_0$ 为平衡存在时的液相成分(严格来说，$k_0 = a_s/a_0$，$a_s$ 和 $a_l$ 分别是固相和液相的活度，但当溶液是稀溶液时，$a_s$ 和 $a_l$ 可用 $c_s$ 和 $c_0$ 代替)。

从图 1.13(a) 中可看出，当组元 $B$ 加到组元 $A$ 内，使 $A$ 的熔点降低时，$k_0 < 1$. 图 1.13(b)示出组元 $B$ 使 $A$ 的熔点升高的情况. 这时 $k_0$ 大于 1。在考虑区域熔化、定向生长以及组分过冷时，分凝系数有重要意义。

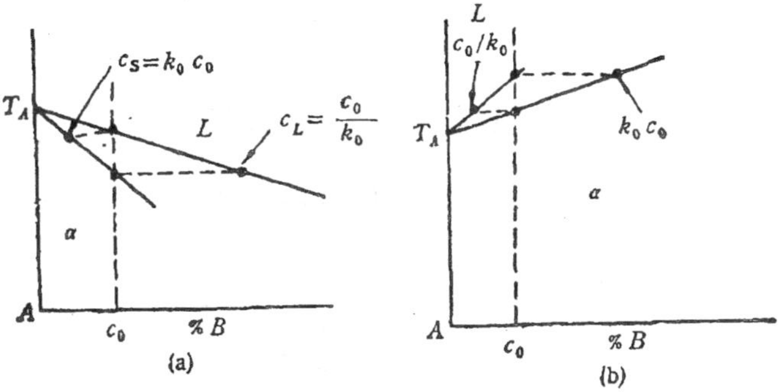


图 1.13 靠近纯组元 $A$ 的部分相图.

(a) $k_0<1$; (b) $k_0>1$.

(2) 固态两组元形成机械混合物的相图 由于固态时两组元形成机械混合物，所以体系中可能有两个固相，即固相$_1$和固相$_2$再加上液相，就可能有 3 个相同时存在。根据相律，当 3 个相平衡共存时，其自由度为

$$f = c - \phi + 1 = 2 - 3 + 1 = 0,$$

所以二元系内 3 相共存时，体系只能存在于某一恒温，且 3 个相的成分均为一定，不能改变。

3 相共存的情况可能有两种，即

$$\text{液相} \overset{\text{恒温}}{\rightleftharpoons} \text{固相}_1 + \text{固相}_2,$$

$$\text{固相}_1 + \text{液相} \overset{\text{恒温}}{\rightleftharpoons} \text{固相}_2,$$

(固相$_1$、固相$_2$ 可以是纯组元，也可以是固溶体)．前者称为共晶反应，后者称为包晶反应．

(i) 共晶反应的相图．图 1.14 说明由冷却曲线的测定可以得出开始结晶点和结晶终止点，而相图中的曲线就是由若干条冷却曲线上的转变点连成的．

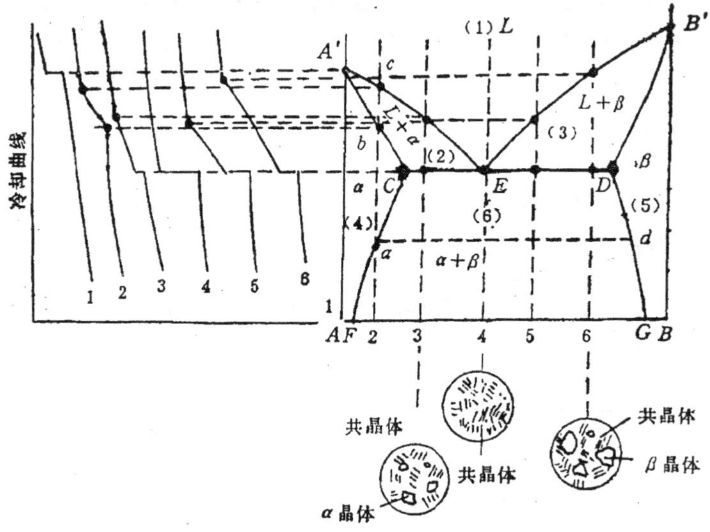


图 1.14　共晶体系的相图．

从这个相图可以看出，由于第二个组元的加入，使纯组元 $A$ 和 $B$ 的熔点都降低，凝固过程是在一段温度间隔内进行的．合金的开始结晶温度随第二个组元的含量愈多而愈益降低，如图 1.14 中的 $A'E$ 和 $B'E$ 所示．这两条曲线在合金的某一成分处相交，交点为 $E$．因而 $A'EB'$ 是液相线．凝固终止点的连线是 $A'CEDB'$，这是固相线．$CF$ 和 $DG$ 分别是固溶体 $\alpha$ 和 $\beta$ 的溶解度变化曲线．整个相图划分为 7 个区域．

在区域(1)内，合金处于液态 $L$；区域(2)内是液相 $L$ 和 $B$ 溶于 $A$ 内的固溶体 ($\alpha$ 相)的混合物；区域(3)内是液相 $L$ 和固相 $\beta$ ($A$ 在 $B$ 内的固溶体)的混合物；区域(4)是 $\alpha$ 固溶体单相区；(5)是 $\beta$

固溶体单相区；(6)是 $\alpha$ 和 $\beta$ 混合物的两相区；水平线 $CED$ 区域是第 7 个相区．在这一水平线上有三个相平衡共存，即以 $E$ 点为其成分的液相 $L$、以 $C$ 点代表其成分的 $\alpha$ 和以 $D$ 点代表其成分的 $\beta$ 的这样三个相．这个相区由于三相平衡共存，它的自由度为零，因此蜕化为一条水平线．这条水平线表示出许多合金的结晶终止点，所以也是这个二元系的固相点．

两条液相线的交点 $E$ 表示这一成分的合金在开始凝固时就直接同时结晶出成分一定的两种固溶体 $\alpha$ 和 $\beta$（其成分分别为 $C$ 和 $D$）的混合物．这种混合物称为共晶组织（简称共晶体）．$E$ 点称为共晶点，这一点所在的水平线称为共晶水平线．共晶反应可写为

$$L_E \xrightleftharpoons{\text{共晶温度}} \alpha_C + \beta_D,$$

下标 $E$, $C$, $D$ 代表各该相在共晶反应时的成分．在这个相图中的两相区内，像以前一样，也可应用杠杆定理来确定两相（包括两固相的情况）在不同温度时的相对量．应该注意的是，共晶成分的合金只在一定的温度下凝固，冷却曲线上出现停顿点．但它不应称为同成分结晶（或熔化点），因为在这里液相成分与两固相的成分截然不同，只是与凝固后由两相混合物组成的合金平均成分相同而已．

共晶组织由于其凝固时的特点而具有特征的显微组织（显微镜下观察到的图象，见图 1.14 下面的图）．一般为片状或球状．倘若对共晶成分的合金进行定向的缓慢生长（具有高于共晶温度的坩埚，缓慢地从埚底逐渐冷却下来），则共晶组织中的 $\alpha,\beta$ 晶体均可成为单晶体．如单晶体为片状、杆状时，这是复合材料中的一种，可用于做高温和高强度的结构材料或者作特殊用途的光学材料，由此引起人们很大的兴趣．同时，金属元素的共晶合金易于获得非晶态，而非晶态物质具有各种特异的性质，因此也使人对共晶合金感兴趣．

属于这种类型的相图有 $Al_2O_3$-$Ti_2O_3$，$NaNbO_3$-$LiNbO_3$ 等．在特殊情况下，当组元之间溶解度很小时，$\alpha$ 和 $\beta$ 相区变得很小，以

致在一般尺度下画出的相图中很难表示出来．于是画成如图 1.15 的形状．体系在固态即由两纯组元的混合物组成．例如，Pb-Sb，Al-Si，$SrNb_2O_6$-$LiNbO_3$ 等的相图属于这种类型．

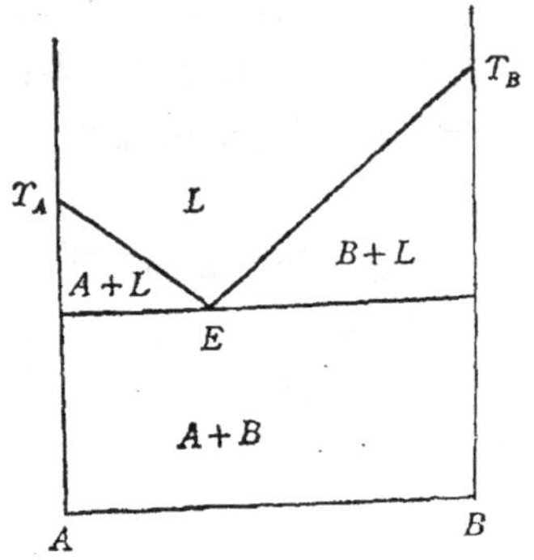


图 1.15　两纯组元形成的共晶体系的相图．

固态合金的脱溶相变．从图 1.14 中可以看出，成分为 2 的合金由液态冷却到 $c$ 点时，开始从液体结晶出 $\alpha$，到 $b$ 点时完全凝固成为单相固溶体 $\alpha$．温度降至 $a$ 点时，开始由固溶体 $\alpha$ 内析出固溶体 $\beta$（其成分为 $d$ 点），随后 $\alpha$ 的成分沿 $aF$ 改变，而 $\beta$ 成分沿 $dG$ 改变，$\beta$ 相的量逐渐增加（可用杠杆定理计算）．室温时，该成分合金是由 $\alpha$ 和 $\beta$ 两相组成的．在温度较高时，这种合金以单相 $\alpha$ 存在，随后冷却时，从 $\alpha$ 相析出 $\beta$ 相的过程称为脱溶相变．如果冷却速度很快，使 $\beta$ 相来不及析出，则合金以单相 $\alpha$ 存在于室温，这种使合金的高温状态保留到室温的热处理称为淬火．这时存在于室温的 $\alpha$ 单相，称为过饱和固溶体．这种过饱和固溶体有的可以在室温下长时间不发生变化，有的则在室温或稍高于室温时就会发生缓慢的变化，变化到最后成为 $\alpha+\beta$ 两相混合物，这种过程称为时效．在发生这种变化的过程中，合金或晶体的一些性质要发生改变，例如体积、硬度、导电性等．变化剧烈时可导致合金或晶体开裂（尤其是与热应力叠加时更易发生）．从热力学的观点看来，上述过程是一个由不稳定状态趋向于稳定状态的过程．以过饱和 $\alpha$ 相存在于室温是一个不稳定（不平衡）状态其自由能较高，因为在室温时合金应以 $\alpha+\beta$ 两相形式存在，这才是自由能较小的平衡状态．因此，当条件（一般为温度和时间）适合时，就会发生从自由能较高的过饱和固溶体状态转变为自由能较低的两相混合物的状态．

要产生脱溶相变，必要的条件就是固溶体的溶解度随温度有显著的变化，即高温时溶解度大，低温时很小。

(ii) 具有包晶反应的相图. 具有包晶反应的相图如图 1.16 所示. 图中 $qps$ 直线代表包晶反应

$$L_q + \beta_s \underset{}{\overset{\text{恒温}}{\rightleftharpoons}} \alpha_p,$$

下标 $q, s, p$ 分别代表平衡共存时的液相. $\beta$ 相和 $\alpha$ 相的成分. $p$ 点的成分称为包晶成分. 发生包晶反应的温度 $T_p$ 称为包晶温度.

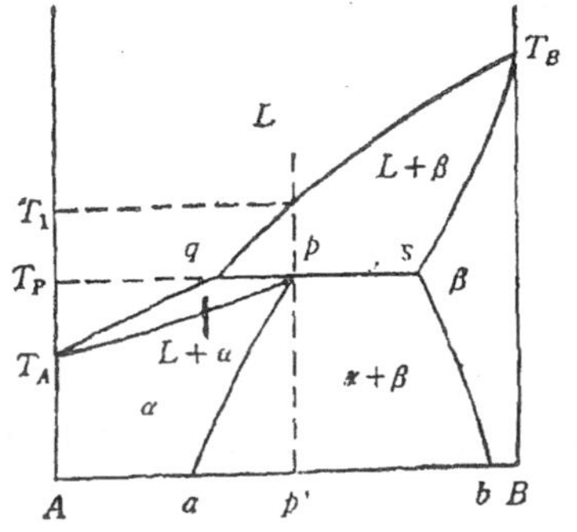

图 1.16 包晶系相图.

$q$ 点以左和 $s$ 点以右的成分，其冷却时凝固的情况与普通固溶体的冷凝情况相同.

$p$ 点(即包晶成分)的合金从液态冷却时，达到温度 $T_1$ 开始凝固，析出 $\beta$ 固溶体，其过程与普通固溶体凝固过程相同，$\beta$ 量逐渐增加. 当温度达到 $T_p$ 时，液相成分已变到 $q$，$\beta$ 相的成分已变到 $s$，其相对量各用 $\overline{ps}$ 和 $\overline{qp}$ 代表. 然后在恒温下进行包晶反应，这时液相和 $\beta$ 相反应完全之后全部变为 $\alpha_p$ 固溶体. 温度低于 $T_p$ 时，$\alpha$ 固溶体成分沿 $pa$ 固溶度曲线变化，同时由 $\alpha$ 析出 $\beta$ (脱溶)，到室温时成为 $\alpha + \beta$ 两相混合物.

包晶反应是液相 $L_q$ 和固相 $\beta_s$ 相互作用转变为固相 $\alpha_p$ 的过程. 在这个过程中，围绕在原先析出的 $\beta$ 相周围的液体析出 $A$ 组元，使其 $A$ 含量降低到 $\alpha_p$ 的成分从而转变成 $\alpha_p$ 固相. 同时，析出的 $A$ 组元经过扩散进入到 $\beta_s$ 固溶体内，使 $\beta_s$ 变成 $\alpha_p$. 这样，$\alpha_p$ 晶体是围绕在 $\beta_s$ 周围，向液相及 $\beta_s$ 内进行生长的. 因此称为包晶

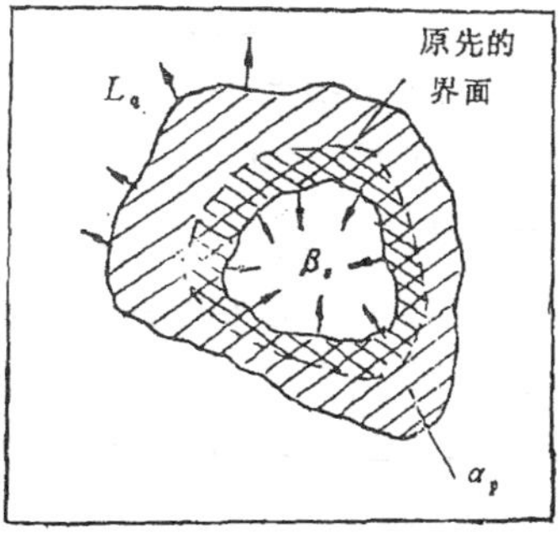

图 1.17 包晶反应过程示意图.

反应，如图 1.17 所示．这个过程依靠 $A$ 原子从液相扩散进入到 $\beta_s$ 相内来进行，但在固相内扩散一般是比较缓慢的．当包在 $\beta_s$ 外的 $\alpha_p$ 晶体较厚时，扩散就很难进行．因此包晶反应一般不易完成．在进行 $\alpha$ 相的晶体生长时，一般要躲开包晶反应，配料成分应在图 1.16 的 $q$ 点以左，生长温度在 $T_p$ 以下，使液相直接析出 $\alpha$ 固溶体．

上面讲到的两种反应（共晶和包晶）中的三个相包含有一个液相．倘若三个相都是固相时，则相应的也有两种情况，即共析反应和包析反应．在降温过程中，由一种固溶体同时析出两种固溶体（或纯组元）的反应，称为共析反应．用 $\gamma \overset{\text{恒温}}{\rightleftharpoons} \alpha+\beta$ 表示，如图 1.18(a) 所示．或者由两种固溶体经过扩散反应，形成另一种固溶体，即 $\beta+\gamma \overset{\text{恒温}}{\rightleftharpoons} \alpha$，称为包析反应，如图 1.18(b) 所示．

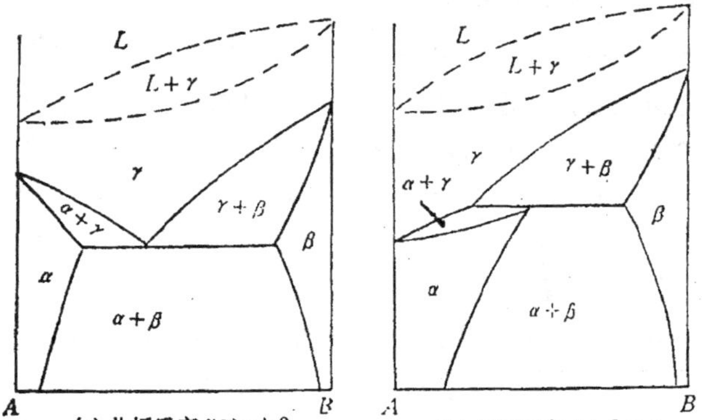


(a) 共析反应 $\gamma \rightleftharpoons \alpha+\beta$　　(b) 包析反应 $\gamma+\beta \rightleftharpoons \alpha$

图 1.18　具有共析反应(a)和包析反应(b)的相图．

前面叙述了三个相中包含一个液相时，发生共晶反应和包晶反应形成的相图形式．实际上还可能有包含两个液相时三相平衡的情况．即两组元在液相时有限互溶，形成 $L_1$ 和 $L_2$ 两个液相．这时的相图形式如图 1.19 所示的两种情况．图 1.19(a) 示出的是 $L_1 \overset{\text{恒温}}{\rightleftharpoons} \alpha+L_2$，称为偏晶反应，相图为偏晶体系相图．类似于共晶体系。图 1.19(b)示出的是 $L_1 + L_2 \overset{\text{恒温}}{\rightleftharpoons} \gamma$，称为综晶反应。具有这种反应的相图称为综晶体系相图。它类似于包晶体系。

Cu-Pb 合金体系的相图属于偏晶系的。Cu-Pb 合金可用作轴承合金。但由于铜和铅比重差大，同时又互不溶解，制备两相分布均匀的合金比较困难。但目前由于微重力技术的发展，使制备工作有所改进，合金的应用也得到改善。

(3) 两组元能形成化合物的相图 一般来说，两组元形成的化合物可分为两类。一类是在一定温度下熔化，而且在熔化的过程中保持固液两相的成分相同；另一类则是在一段温度范围内熔化，熔化过程中原先的固相分解为一液相和另一固相，而且三者的成分彼此不同。

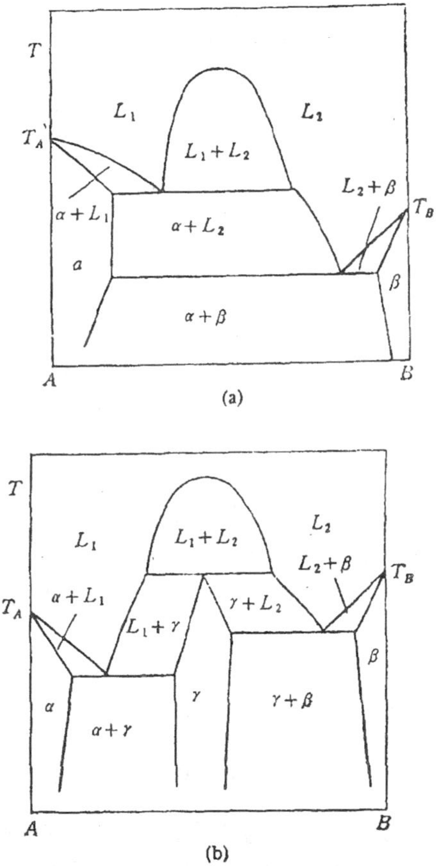


图 1.19 偏晶体系(a)和综晶体系(b)的相图.

二组元形成具有同成分熔化的化合物相图如图 1.20 所示。形成的化合物设为 $A_mB_n$;A,B 两组元可能溶于 $A_mB_n$。$A_mB_n$ 与两组元形成共晶体系，如图 1.20(a) 所示。也可能有一个形成包晶体系的，如图 1.20(b) 所示。在这类相图中，由于形成的化合物 $A_mB_n$ 是稳定的，所以可看作是一个组元。因而相图实际上是由

$A\text{-}A_mB_n$ 系和 $A_mB_n\text{-}B$ 系两个相图组成的复杂相图.

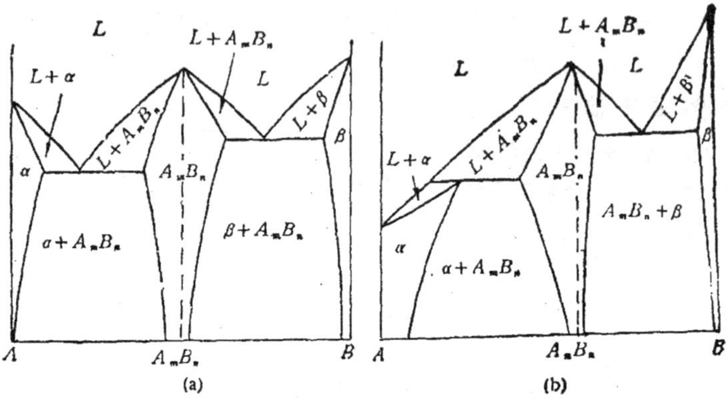


图 1.20　具有同成分熔化的化合物相图.

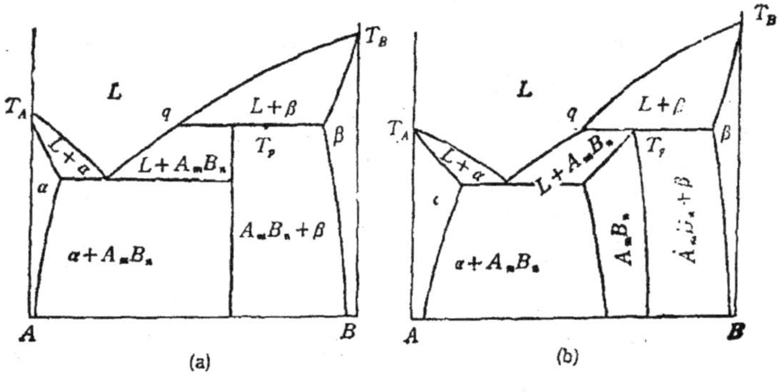


图 1.21　具有包晶反应生成的化合物的相图.

具有包晶反应生成的化合物(即熔化时成分改变的化合物)的相图,如图 1.21 所示. 这种相图虽然也可看作是由一个共晶体系和一个包晶体系叠加起来形成的, 但却不能将相图分成两个单独的相图来看. 这是由于化合物 $A_mB_n$ 在这里不能当作一个纯组元来看,因为它在 $T_p$ 时发生分解. $T_Bq$ 这部分曲线实际上与化合物 $A_mB_n$ 无关,它只受纯组元A的影响.

在实际相图中,具有图 1.20 和图 1.21 所示形状的很多, 例如

Al-Cu 二元系、YAG($Y_2O_3$-$Al_2O_3$) 等具有图 1.20 形状。$BaTiO_3$ (BaO-$TiO_2$) 相图及 YIG($Fe_2O_3$-$Y_2O_3$) 相图等属于图 1.21 所示的类型。

### 1.2.3 三元系相图

根据相律 $f = c - \phi + 2$,三元系中 $c = 3$,所以 $f = 5 - \phi$, $\phi$ 不可能为零,最小值为 1,所以三元系的最大自由度为 4.

要想确定三组元体系($c = 3$)内的一个合金成分,只须确定三个组元中的任意两个即可. 所以三元系中最大的自由度数为 4(即 $T, p, X_A, X_B$). $X_A, X_B$ 表示组元 A 和 B 的成分百分数, $T, p$ 为温

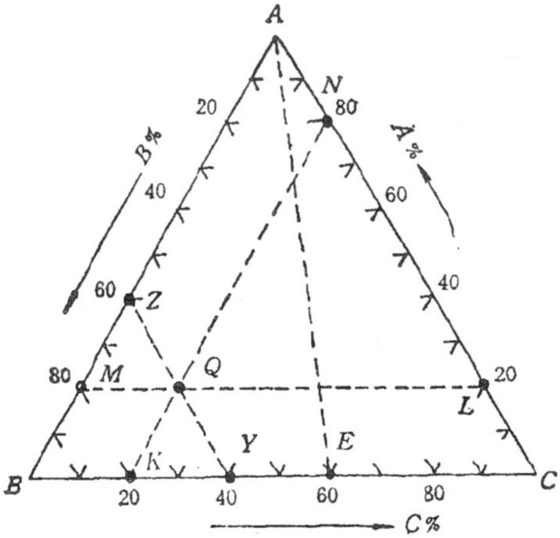


图 1.22 浓度三角形.

度和压强. 如果压强恒定,则自由度数减少一个, 成为 3($T$, $X_A$, $X_B$)。应用相律,当压强恒定时,相的最大数为

$$\phi = c + 1 - f = 3 + 1 - 0 = 4,$$

因自由度最小为零,所以三元系中,在四相平衡时只能存在于某个恒定的温度(二元系中为三相平衡).

表示三元系中合金的成分一般采用等边三角形. 三角形的每个顶点表示 100%的一个纯组元. 每一条边上的点表示二元系中

合金的成分。例如图 1.22 所示，$A$点表示 100% A，$E$点表示 60%C-40%B，而点$Q$表示 20%A，20%C，60%B。要想确定$Q$点的成分，可通过$Q$点画三条线各平行于一个边。于是长度 $BK$(20%)，$CL$(20%)和 $AZ$(60%)就各代表组元 C，A，B 的浓度。用这种表示合金成分的方法有如下两个重要的特点：

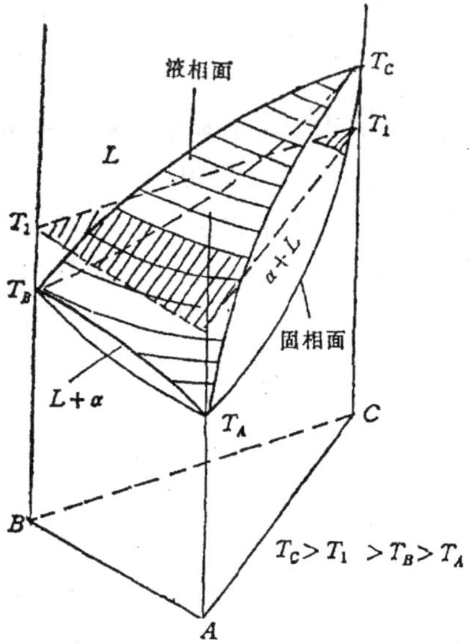


图 1.23　三元无限固溶体系相图.

(a) 平行于三角形一边的直线上的各点，代表合金中某一组元的浓度不变。这个组元就是与此直线相对的角点。例如图 1.22 中 $ZY$ 线上各点所代表的合金中都含有60% B。

(b) 通过一个角点的直线上的各点，代表合金成分中包含其他两角点所代表的组元成分之比恒定不变。例如图中 $AE$ 线上 B% 与 C%之比为 2:3。

表示三元系的温度轴垂直于表示合金成分的三角形平面。所以三元系相图是一个立体图形。

(1) *无限固溶的三元系相图*　最简单的三元系相图是由三个无限固溶的二元系组成的。如图 1.23 所示，这个体系在高温下形成液态时无限互溶，固态时也无限互溶。液相区与固相区之间是液固两相平衡共存区。所有合金(除纯组元外)都是在一定温度间隔(而不是一个温度)凝固的。两相共存区由上面的液相面和下面的固相面包围起来，将液固两个单相区分隔开。三个二元系相图 $A$-$B$，$B$-$C$，$C$-$A$ 是这个三角柱的三个侧面。值得注意的是，二元系相图中的线和面积区域，在三元系相图中则变为曲面和体积区。这是由于自由度增加了一个的缘故。

如同在二元系中那样，在二相区内 $\alpha$ 和 $L$ 共存，而这两相在某一温度时的相对量和成分是由杠杆定理来确定的。但与二元系相图不同的是：在这一温度时平衡共存的 $\alpha$ 和 $L$ 的成分并不完全确定，而可能随合金成分而改变。它要根据三元系相图中的二相区内的结线来确定。这条结线只在等温(或水平)截面内才能不受歪曲地画出来。

(i) 等温截面(水平截面)。三元系的等温截面是在某一给定温度下，用水平面与三元系的立体图形相截得来的。这个方法可能是实际上最广泛用来表示三元系的方法，因为它可以表示不受歪曲的相界和结线。图 1.24 示出在温度 $T_1$ 时图 1.23 所示的等温截面。

图中表示出在二相区内的结线及该温度下的液相线和固相线。这里所谓的结线是，通过合金成分点与代表平衡共存的液相和固相的成分点的连线。

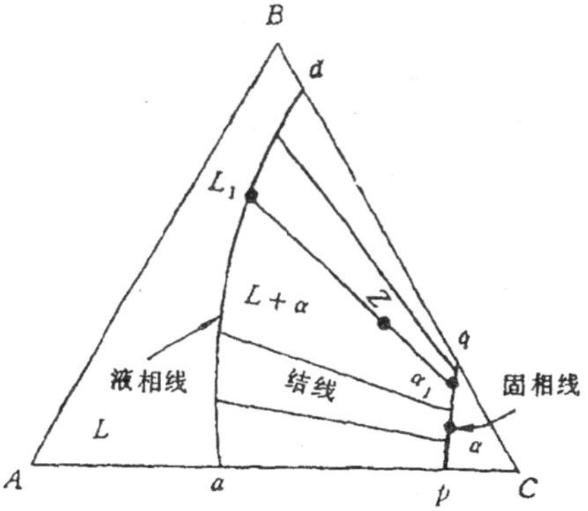

图 1.24 $T_1$ 温度的等温截面.

从图中可看出，结线的方向不固定，而是从 $ap$ 转到 $dq$ 的。要想知道某一给定成分的合金，例如图中 Z 点，在 $T_1$ 温度下熔化成为液相和固相共存时，这两相的成分和相对含量，就要利用经过 Z 点的结线、对合金 Z 来说，在 $T_1$ 时共存的两相的成分各为 $L_1$ 和 $\alpha_1$；其相对量，根据杠杆定理为

$$\%\alpha_1 = \left(\frac{\overline{ZL_1}}{\overline{\alpha_1 L_1}}\right) \times 100\%,$$

$$\%L_1 = \left(\frac{\overline{\alpha_1 Z}}{\overline{\alpha_1 L_1}}\right) \times 100\%.$$

与二元系的情况不同，三元系中的结线方向必须由实验确定，但不幸的是，这项工作很困难而且繁重，所以大多数三元系都没有确定过。不过根据有关的理论，可按下列原则画出比较正确的结线。

(a) 结线的方向是逐渐地由一个方向转到另一个方向，而且不能有两根线互相交叉。

(b) 结线的两头必须连接两个单相区。

(c) 除两条边界处的结线(例如图 1.24 的 *ap*, *dq*) 外，其他结线都不指向浓度三角形的顶点。

等温截面可以根据下法定性地画出：

(a) 作浓度三角形及相应的二元系相图。

(b) 在相应的二元系中，作温度为 $T_1$ 的水平线与各个相界相交，将交点投影到相应的三角形的边上。

(c) 代表同相的点，用曲线连接起来，就得到了大致的相界，如图 1.25 所示。

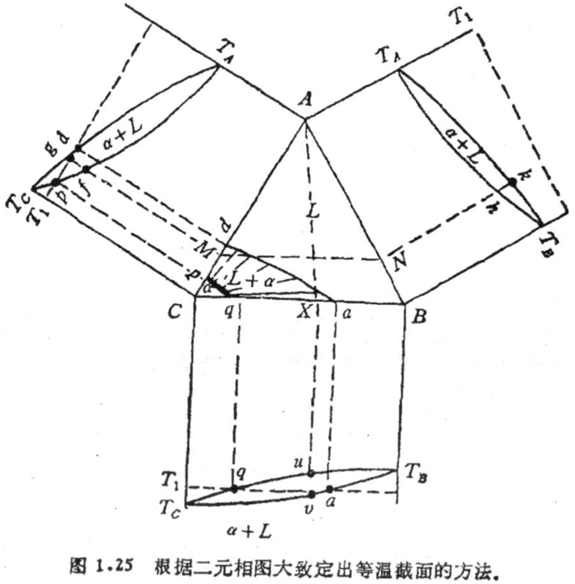


图 1.25　根据二元相图大致定出等温截面的方法.

虽然等温截面能显示出在一给定温度下不歪曲的相界，但它不能告诉我们一给定合金的相变温度，除非作出一系列的不同温度的等温截面，否则不能看出。不过借助于所谓的纵截面，可以补充这方面的不足。

(ii) 纵截面（垂直截面）. 纵截面是按照所希望的位置和方向，用一个垂直于浓度三角形的平面与三元系的立体图形相截而得出的. 所得的交线就表示出该三元系在某一方向的纵截面. 经常采用的是下列两种纵截面:

(a) 通过三角形的一个顶点，例如，图 1.25 中所示的 $XA$ 线. 所截出的纵截面如图 1.26(a) 所示。$XA$ 这条线代表线上这些合金成分中另外两个组元(B 和 C)的比例保持恒定。

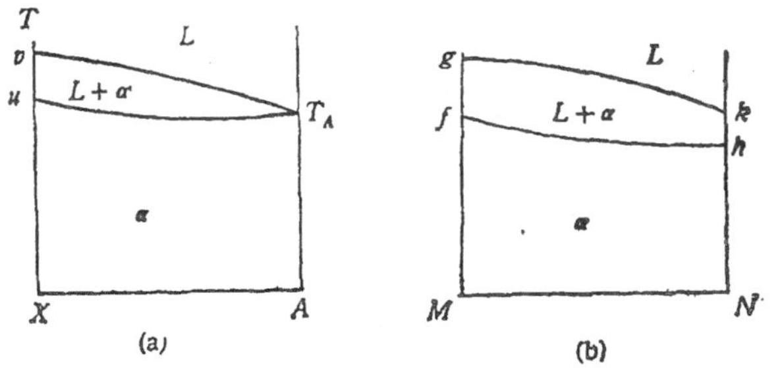


图 1.26　三元系的纵截面图.

(b) 平行于浓度三角形的一边，例如图 1.25 中所示的 $MN$。它代表线上这些合金中含某一组元(在本例中为 $A$，即与此线相对的顶点)的浓度百分数恒定，而另两组元的相对成分在改变. 得出的截面如图 1.26(b) 所示. 要注意的是，在某一温度下，二相区域的结线总是与纵截面这个垂直平面不重合，而有一定的交角，除非偶然的巧合外。所以纵截面通常只用以表示给定的一些合金随温度的改变而发生的相变，而不能表示出各相的成分改变情况以及相对含量的百分数.

(2) 三元共晶相图　稍为复杂一点的是三元共晶体系的相图. 三元共晶反应可以用下式表示,

$$L \underset{\text{加热}}{\overset{\text{冷却}}{\rightleftharpoons}} \alpha+\beta+\gamma,$$

$L$ 表示液体，$\alpha,\beta,\gamma$ 各表示以 $A,B,C$ 为基的固溶体，相应的立体图如图 1.27 所示．这个反应是在恒温下进行的．图中阴影区示出的三角形称为共晶等温面或结线三角形．这个三角形将进行三元共晶反应的四个相连接起来；共晶液体的成分由结线三角形内的“三元共晶点”来表示，而 $\alpha,\beta,\gamma$ 三相的成分由该三角形的三个顶点来表示．关于这个立体图内部的相区结构可用一些等温截面和纵截面加以说明．

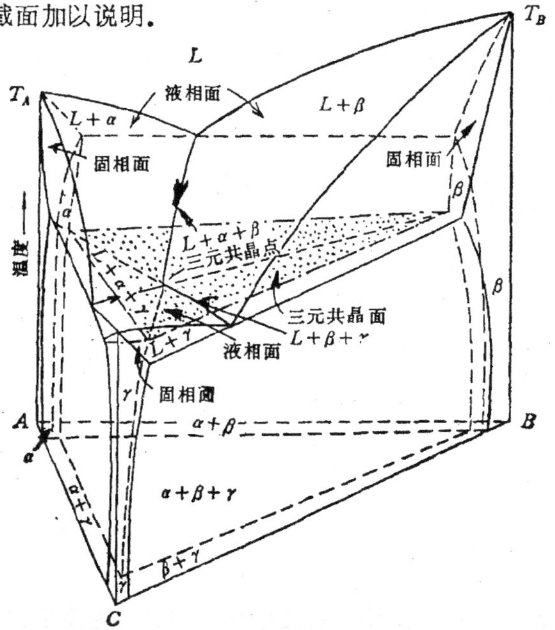


图 1.27　三元共晶体系相图．

(i) 等温截面．设图 1.27 中三个组元的熔点各为 $T_A$，$T_B$，$T_C$，且 $T_B>T_A>T_C$．处在几个不同温度下的等温截面，如图 1.28 所示．

(ii) 纵截面．这个截面是沿通过组元 B 和三元共晶点的连线切割的，截面图如图 1.29 所示．可以看出，纵截面内相区形状

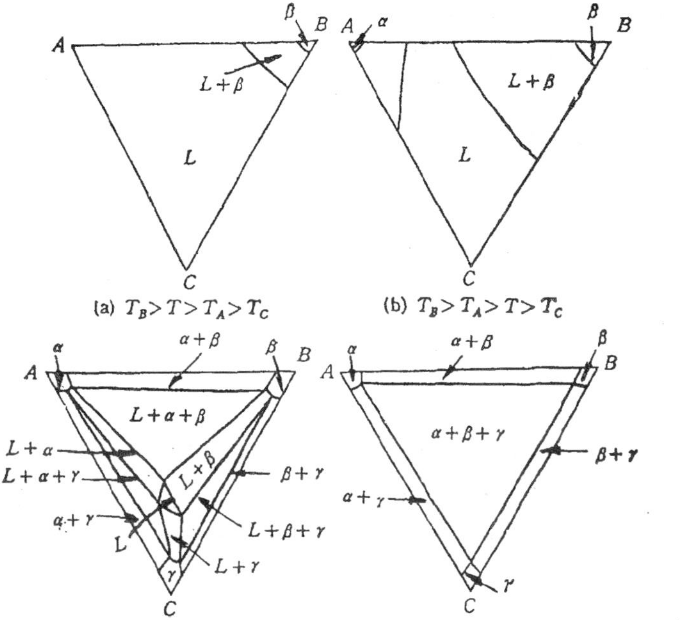


(a) $T_B>T>T_A>T_C$　　(b) $T_B>T_A>T>T_C$

(c) $T_B>T_A>T_C>T_{共晶}$　　(d) $T<T_{共晶}$

图 1.28　几个温度下的等温截面.

变化很大、结线三角形在此截面中是一条水平线，图中只能表示出相变温度而不能表明参加相变的各相的成分。

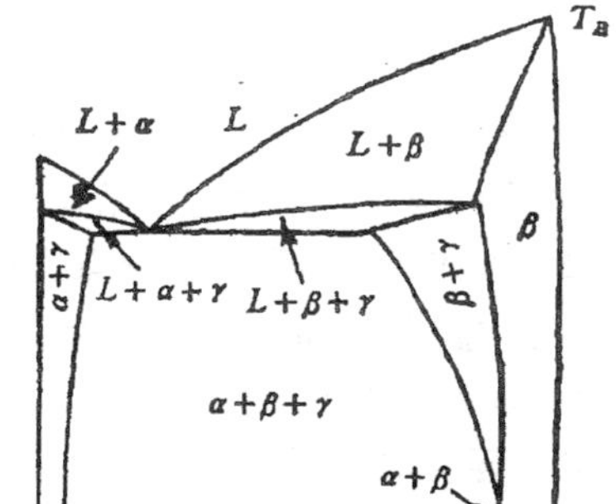


图 1.29　沿图 1.27 组元 B 及三元共晶点连线所作的纵截面.

（3）具有化合物的三元系相图　我们经常看到的是含有化合物的三元系相图。在三个二元系内以及三元系的浓度三角形内的合金，均可能形成化合物。倘若化合物具有同成分熔点，则相图的分析不会因此而带来复杂的情况。这时也象二元系相图一样，可把化合物看作一个组元．然后把原先的三元系相图分成几个简单的三元系相图，然后个别进行研究．

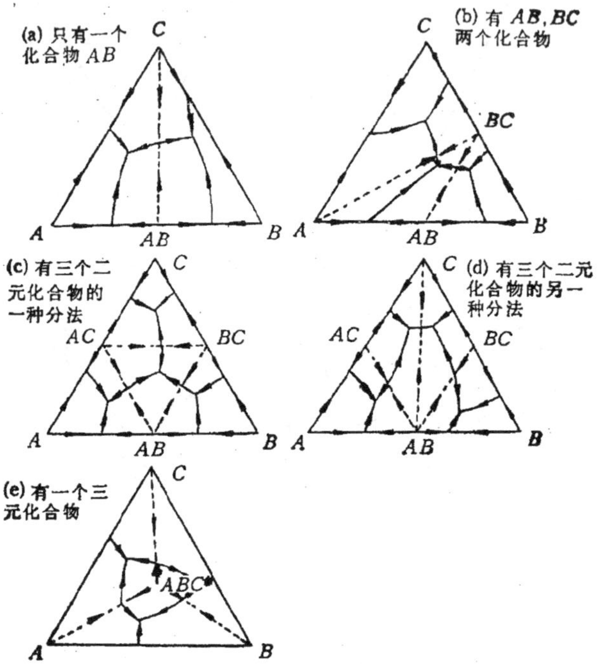


图 1.30 具有同成分熔点的化合物的三元体系的划分法．

将复杂相图的温度和成分投影到浓度三角形上，可以得到一些类型的具有化合物的三元系相图，如图 1.30 所示．其中 $AB$，$ABC$ 等表示具有同成分熔点的化合物．图中的箭头表示降温的方向，虚线表明将原三元系相图(设为共晶体系)分为几个简单三元共晶系的划分方法．图 1.30(c)和(d)两种分法究竟哪一种符合实际，要由实验来确定．

另外要强调指出的是，倘若化合物不具有同成分熔点，而是由包晶反应形成的，就不能将这个化合物当作纯组元看待．因此也不宜将包含这个化合物的相图分为更简单的相图．

图 1.30 中 A-AB 或 A-ABC 表示的二元系，一般称作赝二元系。例如，$LiNbO_3$ 应该是 Li-Nb-O 三元系中的一个化合物，但实际上看作是 $Li_2O$ 和 $Nb_2O_5$ 这个赝二元系中的化合物。

要想完善地表示一个三元体系内相变的情况并不是一件简单的事。有时需要一个立体图形，再加上几个等温截面和纵截面。在文献中常见到的是将液相面的交线投影到浓度三角形内，然后用箭头标明降温方向，再加上一些等温线及相区。这样就可以满足一些实际应用的要求，图 1.31 就是其中一例。

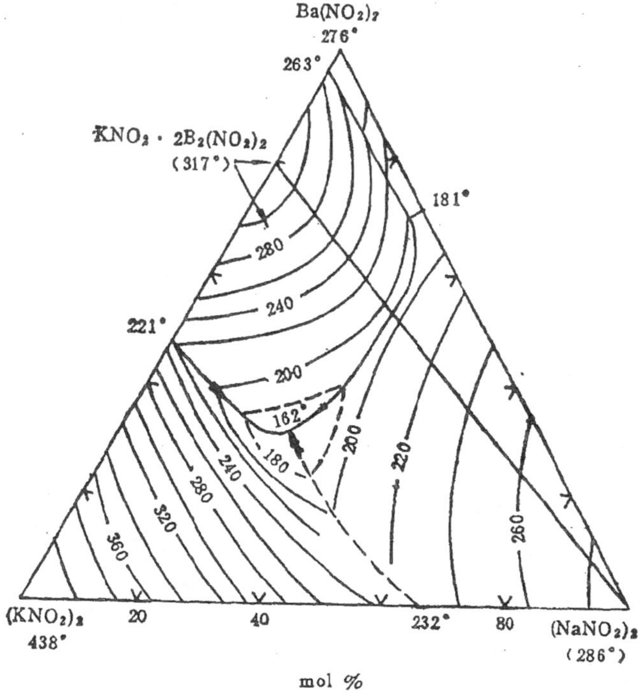


图 1.31 $(KNO_2)_2$-$(NaNO_2)_2$-$Ba(NO_2)_2$ 三元系相图.

### 1.2.4 参阅或绘制相图时的注意事项

一幅相图绘制得是否有错误，主要看其中的点线配置情况是否违反了热力学原理，实际上是否违反相律，这里只举出二元系中可能出现的下列几点错误，(参看图 1.32)详细的可参看文献[9]。

(1) 液固两相区的液相线和固相线，延伸到纯组元处，必须交于一点，即该组元的熔点．因纯组元不是在一段温度范围熔化。

(2) 共晶反应时，两条液相线与共晶线应相交于一点。

(3) 同一相的两条溶解度线(或两液相线，两固相线，或一条固相线和一条溶解度线)须交会于一点，即某一确定温度下的确定成分处。因在一定温度下不应有两个溶解度。

(4) 一单相区的相界与一水平线相交后，相界的延长线须进入两相区．不应进入单相区内。

(5) 一单相区内不应有一条线将其分割为两个小区。

(6) 两个单相区不能用一条水平线隔开(水平线应是两个二相区的交线)。

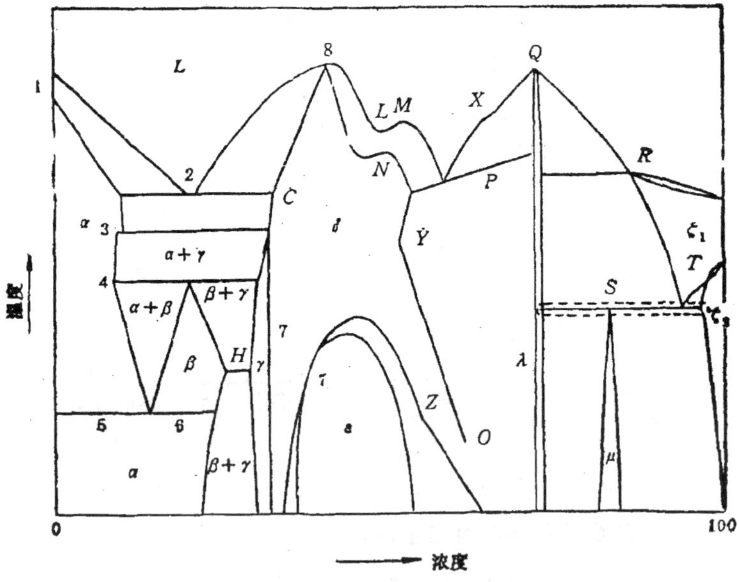


图 1.32 说明相图内不符合热力学原理的假想相图．图中除标出数字处外，其它用英文字母标出的错误参阅文献[9]。

(7) 两单相区只能交会于一点，最高点或最低点。如图 1.12 所示。两单相区之间一般须有一二相区隔开（但固相中有二级相变或高级相变时可能例外）。

(8) 液相线与固相线相交于同成分点时，该点必须有液固二相线的水平公切线。

## §1.3 相图在晶体生长中的应用[8,11,12]

影响晶体生长的因素很多。例如结构简单的晶体易于生长，有些晶体沿某些晶向就难以生长或易于开裂，这是晶体学因素。晶体生长时熔体和气体内热量或物质的扩散速度以及对流场的存在与否有时是晶体能否长好的决定因素，这就是所谓的动力学因素。而与相图的形状、组分浓度及熔体是否出现过冷或固体内相变等情况有关的因素就是热力学的因素了。前几节已经介绍了有关相图及相变的基本知识，但联系实际的晶体生长时就要看如何使有关相图的知识能应用到生长配料、生长方法及热处理工艺等方面中去，以便生长出合乎要求的优质晶体，也就是说如何控制热力学因素以达到长好晶体的目的。

从晶体生长的整个过程来说，首先要看长什么晶体，即晶体的组分及其浓度。例如 $LiNbO_3$ 晶体，这里有三个组分，按理应由三元系来确定其成分，但实际上可把它看成 $Li_2O$ 与 $Nb_2O_5$ 的赝二元系。这样，$LiNbO_3$ 这个化合物就是由 $Li_2O:Nb_2O_5 = 1:1$ 构成的。但由于这个化合物对于 $Li_2O$ 和 $Nb_2O_5$ 均有固溶度，因而 $LiNbO_3$ 有相当宽的固溶区。但不是整个固溶区内所有成分都能长出存在于室温的单相晶体。这就要看相图中这个固溶区有无固溶度的变化了。其次是根据相图形状和固液两相转变时的反应情况来确定最佳生长方案。所谓最佳是说应用这一生长方法既能长出符合要求的高质量的晶体，又能节省能源和材料，使用起来简便，不需要很贵的特殊设备等等。

再次就是要考虑在固态时有无相变。这不仅牵涉到生长方法和配料成分，而且与生长后的热处理工艺问题有关。常常是高温时很顺利地长出了好晶体，但到了一定的低温时晶体就突然变坏甚至破碎。如何避免这样的破坏性转变是晶体生长工作者利用相图要考虑的重要问题。

下面讨论一些普遍存在的情况，并用具体的实例来加以说明。

### 1.3.1 生长配料

(1) *理想成分或近理想成分配料* 若生长 AB 型化合物，它有一定的固溶度，且在同成分点处摩尔比不严格符合化学配比，

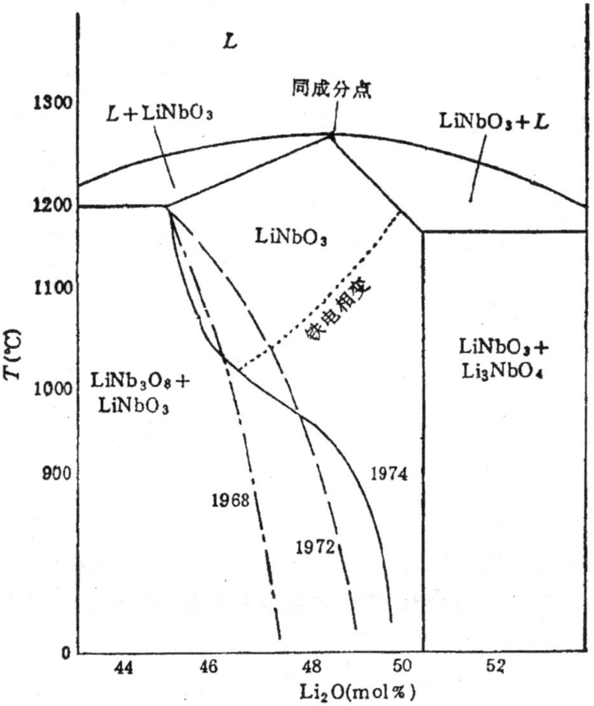


图 1.33 $Li_2O$-$Nb_2O_5$ 二元系相图.

$N_A$ 和 $N_B$ 有一定的差别，配料时应该注意不能严格按 1:1 配料。图

1.33 示出的是 $Li_2O$-$Nb_2O_5$ 二元系相图. 最初有人曾经认为 $LiNbO_3$ 不存在固溶区，将 $Li_2O$ 和 $Nb_2O_5$ 配料成为 1:1 的摩尔比，当生长温度波动时引起成分不均匀，造成杂相 $Li_3NbO_4$ 的生成，使晶体质量受到严重的损害. 后来发现存在固溶区，于是修改了 $Li_2O$-$Nb_2O_5$ 相图，指出在同成分点处 $Li_2O$ 的摩尔百分比浓度为 48.6mol%，相应的分子式为 $Li_{0.945}NbO_{2.973}$. 按这个成分配料进行生长，并在生长后期进行适当的热处理（参考 1.3.4 节），就可长出质量较好的单晶.

有些化合物虽然有同成分点，且在相图上不存在固溶区，在理

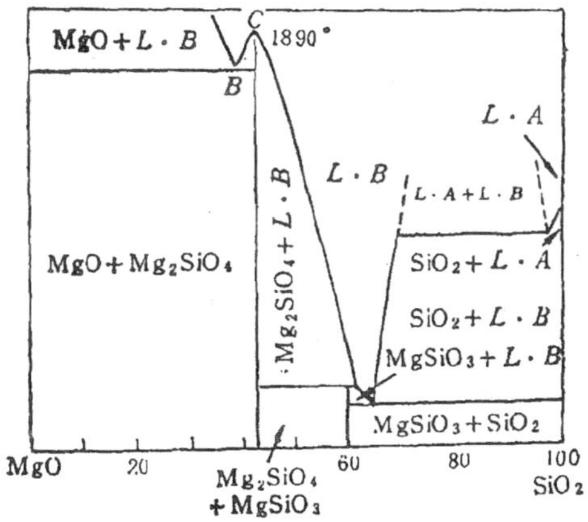


图 1.34 $MgO$-$SiO_2$ 的二元系相图.

论上可以同成分配料，但实际生长时常发现，化合物某一组分在熔体中，由于挥发或其它化学反应有一定的损失，配料时也应该考虑其效应而适当偏离理想成分. 图 1.34 示出的是 $MgO$-$SiO_2$ 的二元系相图[13]. 可以看出，$Mg_2SiO_4$ 是同成分熔化的化合物. 当在实际生长时，如果按 $MgO:SiO_2=2:1$ 进行配料，熔体生长出的晶体存在云层和包裹物等缺陷. 这是因为 MgO 在高温下，有一定的挥发性，造成了 $Mg_2SiO_4$ 晶体成分偏离，引起晶体的宏观缺陷，生长时 MgO 配料应过量 0.1%，就可消除这些缺陷，生长出光学质量很好的 $Mg_2SiO_4$ 单晶. 在生长 YAP 晶体时，由于原料纯度

和坩埚的问题造成部分Y或Al的损失，若按理想配比 $Y_2O_3:Al_2O_3=1:1$ 进行配料，则容易形成云层等缺陷．配料时应该根据具体情况适当地偏离理想成分．

(2) 掺质配料　掺质配料也可称为固溶体晶体生长配料．图1.13示出的是掺质 ($B$)分布的部分相图．将平衡时固相中的掺质浓度和液相中掺质浓度之比定义为平衡分凝系数 $k_0$，即 $k_0=c_s/c_0$，$c_s$ 和 $c_0$ 分别为固液两相中的杂质浓度．图1.13(a，b)分别表示 $k_0<1$ 和 $k_0>1$ 的情况．从图上可以容易地判断出，当 $k_0<1$ 时，掺质使体系熔点降低，掺 $Ti^{3+}$ 的 $Al_2O_3$ 和掺 $Nd^{3+}$ 的 YAG 都属于这种情况．当 $k_0>1$ 时，掺质使体系熔点升高，如掺 $Cr^{4+}$ 的钆镓石榴石 (GGG) 和掺 $Cr^{3+}$ 的 $Al_2O_3$ (红宝石)．$k_0=1$ 时，不改变熔点，这是理想的情况，因为只有纯元素或无固溶度的同成分熔化化合物在固液相变时才有这种情况出现．实际晶体生长时应该采用有效分凝系数 $k_e$，因为晶体生长是一个非平衡态过程．$k_e$ 的定义为

$$k_e=k_0/[k_0+(1-k_0)\exp(-v\delta_m/D)],\qquad(1.24)$$

式中 $v$ 表示生长速率，$\delta_m$ 为生长界面处杂质析聚的扩散层厚度，$D$ 为溶质在液体内的扩散系数．在近似的情况下，晶体的成分和掺杂配料成分的关系为：$c_{料}=c_{晶}/k_e$．

可调谐激光晶体 $Al_2O_3$:Ti 的有效分凝系数为0.17，激光晶体YAG:Nd 的有效分凝系数为0.2．如果要求其掺质浓度都为1mol%，则它们的配料应分别含 $Ti_2O_3$ 2.95mol%，$Nd_2O_3$ 2.5mol%．

发光中心离子浓度对激光晶体的激光输出具有很重要的影响．有时提高掺质浓度(即发光中心离子浓度)也会影响晶体本身的质量．图1.35示出的是 YAG-$Nd^{3+}$ 之间的相关系图．当熔体中 $Nd^{3+}$ 离子的含量超过5at%时，相图上存在三相共存区，晶体在这个区域生长时很容易生成 YAP 和 $Al_2O_3$ 等杂相，影响 YAG 的单晶质量．但如果在 YAG 中除了 $Nd^{3+}$ 离子外同时掺入 $Lu^{3+}$ 或 $Gd^{3+}$ 离子可使 YAG 晶体的晶格扩张，从而可增加 $Nd^{3+}$ 离子的掺质量，分凝系数从0.20提高到0.26．

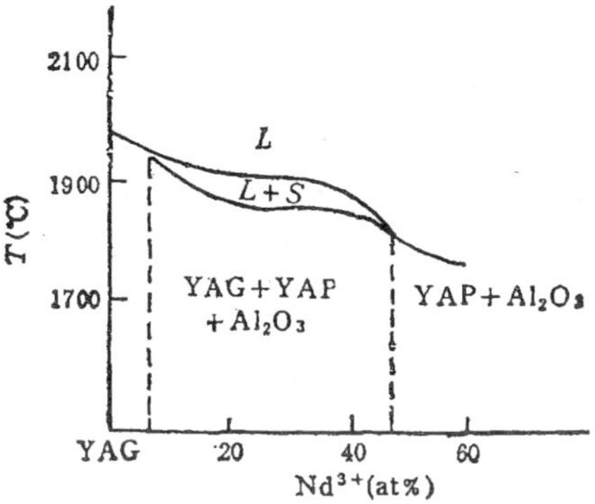


图 1.35　YAG-$Nd^{3+}$ 相关系图.

(3) **非理想成分配料**　在用助熔剂方法生长晶体时，如果所用助熔剂为晶体的组成成分，则配料时一定要适当偏离理想成分(化合物化学配比)，以便避开包晶反应或固态相变进行生长。在固溶体体系生长时也要考虑适当偏离理想成分的配料。图 1.36 示出 $KNbO_3$-$KTaO_3$ 二元系相图。如果生长成分为 $C$ 的固溶体晶体，则其配料成分应选择在 $C—C'$ 之间、且靠近 $C'$，而其温度还要保持在成分为 $C'$ 的液相与成分为 $C$ 的固相平衡存在的温度，否则固溶体晶体的成分会偏离 $C$。

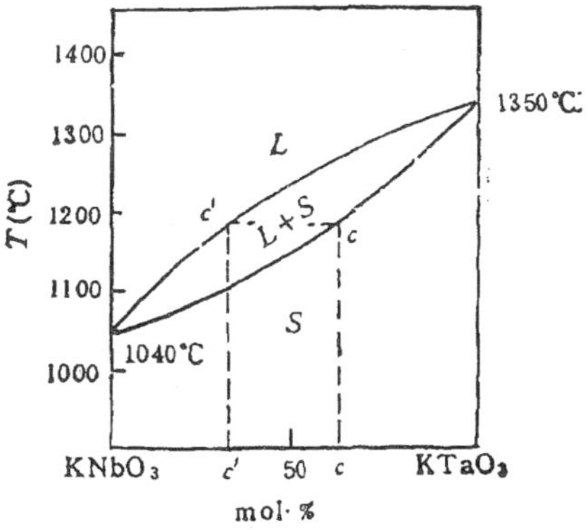


图 1.36　$KNbO_3$-$KTaO_3$ 二元系相图.

### 1.3.2　生长方式的选择

(1) **熔体生长法**　熔体生长有几种分类方法，如果从技术和工艺的角度来考虑的话，有熔焰法 (verneuil)，垂直温度梯度冻结法 (VGF)，垂直固化熔体法 (VSOM)，提拉法 (CZ)，区熔法 (FZ) 和热交换法(HEM)等.

对于不存在相变或者有相变但不是破坏性的固态，一般都可以用从熔体生长晶体的方法.

根据相图可大致判断什么情况下可采用熔体生长. 图1.37示出 $Y_2O_3$-$Al_2O_3$ 体系的相图[14]. $Y_2O_3$ 和 $Al_2O_3$ 相互之间有一定的固溶度，且此体系存在三个稳定化合物：(1)$Y_2O_3$ 和 $Al_2O_3$ 的摩尔比为 3:5 的钇铝石榴石 $Y_3Al_5O_{12}$；(2) 摩尔比为 2:1 的单斜晶系化合物 $Y_4Al_2O_9$；(3)摩尔比为 1:1 的铝酸钇 $YAlO_3$. 表 1.1 列出了 $Y_2O_3$-$Al_2O_3$ 体系中的不变点. $Y_3Al_5O_{12}$ 和 $Y_4Al_2O_9$ 是稳定化合物，但铝酸钇只在高温区是稳定的相，低于 1820℃ 时要分解为 $Y_4Al_2O_9$ 和 $Y_3Al_5O_{12}$ 两相混合物.

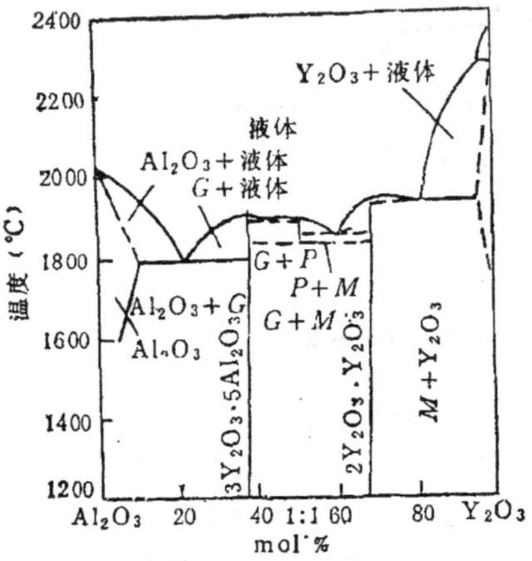


图 1.37 $Y_2O_3$-$Al_2O_3$ 体系相图（*G* 表示钇铝石榴石 YAG，*P* 表示钙钛矿相的 YAP，*M* 表示 2:1 的化合物）.

**表 1.1 $Y_2O_3$-$Al_2O_3$ 体系中的不变点**（L 表示液相）

| 相变 | 相变性质 | 温度(℃) | 摩尔百分数 | |
|---|---|---|---|---|
| | | | $Y_2O_3$ | $Al_2O_3$ |
| L→$Al_2O_3$ + G | 共晶 | 1780° | 20 | 80 |
| G→L | 熔化 | 1920° | 37.5 | 62.5 |
| L→G + P | 共晶 | 1880° | 41 | 59 |
| P→L | 熔化 | 1900° | 50 | 50 |
| L→P + M | 共晶 | 1855° | 61 | 39 |
| M→L | 熔化 | 1960° | 66.7 | 33.3 |
| L→M + $Y_2O_3$ | 共晶 | 1930° | 82 | 18 |

钇铝石榴石(简称 YAG) 是一种很好的激光基质材料，相图上看成是同成分熔化化合物，通常情况下可用以上提到的任何一种熔

体生长方法生长。和 YAG 一样，铝酸钇 $YAlO_3$（简称 YAP）也是一种很好的激光基质材料，虽然在 1820℃ 时分解，但随着温度的降低分解的速度也会明显降低，而且也存在同成分熔化点，因此也可用熔体生长法生长。

有很多半导体材料如 GaP 等，相图上虽有同成分点，如图 1.38 所示，但在通常条件下加热还不到它们的熔点时就会分解挥发，因而如用通常的熔体生长则需在高压气氛下，使分解出的蒸汽回到熔体中去。

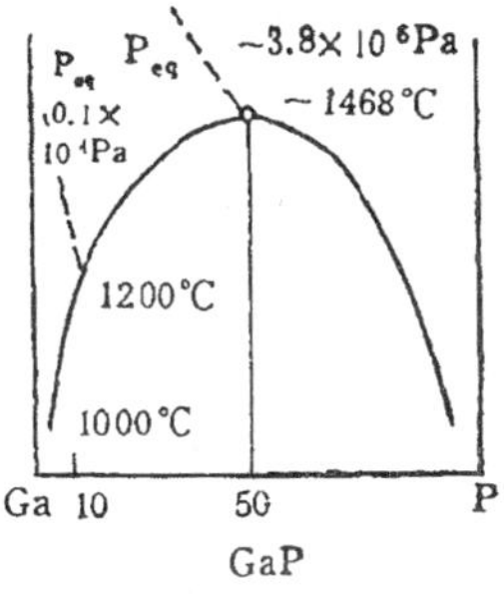

图 1.38　P-Ga 二元系相图.

（2）溶液生长法　这种方法是将晶体原料（溶质）溶解在溶剂中，形成过饱和溶液，使晶体在这种过饱和溶液中生长。根据溶液的性质又可分为助溶剂法，水溶液法和水热法等等。这里着重讨论助熔剂法。一般助溶剂法生长时温度比其它溶液法高，也可称为高温溶液法。

含有包晶反应的体系，一般可采取助熔剂法生长。图 1.39 所

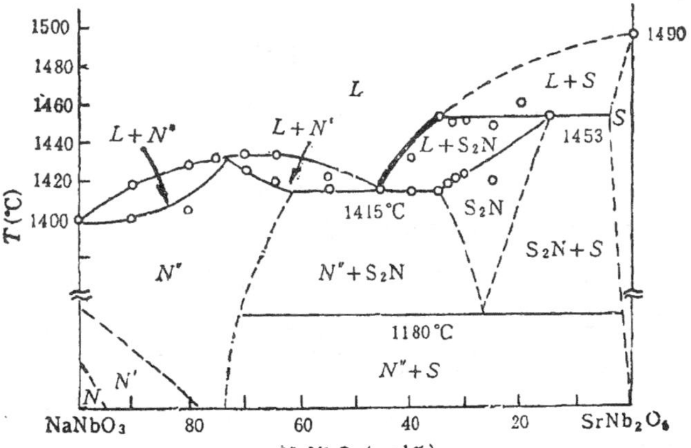

图 1.39　$SrNb_2O_6$-$NaNbO_3$ 赝二元系相图（N, N', N'' 是以 $NaNbO_3$ 为基的不同结构的固溶体，$S_2N$ 为 $Sr_2NaNb_5O_{15}$）.

示出的是 $SrNb_2O_6$-$NaNbO_3$ 赝二元系相图．从图中可以看出有一包晶产物 $Sr_2NaNb_5O_{15}$，生长该晶体可用其组成成分 $NaNbO_3$ 作为助熔剂，避开包晶反应进行生长．生长温度应该控制在 1415—1453℃之间，原料组份浓度要根据相应的液相线(图中的粗线)配制．

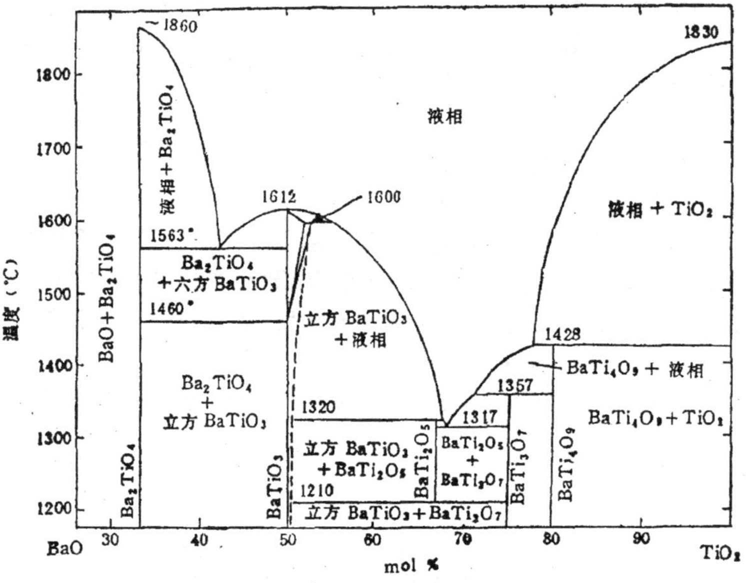


图 1.40 $BaO$-$TiO_2$ 相图．

某些晶体在熔点以下存在固态相变，用熔体生长法生长时得不到质量很好的低温相单晶．但可用助熔剂在相变温度以下生长，得到低温相的单晶．判断助熔剂的实用与否，应看低温相存在的温度范围是否足够宽．图 1.40 示出 $BaO$-$TiO_2$ 相图．很明显 $BaTiO_3$ 是一个同成分熔化的化合物，但在其熔点以下要经过多个相变过程：

液相 $\xrightarrow{1612℃}$ 六方相 $\xrightarrow{1460℃}$ 立方相 $\xrightarrow{120℃}$ 四方相 $\xrightarrow{5℃}$ 正交 $\xrightarrow{-80℃}$ 三方相．

如果需要立方相 $BaTiO_3$，可加 $TiO_2$ 作为助熔剂。一般 $TiO_2$ 成分可选为 64—67%，生长温度为 1450—1330℃，这样就可避开 1460℃的相变点，生长出立方相 $BaTiO_3$。以上所提助熔剂都是晶体的组成成分，但实际上也可为非组成成分。如用 KF，$BaCl_2$ 和 $BaF_2$ 作为助溶剂，也可成功地生长出立方相 $BaTiO_3$。

可用熔体生长的某些晶体，同样可以用助熔剂生长，而且对工艺条件要求可放宽。GaP 和 $Al_2O_3$ 等都可用助熔剂生长，生长时不用像熔体生长那样对气压和温度有过高的要求。从图 1.38 中可以看出，GaP 在熔体生长时，蒸汽压必须达到 $38 \times 10^5$Pa 的气压才能在同成分点生长。当用 Ga 作为助熔剂，一般配料大于 90%时，蒸汽压可降为 $0.01 \times 10^5$Pa，这时可容易地生长出 GaP 单晶。$Al_2O_3$ 的熔点为 2050℃，如果用 $Na_3AlF_6$ 作为助熔剂，可使生长温度降至 1040℃。

水热法和水溶液法也是可用来生长有固态相变的晶体的，但要有合适的溶剂。$SiO_2$ 在熔点以下存在以下相变：

液相 $\underline{1723℃}$ 方英石 $\underline{1470℃}$ 鳞石英 $\underline{867℃}$

$\beta$ 高温相 $\underline{573℃}$ $\alpha$ 低温相。

采用水热法可从高温、高压的溶液中直接生长出 $\alpha$-$SiO_2$。$LiIO_3$的固态有多种固相：用水溶液法可避开其它相，生长出 $\alpha$-$LiIO_3$。关于水热法和水溶液法的详细说明请参考下面的专题叙述。

### 1.3.3 晶体完整性与生长速率

前面已经讲过，晶体在生长过程中如果出现脱溶或同成分熔化晶体在配料时偏离理想成分，则当温度波动时将引起晶体成分的变化产生生长条纹、云层等缺陷。这些缺陷可以用正确的配料给予解决。下面主要讨论组分过冷对晶体完整性的影响。

（1）组分过冷　掺杂的熔体在生长过程中如果有效分凝系数 $k_e < 1$，固相中的杂质将不断地排向熔体，这样固液界面处将形成一个杂质富集区，它的分布情况如图 1.41 中的 $C$ 曲线所示。由于杂质增加而使液相线在界面附近将会下降，如图中的 $T_E$ 曲线所

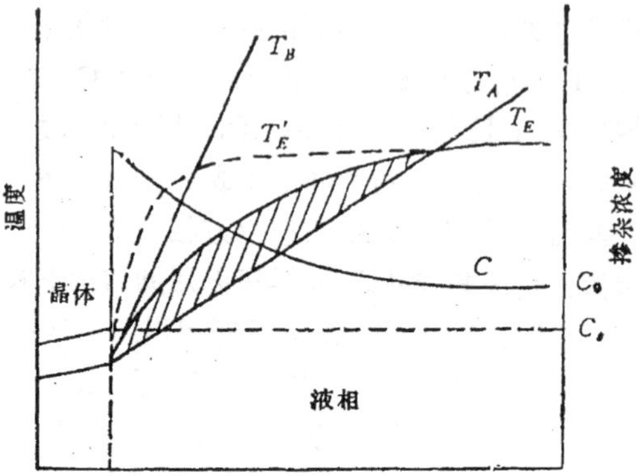

图 1.41 临界组分过冷的建立.

示. 如果熔体中的实际温度分布如 $T_A$ 所示,则将 $T_A$ 与 $T_E$ 相交的阴影区称为组分过冷区. 处于这个区域的熔体，由于实际温度低于其液相线（$T_E$),于是平坦界面的稳定性就会破坏，并转变为胞状界面. 在这种条件下,生长会出现胞状组织、枝蔓结晶以及溶质尾迹等严重破坏晶体完整性的现象. Tiller 等[12]假设液相为理想或稀溶液、$c_s = c_0(k_e = 1)$,固相中无扩散，凝固时无体积改变，液体中无搅拌等情况下，推导过组分过冷发生的条件如下:

$$G/v < mc_s(1-k_0)/(k_0 D), \tag{1.25}$$

式中 $G$ 为界面的温度梯度，$v$ 为生长速度，$m$ 为液相线斜率，$c_s$ 为固相中杂质浓度，$k_0$ 为平衡分凝系数，$D$ 为杂质在熔体中的扩散系数.

在生长纯的晶体材料时，一般不用考虑组分过冷问题. 但在通常条件下，组分过冷是晶体生长工作者所遇到的主要问题. 从上式可看出,降低生长速度,提高温度梯度是对组分过冷有抑制作用的. 同时生长时搅拌熔体,加强对流,使扩散层变窄，也对防止组份过冷有益. 现在大部分的提拉炉都带有晶转装置就是为了这个目的.

（2）**生长速率** 生长速率的确定应确保不发生组分过冷. 因此,从 Tiller 的发生组分过冷临界条件公式可以得出提拉速率的极限公式

$$v < Gk_0D/[mc_0(1-k_0)]. \tag{1.26}$$

闵乃本曾经根据别人的结果计算过生长速率与组分过冷层的关系。图 1.42 示出不同 $G, v$ 时含 Pb 的 Sn 中组份过冷层的厚度。当温度梯度 $G = 30℃/cm$ 时，$v$ 达到 0.002cm/s 时还不出现组分过冷，过冷层的厚度为 0；当 $v = 0.005cm/s$ 时，将出现组分过冷，过冷层厚度为 $3.6 \times 10^{-2}cm$；当 $v = 0.017cm/s$ 时，过冷层厚度将变为 $5 \times 10^{-2}cm$。同理，当 $v$ 不变时，$G$ 越大，过冷层将越小。因而生长速率控制应注意以下几点：

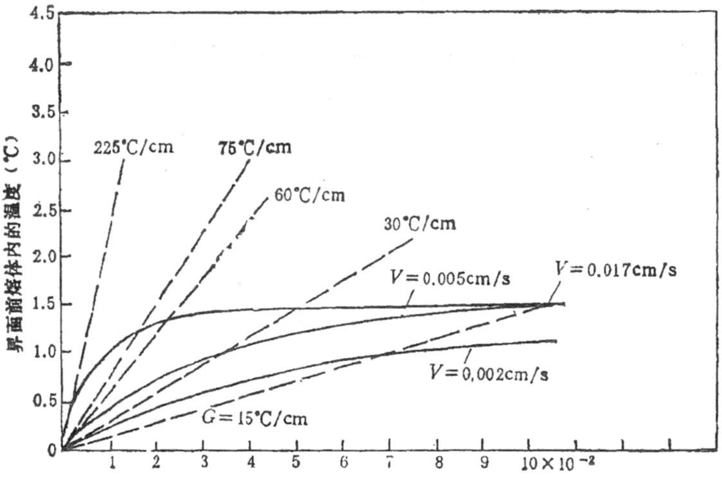


图 1.42 不同条件下组分过冷层的厚度.

(i) 有效分凝系数 $k_e$ 越接近 1，生长速率可以越快。如 $Nd^{3+}$ 在氟磷酸钙中的分凝系数约为 0.5，在 YAG 中是 0.2，故氟磷酸钙的生长速率就可比 YAG:Nd 的快。在固液同成分或单质纯元素生长时，$k_e = 1$，速度可更快。

(ii) 熔体中掺杂量越少，原料纯度越高，生长速率可以越快。如 $Al_2O_3$:Ti，$Mg_2SiO_4$:Cr，$YVO_4$:Nd 等激光晶体，随着掺杂量的增加，生长速率应相应地减慢。

(iii) 液相线斜率越大，生长速率应越慢。如果熔体中杂质含量过多，且在界面处又不易扩散，使得液相线斜率变成图1.41中的 $T'_E$ 线，则此时无论如何放慢生长速率、增加温度梯度在实际生长工作中都是不现实的，对于氧化物体系或偏离理想条件太多时应考虑这种情况。因此，提拉速度应综合考虑有效分配系数、掺杂量及温度梯度等因素。

(iv) 在条件准许的情况下，温度梯度 $G$ 越大，生长速率 $v$ 就越快。

### 1.3.4 生长后的热处理工艺

在晶体生长完后为了保持它的低温相(即室温相)，提高它的完整性，一般应该选择一个适当的热处理工艺。本文重点讨论退火和淬火两种热处理工艺。

(1) 退火　退火处理就是将晶体加热到其固相线以下的某个温度(一般为固相线以下50—100℃)，恒温一段时间然后再缓慢地降至室温。之所以进行退火处理是因为晶体生长是一个动态过程，不易保证温度不波动，由于温度波动又可造成晶体内成分不均匀，且会引起一定的热应力。如用熔焰法生长出的激光晶体 $Al_2O_3$:Cr 和 $Al_2O_3$:Ti，晶体热应力很大，杂质分布也不均匀，严重影响晶体的激光性能。一般退火温度为1950℃左右，可消除热应力，且使杂质分布均匀。$Al_2O_3$:Ti 晶体用提拉法生长时，晶体有近红外吸收，

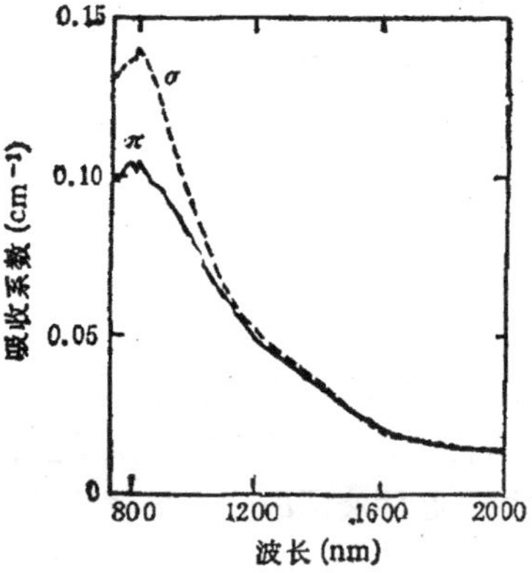


图1.43　$Al_2O_3$:Ti 晶体的近红外吸收

如图1.43所示[16]。但其激光输出范围也在近红外，因此近红外吸收对晶体的激光性能有严重的损害。这主要是因为晶体内存在 $Ti^{4+}$ 离子，而 $Ti^{3+}$ 和 $Ti^{4+}$ 离子组成离子对造成的吸收。将 $Al_2O_3$:

Ti 晶体在还原气氛中退火可消除大部分的 $Ti^{3+}$-$Ti^{4+}$ 离子对，减小红外吸收提高它的品质因数，更利于激光输出。以上所提到的两种晶体可在生长完后再进行退火，因为它们不存在不可逆相变。反之，晶体生长完不能冷却后再退火，应直接在晶体生长完后的高温下马上退火。

（2）淬火　淬火即晶体处于某个高温的状态时被快速降至室温或更低温度，以便保持其高温状态或亚稳态。

前面曾经讨论过 $Li_2O$-$Nb_2O_5$ 的二元系相图。在 $LiNbO_3$ 的同成分生长完晶体后，若按一般速度降温到 910℃ 时，遇到固溶线就会引起脱溶。正确的热处理方法是在 910℃ 以上时对晶体实行退火处理，到 910℃ 时对晶体实行淬火处理，把它的高温相冻结下来，在常温下形成亚稳相。

$Sr_2NaNb_5O_{15}$ 晶体的热处理也有类似的情况。如图 1.39 所示晶体在 1180℃ 以下分解为 $SrNb_2O_6$ 和 $NaNbO_3$ 的固溶体。因而正确的热处理方法是在 1180℃ 以上对晶体进行退火处理，而且必须在生长完后马上进行。当温度快达到 1180℃ 时对晶体进行淬火，保持它的高温相。

前面所提的 YAP 晶体的热处理方法也和 $Sr_2NaNb_5O_{12}$ 类似。从相图上看 YAP 在 1820℃存在固相反应，所以正确的处理方法是在此温度以上进行退火，快到此温度时降温速度应加快，直至室温，这样才能保住 YAP 这个高温下才稳定的相。但是淬火时的具体降温速度应根据不同晶体和实际情况来决定。原则上的降温速度应既能保持晶体的高温相又不使它由于降温太快而造成应力开裂等等。

### 1.3.5 相图在晶体生长中的一个应用实例

我们以非线性光学晶体 $\beta$-$BaB_2O_4$ 的生长来作为相图在晶体生长中的应用实例。$\beta$-$BaB_2O_4$ 是 $BaB_2O_4$（简称 BBO）的低温相晶体。该晶体从探索一直到非线性应用方面都有我国科技人员的贡献。这些贡献大致可表现在五个部分：(1)结构类型选择；(2)晶体化学；(3)晶体生长；(4)结构测定；(5)激光性能测试。因此，有人称这种晶体为“中国晶体”。这里主要讨论相图在该晶体发展阶段所起的作用。

作为一种化合物，早在1949年就由 Levin 等研究过[17]。他们认为 $BaB_2O_4$ 有两种固相结构。随后，Hubner 确定了两种固态的相变范围，测定了空间群[18]，但错误地认为 $BaB_2O_4$ 的空间群为 $C2/c$。对该晶体比较全面的研究工作是由中国科学院福建物质结构研究所和物理研究所完成的。黄清镇、梁敬魁等[19]从1980年开始用差热分析、X射线衍射等方法研究了 $BaO-Na_2O-B_2O_3$ 三元系的两个截面：$BaB_2O_4-Na_2B_2O_4$ 和 $BaB_2O_4-Na_2O$ 赝二元系的相关系，如图1.44所示。确定了这些体系中具有倍频效应的物质是 $BaB_2O_4$ 的低温相，而不是以前误认的“硼酸钡钠”，钠盐所起的是助熔剂的作用。此外，他们提出并实现了用熔盐提拉法生长 $\beta$-$BaB_2O_4$ 小单晶，并进行了一系列相关系和结构的研究。1982年卢绍芳等[20]测定了低温相 $\beta$-$BaB_2O_4$ 的晶体结构。经他们确定得知，$\beta$-$BaB_2O_4$ 不具有对称中心，其空间群为 $C_3^4$，每个单胞含有18(Ba)+36(B)+72(O)个原子。1986年江爱栋等[21]进一步测定了以下三种体系的固液相线：$BaB_2O_4$-$BaB_2O_4 \cdot Na_2O$，$BaB_2O_4-BaCl_2$ 和 $BaB_2O_4-BaF_2$，如图1.45所示。他们根据自己所测的固液相线，用助熔剂法成功地长出了 $\phi 76 \times 15$mm 的单晶。

在生长 $\beta$-$BaB_2O_4$ 的实验中一共使用过以下助熔剂：$Li_2O$，$BaB_2O_4 \cdot Na_2O$，$BaCl_2$ 和 $BaF_2$ 等。最初用 $Li_2O$ 作助熔剂，但从 $BaB_2O_4-Li_2O$ 二元系相图可以看出 $4BaB_2O_4-Li_2B_2O_4$ 的包晶反应的温度为930℃左右，高于 $BaB_2O_4$(920℃)的相变温度，无法从这个体系生长出 $\beta$-$BaB_2O_4$ 的完整单晶，因而有人报道只能从 $Li_2O$ 作为助熔剂的体系内长出小的 $\beta$-$BaB_2O_4$ 晶粒。这主要是因为由 $\alpha$ 相到 $\beta$ 相的固态相变造成的。除了 $Li_2O$ 外，用 $BaCl_2$ 和 $BaF_2$ 作助熔剂虽然有很理想的生长温度等，但由于它们本身有挥发物产生，对晶体的生长及人体的健康都有害，因而不大被人们所采用。在 $BaB_2O_4-Na_2O$ 以及 $BaB_2O_4-Na_2B_2O_4$ 体系内的共晶点离 $\beta$-

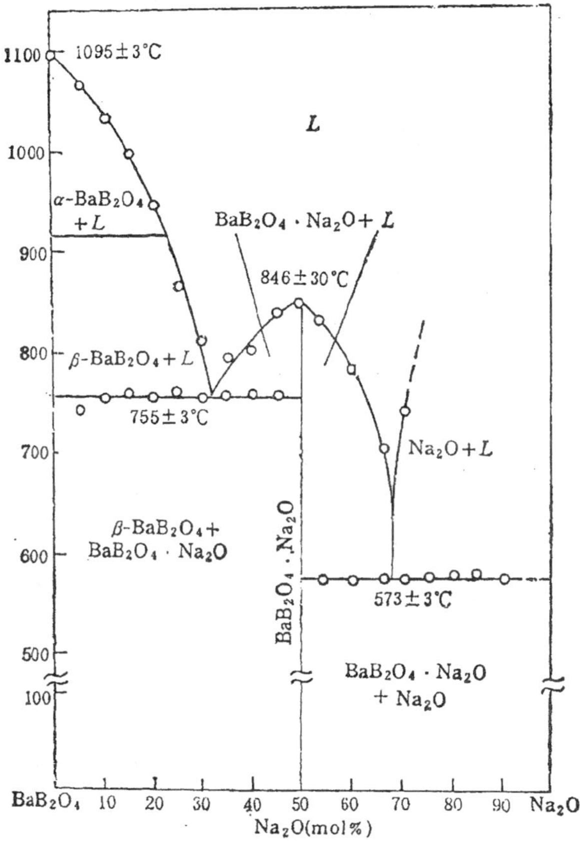


图 1.44 $BaO-Na_2O-B_2O_3$ 三元系的相关系，$BaB_2O_4$-$Na_2O$ 赝二元系的相关系图.

$BaB_2O_4$ 相变温度分别为 170℃和 100℃左右，也就是说 β-$BaB_2O$ 在这两种体系内结晶范围宽. 因而 $Na_2O$ 和 $Na_2B_2O_4$ 是用来生长 β-$BaB_2O_4$ 最常用的助熔剂.

国内外相继有一些关于用很少的助熔剂（如 $Na_2O$ 只有 3% mol）的报道[22,23]，还有不用助熔剂的报道. 这可用奥斯脱瓦尔阶段定律（Octwald law of stage）作出解释：处于热力学不稳定状态的体系，在向其自由能为最低的稳定状态过渡时，有时过渡不

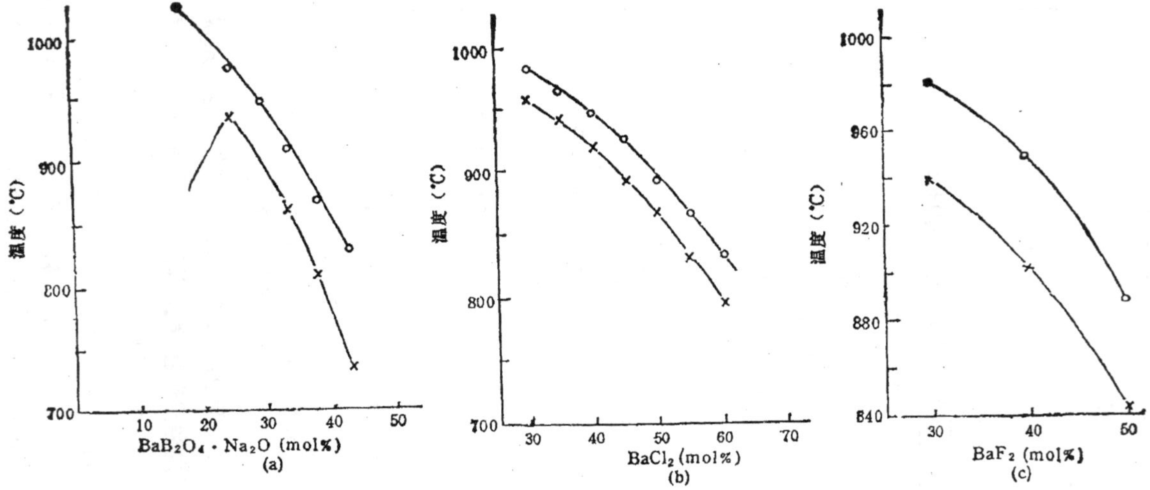


图 1.45 $BaB_2O_4$ 在不同体系下的液相线(○)和自发结晶线(×)：
(a) $BaB_2O_4$-$BaB_2O_4 \cdot Na_2O$； (b) $BaB_2O_4$-$BaCl_2$； (c) $BaB_2O_4$-$BaF_2$ 体系。

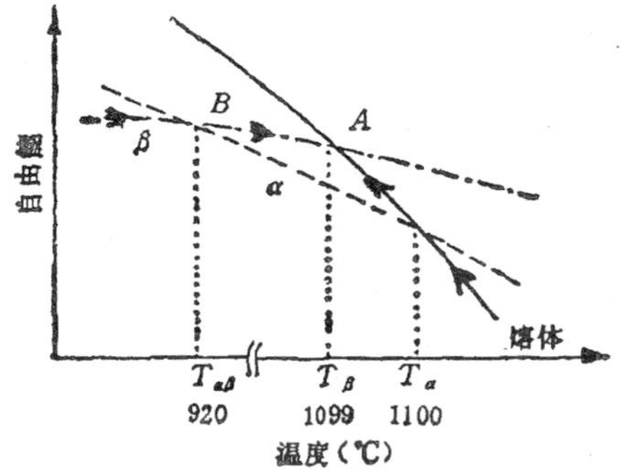


图 1.46 $BaB_2O_4$ 各相的自由能关系曲线.

到最低状态，而只过渡到其自由能降低较小的中间状态. 图 1.46 示出 α 相和 β 相的 $BaB_2O_4$ 同其液相的自由能关系曲线。图中所示 $T_{\alpha\beta}$ 是相变点，$T_\alpha$ 和 $T_\beta$ 是 α 相和 β 相的熔点. 有人报道，$T_\alpha$ 和 $T_\beta$ 相差不到 1℃,而熔体的过冷区则有 45—55℃的范围，因此熔体很容易过冷到 $T_\beta$ 以下,结晶时直接生成 β 相. 总之,β-$BaB_2O_4$ 单晶的生长成功说明了相图在晶体生长中的重要性.

如前所述,相图对晶体生长来说是起着战略地图的作用,是成功地长出优质晶体所不可缺少的科学依据.但这并不是说,没有相图就不可能进行晶体生长，有了相图就一定能长好晶体. 因为影响晶体生长的因素是复杂和多变的，例如必须同时考虑动力学因素和晶体学因素，这是因为晶体生长是非平衡态的相变过程. 在没有相图作为依据的情况下，晶体生长工作者可以通过多种途径取得有关晶体熔化、溶解以及固态中的相变等的资料. 如果再与相图工作者结合起来,进行相图的测定,然后修正必要的数据，改变晶体生长参数,改进晶体生长条件,则对晶体生长工作有很大的帮助. 例如江爱栋等通过对不同助熔剂体系的液相线和析出初晶温度的重新测定，从而制订出更为科学和合理、有效的生长工艺流程及选择更合适的助熔剂.日本晶体生长工作者还对 $BaB_2O_4$ 从液相过冷到一定的温度下所析出的固相进行了测定，发现析出 β-$BaB_2O_4$ 的温度高于相图所示的 920℃. 因而为直接从熔体生长

$\beta$-$BaB_2O_4$ 提供了依据．这些都说明了在利用现有的相图时，还要考虑到由于晶体生长时的条件不同而引起的一些变化．例如实际晶体生长时所用原料的纯度、加热或冷却速度的改变等情况会导致不完全符合相图所示情况现象的发生．尤其是在氧化物体系中，如果某一组分有过冷时，会改变平衡(或准平衡)状态的相图形状．只有考虑了这些，才能恰当地发挥相图的作用．

## 参 考 文 献


[1] 傅 鹰，化学热力学导论，科学出版社(1963).
[2] 王竹溪，热力学，高等教育出版社(1950).
[3] Lay, E. Joachum, Thermodynamics, Charles E. Merrils Books, Inc., Columbus, Ohio (1963).
[4] Alper, M. Allen, Phase Diagrams, Academic Press, **1** (1970).
[5] E. M. Levin, C. R. Robbins, H. F. McMurdie, Phase Diagrams for Ceramists (The American Ceramic Society, Columbus, Ohio 1964), With supplements (1969) and (1975).
[6] N. Kh. Abrikosov, V. F. Bankina, L. V. Poretskaya, L. E. Shelimova and E. V. Skudnova, Semiconducting II—VI, IV—VI and V—VI compounds, Plenum Press, New York (1969).
[7] F. Rosenberger, Fundamentals of Crystal Growth I., Springer-Verlag (1979).
[8] 梁敬魁，相图与相结构(上册)，科学出版社(1993).
[9] H. Okamoto, T. B. Massalski, *J. Phase Equilibria*, **12**(2),148(1991).
[10] M. Hansen, K. Anderco, Constitution of Binary Alloys,McGraw-Hill, New York (1958); R. P. Elliott, First Supplement (1965); F. A. Shunk, Second Supplement (1969).
[11] 经仲智，化学通报，**63**,2(1976).
[12] Allen, M. Alper, Phase Diagrams: Materials Science and Technology Academic Press, **3**,**2** (1970).
[13] 朱洪宾、潘佩聪等，人工晶体学报，**19**,2(1990).
[14] 陆学善，激光基质钇铝石榴石的发展，科学出版社(1972).
[15] 闵乃本，晶体生长的物理基础，上海科学技术出版社(1982).
[16] Aggarwal, et al., *IEEE. J. Quant. Elect.*, **24**, 6(1988).
[17] E. M. Levin, H. F. Mc Murdie, Nat. Bur. Standard, *J. Res*, **42**, 131 (1949).
[18] K. H. Hubner, Neues Jahrb, Mineral. Monatsh., 335(1969).
[19] 黄清镇，梁敬魁，物理学报，**30**(4),559(1981); *J. Crystal Growth*, **97**, 720 (1989).
[20] 芦绍芳、何美云、黄金陵，物理学报，**31**(7),948(1982).
[21] Jiang Aidong, et al., *J. Crystal Growth*, **79**, 963 (1986).
[22] H. Kouta, et al., *J. Crystal Growth*, **106**, 728(1990).
[23] Y. Kozuki, M. Itoh, *J. Crystal Growth*, **114**, 683(1991).

# 第二章 晶体生长动力学

张克从 陈万春

晶体生长是一种相变过程，它是各种复杂物理现象相互作用的结果，它受晶体生长热力学与动力学等各种因素相互作用的影响，加之人们对熔体或溶液的结构细节仍缺少充分认识，因此，至今仍很难为实际晶体生长过程提出一个完备的理论模型，致使晶体生长理论与其实践仍存有一定的差距.

概括地讲，晶体生长理论应包括热力学和动力学两大方面.本书第一章主要阐明了晶体生长热力学理论，本章专门论述晶体生长动力学.

晶体生长动力学主要是阐明在不同生长条件下的晶体生长机制，以及晶体生长速率与生长驱动力间的规律. 晶体生长界面结构决定了生长机制，不同的生长机制表现出不同的生长动力学规律. 晶体生长速率受生长驱动力的支配，当改变生长介质的热量或质量输运时，晶体生长速率也随之而改变. 晶体生长形态取决于晶体的各晶面间的相对生长速率. 当生长介质的输运性质以及其他动力学因素改变时，不仅能使晶体生长速率发生变化，而且会影响到晶体生长形态与生长界面的稳定性，晶体生长界面是否稳定，关系到生长单晶的完整性. 因此，晶体的完整性与其生长动力学有着密切的联系.

## § 2.1 晶体生长形态

人们自 17 世纪初就开始了对矿物晶体和天然结晶的形态研究，几个世纪以来，通过对晶体形态的反复观察、分析与比较，归纳出一系列有关晶体形态(几何)的经验定律，诸如晶面角守恒定律、有理指数定律、晶体对称性定律、晶带定律等，这些经验定律为后来的晶体学的发展奠定了学科基础．晶体生长形态是其内部结构的外在反映，晶体的各个晶面间的相对生长速率决定了它的生长形态．晶体生长形态虽受其内部结构的对称性、结构基元间键合和晶体缺陷等因素的制约，但在很大程度上还受到生长环境相的影响．因此，同一品种的晶体(即成分与结构均相同)，既能形成具有对称特征的几何多面体，又能生长成特殊的形态．晶体生长形态能部分地反映出它的形成历史，因此，研究晶体生长形态，有助于人们认识晶体生长动力学过程，可为探讨实际晶体生长机制提供线索．

广义来讲，对于晶体生长形态学，不仅要研究晶体生长后的宏观几何外形以及其生长过程中宏观几何外形的演变，而且还应包括生长界面的显微形态和生长界面的稳定性等内容，这些研究内容，我们在下面将进行分析与讨论．

### 2.1.1 晶体生长形态与生长速率间的联系[1,2]

一般说来，晶体在自由的生长体系中生长，晶体的各晶面生长速率是不同的，即晶体的生长速率是各向异性的．通常所说的晶体的晶面生长速率 $R$ 是指在单位时间内晶面 $(hkl)$ 沿其法线方向向外平行推移的距离 $(d)$，并称为线性生长速率．

晶体生长的驱动力来源于生长环境相(汽相、溶液、熔体)的过饱和度 $(\Delta c)$，或过冷度 $(\Delta T)$．人工生长单晶时，在保证晶体生长质量的前提下，人们总是希望提高生长速率，但是要维持恒定的生长速率，其工艺技术是难以达到的．常常由于晶体生长速率的改变，导致晶体缺陷的产生，这不仅有损于晶体的完整性，而且晶体的生长形态也要发生变化的．

晶体生长形态的变化来源于各晶面相对生长速率(比值)的改变，现以二维模式晶体生长为例来说明晶面的相对生长速率的变化与晶体生长形态间的联系(如图 2.1 所示)．

在图 2.1 中，$l_{11}$，$l_{01}$ 分别代表（11），(01）晶面的大小，$R_{11}$，$R_{01}$ 分别代表(11)，(01)晶面的生长速率．从图 2.1 所表明的简单的几何关系中可求得

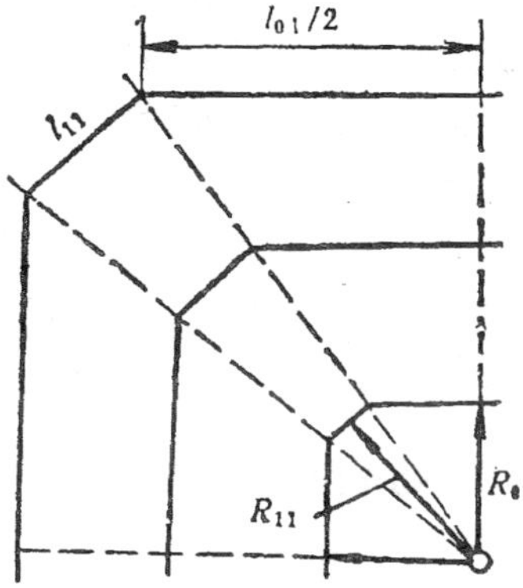


图 2.1　晶面的相对生长速率与晶体生长形态间的联系．

$$R_{01} = \frac{l_{01}}{2} + \sqrt{2} \cdot \frac{l_{11}}{2},$$

$$\frac{l_{01}}{2} = \sqrt{2} \cdot R_{11} - R_{01},$$

$$R_{11} = \sqrt{2} \cdot R_{01} - \frac{l_{11}}{2},$$

$$\frac{l_{11}}{2} = \sqrt{2} \cdot R_{01} - R_{11},$$

$$\frac{l_{01}}{l_{11}} = \frac{\sqrt{2}\left(\frac{R_{11}}{R_{01}}\right) - 1}{\sqrt{2} - \frac{R_{11}}{R_{01}}}. \qquad (2.1)$$

根据式(2.1)，当 $R_{11}/R_{01} \geqslant \sqrt{2}$ 时，二维模式晶体生长形态仅为{01}单形；当 $R_{11}/R_{01} \leqslant \sqrt{2}/2$ 时，二维模式晶体生长形态仅为{11}单形；当 $\sqrt{2}/2 < R_{11}/R_{01} < \sqrt{2}$ 时，二维模式晶体生长形态为{01}与{11}两种单形所组成的聚形．

同理，对于由{001}与{111}两种单形所组成的立方晶系晶体形态，不难证明，它取决于(001)与(111)两晶面的相对生长速率的比值．

### 2.1.2　晶体生长的理想形态[3]

具有几何形态的实际晶体，经过晶面角测量和极射赤平投影后，能够去伪存真，而描绘出晶体的理想形态．晶体的理想形态可分为单形与聚形．

当晶体在自由体系中生长时，若生长出的晶体形态的各个晶面的面网结构相同，而且各个晶面都是同形等大，这样的晶体理想形态称为单形. 若在晶体的理想形态中，具有两套以上不同形、也不等大的晶面，这种晶体的理想形态称为聚形，而聚形是由数种单形构成的.

研究实际晶体生长形态，首先应当研究它的理想形态，以寻求晶面或晶带在三维空间分布的几何规律性，然后再进一步研究晶体生长形态出现的外在原因.

### 2.1.3 晶体生长的实际形态[4,5,8]

晶体生长的实际形态是由晶体内部结构和形成时的物理化学条件所决定的. 长期以来，人们研究晶体生长的实际形态是从天然矿物晶体开始的，通过对天然石英晶体的形态研究，不仅加深了对天然石英晶体形成时物理化学条件的认识，为寻找石英矿床提供了科学依据，而且为人工石英晶体的生长形态的研究奠定了学科基础.

人工晶体生长的实际形态可大致分为两种情况. 当晶体在自由体系中生长时，如晶体在汽相、溶液等生长体系中生长时可近似地看作自由生长体系，晶体的各晶面的生长速率不受晶体生长环境的任何约束，各晶面的生长速率的比值是恒定的，而晶体生长的实际形态最终取决于各晶面生长速率的各向异性，呈现出几何多面体形态. 当晶体生长遭到人为的强制时，晶体各晶面生长速率的各向异性便无法表现出来，只能按人为的方向生长. 熔体提拉法、坩埚下降法、区域熔化法等等均可看为晶体的强制生长体系. 但有时在强制生长体系中，晶体的顽强的生长习性也会表现出来的. 例如，当晶体采用熔体提拉法生长时，虽然晶体的径向生长受到温场的一定约束，但晶体生长的各向异性在径向有时还能显露. 沿{111}方向提拉石榴石晶体，在固-液界面上常出现{112}小面. 对氧化物和半导体晶体，在其固液界面上出现小晶面是一种较为普遍的现象，这与自由生长体系中晶体生长显现出几何多面体形态一样，这种现象是晶体生长各向异性的表现.

### 2.1.4 晶体几何形态与其内部结构间的联系[6,7,8,9,10]

(1) 晶体几何形态的表示方式　根据晶体学有理指数定律，晶体几何形态所出现的晶面符号 $(hkl)$ 或晶棱符号 $[hvw]$ 是一组互质的简单整数.

按照 Bravais 法则，当晶体生长到最后阶段而保留下来的一些主要晶面是具有面网密度较高，而面网间距 $d_{hkl}$ 较大的晶面.

晶体生长形态的变化，除同质多相的晶体外，不仅与晶体生长条件有关，而且也能反映出晶体结构的一些信息.

从 X 射线晶体结构分析结果中可知，不管是高级晶系或是中、低级晶系晶体，晶格面网间距 $d_{hkl}$、晶格常数 $(a, b, c, \alpha, \beta, \gamma)$ 和面网族 $\{hkl\}$ 三者之间存在着一定的关系，例如，对于立方面心晶格晶体，面网间距 $d_{hkl}$、晶格常数 $a$ 和面网族 $\{hkl\}$ 三者之间存在着如下关系:

当 $h, k, l$ 全为奇数或全为偶数时

$$d_{hkl}=\frac{a}{\sqrt{h^2+k^2+l^2}}; \tag{2.2}$$

当 $h, k, l$ 中有奇数也有偶数时

$$d_{hkl}=\frac{a}{2\sqrt{h^2+k^2+l^2}}. \tag{2.3}$$

从式(2.2)和式(2.3)中可得出，$a^2/d_{hkl}^2$ 值随 $h, k, l$ 值变化是有规律性的，见表 2.1.

表 2.1　$a^2/d_{hkl}^2$ 随 $h,k,l$ 的变化规律

| $h,k,l$ | 100 | 110 | 111 | 210 | 211 | 221 | 310 | 311 | 320 | 321 |
|---|---|---|---|---|---|---|---|---|---|---|
| $a^2/d_{hkl}^2$ | 4 | 8 | 3 | 20 | 24 | 36 | 40 | 11 | 52 | 56 |

根据上述 Bravais 法则，属于这种结构类型的晶体，出现在晶体形态中的单形顺序应为 $\{111\}, \{100\}, \{110\}, \cdots$. 天然的萤石 $(CaF_2)$ 和金刚石 (C) 等晶体，基本上是符合上述规律的. 但对

于中、低级晶系晶体，尤其是对于低级晶系晶体，面网间距 $d_{hkl}$、晶格常数 $(a,b,c,\alpha,\beta,\gamma)$ 和面网族 $\{hkl\}$ 三者之间的关系就复杂化了，但 $d_{hkl}$ 值随着面网族 $\{hkl\}$ 的减小而增大的一般倾向却仍然存在. 更值得注意的是，当晶体结构中存在着螺旋轴和滑移面对称性时，则情况变得更加复杂了，这时候必须对面网间距 $d_{hkl}$ 进行修正，否则计算结果与实际情况就会不符.

当晶体结构中具有螺旋轴时，只影响与其垂直的面网间距 $d_{hkl}$ 值，而修正因子 $\beta$ 应随螺旋轴的轴次不同而不同，对于

$2_1,4_2,6_3$ 螺旋轴，　$\beta=1/2$，

$3_1,3_2,6_2,6_4$ 螺旋轴，　$\beta=1/3$，

$4_1,4_3$ 螺旋轴，　$\beta=1/4$，

$6_1,6_5$ 螺旋轴，　$\beta=1/6$.

例如属于三方晶系的石英（$\alpha$-$SiO_2$）晶体，若不考虑其结构中的 $3_1$ 或 $3_2$ 螺旋轴时，根据 Bravais 法则的推论，$z\{0001\}$ 单形应在晶体形态中出现的比重最大，但实际上所出现的概率却很少，若考虑到垂直于 $z\{0001\}$ 单形的 $3_1$ 或 $3_2$ 螺旋轴的重要作用时，而 $z\{0001\}$ 单形应改为 $z\{0003\}$ 单形，这样对于 $z\{0001\}$ 单形很少出现的原因，就可以得到合理的解释.

同样，当晶体结构中存在着滑移面时，对晶体形态中所出现的单形比重次序也能发生影响，可以证明，与(001)面平行的滑移面，只能对 $\{hkl\}$ 单形范围内的某些单形发生影响. 例如 $a$ 滑移面或 $b$ 滑移面，仅对 $h$ 或 $k$ 为奇数的 $\{hko\}$ 单形产生影响，这由于等同部分形成的面网间距 $d_{hkl}$ 与密度都比具有普通对称面存在时少1/2的原因. 同样，不难理解，当晶体结构中具有 $n$ 滑移面时，仅对 $(h+k)$ 为奇数的 $\{hko\}$ 单形产生影响，而对 $d$ 滑移面，仅对 $(h+k)$ 不等于 4 的倍数的 $\{hko\}$ 单形产生影响.

上述所讨论的晶体形态与晶体结构间的联系只能看作是一个粗略的轮廓，它是晶体结构对称性在其形态上反映的一些信息，但在实际情况下，由于晶体生长的外界因素及其结构基元间键合作用的影响，即便是同一品种的晶体生长形态往往也会有所不同，这

样就远非像 Bravais 法则所推论的那样简单了.

(2) **周期键链理论** (periodic bond chain, PBC) Hartman 和 Perdok 等在探索晶体形态与其结构的关系时，提出了周期键链理论,此理论是在晶体化学基础上建立起来的晶体形态理论.对于具有复杂结构的晶体实验观察表明，其生长形态是可以用周期键链理论来阐明的. 此理论的基本假设是,在晶体生长过程中,于生长界面上形成一个键所需要的时间随着键合能的增加而减少,因而生长界面的法向生长速率随键合能的增加而增加. 由于键合能的大小决定了生长界面的法向生长速率，故键合能的大小也就决定了晶体的生长形态. 该理论认为晶体结构是由周期键链(PBC) 所组成的,晶体生长最快的方向是化学键最强的方向，晶体生长是在没有中断的强键链存在的方向上，这里所说的强键是在晶体生长过程中形成的强键. 晶体生长过程所能出现的晶面可划分为三种类型,即 *F* 面、*S* 面、*K* 面. 划分面的标准为

*F* 面：或称平坦面 (flat faces)，它包含两个或两个以上的共面的 PBC (***PBC*** 矢量).

*S* 面：或称台阶面 (stepped faces)，它包含一个 PBC(***PBC*** 矢量).

*K* 面：或称扭折面 (kinked faces)，它不包含 PBC (***PBC*** 矢量).

所设想的 PBC 模型，如图 2.2 所示.

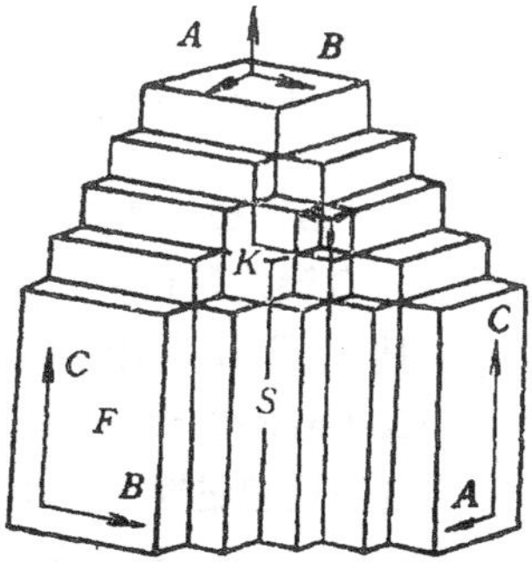

图 2.2 PBC 模型.

在图 2.2 中，假设晶体中具有三种 ***PBC*** 矢量，其中 ***A*** 矢量 //[100]、***B*** 矢量 //[010]、***C*** 矢量 //[001] 方向. 这些 ***PBC*** 矢量确定了六个 *F* 面，即 (001) $(00\bar{1})$; (010),$(0\bar{1}0)$;(100),$(\bar{1}00)$面;三个 *S* 面即(011),(101)和(110)面; 一个 *K* 面，即(111)面. 从图 2.2 中还可以看出，一个结构基元生长

在 $F$ 面上，只形成一个不在 $F$ 面上的 $\boldsymbol{PBC}$ 矢量；一个结构基元生长在 $S$ 面上，形成的强键比 $F$ 面上的数目多；而在 $K$ 面上形成的强键数最多。因此，$F$ 面的生长速率最慢，$S$ 面的生长速率次之，而 $K$ 面生长速率最快，因而 $K$ 面是易于消失的晶面。晶体生长的最终形态多为 $F$ 面包围，其余的为 $S$ 面。

**例：** PBC 理论对磷酸钛氧钾（$KTiOPO_4$）晶体的应用

$KTiOPO_4$（KTP）晶体通常可用高温溶液法生长，所采用的溶剂多为磷酸钾盐、通过化学反应可生成 KTP 分子

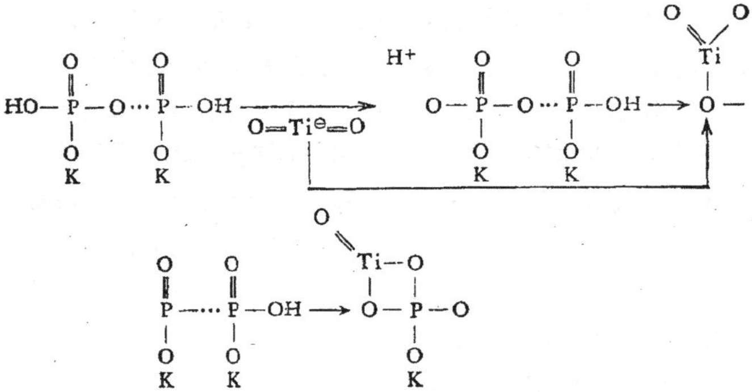

（$KTiOPO_4$ 分子）

在高温溶液中，$TiO_2$ 可部分地或全部聚合成

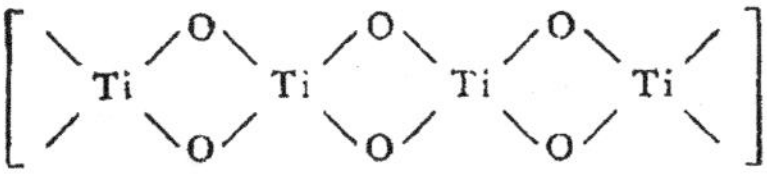

键链

KTP 晶体在生长过程中，所聚合的这些键链中一半被破坏。因为 K—O 键能远远小于 $PO_4$—$TiO_6$—$PO_4$—$TiO_4$—$PO_4$ 的键能，因此当研究 KTP 晶体结构的 PBC 时，可以不考虑 K—O 键链。按照 Hartman-Perdok 理论，晶体形态是由不间断的强键链所支配，这些周期键链穿过整个晶体结构。在 KTP 晶体结构中有以下几种最重要的 PBC 类型：

(i) $PO_4$—$TiO_6$—$PO_4$—$TiO_6$—$PO_4$ 键链，简称 PTP 或 TPT PBC，其中所有的键均为 P—Ti 键，如图 2.3 所示。

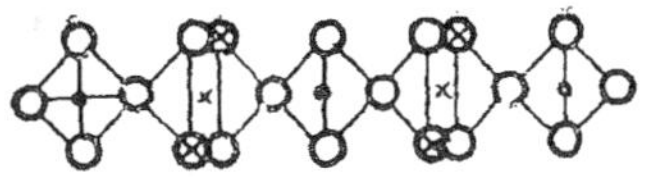


图 2.3 PTP PBC.

PTP PBC 是由 $PO_4$ 四面体和 $TiO_6$ 八面体所构成的。

(ii) Ti—O—Ti—O—Ti 键链，简称 TTT PBC，其中所有的键均为 Ti—O 键。

(iii) $PO_4—TiO_6—O—TiO_6—O—TiO_6—PO_4$ 键链，简称 PTTTP 或 TTPTT PBC，其中键的一半是 $PO_4—TiO_6$ 键，另一半为 $TiO_6—O$ 键。

在 KTP 晶体结构中有 14 个 PBC 被区分出来，现列入表 2.2 中。

**表 2.2 晶体结构中的 14 个 PBC**

| PBC 的数量 | 方 向 | 特 性 |
|---|---|---|
| 1 | [100] | PTP |
| 2 | [010] | PTP 和 PTTTP |
| 1 | [001] | PTP |
| 4 | [011] | PTP 和 TTT |
| 2 | [101] | PTP |
| 4 | [120] | PTP 和 PTTTP |

KTP 晶体的 PBC 的极射赤平投影如图 2.4 所示。

从图 2.4 中可看出，KTP 晶体具有 9 个潜在的 *F* 面，即 {100}，{011}，{210}，{111}，{010}，{101}，{211}，{001}，{212}

KTP 晶体虽然没有对称中心(点群：$C_{2v}$-$mm2$)，但{010}和{$0\bar{1}0$}，{011}和{$0\bar{1}\bar{1}$}，{210}和{$\bar{2}\bar{1}0$}均是等效面。KTP 晶体的理想形态如图 2.5 所示。

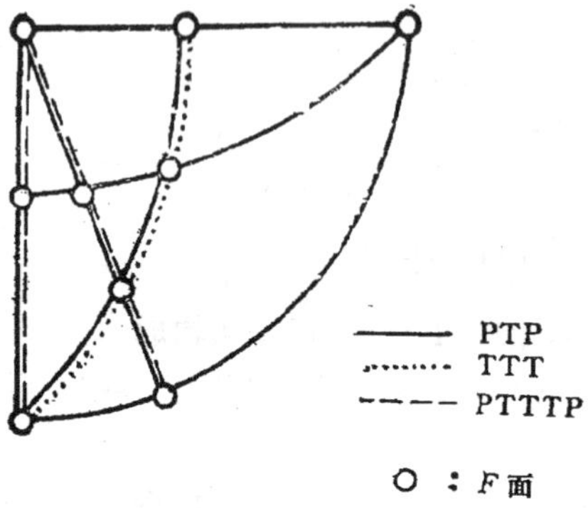


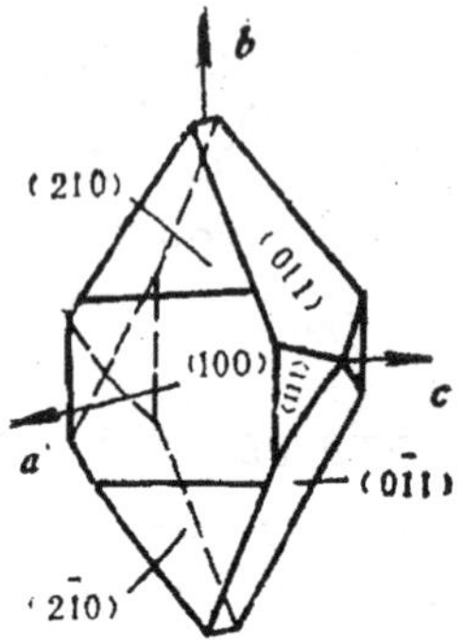


图 2.4　KTP 晶体的 PBC 极射赤平投影图.　　图 2.5　KTP 晶体的理想形态.

### 2.1.5　环境相对晶体形态影响[3,11,12,13,14]

同一品种的晶体，由于晶体生长环境相的不同，往往会出现不同的晶体形态. 现以自由生长体系为例来说明生长条件不同对晶体生长形态的影响.

(1) *溶剂的影响*　在过去漫长的年代里，人们对晶体形态的研究，大多花在矿物晶体和人工无机化合物晶体上，近 20 多年来，由于对有机非线性光学晶体的研究受到了重视，从而也开始注意到对有机晶体的生长形态的研究. 现仅以 3 甲基-4-硝基吡啶-1-氧晶体，(简称 POM 晶体)，为例来说明溶剂对晶体形态的影响.

溶液法是研制块状有机非线性光学晶体的主要方法之一. 与无机晶体水溶液生长不同之点是，有机晶体可选择多种不同有机非水溶剂. 溶液中溶质与溶剂之间的相互作用对晶体生长过程有着极为重要的影响. 因此，可从分子水平的晶体微观结构来研究溶质-溶剂间的相互作用，研究晶体生长的基元化过程与晶体生长的脱溶剂化过程，进而研究晶体的生长机制与生长动力学规律，这些研究对有机晶体生长理论的发展和实际应用均有重要意义.

POM 晶体是硝基吡啶类有机分子晶体，它比其他芳香硝基化合物的紫外截止波长更短，并具有较大的倍频系数，是研制非线性光学器件的候选材料．POM 可溶于水、乙醇、甲苯、苯、丙酮、乙腈、环己酮、二甲基甲酰胺、二甲亚砜等溶剂中，因此，要想生长出优质大尺寸的 POM 晶体，优选最佳化的溶剂是一个很重要的生长条件．

溶质与溶剂间相互作用不仅影响溶液的溶解度，而且对晶体生长形态会产生很大的影响．从环己酮、二甲基甲酰胺和二甲亚砜三种不同溶剂中生长出来的 POM，其晶体形态如图 2.6 所示．

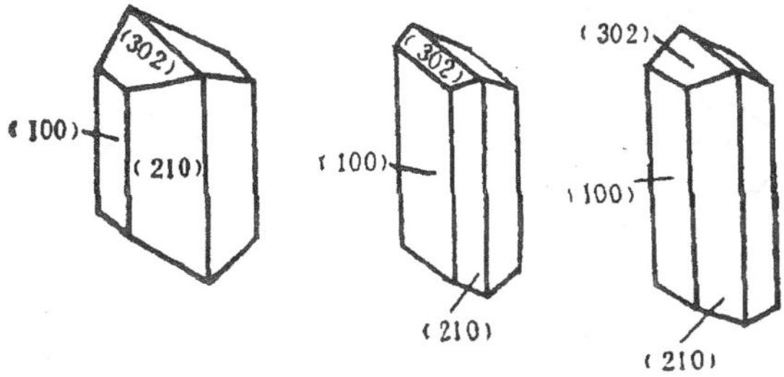


(a)　　(b)　　(c)

图 2.6　POM 晶体的生长形态．

(a) 以环己酮为溶剂；(b) 以二甲基甲酰胺为溶剂；(c) 以二甲亚砜为溶剂．

从图 2.6 中可看出，POM 晶体的生长形态主要是由{100}，{210}，{302} 等单形所组成．之所以能出现不同的生长形态，可能是由于溶剂分子与某一晶面上溶质分子具有较强的选择吸附作用，难于脱溶剂化，从而降低了该晶面的生长速率，其结果便引起了晶体生长形态的变化．

(2) *溶液 pH 值的影响*　晶体从水溶液中生长的一个显著特点就是溶液 pH 值的变化对晶体生长形态有影响，控制溶液 pH 值的大小也是生长优质完整单晶的一个重要条件，现以 $\alpha$-$LiIO_3$ 晶体生长为例来加以说明．$\alpha$-$LiIO_3$ 晶体是一种较典型的极性晶体，这种晶体在极轴两端的生长速率有明显的差异，在溶液的 pH 值为 2.5、蒸发温度为 70℃的生长条件下，快生长端生长速率 $v_{[0001]}$ 是慢生长端生长速率 $v_{[000\bar{1}]}$ 的 2 倍．但有的结果是 $v_{[000\bar{1}]}$ 方向的生长速率是 $v_{[0001]}$ 方向的 3 倍．因此，发生生长速率在正、负极方向反转的情况与溶液的 pH 值大小是有关的，在强酸溶液条件下，$\alpha$-$LiIO_3$ 晶体的生长习性与中性溶液条件时是有明显的区别，在中性溶液中生长的 $\alpha$-$LiIO_3$ 晶体形态如图 2.7 所示。

但当溶液的 pH 值从高于 pH 临界值 ($pH_c$) 改变到低于 $pH_c$ 时，晶体生长的快慢端面发生倒转。

在 $pH < pH_c$ 的水溶液中生长 $\alpha$-$LiO_3$ 的晶体形态，如图 2.8 所示。

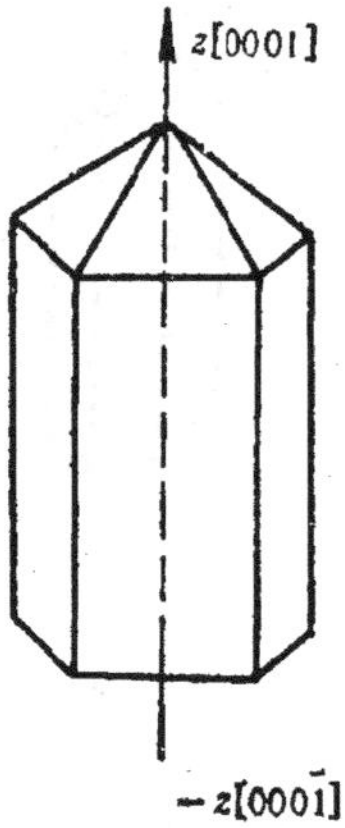


图 2.7 中性溶液生长的 $\alpha$-$LiIO_3$ 晶体形态。

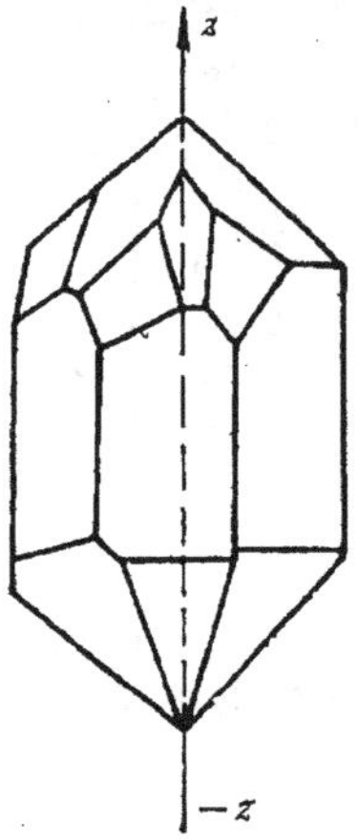


图 2.8 $pH<pH_c$ 溶液生长的 $\alpha$-$LiIO_3$ 晶体形态。

此时晶体的生长速率：$v_{[0001]} < v_{[000\bar{1}]}$，晶体形态是由六角锥面 $\{10\bar{1}1\}$ 和 $\{21\bar{3}2\}$ 以及六方柱面 $\{10\bar{1}0\}$ 单形所组合的聚形。在 [0001] 端面方向有 12 个面，6 个 $\{10\bar{1}1\}$ 面呈五边形；6 个 $\{21\bar{3}2\}$ 呈四边形。在 [000$\bar{1}$] 端面方向，则仍由 6 个 $\{10\bar{1}\bar{1}\}$ 面围成，每个面均呈三角形。

关于 $\alpha$-$LiIO_3$ 晶体的生长机制，有人曾提出过一些理论。诸如用离子电荷平衡以及 $Li^+$ 和 $IO_3^-$ 热骚动的差别来解释 $\alpha$-$LiIO_3$ 晶体生长速率的各向异性；从界面分子组浓度看 $\alpha$-$LiIO_3$ 晶体的极性生长；用 Zata 电势变号以及 $I_2$ 分子吸附的观点来解释 $\alpha$-$LiIO_3$ 晶体生长过程等理论。

(3) 环境相成分的影响 钇镓石榴石 ($Y_3Ga_5O_{12}$) 晶体在富 $Y_2O_3$ 助溶剂 PbO-$PbF_2$ 条件下生长,所出现的晶体形态仅为{211}单形,但当从富 $Ga_2O_3$ 的助熔剂中生长,{110}单形有了发展。钇铝石榴石 ($Y_3Al_5O_{12}$) 晶体在 $Al_2O_3$ 的助熔剂条件下生长,所出现的晶体形态仅为{110}单形,但从富 $Y_2O_3$ 的助熔剂中生长时,{211} 单形又有了发展。钇铁石榴石 ($Y_3Fe_5O_{12}$) 晶体从富 $Y_2O_3$ 的助熔剂中生长,所出现的晶体形态主要为 {110} 单形,但从富 $Fe_2O_3$ 助熔剂中生长时,其晶体形态中显著地突出了{211}单形。

综上所述,如何解释环境相成分不同对形成石榴石型晶体生长形态的影响,这还有待于进一步的探讨。应该考虑晶体生长作为化学键形成的连续系列,在溶剂中浓度较小的离子可能对晶体生长动力学过程起着重要的作用。

(4) 杂质的影响 深入研究杂质对晶体生长的影响,不仅有助于控制晶体的物理化学性质,而且对晶体生长机制的研究也有着重要的作用。

当环境相中存在杂质时,有的杂质对晶体生长极为敏感。当杂质离子进入到晶体后,不仅直接地影响到晶体的物理性能,而且会使晶体形态发生改变。通常,杂质对晶体生长速率有明显的影响,在一定过饱和度下,溶液中的杂质较多地对生长起抑制作用,有时随杂质浓度的增加,而使晶体生长速率减慢,在极端的情况下,杂质可以完全抑制晶面的发育,例如碳酸铜 ($CuCO_3$) 对罗谢耳盐的(001)晶面的作用就可说明这一点。

溶液中存在的杂质常常导致晶体生长形态的改变。早在本世纪 50 年代 Buckley 此问题就作了专门的论述,他认为这种影响多半是由于晶面对杂质的选择性吸附作用而引起的,因为吸附作用改变了晶面的相对生长速率,而促成了晶体形态的改变。例如微量的 $Cr^{3+}$, $Fe^{3+}$, $Al^{3+}$ 等杂质离子均能使 KDP 型晶体产生楔化。$Cr^{3+}$ 离子对 TGS 晶体生长产生影响,扩大了[$10\bar{1}$]晶带的晶面,$Sn^{2+}$ 离子会减少 TGS 晶体沿 *a* 轴方向的发育。若把溶剂也看作杂质的话,晶体从不同溶剂中生长时,具有不同的生长形态,这也可归之于杂质的影响. 溶液中的微生物(各种细菌以及它们的躯壳)也可看为杂质,这些杂质不仅会影响晶体的完整性,有时对晶体生长形态也会产生影响.

杂质对晶体生长形态所产生的影响,一般多归结为生长晶面对杂质的吸附作用,从而导致了晶体生长速率的变化,而最终反映到晶体生长形态上.

## §2.2 晶体生长的输运过程

晶体生长包括一系列过程,诸如晶体生长基元形成过程、晶体生长的输运过程、晶体生长界面动力学过程等,其中输运过程是一个重要的环节. 从宏观的观点来看,晶体生长过程实际上是一个热量、质量和动量的输运过程. 晶体生长是空间不连续与非均匀化的过程,结晶作用仅在生长界面上发生. 对熔体生长来说,界面的推进是通过温度梯度进行的. 要想生长出优质完整的晶体,在熔体生长体系中,必须建立合理的温度梯度分布,因为它和热量输运中的热传输机制相联系,晶体生长时所释放出的结晶潜热必须及时地从界面处输运出去,然后才能发生凝固过程. 晶体从气相或溶液中生长时,生长基元首先从生长体系的其他部位输运到生长界面,然后再进行生长基元脱溶剂化、脱附、表面扩散、生长基元进入生长位置等界面反应过程.

晶体生长的输运过程主要包括热量、质量和动量输运等,这些效应均称为输运效应,而各种不同形式的输运效应是相互联系的. 例如气相各部分的运动速度可以彼此不同,而造成动量输运,但在气相动量输运的同时会引起质量的输运;同样,在气相中,由于温度梯度而造成的热量输运也会引起质量输运效应.

晶体生长的输运过程对其生长速率产生限制作用,并支配着生长界面的稳定性,对生长晶体的质量有着极其重要的作用.

晶体生长的输运理论是流体动力学理论发展的一个重要组成部分,多年来一直是人们所关注的研究课题,并作了不少有意义的理论与实验工作，然而有关这一方面定量的研究结果至今还不多。造成这种状况的原因是多方面的，例如对于粘滞性流体动力学方程求解的困难，特别是对于一般晶体生长过程中的实际边界条件，方程式的求解基本上是不大可能的；其次，由于受某些晶体生长条件的限制（高温、高压、密封、液体不透明等），使直接观察与测量造成困难，这也是影响深入研究的原因。

### 2.2.1 输运的类型[8,15,16,17,18,19,20]

晶体生长的输运类型，主要包括热量、质量和动量等类型，现分别加以阐明。

（1）热量输运　从熔体中生长单晶，主要靠热量输运来实现。晶体生长靠体系中的温度梯度所造成的局部过冷来驱动，只要体系中存在着温度梯度，就会产生热量输运。温度梯度是一个矢量，它的方向是沿着温场的等温面法线从低温指向高温，而热量总是从高温向低温传递，即热量总是沿着温度梯度相反的方向输运。控制热量输运，提供一个合适而稳定的温场（温度的空间分布），使来自熔体的热量与结晶潜热从固液界面处连续不断的输运出去，从而保证单晶能够稳定而正常生长。显然，这是生长高质量单晶的一个关键因素。

晶体生长过程中的热量输运，主要通过三种方式来进行，即辐射、传导和对流。在晶体生长过程中，哪一种热传递起主要作用，必须根据具体的工艺条件来定。一般说来，在高温时，界面处传递出去的大部分热量是从晶体表面辐射出去，而传导和对流则起次要的作用。在低温时，热量输运主要靠传导来进行。对于生长高熔点氧化物单晶，例如石榴石型晶体，辐射和传导是热量输运的两种主要形式 。

如果熔体的热量输运纯属于热传导的作用，这时与热量输运相对应的热传导方程式可用下式表示：

$$\frac{\partial T}{\partial t} = K\Delta T = K\left(\frac{\partial^2 T}{\partial x^2} + \frac{\partial^2 T}{\partial y^2} + \frac{\partial^2 T}{\partial z^2}\right), \qquad (2.4)$$

式中，$K$ 为热传导系数，$\Delta T$ 为熔体中的温度差值，$t$ 为时间.

如果将熔体的物理常数(如密度、热容、热传导系数等)随温度而变化的值忽略不计，也不考虑对流传热所引起的能量消耗，那么熔体的对流传热方程可写为下式:

$$\frac{\partial T}{\partial t}+\rho c_p v \nabla T=K\Delta T, \tag{2.5}$$

$$\nabla T=\frac{\partial T}{\partial x}i+\frac{\partial T}{\partial y}j+\frac{\partial T}{\partial z}k$$

为温度梯度，式中，$v$ 为熔体的流动速度，$\rho$ 为熔体的密度，$c_p$ 为熔体的定压热容.

在恒稳条件下，即 $\frac{\partial T}{\partial t}=0$，那么式(2.5)便可进一步简化为

$$\rho c_p v \nabla T=K\Delta T. \tag{2.6}$$

如果熔体处于静止状态，即 $v=0$，那么，式(2.5)就变成上述热传导方程式，即变成式(2.4).

(2) *质量输运* 晶体生长的质量输运存有两种截然不同的输运模式，其一为扩散，其二为对流，前者是通过分子运动来实现的，后者是通过溶解于流体中的物质质点，在流体宏观运动过程中被流体带动并一同输运. 在实际晶体生长输运过程中，对流与扩散起着同等重要的作用.

在溶液中溶质的浓度随空间位置而变化，每一点都有确定的浓度，而不同点的浓度不完全相同，通常把溶质在溶液中浓度的空间分布称为溶质的浓度场. 在浓度场中将溶质浓度相等的空间各点联结起来，所得到的空间曲面称为等浓度面. 浓度梯度是一种矢量，它沿着等浓度面的法线并指向浓度升高的方向，其大小是沿该方向单位长度浓度的变化. 扩散的驱动力来源于溶液浓度梯度. 若浓度场记为 $(x,y,z)$，则浓度梯度可表示为

$$\nabla c_i=\frac{\partial c_i}{\partial x}i+\frac{\partial c_i}{\partial y}j+\frac{\partial c_i}{\partial z}k. \tag{2.7}$$

溶质扩散起因于浓度梯度. 恒稳态下，描述扩散过程的数学基础

是 Fick 的第一、第二扩散定律。当第一扩散定律用于一维扩散时，可用下式表示：

$$J_x = -D_{Li}\frac{\partial c_i}{\partial x}, \tag{2.8}$$

式中的 $J_x$ 为物质体系中第 $i$ 个组分的通量(单位时间内通过单位面积的物质量)，又称物质流密度，$D_{Li}$ 为第 $i$ 个组分在溶液中的扩散系数，$\frac{\partial c_i}{\partial x}$ 为第 $i$ 个组分在 $x$ 方向上的浓度梯度，右边的负号表示溶质扩散沿着溶质浓度降低的方向进行。式(2.8)只能适用于恒稳态的扩散，$\frac{\partial c_i}{\partial x}$ 不随时间的变化而变化，但在实际晶体生长过程中，一般不具备恒稳态的条件，而 $c_i$ 与 $\frac{\partial c_i}{\partial x}$ 均为距离与时间 $t$ 的函数。在这种情况下，可应利用 Fick 的第二扩散定律。当第二扩散定律用于一维扩散时，可表示为

$$\frac{\partial c_i}{\partial t} = D_{Li}\frac{\partial^2 c_i}{\partial x^2}. \tag{2.9}$$

当用于三维扩散时，可用下式表示：

$$\frac{\partial c_i}{\partial t} = D_{Li}\left(\frac{\partial^2 c_i}{\partial x^2} + \frac{\partial^2 c_i}{\partial y^2} + \frac{\partial^2 c_i}{\partial z^2}\right). \tag{2.10}$$

扩散系数 $D_{Li}$ 一般都作为常数，但严格地来讲，它并不是常数，而是溶质浓度的函数，而且 $D_{Li}$ 的数值取决于实验条件，在一定的温度下，$D_{Li}$ 是从一系列溶质浓度中所测量出来的平均值，并称它为积分扩散系数。如果只是从一个溶质浓度中测量出的数值，则称为微分扩散系数。文献中所记载的许多物质的 $D_{Li}$ 值既不是积分扩散系数，也不是微分扩散系数，而是根据 $D_{Li}$ 与溶质浓度无关的假设而计算出来的数值，它是表征气相或溶液输运性质的重要参数，$D_{Li}$ 的单位为 $cm^2/s$。

关于对流输运的问题，由于生长晶体流体(汽体、溶液)本身的组成往往是多组元的，因此描述晶体生长的对流输运，应该是混合流体的动力学方程式。为了使问题简化起见，只考虑不可压缩的

定常流体，这样，物质的对流扩散方程可表示为

$$\frac{\partial c_i}{\partial t}+v\nabla c_i=D_{Li}\Delta c_i. \tag{2.11}$$

如式(2.11)用分量表示，可写成下式：

$$\frac{\partial c_i}{\partial t}+v_x\frac{\partial c_i}{\partial x}+v_y\frac{\partial c_i}{\partial y}+V_z\frac{\partial c_i}{\partial z}$$
$$=D_{Li}\left(\frac{\partial^2 c_i}{\partial x^2}+\frac{\partial^2 c_i}{\partial y^2}+\frac{\partial^2 c_i}{\partial z^2}\right), \tag{2.12}$$

这里 $v$ 为流体的流动速度，一般来说，$v$ 是坐标的函数.

如果溶质浓度 $c_i$ 在流体中的分布，不随时间 $t$ 而改变，即流体处在恒稳态下，这时 $\frac{\partial c_i}{\partial t}=0$，那么，式(2.12)便变成

$$v\nabla c_i=D_{Li}\Delta C_i. \tag{2.13}$$

如果流体处于静止状态，即 $v=0$，因而式(2.12)就变成 Fick 第二扩散定律方程式，即变成式(2.10).

(3) **动量输运——对流** 对流可分为自然对流和强迫对流。

(i) 自然对流. 完全由重力场引起的流体流动称为自然对流. 自然对流又分为热对流和溶质对流. 热对流的驱动力是温度梯度. 溶质对流是由溶质浓度梯度而引起的. 如果自然对流没有被边界限定于一个确定区域内，它通常是自由流动. 自然对流中的热对流受下列因素的影响：容器的几何形状、热流与容器的相对取向、热流与重力场的相对取向、熔体及其边界性质等.

我们可将熔体的温度梯度 $\left(\frac{dT}{dz}\right)$、熔体的物性参数 $(\kappa,\gamma,\alpha)$ 和熔体容器的几何参数 $(l)$ 以及重力加速度 $g$ 组成一个无量纲的量，可用这个无量纲的量来描述有自然对流存在时的熔体状态，将这个无量纲的量称为 Raleigh 数，简写为 $N_{Ra}$，其表达式为

$$N_{Ra}=\frac{\alpha g l^3}{\gamma\kappa}\cdot\frac{dT}{dz}, \tag{2.14}$$

式中，$\alpha$ 为熔体的热膨胀系数，$g$ 为重力加速度，$l$ 为容器的几何

参数，$dT/dz$ 为熔体纵向温度梯度，$\gamma$ 为熔体的运动粘滞系数，$\kappa$ 为熔体的热导率。

当 $N_{Ra}$ 增大时，自然对流将加强。$N_{Ra}$ 为代表具有不稳定倾向的浮力与具有稳定倾向的粘滞力的比值。当熔体中的浮力与粘滞力(效应)相抵消时，熔体的稳定性则处于被破坏的临界状态，此时熔体所具有的 Raleigh 数称为临界 Raleigh 数 $(N_{Ra})_c$。当熔体所具有的 $N_{Ra}$ 超过临界值时，熔体就产生不稳定的对流，这种不稳定的热对流，能引起熔体的温度振荡，干扰晶体生长界面的稳定性，将产生生长条纹，有损于晶体的光学均匀性。

溶质对流需要在等温体系中观察固体的溶解和测量质量输运速率，方可进行研究。然而，至今还没见到基于溶质浓度和扩散的溶质对流的临界 $N_{Ra}$ 的报道。

如果不存在重力场时(即零重力)，当然也就不存在自然对流，但是这一点在地球上是作不到的。这些年来，由于航天技术的发展，给空间材料科学的研究开辟了广阔的发展前景，人们可在宇宙飞船上微重力条件下生长晶体，现已取得了一些研究成果。

(ii) 强迫对流。生长晶体时，由于晶体的驱动或包围晶体的流体的旋转，均可产生强迫对流。描述强迫对流状态的函数为无量纲的 Reynolds 数，简写为 $N_{Re}$，它可用下式表示：

$$N_{Re}=\frac{\pi}{2}\omega d^2\gamma^{-1}, \tag{2.15}$$

式中的 $\omega$ 为晶体的转速，$d$ 为晶体的直径，$\gamma$ 为熔体的运动粘滞系数。

当 $N_{Re}$ 超过某一临界值时，便产生晶体生长的不稳定性。由式(2.15)可得出，晶体生长时所允许的最大旋转速度为

$$\omega_c<2(N_{Re})_c\gamma/\pi d^2, \tag{2.16}$$

式中 $(N_{Re})_c$ 为 $N_{Re}$ 的临界值。

Takagi 等在用提拉法生长氧化物晶体时发现，当 $N_{Re}$ 超过某一临界值时，熔体便由自然对流占优势转变为强迫对流占优势，从而引起了界面的翻转。在他们的实验条件下，Reynolds 数为

$$N_{Re}=\frac{\pi\omega d^2}{2\gamma}=1400. \qquad (2.17)$$

他们认为，只有在 $(N_{Re})_c$ 的条件下，固液界面才为平坦界面．当 $N_{Re}$ 小于临界值时，固液界面凸向熔体，形状基本不变．但当 $N_{Re}$ 值太大时，则固液界面变凹，而影响晶体生长的质量．所得出的固液界面翻转的晶体临界直径 $(d)_c$ 为

$$(d)_c=[(N_{Re})_c 2\gamma]^{\frac{1}{2}}(\pi\omega)^{-1/2}. \qquad (2.18)$$

除了上述流体的自然对流和强迫对流两种流动状态外，尚有由于体积力而非重力引起的对流．体积力是由于流体特性的场效应而引起的．流体特性包括磁极化率、电导率和密度等，这些特性随温度、组分和压力而变化．在一些晶体生长情况下，这些场可用来抵抗不需要的自然对流效应，以产生最小的流动，或产生超过自然对流效应，独立地引入稳定的对流．另外，还有由于温度和组分变化所引起的流体表面张力梯度，它是活性表面流体的对流源泉．由流体表面张力梯度所产生的流体流动称为 Marangoni 对流．流体对流过程可以形成热量和质量输运速率的各种空间和时间花样，这些花样确实很容易在生长的晶体中造成意想不到的宏观和微观的偏析花样，这些效应的重要性虽然已逐步为人们所识别，但是要利用它来确定晶体生长条件，以求获得均匀性优良的晶体，还有很多研究工作要作的．

### 2.2.2 边界层理论[11,21,22,23,24,25,26]

流体边界层的概念是由 Prandtl 于 1904 年提出来的，它是流体动力学的一个基本概念，近年来在空气动力学发展的推动下，边界层理论得到了很大的发展，它已成为当代流体动力学的基石之一．现在国际上研究的重点有层流边界层稳定性理论、湍流边界层方程的数值积分解，以及层流边界层控制理论等，这些问题的解决，更有利于晶体生长动力学理论的发展．

由于引入了边界层概念，可将流体分成两个部分，在边界层以外可以近似地看作理想流体，因此，流体的运动是无摩擦的，热量

输运主要靠对流而不是热传导，质量输运主要靠对流而不是扩散，因为对流是可逆过程，而热传导和扩散是不可逆过程，在理想流体中不可逆过程是不存在的。在边界层以内，由于流体存在着较大的速度、浓度和温度的横向变化，其热量输运主要可看作是热传导，质量输运主要是扩散和对流两种作用的耦合效应。

（1）速度边界层 $\delta_v$　高 Reynolds 数（$N_{Re}$）的流动等价于极小粘滞性的流动，在流动着的流体中，固体表面上的流动速度为零，在靠近固体表面存在着一个狭小的区域，其中流体的切向速度分量发生急剧的变化，从该区域的外边界上接近到主流的流速，这一流体薄层称为速度边界层 $\delta_v$，如图(2.9)所示。流体的粘滞性越小，其 $\delta_v$ 也就越薄。

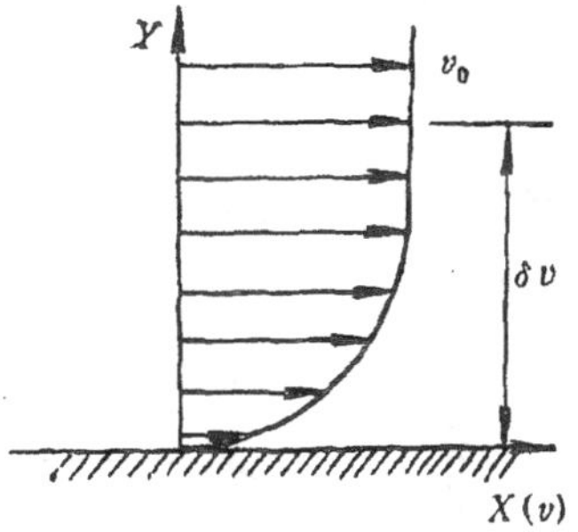


图 2.9　流体的速度边界层（$\delta_v$）示意图.

在固体足够小的区域内，可把边界层的流动看成平面流动，令 $Y$ 轴垂直于固体表面，而 $X$ 轴沿着表面流动的方向，利用恒稳态下的 Navies-Stokes 方程，通过求解流体动力学边界层方程和数值计算的结果表明，平板的速度边界层厚度 $\delta_v$ 为

$$\delta_v = 5.2\sqrt{\frac{\gamma x}{v_0}}, \tag{2.19}$$

式中 $\gamma$ 为流体的运动粘滞系数，$v_0$ 为流体的主流速度，$x$ 为平板上的坐标，在强迫对流的状态下，速度边界层 $\delta_v$ 与坐标 $x$ 的关系，如图 2.10 所示。

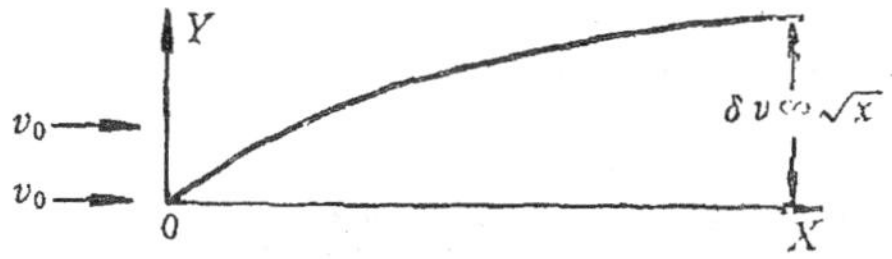


图 2.10　$\delta_v$ 厚度与坐标 $x$ 的关系.

对于旋转圆盘表面的速度边界层的厚度 $\delta_v$，通过求解流体的动力学方程组可得出

$$\delta_v \backsim \sqrt{\gamma/\omega}, \tag{2.20}$$

式中 $\omega$ 为旋转圆盘的转速.

熔体提拉法生长晶体类似于旋转圆盘的情况，旋转晶体引起熔体的强迫对流，通过强迫对流产生热量输运，改变了熔体中和生长界面附近的温度场，从而可以用来控制界面的形状．通过对流扩散所产生的质量输运，可改变熔体中和生长界面处熔质浓度分布，从而影响到溶质分凝效应．从式(2.20)中看出，旋转晶体对生长的影响可归结为晶体转速对速度边界层厚度 $\delta_v$ 的影响．当 $\gamma$ 越大、$\omega$ 越小时，边界层厚度也就越大．

(2) *温度边界层* $\delta_T$　用提拉法生长晶体时，通常假定生长界面的温度为凝固点 $T_m$，主体熔体的温度为 $T_b$．显然，$T_b > T_m$，这样在生长界面邻近存在着温度边界 $\delta_T$，如图 2.11 所示．

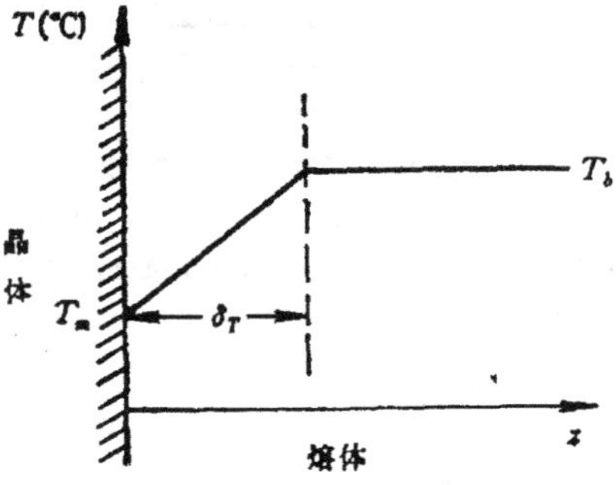


图 2.11　温度边界层 $\delta_T$ 示意图.

温度边界层的厚度 $\delta_T$，不仅与熔体的物理化学性质有关，而且与生长体系的搅拌程度也有关．通过求解熔体与固体之间的动力学方程，最后可求得温度边界层为

$$\delta_T = 1.61\eta^{\frac{1}{6}}\kappa^{\frac{1}{3}}c^{-\frac{1}{3}}\rho^{-\frac{1}{2}}\omega^{-\frac{1}{2}}, \tag{2.21}$$

式中 $\eta$ 为熔体的粘滞度，$\kappa$ 为熔体的热导率，$c$ 为熔体的比热，$\rho$ 为熔体的密度，$\omega$ 为晶体转速．

采用提拉法生长晶体，$\delta_T$ 与 $\omega$ 的关系为

$$\delta_T \propto \omega^{-\frac{1}{2}}. \tag{2.22}$$

由式(2.22)可知，晶体转速愈快，温度边界层愈薄．

(3) *溶质边界层* $\delta_c$　溶质边界层 $\delta_c$ 与速度边界层 $\delta_v$ 和温度边界层 $\delta_T$ 的概念类似，在溶液与固体表面形成一个薄层，在此薄层中，溶质的浓度发生急骤的变化，在薄层内溶质的输运是通过对

流扩散来进行，但在薄层外的溶质输运主要是通过对流进行的。

如果用溶液法生长晶体时，通过对旋转晶体的速度场分析，利用数值积分，最后可求得溶质边界层厚度 $\delta_c$ 与晶体的转速 $\omega$ 的关系式如下：

$$\delta_c \propto D_L^{\frac{1}{3}} \gamma^{\frac{1}{6}} \omega^{-\frac{1}{2}}, \tag{2.23}$$

式中 $D_L$ 为溶液中溶质的扩散系数，$\gamma$ 为熔体的运动粘滞系数。由式(2.23)可知，晶体转速愈快，溶质边界层 $\delta_c$ 愈薄。

根据流体动力学理论的推算，溶质边界层 $\delta_c$ 与温度边界层 $\delta_T$ 两者的关系，粗略地可用下式表示：

$$\frac{\delta_c}{\delta_T} \cong \left(\frac{c\rho D_L}{\kappa}\right)^{\frac{1}{2}}. \tag{2.24}$$

$\delta_c$ 与 $\delta_T$ 分别与速度边界层 $\delta_v$ 的关系，大致可用下式表示：

$$\frac{\delta_c}{\delta_v} \cong \left(\frac{\eta}{\rho D_L}\right)^{-\eta}, \tag{2.25}$$

$$\frac{\delta_T}{\delta_v} \cong \left(\frac{c\eta}{\kappa}\right)^{-n}, \tag{2.26}$$

这里 $\eta$ 值变化范围在 $\frac{1}{2}$—$\frac{1}{3}$。

(4) 搅拌在晶体生长中的作用　在熔体或溶液中生长晶体时，通过晶体的旋转或坩埚旋转会产生一种强迫对流，此时热量和质量的输运方式分别为对流传导和对流扩散。

当引入边界层概念后，可以近似地认为热传导或扩散总是只在边界层内发生，在边界层外，由于流体被当作理想流体，故热传导或扩散不复存在，因此输运只能是通过对流的方式。

从熔体和溶液中生长晶体时，我们仅就晶体生长中的搅拌作用进行下述讨论。

(i) 搅拌对溶质分凝的影响。溶质的有效分凝系数的定义为

$$k_e = c_s / c_{L(b)}, \tag{2.27}$$

式中 $c_s$ 为晶体中的溶质浓度，$c_{L(b)}$ 为熔体主体的溶质浓度

早在 1953 年，Bucton 等就给出了有效分凝系数 $k_e$ 的表达式

$$k_e = \frac{k^*}{k^* + (1 - k^*)\exp(-R\delta_c/D)}, \tag{2.28}$$

式中 $k^*$ 为界面分凝系数，$R$ 为晶体生长速率，$\delta_c$ 为溶质边界层的厚度，$D$ 为溶质在熔体中的扩散系数。

为了计算方便起见，可将非平衡态的界面分凝系数近似地看作是平衡过程，于是 $k^* \cong k_0$（平衡分凝系数），在这种情况下，式(2.28)可简化为

$$k_e = \frac{k_0}{k_0 + (1 - k_0)\exp(-R\delta_c/D)}, \tag{2.29}$$

式中 $k_0$ 可看作常数，通常能够从物化手册中查出 $k_0$ 的数值。而 $\delta_c$ 与晶体转速的关系，见式(2.23)。

由式(2.29)可见，当 $\delta_c \to 0$，即熔体作充分的搅拌，以使熔体中的熔质浓度均匀分布时，则有

$$\exp(-\gamma\delta_c/D) = 1,$$

所以 $k_e = k_0$。当 $\delta_c \to \infty$ 时，即熔体不作搅拌，则有

$$\exp(-\gamma\delta_c/D) = 0,$$

所以 $k_e = 1$。实际上，晶体的生长过程，总是介乎上述两种极限情况之间，因此，溶质的有效分凝系数 $k_e$ 则介于 $k_0$ 与 1 之间，即 $k_0 < k_e < 1$ ($k_0 < 1$ 时)或者，当 $k_0 > 1$ 时，$k_0 > k_e > 1$。

(ii) 搅拌对溶液晶体生长速率的影响．从溶液中生长晶体，溶质在扩散与对流的联合作用下向晶体生长表面扩散．溶质边界层的厚度 $\delta_c$，不仅是流体动力学量的函数，而且也是扩散系数的函数。溶液被搅拌的越充分，溶质边界层的厚度($\delta_c$)也越薄．溶质在边界层内的浓度梯度越大，晶体生长速率也随着相应的增大。加快搅拌速率时，溶质浓度梯度

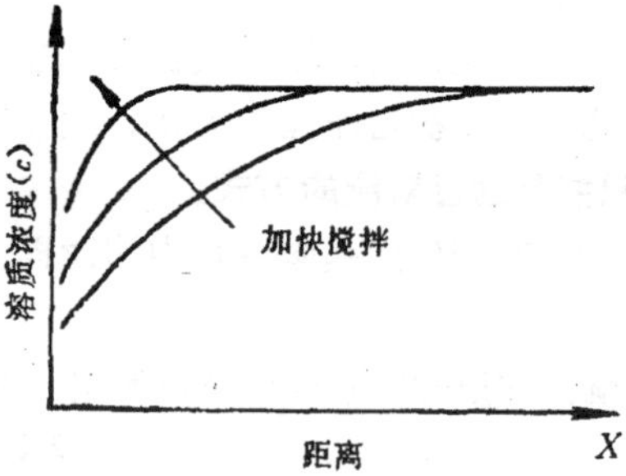

图 2.12　搅拌对溶质浓度梯度的影响.

所引起的变化，如图 2.12 所示。从图 2.12 中可看出，加快搅拌，可使界面溶质浓度梯度增大，即晶体生长的驱动力加大，促使晶体生长速率加快。

早在 1967 年英国 Brice 就讨论了搅拌对水溶液晶体生长速率的影响，他从界面动力学理论出发，最后推导出下列表达式：

$$\frac{2Q\delta_c}{3D}+\left(\frac{Q}{A}\right)^{\frac{1}{n}}=c_{L(b)}-c_0, \tag{2.30}$$

式中，$Q$ 为晶体质量生长速率，$D$ 为扩散系数，$c_{L(b)}$ 为主体溶液的溶质浓度，$c_0$ 为溶质的平衡浓度，$A$，$n$ 为常数。

由式(2.30)可看出晶体质量生长速率与溶质边界层厚度 $\delta_c$ 间的关系。

当 $\delta_c \to 0$ 时，即相当于溶液充分搅拌的情况，晶体生长主要由动力学控制

$$Q=A(c_{L(b)}-c_0)^n. \tag{2.31}$$

此时，界面上的浓度 $c_0 \to c_{L(b)}$，生长速率增加到由式(2.31)所示的渐近值。

当 $\delta_c \to \infty$ 时，即完全不搅拌的情况，晶体生长主要由溶质边界层效应控制

$$Q=\frac{3}{2}\left(\frac{D}{\delta_c}\right)(c_{L(b)}-c_0), \tag{2.32}$$

此时，晶体质量生长速率趋于极小值，相当于准静态生长。

实际的晶体生长界于上述两种情况之间，即说明式(2.30)中两项都是重要的。在式(2.30)中，$c_{L(b)}$、$c_0$ 和 $Q$ 都是可测量的，而 $\delta_c$ 由式(2.23)给出，而 $\eta$ 一般为 2。

流体的强迫对流可以减小边界层的厚度，有利于提高晶体生长速率，但强迫对流有可能增加流体的不稳定性，而使溶质边界层厚度变得不均匀，会促成晶体生长条纹等缺陷的产生。如何保持溶质边界层厚度的稳定性是一个重要的研究课题，也是以较快的生长速率生长优质大尺寸水溶性晶体急待解决的关键问题之一。

## §2.3 晶体生长界面的稳定性

晶体生长界面的稳定性涉及到晶体质量的优劣，当生长优质块状大单晶时，相变必须在稳定的生长界面上发生，以便保持晶体结构基元排列的均一性.

多少年来，晶体生长界面稳定性理论一直是晶体生长领域中的一个重要研究课题，该理论实际上是将研究流体动力学稳定性的一套数学方法，可用来解决晶体生长过程中的界面稳定性问题.

晶体生长过程中的界面是否稳定，直接关系到晶体生长的形态.从自由生长体系中生长晶体(诸如从气相或溶液中生长晶体)，在过去较长的时期内，人们大多从晶体几何外形来研究晶体形态与其外界生长条件间的关系.从强制生长体系中生长晶体(诸如熔体提拉、坩埚下降法生长晶体)，人们最为关心的问题是固液界面的形状(凸形、凹形还是平坦)、在界面上有无小晶面出现等，这些问题涉及界面稳定性理论. 这里所说的界面稳定性是以宏观尺寸来度量的，界面起伏一般在 10—100$\mu m$，因此，不直接涉及原子尺度界面的光滑、粗糙和成核动力学理论，如果说涉及到原子尺度，通常仅为晶体生长过程中的化学元素成分. 由界面不稳定性所显示的生长特征，对于透明晶体，可在光学显微镜下直接观察界面的形态变化；对于不透明晶体，经常可借助于晶体结构与组分变化的测定等来鉴定.

在晶体生长过程中，当生长界面从宏观尺度来看是光滑的，但偶尔受到温度、溶质浓度的起伏、或外因干扰时，如果这些干扰随着时间的推移和晶体生长过程的延续而逐渐衰减，最后自动消失，同时界面也随着恢复到原来光滑面的状态，这种界面则是稳定的. 如果随着晶体生长过程的延续，这些偶尔产生的干扰逐渐增大，使界面产生凸凹不平的状态，这种界面则是不稳定的.

### 2.3.1 研究界面稳定性应遵循的几个原则[6,8,23]

晶体生长是一种相变过程。晶体从熔体中生长，熔体沿着运动的相界面转化为晶体。晶体从溶液中生长，通过溶质脱溶剂化，然后吸附在生长界面，再进入生长位置。这样在界面附近就必然要发生热量与质量输运，此关系到界面的稳定性。研究界面稳定性应遵循的几个原则为

(1) 界面上能量(热)守恒

$$Lv \cdot \hat{n} = (-\kappa_l \nabla T_l + \kappa_s \nabla T_s) \cdot \hat{n}, \tag{2.33}$$

式中 $L$ 为熔体单位体积的熔化潜热，$v$ 为晶体生长速率，$\hat{n}$ 为垂直于生长界面并指向熔体的单位长度，$\bullet$ 为标量积，$\kappa_l$ 为熔体的热导率，$\nabla = \frac{\partial}{\partial x} i + \frac{\partial}{\partial y} j + \frac{\partial}{\partial z} k$ (哈密顿算符)，$T_l$ 为熔体温度，$\kappa_s$ 为固相的热导率，$T_s$ 为固相温度。

(2) 界面上溶质守恒

$$(c_l - c_s) v \cdot \hat{n} = -D_l \nabla c_l \cdot \hat{n}, \tag{2.34}$$

式中 $c_l$ 为溶质在液相中的浓度，$c_s$ 为溶质在固相中的浓度，$D_l$ 为溶质的扩散系数。

(3) 界面温度的连续性

$$T_l = T_s, \tag{2.35}$$

$T_l$ 与 $T_s$ 分别为界面两侧的液相与固相的温度。

(4) 界面上温度与组分间的热力学关系。相界面上的温度与组分所偏离的热力学平衡值，为界面动力学过程提供了驱动力。当偏离的平衡值很大时，则界面动力学过程起支配作用，例如稳定的小晶面生长就是其中一例。当偏离的平衡值可以忽略不计时，输运过程起支配作用。生长界面是否稳定，主要受两种重要因素的支配，一个为界面附近的温度梯度，另一个为溶质浓度梯度，并且这两种因素又存在着相互关联的关系。

根据二元系相图可知，在相平衡的条件下，当溶质(作为一组元)的平衡分凝系数 $k_0 < 1$ 时，在界面上的溶质被排除，从而促

使溶液的凝固点降低，但当 $k_0>1$ 时，溶质优先地进入晶体，促使溶液的凝固点升高。因此，溶液的凝固点是溶质浓度的函数。如果溶液中的溶质含量是微小的，则可将溶液的凝固点和溶质浓度间的关系近似地看成是线性关系，于是平坦界面溶液的凝固点与溶质浓度之间的关系可用下式表示：

$$T_i = T_0 + mc_l \tag{2.36}$$

式中 $T_0$ 为纯溶剂的凝固点，$m$ 为液相线斜率，即 $m = dT/dc_l$，此表示溶液中溶质改变单位浓度所引起的凝固点的变化，其数值取决于溶液的性质，对于提高溶液凝固点的溶质，即 $k_0>1$ 时，$m$ 为正值；对于降低凝固点的溶质，即 $k_0<1$ 时，$m$ 为负值。对于稀薄溶液体系，$m$ 可看作为常数。$c_l$ 为溶液中溶质的浓度。

对于曲界面，由于存在着 Gibbs-Thomson 效应，溶液的凝固点与其溶质浓度间的关系可用下式表示：

$$T_i = T_0 + mc_l - T_0\Gamma\left(\frac{1}{r_1}+\frac{1}{r_2}\right), \tag{2.37}$$

式中右边的第一项为纯熔体（溶剂）的凝固点，第二项为溶质所引起的凝固点的变化，第三项为界面曲率所引起的凝固点的改变，$r_1, r_2$ 为界面上给定点的主曲率半径，$\Gamma = \sigma/L$，$\sigma$ 为界面的比表面自由能，$L$ 为单位体积的熔化潜热，通常人们称 $T_0\Gamma$ 为 Gibbs-Thomson 系数。

由式(2.37)可知，当界面为平坦面时，$k = \frac{1}{r_1}+\frac{1}{r_2} = 0$ 时，该式即简化为式(2.36)。

### 2.3.2 生长界面稳定性的判据[8,11,18,19,21]

生长晶体时为了使界面稳定，寻求界面稳定性的判据显然是很重要的，确定界面是否稳定，可通过界面附近熔体的温度梯度、溶液中熔质的浓度梯度和界面效应等途径来作出判断的。

(1) *熔体的温度梯度* 晶体生长界面前沿的温度梯度，不外乎三种情况，一种是正温度梯度，即 $(dT_l/dx)>0$，$x$ 的方向指向熔体，这样的熔体称为过热熔体。另一种情况称为负温度梯度，即 $(dT_l/dx) < 0$，这样的熔体称为过冷熔体。第三种情况是不常见的，即界面前沿的温度为熔体熔点温度，这时 $\dfrac{dT_l}{dx} = 0$。

对于过热熔体，如果平坦界面在偶然的外界因素干扰下而出现了凹凸不平，但由于离开界面的熔体温度梯度为正值，界面的凸起部位必然处于较高的温度 $T_l$。由于 $T_l > T_0$（$T_0$ 为熔体的凝固点温度），在这种情况下，界面凸起部位的生长速率便会逐渐降低，从而被界面凹入部位的生长所追及，最后生长界面必然恢复到原来的光滑面的状态，因此这种类型的界面是稳定的，这样，熔体中的正温度梯度是有利于界面稳定性的因素，并可作为生长界面稳定性的判据。根据界面上能量(热)守恒原则

$$\kappa_s \frac{\partial T_s}{\partial x} = \kappa_l \frac{\partial T_l}{\partial x} + f\rho L,$$

由于 $\dfrac{\partial T_l}{\partial x} > 0$，可用生长速率 $f$ 的大小来作为界面稳定性的判据

$$f < \frac{\kappa_s}{L\rho} \frac{\partial T_s}{\partial x}, \tag{2.38}$$

式中 $\rho$ 为晶体密度，$L$ 为结晶潜热。

对于过冷的熔体，熔体中的温度梯度为负值，即 $(\partial T_l/\partial x) < 0$，这时熔体中的温度 $T_l$ 低于熔点温度 $T_0$，在这种情况下，有利于平坦界面受外界因素干扰而产生的凸起部位的生长，这种类型的界面显然是不稳定的，因此熔体中的负温度梯度是不利于界面稳定性的因素。

当熔体中的温度等于熔点温度时，即 $(\partial T_l/\partial x) = 0$，整个熔体温度是均匀分布，在这种情况下，平坦界面是否稳定，那就要看平坦界面所受外界干扰大小而定，当干扰大时，平坦界面也能变为不稳定的。

(2) *溶质浓度梯度*　如前所述，当界面前沿的熔体为正温度梯度（即 $\partial T_l/\partial x > 0$）时，界面稳定，但这只限于对纯熔体而言的，而完全纯的熔体实际上是不存在的。如果考虑到溶质浓度梯

度，即便是熔体的温度梯度为正值，平坦界面也有可能是不稳定的。

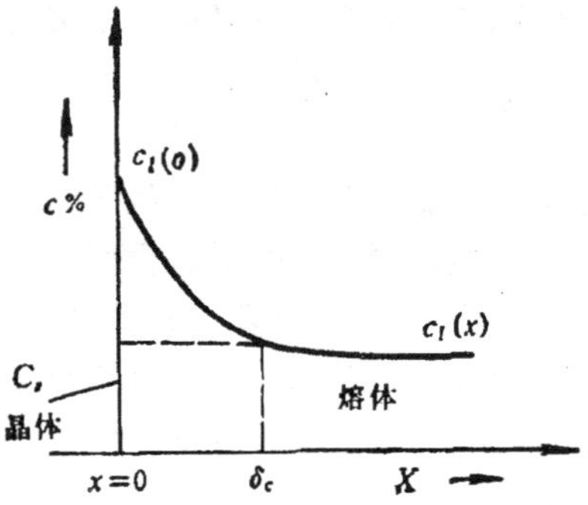


图 2.13 界面处溶质浓度的分布.

当熔体中含有平衡分凝系数 $k_0<1$ 的溶质时，在晶体生长过程中，这些多余的溶质会在界面上不断地汇集，而形成溶质边界层 $\delta_c$。当边界层愈接近界面时，其溶质浓度愈高，如图 2.13 所示。由于溶质在界面处浓集，致使熔体的凝固点温度降低，这时，晶体生长体系中熔体的凝固点温度分布可用下式表示：

$$T_l = T_0 + mc_s\left[1 + \left(\frac{1-k_0}{k_0}\right)\exp(-vx/D_l)\right], \quad (2.39)$$

式中，$T_0$ 为纯熔体的凝固点温度，$m$ 为液相线斜率，$c_s$ 为晶体中溶质浓度，$k_0$ 为溶质的平衡分凝系数，$v$ 为晶体生长速率，$x$ 为界面指向熔体的运动坐标，$D_l$ 为溶质的扩散系数。这时在靠近界面处的熔体温度，可能发生两种不同的温度分布情况，如图 2.14 所示。

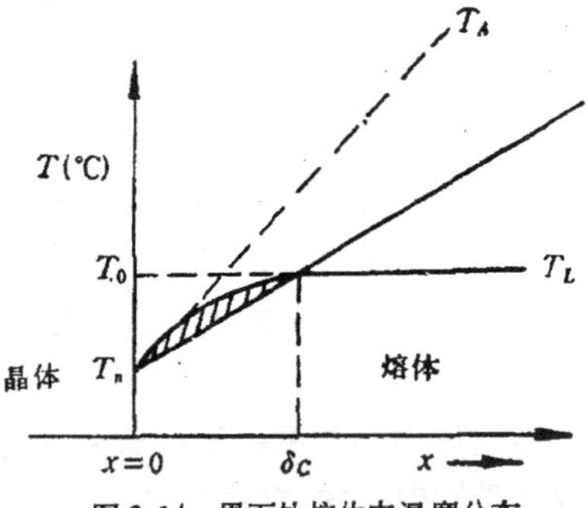


图 2.14 界面处熔体中温度分布.

在图 2.14 中，$T_mT_L$ 代表熔体的凝固点温度分布，$T_mT_A$ 代表实际熔体具有较大的正温度梯度线，$T_mT_B$ 代表实际熔体具有较小的正温度梯度线，$T_m$ 代表熔体的凝固点，$\delta_c$ 代表熔质边界层厚度。

从图 2.14 中可看出，如果熔体具有 $T_mT_B$ 线所代表的正温度梯度，在溶质边界层 $\delta_c$ 内，熔体的实际温度比熔体应具有的凝固点温度低，这样在界面附近便形成了过冷区(阴影线区)，在这个区域中的熔体处于过冷状态，这种过冷区不是由于熔体中的负温度梯度产生的，而是因为溶质在界面附近的熔体中浓集而引起的，故称此为组分过冷。在界面上的实际温度与熔体的凝固点温度相等，而处于平衡状态，在 $\delta_c$ 外其余部位的熔体则处于过热状态.

从图 2.14 中还可看出，在界面附近的过冷区内，随着 $x$ 的增加过冷度亦增大，在这种情况下，当界面上出现的任何干扰，都会在过冷区内迅速地长大，这样一来，原来为光滑平坦界面就会变为凸凹不平的胞状的不稳定界面。如果熔体具有 $T_m T_A$ 线所代表的较大正温度梯度时，在 $T_m T_A$ 线上任何一点的温度都高于熔体应有的温度，因此，界面前沿均不会出现组分过冷现象，界面仍可保持稳定。

根据实际的熔体正温度梯度($T_m T_A$ 线)和熔体的应有的平衡温度线 ($T_m T_L$) 在界面上相切的条件，即实际的温度梯度线同平衡温度线具有相同的斜率，便可求出熔体不产生组分过冷的临界条件。这个实际的熔体温度梯度 ($G_l$) 为溶质浓度曲线的斜率 $dc_l/dx$ 与相图的液相线的斜率 $m$ 的乘积。

求解界面处一维扩散方程，即可得到溶质浓度曲线的斜率 $dc_l/dx$ 值

$$D_l \frac{\partial c_l}{\partial x} = (c_{l(0)} - c_s)v,$$

$$\frac{\partial c_l}{\partial x} = [c_{l(0)} - c_s] \cdot \frac{v}{D_L}. \tag{2.40}$$

但是

$$c_s = k^* c_{l(0)} \doteq k_e c_l,$$

所以

$$\frac{\partial c_l}{\partial x} = c_l(1 - k^*)v \frac{k_e}{k^* D_l},$$

式中，$c_l$ 为熔体整体浓度，$k^*$ 为界面溶质分凝系数，$k_e$ 为有效分凝系数，$v$ 为晶体生长速率。因此，不产生熔体组分过冷的临界条

件为

$$\frac{G_l}{v} \geqslant \frac{mc_l(1-k^*)k_e}{k^*D_l}. \tag{2.41}$$

从式(2.41)中可看出，为了克服组分过冷，至少应当注意三种因素的影响，即熔体中的温度梯度 ($G_l$)、晶体的生长速率 ($v$) 和溶质浓度 ($c_l$) 的影响，以便有利于保持界面的稳定性。

(3) *界面能效应* 当晶体生长时，如果界面的位移面积发生变化，则相应的界面能也要发生变化。当界面为平坦面时，在偶然因素干扰下会产生凸起，这样便增加了界面的面积，从而使界面的总界面能增大，由于界面能的增加就提高了体系的自由能，但体系的自由能总是向减少的方向进行，而使界面面积趋于缩小，这将使平坦面所产生的凸起趋于消失。因此，界面能对界面稳定性是有贡献的。

当界面两侧的固相压强 $P_s$ 与液相压强 $P_l$ 不等时，如 $P_s \neq P_l$ 时便存在着液面的压力差

$$\delta_p = P_s - P_l. \tag{2.42}$$

如果 $P_s > P_l$，$\delta_p$ 为正值，这样界面的曲率半径 $r$ 的中心在晶体内，界面凸向熔体。当界面为平坦面时，这时 $P_s = P_l, \delta_p = 0$，这样便没有附加的界面压力，较为稳定。如果 $P_s < P_l, \delta_p$ 为负值，那么界面的曲率半径 $r$ 的中心在熔体内，而界面凸向晶体，这是一般所不希望的。出现界面压差 $\delta_p$ 的原因，主要来自于界面为曲面时的平衡参量与界面为平坦面时的平衡参量之间的差异。界面效应如图 2.15 所示。

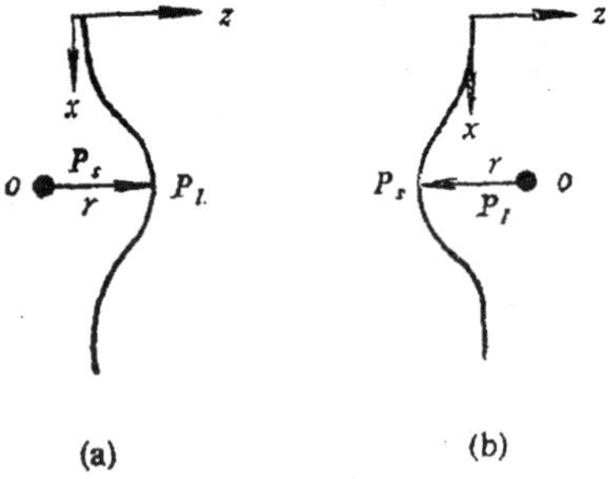


图 2.15 界面效应.
(a) $P_s>P_l$; (b) $P_s<P_l$.

### 2.3.3 界面稳定性动力学理论[21,27,28]

早在 1964年，Mullins

和 Sekerka 运用干扰技术检验了球形界面和平坦界面的稳定性，从而奠定了界面稳定性理论的基础。几十年来，界面稳定性动力学理论一直是一个重要的研究领域。

检验界面稳定性的干扰技术，其基本思想如下：由扩散方程求得的运动界面的运动方程，叠加一个微小的形态干扰函数，这样就得到了受干扰后的运动界面方程。人们可根据干扰后的界面满足于扩散方程这一点来确定形态干扰函数。如果形态干扰函数的振幅确实随时间而变化，那么原来的界面就是不稳定的，否则就是稳定的，这就是检验界面稳定性的所谓干扰技术。

晶体生长过程中，移动的界面上不可避免的会出现干扰，界面上一旦出现几何干扰，也必然在界面附近引起局部温度场和浓度场的变化，这些可相应地理解为温度干扰和浓度干扰。干扰技术的实质在于研究热量或质量在扩散场中的干扰行为，即研究干扰振幅与时间的依赖关系。界面上出现的任何周期性干扰都可用正弦函数的傅里叶级数来表示，因此，我们应该考虑到所有可能波长的正弦干扰行为。例如在强制生长体系中，当界面未受到干扰时，它恒为等速运动的平面，在运动坐标系中，其界面方程为 $Z=0$。当受到正弦式的几何干扰后，界面干扰形状可用下式表示：

$$Z(x,t)=\phi(x,t)=\delta(t)\sin(\omega x), \tag{2.43}$$

式中 $\delta(t)$ 为微干扰的振幅，$\omega$ 为微干扰的空间频率，$\lambda=\dfrac{2\pi}{\omega}$ 为微干扰的波长。通常，经过较长的时间后，微干扰振幅 $\delta(t)$ 与时间的关系可表示为指数关系，即

$$\delta(t)\backsim \text{常数}\cdot\exp(pt), \tag{2.44}$$

于是有

$$p=\text{limit}\,\frac{d\delta(t)}{dt}\cdot\frac{1}{\delta(t)}=\frac{\dot{\delta}}{\delta}, \tag{2.45}$$

式中 $\dot{\delta}/\delta$ 称为单位振幅的变化率。

由式(2.44)可知，在界面上一旦出现微干扰，而干扰取决于 $p$ 值，当 $p$ 为正值时，$\delta(t)$ 便随时间而增大，界面是不稳定的；但当

$p$ 为负值时，$\delta(t)$ 随时间而减弱，界面是稳定的．从式(2.45)中可以看出，$p$ 值的大小决定了 $\delta(t)$ 的增长或衰减的速率．作为界面稳定性的判据是微干扰随时间而变化．如果 $\frac{d\delta(t)}{dt}<0$,则界面是稳定的,如果 $\frac{d\delta(t)}{dt}>0$，则界面是不稳定的，其相应的图形如图 2.16 所示．

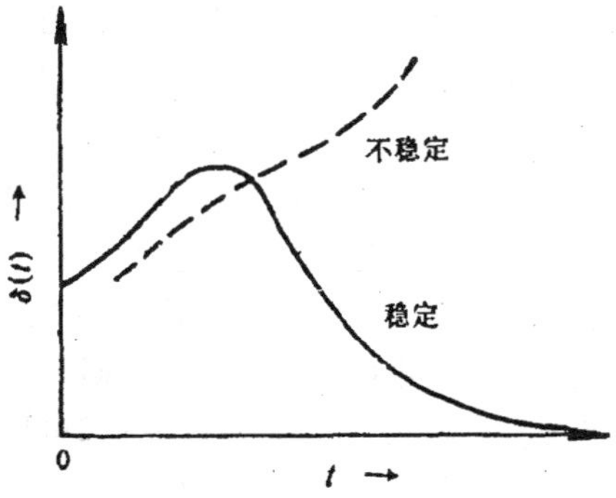


图 2.16　界面受微干扰后的变化情况．

为了研究界面的稳定性，关键在于研究扩散场中所有波长的干扰振幅与时间的关系．干扰本身的行为受到扩散场的支配,因而,干扰后的温场和浓度场必然满足与时间相关的扩散方程式．在充分长的时间后,温度干扰和浓度干扰振幅与时间的关系,与几何干扰所得的结论一样,界面是否是稳定的,主要取决于单位振幅的变率($\dot{\delta}/\delta$).

上述所谈的微干扰界面稳定性理论描述了一具有任意波长的无限小干扰的界面增长和衰减，这对了解界面是否稳定是十分方便的．在一组给定的生长条件下，利用上述理论便可得到干扰增长或衰减的指数速率．这组给定的生长条件包括未受干扰界面的温度梯度、浓度梯度、热扩散率、溶质扩散率、潜热、宏观生长速率、界面能等．因此，这一线性动力学理论使人们对晶体生长过程的认识大大地深刻多了．

在晶体生长过程中,微干扰出现以后,界面形态的变化远比干扰出现时的形态变化更为复杂,例如胞状界面的出现、枝蔓晶体生长是不能用线性动力学来描述的，而有待于用非线性界面动力学予以解释．

保持界面的稳定性,对生长优质、完整的晶体至关重要．晶体生长的实验证明，通常导致界面不稳定的因素主要是以下几个方面：(1)过小的温度梯度；(2)太快的生长速率；(3)太多的溶质(对熔体生长而言)或太多的溶剂(对溶液生长而言)．欲促使界面稳定，其补救的方法如下：可利用较大的温度梯度、较慢的生长速率、较小的溶质浓度(对熔体生长而言)或较浓的溶液来生长晶体，并要综合各种影响因素加以处理。

## §2.4 晶体生长界面结构理论模型

晶体生长过程实际上就是生长基元从周围环境中不断地通过界面而进入晶格座位的过程，现在关键的问题在于生长基元将以何种方式以及如何通过界面而进入晶格座位的，在进入晶格座位过程中又如何受界面结构的制约等，因此，人们要了解晶体生长过程就必须首先了解界面的热力学性质及其结构。

界面结构与生长环境相密切相关，界面的能量状态与界面结构的类型有关。有多种标准来划分界面类型，这些标准如下：界面是突变的还是渐变的；是光滑的，还是粗糙的；是完整的，还是不完整的；是存在着吸附层的，还是不存在吸附层的等．但一般来说，从微观原子级尺度来看，界面可分为完整光滑面、非完整光滑面、粗糙界面与扩散界面等四种基本类型。

所谓完整光滑面指的是界面从原子或分子的层次来看，没有凸凹不平的现象，固、流体两相间发生突变(或称锐变)，这种类型的界面相当于$F$(平坦面)面或奇异面，晶体是层状生长，层与层间的生长不是一个连续过程。

从原子或分子的尺度来看，在界面上除了有位错露头点外，再没有凸凹不平的现象，我们称这种类型的界面为非完整光滑面，晶体在该面上仍是层状生长，但层与层之间不是严格平行的生长面，但呈连续生长。

如果生长界面在原子或分子层次上是凸凹不平的，但固、流体两相间仍为突变，我们称这种类型的界面为粗糙界面，它相当于非奇异或$K$面．在粗糙界面上到处是生长位置，一旦生长基元从环境相被吸附到界面上，几乎以100%的概率进入晶相，晶体呈连续生长．

在晶体生长时，如果在固、流体两相间存在着一中间过渡区，晶、流体两相间是渐变的，界面参差不齐，我们称这种类型的界面为扩散面，在熔体生长中有时会发生这种现象．

半个多世纪以来，人们为了解决晶体生长机制问题，曾先后提出了一些晶体生长界面结构理论模型，下面我们就来介绍其中主要的几种类型．

### 2.4.1 完整光滑面理论模型[11,12,15,20]

这种模型首先是由 Kossel 于 1927 年提出来的，后来由 Stranski 和 Kaischew 等加以发展．Kossel 晶体生长机制是以这种光滑面的生长为前提，晶面生长机制是层状生长．

设计这种理论模型的主要目的是，为了在生长尚未完成一层原子面的情况下，找出生长基元（原子、离子或简单分子）在界面上进入晶格座位的最佳位置．现在以简单立方结构的原子晶体为例来进行如下讨论．

原子晶体中的原子与原子间的键能随原子间距的增大而迅速减小，因此在计算晶体生长成键所释放出的能量时，只需考虑最近邻原子的相互作用就够了．对于简单立方结构的原子晶体内部任一原子，均有三种最近邻的原子，其中第一最近邻的为其面接触的6个原子，原子间距 $r_1 = r_0 = a$（$a$ 为晶格常数）；第二最近邻的为共棱相联的12个原子，原子间距 $r_2 = \sqrt{2}\,r_0$；第三最近邻的为共顶点的8个原子，原子间距 $r_3 = \sqrt{3}\,r_0$．

现设 $\phi_1, \phi_2, \phi_3$ 分别表示某原子与第一、第二、第三最近邻原子的键能，而原子的键能与原子间距成反比，由于 $r_3 > r_2 > r_0 = a$，所以 $\phi_1 > \phi_2 > \phi_3$，因此在计算晶体生长成键释放能量时，只需考虑 $\phi_1$ 或 $\phi_1, \phi_2, \phi_3$ 之和就够了．

如果知道了 $\phi_1, \phi_2, \phi_3$ 和确定原子的第一、第二和第三最近邻的原子数目，就可以计算出原子在光滑界面上各个不同位置的原子键能 $\phi$，并可用下式表示：

$$\phi = n_1\phi_1 + n_2\phi_2 + n_3\phi_3, \tag{2.46}$$

式中 $n_1, n_2, n_3$ 分别代表在光滑面上任一原子的第一、第二、第三最近邻的原子数目。

当每一个来自环境相的新原子进入界面晶格座位时，最可能结合的位置应该是能量上最有利的位置，即成键数目最多和所释放能量最大的位置。

现在讨论原子在光滑界面(001)上所有位置上键能的大小，以便寻找晶体生长的最佳位置(见图2.17)。

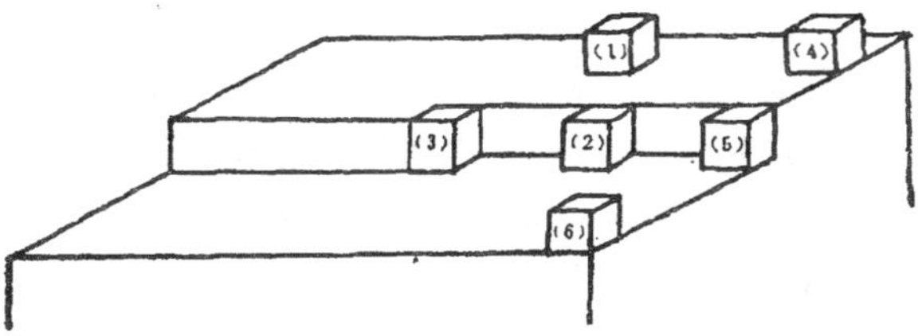


图 2.17　原子在光滑面(001)上所有可能的不同生长位置.

从图 2.17 中可以看出，结合到(1)—(6)位置上的原子，它们各自的第一、第二、第三最近邻的原子数目是不同的，因此，它们在进入晶相时所释放出的能量也就不同，通过分析计算的结果，在生长的光滑面上(1)—(6)位置的原子的第一、第二、第三最近邻的原子数目与由式(2.46)所计算出的(1)—(6)位置结合新原子成键所释放的能量大小顺序，一并列在表 2.3 中. 成键时所释放的能量多

表 2.3　新原子成键所释放的能量顺序

| 原子在光滑面界面上的位置 | $n_1$ | $n_2$ | $n_3$ | $\phi$值大小顺序 |
|---|---|---|---|---|
| (1) | 1 | 4 | 4 | 4 |
| (2) | 2 | 6 | 4 | 2 |
| (3) | 3 | 6 | 4 | 1 |
| (4) | 1 | 3 | 2 | 5 |
| (5) | 2 | 4 | 2 | 3 |
| (6) | 1 | 2 | 1 | 6 |

少这反映了不同位置成键的难易. 从表 2.3 中可看出, 图 2.17 原子(3)位置[即三面角(3)位置, 又称扭折位置]是结合新原子的最有利的位置,因为在原子(3)位置可以和 3 个第一最近邻的原子成键,若成键时释放出能量则也最多. 另外, 原子(3)位置结合新原子成键时, 所释放出的能量恰好为晶体结构中的任一原子成键所释放的能量的 $\frac{1}{2}$, 故称原子 (3) 位置为半晶体位置 (111) (见图 2.17),这样在(111)位置上就不需要形成任何形式的晶核, 生长基元便可单独地或连续的添加到生长位置,直至将一层台阶铺满.因此,半晶体位置(111)是晶体生长最有利的位置, 这种位置在晶体生长过程中起着最重要的作用.

在晶体结构中,每个键为两个原子所共有,因此每个原子的键能为 $(6\phi_1+12\phi_2+8\phi_3)/2$, 这样在半晶体位置成键所释放出的能量等于每个原子的平均键能, 此值可作为气相或溶液晶体生长所释放出的结晶潜热或热焓.

从表 2.3 中可知, 最有利结合原子的位置是台阶前沿原子(2)和原子 (5) (见图 2.17),而最不利于结合原子位置是隅角顶点原子(6) 的位置.

Kossel 模型也适用于简单的离子晶体和简单的分子晶体. 但在处理简单的离子晶体时,要考虑到正、负离子间的相互作用, 正负离子相互吸引,同号离子相互排斥. 对于简单的分子晶体,生长基元是分子,则那要考虑离子结合成分子的作用,除此之外, 处理的方法同处理原子晶体时基本相同.

### 2.4.2 非完整光滑面理论模型[29—33]

非完整光滑理论模型又称为 Frank 模型, 或称为螺旋位错模型. 这一理论是 1949 年在英国布里斯托尔 (Bristol) 举行的法拉第学会讨论会上由 Frank 提出来的, 后又发展成 Burton, Cabrera 和 Frank 理论,简称 BCF 理论.

在光滑的生长界面上开始的台阶源是从何而来, 这曾经是一个引人注意的问题，在光滑界面上形成二维临界晶核后就可出现台阶源，但根据理论计算得出，在光滑界面上形成二维临界晶核时,若从气相或溶液中生长时,所需要的过饱和度大约在25—50%之间,但是在实验上则观察到晶体在过饱和度很低的情况下(不到1%)就能生长，而且生长出来的晶体质量与光滑界面生长的晶体几乎没有什么区别,为了解决这一理论与实验上的矛盾，Frank 考虑到晶体结构的不完整性，认为晶体生长界面上的螺旋位错露头点可作为晶体生长台阶源，这样便可成功地解释晶体在很低的过饱和度下就能够生长的实验现象，后来在实验上证实了这种螺旋位错生长的存在．最简单的螺旋位错生长模型如图 2.18 所示．

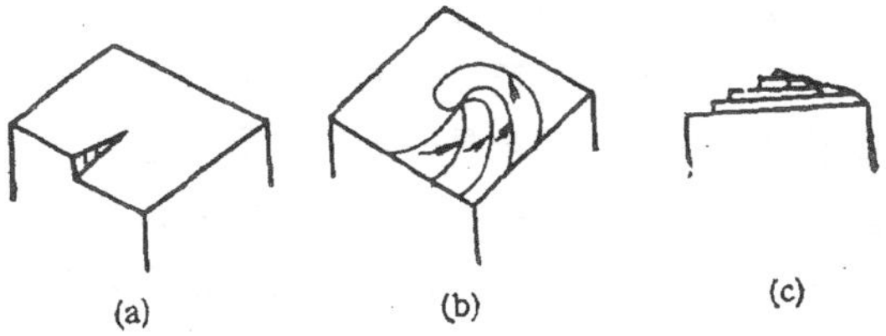


图 2.18　螺旋位错生长模型．

根据螺旋位错生长模型，晶体在生长过程中就不再需要形成二维临界晶核，而螺旋位错在界面上的露头处便可提供一永不消失的台阶源,晶体将围绕螺旋位错露头点旋转生长,而螺旋式的台阶源将不随着原子面网一层一层地铺设而消失，而是螺旋式的连续生长过程，晶体的这种生长方式称为螺蜷线生长。

虽然 Frank 当时就指出,能提供永不消失台阶源的位错不一定是螺旋位错，然而迄今人们只对螺旋位错生长机制有较深刻的理解，故一提到位错生长机制时都笼统地称为螺旋位错生长．近些年来的实验观察结果表明,除了螺型位错外,刃型位错、层错、孪晶以及重入角等都能成为生长台阶源．

### 2.4.3　粗糙界面理论模型[6,34,35]

粗糙界面理论模型是 Jackson 于 1958 年提出来的,通常又称为双层界面模型．该模型只考虑晶体表层与界面层两层间的相互作用，假设的条件如下：

(1) 界面层内所包含的全部晶相与流体相原子都位于晶格座位上．

(2) 将晶体生长体系中各原子划分为晶相原子和流体相原子．

设计这种模型的理论基础是在恒温恒压条件下，在界面层内的流体相原子转变为晶相原子所引起的界面层中 Gibbs 自由能的变化．所要回答的问题是：对于晶-流界面，作为各种结晶材料的两相平衡的熔点是固定的，因此可以在不考虑界面粗糙度随温度变化而变化的情况下来解析界面平衡结构的性质．

下面扼要的加以阐明．所设想的简单双层界面模型是针对简单立方结构晶体而言的界面层是一单原子层，为了便于计算，假定：(1)晶相原子与流体相原子之间无相互作用；(2)流体相原子间无相互作用；(3)晶相原子只考虑其最近邻原子间的作用；(4)忽略界面层内的偏聚效应(即原子集团化的作用)等．

所设想的粗糙界面理论模型如图 2.19 所示．

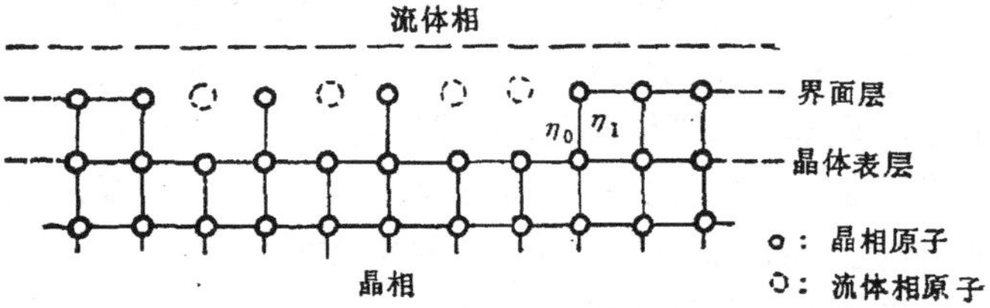


图 2.19 粗糙界面模型．○：晶相原子；○：流体相原子．

当晶相-流体相界面层的平衡温度为 $T_e$ 时，假定在此单原子层中有 $N$ 个可利用的生长位置，在这些生长位置上都存在着单原子生长基元．在这 $N$ 个生长基元中，有 $N_A$ 个生长基元是属于晶相原子，那么在单原子层中，晶相原子的成分为 $x=\frac{N_A}{N}$，显然属于流体相的生长基元成分为 $1-x$．在这种情况下，如果 $x=50\%$，则该体系中界面的平衡结构是粗糙的；若 $x$ 近于 0% 或 100%，则该界面是光滑的。在单原子界面层中，单位质量的晶相和流体相的内能 ($E$)、体积 ($V$) 和熵 ($S$) 是不同的，由于在界面层中的 $N$ 个原子属于晶相成分的不同，则在界面层中所引起的 Gibbs 自由能的变化量 $\Delta G$ 也不同。在两相平衡温度 $T_e$ 和压力 $P$ 下，由 $N_A$ 个流体相原子转变为 $N_A$ 个晶相原子，所引起的 Gibbs 自由能的变化量为

$$\Delta G = \Delta E + P\Delta V - T_e\Delta S, \tag{2.47}$$

式中 $\Delta E, \Delta V, \Delta S$ 分别表示在界面层中流体相原子转变为晶相原子所引起的内能、体积和熵的变化量。

$\Delta E$ 来源于界面层形成水平键和界面层与晶体表层间形成非水平键两者引起的内能变化量。$N_A$ 个原子组成的晶相体积与流体相体积相比，对气相来讲，晶相体积可以忽略不计，同时气相可近似地看为理想气体，$P\Delta V = N_A kT$，$k$ 为玻耳兹曼常数。通常，对于熔体生长而言，体积变化很小，例如金属只收缩 3—5%，故 $\Delta V$ 相可忽略不计。在界面层中，由于 $N_A$ 个流体相原子转变为 $N_A$ 个晶相原子，其结果就产生了流体相原子和晶相原子的统计分布，以便达到新的平衡状态，这样就使熵量增加 $\Delta S$。

假定原子是按统计分布在界面层的点阵座位上，这样界面层中的晶相原子和流体相原子的分布状态就与温度无关，采用统计计算，运用 Bragg-Williams 近似方法处理，最后可得出界面层内 Gibbs 自由能的变化量 $\Delta G$ 与晶相原子占有成分 $x$ 间的函数关系如下：

$$\frac{\Delta G}{NkT_e} = \alpha x(1 - x) + x\ln x + (1 - x)\ln x, \tag{2.48}$$

式中

$$\alpha = \frac{l_0}{kT_e} \cdot \frac{n_1}{\gamma}, \tag{2.49}$$

式中，称 $\alpha$ 为 Jackson 因子，$l_0$ 代表单个原子相变时内能的改变，可近似地看作为单个原子的结晶潜热。$n_1$ 代表一个原子在界面层

内的近邻数，即晶相原子在界面层内的晶格座位全被晶相原子填满时的水平键数．$\gamma$ 代表晶相内部一原子的配位数(即键数)，$\alpha$ 也称为界面相变熵．

从式(2.49)中可以看出，界面相变熵 $\alpha$ 是由两个因子的乘积所组成，其中一个因子为 $l_0/kT_c$，它决定于生长体系的热力学性质，$T_c$ 为相平衡温度，因而 $l_0/T_c$ 为单个原子的相变熵，称它为物质相变熵，而 $l_0/kT_c$ 为无量纲的物质相变熵．因而 $l_0/kT_c$ 不仅取决于构成体系的物质本性，还决定于体系中共存两相的类别．另一个因子 $n_1/\gamma$ 称为界面取向因子，它反映了晶体的各向异性．

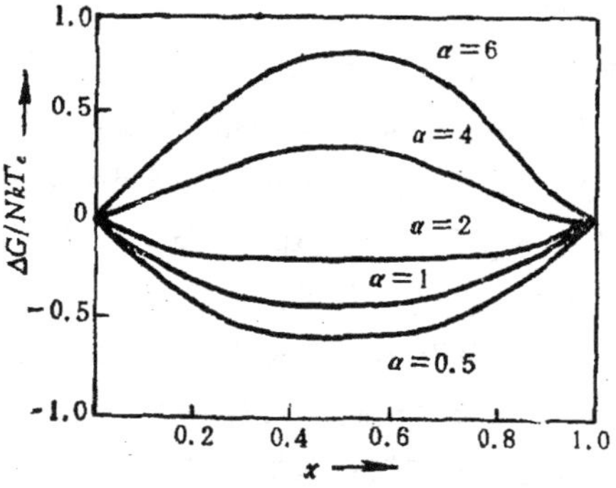


图 2.20　界面的相对 $\Delta G$ 与 $x$ 的函数关系．

实际上，式(2.48)给出了界面 Gibbs 自由能变化量 $\Delta G$ 与晶相原子在界面层内占有分数 $x$ 以及 $\alpha$ 三者的关系．对于不同的 $\alpha$ 值，可绘出 $\Delta G$ 关于 $x$ 的函数关系，如图 2.20 所示．

从图 2.20 中可以看出如下几种情况：

(1) 对于不同的 $\alpha$ 值，相对自由能 $\left(\dfrac{\Delta G(x)}{NkT_c}\right)$ 曲线的形状是不同的．

(2) 对于给定的 $\alpha$ 值，可以从相对自由能曲线上找到自由能变化量 $\Delta G$ 为最小值时的 $x$ 值，此 $x$ 值能说明界面的平衡热力学性质，即可说明界面是光滑的或粗糙的．例如 $\alpha=1.0$ 的相对自由能曲线，在 $x$ 等于 50% 时出现自由能变化量 $\Delta G$ 为最小值，这时界面的平衡结构是粗糙面．又如 $\alpha=6$ 的相对自由能曲线，当 $x$ 等于 50% 时，$\Delta G$ 为最大值，因而粗糙面不是其平衡结构，而只有当 $x=0\%$ 或 $x=100\%$ 时，$\Delta G$ 才出现最小值，这时界面的平衡结构才为光滑面.

(3) 对于 $\alpha=2.0$ 的曲线可以看作是分界线，临界值 $\alpha_c$ 可用来判断各种结晶材料界面的平衡热力学性质，

当 $\alpha>\alpha_c$ 时，$x=0$ 或 1，界面是光滑面；

当 $\alpha<\alpha_c$ 时，$x=50\%$，界面是粗糙面.

当 $x\approx 0$ 时，在几乎是平坦光滑面的界面上分散着少数晶相原子；当 $x=1$ 时，表明在几乎是平坦光滑的界面上分散着少数流体相原子的凹坑.

当晶-流两相成平衡状态时，大多数金属和某些化合物的 $\alpha$ 都小于 2（即 $\alpha<2$），因此金属-熔体的界面，从原子尺度来看，可以推断是凸凹不平的粗糙面. 例如，钾的 $\alpha=0.83$，铝的 $\alpha=0.94$，这些材料的平衡固-液界面为粗糙面，故金属晶体的生长常出现枝蔓状，其生长速率较快. 大多数有机化合物的 $\alpha$ 都大于 2，例如水杨酸苯酯（salol）等有机化合物的 $\alpha$ 大于 5，聚乙烯等高分子化合物的 $\alpha$ 大于 10，这类材料的平衡固-液界面，从分子的尺度来看，大多是光滑界面. 当 $\alpha$ 值界于 2—4 之间的材料，例如，水的 $\alpha=2.63$，这类结晶物质的平衡固-液界面是光滑的还是粗糙的，则取决于界面的取向因子 $(n_1/\gamma)$.

另外，关于粗糙界面理论模型，还有其他一些人的工作，例如粗糙化相变理论，根据此理论，某一物质的一定取向的平坦光滑界面随着温度的升高，其粗糙度将越来越高，到达温度 $T_{l-t}$ 时，经历一个由平坦面到粗糙面的相变，称 $T_{l-t}$ 为该晶面的粗糙化相变温度，当温度大于 $T_{l-t}$ 时，界面宽度发散，晶面呈连续生长，晶体生长速率与母相过饱和度呈线性关系，而在粗糙化相变温度以下，晶体借助二维成核或位错生长，晶体的生长速率与母相过饱和度分别遵守指数关系或抛物线关系.

### 2.4.4 扩散界面理论模型[8,36,37,38]

根据上述粗糙界面理论模型可知，如果界面是粗糙的，则界面上可利用的生长位置的 50% 被晶相原子所占据，这样在形成新的

完整层的过程中，又有另一半可利用的生长位置被晶相原子所占有，这样一来，在晶体相继不断地生长过程中，双层粗糙界面层可能是难以存在的.

1966 年，Temkin 提出了扩散界面理论模型，又称多层界面模型，它仍属于晶格模型.

扩散界面模型比双层界面模型具有一些优点，例如扩散界面模型不限制界面层数，因此对所有类型的晶-流体界面均可适用，具有广泛性. 利用这种模型可以确定热平衡状态下界面的层数，并可根据非平衡状态下界面 Gibbs 自由能的变化，推导出界面相变熵对界面结构的影响. 但扩散界面模型也存在着局限性，例如所用的理论推算均采用统计计算，引用了 Bragg-Williams 近似，忽略了偏聚效应等. 但作为研究晶-流体界面的性质，仍算是较好的理论模型.

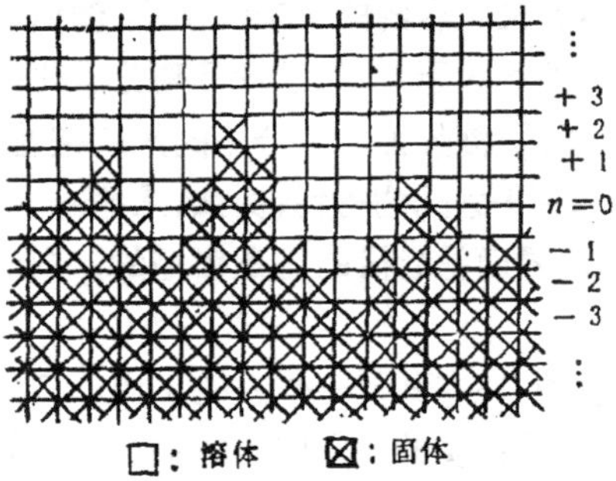

图 2.21 扩散界面理论模型.

Temkin 所设计的多层界面模型如图 2.21 所示.

所考虑的界面是正方晶系晶体的(001)面. 将晶-流体体系中的原子区分为晶相原子（以正方砖块⊠表示）和流体相原子（以正方砖块□表示），晶体由晶相原子所组成，并只考虑晶相原子的最近邻的相互作用，每一原子有 4 个等价的水平键和 2 个垂直键，水平键与垂直键的键能不等. 整个晶-流体界面是由晶相原子和流体相原子相接触的接触面，界面上的全部原子都位于相当于实际固相晶格座位上，界面可由很多层构成，每层又由晶相原子和流体相原子组成，层与层间的间距为(001)面的面网间距 $d_{001}$. 在晶体整个生长过程中，晶相原子仅能在晶相原子上堆砌. 虽然把流体相原子视为分隔的流体相原子，但仍把流体空间视为均匀的连续介质.

在扩散界面模型中，将特定面的层数用 $n$ 表示，第 $n$ 层界面包含的原子座位为 $N$，其中含有 $N_s$ 个晶相原子和 $N_f$ 个流体相原子，即 $N = N_s + N_f$。如果我们定义 $c_n = \frac{N_s}{N}$，$c_n$ 为第 $n$ 层中晶相原子的分数，显然在第 $n$ 层流体相原子的分数为 $(1 - c_n)$，而 $n$ 的变化范围可从 $-\infty \to +\infty$，所引进的边界条件为 $c_{-\infty} = 1$，$c_{+\infty} = 0$，这意味着当 $n = -\infty$ 变到 $n = +\infty$ 时，晶相原子完全转变为流体相原子。假若 $c_{-5} = 1, c_5 = 0$，这表示从 $n = 0$ 层，向晶相数到第五层完全为晶相原子，再从 $n = 0$ 层向流体相数到第五层完全为流体相原子，因此，此界面层为 10 层原子的厚度，在这一空间区域内，既有晶相原子又有流体相原子。

我们假定晶相原子仅能坐落在晶相原子的顶部位置，第 $n + 1$ 层晶格座位的晶相原子必定位于第 $n$ 层晶格座位的晶相原子上面，第 $n$ 层与第 $n + 1$ 层相比，由于晶相原子朝向流体相方向的浓度逐步减小，于是 $c_{n+1} \leqslant c_n$，这意味着在完全流体相中的孤立的固态原子是不存在的。

下面进一步作些讨论。对于光滑界面，根据前面的假设，下面的条件是成立的：当 $-\infty < n < 0$ 时，$c_n = 1$，而当 $1 < n < +\infty$ 时，$c_n = 0$，这意味着光滑面（参考面）的配置在 $n = 0$ 与 $n = 1$ 之间。

在热力学平衡状态下，当界面由光滑面变为粗糙时，所引起的界面 Gibbs 自由能的变化量 $\Delta G$ 可用下式表示：

$$\Delta G = \Delta G_{f-s} + \Delta G_{surf}, \tag{2.50}$$

式中 $\Delta G_{f-s}$ 代表流体相原子和晶相原子间交换所产生界面自由能的变化。$\Delta G_{surf}$ 代表界面键能改变而引起能量变化（$\Delta E_{surf}$）和由于界面晶相原子和流体相原子排列方式改变而引起组态熵的变化（$T\Delta S$）。

由此可得

$$\Delta G_{f-s} = \frac{\partial G}{\partial N_s} \Delta N_s + \frac{\partial G}{\partial N_f} \Delta N_f, \tag{2.51}$$

$$\Delta G_{surf} = \Delta E_{surf} - T\Delta S_{surf}, \tag{2.52}$$

式中，$\Delta N_s$ 代表由于光滑面的粗糙化而使晶相原子转变为流体相原子的数目，$\Delta N_f$ 代表流体相中形成的晶相原子数目.

根据光滑面的粗糙化，我们可分别地把 $\Delta G_{f-s}$，$\Delta E_{surf}$，$T\Delta S_{surf}$ 的表达式推导出来. 现先求 $\Delta G_{f-s}$ 的表达式. 假定每个晶相原子与每个流体相原子的体积相等，这样在式(2.51)中

$$\frac{\partial G}{\partial N_s} = \mu_s, \quad \frac{\partial G}{\partial N_f} = \mu_f,$$

$\mu_s$，$\mu_f$ 分别表示晶相原子和流体相原子的化学势.

当光滑面粗糙化时，原始晶相的第 $n$ 层被流体相原子所占有的比率显然地为 $1 - c_n$，对于这部分原子所引起的化学势的变化为

$$\Delta\mu = \mu_f - \mu_s,$$

而晶相原子转变为流体相原子的总数为

$$\sum_{n=-\infty}^{0} N(1 - c_n),$$

则能量的变化量为

$$(\mu_f - \mu_s) \sum_{n=-\infty}^{0} N(1 - c_n).$$

同样，原始流体相的第 $n$ 层中形成 $Nc_n$ 个晶相原子，流体相原子转变为晶相原子的总能量的变化量为

$$\sum_{n=1}^{\infty} Nc_n(\mu_s - \mu_f).$$

因此，由于晶相原子和流体相原子相互转化所引起的整个界面 Gibbs 自由能的变化量为

$$\Delta G_{f-s} = \Delta\mu N\left[\sum_{n=-\infty}^{0}(1 - c_n) - \sum_{n=1}^{\infty} c_n\right]. \tag{2.53}$$

下面，我们再来求出 $\Delta E_{surf}$ 的表达式. 从能量的观点来看，光滑面粗糙化的过程正好是晶-晶体相最近邻原子的水平键能 $\phi_{ss}$ 和流-流体相最近邻原子的水平键能 $\phi_{ff}$ 被晶-流体原子的水平键能

$\phi_{sf}$所置换的过程。为了形成一个$\phi_{sf}$键需要破坏$\frac{1}{2}\phi_{ss}$和$\frac{1}{2}\phi_{ff}$，因此形成一个 $\phi_{sf}$ 键所获得的能量为

$$\mathscr{E}=\frac{1}{2}(\phi_{ss}+\phi_{ff})-\phi_{sf}. \tag{2.54}$$

出现晶-流体原子键的概率比例于 $4c_n(1-c_n)$，因子 4 是二维晶格中最近邻的格子点数，于是可得出

$$E_{surf}=4\mathscr{E}N\sum_{n=-\infty}^{\infty}c_n(1-c_n). \tag{2.55}$$

最后，我们便可推导出 $T\Delta S_{surf}$ 的表达式。根据玻耳兹曼公式

$$S=k\ln W,$$

式中$W$为组态的数目。对于光滑面，$W=1$，因而 $S=0$，于是$T\Delta S_{surf}$ 仅起因于光滑面的粗糙化过程。如果我们考虑第$(n+1)$层，那么仅需要考虑第 $n$ 层的晶相原子的顶部位置就够了。晶相原子在第 $n$ 层与第 $n+1$ 层的数目分别可用 $Nc_n, Nc_{n+1}$ 表示，而在第 $n$ 层与第 $n+1$ 层中的晶相原子数目之差 $N(c_n-c_{n+1})$ 正好等于流体相原子的数目，因此第 $n+1$ 层组态的数目为

$$W_{n+1}=\frac{(Nc_n)!}{(Nc_{n+1})![N(c_n-c_{n+1})]!}. \tag{2.56}$$

于是可求得整个界面层的 $\Delta S_{surf}$ 的表达式

$$\Delta S_{surf}=k\ln W=k\ln\prod_{n=-\infty}^{\infty}\frac{(Nc_n)!}{(Nc_{n+1})!(Nc_n-Nc_{n+1})!}, \tag{2.57}$$

而

$$\ln\prod_{n=-\infty}^{\infty}\frac{(Nc_n)!}{(Nc_{n+1})!}=\ln N!\approx N\ln N-N, \tag{2.58}$$

$$\ln\prod_{n=-\infty}^{\infty}[N(c_n-c_{n+1})!]^{-1}$$

$$=-N\ln N+N-N\sum_{-\infty}^{\infty}(c_n-c_{n+1})\ln(c_n-c_{n+1}). \tag{2.59}$$

应用 Stirling 公式

$$\sum_{n=-\infty}^{\infty}(c_n - c_{n+1}) = (c_{-\infty} - c_{+\infty}) = 1.$$

将式(2.58)和式(2.59)代入式(2.57)，再乘以$T$便可得出

$$T\Delta S_{surf} = -kTN\sum_{n=-\infty}^{\infty}(c_n - c_{n+1})\ln(c_n - c_{n+1}). \quad (2.60)$$

将式 (2.53) 中的 $\Delta G_{f-s}$、式 (2.55) 中的 $E_{surf}$ 和式 (2.60) 中的 $T\Delta S_{surf}$ 分别代入式(2.50)，并略加整理，除以 $NkT$，就可求得光滑面粗糙化时所引起的界面 Gibbs 自由能的变化量 $\Delta G$ 的一般表达式

$$\frac{\Delta G}{NkT} = \beta\left[\sum_{n=-\infty}^{0}(1 - c_n) - \sum_{n=1}^{\infty}c_n\right] + \alpha\sum_{1-\infty}^{\infty}c_n(1 - c_n)$$

$$+\sum_{n=-\infty}^{\infty}(c_n - c_{n+1})\ln(c_n - c_{n+1}), \quad (2.61)$$

式中

$$\beta = \Delta\mu/kT, \quad (2.62)$$

$$\alpha = 4\mathscr{E}/kT. \quad (2.63)$$

在平衡状态下，表面自由能极小，由极值条件

$$\frac{\partial(\Delta G/NkT)}{\partial c_n} = 0$$

可求得平衡状态下 $c_n$ 满足如下方程式：

$$\frac{c_n - c_{n+1}}{c_{n-1} - c_n}\exp(-2\alpha c_n) = \exp(-\alpha + \beta), \quad (2.64)$$

此方程式仅能用数值方法求解。

由式(2.64)的数值解，可得到如下两点结果：

(1) 关于多层界面的扩散度. 在平衡温度下，$\beta = 0$，界面处于平衡状态，对于不同的 $\alpha = 4\mathscr{E}/kT$ 值，将 $c_n$ 对 $n$ 作图，可求得界面的扩散度，界面的扩散度为界面所占有的区域，相当于晶-流体界面的层数，如图 2.22 所示。不同 $\alpha$ 值所对应的界面层数列入表 2.4 中。

从图 2.22 中可以看出，在不同 $\alpha$ 值的生长体系中，晶-流体界

表 2.4 晶-流体界面的层数

| α 值 | 扩散度(界面层数) | 图 2.22 中的记号 |
|---|---|---|
| 0.446 | ~20 | + |
| 0.769 | ~12 | ○ |
| 1.889 | ~4 | ● |
| 3.310 | ~2 | □ |

面的平衡性质是不同的。在图 2.22 中，从左向右表示体系从晶相到流体相，而且界面的厚度与 $\alpha$ 值的大小有关。例如对于 $\alpha = 0.446$ 的生长体系，从图 2.22 中"+"号看到 $c_{-10} = 1$、$c_{10} = 0$，这表明从 $n = 0$ 向晶相数到第 10 层，原子全部晶相原子，而从 $n = 0$ 向流体相数到数到第 10 层全部为流体相原子，因而界面的扩散度为 20 层，显然这种类型的界面为扩散

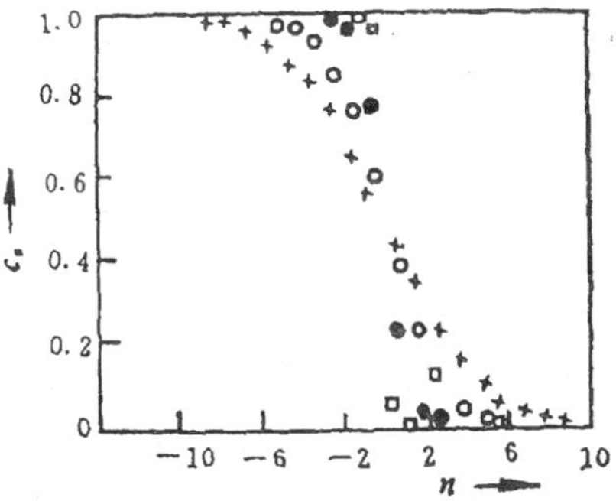

图 2.22 界面层中晶相原子的分布.

面，但从另一个极端的情况来看，当 $\alpha = 3.310$ 时，界面只有 2 层，这样的界面为突变面。由此可见，界面的厚度取决于 $\alpha$ 值。当 $\alpha$ 值较小时，界面自由能的极大值和极小值几乎没有差别，界面为扩散面，但当 $\alpha$ 值较大时，界面自由能的极大值与极小值差别较大，界面为突变面。

(2) 流体在过冷状态下，相变熵 $\beta$ 值对界面结构的影响。生长体系在流体过冷状态下，$\Delta\mu > 0$，这时，$\beta > 0$。由于式(2.61)右边第一项，通过参量 $\beta$ 在界面上施加了附加的驱动力，当附加驱动力较低时，界面自由能的极大值与极小值相差较大，而当附加驱动力较高时，不存在界面自由能的极大值与极小值，这样就必然存在着临界值 $\beta_c$。当 $\beta > \beta_c$ 时，随着界面的移动，界面自由能 $\Delta G$ 只倾向于减少，在界面移动时已不再需要激活能。图 2.23 表明了

参量 $\alpha$ 与 $\beta$ 的函数关系.

从图 2.23 中可以看出，整个 $\beta$-$\alpha$ 平面分成 $A$ 与 $B$ 两个区域，如果我们让 $\beta$ 沿着 $\alpha=2$ 的直线从 $10^{-5}$ 开始增加，先经过 $A$ 区域，穿过 $A$ 与 $B$ 区的分界线到达 $B$ 区域，在所考虑的情况下，在 $A$ 区域中的所有界面，均具有 $\Delta G$ 的极小值，因而该区域为稳定区.在该区域中，虽有 $\beta=\Delta\mu/kT$ 的附加驱动力的驱使，但原为稳定的界面结构仍为稳定的，这意味着界面原为光滑面，但在晶体生长过程中仍为光滑面. 但如果 $\beta=\Delta\mu/kT$ 值到达 $A$ 与 $B$ 区域的分界线时，这时的 $\beta$ 值为临界值 $\beta_c$，而 $\beta$ 值超过临界值 $\beta_c$，而到达 $B$ 区域后，$\Delta G$ 只有趋向减小而不出现极小值，因此 $B$ 区域是不稳定区，这样原为稳定的界面结构就转变为不稳定的，即原先为光滑界面就转变为粗糙界面. 图 2.23 还表明，如果 $\alpha$ 值足够大，即使对应较高的 $\beta$ 值，界面也可保持着稳定的状态. 但另一方面，如果 $\alpha$ 值小于 1.2，则不管 $\beta$ 值的大小，界面总是粗糙的. 只有当 $\alpha>1.2$ 时，才存在着界面结构与生长机制的转化问题.

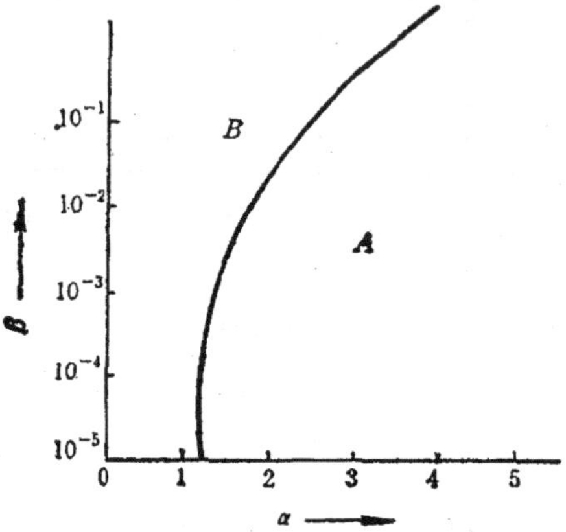


图 2.23　流体过冷状态下界面的 $\alpha$ 与 $\beta$ 的关系.

另外这些年来，通过计算机模拟界面结构作了大量工作. 应用在这一领域内的模拟方法主要是蒙特-卡罗法（Monte-Carlo method），此种方法是以概率论和数理统计为理论基础，将随机数应用于模拟过程. 有关该方法的数理基础以及详尽的知识，可参阅专著.

在此应当强调指出的是：上述所说的这些晶格模型具有一个共同特点，在计算界面自由能变化时，只考虑晶相原子的晶格结构. 而将流体(熔体)相视为连续介质，它只起到能量和质量的输运作用，忽略了流体结构效应. 事实上，由于晶相与流体相之间的密度差很小(3—4%)，所以晶相和流体结构的原子间距就相差很小，这种流体密度的密集性和运动状态的流动性决定了流体结构的长程无序，但可以存在某种短程有序，因此，流体结构对于界面自由能的贡献是不能忽略的.

晶体生长是一非平衡过程，对远离生长界面的流体相可用平衡态的结构和性质来描述. 然而晶体生长的界面结构却很复杂，界面的晶相一侧的微观结构是易知的，而关键是要了解流体相一侧的结构，以及流体相是如何转化为晶相的，这是至今尚未能很好解决的问题，但无疑地今后的研究必须集中注意力于界面一侧的流体相的结构. 如能得到很好的解决，当代的晶体生长动力学理论将会大大地向前发展.

## § 2.5 晶体生长界面动力学

晶体生长界面动力学研究的最终目标是探索各种生长条件下的晶体生长机制和研究晶体生长速率与生长驱动力之间的关系，通常将生长速率与驱动力之间的函数关系称为生长界面动力学规律.

晶体生长界面动力学规律决定于生长机制，而生长机制又决定于生长过程中的界面结构，因此，生长界面动力学规律与界面结构是密切相关的. 上节论述了四种晶体生长界面结构理论模型. 下面再对相应的四种生长界面动力学作些讨论.

### 2.5.1 完整光滑面的生长[6,8,11,18,20,37]

晶体从气相或溶液中生长，这种生长可作为完整光滑面生长.

完整光滑面生长首先需要在生长界面上形成二维临界晶核，使其出现生长台阶，如图 2.24 所示.

假定在流体亚稳相中新生成的二维晶核是半径为 $r$ 的圆形

核，这时晶-流体两相体系所引起的 Gibbs 自由能的变化为

$$\Delta G(r) = -\Delta\mu \frac{\pi r^2}{a^2} + \frac{\phi}{2} \cdot \frac{2\pi r}{a}, \tag{2.65}$$

图 2.24 二维临界晶核形成示意图.

式中，右边第一项是形成二维核时，由于流体相原子或分子转变为二维核中的原子或分子所引起的体系 Gibbs 自由能的降低，第二项是由于二维核的出现所引起的棱边能的增加。

在式(2.65)中，$\Delta\mu$ 为驱动晶核生长的化学势，相当于晶-流体两相之间的化学势之差. $a$ 为晶格常数，$\phi/2$ 为每个原子或分子的台阶能。

从式(2.65)中可以看出，当新生成的二维核的半径 $r$ 很大时，$\Delta G(r)$ 与 $r^2$ 的负项比例占优势，这时，$\Delta G(r) < 0$；但当新生成的二维核的半径 $r$ 很小时，$\Delta G(r)$ 与 $r$ 的正项比例占优势，这时，$\Delta G(r) > 0$，而 $\Delta G(r)$ 随 $r$ 的变化关系，如图 2.25 所示。

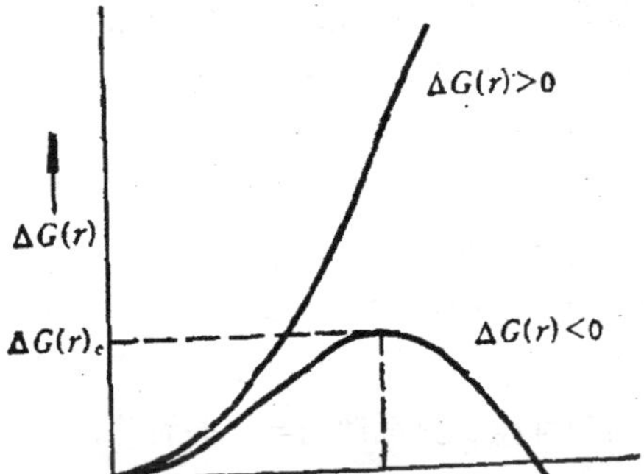


图 2.25 $\Delta G(r)$ 随 $r$ 变化的关系.

从图 2.25 中可以看出，在 $\Delta G(r)$-$r$ 曲线上有一个相应于临界半径 $r_c$ 的 $\Delta G(r)$ 的极大值 $\Delta G(r)_c$，因此可以利用求 $\Delta G(r)$ 的极大值的方法来决定 $r_c$ 值，即

$$\frac{\partial \Delta G(r)}{\partial r}=0。\tag{2.66}$$

从式(2.66)可求得二维核的临界半径($r_c$)与其相应体系自由能变化的极大值 $\Delta G(r)_c$

$$r_c=\frac{a\phi}{2\Delta\mu}=\frac{a\phi}{2kT}\cdot\frac{1}{\ln\alpha},\tag{2.67}$$

$$\Delta G(r)_c=\frac{\pi\phi^2}{4\Delta\mu}=\frac{\pi\phi^2}{4kT}\cdot\frac{1}{\ln\alpha}.\tag{2.68}$$

从式(2.67)和式(2.68)中可以看出,临界半界 $r_c$ 和相应体系自由能变化的极大值 $\Delta G(r)_c$ 都与 $\ln\alpha$ 成反比,$\alpha$ 为流体相的过饱和度,这说明流体相的过饱和度愈大,临界半径的尺度与 $\Delta G(r)_c$ 均愈小,反之,流体相的过饱和度愈小,临界半径 $r_c$ 与 $\Delta G(r)_c$ 均愈大,当 $\alpha=1$ 时,而临界晶核便趋向于无穷大了.

若以完整光滑面为基准,临界晶核存在的概率 $\exp(-\Delta G(r)_c/kT)$ 将随着 $\Delta G(r)_c$ 的增大而显著减少,因而当临界晶核存在的概率相当小时,从时间上来看,在已生长的新结晶层上,二维临界晶核形成的时间就相当长,已形成的临界晶核覆盖全部晶面的时间相对就比较短.因此,形成临界晶核的平均周期主要取决于形成临界晶核的等侯时间,此为限制晶体生长速率的阶段.对于临界晶核半径 $r_c$ 的意义可以理解为当完整光滑面上所形成的晶核半径 $r$ 大于 $r_c$ 时,半径 $r$ 愈大,$\Delta G(r)$ 愈小,它存在的概率就愈大,这样的晶核趋向增大;但当晶核半径 $r<r_c$ 时,半径 $r$ 越大,$\Delta G(r)$ 也越大,因此它的存在概率就变小,这样的晶核会缩小以至消失.晶体如欲生长,就必须先形成大于临界半径 $r_c$ 的晶核,这样看来形成二维临界晶核半径 $r_c$ 的概率决定着晶体生长速率,在此情况下,晶体的法向生长速率可用下式表示:

$$R\cong aZ\frac{S}{a^2}\exp(-\Delta G(r)_c/kT),\tag{2.69}$$

式中 $Z$ 代表单位时间内,由流体相输运给生长界面的原子或分子数目,$S$ 代表生长界面面积.$S/a^2\exp(-\Delta G(r)_c/kT)$ 代表二维临界晶核在生长界面上存在的概率.

从式(2.69)中可以看出，晶体的法向生长速率$R$随着生长界面面积$S$的增加而加快，这里是以一个二维临界晶核覆盖整个生长界面为前提的,但在晶须生长的过程中,横断面积与侧面积虽然有数量级的差异,但实验表明,这两者的法向生长速率几乎没有差异,这种矛盾可通过多核生长的概念予以解释.

下面，我们来讨论单核与多核生长的问题. 若流体相原子或分子在生长界面上的碰撞频率为$\gamma_0$，可近似地得到二维成核率为

$$I = \gamma_0 \exp(-\Delta G(r)_c / kT). \tag{2.70}$$

所谓成核率$I$，指的是在单位时间内单位面积上形成的二维晶核的数目.

完整光滑面的生长取决于两个因素，一个是二维晶核的成核率$I$，另一个是二维晶核的台阶横向扩展速度$v_\infty$. 如果成核率$I$很小,而台阶横向扩展速度$v_\infty$很快时,则在相当长的时间内不可能形成二维临界晶核,偶尔出现一个二维临界晶核,就会很快地形成一新的结晶层. 相反，如果成核率较大，而台阶横向扩展的速度$v_\infty$却比较慢时,生长界面会同时存在着许多稳定的二维晶核生长,然后相邻的生长台阶合并,最后形成新的一结晶层. 前者称为单核生长,后者称为多核生长. 在多核生长中,同一晶面在生长过程中,虽然有较多的二维晶核,但各个二维晶核的生长取向仍然相同,故相邻的二维晶核的台阶相遇时并不留下凸凹不平的痕迹,故仍保持为单晶体.

可以用两个时间因子来区分单核与多核的生长，若完整光滑界面的面积为$S$，单位时间内单位面积的成核数为1,连续两次成核时间的间隔为$t_n$称为成核周期,由于

$$ISt_n = 1, \tag{2.71}$$

所以

$$t_n = 1/IS. \tag{2.72}$$

另一个时间因子是当二维临界晶核一旦形成时，台阶在生长驱动力的作用下，以速度$v_\infty$沿界面运动,台阶扫过整个晶面$S$，晶体

上便生长出新的一结晶层，一个二维核扫过整个晶面所需要的时间为 $t_s$

$$t_s = \sqrt{S}/V_\infty. \tag{2.73}$$

(1) 单核生长 若 $t_n \gg t_s$ 时，这样每隔时间 $t_n$ 就生长一新的结晶层。于是晶面法向生长速率为

$$R \backsimeq h/t_n = hIS, \tag{2.74}$$

式中 $h$ 为生长台阶的高度。从式(2.74)中可以看出，单核生长的特点是晶面法向生长速率 $R$ 与生长界面的面积成正比。

(2) 多核生长 当 $t_n \ll t_s$ 时，每生长出新的一层结晶层，用了很多个二维核生长，二维核的生长图象，如图 2.26 所示。

从图 2.26 中可以看出，当所有相邻的二维核的台阶在图中虚线处相遇时，台阶消失，于是晶体就生长了台阶高度为 $h$ 的一新结晶层。

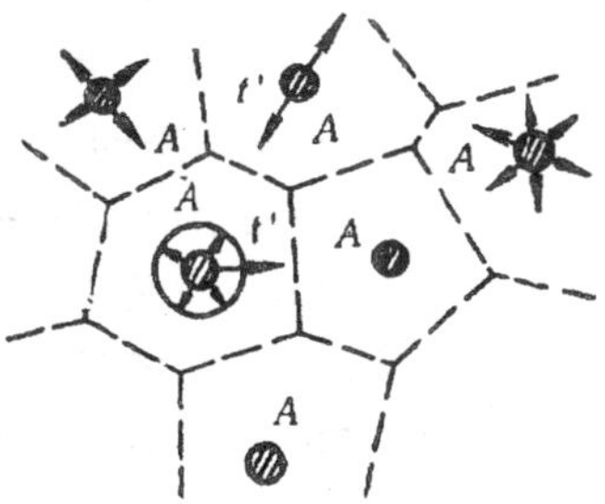

图 2.26 多核生长示意图.

在多核生长的情况下，界面上的二维核不断地扩大、合并，并且重复进行，因此进行定量的理论处理时甚为复杂，现仅半定量地加以说明。假设 $t'$ 是以两个相邻的二维晶核为中心的局部结晶层相互合并以至消失的平均寿命，$A$ 是一个二维晶核台阶所扫过的平均面积，于是 $t' = \sqrt{A}/v_\infty$，根据上述 $t'$ 和 $A$ 的定义可知，在时间间隔 $t'$ 内，面积为 $A$ 的生长界面上只能出现一个晶核，于是 $IAt' = 1$，故

$$t' = \sqrt{A}/v_\infty = \frac{1}{IA}. \tag{2.75}$$

在二维晶核的平均寿命 $t'$ 时间内，晶体生长了一结晶层，其高度增加为台阶高度 $h$，故晶面的法向生长速率 $R$ 为

$$R = h/t' = hI^{\frac{1}{3}} v_\infty^{\frac{2}{3}}, \tag{2.76}$$

而 $$\sqrt{A} = (v_\infty/I)^{\frac{1}{3}},\ t' = v^{-\frac{2}{3}} I^{-\frac{1}{3}}.$$

无位错单晶的生长可作为二维成核的生长来论处。

### 2.5.2 非完整光滑面的生长[20,37,39,40]

完整光滑面的生长不能借助于热激活而自发地产生台阶，只能通过二维成核而不断地产生台阶，以维持晶体的层状生长。而非完整光滑面的生长不需要形成二维临界晶核，晶体在远低于形成二维临界晶核所需要的过饱和度情况下就可生长，但这一实验结果并不表明二维成核理论的失败，而是由于晶体中存在着位错缺陷，例如螺旋位错在界面上的露头点所形成的台阶可作为生长源，由于这类台阶的永存性，晶体在整个生长过程中就不再需要形成二维临界晶核了，而是呈连续螺旋式的生长。

当螺旋位错在生长界面上所形成的台阶长度比其二维临界晶核大时，从流体相输运来的生长基元到达台阶后，台阶就以有限的速率向前扩展，但由于台阶的一端固定于位错露头点，因此，这种台阶只能以位错露头点为中心，而呈螺旋式的扩展，不像完整光滑面的台阶那样作平行的推移，而最终导致脱离界面消失。由于露头点台阶的永存性，这种类型的晶面永远不会成为完整的光滑面。

当螺旋位错露头点所产生的台阶长度比其二维临界晶核小时，由于台阶能(即棱边自由能)造成的不利因素，台阶缩小的倾向比由流体相的过饱和度所引起的增大倾向还要强，因此，这样的台阶不会生长，但能减小二维成核的势垒，对二维成核起到了催化的作用。

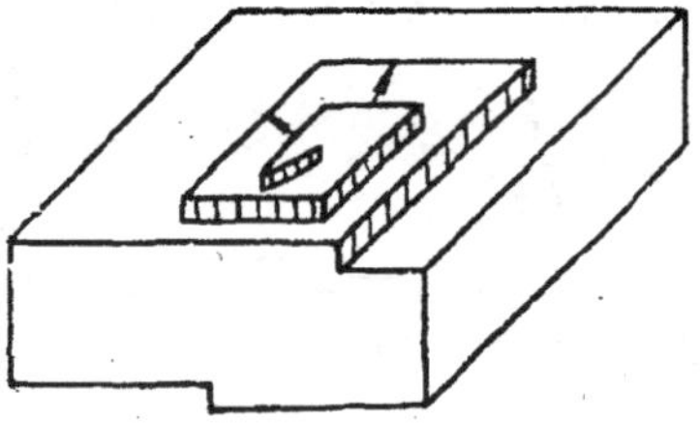

图 2.27 多边形螺蜷线示意图.

螺旋台阶的形貌是多种多样的。如果螺旋台阶的台阶能是各向同性的，那么台阶的扩展速度便不随台阶的移动方向而变化，因此在晶面上所出现的螺蜷线成圆形。但如果台阶能是各向异性的，那么台阶的扩展速度便随台阶的取向而变化，这样可得到反映晶面对称性的多边形螺蜷线如图 2.27 所示。

在晶体生长界面上常常有许多螺旋位错露头点，当它们各自以螺蜷状台阶生长时，必然要相互干扰，如果有一对异号螺旋位错（旋转方向相反），当两者的间距大于 $2r_c$（$r_c$ 为二维临界晶核的半径）时，则各自的台阶以类似的方式运动，如图 2.28 所示。

由两个异号螺旋位错露头点扩展出来的台阶相遇而使旋转方向消失了，从而产生了封闭型的生长台阶，这种生长台阶与二维成核所形成的台阶初看起来并无两样，然而重要的差别在于这种封闭形的生长台阶的起源不需要形成二维临界晶核，因为联络着两个露头点的原始台阶，每次产生了一条封闭迴线之后，又重新形成新台阶。它与单个螺旋位错所产生的台阶明显不同，而单个螺旋位错所产生的台阶为连续螺蜷线式的台阶面。

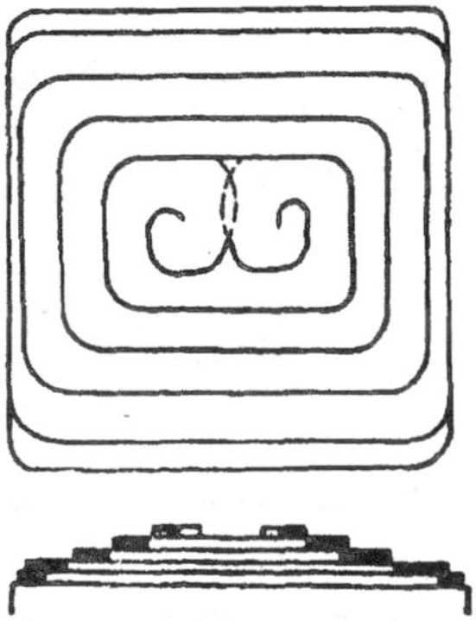

图 2.28　一对异号螺蜷线示意图.

当两个同号螺旋位错（旋转方向相同）在同一晶面上露头时，则它们所产生的螺蜷线式台阶发生重合，但重合的情况有所不同，这取决于两个位错露头点之间的间距，若其间距大于 $2r_c$ 时，两个台阶相交的轨迹不是直线，而是呈 $S$ 形的曲线；如果两位错露头点的间距小于 $2r_c$ 时，两个位错螺蜷线不相交，故两个位错所产生的台阶都将扫过整个晶面。

现考虑在生长界面上只有一个螺旋位错露头点所形成的稳定圆形台阶的生长。如果圆形台阶的曲率半径为 $\rho$。利用极坐标，求相应扩散方程之解，单个圆形台阶的扩展速度可近似地用下式表示：

$$v(\rho) = v_\infty(1 - \rho_c/\rho), \tag{2.77}$$

式中 $v_\infty$ 为单个直台阶的扩展速度，$\rho_c$ 为圆形台阶的临界曲率半

径，并可表示为

$$\rho_c = \gamma a/kT \ln \alpha \backsimeq \gamma a/kT\sigma, \tag{2.78}$$

式中 $\gamma$ 为每一个晶格点的台阶能，$a$ 为晶格常数，$k$ 为玻耳兹曼常数，$T$ 为绝对温度，$\alpha$ 为饱和比，$\sigma$ 为过饱和度。

螺旋位错台阶的形状与平均间距 $\lambda_0 \backsimeq 10\rho_c$ 的阿基米德螺蜷线(Archimedes spiral)相似，见图 2.29。

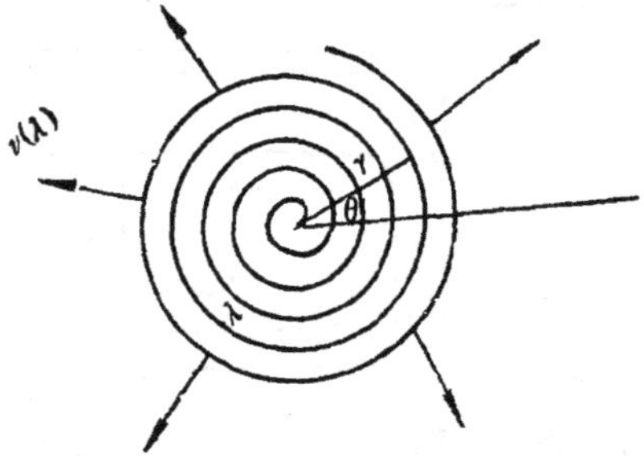


图 2.29 Archimedes 螺蜷线形状.

已知稳定形态的台阶形状就可求得晶体的法向的生长速率 $R$，设 $t$ 为台阶前进间距 $\lambda_0$ 所需要的时间，因为每隔时间 $t$，整个晶面增长一个分子厚度 $a$，所以

$$R = a/t. \tag{2.79}$$

时间 $t$ 也称为螺蜷线在稳定状态下旋转一次的周期，因此从 $t$ 的定义可求得下式：

$$t = \lambda/v(\lambda_0). \tag{2.80}$$

按间距为 $\lambda_0$ 的平行直台阶列的扩展速度计算，$v(\lambda_0)$ 可用下式表示：

$$v(\lambda_0) = v_\infty \tanh(\lambda_0/2x_s), \tag{2.81}$$

式中，$v_\infty = 2\sigma x_s \gamma_1 \exp(-w/kT)$，$v_\infty$ 为单个直台阶的扩展速度，$x_s$ 为吸附原子的平均自由程，$\gamma_1$ 为吸附原子的上下振动的频率，$w = w_s + u_1$，$w_s$ 一个原子从扭折处移动到界面上所作的功，$u_1$ 为吸附原子的解吸能，$\tanh(\lambda_0/2x_s)$ 为双曲线正切函数，其值总是小于 1 或等于 1，因此等间距 $\lambda_0$ 的平行直台阶列的扩展速度 $v(\lambda_0)$ 也只能是小于或等于单个直台阶的扩展速度 $v_\infty$。

根据式(2.79)，(2.80)、(2.81)的相互关系，可求出晶面法向生长速率 $R$ 与流体相过饱和度 $\sigma$ 的关系式

$$R = a\gamma_1 \exp(-w/kT)\sigma 2x_s/\lambda_0 \tanh \lambda_0/2x_s$$

$$\simeq a\gamma_1 \exp(-w/kT)\frac{\sigma^2}{\sigma_1}\tanh\sigma_1/\sigma, \tag{2.82}$$

式中 $\sigma_1$ 可写成

$$\frac{\sigma}{\sigma_1}=\frac{2x_s}{\lambda_0}=\frac{x_s}{\lambda_0}=\frac{x_s}{10\rho_c}=\frac{\sigma}{10r_c a/x_s kT}. \tag{2.83}$$

当流体相的过饱和度 $\sigma$ 很小时，即 $\sigma \ll \sigma_1$，$\tanh\sigma_1/\sigma \backsimeq 1$，故得到的法向生长速率 $R$ 与过饱和度 $\sigma$ 间成抛物线关系，即

$$R = A\sigma^2, \tag{2.84}$$

式中

$$A = a\gamma_1/\sigma_1 \exp(-w/kT).$$

当流体相的过饱和度 $\sigma$ 较大时，即 $\sigma \gg \sigma_1$，这时 $\tanh\sigma_1/\sigma \backsimeq \sigma_1/\sigma$，故 $R$ 与 $\sigma$ 间成线性关系，即

$$R = [A\sigma_1]\sigma. \tag{2.85}$$

### 2.5.3 粗糙界面的生长[11]

完整光滑面、非完整光滑面以及其他类型的台阶面不同位置时，吸附原子具有不同的位能，只有扭折位置才是最易生长的位置，因此界面的生长速率依赖于扭折的浓度．但在粗糙界面上到处都是台阶和扭折，因此吸附原子(分子)处于这种界面上任何位置所具有的位能都相等，从而界面上的所有位置都是生长位置，而且生长概率也都相同，既不需要二维成核，也不需要位错露头点或其他晶格缺陷，吸附原子随机地进入晶格座位，以促成晶体生长，而晶体生长过程仅取决于热量和质量输运过程和原子进入晶格座位的弛豫时间．大多数熔体生长可认为是粗糙界面的生长．

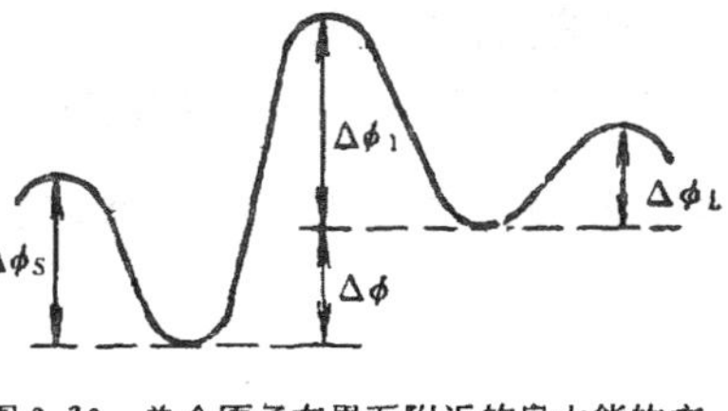

图 2.30 单个原子在界面附近的自由能的变化状况．

由于粗糙界面上的任何原子均具有同样的位能，因此原子离开晶格座位和原子进入晶格座位能

够同时而相互独立的进行，界面上所有位置均为生长位置，其生长机制不是依赖于台阶的横向生长，而是随机地直接向晶格座位堆砌，这种生长机制称为法向生长机制。图 2.30 示出单个原子在界面附近的自由能的变化状况。

图 2.30 示出的 $\Delta\phi$ 为在平衡位置上晶相原子和液相原子的自由能的差值，$\Delta\phi_s$ 为晶相原子移动时所需要的激活自由能，$\Delta\phi_l$ 为液相原子移动时所需要的激活自由能，$\Delta\phi_1$ 为一液相原子转变为一个晶相原子所需要的激活能。

图 2.30 表明，由晶相进入液相的原子通量为

$$Q_{sl} = \frac{kT}{h}\exp\left[-\frac{(\Delta\phi_1 + \Delta\phi)}{kT}\right]. \tag{2.86}$$

而由液相进入晶相的原子通量为

$$Q_{ls} = \frac{kT}{h}\exp\left[-\phi_1/kT\right], \tag{2.87}$$

式中 $h$ 为 Planck 常数，因而从液相到晶相的净得原子通量可用下式给出：

$$Q = Q_{ls} - Q_{sl}. \tag{2.88}$$

将式(2.86)，(2.87)代入式(2.88)，便得到

$$Q = \frac{kT}{h}\left[\exp\left(-\frac{\Delta\phi_1}{kT}\right)\right]\left[1 - \exp\left(\frac{-\Delta\phi}{kT}\right)\right]. \tag{2.89}$$

若原子堆砌一层的厚度为 $d$，则晶体的法向生长速率为

$$R = Q\cdot d = \frac{dkT}{h}\left\{\exp\left(-\frac{\Delta\phi_1}{kT}\right)\right\}\left[1 - \exp\left(-\frac{\Delta\phi}{kT}\right)\right]. \tag{2.90}$$

当熔体晶体生长温度 $T$ 接近于平衡温度（熔点）$T_s$ 时，$\Delta\phi \ll kT$，那么在式(2.90)中的指数项 $\exp(-\Delta\phi/kT)$ 可展开成级数形式，取前两项，于是 $\exp(-\Delta\phi/kT) = 1 - \frac{\Delta\phi}{kT}$，代入式(2.90)，则得

$$R = \frac{dkT}{k}\exp(-\Delta\phi_1/kT)\frac{\Delta\phi}{kT}. \tag{2.91}$$

由于 $\Delta\phi = \Delta g_v$（单个原子由液相转变为晶相所引起体系自由能的降低），所以对于熔体生长

$$\Delta g_v = l_{sl} \frac{\Delta T}{T_0}, \tag{2.92}$$

式中 $l_{sl}$ 为单个原子的熔化潜热，$\Delta T$ 为熔体的过冷度，将式(2.92)代入式(2.91)，得出

$$R = \frac{dkT}{h} \exp(-\Delta\phi_1/kT) \frac{l_{sl}\Delta T}{T_0 kT}$$

$$= \frac{d \cdot l_{sl}}{hT_0} \exp(-\Delta\phi_1/kT)\Delta T. \tag{2.93}$$

上式表明晶体的法向生长速率 $R$ 与熔体过冷度 $\Delta T$ 成线性关系。从理论上来讲，只要 $\Delta T$ 不断增加，$R$ 也将不断地增大，这就是所谓不受限制的生长。

### 2.5.4 扩散界面的生长[41—43]

扩散界面是一由液相缓慢地转变为晶相的空间区域，这一区域具有许多原子层厚度。考虑到具有这种界面的晶体生长不是一个原子单独地从液相进入晶相的，而是在扩散界面范围内，许多原子团协调地从液相转变为晶相的，就像铁磁体的磁畴壁的移动一样，如果把界面作为一系列原子层来考虑，而层与层间相互反应的反应常数是无法计算的。

Cahn 为了讨论一般固相内发生相变时两相界面的稳定形态及其变化，提出了连续体模型，随后试图扩大应用于晶相与液相所形成的界面做同样的解释。

对于固液界面，Cahn 首先用界面的局部有序度作为状态参数，把晶体作为完全有序，把液体作为完全无序，而中间界面视为局部有序，因此容许有局部能量的差值。Cahn 还假定了存在有同局部无序变化成比例的能量差值，使界面发生扩散作用，称为梯度能。根据连续体模型处理的结果，界面自由能是界面位置的周期性函数

$$\sigma(x) = \sigma_0[1 + g(x)], \tag{2.94}$$

式中 $\sigma_0$ 是界面自由能 $\sigma$ 的最小值．当界面层数 $n$ 足够大时，$g(x)$ 可写成

$$g(x) = 2^{-4}\pi^4 n^3[8 - \cos(2\pi x/a)] \exp\left(-\frac{1}{2}\pi^2 n\right), \tag{2.95}$$

这里 $a$ 是晶格常数．界面自由能在固液界面连续移动时的变化，见图 2.31．

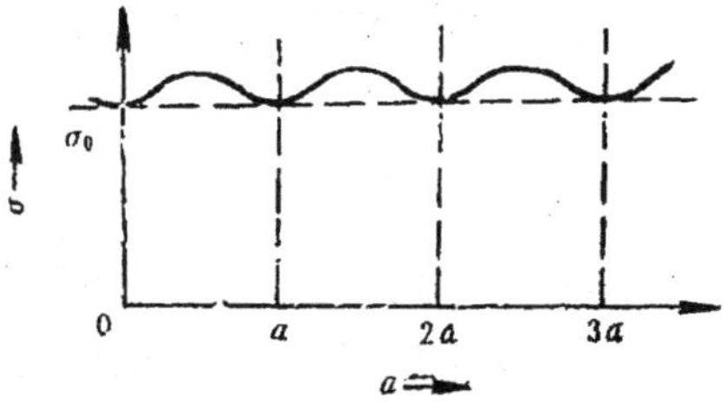


图 2.31　界面自由能在界面连续移动时的变化．

从式(2.95)可以看出，随着界面的连续移动，界面自由能 $\sigma(x)$ 的相对变化幅度 $g(x)$，对 $n$ 大而较平坦的界面，$g(x)$ 越小．

从图 2.31 中可以看出，随着界面的平行移动，界面自由能的极大和极小变化，表现为晶格常数 $a$ 的周期性特征．

如果界面移动了 $\delta x$ 距离，那么相应的界面自由能的变化量 $\delta G$ 则为

$$\delta G = \left[\Delta G_v + \sigma_0 \frac{dg(x)}{dx}\right] \delta x. \tag{2.96}$$

如果界面发生移动，则 $\delta G < 0$，因此当界面移动一个晶格常数 $a$ 距离的条件，可用下式表示：

$$-\Delta G_v > \left[\sigma_0 \frac{dg(x)}{d(x)}\right]_{\max}, \tag{2.97}$$

或者

$$-\Delta G_v > \pi\sigma_0 g(x)_{\max}/a. \tag{2.98}$$

Cahn 认为在非平衡状态下，熔体的过冷度有一临界值．当过冷度大于其临界值时，界面以自身平行移动的方式进行晶体生长，但当过冷度小于其临界值时，则界面不能连续地沿法向生长，这样就会形成类似于台阶的界面结构，以它为媒介，界面推移过程是横

向生长，这时界面上除了增加了较小的台阶能外，界面能仍然很小，而台阶的出现和移动没有太大地改变界面的原子组态，因此界面能的改变不大。从这个意义上来讲，图 2.31 中所示的 $\sigma(a)$ 的变化可认为是与位错的位能相对应。

用于扩散界面生长的 Cahn 理论模型，作为区分晶相与液相而引入的状态参数以及与这种梯度成比例的能量项，对其实际情况的物理描述还是不够明确的，例如界面究竟具有何种程度的有序度，第一层界面的晶相原子的堆积分数为多少，第二层界面上的晶相原子的堆积分数能否确定等问题均是不清楚的，很难得出一个明确一致的结论，其困难之处在于对晶相-液相界面液体一侧的结构状态还不能作出确切的了解。

### 2.5.5 BCF 体扩散理论和 GGC 体-表面耦合扩散理论

(1) BCF (Burton Cabrera Frank) 体扩散理论[30,44,45,12] 体扩散理论是溶液生长的动力学理论。从定性的观点来看，它与从汽相中生长晶体没有本质的区别，然而从溶液中生长晶体的动力学理论与汽相的相比就要复杂得多。

当不考虑溶质在界面或棱的扩散，而认为溶质直接从溶液进入扭折，Chernov 设计了体扩散模型，如图 2.32 所示。图中所示的 $\delta_c$ 为溶质边界层，虚线为等浓度线，带箭头的一簇曲线是溶质向扭折扩散的流线，围绕扭折的半圆为半球形扩散场与图面的交

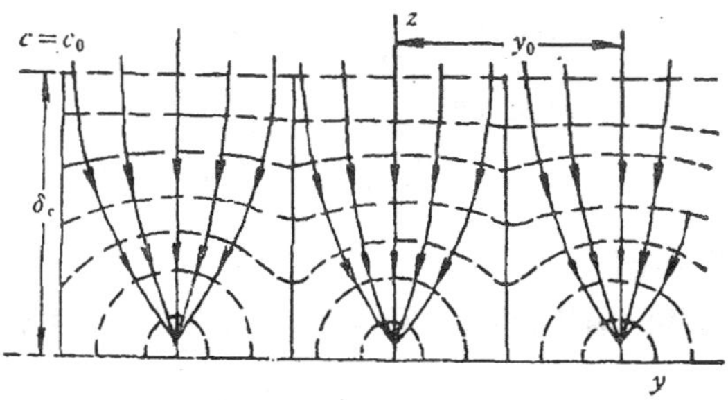


图 2.32 溶质向台阶的体扩散 (Chernov 模型)。

线．设 $j_s$ 为溶质扩散流量（1/cm·s），$N$为溶质分子的浓度，则

$$j_s = D_v \frac{\partial N}{\partial r} = N_0 \frac{\partial \sigma(r)}{\partial r}, \qquad (2.99)$$

式中 $N_0$ 为平衡时的溶质分子的浓度，$D_v$ 为体扩散系数，$\sigma(r)$ 为距扭折 $r$ 处的溶液的过饱和度．BCF 已求出

$$\frac{d\sigma(r)}{dr} = \frac{B}{r^2}, \qquad (2.100)$$

式中 $B$ 为由边界条件确定的系数．若用 $\sigma(x_0)$ 表示距扭折 $x_0$ 处的溶液的过饱和度，用 $\sigma(\lambda)$ 表示距扭折 $\lambda$ 处的溶液过饱和度，则

$$B = [\sigma(x_0) - \sigma(\lambda)] \Big/ \left(\frac{1}{\lambda} - \frac{1}{x_0}\right). \qquad (2.101)$$

定义推迟因子

$$\beta = [\sigma(x_0) - \sigma(\lambda)]/\sigma(x_0),$$

则

$$\frac{d\sigma(r)}{dr} = \frac{\lambda\beta\alpha(x_0)}{r^2}. \qquad (2.102)$$

把式(2.102)代入式(2.99)，得到

$$j_s = D_v N_0 \lambda\beta\sigma(x_0)/r^2.$$

设全半球的溶质扩散流量为 $J$，则

$$J = 2\pi D_v N_0 \lambda\beta\sigma(x_0). \qquad (2.103)$$

台阶的总溶质扩散流量为 $j_{step}$ 等于$J$乘以单位长度台阶上的扭折数 $\frac{1}{x_0}$，故

$$j_{step} = 2\pi \frac{\lambda}{x_0} \beta D_v N_0 \sigma(x_0). \qquad (2.104)$$

而单个台阶的扩展速度（$v_\infty$）为

$$v_\infty = 2\pi \frac{\lambda}{x_0} \beta D_v N_0 \sigma(x_0) f_0, \qquad (2.105)$$

$f_0$ 为每个原子坐位面积．

若考虑等间隔的台阶，且间距为 $y_0$，则晶面法向生长速率为

$$R = \frac{dv_\infty}{y_0} = c\sigma(x_0)\sigma \qquad (2.106)$$

式中

$$c = \frac{\lambda\beta D_v N_0 \Omega k T}{2 a x_0 r_c}$$

$\Omega$ 为分子在晶体中的体积，$r_c$ 为分子的棱边能系数

$$\sigma(x_0) = \sigma\left[1 + \frac{2\pi\beta\lambda(\delta_c - y_0)}{x_0 y_0} + \frac{2\beta\lambda}{x_0}\ln\frac{y_0}{x_0}\right]^{-1}, \quad (2.107)$$

$\delta_c$ 为溶质边界层厚度.

在晶体生长过程中，$\delta_c \gg y_0$ 因而

$$\sigma(x_0) = \sigma\left[1 + \frac{2\pi\beta\lambda\delta_c}{x_0 y_0} + \frac{2\beta\lambda}{x_0}\ln\frac{y_0}{x_0}\right]^{-1}. \quad (2.108)$$

现分下述两种情况进行讨论:

(i) 当溶液的过饱和度较大时，台阶密度必然大，因而 $y_0$ 小，式(2.108)方括号第二项占支配地位，而 $\sigma(x_0) = \frac{2x_0 r_c a}{\beta\lambda k T\delta_c}$ 将此式代入式(2.106)得到

$$R = \frac{D_v N_0 \Omega}{\delta_c}\sigma. \quad (2.109)$$

这时，晶体生长速率与驱动力 $\sigma$ 呈线性关系，这是体扩散中的线性定律.

(ii) 当溶质的过饱和度较小时，则 $y_0$ 大.

式 (2.108) 中方括号内的第二和第三项可以忽略，因而，$\sigma(x_0) \backsimeq \sigma$，将此值代入式(2.106)得到

$$R = c\sigma^2. \quad (2.110)$$

这时，晶体生长速率和驱动力 $\sigma$ 呈抛物线关系. 式(2.110)就是体扩散中的抛物线定律.

(2) GGC 体-表面联合扩散理论　1971 年，Gilmer，Ghez 和 Cabrera (GGC) 忽略了溶质的棱扩散途径，处理了体-表面扩散的耦合方程. 1975 年 Bennema 和 Gilmer 等又作了进一步的讨论，现我们仅给出他们最后简化的计算结果与其简要解释.

他们所得到的晶面法向生长速率为

$$R = \frac{\sigma_v \lambda N_0 \Omega}{\tau_{脱溶}} \left\{ \frac{\delta c \lambda}{\tau_{脱溶} D_v} + \frac{y_0}{2x_s} \coth \frac{y_0}{2x_s} + \frac{\tau_k}{\tau_{脱吸}} \cdot \frac{y_0}{2a} \right\}^{-1}, \tag{2.111}$$

式中，$\sigma_v$ 为溶液的整体过饱和度，$\lambda$ 为溶液中的生长基元的平均自由程，$N_0$ 为生长基元的浓度（$cm^{-3}$），$\Omega$ 为生长基元的体积，$x_s$ 为生长基元的平均自由程，$y_0$ 为平行台阶的间距，$\delta_c$ 为溶质边界层厚度，$D_v$ 为溶质的体扩散系数，$\tau_k$ 为生长基元从晶体表面到台阶的弛豫时间，$a$ 为晶格常数，$\tau_{脱溶}$ 为生长基元在进入台阶的脱溶剂化的时间

$$\tau_{脱溶} = \gamma^{-1} \exp(\Delta G_{脱溶}/kT),$$
$$\tau_{脱吸} = \gamma^{-1} \exp(\Delta G_{脱吸}/kT).$$

在式(2.111)大括号内三项中最大值的那一项（即对生长起最大的阻抗项）决定了极限过程的速率.

(i) 如果第一项起支配作用，它意味着体扩散过程是最慢的，并限制了生长速率，在这种情况下，式(2.111)可简化为

$$R = \frac{D_v}{\delta_c} N_0 \frac{\sigma_v}{(\sigma_v + \sigma^*)}, \tag{2.112}$$

式中，

$$\sigma^* = \sigma \wedge \tau_{脱溶} (\delta_c \tau_{体扩散})^{-1}.$$

(a) 在低过饱和度的情况下（$\sigma_v < \sigma^*$），我们可得到抛物线定律

$$R \backsimeq \frac{D_v}{\delta_c \sigma^*} N_0 \Omega \sigma_v^2. \tag{2.113}$$

(b) 在较高过饱和度的情况下（$\sigma \gg \sigma^*$），可得到线性定律

$$R \backsimeq D_v \delta_c^{-1} N_0 \Omega \sigma_v \tag{2.114}$$

(ii) 如果第二项最大，那么，表面扩散为限制速率过程，式(2.111) 便简化为典型的 BCF 面扩散理论模型.

(iii) 如果第三项最大，那么，生长基元直接进入扭折为决定速率过程，式(2.111)可简化为

$$R = c' \sigma_v^2 \quad （第二抛物线定律）, \tag{2.115}$$

式中

$$c' = \frac{N_0 \lambda}{\tau_k'} \frac{kT}{\rho} \Omega,$$

$\tau_k'$ 为生长基元由整体溶液进入台阶的弛豫时间。

(3) 判断晶体生长机制可行的途径　晶体生长界面动力学主要是研究各种不同生长条件下的生长机制，寻求晶体生长速率与其生长驱动力间的关系。晶体生长速率是一组参数的函数，这些参数包括实验参数与物质参数，一旦选好这些参数，就可借助于现有的晶体生长动力学理论来分析判断实际晶体的微观生长机制，其方法是把已选好的参数代入相应于最大生长速率的驱动力公式，计算出所求得的结果，所得到的与之最吻合的生长机制就是生长实验的微观生长机制。

判断晶体生长机制最好的方法是绘制晶体在不同生长温度下的 $(R,\sigma_v)$ 等温线，$R$ 为晶体的法向生长速率，$\sigma_v$ 为溶液体系的过饱和度。在每一个饱和点温度 $T_e$ 下，得到一个确定的 $R = b\sigma_v^n$，$b$ 为动力学常数，指数 $n$ 可从 $(\ln R, \ln\sigma_v)$ 求得，若 $n = 2$，从 $(R^{\frac{1}{2}},\sigma_v)$ 式中就可把动力学常数 $b$ 确定下来。应该认为 $\ln b$ 为 $1/T_e$ 的函数，而结晶热(焓)的实验值为

$$-R \frac{d \ln b}{d\left(\frac{1}{T_e}\right)} = E_{exp}. \tag{2.116}$$

通过现有的理论生长机制（诸如 BCF，GGC 和 Chernov 等生长机制），求得各种可能的 $R = b\sigma_v^n$，据此便可求得各种结晶热(焓)的理论值

$$-R \frac{d \ln b}{d\left(\frac{1}{T}\right)} = E_{th}. \tag{2.117}$$

最后来比较 $E_{exp}$ 与 $E_{th}$ 值最吻合的生长机制也就是实验的微观生长机制。

最后，要着重地指出的是，上述各种原子化的晶体生长理论均未涉及到母相液体的结构，而假定的生长基元均笼统地看作为原子、离子或分子。界面结构研究得较为深入，界面的晶相一侧的微

观结构是易知的，关键是要了解到液相一侧的结构状态以及液相是如何转变为晶体的．当前关于液相（溶液、熔体）结构的研究常不能提供充分数据来说明液相如何由无序结构转变为相应的晶体结构．晶体生长基元的形成、形态和在介质中的行为关系到晶体生长机制的问题，也关系到晶体形态学等问题，但现对生长基元的问题仍不清楚，例如溶液性质及其过饱和度与生长基元的维度大小、结构方式有何关系、不同维度大小的生长基元是如何影响往各族晶面上的叠合速率的等问题，这些问题虽然现已逐步地引起了人们的研究兴趣，但由于对液相结构尚未有足够的认识，因此对生长基元的一些问题仍处于定性的描述阶段，而缺少定量的理论分析．可以肯定，如果人们对生长界面一侧的液相结构有了充分的了解，那么，对晶体生长机制的研究将会大大地向前发展．

### 2.5.6 高聚物晶体生长[46—50]

高聚物是一类大分子物质，它是由长链状分子构成的．这种分子是共价键联接起来的"一维"原子和基团的链，在一定的位置附有侧向的原子团．通常可以从这种分子中区分出分子的脊骨和原子链．

链状分子在一个方向上含有周期性的三维结构，链状分子在垂直平移方向上的宽度，对大多数合成高聚物不超过 1.0nm，但在复杂的生物高聚物中它可以达到几十纳米．

链状分子联接数超过 10 或 20 后，高聚物的典型分子结构和堆砌特点开始显露出来，实际高聚物中联接数达到几千甚至几百万．链状分子的结构由共价键的方向和长度的一般规则决定，共价键决定脊骨结构和侧向基团的连接；链状分子的结构还取决于侧基．侧基间和侧基、脊骨间的 van der Waals 力的作用．这些相互作用以及聚合物中链分子间的相互作用使链分子脊骨的一定构形稳定下来，链分子中几乎总会有允许转动的单键，因此它是容易活动的．由于链分子长度很大，三维周期晶体结构的形成受到阻碍，一般较难结晶．

在一定条件下，一些高聚物可以生成晶体或部分体积中结晶成晶体，形成晶体结构的必要条件是链分子本身的规则结构。由于高聚物结晶会强烈地影响其性质，因此，高聚物的晶体生长是特别重要的，同时，晶体生长的遗迹是晶化过程的记录，现已发展成高聚物中一支独特的学科领域——高聚物形态学。

从一些简单的合成聚合物，如聚乙烯、聚丙烯、聚酰胺等的溶液中可以生长出宏观小面化晶体，尤其是对聚乙烯的晶体生长研究的很多的，原因是它的性质变化和它的微结构变化有关系。

在结晶聚合物中，广泛存在着薄层结晶，并常常清楚地显示出一定取向的螺旋位错生长机制，对这些晶体形貌的电子显微镜和X射线衍射研究结果已阐明了它们的结构的异常特征，并发现在晶体结构的堆砌过程中，具有几千个单元长的高聚物分子，弯转多次形成许多相等的段长约 10—15 nm 直的片段。如果分子交替地在每个晶体表面上弯曲它自己，这样的链被 Keller 命名为折叠链，从而促成了薄层状晶体生长，理想的规则的折叠链如图 2.33 所示。

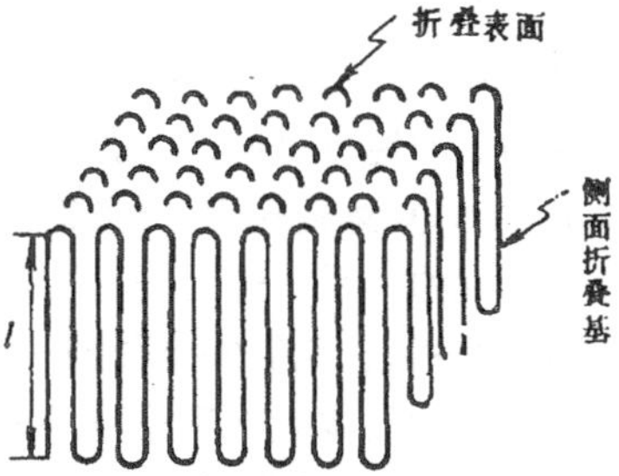


图 2.33 高聚物薄层中理想规则的折叠链示意图.

在高聚物晶体生长中出现两个主要问题，一个是对薄层生长本身的理解，另一个是如何控制薄层的形态，以获得具有适宜性能的结构。对于薄层生长，有两方面理论值得探讨，其一为薄层的厚度，即折叠链的间隔。其二为生长动力学。高聚物薄层的厚度基本上是一个物理量而非化学量，它不是一个常数，通常随结晶温度的增加而增大，大约与 $\Delta T^{-1}$ 有关，$\Delta T$ 为熔体的过冷度。薄层的厚度在给定条件下是个常数，较高的结晶温度下可得到较大的厚度。如果对已形成的晶体升温，则薄层厚度增大。

晶体单层的生长是重复折叠链沿横向面盘绕的结果。多次折叠链是高聚物从熔体生长的基本机制. 由于得不到完整的晶体结构,大部分体积属晶相区,而部分体积中有序度低.

晶体生长动力学是高聚物结晶中研究得较多的一个方面，特别是对熔体-晶体界面扩展速率问题研究得最多,一般认为高聚物结晶大致有三种方式. 第一种方式为多核在生长面上能够很好地分离开来，导致层状生长. 第二种方式为许多生长中心密集在一起，形成一个粗糙面生长. 第三种方式是多中心的分离接近分子宽度,而互相干扰,这是不适宜的条件所造成的. 这三种不同方式的生长的差别可借用经典的二维成核的热力学理论得到解释.

## §2.6 晶体生长动力学研究实验方法

晶体生长动力学实验在晶体生长科学和技术的发展进程中起着关键作用. 这是基于两方面的原因,其一,晶体生长理论来源于生长动力学实验资料;其二,生长动力学实验是检验理论的最有效手段. 我们知道,晶体生长动力学研究晶体/流体共存相热力学体系中结晶的速率过程. 用各种数学物理方法表征晶体生长速率与结晶驱动力、热量输运、质量输运、流体动力学效应和溶质分凝等参量之间的关系，进而研究晶体生长机制. 为了说明生长动力学实验的作用,让我们简单回顾一下晶体生长理论发展的历史.

经典的晶体生长理论可以追溯到上世纪70年代，Gibbs, Currie 和 Wulff 等提出的表面能平衡理论. 该理论的基本假定是：当多边形晶面的总表面能最小时,晶体与其环境相处于平衡,晶体形态稳定. 实际上晶体生长形态主要取决于动力学因素，所以，Gibbs 理论只能唯象地处理问题.

随着晶体结构理论的发展，Bravais 提出了面网密度理论,认为晶体晶面的生长速率反比于相应平面中阵点的密度. 本世纪初，Nernst 在 Noyes 和 Whitney 关于沉淀和溶解互为逆过程假定的基础上，提出了晶体生长的扩散理论：假设晶体表面存在一个无限快的反应过程，溶质分子通过扩散穿越边界层，同时晶体生长速率取决于溶质扩散梯度。但动力学实验证明，在固-液界面既不存在无限快的反应过程，扩散过程对于沉淀和溶解也不可逆。为了解决扩散理论和动力学实验之间的矛盾，本世纪20年代，Volmer 建立了晶体生长的吸附层理论，根据这一理论进行计算，发现决定完整晶面生长速率的因素不是台阶前进的速度，而是在原晶面上形成新层所需的时间。1928—1930 年期间，Kossel 和 Stranski 在 Volmer 理论的基础上，建立了完整晶面的生长动力学理论，也就是文献上经常所提到的二维成核理论。动力学实验表明，二维成核理论只有在个别汽相生长系统中观测到。对于 NaCl、钾明矾、$CdI_2$、$NH_4Cl$ 和 $K_2Cr_2O_7$ 等晶体，理论和实验大致相符.另一方面，根据二维成核理论，对于任何可观测的生长率，至少需要 25%—50% 的过饱和度。然而，动力学实验表明，实际的晶体生长过程中，过饱和度却小于或等于1%。理论和实验差别很大。为了解释动力学实验中揭示的新现象，Burton, Cabrera 和 Frank 于50年代初期提出了著名的 BCF 螺旋位错生长理论。BCF 理论不仅使理论和实验数据相吻合，而且用显微照相等动力学方法可以直接观察到生长蜷线的存在。近半个世纪以来，BCF 理论被用来解释晶体生长科学中的各种实际问题，均取得较好的研究结果。

晶体生长动力学实验方法的发展又是和晶体的实际应用分不开的。例如，由于 Si 单晶在微电子器件上的应用，要求晶体具有超高纯和高完整性等特性，这促使动力学实验的测量精度从微米量级进入原子层水平。为制备高度均匀的 III—V 族和 II—VI 族半导体晶体薄膜，对于晶体生长动力学实验的要求已不局限于测定晶体生长速率，而是通过对生长速率的监视来控制外延层的厚度。近年来，由于非线性光学晶体在高技术领域中的应用，促进了光散射等动力学实验方法的发展。

由于晶体品种繁多，结晶体系复杂，所以从实验上精确测定晶体生长速率是有一定难度的。突出问题之一是动力学过程的可重复性不理想，即对于两次完全相同条件下的晶体生长动力学实验，所测量到的动态速率过程不易重复。因而动力学实验方法研究的目标就在于提高实验精度和速率过程测定的可重复性。

研究晶体生长速率的实验方法很多。由于篇幅有限，本节仅概要介绍等组分方法、原位实时观察法、显微照相法、光散射法和计算机模拟法。

### 2.6.1 等组分方法[51－56]

等组分方法适用于研究低温溶液晶体生长动力学。该方法的特点是在晶体生长或溶解过程中保持溶液中溶质浓度和组分的不变，它是研究结晶成核理论、生物体结晶和工业结晶的有效手段[51－52]。其理论基础是电解质溶液的热力学平衡和动力学反应原理。该方法要点是：根据晶体生长体系的热力学参量和流体动力学性质，建立溶液体系各类离子的反应方程；用 Debye-Hükel 理论计算各类离子的活度系数；根据质量定律和电荷平衡原理，决定在某一过饱和浓度条件下的生长驱动力；技术上保证结晶过程中驱动力不变，从而保持结晶反应过程中溶液组分和浓度的恒定[53－54]。

等组分法的实验框图如图 2.34 所示。其中各系统的主要设备如下：

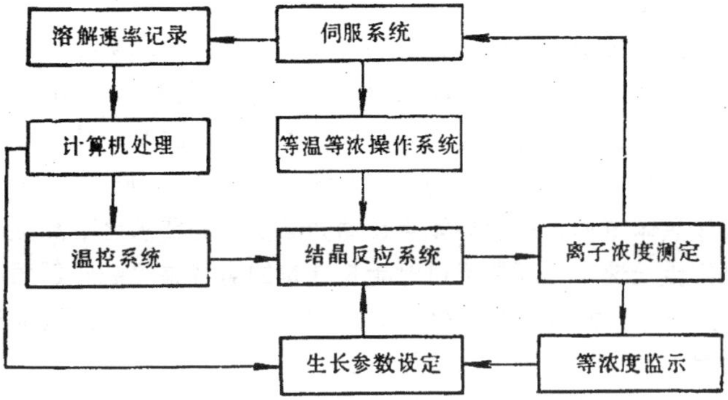


图 2.34 等组分法实验框图[53]。

(1) 结晶反应系统由双壁结晶器和置于结晶器内的离子电极

组成。双壁结晶器外层盛保温水，内层置母液。

(2) 控温系统由水浴和智能控温仪组成。水浴温度由控温仪程序设定，循环水泵将恒温水泵入结晶器，以保持母液达到设定生长温度。

(3) 离子浓度测定系统是一台离子浓度测量仪。若用玻璃电极，可测量溶液中的 pH 值。若用钙电极、钠电极和氟电极，则可测定溶液中钙离子、钠离子和氟离子的浓度。

(4) 离子浓度监视系统是一台函数记录仪。它从离子浓度测定系统接收电位信号，以监视在晶体生长过程中，母液中离子的浓度是否发生变化。

(5) 等温等浓操作系统是一台同步机械耦合自动滴定仪。它可自动向母液中滴定添加溶液，同时又在记数器上自动记录所添加溶液的体积。

(6) 伺服系统由多道脉冲信号发生器和电位平衡电桥组成。当溶液中的离子电位偏差设定值时，伺服系统驱动等温等浓操作系统。操作系统接受伺服系统的指令，实施滴定过程的自动化。

(7) 速率过程记录系统是一台与等温等浓操作系统耦合在一起的同步记录仪。它可自动记录反应过程的速率。

(8) 计算机处理系统的功能是程序设定初始参量，处理实验结果。

对于一次等组分法晶体生长实验，从方案制订到生长出晶体并进行物相鉴定，一般经历以下过程：

(1) 设定实验参数。对于溶液晶体生长，其结晶驱动力来自于溶液的过饱和度，而溶液过饱和度是温度、浓度和总离子强度的函数，因而，根据结晶系统的特点，正确设定实验参数是实验成功的关键。实验参数的设定，一般的程序是：(i) 建立溶液体系各类离子的反应过程和反应方程；(ii) 测定各反应过程的平衡常数；(iii) 计算各类离子的活度系数；(iv) 计算溶度积和溶度积常数；(v) 由溶度积和溶度积常数决定在某一设定温度、浓度和总离子强度下的过饱和度和 Gibbs 自由能；(vi) 根据上述计算结果，确定配置生长溶液和添加液所需各类离子的总浓度。

(2) 配制过饱和生长溶液.

(3) 配制滴定液.

(4) 稳定生长溶液. 刚配制好的过饱和溶液不稳定. 溶液的 pH 值会发生飘移. 所以宜将生长溶液搁置一段时间，其稳定时间因溶液的浓度和 pH 值而异.

(5) 动力学反应过程. 将晶种放入过饱和生长溶液后，生长动力学反应过程即时发生,溶液中的离子浓度迅速改变,离子浓度测定系统把信号传递给伺服系统，伺服系统向等温等浓操作系统发出指令,自动向母液中补充溶质,达到离子浓度的全新平衡. 在晶体生长的过程中,动力学记录仪自动记录动态的反应曲线.

(6) 随机取样. 溶液系统是多元热力学体系. 晶体生长过程中不可能同时对所有离子进行浓度的监示和测定. 为了鉴别动力学反应过程中各类离子浓度的变化,实验中要随机取样,用原子吸收光谱仪或等离子光谱仪作浓度分析.

(7) 晶相分析和形貌观察. 生长实验结束后,取出结晶产物,用 X 射线和红外光谱对晶体作物相分析. 用扫描电镜观察结晶形貌.

等组分法已普遍应用于晶体生长和溶解动力学研究、生物体

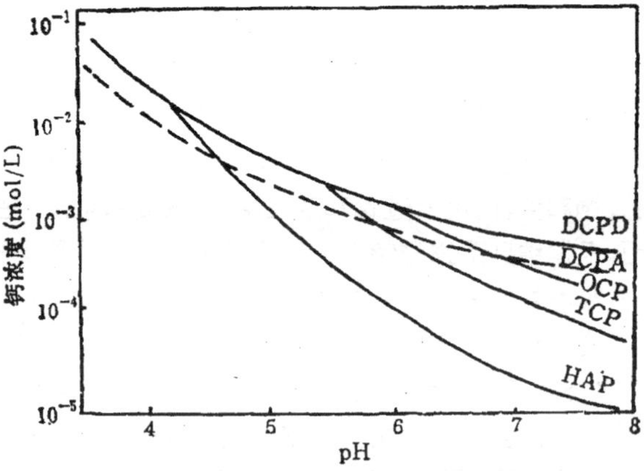


图 2.35　磷酸钙溶液中各结晶相的溶解度曲线[54]。

结晶机制研究和工业结晶研究领域[55-56]。作为一个应用实例，这里简单介绍磷酸钙体系的结晶问题。磷酸钙溶液的相平衡关系如图 2.35 所示。该体系除稳定相 $Ca_5(PO_4)_3OH$（简称 HAP）外，尚有 $Ca_3(PO_4)_2$（简称 TCP），$Ca_8H_2(PO_4)_6 \cdot 5H_2O$（简称 OCP），$CaHPO_4$（简称 DCPA）和 $CaHPO_4 \cdot 2H_2O$（简称 DCPD）等结晶相。结晶过程中，$Ca^{2+}$ 和 $PO_4^{3-}$ 浓度的微小变化将引起结晶相的相互转变。以往由于难于控制溶液浓度，所以不能得到单一结晶相。等组分法则使这一难题得以解决。

龋齿形成和再矿化结晶机制与 HAP 晶体溶解和生长动力学过程密切相关，因为釉晶和牙齿含有 95wt% 的 HAP。图 2.36 示出用等组分法研究 HAP 和釉晶溶解过程的实验结果。结果表明，釉晶的溶解速率比 HAP 的快得多。

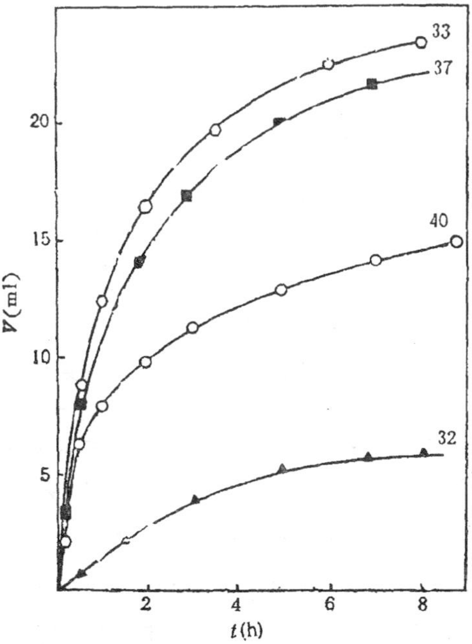


图 2.36 釉晶和 HAP 的溶解动力学实验曲线[55]。图中 $t$ 为反应时间，$V$ 为滴定液体积。实验 32 使用 HAP，其余实验为釉晶实验。

### 2.6.2 原位实时观察法[11,57-59]

等组分法研究的动力学过程是大数微晶粒子在溶液中的速率过程，它表征结晶体系的整体状态，不能给出每个晶面的生长速率。原位实时观察法是用光学干涉法和全息术研究单晶体的生长形态和生长速率。所以，它能表征单晶体各晶面的动态特征。

(1) **光学干涉法**[11] 光学干涉法的原理如图 2.37 所示。晶体和过饱和溶液置于由二半镀银平镜所组成的楔形容器中。

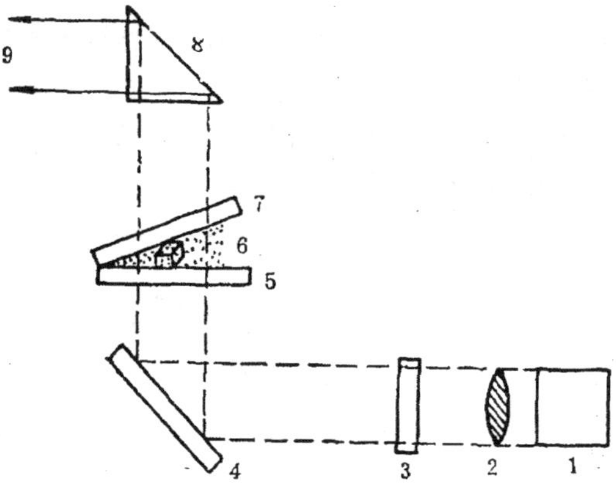


图 2.37 光学干涉法实时观察晶体生长速率和溶质浓度分布[11]. 图中：1. 激光器；2.平行光管；3.滤光片；4.反光镜；5，7.半镀银平镜；6.晶体和溶液；8.棱镜；9.进入接收器的相干光束.

由激光器发射的单色光经滤波和准直后，入射到反光镜上，再经反光镜投射到晶体生长体系。入射光经楔形结晶器形成两束相干光，相干光经棱镜进入照相系统。在某一束光的入射点处，若容器的厚度为 $d$，远离晶体处过饱和溶液的折射率为 $n_0$，$\lambda$ 为光波波长，则光程差 $\Delta = 2n_0\lambda$，亮条纹满足方程 $2n_0d = N\lambda$ ($N$ 为正整数)，暗条纹满足方程 $2n_0d = \left(N + \frac{1}{2}\right)\lambda$，若晶体生长过程中，由于溶液浓度的改变使干涉图样挪动 $m$ 个条纹，则亮条纹满足方程 $2n_1d = (N + m)\lambda$，这里 $n_1$ 是实际测量时溶液中的溶质浓度。由此可以从下述方程中求出 $n_1$ 的数值：

$$n_1 - n_0 = \frac{m\lambda}{2d},$$

式中 $\lambda$ 为已知光波波长，$d$ 值由实验确定。照相系统可以同时记录晶体形态和环绕晶体周围溶液浓度场的分布。通过对不同时刻所摄干涉图案的分析，就可计算晶体生长速率。

（2）激光全息干涉计量术[57—59] 激光技术的发展为全息干涉计量术在晶体生长动力学研究领域开辟了新的途径。因全息照相能同时记录物体的振幅和相位，所以与上述所说的光学干涉法相比具有许多特点。光学干涉法只能用于测量形状比较简单的高度抛光的平直表面，而激光全息干涉术则能从许多不同视角对具有任意形状的表面进行观察和测量，并可探测物理形状随时间的变化。准确度可达可见光波长量级。激光全息术的另一个特点是可以给出三维立体图象。此外，使用激光全息干涉法时，被测物体的尺度可以很大，而一般干涉法只适用于小物体的检测。

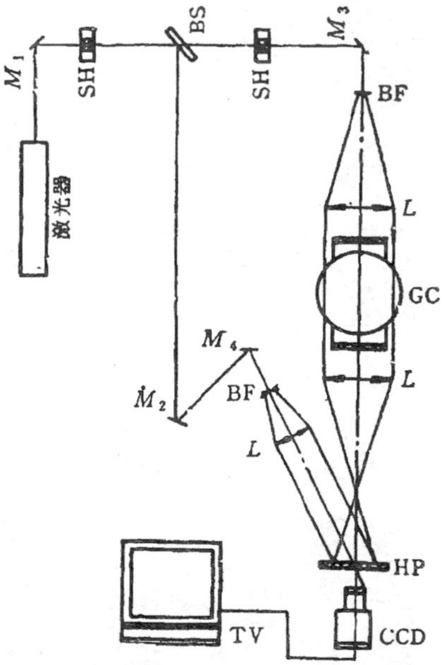


图 2.38 应用于晶体生长动力学研究的激光全息干涉仪[58]。图中：BS 为分束器；BF 为扩束器；$L$ 为准直镜；GC 为结晶器；HP 为全息干板；$M$ 为全反镜；SH 为快门；CCD 为摄象机；TV 为监示器。

图 2.38 示出用激光全息干涉法实时原位观察晶体生长过程的实验装置。该装置由两部分组成：第一部分为激光全息干涉系统；第二部分为结晶系统。

（i）激光全息干涉系统。激光全息干涉系统的主要部件有激光器、光准直器、光滤波和光聚焦透镜组以及干涉图案记录设备等。图 2.38 所示工作原理如下： He-Ne 激光器输出 $TME_0$ 单模激光。由分束器 BS 分束，分为物光束和参考光束，其物光束与参考光束的能量之比为1:5。物光束经扩束和准直为平行光束，入射到结晶器GC 的入射端面，透过 GC 出射端面的光束，由场镜会聚，并照射在全息记录介质 HP 上，参考光束经扩束和准直后，亦投射到 HP 上，与物光照明位置重叠，从而形成干涉图样。应注意的是，物光束与参考光束的夹角不宜太大。全息记录介质可以用照相胶片，也可以用非银盐光导热塑记录片。

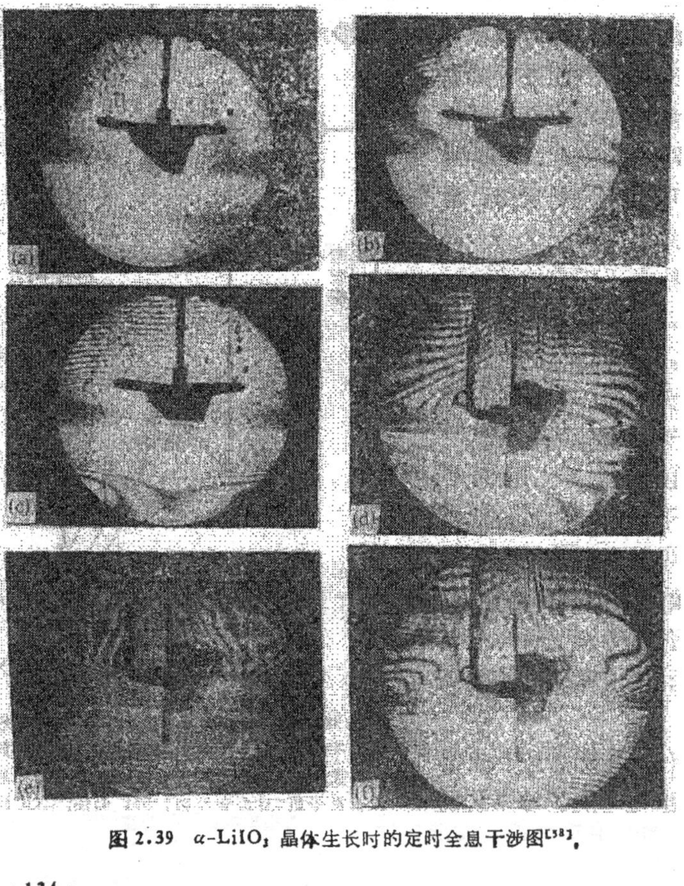


图 2.39 $\alpha$-$LiIO_3$ 晶体生长时的定时全息干涉图[38]。

(ii) 结晶系统．由于激光全息干涉术对于被测样品的形状和端面要求不像光学干涉法那样严格，所以几乎可以采用一般实验室生长大晶体的全套设备．只需安装激光入射和出射窗口．

(iii) 激光全息实时观察干涉图．图 2.39 所示的是 $\alpha$-$LiIO_3$ 晶体生长时的全息干涉图．干涉图的拍摄过程是这样的．实验开始时，先将籽晶置于过饱和 $\alpha$-$LiIO_3$ 晶体溶液中，再将溶液慢升温到晶体生长温度．当溶液体系达到稳态平衡后便可制作初始参考全息图．在晶体生长过程中，参考光束再现出初态物光波与实时的物光波在空间叠加，从而产生干涉条纹．根据不同时刻的干涉图条纹的变化，就可以观察到晶体形态的改变和浓度场随时间的变化，同时亦可以计算出晶体生长速率．图 2.39 (a—f) 所示干涉图的生长条件分别是：$c/\!/g$，$t=0$；$c/\!/g$，$t=21\mathrm{min}$；$c/\!/g$，$t=40.16\mathrm{h}$；$c\perp g$，$t=200\mathrm{min}$；$c\perp g$，$t=15.8\mathrm{h}$；$c\perp g$，$t=39.96\mathrm{h}$．

图 2.40 所示的是 $KB_5$ 晶体成核过程的激光全息干涉图．其

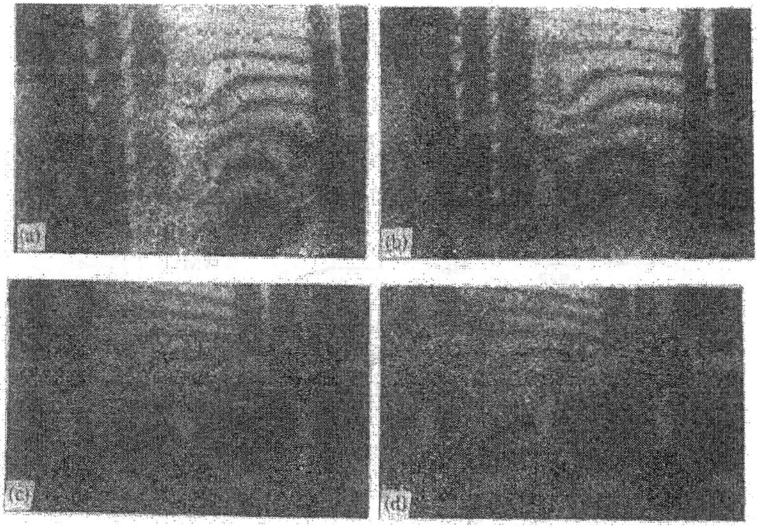

图 2.40 $KB_5$ 晶体成核时的实时全息干涉图[57]．

中图 2.40 (a,b) 和图 2.40 (c,d) 分别代表两个晶核成核过程的实时全息像。当成核开始时，晶核周围局域溶质浓度发生变化，致使折射率相应改变。进而引起干涉条纹的畸变。随着晶核的不断生长，干涉条纹发生明暗相间的变化。图 2.40(a,c) 示出亮条纹，图 2.40 (b, d) 示出暗条纹。干涉条纹从亮场变为暗场，意味着晶核生长 1/2 波长。

(3) Mach-Zehnder 干涉术[60]　如上所述，激光全息干涉图可以用照相底片记录，也可以用光导热塑料记录。近年来又发展到用录像机图象处理系统来记录，这就是 Mach-Zehnder 干涉技术。图 2.41 所示的是实验装置示意图。用 CCD 替代感光底片。CCD 接收的信号经计算机图象处理后，在电视屏幕上显示实时干涉图案，并将干涉图随机打印出来。该方法不仅方便，而且不必在暗室中作实验。

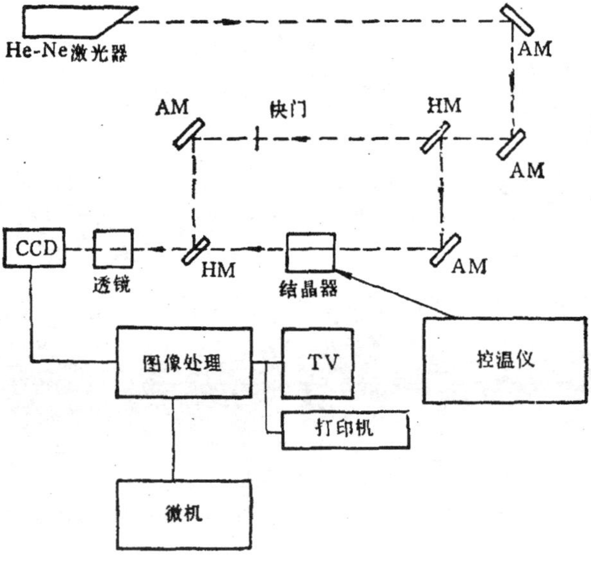


图 2.41　用 Mach-Zehnder 干涉术测量晶体/溶液界面浓度分布的示意图[60]

### 2.6.3 显微照相法[11,61-64]

在晶体生长动力学实验研究方法中，用光学显微镜观察晶体界面结构、生长层和分子台阶的技术发展最早，使用普遍。50 年代初期，Bunn 等用暗场照明显微观察法，对从溶液中生长离子晶体和分子晶体的生长层进行了大量观测。后来发展了用反射光观测生长层的方法[11]。60 年代，发展了金缀饰法电子显微观察技术[61]。70 年代以来，相衬显微镜和高灵敏度反射差分干涉相衬显微镜[62]、反射电子显微镜[63]和高分辨透射电子显微镜[64]均已应用于晶体生长过程研究。

从事晶体生长显微照相法研究的设备包括各种光学显微镜和电镜以及晶体生长装置。显微镜和电镜在有关专著中已有详细阐述，本节就不介绍。应当特别提及的事项是观察样品的制备。由于被观测样品的尺度很小，所以晶体生长设备需要进行特殊设计，样品制备也需要进行特殊加工工艺。以下介绍三个研究实例。

（1）生长层的观察[11]　通过各种透射和反射法的显微观测，关于晶体生长界面的生长层图象，可概括为（i）生长层始于晶面中部而不是始于边角；（ii）层的边界常常呈现不规则特征，尤以快速生长时为甚；（iii）在许多晶体中，当生长层铺展到边缘时，层的厚度增加；（iv）杂质可强烈影响到层的厚度和形状；（v）在某些离子晶体或极性晶体中，生长层较厚，而在非极性晶体中，没有观察到厚生长层。

（2）台阶运动[61]　图 2.42 示出用金缀饰显微观察法所看到的台阶运动图象。左上图显示单一圆形蜷线台阶。右上图显示双圆形蜷线台阶。下图则显示方形蜷线台阶，且台阶间距随着距中心的距离而增加。这幅图象虽然是在 NaCl 晶体表面上观察到的结果，但具有代表性。通过对 NaCl 晶体表面上的台阶分布研究，可以得出以下几点结论：（i）晶面被等间距台阶覆盖；（ii）晶面上存在两种类型的蜷线：一是圆形蜷线，高度 $d' = \frac{1}{2} d_{(001)}$，二是

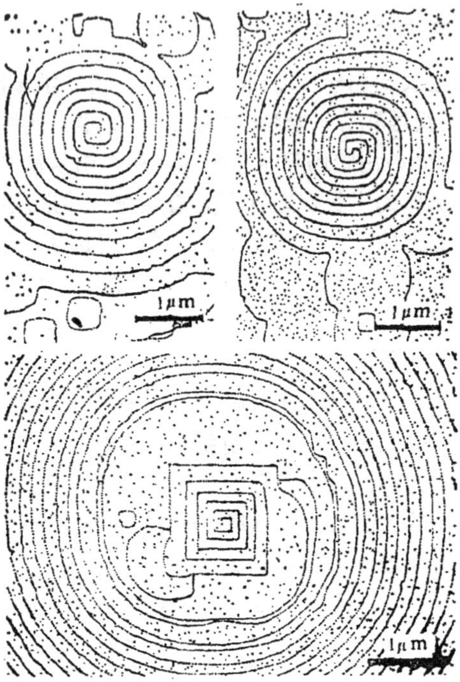


图 2.42 生长界面上台阶的分布．左上：单圆形蜷线台阶；右上：双圆形蜷线台阶；下图：方形蜷线台阶[61]．

方形蜷线，$d' = d_{(001)}$，方形蜷线常分解为两个圆形蜷线；（iii）台阶速度符合 BCF 理论中的正切双曲函数关系；（iv）圆形台阶前进的激活能 $E = 1.98\times10^4$J/mol，而对于方形台阶，$E = 2.27\times10^4$J/mol；（v）表面有时存在不规则台阶列，这是由于台阶源强度的突然改变、表面温度和过饱和度变化以及台阶之间碰撞等因素造成的．

（3）界面微结构缺陷[64] 图 2.43 示出用高倍高分辨透射电子显微镜所拍摄的高 $T_c$ 超导体铋锶钙铜氧（Bi-Sr-Ca-Cu-O）薄膜在 MgO 晶体（001）基片上的显微结构图象．超导薄膜是用化学气相沉淀法生长的．在基片区域，可观测到 MgO 的两个面间距

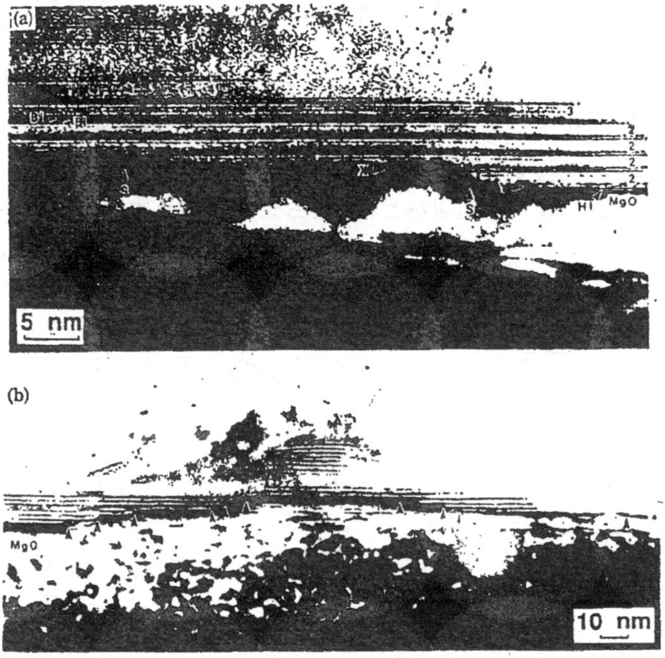


图 2.43 高 $T_c$ 超导薄膜在 MgO 晶体(001)基片上的 TEM 像[64]

为 0.21nm 的(200)和(020)晶格条纹．图中“$B_1$”对应于 Bi-O 层位置。HI 表示异质界面。“$X$”和“$Y$”对应于超导薄膜的第 1 层．“$S$”表示界面上的多台阶区域．在大多数情况下，多台阶区的台阶高度 1—2nm。仔细分析这幅 TEM 显微像，可以得到如下结论：(i) 在界面存在五层不同的钙钛矿型结构层；(ii) 在原子级水平上，薄膜和基底之间的界面是粗糙的；(iii) 没有证据证明薄膜和基底之间有相互作用；(iv) 薄膜的生长过程是：首先在表面形成岛状二维晶核，然后薄膜通过亚层状结构生长，最后当相邻岛状晶核聚合时，形成单一晶相的薄膜层。

### 2.6.4 光散射法[65—71]

自 1983 年首次在冰晶固-液生长界面上观察到瑞利散射和布

里渊散射强度增强的现象以来，光散射法已成为研究晶体生长机制的有用工具[65].继冰晶晶体生长实验以后，近年来又在水杨酸苯脂[66]、环乙醇[67]、萘、联二苯[68]、环己烷[69]、抗冻结糖蛋白[70]和随体烟草花叶病毒[71]等晶体生长过程中，开展了光散射实验研究. 本节简述其实验原理和研究结果.

**实验原理** 我们以冰晶固-液生长界面的光散射来阐明实验原理. 图 2.44 示出光散射实验的示意图. 区熔法晶体生长装置和光探测器放置在温度为 −18℃ 的冷室中. 激光器和数据处理设备放在冷室外边. 激光束通过布儒斯特窗口进入冷室. 借助于反射镜 $M_1$, $M_2$ 和透镜 $L$ 使激光束聚焦在冰-水生长界面上. $\phi_0$ 是光入射角，$\Theta$ 和 $\psi$ 分别为探测器的方位角和极角.

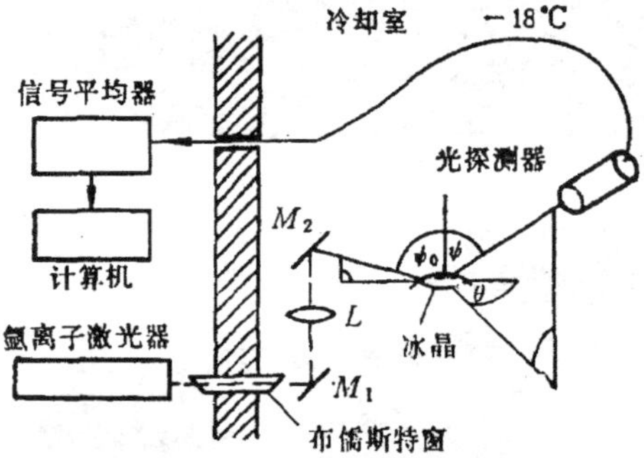


图 2.44 冰晶生长光散射实验装置[65].

晶体生长实验装置如图 2.45 所示. 冰晶生长速率由冷、热水浴间的温度梯度控制. 晶体生长固-液界面相对于实验室系统的位置，通过光反馈和控制系统控制和固定. 瑞利散射光探测系统如图 2.46 所示. 晶体的基面通过透镜 $L_1$ 成像在光阑 $A_1$ 位置，以确定散射光强度. 分光镜 $M_1$ 将散射光的一半投射到录象显示系统，以监示光路中的尘埃. 有效散射强度则通过反射镜 $M_2$ 和目镜 $L_3$ 来选择. 光阑 $A_2$ 用来限制散射角. 透镜 $L_2$ 收集散射光，并使其进入光电倍增管的阴极. 用光子记录器和自相关器记录散射光子数.

光散射理论表明，散射光强度的自相关函数 $G(\tau)$ 满足如下方程:

$$G(\tau) = \langle I(t)I(t+\tau)\rangle = A + B\exp(-2\Gamma\tau), \quad (2.118)$$

式中 $A$，$B$ 是常数，$\tau$ 为相关时间，$\Gamma$ 是线宽. 线宽比例于波矢量的平方，即：$\Gamma=D(q)^2$，$D$ 为比例常数，$q$ 为散射光波矢的数值. 晶体生长过程中，由于晶体生长速率、界面结构类型、界面形态、台阶分布、溶质和边界层振荡等因素均影响到自相关函数 $G(\tau)$ 的函数形式. 因而，通过对反射光线宽、相关时间和 $G(\tau)$ 的分析，就可以研究晶体生长动力学机制.

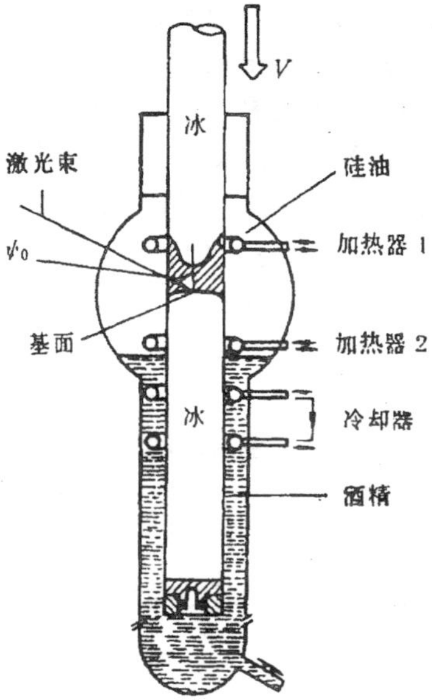


图 2.45　区熔法晶体生长实验装置[65].

(1) **冰-水界面生长动力学研究**[65]　实验表明，假如冰晶的生长速度超过临界生长速率，界面将发生瑞利散射，界面层厚度介于 1.4—6μm 之间. 在散射强度保持不变的情况下，中心线宽 $\Gamma$ 比例于散射矢量 $\boldsymbol{k}$ 的平方，即：$\Gamma=D_i k^2$，$\boldsymbol{k}$ 的方向与界面无关. 扩射系数介于 $1.4\times10^{-8}$—$5.7\times10^{-8}\,\mathrm{cm^2/s}$ 之间，且空间分布均匀. 散射光的强度依赖于流体进入固体的热流和生长速率. 线宽随散射光强度的增加而递减. 由于冰的压缩率比水的大 700 倍，所以总散射强度的增加相应于等温压缩率的增加.

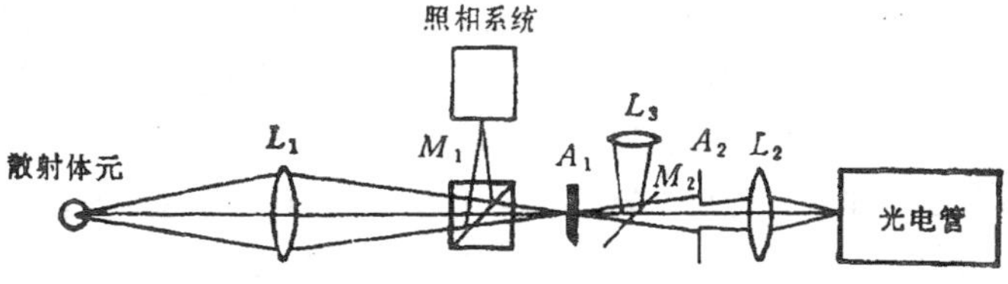


图 2.46　散射光探测系统光路图[65].

（2）台阶动力学研究[66] 固-液晶体生长界面的准弹性散射实验表明，水杨酸苯脂的生长界面存在两种动力学过程：（i）光散射的增强现象与台阶生长速率密切相关．假如生长速率 $v_k$ 超过临界生长速率 $v_c$，界面的瑞利散射强度明显增强．其增强机制可能是由于边界层厚度的涨落（～1μm 数量级）．（ii）类似中光栅结构的散射．其机制可能是始发于螺旋位错的等间距蜷线台阶．台阶间距 $d$ 由散射光的角分布确定．台阶速度 $v_s$ 则由多普勒相移决定．对于(001)小面，若 $v_k = 0.5\mu m/s$，则 $d = 0.4\mu m$，$v_s = 40\mu m/s$．由公式 $h = v_k d/v_s$，求得台阶高度 $h = 2.5$ 晶格常数．

（3）均匀成核和非均匀成核[69-71] 用光散射研究成核理论是基于晶核半径和扩散系数遵循爱因斯坦-斯托克斯方程的基本假设．若用 $R$ 表示晶核半径，则爱因斯坦-斯托克斯方程的表达式是

$$R = k_B T / 6\pi\eta D,$$

式中 $k_B$ 是玻耳兹曼常量，$T$ 为绝对温度，$\eta$ 为粘滞系数，$D$ 是扩散系数．

光散射实验又表明，线宽和波矢平方成正比，并满足方程

$$\Gamma = Dk^2.$$

把 $T$ 表达式中的 $D$ 代人 $R$ 表达式，得到

$$R = k_B T K^2 / 6\pi\eta\Gamma \qquad (2.119)$$

方程(2.119)表明，只要测量出散射峰的线宽和波矢量，就可以求出核的半径，进而研究成核动力学过程．比如通过环已烷光散射实验[69]，已经发现该系统有初级成核和次级成核两个反应过程，并观察到反应器中存在颗粒度不等的两种粒子，而且在初级成核停止后，伴随着快生长过程，其速度比例于溶解气体的逸度．在文献［71］中介绍了用准弹性光散射研究随体烟草花叶病毒（简称STMV）晶体的均匀成核和非均匀成核的结果：（i）STMV 晶体的临界过饱和度，$\sigma_c \approx 0.90$．在 $\sigma$ 介于 1.0—1.4 的范围内，临界核内包含 7—30 个病毒粒子，每个粒子直径约为 16 nm；（ii）一个摩尔 STMV 晶体的界面自由能为 ～2.2 kcal/mol，晶体生长

的激活能为 10 kcal/mol；(iii) 引入非均匀成核中心乳胶以后，成核和生长速率加快.

### 2.6.5 计算机模拟法[72—78]

自本世纪 70 年代初期以来，蒙特卡罗方法 (Monte Carlo method) 已普遍应用于模拟晶体生长过程. 蒙特卡罗方法以概率论和数理统计为理论基础，将随机数应用于晶体生长过程的计算机模拟. 有人把这种方法称为"计算机晶体生长".

"计算机晶体生长"采用二维晶格气体模型，即根据 Ising 理论，就晶体生长的热力学平衡过程和统计物理图象，提出晶体生长基元过程的基本假设，再以这些假设为理论基础，建立计算机模拟实验方法. 计算机模拟实验的基本假设可概括为：(i) 固-液生长界面上只存在排列整齐的晶相原子和流体相分子. 在计算晶格键能时，只考虑晶相原子-晶相原子之间和晶相原子-流体相分子之间的相互作用，不考虑流体相分子-流体相分子之间的相互作用，也就是把流体相仍视为连续介质；(ii) 界面上晶格相原子只能在晶格相原子上生长(所谓 SOS 模型)，或者，一个晶核只能在另一个晶核上堆砌(所谓 NaN 模型)；(iii) 界面上晶相原子和流体相分子的排列类似于晶格座排列，并可以用整数方阵来表示；(iv) 界面上各晶格座的高度可以用一组整数来描述；(v) 排除原子空位或附着悬挂. 图 2.47 示出"计算机晶体生长"的界面形貌示意图. 图 2.47 (a) 示出 SOS 模型的剖视形貌，图中黑色长方体表示晶相原子，白色长方体表示流体相分子. 图 2.47 (b) 示出 SOS 模型的俯视形貌. 界面上的每一晶格座由矩阵元 $\alpha_{ij}$ 表示. 从理论上讲，$\alpha_{ij}$ 的变化范围可以从 $-\infty$ 到 $+\infty$，实际模拟实验表明 $\alpha_{ij}$ 的变化范围约介于 $-20$ 到 $+20$ 层.

作为一个例子，我们考虑简单立方结构(100)晶面晶体生长速率的计算方法. 在晶体生长过程中，由于晶体处于非平衡热力学体系，(100)面上任一晶格座上的原子都有可能被蒸发逸出晶面，亦有可能吸附一个原子，使晶格座的高度增加一个原子间距. 若

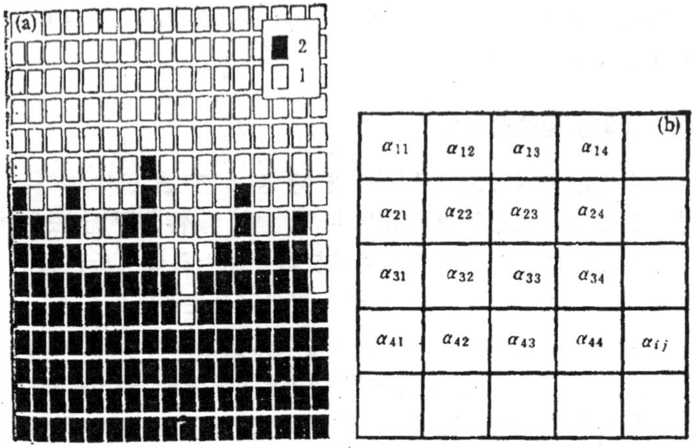


图 2.47 计算机晶体生长的界面形貌示意图.
(a) SOS 模型剖视图；(b) SOS 模型俯视图[76].

不考虑原子在界面上的迁移，则晶格座上原子的状态取决于蒸发和撞碰的概率。生长速率的计算归结为蒸发速率和撞碰速率的计算。在一般情况下，某一晶格座可以由 $A$ 原子或 $B$ 原子占据，假若用 $\phi_{AA}, \phi_{AB}, \phi_{BB}$ 表示原子之间最邻近键能，则 $A$ 原子的蒸发率为

$$k_A^- = \nu \exp[-(n\phi_{AA} + m\phi_{AB})/kT], \tag{2.120}$$

式中 $\nu$ 是频率因子，$n$ 和 $m$ 分别是 $A$ 原子周围最邻近的 $A$ 原子数和 $B$ 原子数，$k$ 是玻耳兹曼常数，$T$ 是绝对温度。对于 $k_B^-$，亦有类似的表达式。

$A$ 原子的碰撞率为

$$k_A^+ = \nu \exp(-\mu_A/kT), \tag{2.121}$$

式中 $\mu_A$ 是 $A$ 原子在流体中的化学势. 对于 $k_B^+$ 亦有类似的表达式。

若知道晶体某一时刻的表面形貌和层间距 $d$，则晶面的瞬时生长速率可表示为

$$R = d\Big[k_A^+ - \sum_{(n+m)<z} c_A^{(n,m)} \nu \exp(-n\phi_{AA}/kT - m\phi_{AB}/kT)$$

$$+ k_B^+ - \sum_{(n+m)<z} c_B^{(n,m)} \nu \exp(-n\phi_{AB}/kT - m\phi_{BB}/kT)\Big],$$

(2.122)

式中 $c_A^{(n,m)}$ 和 $c_B^{(n,m)}$ 分别是具有 $n$ 个 $A$ 原子近邻和 $m$ 个 $B$ 原子近邻的 $A$ 原子浓度和 $B$ 原子浓度。$z$ 是原子在晶体内的总近邻数。由于在计算机模拟过程中，$c_A^{(n,m)}$ 和 $c_B^{(n,m)}$ 的平均值很容易从(100)界面上的原子排列组态得到，所以晶体生长速率可以通过自洽法计算和检验。

计算机模拟作为探索晶体生长过程的有用工具，最初从研究界面结构和界面生长速率开始[72]，后来发展到研究二维成核理论[73]、螺旋位错理论[73]和 Hartman-Perdok 周期键理论[74—76]，并考虑到吸附原子在界面上迁移等各种运动形态，研究晶体生长速率的各向异性。近年来又用于研究孪晶和层错生长机制[75]以及生长台阶上拐角的分布[77]。“计算机晶体生长”的类型已从初期的离子晶体发展到半导体晶体、高 $T_c$ 超导体、有机晶体和蛋白质等生物大分子晶体[76]。图 2.48 示出用蒙特卡罗法模拟的完整界面结构。图 2.48(a,b) 均表明界面上有许多二维晶团。由于图 2.48(b) 对应界面的生长驱动力是 2.5 $kT$，图 2.48(a)对应界面的生长驱动力是 $2kT$，而根据二维成核理论，成核速率比晶团在界面上铺展的速度快，所以(b)界面上的晶核密度高于(a)界面的。

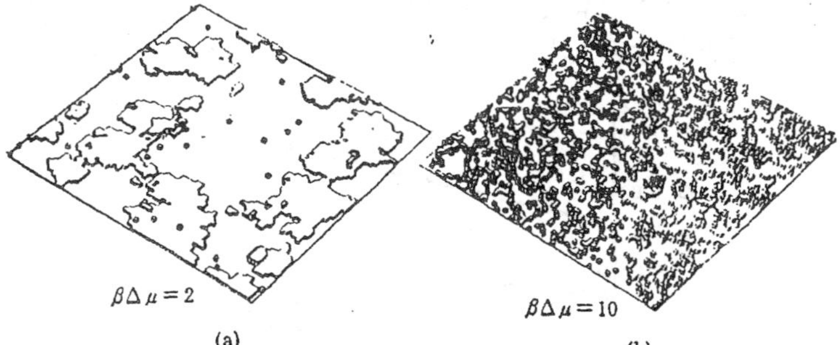


图 2.48 蒙特卡罗方法模拟的完整晶体界面结构。
(a) $\phi=4kT$，$\Delta\mu=2kT$；(b) $\phi=4kT$，$\Delta\mu=2.5kT$[73]。

图 2.49 示出了面心立方晶格不同晶面的生长速率．模拟方法类似于上述提到的(100)立方晶格模型．模拟结果表明（111）晶面的生长速率最慢，(110)晶面的生长速率最快．这说明具有较强侧键网格的晶面生长速率慢．而且驱动力愈低，晶面生长速率各向异性愈明显．随着驱动力的增加，各晶面的生长速率愈接近．当驱动力很大时，各晶面均变为粗糙面．生长速率将变为各向同性．

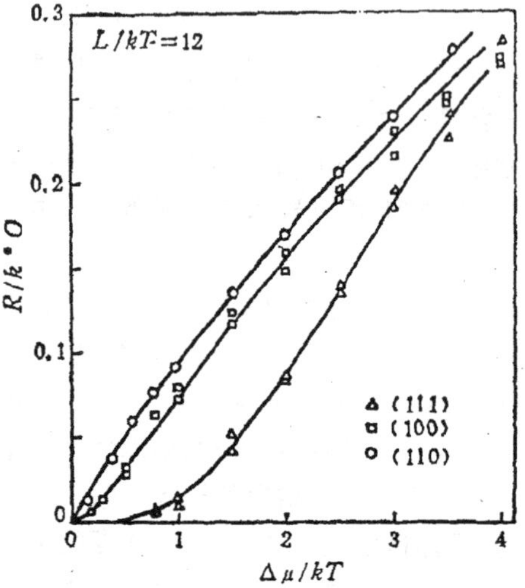


图 2.49　面心立方晶格不同晶面的生长速率的计算机模拟结果．　$\phi = 2kT$[73]．

值得一提的是，计算机模拟已应用于难溶盐晶体生长和溶解体系．在文献[77]中介绍了蒙特卡罗方法模拟台阶上拐角密度与溶解浓度的关系，图 2.50 示出模拟实验的结果．其中图 2.50 (a) 示出对应于晶体溶解过程．图 2.50 (b) 示出对应于生长过程．关于难溶盐溶液体系．在文献［78］中介绍了通过一维拐角成核理

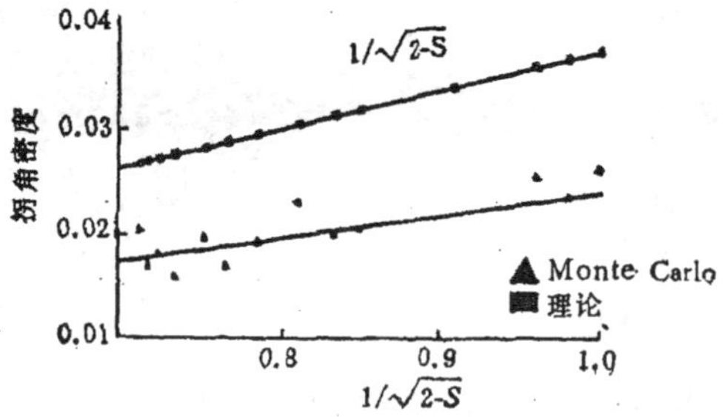


(a)

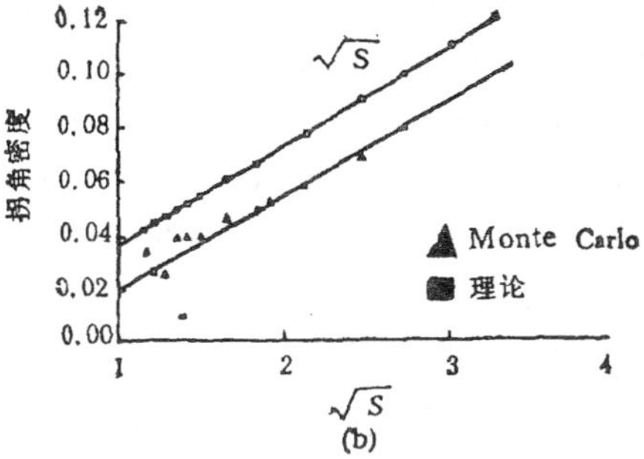


图 2.50 难溶盐溶液体系晶体生长和溶解过程中台阶上拐角的分布.
(a) $\phi = 4kT$, 溶解过程; (b) $\phi = 4kT$, 生长过程[77].

论,推导了拐角密度和溶液浓度的关系. 设 $\rho_k$ 为拐角密度, $S$ 为饱和比,则对于晶体生长过程, $\rho_k$ 和 $S$ 遵守如下函数关系:

$$\rho_k = \frac{1}{2} a \exp(\phi/kT) S^{\frac{1}{2}}. \qquad (2.123)$$

对于晶体溶解过程,有下列方程:

$$\rho_n = \frac{1}{2} a \exp(\phi/kT)(2 - S)^{-\frac{1}{2}}. \qquad (2.124)$$

计算机模拟结果与文献 [78] 中所介绍的非线性动力学理论相一致.

## §2.7 空间晶体生长的微重力效应

### 2.7.1 微重力概念[79—81]

宇宙空间任何两个物体之间均存在吸引力,而且其引力大小正比于两物体的质量之积,反比于它们之间的距离,这就是著名的牛顿万有引力定律. 自由落体因受到地心的引力,会产生铅直方向的加速运动. 若把地球表面的平均重力加速度记为 $g_0$,则 $g_0 = 980\text{cm/s}^2$. 在太空中的物体,由于与地球作用距离的增加,重力加速度将减少. 若重力减少到零,则物体处于零重力失重状态. 所谓微重力是指重力减少到地球表面重力百万分之一时的重力场.严格说来,在数值上,微重力的精确定义应为 $g=10^{-6}g_0$,但目前"微重力"概念已延拓,通常把 $g<10^{-2}g_0$ 的重力环境均称为微重力环境.考虑到未来的星际飞行,对于微重力的概念作些延拓是有意义的.因为月球上的重力场为 $0.16g_0$,火星上的重力场为 $0.3g_0$,微重力概念延拓以后,就可以把星际飞行重力环境中的科学实验称为微重力科学实验.

如何获得微重力环境,开展微重力科学研究呢?从理论上说,根据牛顿万有引力定律,只要把实验舱发射到远离地球的太空,就可以实现微重力环境.可是,由于技术上的原因,目前并不走这条路,而是根据爱因斯坦等效性原理模拟失重状态.爱因斯坦等效原理叙述为:自由落体的重力被惯性局部抵偿[79].因而自由飞行的轨道航天器作为自由落体的特殊形式,可以模拟微重力或零重力环境.在自由飘移的航天器内,其质心位置上的重力与离心力相平衡,处于失重状态[80].

所有类型的自由下落轨迹都适用于微重力环境的模拟.目前用于模拟微重力环境的设备和装置见表 2.5.

**表 2.5 微重力环境模拟实验装置**

| 实验装置 | 微重力水平 ($g/g_0$) | 微重力时间 |
|---|---|---|
| 落　管 | $10^{-3}$—$10^{-6}$ | 1—10s |
| 落　塔 | $10^{-3}$—$10^{-6}$ | 1—10s |
| 抛物线飞机 | $10^{-2}$—$10^{-3}$ | 20—30s |
| 探空火箭 | $10^{-4}$—$10^{-6}$ | 5—20 min |
| 空间实验室 | $10^{-6}$ | 5—14d |
| 太空密封舱 | $10^{-6}$ | 数周 |
| 自由平台 | $10^{-6}$ | 数月 |
| 空 间 站 | $10^{-6}$ | 数年 |

在分子水平上,重力是弱作用力,它比氢原子中静电力小 $10^{40}$

倍，比氢分子中电磁力小 $10^{35}$ 倍．因此，由分子间作用力所决定的性质估计和重力无关．但若没有其它作用力与重力平衡，则在存在大质量时，重力会起主要作用．那么重力究竟在哪些方面起重要影响呢？美国微重力研究委员会 1992 年公布了到 2000 年的微重力研究战略，其中提到了下述 7 个方面[81]：

（1）*重力作为流体中对流的驱动力* 因温度和组分的不均匀而产生的密度差，使静止状态的流体发生对流，导致热量传递和质量输运．在地面上原子或分子的对流比因布朗运动引起的漫迁移大 1 个数量级．

（2）*重力作为相分离的驱动力* 对于某些热力学体系，存在共存相，其化学势等同，但密度有差别，在重力作用下，经过长时间后会发生沉淀，导致相分离．

（3）*重力作为决定流体自然表面形态的力* 在热力学平衡或近平衡系统中，流体表面或界面形态决定于力的平衡．比如气泡、液滴和浮区的形状主要受重力支配．

（4）*临界现象* 在临界点附近，流体的压缩率非常大，流体在自身重量下分层．因此，对于任何有限体积流体热力学参量的测量，实际测出的是不同密度流体的平均性质而不是临界点的真实性质．这种重力对实验所施加的基本限制，只有在微重力环境下才能得到抑制．

（5）*在存在极弱键合力的系统——生命系统* 生命系统中生物大分子的键合力极弱，重力扮演重要作用．比如蛋白质晶体的结晶、生物细胞的融合等．

（6）*存在极大质量和极长时间的系统* 比如：广义相对论和引力波．

（7）*大尺寸构件和超长距离* 比如建筑和桥梁的协强，地球及其大气层内长距离自然现象等．

### 2.7.2 空间微重力晶体生长实验

空间晶体生长始于 70 年代初期的 Apollo 空间实验．1971—

1973 年期间，在 Apollo 14，16 和 17 号飞船上进行了 Benard 胞、对流、凝固和复合物材料晶体生长实验，为微重力条件下的晶体生长打下了最初的实验基础. 自 1973 年美国在天空实验室首先生长出酒石酸钾钠晶体以来，世界上发达国家为争夺空间科学研究和空间开发的高技术优势，进行了多次微重力条件下晶体生长实验. 同时，在地面上进行了大量实验和理论模拟. 研究人员先后在空间条件下探索了从光电子材料到蛋白质生物大分子晶体等几十种功能晶体的生长. 在实验设备方面已动用巨资制造了各种晶体生长实验装置，以适用于双扩散法、低温溶液法、气相法、浮区法、高温移动加热器法和坩埚下降法等晶体生长方法的实验要求. 在晶体生长基础理论方面，研究了微重力条件下的晶体成核理论、生长动力学理论、纯扩散生长机制和形态稳定性理论. 一系列理论分析和实验表明，开展微重力条件下的晶体生长规律研究，不仅会加深对微重力效应的认识，而且可能引起材料科学的重大突破. 人们预计在微重力条件下将有可能生长出极有价值的新晶体[80].

20 多年来，空间晶体生长大体经历 3 个发展阶段. 70 年代初、中期为第一阶段，在此期间，人们误认为空间晶体生长是零重力条件下的物化反应过程. 似乎在地面上存在的许多与重力有关的问题，在微重力条件下都可以得到解决. 实验结果表明，重力大大减弱以后，表面张力驱动对流上升为占支配地位的作用力，为了探索微重力条件下的晶体生长规律，必须深入研究次级力场效应. 70 年代中期到 80 年代中期为第二阶段，这是晶体生长设备的设计、制造和新方法探索阶段. 在这阶段内，人们利用空间微重力条件生长各种晶体，回到地面以后对其形态、结构和晶体完整性进行观察和分析. 通过空间-地面的实验对比，评估微重力条件下晶体生长的潜在效益. 80 年代后期开始为第三阶段. 将激光全息术和显微照相术应用于空间晶体生长，在微重力条件下实时记录晶体生长过程，研究空间晶体生长的特有规律，从而获得最佳微重力晶体生长条件[82]. 下面介绍几例空间晶体生长实验：

(1) 熔体晶体生长[83-84] 迄今为止，在空间微重力条件下，从熔体中生长的方法有坩埚下降法、区熔法和移动加热器法，生长实验见表 2.6

表 2.6 空间熔体晶体生长实验

| 晶 体 | 生长方法 | 航天器 | 籽晶尺寸 (mm) | 温度梯度 | 生长速率 | 实验时期 |
|---|---|---|---|---|---|---|
| InSb<br>InSb:Te<br>InSb:Sn | 坩埚下降 | 天空实验室-3 | φ14×110 | 46℃/cm | 0.3μm/s | 1973.7 |
| Ge<br>Ge:Ga<br>Ge:Sb | 坩埚下降 | 天空实验室-4 | φ7.9×90 | 20℃/cm | 5μm/s | 1974.2 |
| Ge, Ge:Ga<br>Ge:Sb | 坩埚下降 | ASTP* | φ10 × 95 | | 10.5μm/s | 1975.7 |
| GaAs:Te | 区 熔 | D-2* | φ20 × 70 | 区长:25mm | | 1993.5 |
| GaInSb | 坩埚下降 | D-2 | φ14×100 | | 2.5μm/s | 1993.5 |

* ASTP (Apollo-soyuz test project)，阿波罗一礼炮试验计划；D-2：德国空间实验室飞行项目.

(2) 气相晶体生长[86-90] 在空间环境下，应用化学气相输运和物理气相输运法研究了 $\alpha$-$HgI_2$, CdSe, PbTe, ZnTb, ZnO 和 Ge 等单晶体生长，其中对 $\alpha$-$HgI_2$ 晶体生长研究较为系统，在 1985—1992 年期间进行了 5 次空间微重力实验. 最成功的一次实验是 1992 年进行的国际微重力实验室（IML-1）实验. 据报道，在空间所获得的 $\alpha$-$HgI_2$ 单晶体的尺寸和性能都很理想. 表 2.7 是几次 $\alpha$-$HgI_2$ 空间实验条件和结果.

(3) 高温溶液晶体生长[82,84] 空间高温溶液晶体生长中所应用的技术是坩埚下降法和移动加热器法. 表 2.8 列述了某些晶体的生长参量.

(4) 溶液法晶体生长[82,91-95] 对于高溶解度晶体材料，在地面上一般采用恒温蒸发法、降温法和循环流动法，原则上在空间

表 2.7　$\alpha$-$HgI_2$ 晶体的空间生长

| 实验条件 \ 实验次数 | 第 1 次* (SL-1, 1985) | 第 2,3 次 (SL-1, 1985; SL-3, 1986) | 第 4,5 次 (IML-1,1992) |
|---|---|---|---|
| 安瓿材料 | 石英 | 耐热玻璃 | 前三次实验的改进，部分结果已公布，详细实验条件尚未报道. |
| 半　径 | 0.8cm | 2.9cm | |
| 高度或长度 | 20cm | 8.5cm | |
| 长(或高)径比 | 25 | 2.9 | |
| 体　积 | $40cm^3$ | $225cm^3$ | |
| 载　体 | (a) $HgI_2$<br>(b) $HgI_2$ + Ar<br>(c) $HgI_2$+苯乙烯 | | |
| 相对于 *g* 方位 | 垂直 | 平行 | |
| 源　温 | 112.3℃ | 107.5℃ | |
| 晶体温度 | 111.1℃ | | |
| 过 冷 度 | 1.2℃ | | |
| 生长时间 | 117h | 110h | |
| 平均生长速率 | $6\times10^{-7}$cm/s | $7.8\times10^{-6}$cm/s | |
| 晶体重量 | 1g | 40g | |

* SL-1，空间实验室 1 号的代号.

表 2.8　空间高温溶液晶体生长

| 飞行实验 | 晶　体 | 溶　液 | 生长温度(℃) | 生长速率 (mm/d) |
|---|---|---|---|---|
| FSLP (1984) | CdTe | Te | 800 | 6.0 |
| | GaSb | Ga | 560 | 4.5 |
| D-1 (1985) | GaSb | Ga | 560 | 4.5 |
| | CdTe | Te | 800 | 6.0 |
| | InP | In | 870 | 1.8 |
| | $Pb_{0.8}Sn_{0.2}Te$ | Pb-Sn-Te | 700 | 3.0 |
| | CdTe | | 850 | 6.0 |
| D-2 (1993) | GaAs | 富 Ga | 1000 | 2.50 |

FSLP：第 1 次空间实验项目.
D-1：德国空间实验室 1 号.
D-2：德国空间实验 2 号，

环境也可以采用上述方法．目前，由于技术上的原因，一般采用降温法．对于低溶解度晶体材料来说，在地面上采用凝胶法生长．凝胶的作用在于：(1)抑制自然对流，使晶体生长过程受纯扩散的支配；(2)支撑晶体，使晶体悬于容器中免受外力的作用．凝胶的这

**表 2.9　空间低温溶液晶体生长**

| 晶　体 | 航 天 器 | 生长方法 | 研究单位 |
|---|---|---|---|
| $KNaC_4H_4O_6 \cdot 4H_2O$ | Skylab (1973—1974) | 降温法 | 美国 |
| $KAl(SO_4)_2 \cdot 12H_2O$ | 礼炮 5 号 (1975—1976) | | 前苏联 |
| $CaC_4H_4O_6 \cdot 4H_2O$<br>$CaCO_3$ | ASTP (1975) | 双扩散法 | 美国 |
| 蔗糖<br>$CuSO_4 \cdot 5H_2O$ | 礼炮 6 号 (1980, 1982) | 降温法 | 前苏联 |
| $CaHPO_4 \cdot 2H_2O$<br>$PbHPO_4$ | SL-1 (1983) | 双扩散法 | 法国 |
| PbS<br>TTF-TCNQ | LDEF (1984) | 双扩散法 | 丹麦 |
| TGS | SL-3 (1984) | 降温法 | 美国 |
| $\alpha$-$LiIO_3$ | 尖兵甲 1 号 (1988, 1992) | 恒温法 | 中国 |
| TGS<br>蛋白质晶体 | IML-1 (1992) | 降温法 | 美国 |
| ACP<br>沸石 | EURECA-1 (1992) | 双扩散法 | 丹麦<br>挪威 |

表中：Skylab 代表天空实验室；
SL-1 代表空间实验室 1 号；
LDEF 代表长周期实验飞行项目；
IML-1 代表国际微重力实验 1 号；
EURECA-1 代表欧洲尤里卡空间 1 号平台；
TTF-TCNQ 代表一维高 $T_c$ 有机晶体(四硫富瓦烯-四氰基醌二甲烷)；
ACP 代表非晶态磷酸钙晶体．

两个作用在微重力条件下都得到满足．所以在空间用溶质扩散反应法就可以替代凝胶法，习惯上把它称为双扩散法．表 2.9 列出溶液法晶体生长的实例．

### 2.7.3 微重力状态下的输运过程[82-86,96]

重力对流体的输运性质有重要影响．这种影响是宏观的，主要与重力驱动的对流和由阿基米德力引起的上浮和下沉有关，因而流体的所有输运性质都与微重力这个概念密切相关．

晶体生长过程是固体结晶基元和流体结晶基元在特定条件下的相互作用和能量再分配过程．结晶过程总是离不开固体成分和流体成分．因固体内部结合力远大于 1 个 $g_0$ 的重力，所以结晶过程仅需考虑流体成分受重力的影响．在溶液中流体的粘着力和表面张力与 $g_0$ 的重力同数量级，液体的常规性质是内分子力和重力相互作用的结果．假如重力消失，流体的行为将受内分子力支配．因而，微重力条件将影响晶体的生长过程．结晶体系中能量的再分配离不开质量的输运和热量的传递．质量的输运通过对流和扩散途径进行，而热量传递则通过对流传导和辐射途径进行．在微重力条件下，扩散将支配质量输运过程．晶体生长的输运问题将变成 Stefan 问题．在数学物理方程的处理上就变成求解自由边界和运动边界的扩散微分方程问题．基于上述原因，为了认识微重力条件下晶体生长的动力学特征，研究扩散引起的质量输运的理论和实验现象就十分必要了．

(1) *扩散理论*　扩散是气体、液体和固体中的普遍现象．扩散系数的典型值对气体是 $1cm^2/s$，对液体是 $10^{-5}cm^2/s$，对固体通常则远低于 $10^{-8}cm^2/s$．解释扩散现象的基本定律是 Fick 第一定律和第二定律，如 2.2.3 节所述．流体中的扩散理论模型可归纳如下：

(i) 准晶模型．假设流体中的原子是按照类似于在固体里的排列方式．原子或分子的扩散必须克服激活势垒．扩散系数和温

度的函数关系，服从（Arrhenius）方程(2.125)

$$D = D_0 \exp(-Q/kT), \tag{2.125}$$

式中 $D_0$ 是指数前因子，$Q$ 是激活能，$k$ 是玻耳兹曼常数，$T$ 为绝对温度.

(ii) 自由体积模型. 假设原子或分子扩散到与其相邻的自由体积内，自由体积具有临界体积 $V_c$，扩散系数 $D$ 和温度遵循下列方程:

$$D = AT\exp(-BV_c/V_f), \tag{2.126}$$

式中 $A$，$B$ 是与材料物性有关的参数，$V_f$ 是液体的总体积.

(iii) 涨落理论. 假设原子或原子集团由于热振动（布朗运动）而进入周围自由体积内，而且自由体积没有临界尺寸. 扩散系数和温度满足二次函数关系

$$D = AT^2, \tag{2.127}$$

式中 $A$ 是与原子相互作用势能有关的常数.

(iv) 能斯脱-爱因斯坦-斯托克斯（Nernst-Einstein-Stokes）关系. 假设扩散系数可以表示为驱动力和摩擦力之比，即

$$D = kT/6\pi\eta r_a, \tag{2.128}$$

式中 $\eta$ 为粘滞系数，$r_a$ 是扩散原子的半径.

在地面上，由于重力驱动对流的存在使得地面实验结果不准确，甚至还不能决定哪些模型可正确地描述其与温度的依赖关系. 在空间环境中，重力驱动的自然对流大大减弱或得到消除，因此可完成一些精度足够高的实验，并可精确地测定由扩散控制的质量输运性质，进而导致关于流体中扩散和输运的新的理论概念，也会促进地面晶体生长技术的变革和生长理论的完善. 科学家还预言微重力条件下将会出现新晶体和新理论.

(2) 空间实验结果

(i) 自扩散实验. 1983 年 11 月在空间实验室-1 中进行了 Sn 的自扩散实验. 用 16 个样品，作了不同温度下的 8 次实验. 每次用直径分别为 1mm 和 3mm 的两个样品. 每个样品长 55mm，在其一端固定 4mm 厚的稳态 Sn 同位素圆片. 稳态的同位素 $Sn^{124}$

和 $Sn^{112}$ 用来检测自扩散系数和同位素效应。表 2.10 列出了 Sn 的自扩散实验结果。在表 2.10 中 $E$ 为同位素效应。$D_{112}$ 和 $D_{124}$ 分

**表 2.10 空间 Sn 中的自扩散实验**

| 样品号 | 8 | 3 | 6 | 1 | 2 |
|---|---|---|---|---|---|
| $T$(0℃) | 270 | 328 | 388 | 491 | 775 |
| $t$(s) | 38060 | 15516 | 21079 | 16120 | 9459 |
| $D_{112}(10^{-5}cm^2/s)$ | 2.248 | 2.742 | 3.263 | 4.349 | 8.291 |
| $D_{124}(10^{-5}cm^2/s)$ | 2.228 | 2.680 | 3.164 | 4.255 | 8.088 |
| $E$ | 0.5±0.3 | 0.4±0.2 | 0.4±0.2 | 0.5±0.1 | 0.7±0.3 |

别为两种 Sn 同位素的扩散系数。从空间实验获得的扩散系数比地面值低 20—40%。这表明在地面上进行 $D$ 的测量时，对流有明显影响。另一个重要结果是扩散系数和温度的关系为二次函数，即

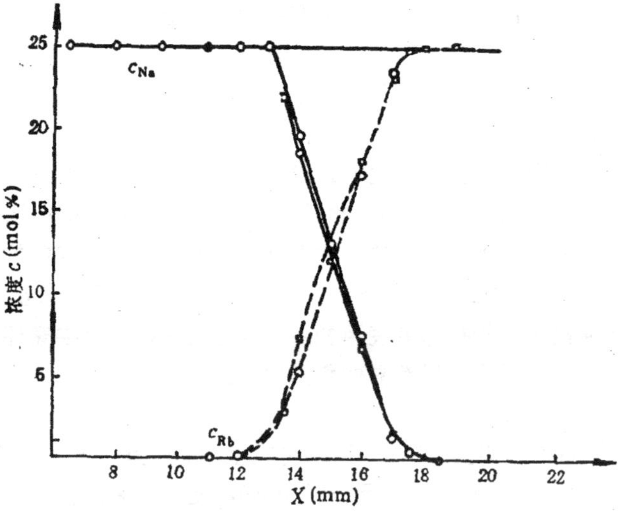


图 2.51 Rb 和 Na 在空间样品 $Na_2O \cdot 3SiO_2$-$Rb_2O \cdot 3SiO_2$ 中的轴向分布。
□：实验数据；○：计算数据[96]。

$$D(Sn) = AT^2, \qquad (2.129)$$

式中 $A = 0.745 \times 10^{-10} cm^2/k^2s$，即在 ±2% 的精度内，扩散系数和温度是平方关系。这个结果支持了涨落理论。

(ii) 互扩散实验。空间条件下的玻璃熔体实验首先是在探空火箭上进行的，$Na_2O \cdot 3SiO_2$ 和 $Rb_2O \cdot 3SiO_2$ 熔体在 1200℃ 温度下持续 200s。后来在空间实验室 (LS-1) 上重作了实验。实验温度 1280℃，持续时间 1730s。图 2.51 示出微重力条件下的实验结果。图 2.52 示出相同条件的地面实验结果。这两个对比实验表明：在地面上由于有对流的存在，Na 和 Rb 的浓度分布曲线不规则，用它几乎不可能测定有意义的扩散系数。而在微重下，理论数据和实验数据符合得很好。空间实验数据分析还表明：当 Na 和 Rb 的浓度相同时，扩散系数最大。

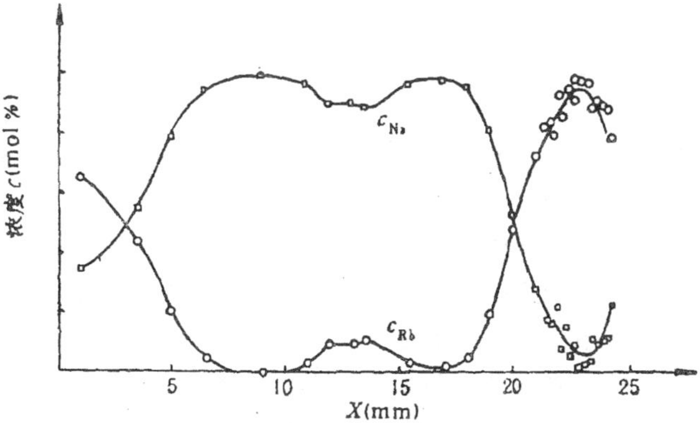


图 2.52 地面样品 $Na_2O \cdot 3SiO_2$-$Rb_2O \cdot 3SiO_2$ 中沿轴向 Rb 和 Na 的分布。□：Na 的浓度 ○：Rb 的浓度[96]。

(iii) GeSe 和 GeTe 的质量输运速率。在天空实验室 (Skylab-3) 上已研究了 IV—VI 族半导体 GeSe 和 GeTe 的化学输运反应。用 $GeI_4$ 作为输运载体。密封石英管的尺寸为 $\phi 13 \times 150$mm。在实验过程中，先升温 3h，再在生长温度下恒温 33h，然后降温到室温，降温过程历时 12h。表 2.11 列出了空间和地基实验数据。

表 2.11 质量输运速率的空间和地基实验结果

| 系统 | 质量输运速率 (mol/cm²·s) ×10⁻⁹ | | |
|---|---|---|---|
| | μg | 1g | 理论值(气压) |
| GeSe(*A*) | ~5 | 39 | ~0.4 atm |
| GeSe(*B*) | ~10 | 5.3 | ~3atm |
| GeTe(*C*) | ~3 | 2.5 | ~0.2atm |

表 2.11 中，*A*, *B* 和 *C* 是样品编号．实验结果表明：μg 下的质量输运速率依赖于材料和载体气压，其数值可以小于、大于或等于 1g 条件下的实验值．

### 2.7.4 微重力环境下的晶体生长形态[86—90,94—96]

正如 §2.1 所述，晶体生长形态取决于各晶面的相对生长速率．当流体的输运过程或者动力学因素改变时，不仅使生长速率发生变化，而且影响到生长形态．晶体形态虽然受到其内部结构的对称性、结构基元间键力和晶体缺陷等因素的制约，但在很大程度上受到生长环境相的影响．微重力环境的物理特征是流体静压梯度趋于零，重力驱动的自然对流消失，并消除了流体中的分层沉淀现象．这些微重力特征不仅会改变输运过程，而且也会改变晶体生长环境．空间晶体生长实验结果表明，对于某些晶体材料，空间和地面条件下所生长晶体的形态有很大差异．

(1) GeS 晶体的气相生长　GeS 晶体的空间气相生长已在天空实验室内完成．样品密封于石英安瓿中，热端温度 604℃，冷端温度 507℃，采用化学输运反应法．使用 $GeI_4$ 和 $GeCl_4$ 作为输运媒质．在地面上也作了对照实验．图 2.53 示出在空间和地面所生长晶体的形貌．由图不难看出，空间生长的 GeS 晶体，其形态与地面基本相同．地面晶体仅是连生晶体．空间晶体显露一个大菱面和柱面，这与气流方向有关．

(2) $\alpha$-$HgI_2$ 晶体的生长形态　基于 $\alpha$-$HgI_2$ 晶体在 γ 射线探测器上的应用，而且在地面不能得到尺寸较大的优质晶体，所以欧

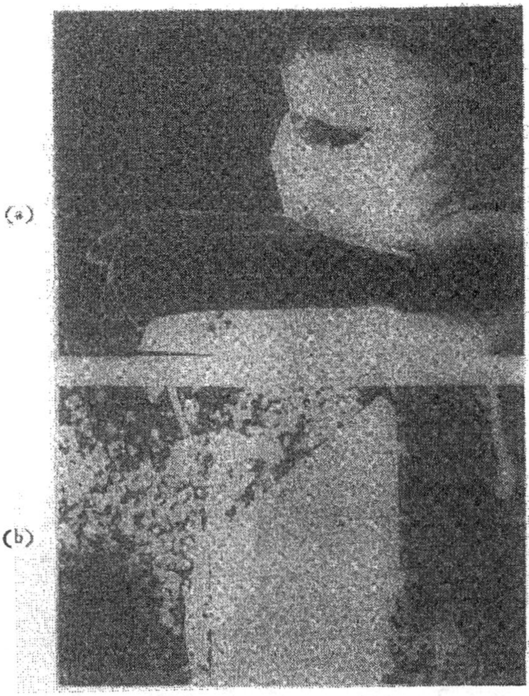

图 2.53 GeS 晶体的扫描电镜形貌照相，(a) 地面生长；(b) 空间生长[82].

空局和美国把它作为空间晶体生长的主要研究对象之一。表 2.12 和图 2.54 是在微重力和常重力条件下的实验结果，其实验条件见表 2.6。实验结果表明：(i) 在地面上，$\alpha$-$HgI_2$ 晶体存在两种典型的晶形：(a)柱面{100}显露，晶体是四方菱柱体；(b) 除 {100} 显露外，还有{110}面显露，晶体形态为由柱面和圆锥(或椭圆)面围成的聚合体。在一定条件下，后者可以过渡到前者。(ii) 空间环境下生长的晶体，其尺寸比地面的大，形态规则，没有显露准椭圆面或圆面。(iii) 晶体生长速度可达 $7.8 \times 10^{-6}$cm/s，这是至今测得的 $HgI_2$ 晶体的最高生长速率。

(3) $\alpha$-$LiIO_3$ 晶体的空间低温溶液生长　$\alpha$-$LiIO_3$ 晶体是激光倍频器件上使用的非线性光学晶体，在地面上的生长形态为六

表 2.12 α-$HgI_2$ 晶体空间-地面对照实验结果

| 晶体重 (g) | 生长时间 (d) | 平均生长速度 (cm/s) | 晶形 | 实验环境 |
|---|---|---|---|---|
| 250 | 30—45 | $8.7\times10^{-7}$ | 棱柱体 | 地面 |
| 250 | 60 | $6.5\times10^{-7}$ | 柱面、圆锥面、椭圆面围成的聚合体 | 地面 |
| 250 | 11 | $3.6\times10^{-6}$ | 棱柱体* | 地面 |
| 500 | 14 | $3.5\times10^{-6}$ | 柱面、圆锥面、椭圆面围成的聚合体 | 地面 |
| 250 | 180 | $2.2\times10^{-7}$ | 棱柱体 | 地面 |
| 7.2 | 102h | $7.8\times10^{-6}$ | 棱柱体 | 空间 |

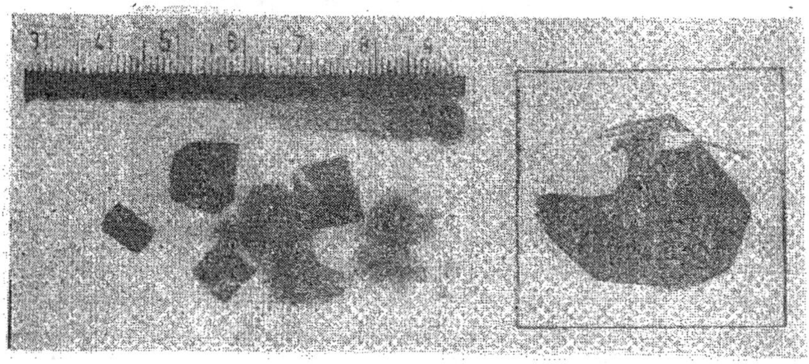

(a) (b)

图 2.54 α-$HgI_2$ 晶体的生长形态 (a) 地面生长; (b) 空间生长[90].

角锥体. α-$LiIO_3$ 晶体的显著特点是生长速率的各向异性. 即沿[0001],[000$\bar{1}$]和[10$\bar{1}$0]方向的生长速率依赖于溶液的 pH 值. 在地面上,当溶液的 pH 值为 4.0 时, 沿[0001]晶棱的速率约 3 倍于[000$\bar{1}$] 的速率. 1988 年和 1992 年我国已二次搭载尖兵甲 1 号返回式卫星, 开展了空间溶液法晶体生长实验, 在空间成功地生长出了晶体. 发现在强酸性母液中, 沿[0001]晶棱的生长速率与沿[000$\bar{1}$]方向上的速率大致相同, 失去了极性生长的习性. 图 2.55 示出在空间和地面所生长的晶体照片.

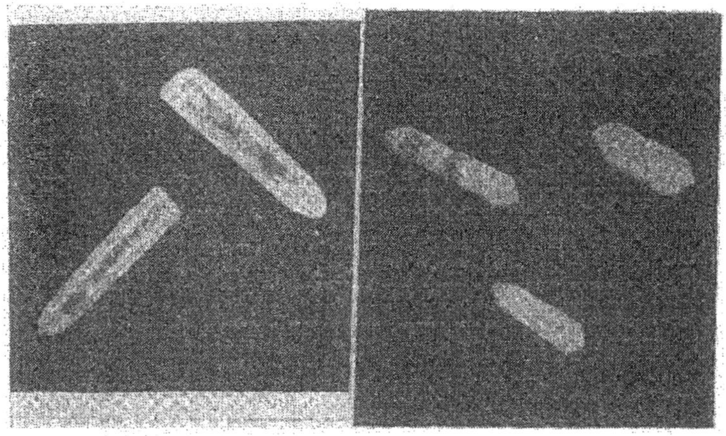

(a)　　　　　　　　　　(b)

图 2.55　$\alpha$-$LiIO_3$ 晶体的生长形态.（a）空间生长；（b）地面生长[95].

## 2.7.5　微重力对晶体组分、结构和完整性的影响

微重力提供了晶体生长的极端条件. 在空间，由于纯扩散过程的建立,消除了流体静压和分层沉淀,所以有可能生长出高完整性的晶体. 从理论上看,晶体的不完整性是分凝现象的直接结果. 它意味着晶体的组分不同于与它共存的熔体或溶液. 为了能生长出完整的单晶体,分凝系数应当均匀. 由式(2.29)可知,有效分凝系数 $k_{eff}$ 可表示为

$$k_{eff}=\frac{k_0}{k_0+(1-k_0)\exp(-R\cdot\delta/D)},$$

其中 $k_0$ 为界面的分凝系数，$R$ 为晶体的生长速率，$D$ 为扩散系数，$\delta$ 为边界层厚度. 在微重力条件下，$\delta\to\infty$，$k_{eff}\to 1$. 根据式(2.29)，可以由测量到的 $k_{eff}$ 值计算出 $k_0$. 图 2.56 示出了 GaSb:Te 晶体中 Te 的归一化浓度（$c_s/c_0$）分布. 其中(a)是 $\delta\to\infty$ 时的分布曲线；(b) 定向籽晶的坩埚下降法分布曲线；(c) 是 $\delta\to 0$ 时的曲线. 曲线(b)和(c)是测量值，曲线(a)是计算值. 比较三根分布曲线，不难看出，强对流状态下，Te 在 GaSb 晶体中的分布

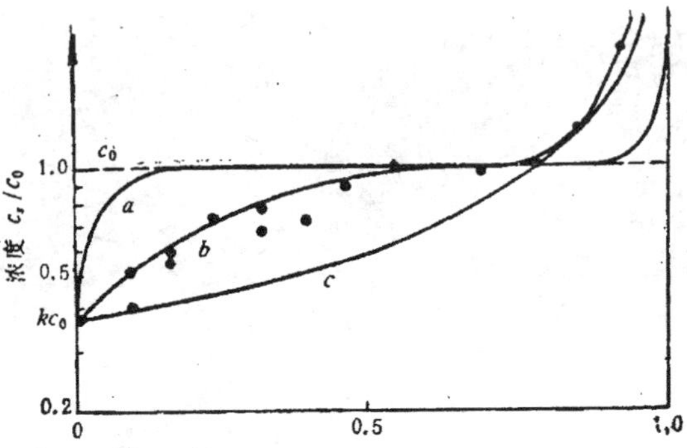


图 2.56　GaSb:Te 晶体中 Te 归一化浓度（$c_s/c_0$）的分布.
(a) 纯扩散条件的计算结果；(b) 坩埚下降法的测量结果；(c) 强对流[85].

最不均匀，而微重力条件下浓度分布最均匀．现有的空间实验资料也表明，微重力能改善晶体的宏观均匀性．图 2.57 示出 InSb:Te 晶体的纵向腐蚀截面照片．空间实验是在天空实验室-3 号内完成的．表 2.5 列出了生长条件．从这张照片中可清楚地看到：在地面生长的上半部晶体，组分不均匀，有明显的杂质条纹，而在微重力条件下生长的下半部分，没有杂质条纹，组分是均匀的．

再举一个例子，在天空实验室-4 号上生长 Ge 单晶体．用 5μm/s 的速率，以重结晶的办法再结晶了 35mm 长的 Ge:Ga 晶

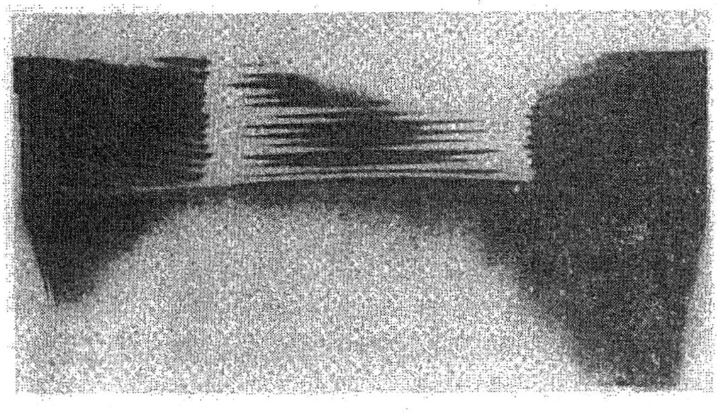

图 2.57　InSb:Te 晶体的纵向腐蚀截面．顶部：地面生长；底部：空间生长[83]．

体(掺质浓度 $8\times10^{16}/cm^3$)，发现 Ga 在轴向掺杂的不均匀减少 6 倍，径向减少 4 倍，而表面则减少 8 倍. 后来又在 ASTP 航天飞行任务中重作了 Ge 掺 Ga 的生长实验 (Ga 的浓度是 $1\times10^{19}/cm^3$)，图 2.58 示出了 Ga 在 Se:Ga 晶体中的浓度分布. 从曲线中可清晰地看出，在空间微重力条件下，生长过程受扩散控制，而在地面上，则存在强对流的影响.

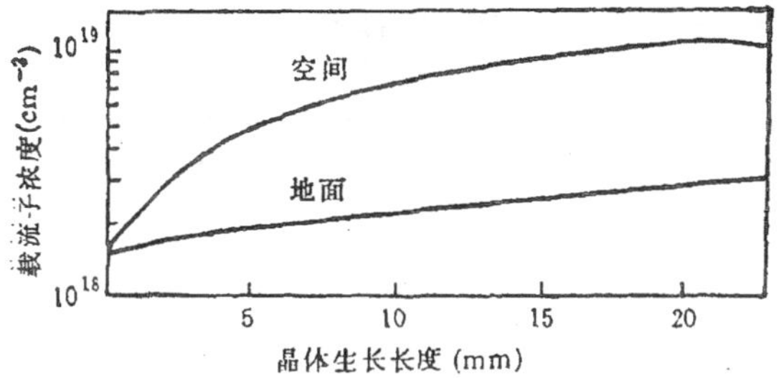


图 2.58　Ge:Ga 晶体在空间和地面生长条件下的杂质分布[85].

微重力环境对于蛋白质晶体的生长习性和物理性能的影响很大. 由于进行生物大分子结构的测定，需要大尺寸优质蛋白质晶体，而地面上目前不能生长用于中子衍射进行大分子物质结构测定的大晶体，所以美国、俄国和西欧各国的科学家们把希望寄托在空间. 近年来，开展了多次空间蛋白质晶体生长实验，实验结果使人们很受鼓舞. 表 2.13 列出了美国近 2—3 年来在三次航天飞机上所作的实验. 实验采用溶液生长法. 为了探索溶液体积对于晶体尺度的影响，每次航天飞机实验均设计了 20ml, 50ml, 100ml, 200ml 和 500ml 的结晶器. 表 2.14 列出了实验资料的统计结果. 结果表明: (1) 空间所生长的晶体在长度和宽度上都比地面大; (2) 空间和地面所生长晶体的线度比随结晶器体积增加而增加. 这意味着在空间可以生长出大尺寸的蛋白质晶体. 晶体的性能也用 X 光衍射进行了分析. 表 2.13 列出了已进行分析的晶体数目. 总共 53 块晶体，其中空间样品 27 块，地面样品 26 块. 图 2.59 示出这三次航天飞机实验分析结果. 该图说明空间样品的 X 光衍射强度比地面样品的要高，在某些分辨率范围内，空间样品的衍射强

表 2.13 美国在三次航天飞机上的蛋白质晶体生长实验

| 航天飞机班次 | 飞行时期 | 飞行天数(d) | 40→22℃降温时间 | 晶体生长时间(d) | $N_1^*$ | $N_2^{**}$ |
|---|---|---|---|---|---|---|
| 37 | 1991年4月 | 6 | 1d | 5 | 7 | 5 |
| 43 | 1991年8月 | 9 | <1h | 9 | 10 | 10 |
| 49 | 1992年5月 | 9 | 4d | 5 | 9 | 12 |

$N_1$：用于X光衍射分析的地面生长的晶体数；
$N_2$：用于X光衍射分析的空间生长的晶体数.

表 2.14 空间和地面所生长的蛋白质晶体尺寸比较

| 结晶器体积(ml) | 航天飞机班次 | 晶体长度比(空/地) | 晶体宽度比(空/地) |
|---|---|---|---|
| 500 | 37 | 10.26 | 3.96 |
| | 43 | 5.25 | 3.06 |
| | 49 | 5.26 | 2.58 |
| 200 | 37 | 8.66 | 3.66 |
| | 43 | 4.70 | 2.67 |
| | 49 | 2.80 | 1.83 |
| 100 | 37 | 2.42 | 1.84 |
| | 43 | 4.16 | 2.48 |
| | 39 | 1.25 | 1.38 |
| 50 | 37 | 2.42 | 2.24 |
| | 43 | 2.23 | 1.38 |
| 20 | 49 | 1.49 | 1.40 |

度比地面样品的高很多.

作为微重力环境影响晶体物性的另一个例子，我们看一下铅三斜钙磷石（$PbHPO_4$）晶体的介电特征. 如表2.8所列举的，1983年在空间实验室（SL-1）内已开展了$PbHPO_4$晶体的空间双扩散法生长. 实验的目的主要是研究空间条件下新的生长技术. 探索用溶质扩散法替代凝胶法的可能性. 实验获得了成功. 著名的欧洲尤里卡计划中的低温溶液晶体生长设备，就是基于这次实验结果. 在空间实验的同时，地面上又作了凝胶法晶体生长

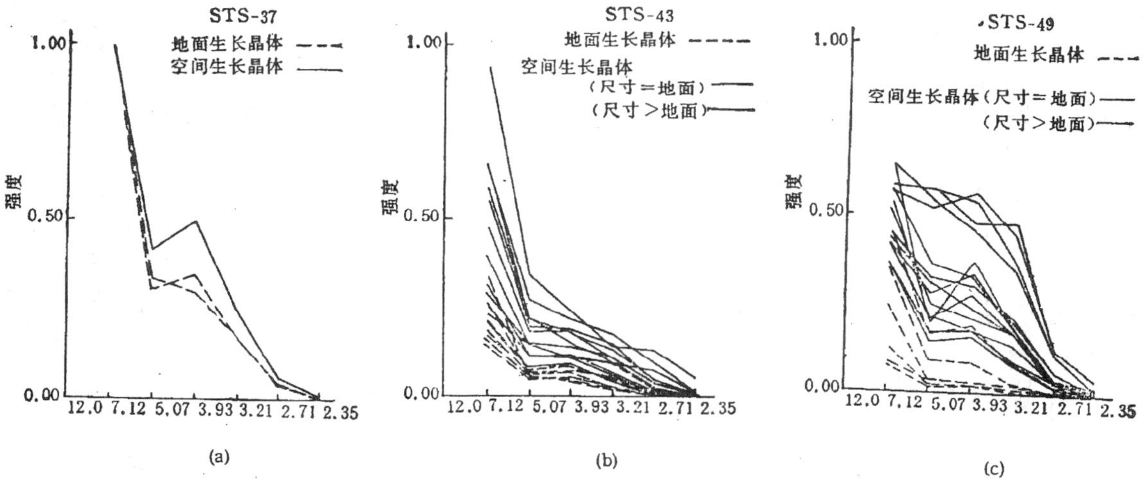


图 2.59 空间和地面生长的蛋白质晶体 X 光衍射强度对照 0 纵坐标表示衍射强度，横坐标是分辨率[97]。

实验．两种方法都生长出了晶体．常重力和微重力场下晶体具有相同生长形态．X射线形貌鉴定表明：凝胶法生长的晶体中有包裹体污染，位错束自包裹体开始呈辐射状向外传播．在空间生长的晶体内，成核部分没有观察到位错，但在重返地球期间，伴随生长带的形成，在生长带中产生许多位错．除X射线品质鉴定外，还测量了介电常量．结果表明在37℃附近存在顺电-铁电相变．在图2.60中比较了凝胶法生长和空间生长晶体沿铁电轴方向介电常量随温度的变化．对于每一条曲线，介电常量的极大值 $E_m$ 相应于相变温度 $T_c$．介电常量极大值的增加和相变温度减小表明，空间晶体生长的完整性比地面有明显的改善．

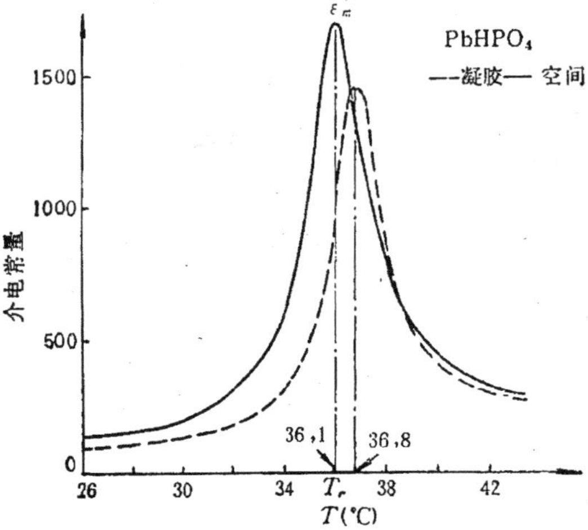


图2.60 $PbHPO_4$ 晶体沿 $a$ 轴方向介电常量随温度的变化．虚线：凝胶法生长；实线：空间生长[82]．

作为本节的小结，作者表明对我国空间晶体生长发展的看法．首先，空间晶体生长作为微重力科学的组成部分，是一门新兴学科．它的发展是与微重力科学结合在一起的．我国微重力科学已列入国家高科技发展计划．所以，可以预见到在本世纪的最后几年，我国的微重力晶体生长将会有一个蓬勃发展时期．其次，空间材料科学研究目前仍处于萌芽阶段．在太空中，空间材料科学实验的时间总共仅几千小时，这与地面上大量的实验相比，资料和数据是远远不够的。人们对于微重力环境中晶体生长规律的认识还很不足。所以本节所介绍的晶体生长微重力效应，还是初步的。随着人类对于微重力环境物理现象的探索，相信在学科发展中一定会有新的突破。

## 参 考 文 献


[1] Emanul Kaldis, Crystal Growth of Electronic Materials, North-Holland, Amsterdam, New York, Oxford, Tokyo (1985).

[2] ХОНцг м о н. Б., РОСТ u Ф ОРma Kpucta llоB, Moscow (1961).

[3] 张克从著，近代晶体学基础，科学出版社(1987).

[4] 经和贞、刘承钧，人造石英晶体技术，科学出版社(1992).

[5] 仲维卓著，人工水晶(第一版)，科学出版社(1983).

[6] P. Hartman, Crystal Growth, an Introduction, North-Holland, Amsterdam (1973).

[7] H. M. Finniston, Structural Characteristics of Materials, Wiley (1971).

[8] 闵乃本著，晶体生长的物理基础，上海科学技术出版社(1982).

[9] R. J. Bolt, P. Bennema, *J. Crystal Growth*, **102**, 329—340 (1990).

[10] P. Bennema, *J. Crystal Growth*, **128**, 97(1993).

[11] J. C. Brice, The Growthof Crystal from Liquids, Wiley (1973).

[12] A. N. Christensen, F. Leccabue, et al., Crystal Growth and Characterization of Advanced Materials, World Scientific, Singapore, New Jersey, London(1987).

[13] 陈建中、李宋贤等，人工晶体学报，**22**(1)，53(1993).

[14] 陈万春，物理，**9**(6)，525 (1980).

[15] H. Arend, J. Hulliger, Crystal Growth in Science and Technology, Plenum Press, New York, London (1987).

[16] 张克从，人工晶体，晶体生长理论特集，**2**，61—76(1981).

[17] J. R. Carruthers, Thermal Convection Instabilities Relevant to Crystal Growth from Liquids, Bell Laboratories Murraz Hill New Jersey, 7974 (1977).

[18] Brian R. Pamplin, Crystal Growth, Pergamon Press, Oxford, New York (1975).

[19] J. J. Gilman, (ed), The Art and Science of Growing Crystal, Wiley (1963).

[20] R. A. Laudise, The Growth of Single Crystal, Prentice-Hall (1970).

[21] R. H. Doremas, B. W. Roberts, et al., Growth and Perfection of Crystal, Wiley, New York (1958).

[22] D. J. Tritton, Physical fluid dynamics, Van Nostrand Reinhold Company (1977).

[23] R. L. Parker, *Solid State Physics*, **25**, 151 (1970).
[24] J. W. Rutter, B. Chelmers, *Can. J. Phys.*, **31** (1953).
[25] W. A. Tiller, K. A. Jackson, et al., *Acta Met.*, **1**, 428 (1953).
[26] B. г 列维奇著，戴干策等译，物理化学流体力学，上海科学技术出版社(1965).
[27] W. W. Mullins, R. F. Selerka, *J. Appl. Phys.*, **35**, 444 (1964).
[28] 闵乃本，人工晶体，晶体生长理论特集，2，77—104(1981).
[29] F. C. Frank, *Discussion Faraday Soc.*, **5**, 48 (1949).
[30] W. K. Burton, N. Cubrera, F. C. Frank, *Phil. Trans. Roy. Soc.*, **A 243**, 299 (1951).
[31] 大川章哉，结晶学会志，**16**，1(1974).
[32] N. B. Ming, H. Li., *J. Crystal Growth*, **115**, 199 (1991).
[33] 闵乃本，人工晶体学报，**21**(3)，1—12(1992).
[34] K. A. Jackon, *J. Crystal Growth*, **5**. 13—18 (1969).
[35] K. A. Jackon, Liquid Metals and Solidification, 174 (1958).
[36] D. E. Temkin. Crystallization Process, Consultants Bureau, 15(1966).
[37] 大川章哉，固体物理，**10**，65(1975).
[38] K. Binder, Monte-Carlo Methods in Statistical Physics, Springer-Verlag (1979).
[39] F. C. Frank, Crystal Growth, Butterworths (1959).
[40] R. Ueda, J. B. Mullin, Crystal Growth and Characterization, North-Holland, 361 (1975).
[41] J. W. Cahn, *Acta Met.*, **8**, 554 (1960).
[42] J. W. Cahn, W. B. Hilling, et al., *Acta Met.*, **12**, 1421 (1964).
[43] J. W. Cahn, R. E. Hanneman, *Surface Science*, **1**, 387 (1964).
[44] G. H. Gilmer, R. Gjez, N. Cabrera, *J. Crystal Growth*, **8**, 79(1971).
[45] A. A. Chernev, *Soviet Physics Uspekki*, **4**(1), 116 (1981).
[46] Б. K. 伐因斯坦等著，吴自勤译，现代晶体学，第二卷，中国科学技术大学出版社(1992).
[47] D. C. Bassett, Principle of polymer morphology, Cambridge University press (1981).
[48] P. J. Phillips, Y. H. Kao, *Polymer*, **27**, 1969 (1986).
[49] G. Unger, Keller, *Polymer*, **28**, 1899 (1988).
[50] H. J. Coles, Developments in Crystalline Polymers, 2, D. C. Bassett (ed) Appl. Science (1988).
[51] G. H. Nancollas, M. B. Tomson, *Science*, **200**, 1059 (1978).
[52] G. H. Nancollas, P. Koutsoukes, JACS, 1553 (1980).
[53] 陈万春，物理，**17**(10)，598(1988).
[54] 陈万春、刘道丹、吕佩德、马文漪，人工晶体学报，**20**，107(1991).
[55] W. C. Chen, G. H. Nancollas, *J. Dent Res*, **65**(5), 663 (1986).
[56] W. C. Chen, D. D. Liu, P. D. lu, *Chinese Science Bulletin*, **36**, 1962 (1991).
[57] W. C. Chen, et al., *Chinese phys. Lett.* **8**(9), 469 (1991).
[58] Chen Wan-chun, Ma Wen-yi, Shu Ji-zu, *Science in China* (*series A*), **36**(7), 842 (1993).

[59] R. J. schaefer, J. A. Blodgett, M. E. Glicksman, Growth of Crystal, Edited by A. A. Chernov, Consultants Bureau. New York and London, **II**, 207 (1975).
[60] M. Mantani, M. Sugigama, T. Ogawa, *J. Crystal Growth*, **114**, 71--76 (1991).
[61] K. W. Keller, *Growth of Crystal*, Edited by A. A. Chernov, Consultants bureau. New York and London, **II**, 195 (1975).
[62] W. J. P. Van Enckevort, P. Bennema, W. H. Van der Linden, Zeitschrift für Physikalische Chemie Neue Follge. Bd. 124, S. 171—191, by Akademische Verlagsgesellschaft, Wiesbaden (1981).
[63] A. L. Aseev, A. v. Latyshev, A. b. Krasilnikov, *Journal of Crystal Growth*, **115**, 393—397 (1991).
[64] O. Ueda, T. Kimura, H. Yamawaki, M. Ihara, *Journal of Crystal* Growth, **115**, 774 (1991).
[65] P. Boni, J. H. Bilgram, W. Kanzig, *Physical Review A*, **28** (5), 2953 (1983).
[66] U. Durig, J. H. Bilgram, W. Kanzig, *Physical Review A*, **30** (2), 946 (1984).
[67] G. Livescu, M. R. Srinivasan, Henry Chou, H. Z. Cummins, *Physical Review A*, **36** (5), 2293 (1987).
[68] O. N. Mesquits, L. O. Ladeira, I. Gontijo, A. G. Oliveira, G. A. Barbosa, *Physical Review B*, **38** (2), 1550 (1988).
[69] J. P. Monfort, A. Nzihou, *Journal of Crystal Growth*, **128**, 1182 (1993).
[70] R. E. Feenry, *Journal of Crystal Growth*, **113**, 417—429 (1991).
[71] Alexander J. Malkin, Alexander Mepherson, *Journal of Crystal Growth*, **128**, 1232 (1993).
[72] Kenneth A. Jackson, Growth of Crystals, **2**, Edited by A. A. Chernov, Consultants Bureau, New York and London, 115 (1975).
[73] George H. Gilmer, *Journal of Crystal Growth*, **42**, 3(1977).
[74] P. Bennema, J. P. Van Der Eerden, *Journal of Crystal Growth*, **42**, 201 (1977).
[75] Nai-Ben Ming, Hua Li, *Journal of Crystal Growth*, **115**, 199 (1991).
[76] P. Bennema, *Journal of Crystal Growth*, **122**, 110—119 (1992).
[77] Vincent K. W. Cheng, *Journal of Crystal Growth*, **134**, 369—376 (1993).
[78] J. W. Zhang, G. H. Nancollas, *Journal of Crystal Growth*, **106**, 181 (1990).
[79] H. Hamacher, B. Fitton, J. Kingdon, Fluid Sciences and Materials Science in Space, Edited by H.-U. Walter, Springer-Verlag, 2(1987).
[80] 陈万春,现代物理,**6**,11(1989).
[81] Committee on Microgravity Research of Space Studies Board, Committee on Physical Sciences, Mathematics and Applications of National Research Council, National Academy Press,D. C, Washington (1992).

[82] A. Authier, K. W. Benz, M. C. Robert, F. Wallrafen, Chapter XII. Fluid Sciences and Materials Science in Space, Edited by H. U. Walter, Springer-Verlag, 405 (1987).
[83] R. L. Parker, 1976 Crystal Growth and Materials, Edited by Kaldis and H. J. Scheel, North-Holland Publishing Company, Chapter III, 6 (1977).
[84] K. W. Benz, Research Program of the German Spacelab Mission D-2, Edited by WPF, Germany, 439 (1993).
[85] D. T. J. Hurle, G. Muller, R. Nitsche, Chapter X. Crystal Growth from the Melt, Fluid Sciences and Materials Science in Space, Edited by H. U. Walter, Springer-Verlag, 313 (1987).
[86] E. Kaldis, R. Cadoret, E. Schonherr, Chapter XI. Crystal Growth from the Vapour Phase, Fluid Sciences and Materials Science in Space, Edited by H. U. Walter, Springer-Verlag, 355 (1987).
[87] R. Cadoret, NASA Technical Memorandum 4353, First International Microgravity Laboratory Eexperiment Desoription, First Edition, 215 (1992).
[88] N. B. Singh, et al., *Adv. Space Res.*, **13**(7), 239(1993).
[89] L. L. Regel, Materials Processing in Space, Theory, Experiments and Technology, Edited by R. Z. Sagdaev, Translated from Russian by J. E. S. Bradley, Consultants Bureau, New York and London, **1**, 33 (1990).
[90] E. Bechner, Highlight of Science Results from the First International Microgravity Laboratory (IML-1) Mission, Microgravity News, **1**, 10 (1993).
[91] R. B. Lal, NASA Technical Memorandum 4353, First International Microgravity Laboratory Experiment Description, First Edition, (193) (1992).
[92] O. Minster, Microgravity, Space and Technology Experiments on Board EURECA, μ Microgravity News from Esa, **6** (1), 17 (1993).
[93] D. Frimout, O. Monster, *Adv. Space Res.*, **8**(12), 113(1988).
[94] W. C. Chen, Z. H. Mai, W. Y. Ma, S. Q. Jia, L. Xu, *Journal of Crystal Growth*, **99**, 1273 (1990).
[95] W. C. Chen, W. Y. Ma, Z. H. Mai, A. Y. Xie, *Microgravity* Q., **3**, (2—4), 125 (1993).
[96] H. U. Walter, *Adv. Space Res.*, 8 (12), 35 (1988).
[97] M. M. Long, L. L. Delucas, et al., *International Journal for Microgravity Research and Applications*, **7**, 29 (1994).

# 第三章　溶液法生长晶体

高樟寿　蒋民华　王希敏

从溶液中生长晶体的历史最久，应用也很广泛．这种方法的基本原理是将原料（溶质）溶解在溶剂中，采取适当的措施造成溶液的过饱和状态，使晶体在其中生长．溶液法具有以下优点：

（1）晶体可在远低于其熔点的温度下生长．有许多晶体不到熔点就分解或发生不希望有的晶型转变，有的在熔化时有很高的蒸汽压，溶液使这些晶体可以在较低的温度下生长，从而避免了上述问题．此外，在低温下使晶体生长的热源和生长容器也较易选择．

（2）降低粘度．有些晶体在熔化状态时粘度很大，冷却时不能形成晶体而成为玻璃体，溶液法采用低粘度的溶剂则可避免这一问题．

（3）容易长成大块的、均匀性良好的晶体，并且有较完整的外形．

（4）在多数情况下，可直接观察晶体生长过程，便于对晶体生长动力学的研究．

溶液法的缺点是组分多，影响晶体生长因素比较复杂，生长速度慢，周期长（一般需要数十天乃至一年以上）．另外，溶液法生长晶体对控温精度要求较高．在一定的温度（$T$）下，温度波动（$\Delta T$）对晶体生长的影响取决于 $\Delta T/T$，若维持 $\Delta T/T$ 数值不变，则在低温下 $\Delta T$ 应当小．经验表明，为培养高质量的晶体，温度波动一般不宜超过百分之几，甚至是千分之几度．

溶液生长的范畴包括水溶液、有机溶剂和其他无机溶剂的溶液、熔盐（高温溶液）以及水热条件下的溶液等．本章只着重讨论从水溶液中生长晶体的问题.

## §3.1 溶液和溶解度[1—5]

### 3.1.1 溶液的概念

由两种或两种以上物质所组成的均匀混合体系称为溶液. 广义的溶液包括气体溶液、液体溶液和固体溶液,溶液由溶质和溶剂组成. 溶质和溶剂没有严格的定义, 但通常把溶液中含量较多的那个组分称为溶剂. 本章中所涉及的溶液是指溶剂为液体、溶质为固体的溶液.

许多物质在常温下是固体, 但温度升到熔点以上时就熔化为液体. 这种常温下是固态的纯物质的液相称为熔体. 但在一般的应用中, 通常把两种或两种以上在冷却时凝固的均匀液态混合物也称为熔体. 例如液态的$\alpha$萘酚 (熔点 96℃) 是熔体. $\alpha$萘酚和$\beta$萘酚(熔点 122℃) 的均匀液态混合物也称为熔体,但$\alpha$萘酚、$\beta$萘酚和乙醇的液体混合物却不能称为熔体,而应称为溶液了.

溶液和熔体, 溶解和熔化, 溶质和溶剂有时是很难严格区分的. 例如 $KNO_3$ 在少量水的存在下,在远低于其熔点的温度下可化为液体,这样形成的液体就很难判断是溶液还是熔体,因为如果把它看成 $KNO_3$ 溶于水的溶液时,则溶剂又太少, 如若称为水在 $KNO_3$ 中的溶液时也不符合习惯的叫法. 在这种情况下, 通常把该体系看作熔体,即 $KNO_3$ "熔化"在少量的水中.

如果从相图的观点来看问题, 把溶液置于更广阔的范围内来讨论时,这些矛盾就可以统一起来了. 例如在 $LiNO_3$-$KNO_3$ 体系的相图中 (图 3.1), 低共熔点左右的两条液相线的范围是差不多的,都表示纯物质熔点因另一组分的加入而逐渐降低. 该相图也可看成是溶解度图. 此时, 右边的曲线表示 $LiNO_3$ 在 $KNO_3$ 中的溶解度 ($KNO_3$ 溶液);左边曲线则表示 $KNO_3$ 在 $LiNO_3$ 中的溶解度($LiNO_3$ 溶液). 当状态点十分接近于 $KNO_3$ 熔点时(如成分为 99.9%的 $KNO_3$ 和 0.1% 的 $LiNO_3$ 的样品在接近 $KNO_3$ 熔点

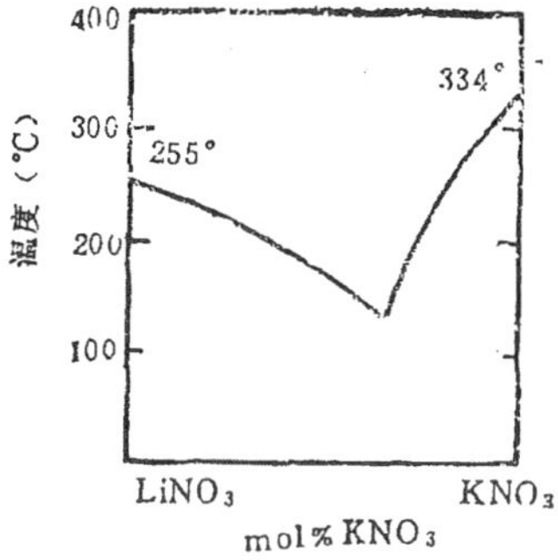

图 3.1 $LiNO_3$-$KNO_3$ 体系.

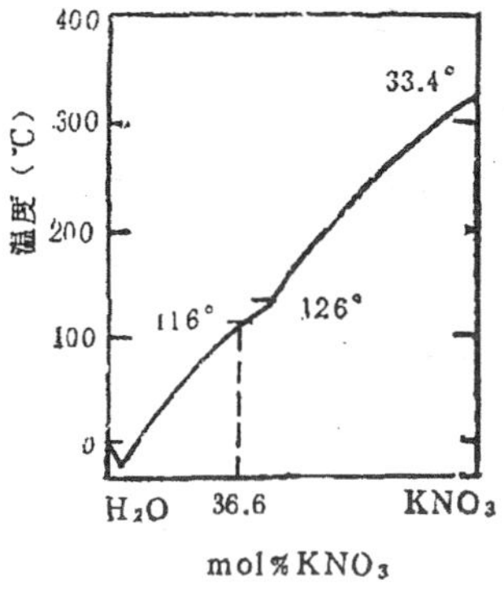

图 3.2 $H_2O$-$KNO_3$ 体系
（116℃是 $KNO_3$ 饱和溶液的沸点，126℃是 $KNO_3$ 的晶相转变温度）.

的温度下)，$LiNO_3$ 是液体，$KNO_3$ 也在低于其熔点的温度下熔化。这种状态，一般认为是 $KNO_3$ 在少量 $LiNO_3$ 存在下熔化了，但也可以看成是 999 份 $KNO_3$ 溶解在 1 份 $LiNO_3$ 中。$H_2O$-$KNO_3$ 体系的相图(图 3.2)和 $LiNbO_3$-$KNO_3$ 体系是类似的。不同的是，其中一个组分，即 $H_2O$ 的熔点很低，左右两曲线的范围相差很大，但本质上没有什么差别。右边的曲线表示 $KNO_3$ 熔点因 $H_2O$ 的存在而下降的曲线，左边的曲线表示 $KNO_3$ 使 $H_2O$ 的冰点下降的曲线。由于 $H_2O$ 在常温下是液体，通常把右边曲线的下半部(图 3.2 中虚线左边，温度较低，含水量较多部分)看成 $KNO_3$ 在水中的溶解度曲线，而不是看成水使 $KNO_3$ 熔点降低的液相线。但在曲线的上部，我们虽然也可以把温度接近于 $KNO_3$ 熔点，含水量很少的液相(如含 99.9% $KNO_3$，0.1% $H_2O$)看成是 999 份 $KNO_3$ 溶解在一份水中的溶液，但习惯上还是把这种情况看成 $KNO_3$ 在少量水的存在下熔化了。

由此可见，熔体和溶液是连续的，所以熔化和溶解在本质上是一样的。可以把熔化看成是被溶解所液化的特殊情况。当水是溶液的一个组分时，一般总是看成溶质(盐类)溶在一定温度的水中，而不是从水的存在使盐的熔点降低这个角度来看问题。习惯上把水多时称为溶解，而水很少时看成熔化。

### 3.1.2 溶解度和溶解度曲线

溶解度是考察溶液中生长晶体的最基本的参数。溶解度可用在一定条件(温度、压力)下饱和溶液的浓度来表示。溶质在溶液中的浓度(溶液成分)有以下几种表示方式:

(1) 体积摩尔浓度 (mol): 一升溶液中所含溶质的摩尔数。

(2) 重量摩尔浓度 (mol): 1000g 溶剂中所含溶质的摩尔数。

(3) 摩尔分数($x$): 溶质摩尔数对溶液总摩尔数之比。

(4) 重量百分数: 100g (或是 1000g) 溶液中所含溶质的克数。

(5) 重量比: 100g (或是 1000g) 溶剂中所含溶质的克数。

不同的浓度表示方式适用于不同的场合。在实验室中使用(1) 表示方式是很方便的，但由于和溶液体积有关，易受温度影响(某一给定的摩尔随温度升高而减小)，因此在溶解度数据中，经常使用其他浓度表示法，最常用的是重量比和摩尔分数，后者特别适于多组分混合物的成分。

在数种物质组成的溶液中，某一组分的摩尔分数可表示为

$$x_1 = \frac{m_1/M_1}{m_1/M_1 + m_2/M_2 + m_3/M_3 + \cdots}, \qquad (3.1)$$

$m$ 是组分的重量，$M$ 是其分子量。任何混合物中所有成分的摩尔分数总和等于 1。

各种浓度表示法可以互相换算，对于摩尔与其他浓度表示法换算时还需知道溶液的密度。在水溶液中，当溶质含有水合物和无水合物两种形式时，其重量百分数和重量比的换算公式如下:

$$c_1 = \frac{100c_2}{100 - c_2} = \frac{100c_3}{100R - c_3} = \frac{100c_4}{100R + c_4(R-1)}, \qquad (3.2)$$

其中 $c_1$ 为 100g 水中所含无水物的克数，$c_2$ 为 100g 溶液中所含无

水物的克数，$c_3$ 为 100g 溶液中所含水合物的克数，$c_4$ 为 100g 水中所含水合物的克数；$R$ = 水合物分子量/无水合物分子量.

在我们所讨论的溶液体系中，压力对溶解度影响是很小的，但温度的影响却十分显著. 这种温度-浓度关系可用溶解度曲线表示. 图 3.3 示出一些常用水溶性晶体的溶解度曲线. 从图 3.3 中可以看出，不同物质在水中的溶解度是有明显差别的. 有的晶体

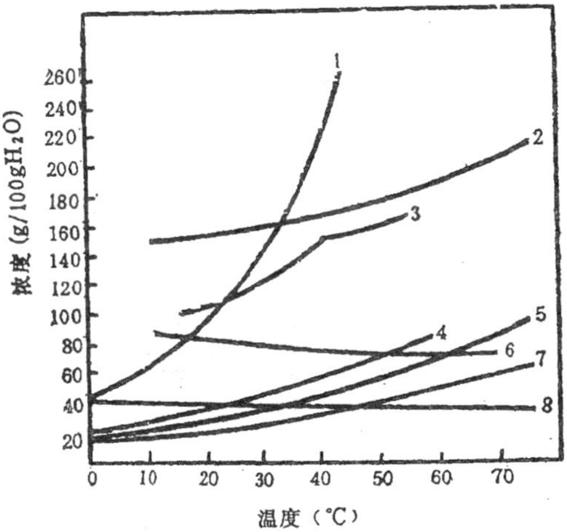


图 3.3 一些水溶性晶体的溶解度曲线.

1.酒石酸钾钠 (KNT)； 2.酒石酸钾 (DKT)； 3.酒石酸乙二胺 (EDT)； 4.磷酸二氢铵 (ADP)； 5.硫酸甘氨酸 (TGS)； 6.碘酸锂 (LI)； 7.磷酸二氢钾 (KDP)； 8.硫酸锂 (LSH).

溶解度很大，如 DKT，但有的则较小，如 LSH，而大多数晶体的溶解度均随温度升高而增大(溶解度温度系数为正值). 有的晶体溶解度温度系数很大(如 KNT)，但也有少数晶体（如 LSH，LI 等)，溶解度的温度系数很小，而且是负值. 有的晶体溶解度曲线出现拐点(如 EDT)，这种物质有两种不同溶解度的晶相，即 EDT 无水物和水合物. 图 3.3 中所示的溶解度曲线实际上是由 EDT 和 EDT · $H_2O$ 两条溶解度曲线组成的，这两条曲线在拐点 (40.6℃) 相交. 该点的温度称为相平衡转变温度.

溶解度曲线是选择从溶液中生长晶体的方法和生长温度区间的重要依据。如对于溶解度及其温度系数都很大的物质，采用降温法比较理想，而对于溶解度较大，而温度系数却较小的物质则宜采用蒸发法，对于具有不同晶相的物质则需选择对所需要的那种晶相是稳定的合适的生长温度区间。

温度对溶解度的影响可用以下方程式表示：

$$\frac{d\ln x}{dT}=\frac{-\Delta H}{RT^2}, \tag{3.3}$$

式中 $x$ 为溶质的摩尔分数，$\Delta H$ 为固体摩尔溶解热，$T$ 为绝对温度，$R$ 为气体常量。在理想情况下，式 (3.3) 可化为

$$\log x=\frac{-\Delta H}{2.303R}\left(\frac{1}{T}-\frac{1}{T_0}\right)=\frac{-\Delta H(T_0-T)}{4.579T_0T}, \tag{3.4}$$

$T_0$ 为晶体的熔点。从式(3.4)中可以看出：

(1) 大多数晶体的溶解过程是吸热过程，$\Delta H$ 为正，温度升高，溶解度增大。如若是放热过程，则相反。

(2) 在一定温度下，高熔点晶体的溶解度小于低熔点的溶解度。

式 (3.4) 也可写成

$$\log x=-\frac{a}{T}+b, \tag{3.5}$$

式中 $a$ 和 $b$ 都是常数。

温度对溶解度的影响也可表示为

$$c=A+Bt+Ct^2+\cdots, \tag{3.6}$$

式中 $c$ 为一定量溶剂中溶质的重量，$A$，$B$，$C$ 是和溶液体系（溶质-溶剂）有关的常数。式(3.5)和式 (3.6) 是表示温度对溶解度影响的最常用的表达式。

根据式 (3.5) 作图得出的溶解度曲线如图 3.4(b) 所示。图中的横坐标为溶质摩尔分数的对数坐标。右边纵坐标是 $10^3/T$（因为 $1/T$ 在 273—373K 范围内数值很小）的线性坐标。另外，也可以用专门的对数-倒数坐标图纸，将温度(℃)直接在图上标出。图

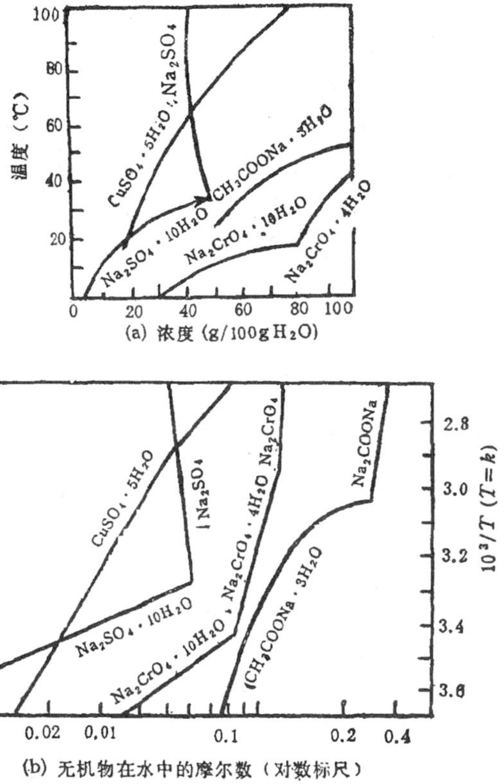


图 3.4　一些盐类的溶解度曲线.

(a) 为通常温度-浓度作图法；(b) 为据式(3.5)对数坐标作图法.

3.4(b)中左边示出的纵坐标就是倒数标尺上直接标出的温度。将图 3.4(a)，(b)加以比较就可发现这种作图法有如下的一些优越性：

(1) 线性好。在图 3.4(a)中，在 0—100℃ 范围内，$CuSO_4$ 是平滑曲线，$Na_2SO_4$ 和 $Na_2CrO_4$ 则分别是两条曲线在拐点（转变点）相交，而在图 3.4(b)中，上述三种盐的溶解度曲线都是直线。但对一些溶解度很大的物质，或在很窄的温度区间内存在着数种水合物的物质，其溶解度仍是曲线．醋酸钠在 40—50℃ 范围内直线发生弯曲，可能属于后一种情况．

(2) 记录范围宽．对一些溶解度很大的盐类（如铬酸钠和醋酸钠的溶解度曲线）来说，都能像溶解度较小的盐类一样，在 0—100℃ 范围内画出，这是通常的作图法无法做到的．

(3) 较清楚地显示出转变点．例如通过两直线交点找 $Na_2SO_4$ 的转变点 (32.4℃) 要比图 3.4(a) 中所示延长两条曲线找转变点来得容易和准确．在图 3.4(b) 中，$CuSO_4$ 的两条直线大约在 67℃ 相交，表明硫酸铜在该处有不同的晶相转变，而在图 3.4(a) 中却找不出这一转变点．

基于上述优点，利用 $\log x$-$1/T$ 图可以用内插法和外推法求出溶解度的数值，并估计出转变温度（如果存在相平衡转变）．因此，式 (3.5) 在实践中很有用．

### 3.1.3 饱和与过饱和

与溶质固相处于平衡状态的溶液称该物质的饱和溶液．溶解度曲线实际上给出不同温度下的饱和溶液的浓度，所以溶解度曲线也称为饱和曲线．在一定条件下，对给定的物质，这条曲线是确定的，可以通过准确测定物质在不同温度下的溶解度绘制出来．

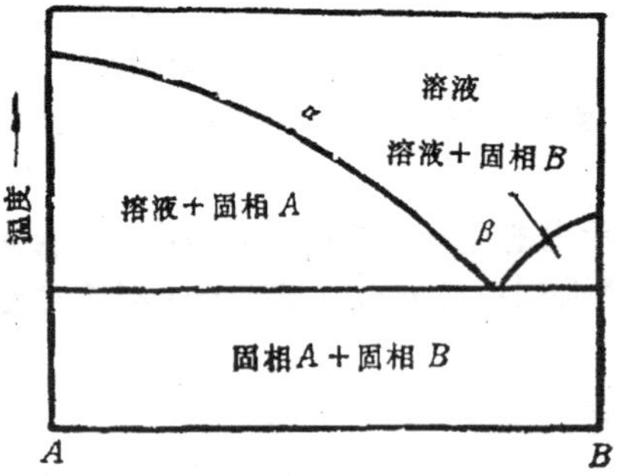


图 3.5　二元体系相图，αβ 为从溶液中生长晶体的区域．

如果 A 为溶质，B 为溶剂，A 与 B 之间也不形成任何化合物，

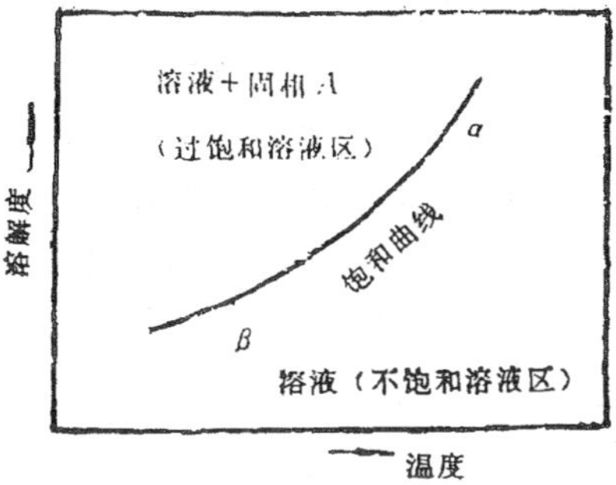


图 3.6　饱和曲线(溶解度曲线).

则图 3.6 中的溶解度曲线就是图 3.5 中液相线的一部分 $\alpha\beta$. 图 3.6 中曲线 $\alpha\beta$ 的下部是不饱和溶液区，$\alpha\beta$ 的上方是固相和溶液共存区. 当溶液状态进入该区时，应当结晶出固相 $A$，此时的溶液浓度应为在该温度下和固相 $A$ 相平衡的饱和溶液的浓度. 但实际上，这样的溶液常常不析出晶体. 这种所含溶质量比在同一条件下饱和溶液中所含溶质量要多的溶液称为过饱和溶液. 凡是状态点处在饱和曲线以上区域内的溶液都是过饱和溶液，所以这个区域也称为过饱和溶液区.

溶液都具有程度不同的过饱和现象. 过饱和状态是从溶液中生长晶体的前提条件，因此从上一世纪以来就对过饱和溶液进行了较深入的研究.

过饱和状态在热力学上是不稳定的，整个过饱和区的不稳定程度也是不一样的. 溶液状态靠近饱和曲线就较为稳定，离饱和曲线越远就越不稳定. 1897 年 Ostwald 首先引入"不稳过饱和"和"亚稳过饱和"的概念. 他把在无晶核存在的情况下能自发析出固相的过饱和溶液称为"不稳过饱和"溶液，而把不能自发结晶的过饱和溶液称为"亚稳过饱和"溶液.

随后，Miers 对自发结晶和过饱和度之间的关系进行了广泛的研究. 他测量了许多盐类的浓溶液在冷却过程中折射率的变化，试图找出过饱和溶液中不稳区和亚稳区的界限. 他的实验结果可用图 3.7 来表示，图中除了溶解度曲线外，在其上方还有一条溶液开始自发结晶的界限，称为过溶解度曲线．这条曲线将过饱和溶液分为亚稳区和不稳区．过溶解度曲线不像溶解度曲线那样确定，极易受一些外界因素(如溶液搅拌程度)影响．关于这一观点引起了很大争论，有的人认为不可能存在这样一条使溶液性质突然起变化的曲线，有的人则倾向于把过溶解度曲线看成是位于过饱和区的一个区域或窄带．

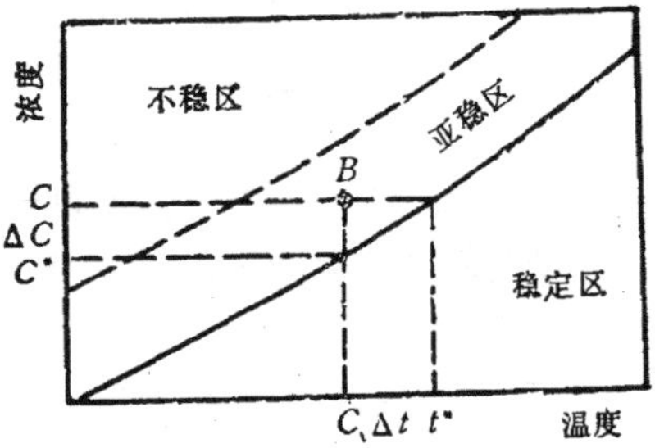


图 3.7 溶液状态图.

但是不论过溶度曲线是否真实存在，但在过饱和区，靠近溶解度曲线确实存在亚稳区，这个事实是毋庸置疑的．整个温度-浓度图还是可分成稳定区、亚稳区和不稳区三个区域，其中稳定区是确定的，而亚稳区和不稳区在一定程度上是可变的，很难严格区分．这些区域的特征如下:

稳定区: 即不饱和区，不可能发生结晶作用．

亚稳(过饱和)区: 处于这个区域的溶液不会自发地发生结晶作用．如将籽晶放入处于亚稳区的溶液中，晶体就会在籽晶上生长．

不稳(过饱和)区: 处于这个区域的溶液会自发地发生结晶作用．

三个区域以亚稳区最为重要，因为从溶液中生长晶体都是在这个区域内进行的．从培养单晶的角度出发，我们总希望析出的溶质都在籽晶上逐渐生长而不希望溶液中出现自发晶体(即杂晶)，为此要求在整个生长过程中使溶液状态始终保持在亚稳区内。亚稳区虽无法精确测量，但其大小、趋向还是可以用过饱和度(或过冷度)来估计的。亚稳区的大小既同结晶物质的本性有关，也极易受外界条件的影响，如搅拌、振动、温度、杂质等。不同物质溶液的亚稳区差别相当大(见表 3.2)。

过饱和度有以下几种表示方式：

浓度驱动力 $\Delta c$，$\Delta c = c - c^*$； (3.7)

过饱和比 $s$，$s = \dfrac{c}{c^*}$； (3.8)

过饱和度或相对过饱和度 $\sigma$，$\sigma = \dfrac{\Delta c}{c^*} = s - 1$， (3.9)

其中 $c$ 是溶液的实际浓度，$c^*$ 是溶液在同一温度下的平衡饱和浓度(图 3.7)。在以上三种表示方式中，只有 $\Delta c$ 是有量纲的(用摩尔分数表示是例外)，其数值随浓度表示方式的不同而差别很大，但对 $s$ 和 $\sigma$ 的影响却不很明显(表 3.1)。表示过饱和度时，必须注明溶液温度，因为溶液的平衡饱和浓度是随温度的变化而变化。

**表 3.1 硫酸钾(分子量 174)水溶液的不同浓度表示方式的过饱和度比较**

20℃时，$c^* = 109$g $K_2SO_4$/1000g 水(密度 1.08g/cm$^3$)，
$c = 116$g/1000g 水(密度：1.09g/cm$^3$)

| 浓度表示方式 | $c$ | $c^*$ | $\Delta c$ | $s$ | $\sigma$ |
|---|---|---|---|---|---|
| g/1000g 水 | 116 | 109 | 7.0 | 1.06 | 0.06 |
| g/1000g 溶液 | 104 | 98.3 | 5.7 | 1.06 | 0.06 |
| g/升溶液 | 113.3 | 106.1 | 7.2 | 1.07 | 0.07 |
| 摩尔分数 | 0.0119 | 0.0112 | 0.0007 | 1.06 | 0.06 |

过饱和度也可用温度来表示。若将某一物质在 $t^*$℃ 时，将其饱和溶液冷却至 $t$℃，溶液进入过饱和状态，如果没有结晶析出，则该溶液的过饱和度为 $\Delta t = (t^* - t)$ (见图 3.7)，这实际上就是溶液的过冷度(在单组分体系中，只用过冷度而不使用过饱和度这个名词)。一些盐类水溶液的最大可容许过冷度列于表 3.2 中。这些数据是将 25℃ 的饱和溶液在有晶体存在和适当搅拌的

表 3.2 一些盐类水溶液的最大可允许过冷度

| 物质 | $\Delta t$(℃) | 物质 | $\Delta t$(℃) |
|---|---|---|---|
| $(NH_4)_2SO_4Al_2(SO_4)_3 \cdot 24H_2O$ | 3.0 | $NaCl$ | 4.0 |
| $NH_4Cl$ | 0.7 | $Na_2B_4O_7 \cdot 10H_2O$ | 3.0 |
| $NH_4NO_3$ | 0.6 | $NaNO_2$ | 0.9 |
| $(NH_4)_2SO_4$ | 1.8 | $Na_2SO_4 \cdot 10H_2O$ | 0.3 |
| $NH_4H_2PO_4$ | 2.5 | $KBr$ | 1.1 |
| $CuSO_4 \cdot 5H_2O$ | 1.4 | $KCl$ | 1.1 |
| $FeSO_4 \cdot 7H_2O$ | 0.5 | $KI$ | 0.6 |
| $Na_2HPO_4 \cdot 12H_2O$ | 0.4 | $KH_2PO_4$ | 9.0 |
| $NaNO_3$ | 0.9 | $KNO_3$ | 0.4 |
| $MgSO_4 \cdot 7H_2O$ | 1.0 | $KNO_2$ | 0.8 |
| $NiSO_4 \cdot 7H_2O$ | 4.0 | $K_2SO_4$ | 6.0 |
| $NaBr \cdot 2H_2O$ | 0.9 | $NaI$ | 1.0 |
| $Na_2CO_3 \cdot 10H_2O$ | 0.6 | $Na_2S_2O_3 \cdot 5H_2O$ | 1.0 |
| $Na_2CrO_4 \cdot 10H_2O$ | 1.6 | $K_2SO_4 \cdot Al_2(SO_4)_3 \cdot 24H_2O$ | 4.0 |

情况下，通过缓慢降温测得的。虽然在实验室条件下测得的过冷度和生产实践中的情况有较大差别，但也可以作为对在该实验条件下比较不同物质溶液亚稳区大小的量度。过冷度和过饱和度的关系为

$$\Delta c = \left(\frac{dc^*}{dt}\right)\Delta t. \tag{3.10}$$

### 3.1.4 溶液饱和温度、溶解度和过饱和度的测定

溶液到达饱和状态时的温度，即溶质固体和溶液达成平衡的温度称为溶液的饱和温度。准确地测定溶液的饱和温度是搞好下种操作的前提，也是测定溶解度和过饱和度的基础。所以饱和温度的测定是从溶液中培养晶体的一项基本功。常用的测定饱和温度的方法有以下几种：

(1) 平衡法　在接近饱和的溶液中，放入一些溶质固体，在一定温度下不断搅拌，直到溶液中尚余少量固体不再溶解为止，此时溶液的温度即可看成是溶液的饱和温度。这个方法虽然简便，但

要达到真正平衡所需的时间较长(约数小时至数天，视溶液的粘度和搅拌强度而定)，而且精确度也较低，约 0.5—1℃。

(2) *浓度涡流法* 用尼龙线将一小块晶体悬在其接近饱和温度的溶液中，仔细观察晶体及其附近的液流情况。如果溶液是不饱和的，则晶体稜角变得圆滑。靠近晶体表面的溶液，由于晶体的溶解，其浓度比周围溶液浓度大，因而变得较重而向下运动，形成一股向下的液流，并把这股液流称为溶解涡流。如果溶液是过饱和的，则晶体呈现生长现象，晶面变光滑，稜角“发毛”变白。晶体附近的溶液由于溶质在晶体上析出，密度变小，因而形成一股向上运动的液流，称为生长涡流(图 3.8)。涡流是溶液中浓差造成的对流运动。距饱和温度越远，涡流越明显；离饱和温度愈近，涡流就愈微弱；在饱和温度下，涡流完全消失。因此，可以通过观察涡流的变化来确定饱和温度。在测定时，可从不饱和状态开始，逐渐降低温度，观察晶体附近的浓差涡流从溶解涡流减弱到生长涡流出现的过程，找出涡流消失时的温度，即为溶液的饱和温度。为了提高准确度，可反复数次通过饱和点进行测定。这个方法的精确度约为 0.1—0.5℃(与观察者熟练程度有关)。使用该法时，要防止溶液分层，测定前溶液应充分搅拌，测定时只让溶液发生自然对流。

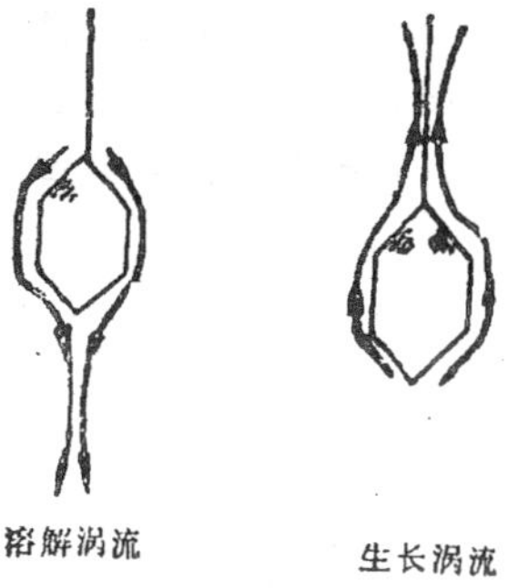

图 3.8 浓度涡流.

(3) *光学效应法*[6,7,10] 溶液接近饱和温度时，涡流十分微弱，凭肉眼要把温度测定得很精确是困难的，光学效应法可以克服这一缺点。

当晶体处于与它不相平衡的母液中时，紧贴晶体附近有一薄层溶液，晶体溶解和生长时，溶质的扩散输出和输入都通过这一薄层进行，该薄层溶液称为扩散层或结晶区。扩散层存在浓度梯度，当溶液接近饱和温度时，扩散层的浓度梯度趋于消失。溶液到达饱和温度时，扩散层消失。扩散层是浓度不均匀的区域，因此在光学上也是不均匀的，光线通过这一区域时会因折射率梯度方向不同而发生不同的偏折，光学效应法的原理就基于此。常用的光学效应法有以下两种类型。

(i) 纹影法。其装置如图 3.9 所示。这种装置适用于观察透

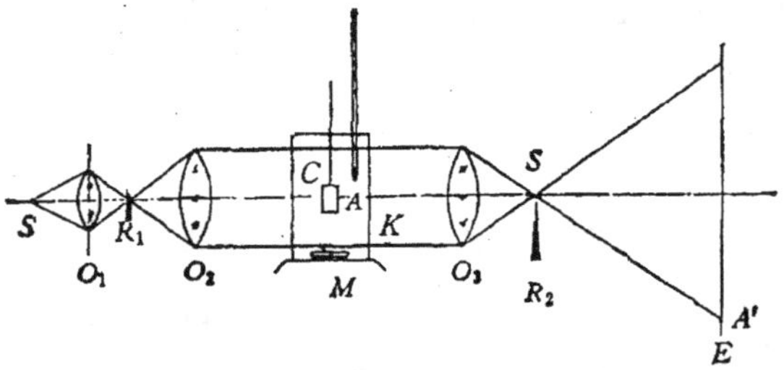


图 3.9 测量溶液中不均匀区域的装置．图中：$S$ 为光源；$O_1, O_2, O_3$ 为长焦距消色差透镜；$R$ 为可调的孔径光阑；$K$ 为透光面平行的测量槽；$C$ 为晶体；$M$ 为电磁搅拌器；$E$ 为屏幕．

明介质中的局部光学不均匀性。光源 $S$ 通过 $O_1$ 聚焦至可调孔径光栏 $R_1$ 即 $O_2$ 的焦点上，光线透过 $O_2$ 即变成平行光照射到待测的不均匀透明介质上，经 $O_3$ 成像于焦点 $S'$，在该处放置一锐边遮光板或狭缝 $R_2$，挡住了光源的像 $S'$，因此在白色的屏幕 $E$ 上出现黑色的背景，但在 $SS'$ 之间存在光学不均匀区域 $A$，则光线发生偏折，从 $R_2$ 的锐边旁通过在屏幕上给出其像 $A'$。偏折方向与不均匀区域的折射率梯度方向有关。这种方法能发现折射率差别很小的不均匀区域。在光路中的待测生长池 $K$ 中，晶体附近的不均匀扩散层可以在屏幕上清楚地显示出来。在不饱和的溶液中，扩散层的像出现在无遮光板一侧的晶体附近，在过饱和溶液中则恰好相反，如图 3.9 所示。当溶液到达饱和状态时，扩散层消失。在测定时，溶液可以不停地搅拌，生长池的温度可用电热吹风机调整．这种方法的精确度可达 0.05℃，甚至更高．值得注意的是，光源应用单色光，用 He-Ne 激光更好，否则 $O_2, O_3$ 应用消色差透镜，

(ii) 狭缝光源法． 该法是使一狭缝光源和置于待测溶液中晶体的一个晶面斜交，随着溶液状态的变化，在狭缝和晶面的交界处会出现不同的偏折现象，这也是由于存在扩散层这一光学上不均匀的区域所引起的。

当溶液不饱和时，明亮的狭缝在晶面交界处弯曲成钝角，当溶液为过饱和时，则向相反方向弯曲成锐角．溶液愈偏离饱和状态，弯曲现象就越明显。随着溶液逐渐接近饱和，弯曲部分逐渐缩短，当溶液达到饱和时，狭缝光在晶面交界处不发生弯曲（图 3.10）．根据这种现象所测定的饱和温度的精确度也可达到 0.05℃．使用这一方法时，可将盛有待测溶液的容器放在恒温槽中进行测量，也可通过特定装置将溶液从大育晶器中抽出，流过调温装置和测量装置，再泵浦回育晶器，这样可以迅速而准确地测定育晶器中溶液的饱和温度，在生产和实验室中使用这种方法是很方便的。

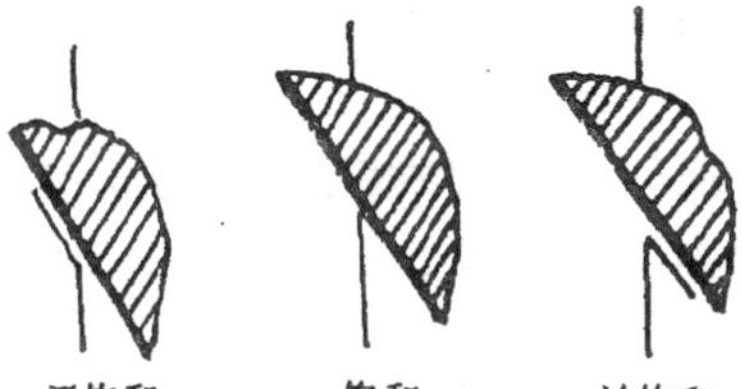


图 3.10 狭缝光源在晶面交界处的光学效应．

利用上述测定饱和温度的方法，特别是光学效应法，也可以进行溶解度的测定，并绘制出溶解度曲线。溶解度测定虽较简单，但需要有高度的实验技巧和精确度。

用平衡法测溶解度时，在到达平衡后应恒温静置使细小分散的固体颗粒沉降，仔细抽取一定量(不是一定体积)的溶液样品进行分析，确定溶液成分．溶液分析通常用重量法和容量法，有时也使用其他方法(如比色法以及密度、折射率、电导等方法)。溶液成分也可以预先准确配制(即称取一定量的溶剂和溶质)，然后再测出溶液的饱和温度，确定其溶解度。

在确定溶液成分的同时，也有必要对与之相平衡的固相进行分析鉴定。有时在很小的温度区间内与饱和溶液相平衡的稳定相是可以改变的，特别是水合物体系。例如在 0—100℃ 区间内测定 $Na_2CO_3$ 在水中的溶解度时发现，在 32℃ 以下，其稳定相是 $Na_2CO_3\cdot 10H_2O$，而 $Na_2CO_3\cdot 7H_2O$ 在 32.0℃ 到 35.4℃ 之间稳定，$Na_2CO_3\cdot H_2O$ 在 35.4℃ 以上稳定。因此，必须将不同温度下的平衡固相晶体取出，在该温度下仔细干燥，并确定其成分。对于成分相同但结构不一样的不同晶相(多形体)，还必须利用物理鉴定的方法来确定与溶液相平衡的物相。例如从高浓度重水（D/(D + H) = 99.8%）溶液中，生长磷酸二氘钾（DKDP）晶体时，DKDP 会出现四方和单斜两种晶相。在 21℃ 以下时，四方相是与溶液平衡的稳定相，在 21℃ 以上时，单斜相是稳定相. 这两相的溶解度十分接近(特别是在转变点附近)，因此用通常测定溶解度的方法很难将它们区分开来。在这种情况下，光学效应法就显示出其优越性。图 3.11 示出的四方和单斜两相溶解度曲线就

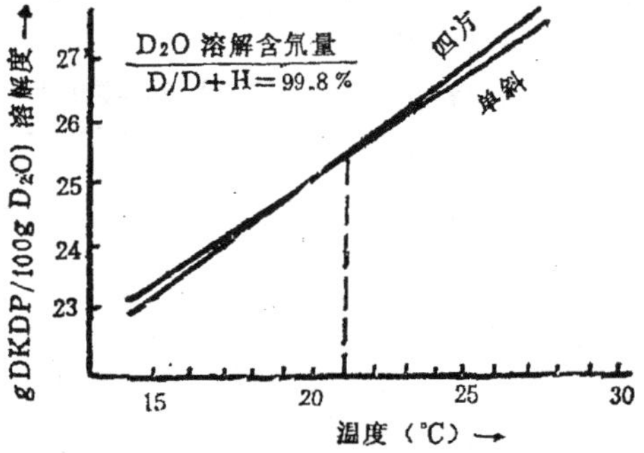


图 3.11　DKDP 的两相溶解度曲线.

是用图 3.9 的装置测定出来的. 对每一相不仅测定了在其相稳定区内（即稳定相）的溶解度曲线，还成功地测出了在另一相稳定区内(即亚稳相，参阅 3.2.3 节）的溶解度曲线，这样对四方相和单斜相都测出了一条完整的溶解度曲线。这两条曲线的交点即为 DKDP 溶解度曲线上的拐点，即四方相和单斜相的相平衡转变点(在图 3.11 中转变点为 21℃)。

必须指出的是，在测定溶解度曲线的工作中，提高控温和测温的精度是十分重要的。例如在测定氯化钠在 30℃ 水中的溶解度时，实验温度波动 ±0.5℃，引起溶解度测量误差约 0.1%，但在测定硫酸钠在 30℃ 水中的溶解度时，同样的温度波动则能造成 5% 的误差。所以在测定工作中，恒温器所用的温度计必须用标准温度计进行校正。

过饱和度是影响晶体生长速度和质量的重要因素，过饱和度的确定对晶体生长研究工作和培养单晶的实践都有重要意义。如果在给定温度下，溶液的浓度可以测量出来，而且相应的平衡饱和浓度是已知的，那么就不难根据式 (3.7)—(3.9) 来计算溶液的过饱和度。上述已提到，溶液浓度可以进行直接的分析，也可通过测量体系中某些对浓度变化敏感的性质（如密度、粘度、折射率和电导率等）来间接确定。在实验室的条件下，这些性质都可以测量得很精确。但在晶体培养过程中，要求在不破坏溶液稳定性的条件下，能在育晶器中进行连续的测量。如果在生长过程中温度是变化的，还需知道被测量性质对温度的依赖关系，这样，问题就变得复杂了，因此直接应用还是较少。在上述对浓度敏感的性质中，密度和折射率对温度较不敏感。

溶液的过饱和度也可以用光学效应法在生长过程中直接测定，所得的过饱和度是以过冷度 $\Delta t$ 表示的。这种方法的优点就是不需要知道溶液的准确成分和溶解度曲线，也不需改变育晶器的温度，在晶体生长过程中，任何时候都可测得溶液的真实过饱和度。遗憾的是，在晶体的生长过程中，抽取溶液进行循环流动，有破坏溶液稳定性，影响晶体生长的危险。但在三槽流动法中，对过热槽中的饱和度用上述方法进行测量则是十分安全和方便的。

各种过饱和度的测量方法，虽取得了一定的效果，但都存在着不少问题，有待于进一步研究解决，并希望能创造更简便、灵敏、可靠的能连续进行测量的新方法。

### 3.1.5 溶剂的选择和水溶液的结构

从溶液中生长晶体除了最常用的溶剂——水以外，还可使用其他溶剂，如重水、乙醇、丙醇、氯仿、四氯化碳、苯、甲苯、二甲苯等。有时还应用两种或多种溶剂混合物，如乙醇-水、乙醇-甲苯、甲醇-甘油等。

选择溶剂时，一般需要综合考虑溶剂的性质、经济和安全等方面的因素。具体地说需要注意以下几个问题：

(1) 对溶质要有足够大的溶解度(一般要求在 10—60% 的范围内)。这里有一条“相似相溶”规律，即物质易溶于化学上与其相似的溶剂中。例如，一些极性大的盐类易溶于水，非极性溶质(如蒽) 在非极性溶剂(如苯)中的溶解度要比在极性溶剂(如水)中大得多。

(2) 合适的溶解度温度系数。溶剂对溶质最好有正的溶解度温度系数。但也不宜过大，因为后者要求十分精密的温度控制。

(3) 有利于晶体生长。溶质和溶剂之间在结构上的关系对晶体生长有一定的影响。 例如联苯酰 $(C_6H_5CO)_2$ 在乙醇中有较大的溶解度，但不能从其溶液中结晶，而能从结构上与其有相似之处的苯 $C_6H_6$ 中结晶。这表明从溶液中生长晶体的难易程度，可能取决于溶质在晶体中和在溶液中缔合情况的相似性。这里还涉及到溶质和溶剂的相互作用问题。另外，选择溶剂时还需注意使溶质在该溶剂中结晶时呈现有利的晶癖。如使结晶呈板状而不是针状，这一点在工业结晶中十分重要。

(4) 纯度和稳定性要高。溶剂应无色透明和尽可能的纯净，在化学上则要稳定、不分解、不氧化也不与溶质起化学作用及对容器材料无腐蚀性等。如使用有机溶剂，还需注意选择与其不起作用的密封材料等。

(5) 其他要求，如溶剂的挥发性要低、粘度和毒性要小、价格要便宜等。

选取同时满足上述要求的溶剂是不容易的，有时需要在溶剂中加入一些辅助剂或使用混合溶剂来改善某些性质（如改变溶解度和粘度等）。常用溶剂的一些性质列于表 3.3 中。

表 3.3 一些溶剂的性质

| 溶剂 | 熔点(℃) | 沸点(℃) | 比重 | 简要说明 |
|---|---|---|---|---|
| 水 | 0 | 100 | 1.0 | 无害，不易燃、便宜 |
| 重水 | 3.80 | 101.4 | 1.105 | 昂贵 |
| 乙醇 | −117.3 | 78.5 | 0.789 | 易燃 |
| 丙酮 | −95 | 56.5 | 0.792 | 易燃 |
| 苯 | 5.5 | 80.1 | 0.879 | 易燃，有毒 |
| 甲苯 | −95 | 110.6 | 0.87 | 易燃，有毒 |
| 氯仿 | −63.5 | 61.28 | 1.498 | 有毒 |
| 甲醇 | −97.8 | 64.65 | 0.796 | 易燃，有毒 |
| 四氯化碳 | −22.8 | 76.8 | 1.595 | 有毒 |
| 二硫化碳 | −108.6 | 46.3 | 1.26 | 易燃，有毒 |
| 乙醚 | −116.3 | 34.6 | 0.713 | 十分易燃 |
| 二甲苯 | −29 | 144.4 | 0.88 | 易燃 |
| 吡啶 | −42 | 115.3 | 0.98 | 有毒 |
| 松节油 | <−10 | 159 | 0.87 | 易燃 |
| 已烷 | −94.3 | 69.0 | 0.66 | 易燃 |

水是一种很理想的溶剂。水的溶解能力很强，能溶解许多无机和有机盐类，而且容易通过温度变化和除去水的方法来控制溶液的过饱和度；水的稳定性好、粘度小、无害、加上水在自然界的大量存在和易于提纯等原因，使得水成为所有溶剂中最重要、应用最为广泛的溶剂。

水具有许多不同寻常的性质，如高熔点（与有关的氢化物相比）、高热导率、高介电常量和表面张力、低的熔化熵以及 4℃ 时具有最大密度等特性，这些都说明了液态水也是有一定结构的。

众所周知，在水的结构中，水分子由氢键联接起来形成四面体堆积，中间有许多空隙。而对于水来说，在短程有序的意义上，可以把水看作为是被分子热运动破坏了的、但仍保有局部冰的构造这样一种结构。这就是说，水在近程内，每个氧原子的周围仍保留着以四面体方式配置的松散的局部的氢键。所以在水中存在着由氢键联接起来的、具有类似构造的水分子集团，但寿命很短（约 $10^{-11}$s）。在重水中，由于氘键比普通氢键牢固，因此其中冰骨架的成分要比普通水中多。

溶质在水中的存在，显著地改变了液体的性质。例如在电解质的水溶液中，离子是水合的。由于离子的库仑力作用，使水的氢键结构受到局部破坏，并将水分子吸引到自己周围，形成水合离子。根据 Frank 的水合离子模型(图 3.12)，包围阳离子的水分子分成 A,B,C 三层。在A层，包围阳离子的是一些由取向的水分子偶极形成的牢固的水合层，称为“第一级水合球”［也称为内配位球（inner co-ordination sphere）或近程水合（close hydration）］。在该层内，由于离子和水分子的相互作用，水分子不能移动。但离子的静电作用还能超出A区，形成范围大得多的“第二级水合球”［也称为外配位球（outer co-ordination sphere）或远程水合(distant hydration)］（图 3.12 中的B区），其中包含的水分子是松散地结合起来的，但没有一定的取向。在C区中，水分子基本上没有受到离子的干扰，只存在水分子之间的相互作用，保持着水的结构。B区的情况则是由于A区和C区中两种不同的相互作用所造成的。对一价的离子，通常有 4 个分子形成牢固的水合层。对高价离子（如 $Cr^{3+}$, $Fe^{3+}$, $Al^{3+}$），第一级水合球则有 6 个水分子，其水合离子形式为 $M(H_2O)_6^{3+}$。水合氢离子 $H_3O^+$ 常以 $H_3O(H_2O)_3^+$ 形式存在。在水溶液中，离子对晶体生长的影响都和离子的水合有关（参阅 3.4.2 节）。

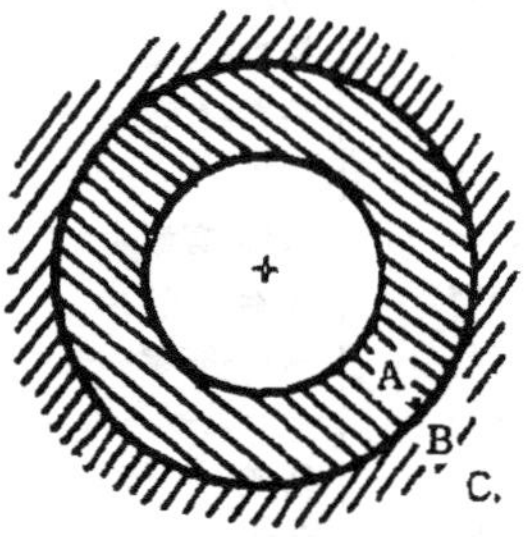

图 3.12　水合离子模型.

在重水溶液中，离子也是水合的，但由于在水合过程中，破坏重水中的氘键要比破坏水中的氢键消耗更多的能量，因此大多数盐类在重水中的溶解度要比在普通水中的溶解度小。磷酸盐是个例外（如 $KD_2PO_4$ 在 $D_2O$ 中的溶解度大于 $KH_2PO_4$ 在 $H_2O$ 中的溶解度),看来这与在磷酸根离子和重水之间形成更加牢固的氘键有关。

上述可见,在溶液中由于存在着离子和溶剂的相互作用(包括溶剂络合物的形成),情况变得较为复杂,有一些问题至今仍未得到解决。

过饱和溶液的结构要比饱和和不饱和溶液更复杂些。不少科学工作者试图通过研究溶液中各种物理性质对浓度的依赖关系来寻找过饱和溶液的特征,但没有取得预期的结果。在许多物质的浓度-性质曲线上,平衡饱和点并未出现不连续性。但实验发现了另一些重要的现象,如将柠檬酸过饱和水溶液恒温静置,在底部区域则会出现浓度梯度。这一现象表明,溶液中存在柠檬酸分子集团,这些分子集团是紧密堆积的柠檬酸分子依靠氢键结合起来的,密度比水的大,这样的体系在热力学上是不稳定的。因此经过一定时间后,在底部出现分层。

在过饱和度很大的酒石酸钾钠(KNT)溶液中,晶体生长异常迅速,这也可能是由于在该溶液中存在由氢键结合起来的 KNT 分子集团,构成了较大的生长基元,向 KNT 晶体上堆积的缘故。

由此可见,开展溶液结构方面的研究,对于了解从溶液中生长晶体的机制是很重要的。目前,关于这一领域的研究仍相当活跃。

### 3.1.6 溶液的物理性质

如上所述,溶解度和过饱和度有时可通过一些物理参数来间接测定,晶体生长中有许多关系式也涉及到一些溶液的物理性质.在本节中将对其中一些性质作简要叙述。

(1) *密度* 溶液的浓度常用密度来表示。密度定义为单位体积的质量:$\rho = m/V$($kg \cdot m^{-3}$)。

在某一温度下,液体的密度和水的密度之比称为液体的比重.因密度是受温度影响的,因此比重数据需标明温度。例如溶液比重为 1.23(20/20℃),即表示在 20℃ 时,溶液的密度和水的密度之比（不标明时，均指 20℃），而 1.23(20/4℃) 则指 20℃ 时的溶液密度和 4℃ 时水的密度的比值。4℃ 时水的密度具有最大值 ($1000kg \cdot m^{-3}$)，因此溶液与 4℃ 时的水相比之比重在数值上等于在给定温度下的密度。

测量密度的方法有多种，其中最方便的方法是用比重计。

一些常用的溶剂比重见表 3.3。

(2) **粘度** 粘度是流体对于流动所表现出的阻力的量度，即流体的内摩擦。溶液的粘度对结晶过程（成核，晶体生长）、热量和质量的传输过程等影响都很显著。

粘度 $\eta$（粘度系数或绝对粘度）定义为在流体内部单位面积内单位速度梯度的切应力。其单位为 $Pa \cdot s = kg \cdot m^{-1} \cdot s^{-1}$。

液体的粘度随温度升高而减少。对多数液体来说，存在以下的关系式：

$$\eta = A\exp(-B/T), \tag{3.11}$$

$A, B$ 为常数，$T$ 为绝对温度。以 $\log \eta$ 对 $1/T$ 作图，所得的图形为直线。表 3.4 列出了一些普通溶剂在一定温度范围内的粘度数值。

**表 3.4 一些普通溶剂的绝对粘度** (Pa · s)

| 溶剂 | 温度 (℃) | | | | | |
|---|---|---|---|---|---|---|
| | 0 | 20 | 40 | 60 | 80 | 100 |
| 水 | 0.179 | 0.100 | 0.0655 | 0.0468 | 0.0355 | 0.0281 |
| 丙酮 | 0.0389 | 0.0322 | 0.0261 | — | — | — |
| 苯 | — | 0.0654 | 0.0492 | 0.0396 | 0.0318 | — |
| 甲苯 | 0.076 | 0.0587 | 0.0471 | 0.0380 | 0.0310 | 0.0250 |
| 邻二甲苯 | 0.111 | 0.0825 | 0.0625 | 0.0502 | 0.0405 | 0.0345 |
| 四氯化碳 | 0.137 | 0.0975 | 0.0746 | 0.0595 | — | — |
| 甲醇 | 0.0510 | 0.0592 | 0.0456 | 0.0350 | — | — |
| 乙醇 | 0.177 | 0.019 | 0.0826 | 0.0605 | — | — |

(3) *扩散率（扩散系数）* 扩散对于结晶和溶解过程都是十分重要的。在生长晶体的过程中，结晶物质（溶质）通过体扩散和溶

剂分子运动输送到晶体附近，通过扩散层到晶体表面，再借助于面扩散进入生长位置。扩散系数定义为在单位浓度梯度下，每单位时间内通过单位面积的质点的数目（或摩尔数），在实验上要准确测定扩散系数是比较困难的。

爱因斯坦基于动力学理论和关于粒子在液体中运动的斯托克斯（Stockes）定律，得出关于扩散系数的表达式为

$$D = kT/\phi r\eta, \tag{3.12}$$

式中 $D$ 为扩散系数（$m^2 \cdot s^{-1}$），$T$ 为绝对温度，$\eta$ 为液体的粘度（$Pa \cdot s$），$r$ 为质点的半径，$k$ 为玻尔兹曼常量，因子 $\phi$ 的数值在 $4\pi$ 到 $6\pi$ 之间（取决于溶质和溶剂分子大小的比值）。由于在式（3.12）中含有很难测定的溶质分子半径 $r$，更为直接有用的关系式为

$$D\eta/T = \text{常数}, \tag{3.13}$$

这一简单关系式称为斯托克斯-爱因斯坦方程，根据式(3.13)就可以预测温度和粘度对扩散系数的影响。

爱因斯坦还研究了位移布朗运动的理论，得出以下关系式：

$$x^2 = 2Dt,$$

$x$ 为扩散质点在 $t$ 时间内的平均位移，$D$ 是扩散系数。将式（3.12）代入上式，并取 $\phi = 6\pi$，则可得

$$x^2 = 2Dt = kTt/3\pi\eta r, \tag{3.14}$$

这就是爱因斯坦-布朗运动公式。该式很容易用实验来验证，并在研究晶体生长的表面扩散过程中起着很重要的作用。

(4) **折射率** 通过测量溶液的折射率，可迅速确定溶液的浓度。常用的测量装置是阿贝折射仪。对于研究结晶过程，读数精确到小数第四位就足够了。考虑到温度的影响，在进行实际测量前，还需作校正曲线。如使用浸没式折射仪，还可对溶液结晶时的浓度变化进行半连续的测量。由于结晶时溶液中有大量微晶散射光线，使棱镜得不到充分的照明，为此可利用光纤从外部对棱镜周围进行照明。图 3.13 示出用阿贝折射仪在 40℃ 时测定的 KDP，DKDP 和 ADP 的折光指数与溶液浓度的关系[8]。

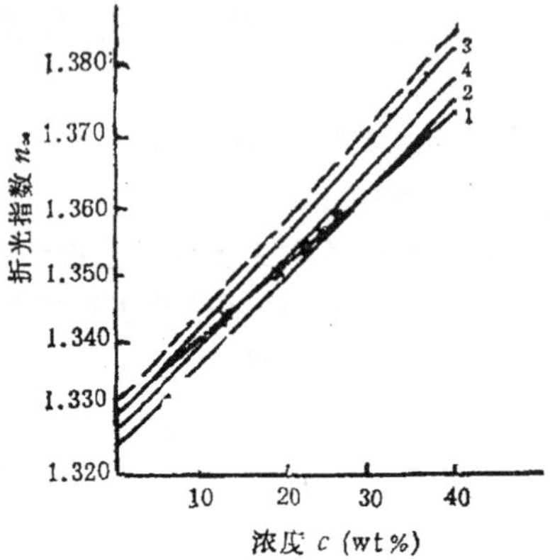


图 3.13　几种溶液的折光指数对浓度曲线。

$t_{K_4}$，$t_{DK_4}$，$t_{A_4}$ 分别表示温度为 40℃ 的 KDP，DKDP 和 ADP 溶液．$t_{DK_2}$ 示温度为 20℃ 的 DKDP 溶液．实线是激光，虚线为钠光．

（5）电导率　水溶液的电导率可以十分精确地测量出来，因此可作为测量浓度的有效方法．但已做的工作大都局限于稀溶液体系，在接近饱和和过饱和溶液中所得到的测量结果常不可靠．由于电导率也和温度有关，所以要求有高精度的控温．

（6）热导率　物质的热导率 $\kappa$ 定义为在单位温度梯度下，横过垂直于热传导方向的单位面积，经过单位厚度层的热传导速度．恒稳状态的热传导方程可以写成

$$dQ/dt = -\kappa A \frac{dT}{dx}, \tag{3.15}$$

式中 $Q,t,A,T$ 和 $x$ 分别代表热量、时间、面积、温度和厚度的单位．

液体的热导率一般随温度的升高而稍有下降，但水是例外．表 3.5 列出了一些纯液体的热导率．目前尚缺乏测量热导率的可靠方法．在文献中很少报道有关热导率的数据（特别是溶液的热导率），即使有报道也常常是相互矛盾的．

（7）溶解热和结晶热　当溶质溶解在溶剂中而不发生反应时，通常从周围环境吸收热量（溶解热），如溶解在绝热条件下进

表 3.5　一些纯液体的热导率

| 温度 (℃) | 热导率 (W/m·℃) | | | | | |
|---|---|---|---|---|---|---|
| | 水 | 丙酮 | 苯 | 甲醇 | 乙醇 | 四氯化碳 |
| 10 | 0.59 | 0.16 | 0.14 | 0.21 | 0.18 | 0.11 |
| 40 | 0.62 | 0.15 | 0.15 | 0.19 | 0.17 | 0.099 |
| 95 | 0.67 | — | — | — | — | — |

行，则溶液温度将下降．当溶质从溶液中结晶出来时，通常有热量放出(结晶热)，溶液温度将上升．但当溶质和溶剂存在化学反应(溶剂合作用)时，对于一些溶解度温度系数为负的溶质来说，也会出现溶解时放热和结晶时吸热现象．无水盐在其水合物为稳定晶形的温度下溶于水中时，由于水合过程的放热特性故有热量放出

$$AB + xH_2O \longrightarrow AB \cdot xH_2O.$$

(无水物)　　　　(水合物)

表 3.6 列出了硫酸镁和碳酸钠的无水物及水合物的溶解热数据，从表中可看出结晶水的效应．

表 3.6　无水和水合盐在 18℃ 水中，无限稀释时的溶解热

| 盐 | 化学式 | 溶解热 (kcal/mol) |
|---|---|---|
| 硫酸镁 | $MgSO_4$ | +21.1 |
| | $MgSO_4 \cdot H_2O$ | +14.0 |
| | $MgSO_4 \cdot 2H_2O$ | +11.7 |
| | $MgSO_4 \cdot 4H_2O$ | +4.9 |
| | $MgSO_4 \cdot 6H_2O$ | +0.55 |
| | $MgSO_4 \cdot 7H_2O$ | −3.18 |
| 碳酸钠 | $Na_2CO_3$ | +5.57 |
| | $Na_2CO_3 \cdot H_2O$ | +2.19 |
| | $Na_2CO_3 \cdot 7H_2O$ | −10.18 |
| | $Na_2CO_3 \cdot 10H_2O$ | −16.22 |

在一定量溶剂或不饱和溶液中，溶质溶解的热效应的大小取决于溶质和溶剂的数量．溶液的起始和最终浓度以及溶解时的温度，常用的标准参考温度是 25℃ 或 18℃．

溶解热和结晶热可分别用在溶解和结晶过程中焓的变化 $\Delta H_s$ 和 $\Delta H_c$ 来表示. 由于用实验直接测量结晶热较为困难,故常常通过溶解热来求. 在实用上, 常把结晶热和溶解热看成数值相等而符号相反,即

$$\Delta H_c = -\Delta H_s, \tag{3.16}$$

这一假定是不很严格的, 但误差不大. 溶解热通常是指将单位量(如 1mol) 的溶质溶解在大量纯溶剂中时焓的变化,即无限稀释时的溶解热 $\Delta H_s^\infty$ (实际上溶质在溶液中的摩尔数小于 0.01,即相当于无限稀释), 只有当溶质在一定温度下溶于接近饱和的溶液中时,结晶热在数值上才等于溶解热. 因此,要求出结晶热的准确数值,还必须考虑稀释热 $\Delta H_d$, 即

$$\Delta H_c = -\Delta H_s^\infty + \Delta H_d. \tag{3.17}$$

由于大多数水溶性盐的溶液在稀释时是放热的(浓缩时吸热), 因此结晶热的实际值要比按式 (3.16) 所计算的值稍低些.

结晶热是重要的物理化学参量, 它在研究结晶过程的热平衡和动力学方面有着重要的作用.

## § 3.2 溶液中晶体生长的平衡[3,4]

### 3.2.1 平衡和结晶过程的驱动力

晶体生长是一个不平衡的过程. 晶体在平衡状态时既不溶解也不生长,但要研究晶体生长过程,必须掌握有关该过程中平衡状态的知识.

溶液中生长晶体最重要的参数(平衡特征)是溶解度. 溶解度曲线给出溶液的饱和浓度, 即与固相处于平衡状态的溶液浓度.

可以把晶体生长看成是多相化学反应. 当固体物质 A 在溶剂中溶解并达到饱和时,可用下述化学平衡方程式描述:

$$A_{固} \rightleftharpoons A_{溶液}, \tag{3.18}$$

$$K = \frac{[a]_e}{[a]_e(s)}, \tag{3.19}$$

其中 $[a]_e$ 为饱和溶液中的平衡活度；$[a_c](s)$ 为固相中的平衡活度，$K$ 为平衡常数。通常选取标准状态，使固体物质的活度等于1，此时 $K=[a]_e$，浓度单位最好用摩尔分数，这样上述方程就可在多组分的体系中应用。

组分活度 $a_i$ 与其摩尔分数 $x_i$ 的关系为

$$a_i=\gamma_i x_i, \tag{3.20}$$

$\gamma_i$ 是某组分 $i$ 的活度系数。如果 $\gamma_i=1$，则该组分服从 Raoult 定律。如其活度系数不等于1，但仍是常数，则该组分服从 Henry 定律*。

在理想溶液中，溶剂和溶质都服从 Raoult 定律，溶液的焓和体积分别等于溶剂和溶质的焓和体积之和。这意味着在溶解时，混合热和体积变化都等于零，但溶液的熵并不等于其组分熵的总和，因为熵是随无序性增加而增加的。在非理想的稀溶液中，溶质服从 Henry 定律，溶剂则服从 Raoult 定律。

在 3.1.1 节中已提到，通常把溶液中含量较大的、即摩尔分数接近于1的组分看作溶剂。浓溶液（溶剂和溶质含量差不多）并不服从 Raoult 定律和 Henry 定律，活度系数和浓度有关，需根据实验数据来估计。生长晶体的溶液大都是浓溶液，因此要考虑溶质质点间的相互作用，并在此基础上进行一些计算。

溶解度与温度的依赖关系可用 Van't Hoff 方程表示

$$\frac{d\ln k}{dT}=\frac{-\Delta H}{RT^2}. \tag{3.21}$$

对溶液，上式变为

$$\frac{d\ln[a]_e}{dT}=-\frac{\overline{\Delta H}}{RT^2}, \tag{3.22}$$

$\overline{\Delta H_A}$ 为溶质A在溶剂B中的偏摩尔焓的变化量，即表示将1摩尔溶质转移到体积足够大的溶液中时（此时溶液浓度不明显偏离饱

* Raoult 定律：$p=p_0x$. $p$ 为溶液蒸汽压，$p_0$ 为纯溶剂蒸汽压，$x$ 为物质摩尔分数. Henry 定律：$p=kx$，$p$ 为物质在溶液上的蒸汽压，$x$ 为物质摩尔分数. $k$ 为常数.

和浓度)焓的变化、即溶解热(见 3.1.6 节). 在服从 Raoult 定律的溶液中,可用 $x_A$ 来代替组分 A 的活度.

在溶液里生长晶体的过程中,自由能的变化为

$$\Delta G = \Delta G^0 + RT\ln Q, \tag{3.23}$$

其中

$$\Delta G^0 = -RT\ln k,$$
$$Q = [a]^{-1},$$

$\Delta G^0$ 是生长过程中自由能的变化,$k$ 是式 (3.19) 的倒数,$[a]$是组分 A 在过饱和溶液中的实际活度. 代人式 (2.23) 可得

$$\Delta G = RT\ln\frac{[a]_e}{[a]}, \tag{3.24}$$

其中 $[a]_e$ 是组分 A 在饱和溶液中的平衡活度. 若活度系数 $\gamma =$ 1 或是在一定范围内,$\gamma$ 和浓度无关,则在式(3.22)和式 (3.24) 中活度可用摩尔分数或浓度代替. 因此式 (3.24) 中的 $[a]_e/[a]$ 可用 $c^*/c$ 代替. $c$ 和 $c^*$ 分别是溶液在一定温度下的实际浓度和饱和浓度. 根据式 (3.8), $c/c^*$ 又是衡量过饱和度大小的过饱和比 $s$, 所以

$$\Delta G = RT\ln c^*/c = -RT\ln s. \tag{3.25}$$

从式(3.25)中可以看出, 在过饱和溶液中 ($s > 1$), 生长晶体的过程是自由能降低的过程. 这一过程是自动进行的. 过饱和是结晶过程的驱动力. $s$ 愈大,自由能降低也愈多,晶体生长的驱动力也愈大.

### 3.2.2 分配系数

溶液生长中平衡的一个重要方面是除溶质和溶剂外的第三个组分(包括杂质、掺质和同位素置换等)在固相中的溶解度问题,也就是该组分在固相和与之相平衡的液相之间的分配问题.

如果第三个组分(以下简称物质)在溶液和固相之间达成平衡时,有

物质在液态溶液中的活度 ($a_l$) $\rightleftharpoons$

物质在固态溶液中的活度 ($a_s$), (3.26)

则

$$k_0 = a_s(e)/a_l(e), \tag{3.27}$$

$k_0$称为平衡分配系数。对于接近理想溶液的稀溶液来说，有

$$k_0 = c_s(e)/c_l(e), \tag{3.28}$$

$c_s(e)$ 和 $c_l(e)$ 分别是物质在固相和溶液中的平衡浓度，即在液相和固相分界处的浓度。显然，要达到平衡时的分配系数，就要求晶体在溶液中既不溶解也不生长，或是生长速度很慢以至接近于平衡状态。另外，物质在两相中的浓度也不宜太大，以便用浓度来代替活度。

晶体在溶液中生长时，靠近晶体表面存在着扩散层(结晶区)。物质在扩散层中的浓度和在整个溶液中的浓度是有差别的。这一差别的程度取决于分配系数 $k_0$ 的大小以及晶体生长的速度（对于给定物质，主要取决于后者）。在使用式（3.28）时，$c_l(e)$ 应该是物质在扩散层中的浓度，实际上这一浓度是无法测量的，因此引入有效分配系数 $k_{eff}$ 的概念。定义如下：

$$k_{eff} = \frac{c_s}{c_l}, \tag{3.29}$$

$c_s$ 和 $c_l$ 分别是物质在固相和溶液中(远离生长界面）的实际浓度显然，$k_{eff}$ 和晶体生长速度有关，而后者又取决于过饱和度和扩散层的厚度。当溶液中的浓度接近等于晶体界面附近溶液浓度时，即 $c_l \approx c_l(e)$，则 $k_{eff} \approx k_0$（因为在大多数情况下，$c_s \approx c_s(e)$）。

当单晶在溶液中生长时，由于晶体的各向异性，$k_{eff}$ 也和结晶方向有关。例如 $Fe^{3+}$ 在 KDP 晶体的柱面和锥面上的分配系数并不一样[24]，这样就给确定 $c_s$ 和分配系数带来很多的困难。

总之，有效分配系数和晶体生长速度溶液的搅拌情况(影响扩散层厚度)以及结晶方向都有关系，如果测得的分配系数和上述几方面都关系不大时，我们就可认为体系接近于平衡状态，即 $k_{eff} = k_0$。

有效分配系数还和物质的浓度有关。例如在重水溶液中生长

DKDP 晶体时，氘在晶体中的浓度 $x$（以摩尔分数表示，$x = D/D+H$），取决于氘在溶液中的浓度（以摩尔分数 $y$ 表示），其有效分配系数（$k_{eff}(D) = x/y$）和 $y$ 有关，关系式[9]为

$$k_{eff}(D) = 0.68\exp(0.382y). \tag{3.30}$$

D和H在溶液和晶体中的分布是均匀的，在氘化程度较高的溶液中，也可将 $D_2O$ 看成溶剂，而把 $H_2O$ 看成第三个组分（杂质）来计算氢的有效分配系数 $k_{eff}(H)$

$$k_{eff}(H) = (1-x)/(1-y). \tag{3.31}$$

### 3.2.3 相稳定区和亚稳相生长

许多物质在水溶液中可以形成数种不同的晶相．例如硫酸钠在水溶液中形成 $Na_2SO_4$ 和 $Na_2SO_4 \cdot 10H_2O$ 两种固相（图 3.14）．

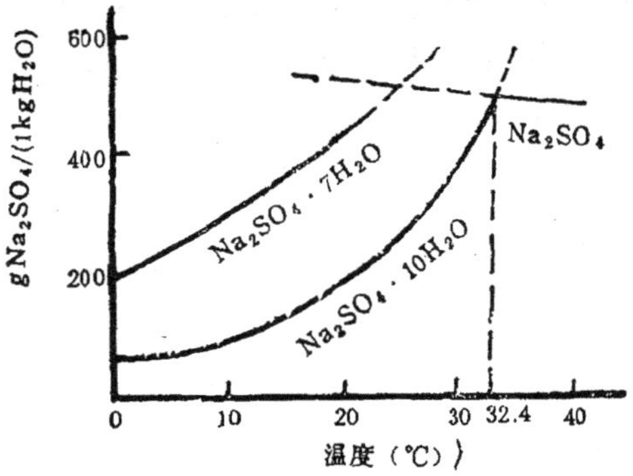


图 3.14 $Na_2SO_4$-$H_2O$ 体系．

EDT 在水溶液中，有 EDT 和 EDT · $H_2O$ 两种结晶（图 3.15）．这两个体系都是二组分体系，根据相律，在三相共存时只有一个自由度．如果压力固定（1atm），则体系是不变的．这就是说，两种晶相同时与溶液达成平衡的温度（即相平衡转变温度，以下简称转变温度）是完全确定的．硫酸钠的转变温度为 32.4℃，EDT 的转变温度为 40.6℃．DKDP（通常为 $KD_{2x}H_{2(1-x)}PO_4$）在重水溶液中会出现四方和单斜两种结晶相，该体系可看成是 DKDP-$D_2O$/

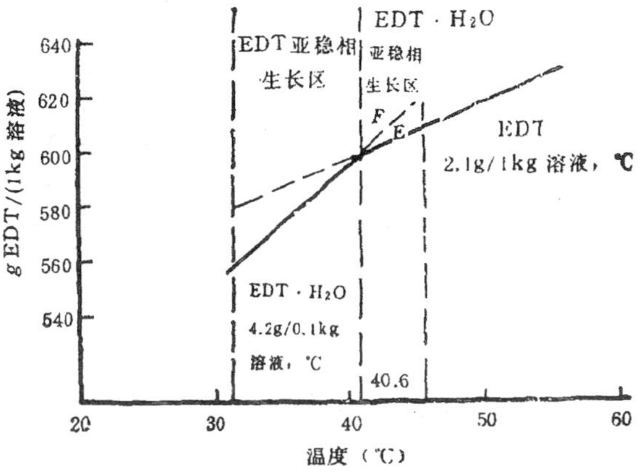


图 3.15 EDT-$H_2O$ 体系.

$D_2O + H_2O$ 准二组分体系，在三相达成平衡时，若压力固定(1atm)，则两固相与溶液达成平衡的转变温度随 $D_2O/D_2O+H_2O$ 的变化而变化(图 3.16). 对于 $D_2O$ 含量为 99.8% 的溶液，DKDP 的转变温度为 21℃(见图 3.11)[10].

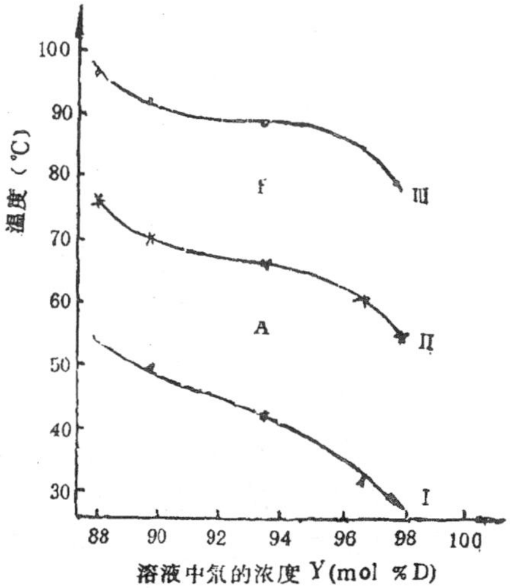


图 3.16 四方和单斜 DKDP 的稳定区.

当溶液温度偏离转变点时，只能存在一种晶相与溶液平衡，另一种晶相将溶解. 但是晶体生长过程是一个不平衡的过程. 如果溶液状态点处于两相溶解度曲线以上，如图 3.15 中的 *F* 点，则溶液对 EDT 无水物和水合物都是过饱和的，两相都可以生长，但无水物是稳定相，水合物是亚稳相，溶液相对于前者过饱和度较大，故生长速度也快.

如果状态点在 $E$，则 EDT 水合物生长，无水物溶解。但如果在无水物的稳定区内引入水合物籽晶，则水合物晶体即可在该区内实现亚稳相生长，长成 EDT · $H_2O$ 大晶体，前提条件是溶液的过饱和度能满足 EDT · $H_2O$ 晶体生长而又不致引起 EDT 稳定相自发成核。这是完全可能的，因为自发成核所需的过饱和度要比晶种上生长所需的过饱和度大得多。亚稳相生长区的界限可通过实验求出[12]。不同物质和不同相的亚稳相生长区是不一样的。例如图 3.14 中，转变点以上，EDT · $H_2O$ 亚稳相生长区较窄（约 6 ℃），而在转变点以下，EDT 亚稳相生长区就较宽（约 10℃）。对于 DKDP，四方和单斜两相溶解度十分接近，亚稳相生长区域比较宽，如对转变点为 21℃ 的 99.8% 的重水溶液，可以从 43℃ 开始，用降温法成功地培养四方亚稳相晶体。图 3.16 粗略地示出在不同含氘量的重水溶液中，四方和单斜 DKDP 的亚稳相生长区。

溶液中的亚稳相晶体溶解度较大，在热力学上是不稳定的，它有自发地转变为溶解度较小的稳定相的趋势。例如，在离转变点较远的单斜稳定区中生长四方 DKDP 晶体时，在四方晶种上很容易长出单斜晶体，后者一旦出现即迅速生长，使四方母晶迅速被单斜晶体所"蚕食"。同样，在四方稳定区生长单斜晶体时，也会出现四方晶体"蚕食"单斜母体的情况。

处于热力学不稳定状态的体系，在向其稳定状态过渡时，有时不是过渡到最稳定的状态（即自由能最低的状态），而是过渡到其自由能降低较小的中间状态。这一现象称为 Ostwald 阶段定律。例如在 $Na_2SO_4$-$H_2O$ 体系中，有时从硫酸钠过饱和溶液中析出的不是稳定的 $Na_2SO_4 \cdot 10H_2O$，而是亚稳相 $Na_2SO_4 \cdot 7H_2O$（图 3.14）。在 DKDP 的单斜稳定区中，有时也会析出亚稳的四方 DKDP 晶体（自发结晶实验证明，在图 3.16 上下两条虚线间析出的自发结晶既有单斜相，也有四方相），使溶液状态停留在亚稳四方相溶解度曲线附近，而不是直接降到单斜相溶解度曲线附近，虽然后者自由能降低更多，更为稳定。这样就有可能把溶液保持在中间状态，在这样的过饱和溶液中引入亚稳相籽晶，常常可以达到生长亚稳相晶体的目的.

在亚稳的条件下，生长亚稳相晶体有许多优点. 许多高温变体如能在较低的温度下作为亚稳相自溶液中生长，则具有在本章开始时所述的优越性. 在另一些情况下，由于某一相稳定区的局限性，需要在另一相的稳定区内生长. 例如在氘化程度较高的重水溶液中，DKDP 的转变温度很低，为了能在通常的温度区间用降温法生长出高含氘量的四方 DKDP 晶体，也可以在起始温度适当高于转变温度的情况下，使该晶体在单斜相稳定区内生长. 图 3.17 示出的四方 DKDP 大晶体就是在这样的条件下生长出来的. 在育晶器底部可以清楚地看见在生长过程中自发形成的单斜杂晶. 由于溶液对这两相都是过饱和的，所以四方相和单斜相能同时存在和生长（但溶液和这两相并不处于平衡状态）. 由此可见，亚稳相晶体生长的研究，在理论和实践上都是很有意义的[12].

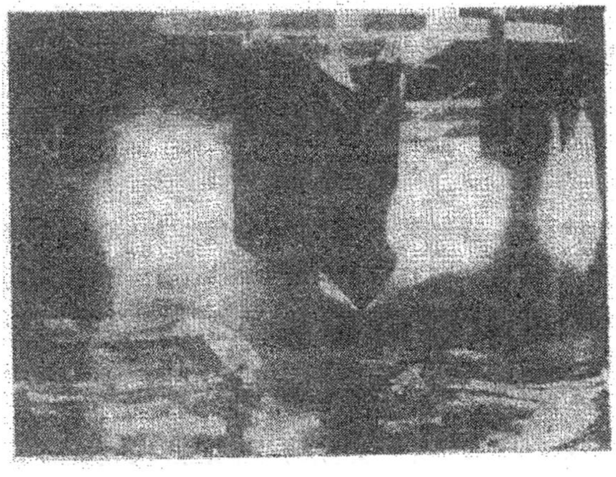

图 3.17 在单斜相稳定区内生长的 DKDP 大晶体（5.7 × 5.7 × 4.5cm）

## § 3.3 从溶液中生长晶体的方法[4,13]

从溶液中生长晶体过程的最关键因素是控制溶液的过饱和度. 使溶液达到过饱和状态，在晶体生长过程中维持其过饱和度的途径有：

(1) 据溶解度曲线，改变温度.

(2) 采取各种方式(如蒸发、电解)移去溶剂，改变溶液成分.

(3) 通过化学反应来控制过饱和度. 由于化学反应速度和晶体生长速度差别很大，做到这一点是很困难的，需要采取一些特殊的方式，如通过凝胶扩散使反应缓慢进行等.

(4) 用亚稳相来控制过饱和度，即利用某些物质的稳定相和亚稳相的溶解度差别，控制一定的温度，使亚稳相不断溶解，稳定相不断生长.

根据晶体的溶解度与温度系数，从溶液中生长晶体的具体方法有下述几种.

### 3.3.1 降温法

降温法是从溶液中培养晶体的一种最常用的方法. 这种方法适用于溶解度和温度系数都较大的物质，并需要一定的温度区间. 这一温度区间也是有限制的：温度上限由于蒸发量大而不宜过高，当温度下限太低时，对晶体生长也不利. 一般来说，比较合适的起始温度是 50—60℃，降温区间以 15—20℃ 为宜.

降温法的基本原理是利用物质较大的正溶解度温度系数，在晶体生长过程中逐渐降低温度，使析出的溶质不断在晶体上生长. 用这种方法生长的物质的溶解度温度系数最好不低于 1.5g/1000g 溶液·℃，表 3.7 列出符合此要求的一些物质的数据.

表 3.7 40℃ 时，一些物质的溶解度及其温度系数

| 物质 | 溶解度 (g/1000g 溶液) | 溶解度温度系数 g/1000g 溶液·℃ |
|---|---|---|
| 明矾 $K_2SO_4 \cdot Al_2(SO_4)_3 \cdot 24H_2O$ | 240 | +9.0 |
| ADP $NH_4H_2PO_4$ | 360 | +4.9 |
| TGS $(NH_2CH_2COOH)_3 \cdot H_2SO_4$ | 300 | +4.6 |
| KDP $KH_2PO_4$ | 250 | +3.5 |
| EDT $(CH_2NH_2)_2C_4H_4O_6$ | 598 | +2.1 |

降温法生长晶体的几种装置[15]，如图 3.18、图 3.19 和图 3.20 所示．在降温法生长晶体的整个过程中，必须严格控制温度，并按一定程序降温．研究表明，微小的温度波动就足以在生长的晶体中造成某些不均匀区域．为提高晶体生长的完整性，要求控温精度尽可能高（目前已达 ±0.001℃），此外还需造成适合晶体生长的其他条件．

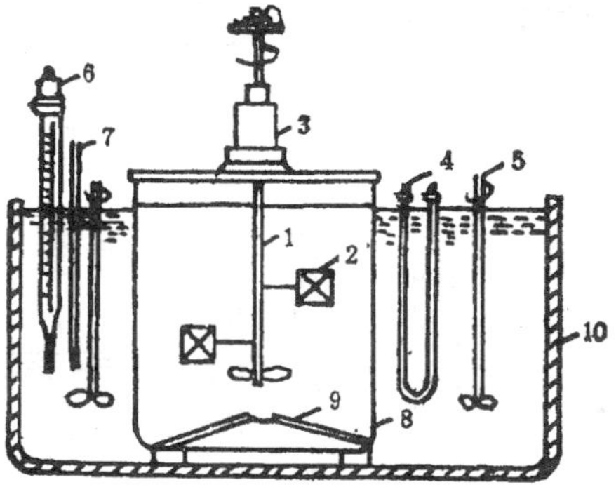


图 3.18 水浴育晶装置．图中：

1 为掣晶杆； 2 为晶体； 3 为转动密封装置； 4 为浸没式加热器；
5 为搅拌器； 6 为控制器（接触温度计）； 7 为温度计； 8 为育晶器；
9 为有孔隔板； 10 为水槽．

在利用降温法来生长晶体的过程中可不用再补充溶液或溶质．因此，整个育晶器在生长过程中必须严格密封，以防溶剂蒸发和外界的污染．例如从重水溶液中生长晶体时，如果密封不好，溶液中的 $D_2O$ 就会同大气中的 $H_2O$ 汽发生同位素交换而使溶液氘化程度下降．为增加温度的稳定性，育晶器的容量必须要大些（大型育晶器有几十升至上千升），加热保温方式有水浴槽或内部加热、外壳加保温套等．育晶器顶部经常保持有冷凝水回流，底部有电炉加热为好，使得溶液表面和底部都有不饱和层保护，避免自发晶核形成．

育晶器内的控温精度除了与育晶装置的结构有关外，很大程度上取决于控温装置，继电器开关式控温一般可以满足水溶液晶

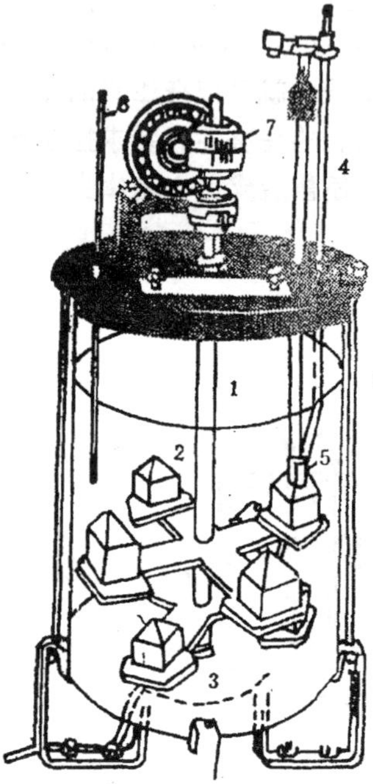


图 3.19 直接加热的转动育晶器. 图中：1 为籽晶板；2 为晶体；3 为底部主加热器；4 为控制器；5 为辅助小灯泡加热器；6 为温度计；7 为可逆转动装置(30r/min).

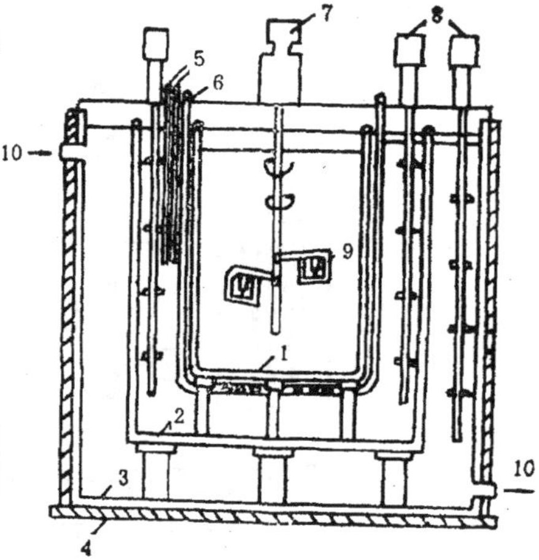


图 3.20 双浴槽育晶装置. 图中：1 为育晶器；2 为内浴槽；3 为外浴槽；4 为保温层；5 为感温元件；6 为加热元件；7 为转晶马达；8 为搅拌马达(1500r/min)；9 为籽晶；10 为外接冷却装置的进出口.

体生长的要求，温度波动可以控制在 ±0.05℃ 以下，用 PID 控温方式，特别是使用可编程温度控制器控温，实现控温精度至 ±0.005℃ 并不困难，这对培养高完整性单晶十分有利.

为使溶液温度均匀，并使生长中的各个晶面在过饱和溶液中能得到均匀的溶质供应，要求晶体对溶液作相对运动. 这种运动可采取多种形式，如晃动法(晶体固定不动，摇晃整个育晶器)、转晶法(晶体在溶液中作自转，公转或行星式转动)等，其中以晶体在溶液中自转或公转最为常用. 为了克服这种方式所造成的某些晶面迎液而动和使另一些晶面总是背向液流的缺点，转动需要定时换向，即用以下程序进行控制：正转—停转—反转—停转—正转.

降温法控制晶体生长的主要关键是掌握合适的降温速度，使溶液始终处在亚稳区内，并维持适宜的过饱和度.降温速度一般取决于以下述几个因素：

(1) 晶体的最大透明生长速度（即在一定条件下不产生宏观缺陷的最大生长速度）.这一数值对不同晶体是有明显差别的(和亚稳区大小有关)，例如对硝酸钠（$NaNO_3$）晶体为 1mm/d，酒石酸钾钠（KNT）晶体则可达 5mm/d以上.对同一种晶体该数值还与生长温度和晶体尺寸有关.

(2) 溶解度的温度系数.溶解度的温度系数不但随不同物质而异，而且对同一种物质在不同的温度区间也不一样.例如 KDP 的溶解度曲线在高温部分（50—70℃）温度系数较大，在低温部分(30℃以下)则较小.

(3) 溶液的体积 $V$(ml) 和晶体生长表面积 $S(cm^2)$ 之比，简称体面比.有些晶体(如 KDP 型晶体)在生长过程中，生长面积基本不变，而有些晶体(如 KNT) 在各个方向上都生长，$S$ 在生长过程中则在不断增加.

总之，上述 3 个因素对于不同晶体是有明显差别的；对同一种晶体，这些因素在生长过程中也是在变化的.因此必须从实际出发，对不同的晶体在不同的阶段制定不同的降温程序.一般来说，在生长初期降温速度要慢，到了生长后期可稍快些.掌握规律后，可按程序实行自动降温.

必须指出，无宏观缺陷的晶体不一定是高质量的晶体(见3.4.3节).培养用于光学目的高完整性的单晶，其生长速度应当控制得更小一些。

在控制降温过程中，最好能随时测定溶液的过饱和度(见3.1.4节).同时，一些晶体生长现象[如生长涡流的强弱，晶面相对大小的变化，次要面的出现和消失，晶面花纹(见 3.4.3 节)等]往往是溶液过饱和度偏高或偏低以及晶体均匀性将遭破坏的“信号”.这些现象也可作为估计过饱和度、控制降温速度的参考信号。

### 3.3.2 流动法(温差法)

流动法生长晶体装置一般由三部分组成(图 3.21): 生长槽(育晶器) $C$, 溶解槽 $A$ 和过热槽 $B$. 三槽之间的温度是 $B$ 槽的温度高于 $A$ 槽的,而 $A$ 槽的温度又高于 $C$ 槽的. $A$ 槽中过剩的原料在不断地搅拌下溶解,使溶液在高于 $C$ 槽的温度下饱和,然后经过滤器进入过热槽 $B$. 过热槽的温度一般高于生长槽温度约5—10℃, 可以充分溶解从溶解槽流入的微晶, 以提高溶液的稳定性. 经过过热后的溶液用泵打入生长槽 $C$, $C$ 槽的溶液是过饱和的,保证晶体生长有一定的驱动力. 由于晶体的生长, 从而使变稀的溶液流回到溶解槽溶解原料,使溶液重新达到饱和, 溶液如此循环流动, 晶体不断生长. 晶体的生长速度受到溶液的流动速度和 $A$, $C$ 两槽温差的控制. 这种方法的优点是生长温度和过饱和度都固定, 使晶体始终在最有利的温度和最合适的过饱和度下生长, 避免了因生长温度和过饱和度变化而产生的杂质分凝不均匀和生长带等缺陷, 使晶体完整性更好. 流动法的另一个优点就是生长大批量的晶体和培养大单晶不受溶解度和溶液体积的影响, 只受生长容器大小的限制. 日本大坂大学用这种方法生长出 400×400×600

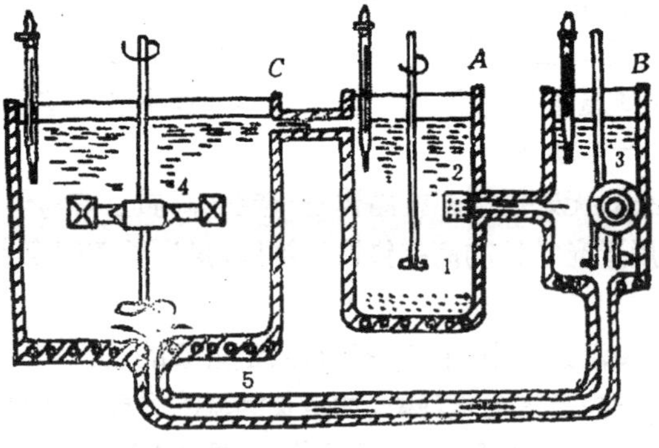


图 3.21 循环流动育晶装置. 图中:

1 为原料; 2 为过滤器; 3 为泵; 4 为晶体; 5 为加热电阻丝.

mm 大 KDP 晶体，生长速度达 2mm/d[28]．流动法的缺点是设备比较复杂，调节三槽之间适当的温度梯度和溶液流速之间的关系需要有一定的经验．

采用适当装置也可以利用浓差自然对流来生长晶体．图 3.22 示出利用亚稳相和稳定相溶解度的差别通过浓差对流来生长 α-$LiIO_3$ 晶体的装置．两连通的玻璃槽，右边装 β-$LiIO_3$ 原料，左边为生长槽．由于在 20—30℃ 时，β-$LiIO_3$ 的溶解度比 α-$LiIO_3$ 的大 1—2%，浓度较大的 $LiIO_3$ 溶液靠自然对流进入左边生长区．生长槽下部设置加热器，将溶液温度保持在 40℃，造成对 α-$LiIO_3$ 的过饱和，析出的溶质在 α-$LiIO_3$ 种子上生长．变稀的溶液上升流回右边的原料槽重新溶解 β-$LiIO_3$．原料槽靠空气冷却稳定在 20—30℃．

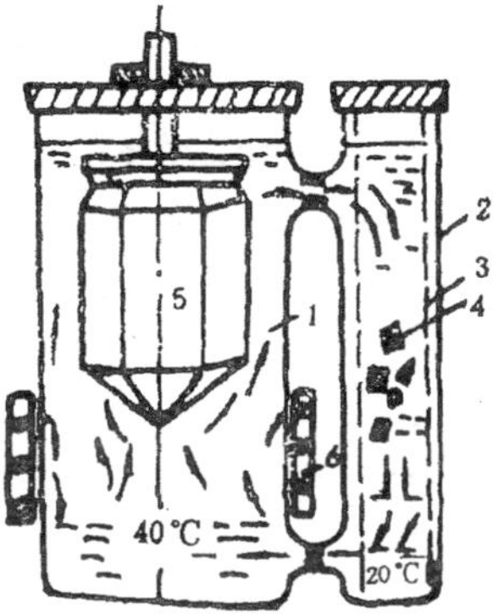


图3.22 浓差对流法生长 $LiIO_3$ 晶体的装置．图中：
1 为育晶器； 2 为原料槽； 3 为带孔的玻璃筒； 4 为 β-$LiIO_3$（原料）
5 为 α-$LiIO_3$； 6 为加热器．

### 3.3.3 蒸发法

蒸发法生长晶体的基本原理是将溶剂不断蒸发移去，而使溶液保持在过饱和状态，从而使晶体不断生长．这种方法比较适合于溶解度较大而其温度系数很小或是具有负温度系数的物质（表 3.8）．蒸发法和流动法一样，晶体生长也是在恒温下进行的．不同的是流动法用补充溶质，而蒸发法用移去溶剂来造成过饱和度．

蒸发法生长晶体的装置和降温法的装置十分类似，所不同的是在降温法中，育晶器中蒸发产生的冷凝水全部回流，而蒸发法则是部分回流．降温法通过控制降温速度来控制过饱和度，而蒸发法则是通过控制回流比（蒸发量）来控制过饱和度的．

表 3.8　一些适用于蒸发法生长的晶体在 60℃ 时的溶解度及其温度系数

| 物　质 | 溶解度 g/1000g 溶液 | 溶解度温度系数 g/1000g 溶液·℃ |
|---|---|---|
| $K_2HPO_4$ | 720 | +0.1 |
| $Li_2SO_4 \cdot H_2O$ | 244 | −0.36 |
| $LiIO_3$ | 431 | −0.2 |

蒸发法生长晶体的装置有许多类型. 图 3.23 示出的是比较简单的一种：在严格密封的育晶器上方设置冷凝器（可通水冷却），溶剂自溶液表面不断蒸发. 水蒸汽在冷凝器上凝结，并积聚在其下方的小杯内，再用虹吸管按控制量移出育晶器外. 在晶体生长过程中，取水速度应小于冷凝速度，使大部分冷凝水（包括器壁上的）回流到液面上去，否则液面上易产生自发结晶. 这种装置比较

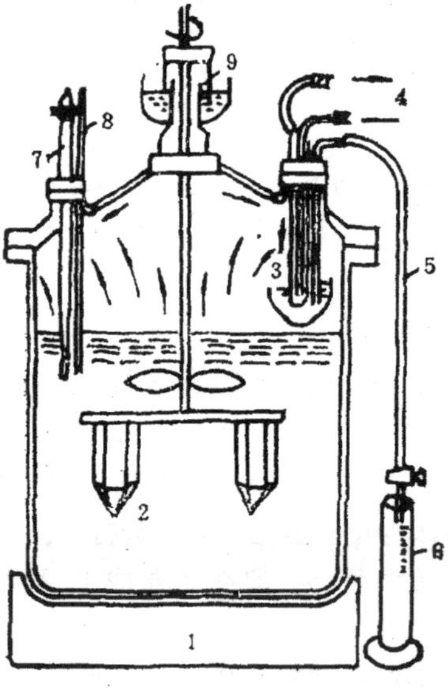


图 3.23　蒸发法育晶装置.

图中：1 为底部加热器；2 为晶体；3 为冷凝器；4 为冷却水；5 为虹吸管；6 为量筒；7 为接触控制器；8 为温度计；9 为水封.

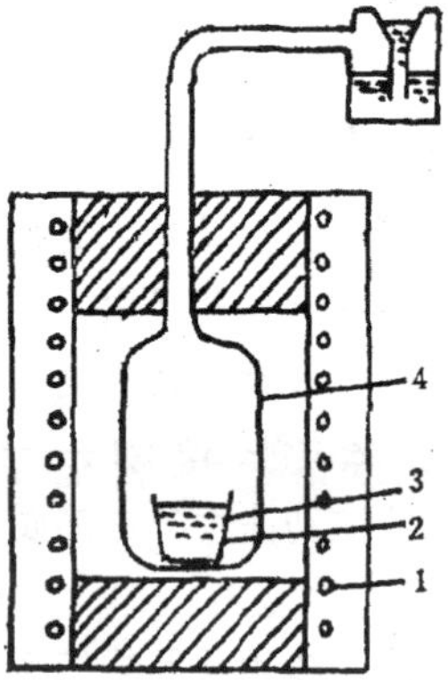


图 3.24　生长 NdPP 晶体的装置.

图中：1 为电阻炉；2 为金坩埚；3 为 $Nd_2O_3 + H_3PO_4$；4 为反应管；5 为鼓泡器.

适合于在较高的生长温度（>60℃）使用．温度较低，蒸发量太小，不能满足晶体生长的需要．

有时体系中某一成分（如水）的蒸发并不是作为溶剂蒸发直接导致晶体生长，而是引起化学反应，间接导致晶体生长．例如在 $Nd_2O_3$-$H_3PO_4$（或 $Nd_2O_3$-$P_2O_5$-$H_2O$）体系中生长五磷酸钕（$NdP_5O_{14}$ 简称 NdPP）晶体，其形成机制可能是

$$14H_3PO_4 + Nd_2O_3 \xrightarrow{>260℃} 2NdP_5O_{14} + 2H_4P_2O_7 + 17H_2O\uparrow.$$

NdPP 在焦磷酸（$H_4P_2O_7$）中有较大的溶解度，所以不会从溶液中析出．当温度升至 300℃ 以上，焦磷酸逐渐脱水，形成多聚偏磷酸，NdPP 在其中溶解度很小，在升温和蒸发过程中，由于焦磷酸浓度降低而使 NdPP 在溶液中到达过饱和而结晶出来

$$nH_4P_2O_7 + NdP_5O_{14} \xrightarrow{>300℃} 2(HPO_3)_n + NdP_5O_{14}\downarrow + nH_2O\uparrow.$$

据此机理，采用图 3.24 所示装置，在一定的温度下，控制水的蒸发速率就可以生长出质量较好的 NdPP 晶体[17]．

这种晶体生长方式实际上是晶体在无机溶剂（焦磷酸）的溶液中，通过焦磷酸脱水蒸发而产生缩聚反应，使溶剂不断减少，并使溶质（NdPP）从其饱和溶液中结晶出来的过程．因此将其归入蒸发法．

### 3.3.4 电解溶剂法[13,19]

电解溶剂法是从溶液中生长晶体的一种独特的方法，其原理基于用电解法分解溶剂，以除去溶剂，使溶液处于过饱和状态．显然这种方法只能应用于溶剂可以被电解而其产物很容易自溶液中移去（如气体）的体系．同时还要求所培养的晶体在溶液中能导电而又不被电解．因此，这种方法特别适用于一些稳定的离子晶体的水溶液体系．

电解溶剂法的一般装置如图 3.25 所示．育晶器中装有铂电极，也起电解槽的作用，当通以稳定的直流电，溶剂就被电解，其速度由电流密度控制．溶液要搅拌以免产生浓差极化．溶液表面用

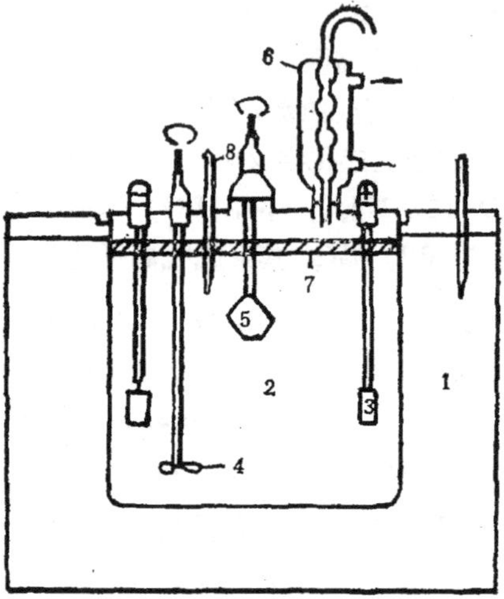


图 3.25 电解溶剂法生长晶体装置图. 图中:
1 为恒温槽; 2 为溶液; 3 为铂电极; 4 为搅拌器; 5 为晶体;
6 为冷凝器; 7 为覆盖流动层; 8 为温度计.

流动液层(如邻二甲苯)覆盖以防溶剂蒸发. 电解的气体产物从冷凝器中排出,在生长过程中,溶液 pH 应保持稳定.

和流动法与蒸发法一样，用电解溶剂法生长晶体也是恒温下进行的. 由于过饱和度是用直流电准确控制的，因此和生长温度关系不大,也可在室温下进行(这一点比蒸发法优越，因为温度较低时,蒸发量小,难以控制),也不需要知道溶解度曲线的情况. 所以这种方法既适用于溶解度温度系数比较小的晶体，也适用于生长有数种晶相存在，而每种晶相仅在一定温度范围内才能稳定存在的晶体.

用电解溶剂法来生长 KDP 型(特别是 DKDP 晶体)获得了满意的结果. 因为溶液中存在的常导致这些晶体柱面楔化的一些金属杂质离子(如 $Fe^{3+}$, $Al^{3+}$, $Cr^{3+}$ 等)可以在电解过程中除去，从而消除这些杂质的有害影响. 对 DKDP 晶体可以在低于其转变点的温度下生长，以防止单斜相的干扰。由于分解 $H_2O$ 所需的能量比分解 $D_2O$ 的要低，溶液中的 $H_2O$ 在电解过程中比较容易除去。溶液在生长过程中可以保持较高的氘化程度。图 3.26 示出在普通转晶育晶器（图 3.18）基础上改装的电解溶剂法生长这一类晶体的装置。阳极置于育晶器底部，为使电流均匀通过溶液，在溶液上方安置了两个电极，阴极放在喇叭形口的塑料管内，口上用尼龙网覆盖，使在阴极上产生的氢气引入通风良好的空间，防止其重新进入溶液。在阳极上产生的氧气进入育晶器中溶液上方的空间，保持正压，它有助于减少大气中的水汽和溶液中的氘发生交换而降低其含氘量。由于电解电流也会产生热量，因此也可以不使用底部加热器，而是将交流电直接通过电极加热，使用交、直流并用的加热-电解联合控制装置。晶体在溶液中转动以使溶液浓度均匀。由于溶液是强缓冲溶液，所以电解过程中溶液 pH 变化不大。

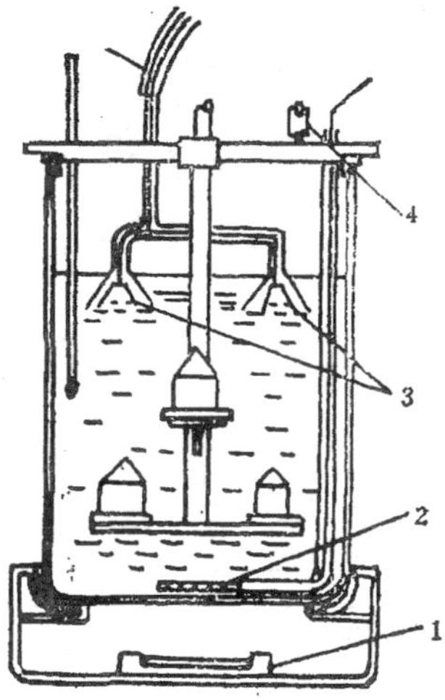


图 3.26 由通常转晶育晶器改装的电解溶剂育晶装置。图中：
1 为底部加热器； 2 为阳极； 3 为屏蔽的阴极； 4 为本生阀。

对于从重水溶液中生长高质量的 KDP 型晶体，电解溶剂法是一种有前途的方法。

除了上述四种从水溶液中生长晶体的方法外，还有凝胶法、有机溶剂法等，这些内容将在下面独立的章节中进行论述。

上述的从溶液中生长晶体的各种方法中，以降温法、蒸发法、流动法最为常用，大部分水溶性晶体都是用这些方法培养的。表 3.9 列出了从溶液中生长的一些晶体的单晶培养和一般的结晶方法。

表 3.9 从溶液中生长的一些重要晶体

| 名称及缩写 | 化学式 | 溶剂 | 生长方法 | 工艺要领 |
|---|---|---|---|---|
| 酒石酸钾钠 (KNT) | $KNaC_4H_4O_6 \cdot 4H_2O$ | $H_2O$ | 降温、转晶 | 起始温度 45℃，降温先慢后快，1—2 月可长出 10 余公斤单晶． |
| 罗谢尔盐 (RS) | | | 密封、静置冷却 | 配制浓度为 134g/100ml 水的溶液，加热至完全溶解，然后在密封容器中静置、冷却、结晶． |
| | | | 静置蒸发 | 配制浓度为 130g/100ml 水的溶液，加热至完全溶解，静置蒸发结晶． |
| 钾矾，明矾 | $K_2SO_4 \cdot Al_2(SO_4)_3 \cdot 24H_2O$ | $H_2O$ | 降温、转晶 | 起始温度 48℃，降温速度 ~0.2℃/d． |
| | | | 密封、静置冷却 | 配制浓度为 24g/100ml 水的溶液．见 KNT． |
| | | | 静置蒸发 | 配制 20g/100ml 水的溶液．见 KNT． |
| 铬 矾 | $K_2SO_4 \cdot Cr_2(SO_4)_3 \cdot 24H_2O$ | $H_2O$ | 降温、转晶 | 与明矾类似． |
| | | | 密封、静置冷却 | 配制 65g/100ml 水的溶液．见 KNT． |
| | | | 静置蒸发 | 配制 60g/100ml 水的溶液．见 KNT． |
| 酒石酸乙二胺 (EDT) | $(CH_2NH_2)C_4H_4O_6$ | $H_2O$ | 降温，转晶 | EDT 无水物在 40.6℃ 以上稳定，但也可在40.6℃ 以下生长 EDT． |
| 酒石酸钾 (DKT) | $K_2C_4H_4O_6 \cdot 1/2H_2O$ | $H_2O$ | 降温，转晶 | 起始温度 60℃． |
| 磷酸二氢铵 (ADP) | $NH_4H_2PO_4$ | $H_2O$ | 降温，转晶 | 生长区间 50—30℃，以 (001) 切片为籽晶，成锥过程降温稍快． |
| | | | 温差流动 | 溶液强制流动，两个月可长出 20kg 单晶． |
| 磷酸二氢钾 (KDP) | $KH_2PO_4$ | $H_2O$ | 降温，转晶 | 起始温度 50—60℃，见 ADP． |

| | | | | |
|---|---|---|---|---|
| 磷酸二氘钾（DKDP） | $KD_2PO_4$ | $D_2O$ | 降温，转晶 | 对于含氘量为99.8%的重水溶液，可在40—43℃起始温度下在四方籽晶上生长四方DKDP晶体．为防止单斜相干扰，也可以在25℃以下生长． |
| 磷酸二氢铷（RDA） | $RbH_2AsO_4$ | $H_2O$ | 降温，转晶 | 与ADP类似． |
| 砷酸二氢铯（CDA） | $CsH_2AsO_4$ | $H_2O$ | 降温，转晶 | 起始温度40—50℃，pH～6． |
| 砷酸二氘铯（DCDA） | $CsD_2AsO_4$ | $D_2O$或重水与乙二醇混合溶剂 | 降温，转晶 | 在50℃以下生长． |
| 硫酸甘氨酸（TGS） | $(NH_2CH_2COOH)_3 \cdot H_2SO_4$ | $H_2O$ | 降温，转晶 | 起始温度50℃，用Z向杆状籽晶． |
| 氘化硫酸甘氨酸（DTGS） | $(ND_2CD_2COOD)_3 \cdot D_2SO_4$ | $D_2O$ | 降温，转晶 | 与TGS类似． |
| 硒酸甘氨酸（TGSe） | $(NH_2CH_2COOH)_3 \cdot H_2SeO_4$ | $H_2O$ | 降温，转晶 | 与TGS类似． |
| 氟铍酸甘氨酸（TGFB） | $(NH_2CH_2COOH)_3 \cdot H_2BeF_4$ | $H_2O$ | 降温，转晶 | 与TGS类似． |
| 硫酸铝胍（GASH） | $[C(NH_2)_3]Al(SO_4)_2 \cdot 6H_2O$ | $H_2O$ | 降温 | 40℃以上用降温法． |
| | | | 蒸发 | 40℃以下用蒸发法． |
| 硫酸锂（LS或LH） | $Li_2SO_4 \cdot H_2O$ | $H_2O$ | 蒸发，转晶 | 85—90℃恒温蒸发，采用Z向杆状籽晶． |
| 碘酸锂（LI） | $LiIO_3$ | $H_2O$ | 蒸发，转晶 | 室温下配制比重在1.54—1.55间的溶液，控制蒸发量防止四方相出现． |
| α-碘酸 | $\alpha$-$HIO_3$ | $H_2O$ | 蒸发 | 起始温度50℃，用Z切籽晶 |
| 碘酸钾 | $KIO_3$ | $H_2O$ | 温差，蒸发 | 流动和蒸发相结合，溶解区42℃，生长区24℃，生长速度很慢 |
| 硝酸钠 | $NaNO_3$ | $H_2O$ | 降温，转晶 | 起始温度～50℃，降温要慢． |

续表 3.9

| 名称及缩写 | 化学式 | 溶剂 | 生长方法 | 工艺要领 |
|---|---|---|---|---|
| 氯化钠 | $NaCl$ | $H_2O$ | 蒸发 | 含 0.1% $H_2SO_4$ + 0.1% $Pb(NO_3)_2$ 的饱和溶液在 75℃ 蒸发半小时可得线度为 6 毫米的透明立方体结晶．无 $Pb^{2+}$ 则结晶不透明． |
| 氯酸钠 | $NaClO_3$ | $H_2O$ | 降温，转晶 | 起始温度 51℃，降温速度 0.2℃/d． |
| | | | 密封，静置冷却 | 配制 117.4g/100ml 水的溶液．见 KNT． |
| | | | 静置蒸发 | 配制 113.4g/100ml 水的溶液．见 KNT． |
| 蔗　糖 | $C_{12}H_{22}O_{11}$ | $H_2O$ | 静置降温 | |
| 硫酸镍 | $NiSO_4 \cdot 6H_2O$, $NiSO_4 \cdot 7H_2O$ | $H_2O$ | 降温，转晶 | 50—30℃区间降温得六水物，35℃以下形成七水物． |
| 过硼酸钠 | $NaBO_3$ | $H_2O$ | 密封，静置冷却 | 配制 52g/100ml 水的溶液．见 KNT． |
| | | | 静置、蒸发 | 配制 50g/100ml 水的溶液．见 KNT． |
| 五硼酸钾 | $KB_5O_8$ | $H_2O$ | 降温，转晶 | 起始温度 50—60℃，pH～7． |
| 甲酸锂 | $LiCOOH \cdot H_2O$ | $H_2O$ | 降温，转晶 | 起始温度 45℃，pH～6． |
| 六次甲基四胺（HMTA） | $N_4(CH_2)_6$ | 乙醇 | 降温，转晶 | 起始温度 ～50℃ |
| 邻苯二甲酸氢钾（KAP） | $KHC_8H_4O_4$ | $H_2O$ | 降温，转晶 | 起始温度 55℃． |
| 季戊四醇（PET） | $C(CH_2OH)_4$ | $H_2O$ | 降温 | 生长区间 (87—92)—(80—85)℃． |
| 山梨醇六醋酸酯（SHA） | $C_6H_3O_6(COCH_3)_6$ | 乙醇 | 降温，转晶 | 生长区间 56—48℃． |

## § 3.4 溶液中培养单晶生长条件的控制和单晶的完整性

符合各种技术应用要求的晶体必须具有良好的完整性。溶液法生长单晶的完整性离不开对生长条件的严格控制。在具有良好完整性的前提下，尽量提高晶体的生长速率和利用率是晶体生长工作者始终不渝的追求目标。

### 3.4.1 籽晶

与有生命的动植物一样，培养优质单晶应选择优良的籽晶。籽晶上的缺陷，如位错、开裂、晶格畸变等在一定的范围内会“遗传”给新生长的晶体。避免使用有宏观缺陷的籽晶，有时还借助于物理光学的方法来挑选籽晶，以减少不利的“遗传”作用。

一般说来，结构和成分与结晶物质相同或相似的晶体取其中任何一部分都可以作为籽晶。但以结构和成分完全相同的完整晶体的一部分作籽晶时为最好。

同位素晶体：DKDP 与 KDP，DCDA 与 CDA，DTGS 与 TGS DLAP 与 LAP 等由于成分上只存在D与H的差异，结构上差异也不大，故可以互作为籽晶。钾明矾和铬矾的情况也相似。但是籽晶与新生长晶体在结构和成分上的差异会引起晶格失配，在晶体中留下应力，严重时会引起晶体开裂。所以籽晶最好取自相同生长条件下生长出来的完美晶体。

在初次培养一种新晶体时，可先培养出“晶芽”作为籽晶。对于溶解度正温度系数较大的结晶物质，培养“晶芽”是很方便的。先在烧杯中配制适量高于室温 5—10℃ 的饱和溶液，稍过热后注入 5—10cm 大的培养皿中，用表面皿盖好，让其在室温下冷却结晶，待七、八小时后即可将尺寸较大、外形完美的“晶芽”用不锈钢镊子取出，用滤纸吸干溶液即成。如果“晶芽”尺寸不够大，可以把表面皿掀开一条缝，用控制蒸发的方法，让“晶芽”长到需要的尺寸．此法对溶解度温度系数小的结晶物质亦适用．

从已有的大晶体上切取籽晶是最方便和广泛使用的方法．根据晶体生长的习性和日后应用的要求，籽晶可采用“点”状，“杆”状或“片”状等不同的切型．一般来说，切割籽晶时应尽量保留在晶体生长慢的方向上有较大的尺寸．

KTN，$NaNO_3$ 和 NaCl 一类晶体，各个方向生长速率相近，故可采用“点”状晶种．使用时将小粒晶种嵌入乳胶管一端，让完整性好的部分露出乳胶管，乳胶管的另一端套到掣晶杆上（图 3.27）．“点”状籽晶生长过程恢复区很小，不利的“遗传”因素较易消除，晶体紧包住乳胶管生长，降低了掣晶杆与晶体间的应力．

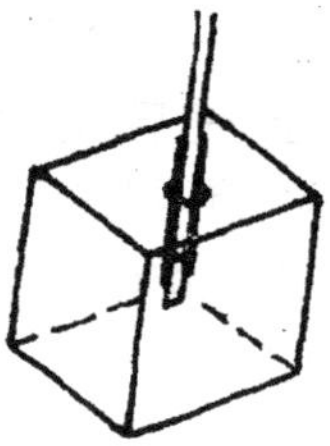

图 3.27　点状籽晶（$NaNO_3$）．

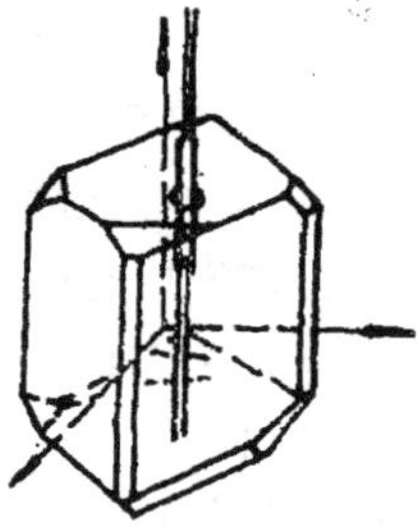

图 3.28　杆状籽晶（TGS）．

TGS 和 LSH 晶体 Z 向生长慢，采用平行于 Z 轴的“杆”状籽晶是合适的(图 3.28)．由于在 $X$，$Y$ 方向上生长较快，长出的晶体趋于各向匀称，这就提高了晶体产率和利用率．如采用平行于 [111] 晶稜的“杆”状籽晶来生长 KDP 型晶体，生长时恢复区很小，亦不需要成锥过程，对 CDA，DCDA 这类成锥较困难的晶体特别有意义(图 3.29)．

实用上，生长 KDP 型晶体大都采用 Z 切片籽晶．这类晶体 Z 方向比 $X$，$Y$ 方向生长快得多．Z 切片籽晶在生长初期有一个恢复自然外形的成锥(俗称“成帽”)过程．生长成帽的地方主要在 {100}和(001)相交的稜附近．保持籽晶在此稜附近的完整性对成帽质量起关键作用．籽晶片中央部分对生长影响较小，可以作打孔、捆绑或上螺丝将籽晶固定在掣晶架上．平行于 KDP {101}切片也常用作籽晶，其好处是，平行于自然锥面，晶体生长恢复区小，降低了多个晶面生长引起的生长扇形界，后者使晶体光学均匀性变坏。此外，KDP 晶体二类二倍频方向与{101}切片的方向接近，可以提高晶体的利用率。

ATGSAS 采用平行于($0\bar{1}0$)的籽晶片，这样可以生长出单畴的大晶片，使整个晶片的均匀性大大提高，更适合于热成像技术上应用。

晶体的生长习性是受生长条件影响的。所以实际工作中采用什么样的籽晶应同晶体生长习性，生长条件和应用要求结合起来考虑。

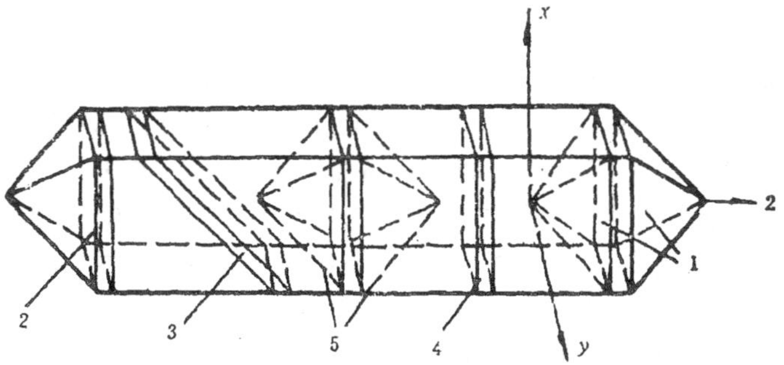


图 3.29　KDP 型晶体籽晶类型．图中：
1 为全锥籽晶；　2 为半锥籽晶；　3 为平行锥面的{011}片状籽晶；
4 为 Z 切(001)片状籽晶；　5 为 Z 切片成锥．

### 3.4.2　溶液的处理[27,28]

溶液是水溶性晶体生长的母体，溶液状态几乎是先天地决定了晶体生长特性和长成的晶体质量以及培养晶体工作的成败。溶液处理的目的是使溶液高度纯净，减少有害杂质的污染，提高其稳定性。通常制备溶液的步骤是用试剂级原料和蒸馏水或离子交换水配制成一定温度下的饱和溶液，用微米级以下孔径的过滤器过滤，然后在结晶器中过热，冷却到略高于饱和温度即可下籽晶使用。有时根据需要在溶液过滤前还可作调整 pH 值和掺质等处理。

培养高光学质量的晶体，按上述操作处理溶液往往还达不到要求。下面以培养 KDP 晶体为例，对培养晶体的溶液如何进行特别处理作一介绍。

KDP 晶体作为高功率激光倍频材料，抗光损伤能力是一个很重要的参数。按一般条件培养出来的晶体，其抗光损伤这个参数值是不高的，满足不了应用的需要。经过原料提纯，清除碳化物，灭菌，超细过滤，甚至在生长晶体时对溶液作不间断的连续过滤等特殊处理，使 KDP 晶体抗光损伤能力有了成倍的提高。

市售分析纯 KDP 试剂含有较高量无机和有机杂质，必须作化学的和重结晶的提纯处理。杂质在晶体和溶液中的分配系数是不同的，有的容易进入晶体，有的大部分留在溶液中，在重结晶时，采取“去头去尾”的方法是有效的，即重结晶最初析出的固体和最后的母液都弃去不要，只取中间部分产品。原料纯化要特别注意 $Fe^{3+}$，$Cr^{3+}$，$Al^{3+}$ 等高价金属离子，它们不仅影响晶体习性，还影响晶体的光学性质。原料中的有机杂质是通过向溶液中通 $O_3$ 或加 $H_2O_2$ 来清除的。溶液中碳的含量明显与光损伤阈值有关（图 3.30）。细菌和微生物是另一类有害污染物质，在晶体生长过程中，这类污染物质在溶液中繁殖增多。为了断绝其繁衍途径，必须

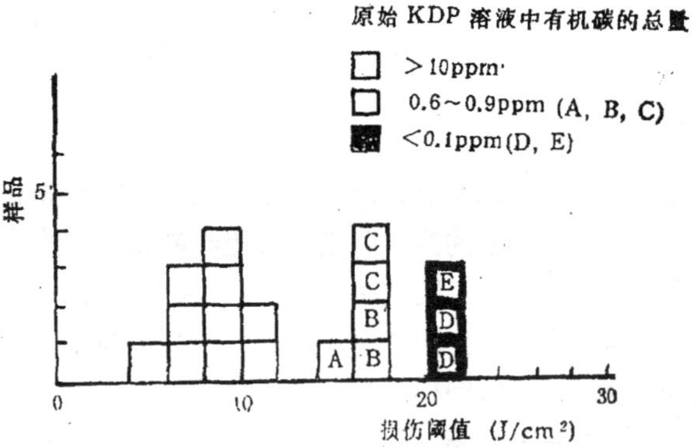


图 3.30 溶液特殊处理与晶体光损伤阈值之间的关系。

对溶液进行消毒处理，用紫外灯辐照，氧化剂氧化和杀菌剂（如汞）灭菌都可以达到此目的。消毒处理应当在晶体生长的全过程中进行。溶液中的机械微粒不仅容易成为异质成核的核心，影响溶液的稳定性，而且容易长入晶体，影响晶体的光学均匀性。特别是某些胶体尺寸的微粒对晶体生长危害更大。对溶液进行超细过滤，用孔径为 0.05μm 的滤膜连续不断地过滤生长晶体中的溶液，可以显著地改善这种状况。

此外，配制溶液和原料重结晶提纯时应十分注意结晶物质的分解温度，过高的温度或局部过热都会导致结晶物质的部分分解，造成新的污染，这对微量杂质即可产生晶体异常生长的场合，对此应特别小心。

### 3.4.3 介质对晶体生长的影响[21]

实际晶体都是在一定的介质环境中生长的，因此介质必然对晶体（外形和完整性）发生影响。开展这方面的研究，不仅对于培养优质单晶，而且对于探讨实际晶体的形成问题都具有重要的意义。介质对从溶液中生长晶体的影响主要包括以下几个因素：杂质、溶液中氢离子浓度（pH 值）、温度、过饱和度和介质运动等。

（1）杂质[1,4,14] 通常把与结晶物质无关的少量外来物质称为杂质。杂质在结晶过程中一般是难以避免的。广义的杂质还应该包括溶剂本身，从这个意义上来说，杂质是不能消除的（其含量有时甚至是很大的），因为它本身就是外介质。

杂质对晶体生长的影响是多方面的，研究杂质效应不仅有助于控制结晶过程和单晶的性质，而且在晶体生长理论研究上也有重要的作用，因为杂质影响的机制常与晶体生长动力学的研究紧密联系在一起的。

杂质可以影响溶解度和溶液的性质，例如在生长某些晶体时，常在溶剂中加入一定量（百分之几）的辅助剂或使用混合溶剂，以改变溶解度或溶液的粘度，使有利于晶体的生长（表 3.10）。

杂质也会显著地改变晶体的结晶习性（晶癖），Buckley 曾用

表 3.10　在水溶液生长中用过的一些辅助剂*

| 晶　　体 | 生长辅助剂 |
|---|---|
| $Ba(HCOO)_2$<br>$Ba(NO_3)_2$<br>$Ca(HCOO)_2$<br>$NH_4C_2O_4 \cdot H_2O$ | 甘油 |
| $HIO_3$ | 硫酸 |
| $Ag_2SO_4$, $AgNO_3$<br>$AgCl$, $AgI$<br>$AgIO_3$ | 氨 |
| $HgI_2$ | 碘化钾 |
| 季戊四醇 | 蔗糖 |
| $MgSO_4 \cdot 7H_2O$<br>$ZnSO_4 \cdot 7H_2O$<br>$KH_2PO_4$ | 硼砂 |

* 关于这些辅助剂的实际价值，尚有争论.

表 3.11　杂质改变结晶习性的实例

| 晶　体 | 正常晶形 | 杂　质 | 改变后的晶形 |
|---|---|---|---|
| 铵明矾 | 八面体 | 硼砂 | 立方体 |
| $NH_4Cl$ | 树枝状 | $Cd^{2+}$, $Ni^{2+}$ | 立方体 |
| $NH_4H_2PO_4$ | 针　状 | $Al^{3+}$, $Fe^{3+}$, $Cr^{3+}$ | 楔化棱柱体 |
| $(NH_4)_2SO_4$ | 棱柱体 | $FeCl_3$ | 不规则晶体 |
| $H_3BO_3$ | 针　状 | 明胶，酪朊 | 片状 |
| $MgSO_4 \cdot 7H_2O$ | 针　状 | 硼砂 | 棱柱体 |
| 钾明矾 | 八面体 | 硼砂 | 立方体 |
| $KBr$ | 立方体 | 酚 | 八面体 |
| $KCl$ | 立方体 | $Fe(CN)_6^{4+}$ | 树枝状 |
| $NaCl$ | 立方体 | $Na_6P_4O_{13}$ | 八面体 |
| 硼砂 | 针　状 | 羧甲基纤维素 | 片状 |

许多篇幅对此作了专门叙述[2]. 在工业结晶中也常应用杂质这一效应，表 3.11 列出了其中的一些典型例子.

杂质对晶体质量也有明显的影响. 在多数情况下，杂质使晶体的完整性降低,性能变坏,但也存在一些少量杂质离子能改善晶体生长质量，其例子见表 3.12。有时为了改善晶体某一方面的性能，还需加入一些杂质(掺质)。例如在 TGS 晶体中掺入 $\alpha$ 丙氨酸以防止退极化。

杂质影响晶体生长有以下三种方式:

(i) 进入晶体;

(ii) 选择性吸附在一定的晶面上;

(iii) 改变晶面对介质的表面能。

杂质进入晶体的机制并不十分清楚,一般来说,由于结晶作用的专一性，生长中的晶体对外来杂质有排斥作用。但有时晶体表面也可以键合杂质质点，特别是它与组成晶体的质点在晶体构造中较为相似时，比较容易均匀地进入晶体，相似性愈大，进入晶体就愈容易。例如在生长 DKDP 晶体时，H就可以进入D的位置，形成均匀的 $K(D_xH_{1-x})_2PO_4$ 混晶。在掺 $\alpha$ 丙氨酸的 TGS 晶体（称 ATGS）中，$\alpha$ 丙氨酸之所以能进入 TGS 晶格中，主要是由于 $\alpha$ 丙氨酸分子 $\left(\begin{array}{c} \quad\;\; H \\ \quad\;\; | \\ NH_3^+ - C - COO^- \\ \quad\;\; | \\ \quad\;\; CH_3 \end{array}\right)$ 和甘氨酸分子 $\left(\begin{array}{c} \quad\;\; H \\ \quad\;\; | \\ NH_3^+ - C - COO^- \\ \quad\;\; | \\ \quad\;\; H \end{array}\right)$ 在结构上的相似性。杂质的这种均匀进入通常会对晶体的性质发生影响。当然，这种进入一般是有一定限度的,超过这一限度常会引起晶体构造的不稳定。有时杂质(包括溶剂)也会不均匀地进入晶体,造成包裹物,这主要是由外因引起,如过饱和度过大,溶液搅拌不均匀等。

由于晶体的各向异性，杂质在晶体的不同晶面上经常发生选择性吸附。这种吸附常使某些晶面的生长受到阻碍，因而改变了各晶面的相对生长速度。在杂质改变晶癖的例子中有不少是由这种原因造成的。选择性吸附还普遍具有饱和性，即当溶液中杂质

表 3.12 微量离子改善从水溶液中生长晶体质量的例子

| 晶体 | 杂质离子 |
| --- | --- |
| $NaCl$ | $Pb^{2+}$, $Mn^{2+}$, $Bi^{3+}$, $Sn^{2+}$, $Fe^{3+}$ |
| $KCl$ | $Pb^{2+}$, $Sn^{2+}$, $Fe^{3+}$ |
| $KBr$ | $Pb^{2+}$ |
| $KI$ | $Pb^{2+}$, $Ti^{4+}$, $Si^{4+}$, $Fe^{3+}$ |
| $RbCl$ | $Pb^{2+}$, $Sn^{2+}$, $Zr^{4+}$ |
| $KNO_3$ | $Pb^{2+}$, $Th^{4+}$, $Bi^{3+}$ |
| $K_2SO_4$ | $Mn^{2+}$, $Cd^{2+}$, $Mn^{3+}$, $Fe^{3+}$, $Cu^{2+}$, $Al^{3+}$ |
| $LiCl \cdot H_2O$ | $Mn^{2+}$ |
| $NH_4Cl$ | $Mn^{2+}$, $Fe^{2+}$, $Fe^{3+}$, $Cu^{2+}$ |
| $AgBrO_3$ | $Fe^{3+}$, $Al^{3+}$, $W^{6+}$ |
| $CsCl$ | $La^{3+}$, $Ce^{3+}$ |
| $Ba(NO_2)_2$ | $Mg^{2+}$, $Te^{4+}$ |
| $KBrO_3$ | $Pb^{2+}$, $Te^{4+}$, $V^{5+}$ |
| $NaNO_2$ | $Ca^{2+}$ |

含量超过一定浓度后，它对生长的遏制作用不再随杂质浓度的增大而增长。选择性吸附对晶体的影响方式以进入晶体为主。如在含有 $CuCO_3$ 的溶液中生长 KTN 晶体时，$Cu^{2+}$ 只吸附在{001}晶面上，阻碍其生长，但对 [001] 晶带上的晶面却无影响，结果使 KTN 晶体 Z 向变短，甚至呈板状。{001}表层呈深蓝色，说明 $Cu^{2+}$ 已进入了 ⟨001⟩ 的生长锥[22]。

必须指出，同一种晶面对不同杂质离子或同一种离子对不同晶面选择性吸附影响的程度是很不相同的。例如三价金属离子 $Cr^{3+}$，$Fe^{3+}$，$Al^{3+}$ 很容易在 KDP 型晶体的柱面上发生选择性吸附，使柱面楔化(图 3.37)，但其楔化能力却不一样，在相同的杂质浓度下，按 $Cr^{3+} > Fe^{3+} > Al^{3+}$ 递降。这可能与相应水合离子 $M(H_2O)_6^{3+}$ 的稳定性有关，因其稳定性递减次序恰好是 $Cr(H_2O)_6^{3+} > Fe(H_2O)_6^{3+} > Al(H_2O)_6^{3+}$[23]。微量的 $Cr^{3+}$ 很容易进入晶体柱面的生长扇形，使此部分呈绿色[图 3.37(c)]。

三价金属离子在 KDP 型晶体柱面上发生选择性吸附，常常使晶体柱面楔化，光学均匀性降低，这固然是其有害的一面，但也有其可利用的一面。在培养大块晶体时，人们按预定的要求用规定尺寸横截面的种子，不希望横截面再扩大，而在纯度较高的溶液中生长此类晶体横截面会扩大，有时甚至达到无法控制的程度，使光轴方向生长达不到要求的尺寸，为此必须抑制晶体柱面生长。加入一定量有选择性吸附能力的三价金属离子可以实现上述目标。有趣的是，加入三价金属离子后，溶液的准稳区扩大，稳定性大大提高，而柱面上产生的楔化度可通过加大过饱和度得到补偿（图 3.31），使 KDP 型晶体在Z向上的生长速度大大提高[28]。

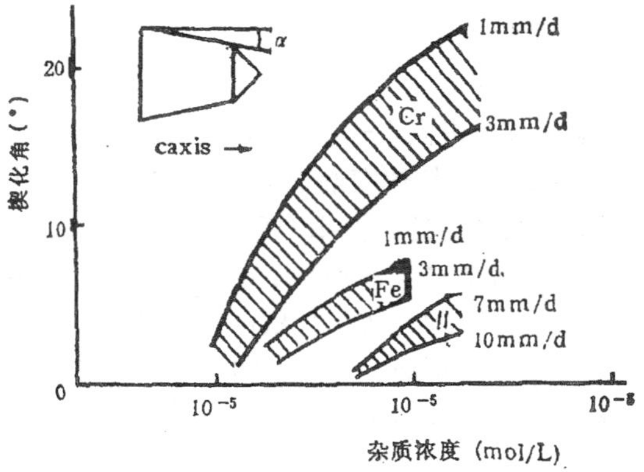


图 3.31　杂质浓度和楔化角间关系，楔化角与生长速度的函数关系.

杂质改变了晶面对介质的表面能，从晶体生长的分子动力学理论来看，这可以看成是改变各种生长过程的能量。如果杂质不进入晶体，只是在溶液中和溶质相互作用，那么只能均匀地改变所有质点的结合能，表现为杂质对溶解度和晶体生长速度的影响。如果杂质进入晶体，则晶格场受到局部破坏。杂质在不同晶面上进入的情况是不一样的，对各个晶面上质点结合能影响的程度也是不相同的，其结果就是改变了各晶面的相对生长速度。

综上所述，杂质的影响包括晶体学、动力学和热力学等方面的效应，影响的主要方式是进入晶体。

（2）氢离子浓度（pH）　在水溶液中存在着大量的 $H^+$ 和

$OH^-$，溶液中的氢离子浓度对晶体生长的影响是很显著的。例如提高溶液的 pH 值会促使 KDP 型晶体柱面扩展，降低 pH 值使得 LSH 和 TGS 晶体发育较为匀称。如果溶液 pH 值不合适，即便是其他生长条件合适，也长不出所需尺寸的好晶体。pH 影响也是相当复杂的，一般可归纳为以下几种方式：

(i) pH 影响溶解度，使溶液中离子平衡发生变化。

(ii) pH 改变杂质的活性，即改变杂质络合或水合状态，使杂质敏化或钝化。pH 的作用也可能改变晶面的吸附能力，因 pH 对后者有较大的影响。

(iii) pH 直接影响晶体生长，通过改变各晶面的相对生长速度，引起晶体生长习性的变化。例如 25℃ 时，在 pH = 3.8 的溶液中，ADP 晶体在 X 方向生长速度为 0，晶体沿 Z 方向伸长。当 pH = 5.2 时，沿 Z 向生长速度增长不多，但 X 向生长速度却有明显的增加，晶体长成较短的棱柱体（图 3.32）。Mullin 把 $H^+$ 也看成和 $M^{3+}$ 一样的杂质离子来解释 pH 的影响机制：溶液中 $H^+$ 以水合离子 $H_3(H_2O)_3^+$ 存在，它在 ADP 柱面附近表现出稀释效应，阻碍溶质向晶面上扩散，因而遏制了该面生长。当 pH 升高时，氢离子浓度减少，阻碍作用减弱，柱面生长速度就增加了。

(3) *温度* 生长温度对晶体的习性和质量都有影响。图 3.33 示出过饱和度相同、但生长温度不同的 $MgSO_4 \cdot 7H_2O$ 晶体的习性变化。因此，可以利用生长习性随温度的变化，选择合适的生长温度以获得所需要的晶癖。

温度本身的影响可以认为是改变晶体生长各个过程的激活能。晶体生长过程很少是纯表面反应或是纯扩散过程。一般在较低温度下，结晶过程主要由表面反应这一步控制。当温度升高时，生长速度加快，扩散就逐渐成为控制结晶过程的主要步骤了。在较高的温度下生长的晶体，由于结晶质点排斥外来杂质能力的增强，其长出的晶体质量一般要比在较低温度下生长的好些。

如果从结晶质点和介质的相互作用这一观点来研究实际晶体的形成过程时，可以把温度的影响看成是溶剂浓度的变化的影响

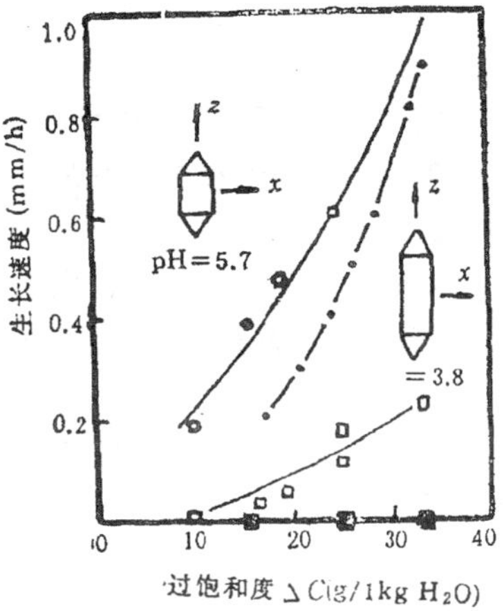


图 3.32 pH 对 ADP 晶体 X 和 Z 向生长速度的影响（25℃）. 图中：
○ 为 pH = 5.2 时，Z 向生长速度；
□ 为 pH = 5.2 时，X 向生长速度；
● 为 pH = 3.8 时，Z 向生长速度；
■ 为 pH = 3.8 时，X 向生长速度.

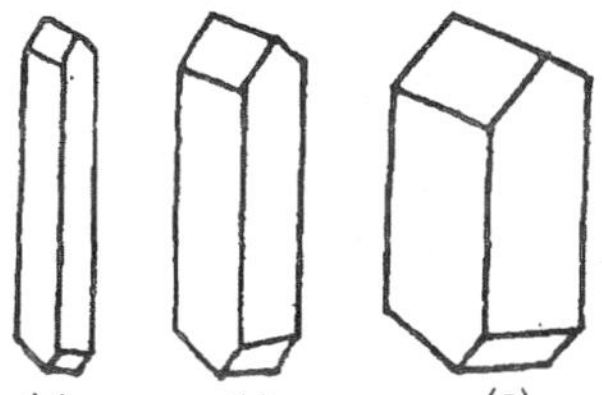


图 3.33 温度对 $MgSO_4 \cdot 7H_2O$ 晶体外形的影响. 图中：
(a) 为 25℃； (b) 为 35℃；
(c) 为 45℃.

(如果把溶剂看成杂质，也可以归结于杂质变化的影响)。

(4) *过饱和度和介质运动* 过饱和度是结晶的驱动力，由于不同过饱和度会产生不同的生长机制，过饱和度对晶体生长速度、质量和晶体外形影响都很大。晶体在低过饱和度下生长时，速度较慢，晶面发展比较充分，一些高指数的次要晶面容易出露. ADP, KDP 等晶体在过饱和度很低时，也会出现类似于杂质离子所造成的柱面楔化现象(图 3.37)，随着过饱和度的增加，楔化逐渐减轻到最后消失，经过这样的过程生长的晶体并不产生母液包藏。这种在很低过饱和度下出现的生长现象，可能是由于结晶驱动力过小、扩散到柱面附近的溶质质点无力穿过柱面-锥面交界处附近的"水分子壁垒"所造成的. 用放射自显影术研究铁离子在 KDP 晶体中的分配的实验结果也表明，适当增加过饱和度(在较小的过饱和度范围内)有助于减少铁离子在柱面上的进入[24].

控制过饱和度是控制溶液晶体生长速度和质量的关键措施.

大的过饱和度有利于晶体的自提纯作用和晶形简化，使晶体光学均匀性变好，而生长速度又快．但大的过饱和度容易造成晶面上各部分过饱和度差变大，特别是大晶面，容易出现由于生长速度上的差异造成母液包藏．按照理想完整晶体的生长模型，在晶面上晶体生长是一层一层地依次推进的，在通过台阶扩展堆砌好一层后再开始新层的生长．晶面上过饱和度的差别破坏了这种生长的顺序性．在质点完成一层排列之前，晶面上过饱和度大的区域（图3.34中的 $A,B,C$）又开始了新层的生长，晶体构造的完整性遭到破坏，使外面的介质很易进入晶体．所以晶面上过饱和度的差别是为杂质（广义）进入晶体开路的主要外界因素．

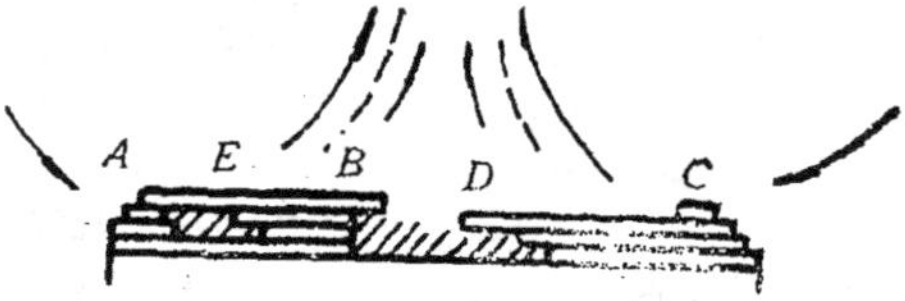


图 3.34　晶面上过饱和度的差别（$A$、$B$、$C>D$、$E$）破坏了生长的顺序性，造成母液包藏．

介质的运动对晶体生长速度和完整性都有显著的作用[31]，这种作用往往又和过饱和度紧密联系在一起．介质运动由自然对流、强迫对流和晶体自身生长引起．对流是质量传输和热量传输的主要形式，它影响晶体生长动力学、杂质俘获、组分均匀性、形态稳定性和成核作用．一般来说，随着对流的增大晶体生长速度也增大，直到以生长动力学机制决定生长速度．在无对流的情况下，过饱和度的分布在晶面中心最低，棱边次之，隅角顶点最高．这种分布在过饱和度增大时更为突出，容易发生界面的不稳定，产生母液包藏．在水溶液晶体快速生长中，要求过饱和度和溶液相对于晶体的流速都很大，使晶体生长机制进入动力学和扩散同时起作用．晶体正反方向转动可以减弱顺着晶体产生的“尾流”，防止母液包藏．溶液的充分搅拌可使整体溶液浓度和温度分布均匀，这对大晶面的稳定生长和防止大生长体系中的自发成核特别重要．

### 3.4.4 水溶液晶体的快速生长[29,32]

晶体从溶液中生长也就是从稀薄环境相中生长．大量的溶剂和少量的杂质使结晶物质向晶体上生长受到重重阻碍。所以溶液晶体生长和熔体晶体生长在速度上存在数量级的差别。KDP 型（KDP，DKDP 和 ADP 等）晶体快速生长技术的发展改变了这种状况，大大缩小了这种差别．生长 KDP 晶体采用传统的降温法，Z 向生长速度约 1mm/d，而用快速生长方法则可达 1—2mm/h，提高了一个数量级。快速生长方法的实质，可以说是人们充分利用介质对晶体生长影响的知识在实践中取得成功的一个范例。

晶面法向生长速度可用简单的经验公式 $R = \beta\sigma^n$ 来表示，$\beta$ 是生长动力学系数，它与晶体生长机制和溶液相对于晶体流动速度有关。$\sigma$ 是过饱和度，$n$ 是反映生长机制的常数。从公式中可知，要想提高晶体生长速度可以从两个方面入手：一是提高 $\beta$ 值，二是提高 $\sigma$ 值。

根据 Такиво 等的研究结果，在一定的过饱和度下，提高溶液流速可以改变晶体的生长机制，实现快速生长。

Cooper 等[33]用自己设计的潜入式离心泵，把液流速度与晶体长度之比值 $u/l$ 提高到 $50s^{-1}$，在 50—80℃ 的范围内，用 18 × 21 mm（101）扇形片作籽晶，获得 3—60mm/d 的生长速度。在 10 × 10mm 的扇形片籽晶上，生长无宏观缺陷的晶体，生长速度达到 11—23mm/d。

提高 $\sigma$ 是提高晶体生长速度最重要的途径。前面已详细地讲过生长机制与过饱和度的关系．通过改变过饱和度控制晶体生长机制，使晶体生长既有较高的生长速度，又符合实用要求是可能的。

Зайцева 等[34]用传统的降温法，点状籽晶和控制液流速度在 30cm/s（生长动力学机制），通过增大过饱和度，使 KDP 晶体 Z 向生长达 50mm/d，柱面生长 25—30mm/d。

在快速生长方法中遇到最大的问题是如何防止自发成核和保证晶体完美生长. 超细过滤（筛孔直径小于 0.2 μm），提高过热温度（高于饱和温度 5—10℃）和延长过热时间（2—3d）对防止自发成核有重要作用. 但更重要的是严格控制过饱和度和生长速度间的相适应关系，提高原料和溶液的纯度，减少杂质阻碍生长和防止过饱和度积累. 防止二次成核是另一个要注意的问题. 在高速液流中，已存在于溶液中的晶体，相互碰撞或与容器壁磨擦都会发生二次成核. Чернов 等从大量的实验事实中发现，二次成核还与生长中的晶体发生开裂有关. 开裂产生的晶体碎片成为新的晶核.

用快速生长方法生长出来的晶体，其完整性与通常方法生长出来的无很大的差别. 但在生长条件控制方面要求更加严格. 晶体在高过饱和度下生长，在晶体表面，特别是在大晶面上浓度空间分布的不均匀性更易发生，对温度波动也更敏感，造成母液包藏的机会更大. 在生长机制上，不仅仅是动力学机制，而且对流-扩散机制也同时起作用，晶体生长趋向于粗糙化，细微裂纹常可在 KDP 晶体的柱面上看到. 晶体开始生长阶段的恢复区，在籽晶与新生长晶体间起着晶格匹配的缓冲作用，快速生长把这个区域缩小，使籽晶上的缺陷更易延伸进新生长的晶体中，此时采用点状籽晶是更合适的. 快速生长的晶体，其下面性质甚至比常规生长的更优越[33]：KDP（100）生长速度增大时，进入（100）生长扇形的杂质浓度降低，而（101）生长扇形中两种方法杂质浓度变化不大. 快速生长晶体中不存在常规生长晶体中常见到的生长层和位错束，也不存在其他折射率不均匀的结构，晶面间的生长扇形界消失，表现出有更好的光学均匀性.

综上所述，水溶液晶体快速生长不仅可以大大缩短生长周期，提高生产效率，降低生产成本，而且使晶体某些性能得到改善. 尽管快速生长条件苛刻，控制困难，但只要我们更深入地研究介质对晶体生长影响的动力学，更准确地把握生长条件、生长机制和晶体性质之间的关系，实现按预想要求既快又好地培养出特定需要的晶体是完全可能的.

### 3.4.5 水溶性晶体常见的宏观缺陷

水溶性晶体的常见宏观缺陷有下述几种类型。

(1) 晶面花纹和母液包藏　水溶性晶体在生长过程中，晶面上经常出现各种类型的花纹(图 3.35)。这类缺陷主要由于外部生长条件变化引起，如温度(过饱和度)波动，晶体的不同晶面以及同一晶面上不同部位溶质供应不均匀，造成过饱和度差别过大。这种情况在晶体长期单向转动或在较大过饱和度下停转，特别是在静止生长时很容易发生。此时，晶面上受到生长涡流洗刷的部分，溶质供应不足，而它和接触新鲜溶液的其它部分过饱和度差别很大。晶面花纹在生长过程中不断发展、加深，最终造成母液包藏，在透明生长的晶体上出现"云层"(图 3.36)。在采取措施消除引起这种缺陷的外因后(如降低过饱和度，改善溶液流动情况等)，晶体仍能恢复透明生长。有包藏的晶面会引发位错，能量较高，生长速度显著加快。必须指出，晶面花纹有时由溶液中某些杂质引起，一般采取上述措施是无效的，必须对溶液作提纯处理。

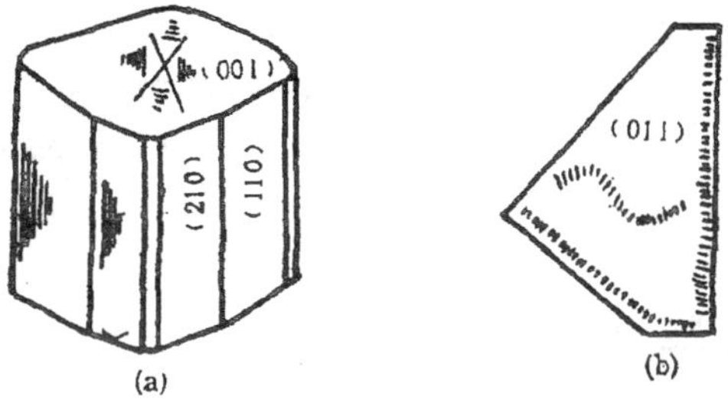


图 3.35　晶面花纹.

(a) KNT{001}，{110}，{210} 上的花纹；(b) ADP 锥面上的花纹.

保证晶体透明生长是溶液中培养晶体的最低要求。为此，必须避免母液包藏。

(2) 外形的不完整性、楔化和寄生生长　晶体在某些条件下，虽然能透明生长，但不能呈现正常的外形，如 KDP 型晶体在含有

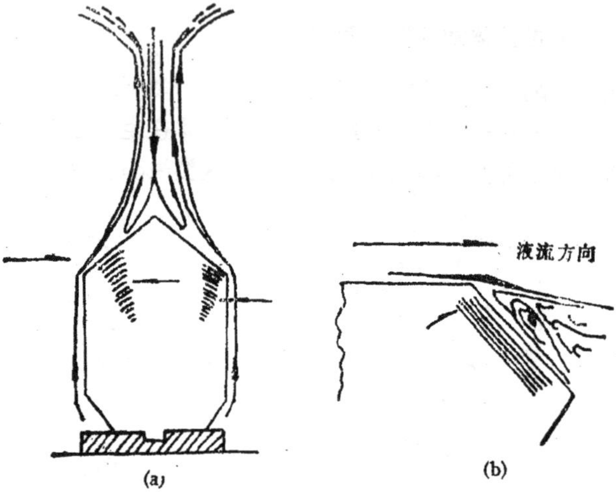


图 3.36 涡流引起的母液包藏.

(a) 晶体静置生长涡流引起的包藏；(b) 晶体单向转动时涡流引起的母液包藏(箭头所指处是由于溶质供应不足所造成的云层).

三价金属离子（$Cr^{3+}$，$Fe^{3+}$，$Al^{3+}$）的溶液中生长时，柱面逐渐弯曲，$X$-$Y$ 截面不断减小，晶体沿生长方向不断变尖(图 3.37)；硫酸锂（LSH）晶体在 $pH>7$ 的溶液中生长时，$Z$ 向不断缩小，[001] 晶带上的晶面逐渐消失，最后长成板状晶体(图 3.38)。这些在生长过程中，某些方向不断变小造成晶面弯曲，使晶体成楔形的现象称为楔化。晶体楔化不仅使晶体利用率下降，更严重的是影响晶体质量。对

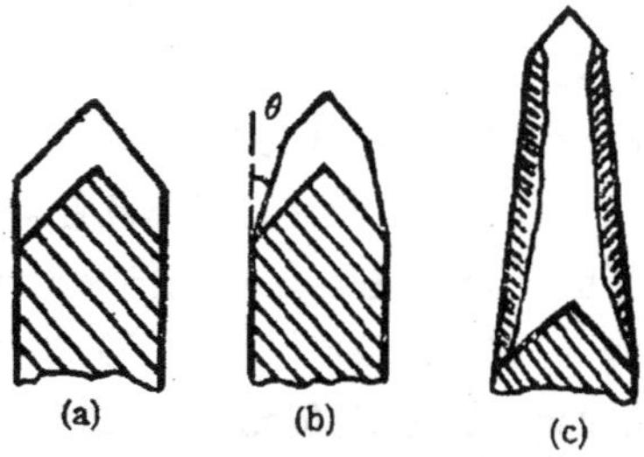


图 3.37 ADP 晶体的楔化.

(a) 为正常晶体；(b) 为楔化晶体；(c) 为柱面严重楔化，$Cr^{3+}$ 进入柱面表层，呈绿色.

KDP 型晶体楔化研究表明，楔化是 $M^{3+}$ 杂质离子在柱面-锥面交界处吸附造成的。$M^{3+}$ 进入晶体还造成一系列的缺陷，由于分配系数变化在柱面部分出现杂质浓度不同的生长带。锥面生长扇形

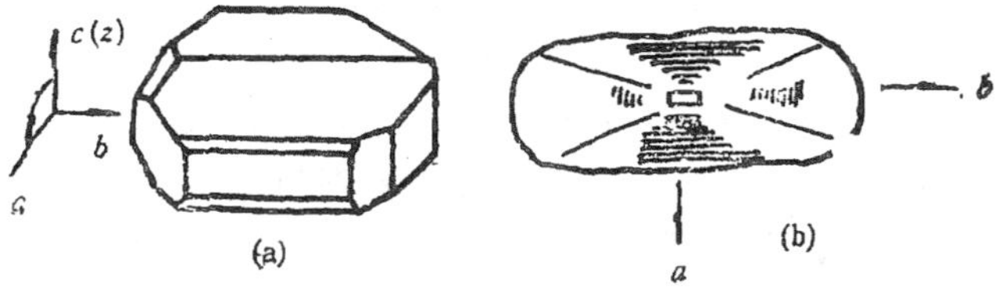


图 3.38 硫酸锂晶体的楔化.
(a) 为正常晶体(左晶); (b) 为在 pH>7 时, Z 向不断缩小, 最后楔化成板状晶体(俯视图).

的缺陷也和晶体楔化状况有关,楔化角 $\theta$ 愈大,进入晶体锥面部分的杂质含量愈多,在形貌图上可清楚看到衬比高的生长带,$\theta$ 变小,衬比不明显,在 $\theta=0$ 时,这类缺陷消失. 可见在晶体外形上反映出来的楔化程度也是晶体内在完整性的可见标志[25].

除楔化外,晶体的另一类常见的外观缺陷是晶面的不平整,其中较典型的是 ADP, KDP 晶体柱面上经常出现的寄生晶体(添晶,见图 3.39). 这些寄生晶体取向大致与母晶平行地连生于晶面上,顶部逐渐抬起. 寄生晶体很容易在晶种应力较大的部分(如籽晶夹附近)和缺陷处出现. 这种寄生晶体可视为平行连生的一种形式,它很可能在外界条件(应力、杂晶或机械杂质)刺激下引起晶体柱面上镶嵌构造突出生长的结果. 寄生晶体刺激柱面生长,使其附近柱面隆起并在晶面上造成许多圈纹,在晶体中产生严重的应力.

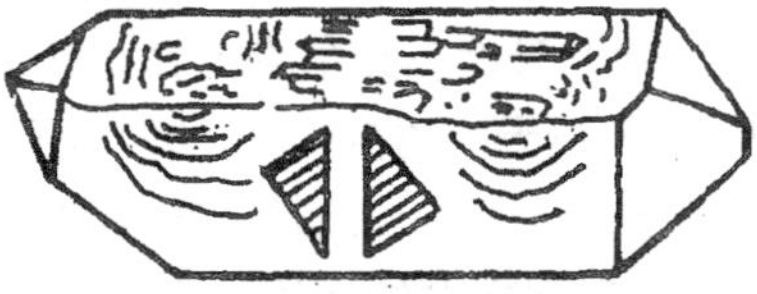

图 3.39 ADP 晶体柱面上的寄生晶体.

存在楔化、寄生晶体等外观缺陷的晶体,其内部肯定存在大量缺陷. 因此要获得高质量的晶体,除了要求内部无包藏外,外观的完整性也必须良好,即不能楔化,晶面要光滑平整.

(3) 开裂 内应力如果超过强度极限,晶体就会发生开裂. 内应力由晶格畸变引起即产生于条纹,生长扇形界,籽晶与晶体间晶格失配，某些可溶性杂质长入和细微的或胶状的机械杂质的包裹等．水溶液晶体开裂常发生在籽晶附近，除籽晶与晶体晶格失配外，籽晶架附近的应力特别大，当晶体长到坚硬的籽晶架上去时，开裂就可能发生．“点”状子晶和“杆”状籽晶沿着乳胶管生长时可减小应力．KDP 型晶体柱面上生长寄生晶体或楔化，内应力都很大．不均匀的热流冲击又是一个引起开裂的因素，对于大晶体其危险性更大，所以在晶体生长和保存期间应避免大的热波动．四方相 DKDP 晶体在亚稳区生长时有时也出现开裂，这是四方相向单斜相转变引起的，改变溶液状态可避免这种开裂．

(4) *光学不均匀性* 外形完整无包藏的透明晶体也不一定是均匀的好晶体．如果在晶体中有应力和一些微小的散射颗粒存在，则在光学上是不均匀的．进入晶体的一些杂质不均匀的分布，引起不同部位电导率出现差别，使该晶体在电学上也是不均匀的．

晶体中各种应力的存在是造成光学不均匀的原因．

由于晶格应力能改变累积强度，因此 X 射线形貌法是研究这种不均匀性的好方法．此外，对单轴晶(如 KDP 型晶体)，用消光比 (ER) 来检查光学均匀性也是很方便的． 对于晶体中比较好的部分，消光比达到 >10000:1，而对应力较大的区域，消光比可急剧下降至 50:1，这是一个很灵敏的检查方法．对于无应力条件下有自然双折射的晶体可以附加旋转补偿片，可用相同的方法进行测量．

透明晶体中的散射颗粒都是在从溶液中生长的过程中包藏进去的，由于颗粒很小，可使用 He-Ne 激光束照射，然后在与光束成 90° 的方向上进行超显微观察．

近年来由于光电子技术的发展，需要许多非线性晶体来作为激光的开关、调制、变频等元件．这些应用对晶体材料的质量要求很高．首先在所使用的波段内必须很好地透光，因此必须尽可能减少散射颗粒，因为这些颗粒能引起晶体中的光损耗，甚至引起在强光下晶体的破坏．此外要求晶体的折射率均匀性尽可能地好，水溶性单晶虽然较易培养，但要从溶液中生长出大块、纯净、完整性高的单晶也是很困难的．严格地说，真正均匀性良好的晶体还没有生长出来．根据上述分析，要培养出符合光电子学要求的高完整性的优良单晶，必须满足下列条件：

(i) 高质量的籽晶；

(ii) 高纯度的原料和光学纯的溶液；

(iii) 合理的搅拌；

(iv) 十分规则的生长速度．

为此，除了在技术上要采取相应措施(如提高控温精度，发展大型育晶器和提倡恒温法生长等)外，还需要利用新的实验手段(如X射线形貌术、放射自显影术、激光全息相衬干涉术等)开展生长条件对晶体均匀性和完整性影响的研究．关于这方面的工作，近几年来甚为活跃，它使得“溶液生长”这一古老的生长方法从工艺和理论都大大向前推进了一步．

## §3.5 凝胶法晶体生长[35—49]

凝胶法晶体生长的发展史可追溯到 1896 年，因为在这一年中，Liesegang 观察到了微溶盐在动物胶中周期性结晶现象，这种现象被后人称为 Liesegang 环[35]．随后，Fisher 和 Simons 等提出了“在完全可控制的条件下，几乎所有物质的晶体生长，凝胶均可成为良好的介质”[36]的论点．1965 年 Henish 发表了酒石酸钙在凝胶中生长的著名论文[37]．1970 年，Henish 的专著《凝胶法晶体生长》[38]出版，全面论述了凝胶法晶体生长的全貌与发展动向．从此以后，凝胶法生长晶体在国际范围内有了进一步地发展．

### 3.5.1 凝胶法晶体生长特点[39]

与通常广泛应用的溶液法、熔体法、熔盐法和气相法等相比，凝胶法晶体生长是一种易于被人们忽视的方法，所使用的育晶设备虽然较为简单,但所涉及的物理化学过程变化多样,此方法本身具有下述的一些独特的优点.

(1) 凝胶质软、性惰、多孔、半透明,且为不流动的半固体,凝胶介质有效地控制了流体的对流、湍流及外界扰动的发生.凝胶保持了化学上的惰性,且无害于晶体生长.凝胶骨架对晶体生长起到了"三维坩埚"支撑作用,它自然地服从于晶体生长形状,防止了晶体与容器底部或器壁的碰撞,使晶体保持完全无损的状态.

(2) 凝胶具有微孔结构,有过滤、隔离成核和抑制成核的作用,因此不仅可使晶体降低杂质污染,并且有益于均匀成核以及均匀掺质晶体生长的研究.

(3) 由于凝胶法晶体生长过程是在近于室温环境下进行的,故所生长出的晶体含有较少的热缺陷,从而提高了晶体的完整性.

(4) 实际上,由于凝胶可以降低化学试剂的扩散速度,因此可以控制溶质的扩散速率和成核速率,有利于进行晶体生长基本理论的研究.

(5) 凝胶法所用的育晶装置简便,化学试剂用量较少,生长的晶体品种较多,适用性很广,便于为研制新型功能晶体材料提供测试样品.

事物总是一分为二的,凝胶法虽然有上述优点,但无疑也存有不足之处,如凝胶虽有抑制成核的作用,能减少非均匀成核的概率,但还很难保证在凝胶中仅有少数几个晶核成长,因此在一般情况下,生长线度为厘米级以上的晶体,除针状晶体外,当前还存在着一定的困难.

### 3.5.2 凝胶的制备、性质和结构[40-42]

凝胶是一种具有半固态、富液体、高粘滞性且含有微孔的二组分体系,其中一个组分的分子键合成三维网络,而另一组分通过渗透而形成连续相.凝胶介质不仅是指由硅酸钠溶液制备的硅水凝胶,而且还包括各种有机凝胶,例如从海藻中得到的碳水化合物高聚物(琼脂胶)、类似于蛋白质结构的明胶、聚丙烯酰胺、醋酸纤维、四甲氧基硅、四乙氧基硅、硬脂酸盐、铝酸盐等. 但硅水凝胶是最普遍适用的一种凝胶，这是由于它比其它有机凝胶更适用于绝大多数晶体的生长.

将硅酸钠 ($Na_2SiO_3 \cdot 9H_2O$) 加入水中，酸化后可有硅酸产生,硅酸的一个重要特性是它的聚合作用,影响硅酸聚合作用的因素较多,其中最重要的因素是溶液的酸度. 胶凝时间与溶液的pH值的关系曲线如图 3.40 所示.

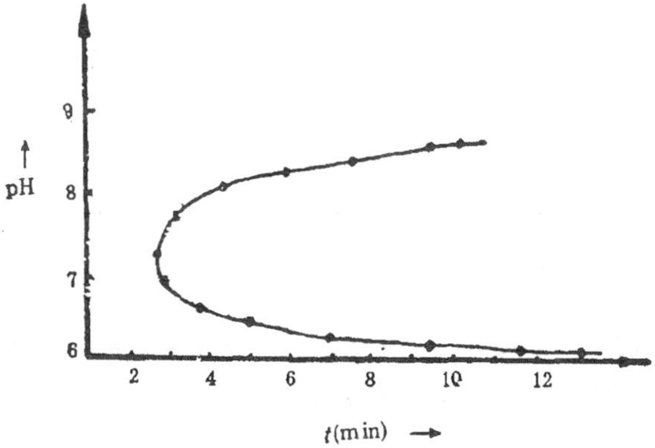


图 3.40 胶凝时间与溶液的 pH 值的关系曲线.

欲得某一确定 pH 值的凝胶介质,在不断搅拌情况下,准确地加入需要量的酸于硅酸钠水溶液中，该溶液的酸度值决定着凝胶的聚合过程和速度. 胶凝时间可从几秒钟、几分钟到几天、几十天或更长的时间.

当硅酸钠在强酸溶液中时,硅酸离子的逐步酸化过程为

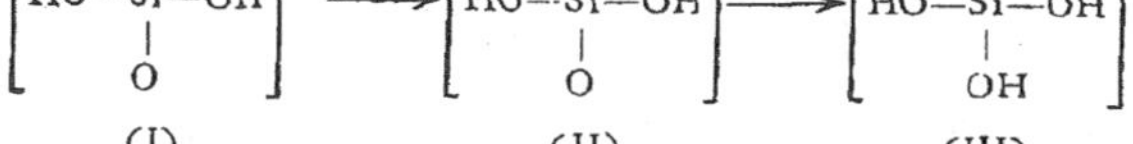


(I) $H_2SiO_4^{2-}$　　(II) $H_3SiO_4^-$　　(III) $H_4SiO_4$

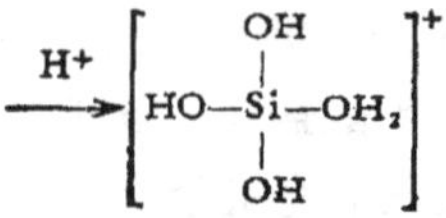

(IV)

$H_3SiO_4^+$

氢离子与硅酸中的氧原子结合后，硅氧$\left(-\overset{|}{\underset{|}{Si}}-O\right)$键长即增加. 若配位在 Si 原子周围的 Si—O 键长都增加，则其配位数即可增大. 因此至少在 $H_3SiO_4^+$ 离子（式 IV）内的 Si 的配位数可增到 6，可写为

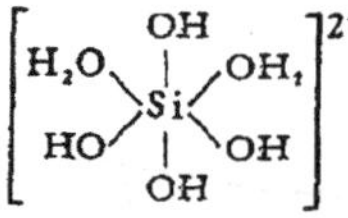

(V)

在碱性溶液中，硅酸存在的形式为式 (I) 和式 (II)，两者均带负电荷，故可认为不易起聚合作用或聚合作用极慢，且随碱度的增加而聚合减慢.

在微碱性、中性和微酸性溶液中，硅酸存在的主要形式为式 (II) 和式 (III)，两者相遇便可发生聚合作用，从而生成

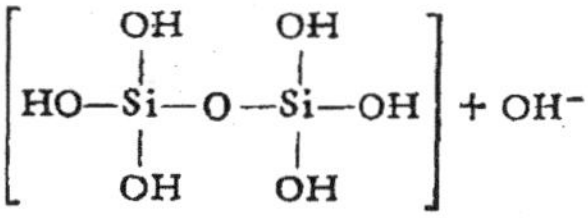

此种聚合将以 Si—O 键为基础在三维空间延续而形成网络结构.

在较高酸度的溶液中，离子 (III) 与 (IV) 相互作用，聚合成为

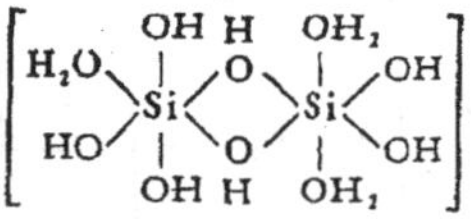

以上两种类型的聚合反应机制，前者有 $OH^-$ 离子释出，故在聚合过程中溶液的 pH 值增高，而后者会使溶液的 pH 值略有降

低。当两种反应同时进行时，溶液的 pH 值便无明显地变化。

采用酒石酸、醋酸或硝酸作为胶凝剂所制的凝胶均为透明的。但弱酸作为胶凝剂应用的比较多，这首先是由于用弱酸作胶凝剂，凝胶的 pH 值随时间变化较小；其二是由于无机酸或多或少地对晶体生长具有一定的损害作用。但使用何种酸为宜，则要视所生长晶体的类型而定。

将酸加入硅酸钠溶液中时，须严防凝胶中气泡的形成，若气泡一旦形成，将很难把气泡从凝胶中排除。此乃往往会阻止晶体生长。

凝胶液的 pH 值是决定凝胶结构及其性质非常重要的因素，同时在晶体生长过程中也起着重要的作用。硅水凝胶的结构网络，具有两种类型的微孔，一类微孔接近分子尺度，另一类表现为正常的毛细管大小。硅水凝胶的 X 射线衍射花样同硅玻璃相比，凝胶所具有的均匀性差些。在温和的条件下对硅水凝胶进行干燥，凝胶的总体积变化甚小，干燥过的凝胶易于作 X 射线衍射实验，可获得更多的结构信息，在对比的情况下，对硅水凝胶也可获得很有意义的实验结果。经估算，硅水凝胶的有效微孔直径约为 5—10nm，脱水收缩作用对微孔平均尺寸的影响甚小。另外，在制备凝胶时所采用的酸的性质和浓度，硅酸钠溶液的密度及硅酸钠的纯度，环境温度，化学试剂在凝胶中的浓度等都是影响凝胶法晶体生长的重要因素。

### 3.5.3 凝胶法晶体生长的类型

根据凝胶法晶体生长过程中的物理化学变化的性质，大致可将凝胶法晶体生长分为下述五种类型。

(1) 复分解化学反应法[39,42] 适当地选择两种可溶性盐作为离子源，然后通过两种离子的双扩散和复分解化学反应，可导致凝胶中难溶盐晶体成核与生长。

凝胶中生长钨酸钙（$CaWO_4$）晶体所发生的化学复分解反应为

$$Ca(NO_3)_2 + Na_2WO_4 = CaWO_4\downarrow + 2NaNO_3.$$

通常所采用的育晶装置如图 3.41 所示.

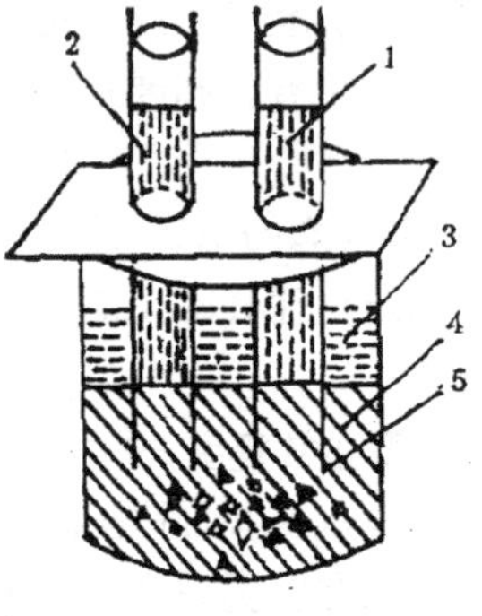


图 3.41 烧杯双管育晶装置.
1. $Ca(NO_3)_2$ 溶液;
2. $Na_2WO_4$ 溶液;
3. 蒸馏水; 4. 凝胶;
5. $CaWO_4$ 晶体.

复分解化学反应法是凝胶法晶体生长的基础,适用性很广,能够生长的晶体品种甚多. 诸如: 酒石酸盐、柠檬酸盐、硫酸盐、碳酸盐、钨酸盐、钼酸盐、铬酸盐、重铬酸盐、磷酸盐、碘酸盐、草酸盐、稀土双硫酸盐……; 碘化物、氯化物、硫化物……; 沸石类晶体……; $Ag_2(SeO_4)_3$, $Ag_2SeO_4$, $Be_2(SeO_4)_3$, 等晶体. 对于同一类无机酸盐类晶体,例如: $CaCrO_4$, $SrCrO_4$, $BaCrO_4$ 晶体,由于它们的离子浓度积常数 ($k_{sp}$) 不同, $CaCrO_4$ 的 $k_{sp}(2.4\times 10^{-2}) >$ $SrCrO_4$ 的 $k_{sp}(3.5\times 10^{-5}) >$ $BaCrO_4$ 的 $k_{sp}(2.4\times 10^{-10})$. 在同样生长条件下, $BaCrO_4$ 晶体易于成核, $SrCrO_4$ 晶体次之, $CaCrO_4$ 晶体不易成核,实验结果完全证实了这一结论,同时,由于它们的 $k_{sp}$ 值不同,所生长的晶体尺寸也不同,所生成的晶体尺寸大小与其成核规律难易的顺序是一致的. 易于成核者,晶体也易于长大.

(2) *络合分解法*[43] 这一方法首先是将所用的结晶原料与一种适当的络合剂络合,从而使与前者完全混溶,然后提供一定的实验条件,使形成的络合物易于分解,用以络合分解的典型方法是在络合物溶液中通过凝胶扩散时,不断而稳定的改变分解条件.

现以氯化亚铜 (CuCl) 晶体生长为例来说明此方法的应用. CuCl 是一种易被氧化、且难溶于水的物质,在 25℃ 时,它的 $\log k_{sp}$ 为 −4.49. 它能与盐酸 (HCl) 和过量的氯离子形成络合离子,而增加其溶解度,且也增加了抗氧化能力. 此络合物的主要形式为: $H_xCuCl_{x+1}(x=1,2,3)$. 将此络合物溶液扩散到硅酸钠凝胶内时，就被稀释、复又分解成为 CuCl，从而形成晶核，由于络合溶液在凝胶中的缓慢扩散，CuCl 晶体便不断地生长。生长时的络合分解反应为

$$H_xCuCl_{x+1} \xrightarrow{\text{凝胶介质}} CuCl_{(\text{结晶})} + xHCl.$$

所采用的育晶装置如图 3.42 所示。

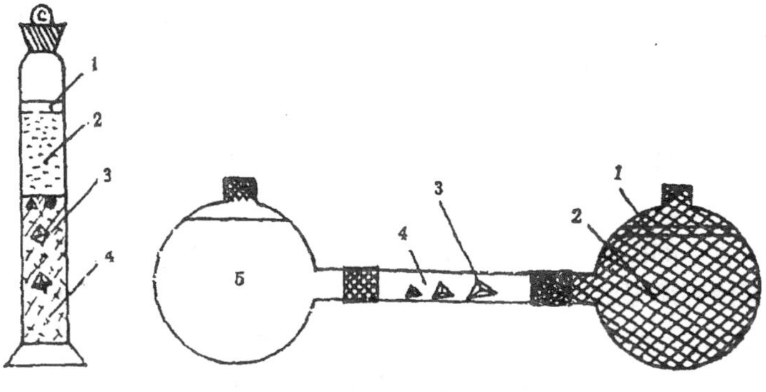


图 3.42 CuCl 晶体生长装置示意图.

(a) 直管式；(b) 哑铃型育晶装置，图中：1.液体石腊；2.生长溶液；3.CuCl 晶体；4.凝胶；5.蒸馏水.

用凝胶法生长的 CuCl 单晶是无色透明晶形完整的四面体，晶体的氧化着色随晶体完整性的增加而减小，完整无缺陷的晶体，在室温下置于空气中可长时间不被氧化。CuCl 单晶是一种性能良好的电光晶体。

同样的原理，也可生长出优良的离子导体 $\beta$-AgI 晶体，$\alpha$-HgS 晶体等。

(3) 络合合成法[44] 现以笔者首次研制成功的金属有机配合物晶体为例来说明此种方法的晶体生长原理。

该方法研究的物质反应体系包括具有空腔结构的冠醚（18-冠-6 等）、硫氰化物（MSCN，$M^+$：$Na^+$，$K^+$，$NH_4^+$），硫酸镉（$CdSO_4$）和硅水凝胶。$M^+$ 离子直径（$Na^+$：0.19nm、$K^+$：0.266 nm、$NH_4^+$：0.289nm）与 18-C-6 的腔大小（0.260—0.32 nm）大

致相当，而 $Cd^{2+}$ 离子直径（0.184nm）较小，因此，18-C-6 优先选择 $M^+$ 离子相配位结合，在多微孔凝胶中形成了 $M(18-C-6)^+$ 正离子 $[M(C_{12}H_{24}O_6)^+]$。$Cd^{2+}$ 离子为 $d^{10}$ 型金属离子，它与配位体键合的共价性较强，因此，$Cd^{2+}$ 离子与 $SCN^-$ 离子易于形成 $sp^2$ 外轨道型配位阴离子 $Cd(SCN)_n^{n-2}$。在凝胶介质中，$M(C_{12}H_{24}O_6)^+$ 与 $Cd(SCN)_n^{n-2}$ 以静电作用力相键合，逐步构成了碱金属 18-冠-6 与硫氰酸镉配合物晶体，在此晶体生长体系中的化学反应可表示为

$$M^+ + mL(\text{冠醚}) \rightleftharpoons (ML_m)^+,$$

$$(n-2)[ML_m]^+ + [Cd(SCN)_n]^{n-2} \rightleftharpoons (ML_m)_{n-2}Cd(SCN)_n。$$

反应式中 $m,n$ 为金属离子的配位数，在通常情况下，$M^+$ 和 L 形成 1:1 的配合物，$n$ 为正整数。不同碱金属离子与 18-冠-6 和硫氰酸镉所形成的配合物，分别表示为 $Na(C_{12}H_{24}O_6Cd(SCN)_3$，$K(C_{12}H_{24}O_6)Cd(SCN)_3$ 和 $NH_4[C_{12}H_{24}O_6Cd(SCN)_3]$。配合物晶体生长装置如图 3.43 所示。

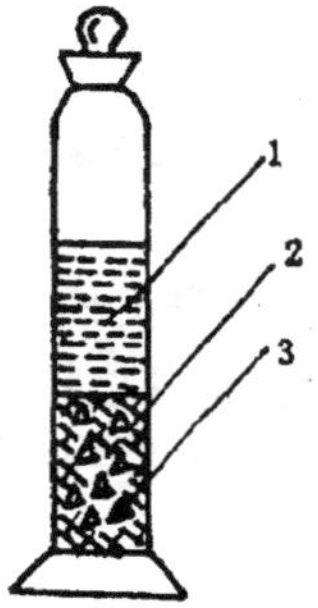

图3.43 配合物(络合物)育晶装置.
1. MSCN + $CdSO_4$ 溶液；
2. 含冠醚的凝胶；
3. 配合物晶体.

取适量比重为 1.03—1.06 ($g/cm^3$) 的 $Na_2SiO_3 \cdot 9H_2O$ 溶液，用一定浓度的 $H_2SO_4$（或其他酸）调至所要的 pH 值，倾入含有一定量 18-冠-6 溶液的育晶器中，并恒温放置，待凝胶胶凝、且老化后，再于凝胶上部加入一定浓度的 MSCN 和 $CdSO_4$ 溶液，该溶液通过扩散进入含有冠醚的胶凝柱中，便慢慢地发生络合反应，配合物晶体便自发成核，而后长大。经过一定时间后便可生长出毫米级透明晶体。

同样，也可生长出 18-冠-6 钾与硫氰酸钴配合物晶体，以及其他类型的金属有机配合物晶体。还可变换不同类型的冠醚来生长多种多样的晶体，此种方法大有应用前景。

(4) *氧化还原反应法*[45] 该方法适用于从凝胶介质中生长金属单晶。例如铜（Cu）单晶在凝胶中生长，即为一典型实例，所发生的氧化还原反应为

$$CuSO_4 + H_3PO_2 + H_2O \Longrightarrow Cu_{(单晶)} + H_3PO_4 + H_2SO_4.$$

凝胶中生长铜（Cu）单晶的装置如图 3.44 所示。

同理，在凝胶中可用 HCOOH 或 $H_2SO_4$ 溶液还原 $AuCl_3$ 而生长金（Au）单晶。现已在凝胶中生长出镍、钴、硒、铅等晶体。这一生长技术当前还仍处于发展的初期阶段，尚需进一步研究，以生长出更多的金属单晶样品，诸如 Te, Pt, Mo, W, Ta, Ag 以及金属合金单晶等。

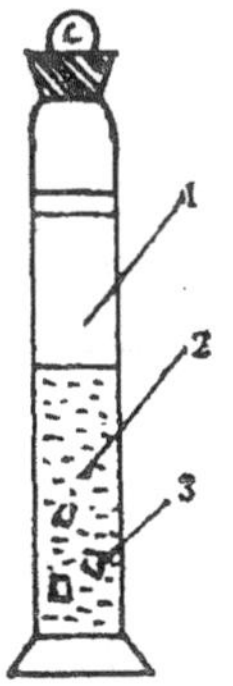


图 3.44 单管晶体生长装置.

1. $NH_2OH \cdot HCl$ 或 $H_3PO_2$;
2. 凝胶 + $CuSO_4$;
3. Cu 单晶.

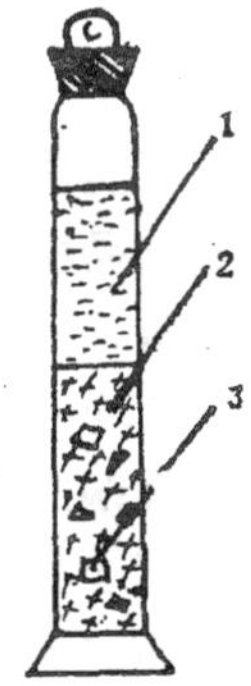


图 3.45 KDP 晶体单管生长装置.

1. 乙醇溶液;
2. 凝胶 + $KH_2PO_4$ 溶液;
3. KDP 晶体.

(5) *溶解度降低法*[39] 这种方法适用于一些水溶性物质的单晶生长，正因为如此，为凝胶法晶体生长带来了更普遍而坚实的应用基础。当乙醇扩散到含有 KDP 溶液的硅酸钠凝胶中，降低了结晶物质（KDP）的溶解度(由于乙醇和水相结合所致)，从而促成了 KDP 晶体生长，通常所用的育晶装置如图 3.45 所示。

采用凝胶法生长水溶性晶体，最突出的优点就是可获得完整

性更好的单晶样品.

### 3.5.4 成核及其控制[46,47]

凝胶法能否获得大尺寸高完整性的晶体，这要取决于外界生长条件,成核概率大小是生长大尺寸晶体的关键,成核的控制决定着凝胶法的实际应用. 凝胶对成核的抑制作用对晶体生长过程起着重要作用.

溶液中晶体成核存在着两种基本机制，即均相(自发)成核与异相(非均相)成核. 当今所有的均相成核理论均含有临界成核的概念,大于临界晶核的晶核就生长,小于临界晶核的就溶解. 而异相成核理论是建立在均相成核理论基础之上. 异相成核的发生是毫无疑意的. 作为晶核的外来杂质的存在，可应用电子探针分析便可直接显示出来. 凝胶中只允许少量潜在的活泼晶核生长，其余的外来杂质可能被凝胶中的硅紧密地包围着,而不能形成晶核. 但也并非所有的晶核形成都是由外来杂质的存在，而是存有一定数量的均相成核. 例如从凝胶中生长出来的无位错的 PbI 晶体，就可以证实它为均相成核.

凝胶的三维网络结构对外来杂质起到了过滤作用,因此,凝胶能很有效的抑制成核，减少成核的数量. 凝胶的三维网络结构虽然可以减慢杂质的扩散速度，但减慢后的杂质反应速率仍然比有限成核所需的反应速率还大,故此,凝胶的成核控制仍为晶体生长工作者所面临急待解决的课题，抑制成核、减少成核概率最直接的方法在于改变凝胶本身的性质,这与凝胶微孔大小分布等有关,但目前开展对凝胶精细结构研究的工作甚少，只能从改进某些外部条件的方法来寻求问题的解决. 现介绍下列几种有效控制成核的方法.

(1) *控制凝胶密度*　凝胶溶液密度不宜过大，实验证明，由 1.03—1.06 为宜. 当加入适宜的添加剂，也可改变凝胶微孔大小,以达到控制成核的目的.

(2) *控制生长温度*　晶体生长温度不宜太高，最佳生长温度为等于或稍低于室温。

(3) 控制溶液浓度　起始生长液浓度要远远低于能够成核的浓度。然后再缓慢而连续地逐渐增加生长液浓度，以控制成核。

(4) 中间体中性凝胶介质分离法　所谓中间体中性凝胶就是指凝胶中不含有任何反应物的空白凝胶。例如凝胶法生长钨酸钡（$BaWO_4$）晶体时，所涉及到的复分解反应为:

$$BaCl_2 + Na_2WO_4 \longrightarrow BaWO_4 + 2NaCl。$$

在生长装置中常配有中间体中性凝胶，如图 3.46 所示。

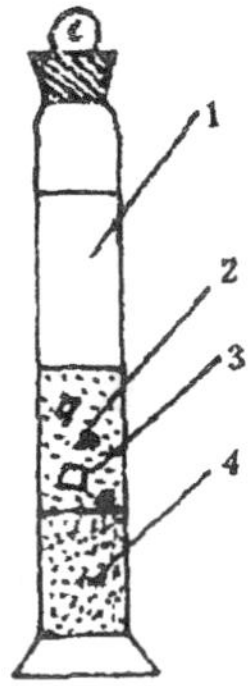


图 3.46　配有中间体凝胶的育晶装置.

1. $Na_2WO_4$ 溶液;
2. 反应凝胶;
3. $BaWO_3$ 晶体;
4. 凝胶 $+BaCl_2$.

所需要的中间体中性凝胶的最佳高度和体积要通过多次实验来获得。

(5) 添加活化中心　向凝胶液中加入某些经特别选择的活化中心，这样有可能减少成核。

另外，为了生长较大尺寸晶体，可利用晶体再移植技术。再移植就是将晶体由溶质消耗待尽的凝胶介质中，移植到新配制的凝胶溶液中生长。在移植过程中，既要避免晶体表面损伤，又要防止凝胶表面被空气中的尘埃污染，这样经过几次再移植生长，晶体大小便可成倍的增长。

### 3.5.5　晶体生长机制[48]

凝胶法晶体生长受各种生长参数的影响，诸如：生长温度、凝胶的 pH 值、凝胶的密度、凝胶的寿命、凝胶的质量、凝胶的类型、酸的性质和强度、反应试剂的性质、纯度、浓度以及生长装置的类型等。已发现凝胶的 pH 值是一个普遍的影响因素。反应物的浓度和反应温度常常影响到晶体尺寸大小与形态，所采用凝胶的质量和纯度能影响晶体物理性质。

凝胶介质具有明显的渗透性质，但溶液的对流与湍流被抑制。在没有对流存在的凝胶溶液中，溶质对晶体生长所需的供应，唯一可以利用的机制是扩散。晶体成核是扩散的结果，并遵循 Fick扩散定律

$$\boldsymbol{J} = -D \operatorname{grad} \boldsymbol{C} \tag{3.32}$$

和

$$\frac{dC}{dt} = D\nabla^2 C, \tag{3.33}$$

式中 $\boldsymbol{J}$ 是沿浓度梯度方向，并垂直于 $\nabla \boldsymbol{C}$ 的单位面积的输运物质的量。在半径为 $R$ 的晶体周围空间的浓度为离中心距离 $x$ 的函数，其边界条件为

$$C(x,0) = C_\infty,$$
$$C(R,t) = C_s,$$
$$C(\infty,t) = C_\infty.$$

解方程 (3.32) 和 (3.33) 所给出半径 $R$ 是凝胶中晶体生长前沿推进速度 $v$ 的函数，即

$$R = Dv(C_\infty - C_s)t^{\frac{1}{2}}. \tag{3.34}$$

由于每一颗粒都是与其他粒子单独地进行处理的，故因子 $v(C_\infty - C_s)$ 是小的，因而式 (3.34) 可简化为

$$R^2 = (Dt)^{\frac{1}{2}}. \tag{3.35}$$

上式是一典型的一维扩散方程，此一结果已由凝胶晶体生长实验所证实，它也是半径为 $R$ 的晶体与扩散系数 $D$ 和生长时间的均方根关系式。

### 3.5.6 凝胶法晶体生长的最新进展[49]

凝胶法不仅可以生长出优质完整的金属单质、无机物难溶盐和可溶性晶体，还可以生长完整优质有机化合物和金属有机配合物晶体，而且还可用于研究晶胞参数的精密测定、晶体掺质改性以及探索新的功能晶体材料。最近人们向沸石骨架内引入某些金属、半导体、有机物，可以制备出纳米级原子簇化合物，这些原子簇化合物有可能在光电催化、光敏元件的制备、数据贮存、仿真学等

方面有着广泛的应用。新近作者采用凝胶法生长晶体的原理，用凝胶层控制晶体成核的作用，已成功地生长出沸石大晶体（微米级），为今后进一步研制沸石(原子簇纳米级)功能材料奠定了物质基础。

## 参 考 文 献


[1] J. W. Mullin, Crystallization, Butterworth (1971).

[2] H. E. Buckley, Crystal Growth, Wiley (1951).

[3] R. A. Laudise, The Growth of Single Crystals, Prentice-Hall, Inc. Englewood Cliffs, New Jersey (1970).

[4] B. R. Pamplin, Crystal Growth, Pergamon Press, Oxford, New York Toronto, Sydney (1975).

[5] J. J. Gilman, The Art and Science of Growing Crystals, John Wiley & Sons, Inc. New York, London (1963).

[6] A. A. Ковалевский., Сб., Рост кристаллов, т. **1**, 337 (1957).

[7] L. A. Dauncey, J. E. Still., *J. Appl. Chem.* **2**, 399(1952).

[8] 于锡玲、邵宗书、王瑞华，高等学校化学学报，**9**，1252—56(1988).

[9] G. M. Loiacono, J. F. Balascio., W. Ocborne., *Appl. Phys. Lett.* **24**, 455(1974).

[10] 山东大学晶体室，DKDP 小组，物理，**8**(1979).

[11] C. Belouet, M. Monnier., *J. Cryst. Growth*, **30**, 151 (1975).

[12] Jiang Min-hua, Fang Chang-shui, Yu Xi-ling et al., *J. Crystal Growth*, **53**, 283—291 (1981).

[13] P. B. Стрельникова, Л. Н. Рашкович., Кристаллография, **22**, 844 (1977).

[14] J. C. Brice, The Growth of Crystals from Liquid, North-Holland Publishing Company-Amsterdam, London; American Elsevier Publishing Company, Inc. New York (1973).

[15] G. M. Loiacono, *Acta, Electronica*, **18**, 241(1975).

[16] K. I. Avdienko, B. I. Kidyarov, D. V. Sheloput, *J. Crystal Growth*, **24**, 228(1977).

[17] 陆宝生、陈福生、陈焕矗，山东大学学报(自然科学版)，**1**，30(1978).

[18] M. Delfino, *J. Crystal Growth*, **32**, 378(1976).

[19] L. M. Rouse., E. A. D. White., *J. Crystal Crowth*, **34**. 173(1976).

[20] Y. M. Fishman., J. Crystal Growth, **41**, 296(1977).

[21] Н. Н. Шефталь, Сб. рост кристаллов, Т. **1**, 5(1975).
Сб. рост кристаллов, Т. **3**, 9(1961).
Сб. рост кристаллов, Т. **5**, 34(1965).

[22] Велюстин, Сб. рост кристаллов, **4**, 10(1964).

[23] J. W. Mullin, *J. Appl. Chem.*, **20**, 153(1970).

[24] C. Belovet, M. Mounier, *J, Crystal Growth*, **29**, 109(1975).

[25] C. Belovet, E. Dunia, J. F. Petroff, *J. Crystal Growth*, **23**, 243 (1974).
[26] A. A. Chernov, *J. Crystal Growth*, **102**, 793—800(1990).
[27] E. Ken, Montgomery, P. Milanovich Fred., *J. Appl. Phys*, **68**(8), 15(1990).
[28] Takatomo Sasaki, Atsushi Yokotan., *J. C. G.*, **99**, 820—826 (1990).
[29] V. I. Bespalov, V. I. Bredikhin, V. P. Ershov, V. I. Katsman, N. V. Kiseleva, S. P. Kuznetsov., *Sov. J. Quantum Electron*, **12**(11)(1982).
[30] V. I. Bredikhin, V. P. Ershov, V. V. Korolikhin, V. N. Lizyakina, S. Yu. Potaneko, N. V. Khlyunev., *J. Crystal Growth*, **84**, 509—514 (1987).
[31] R: Wilcox. William., *J. Crystal Growth*, **65**, 133—142(1983).
[32] V. I. Bespalov, V. I. Bredikhin, V. P. Ershov, V. I. Katsman and S. Yu. Potapenko., Growth of Crystals, **17**, Edited by E. I. Givargizov and S. A. Grinberg (1989).
[33] F. Cooper. John, F. Singleto. Mary., Proceedings of ICCG-7(1984).
[34] Н. П. Зайчева, И. Л. Смолвский, Л. И. Рашкович., Кристаллография, **Т. 36** В Ы П. 1,148—202(1991).
[35] R. E. Liesegang, Phot. Archiv., 221(1896).
[36] L. W. Eisher, F. L. Simons, Amer, Mineral, **11**, 124(1926).
[37] (a) H. K. Henisch, J. Dennis, J. I. Hanoka, *J. Phys. Chem. Solids*, **26**, 493(1965);
(b) H. K. Henisch, J. I. Hanoka, J. Dennis, *J. Electrochem. Soc*, **112**, 627(1965).
[38] H. K. Henish, Crystal Growth in Gel, The Pennsylvania State University Press, USA(1970).
[39] S. K. Arora., *Prog. Crystal Growth Charact.*, **4**, 345—378(1981).
[40] H. K. Henish., *Helv. Phys. Acat (Switzerland)*, **41**, 888(1968).
[41] 戴安邦，南京大学学报(化学)，**1**，1(1963).
[42] 王希敏，人工晶体，**17**(2)，77(1988).
[43] 王希敏，硅酸盐学报，**12**(2)，149(1984).
[44] 王希敏，人工晶体学报，**19**(4)，269(1990).
[45] H. N. Holmes., *Colloid, Chemistry*, **1**, New York, 796(1926).
[46] Z. Blank., *J. Crystal Growth*, **18**, 281(1973).
[47] 王希敏、张克从，人工晶体，**17**(1)，63(1988).
[48] A. R. Patel., S. K. Arora, *J. Mater. Sci.* **11**, 846(1976).
[49] G. A. Ozin., *Adv. Mater.*, **4**, 612(1992).

# 第四章　水热法生长晶体

经和贞　贾寿泉

晶体的水热生长是利用高温高压的水溶液使那些在大气条件下不溶或难溶于水的物质通过溶解或反应生成该物质的溶解产物，并达到一定的过饱和度而进行结晶和生长的方法。严格来说，它属于研究高温高压水溶液体系中物质变化规律的水热化学范畴。水热法又称高压溶液法，与常压溶液法(一般称水溶液法)和高温溶液法(即助熔剂或熔盐法)一起组成溶液生长法的主体。

"水热"一词原为与描述压力下热与水共同作用的自然过程有关的地质学术语。早在19世纪中叶，地质学家在讨论高温水对地壳内发生变化的作用时就用到了这个名词。后来则常见于有关接近岩浆凝固末期含水体系进一步冷却导致的矿物形成过程的文献中。

人们在探索自然奥秘的实践中，往往为了研究或应用的需要而模拟某些自然现象。1900年以前，水热研究工作主要集中在石英(silica)、长石(feldspars)、硅灰石(wollastonite)和沸石(analcite)等矿物的合成及其成因方面。初期虽然由于缺乏对复杂体系的基本知识而未获得显著成效，但后来在地球化学的水热相平衡研究方面一直在稳步地向前发展。

关于用水热法生长晶体的开创性工作当属1905年Spezia生长石英晶体的成功尝试。他用6个月的实验周期在天然晶种上生长了5mm的人工水晶，这被公认为水热生长历史上的划时代成就。然而，当时对水热过程中各种反应的本质仍很少了解，实验数据又未详尽测记，因此没有找到重复生长大单晶的工艺条件。此后，水热晶体生长研究沉寂了一个时期。

第二次大战开始后，作为战略物资的天然压电水晶来源紧缺，科学家们又相继为研制合成水晶作了大量的努力。另一方面，随着新技术新设备的涌现，使在实验室内进行温度压力范围更加广泛的水热反应试验成为可能。于是水热生长法便进入了固态化学和固态物理的研究领域，它不仅作为生长人造压电水晶等技术材料的重要手段，而且也用来生长自然界不存在的各种新型化合物晶体，从而不再是地质学独有的分支学科。

迄今用水热法生长的晶体除人造水晶之外，还有氧化锗、红锌矿、赤铜矿、蓝宝石、红宝石、氧化碲、铌酸锑等氧化物；闪锌矿和硫化汞等硫化物；软铋矿、石榴石、铁氧体等复合氧化物；霞石、灰霞石、方钠石、绿柱石、闪铋矿等硅酸盐；块磷铝矿、磷酸镓、磷酸钛氧钾等磷酸盐；冰洲石、碳酸钴、碳酸锰等碳酸盐以及锗酸铝钾、羟基锗酸铝钠和锗酸铋等锗酸盐单晶。其中优质压电晶体 $AlPO_4$ 及 $GaPO_4$ 和重要非线性光学晶体 $KTiOPO_4$ 等即为近年来用水热法生长的新晶体典型。

一般水热生长过程的主要特点如下：(1) 过程是在压力与气氛可以控制的封闭系统中进行的；(2)生长温度比之熔态和熔盐等方法低得多；(3)生长区基本上处在恒温和等浓度状态，且温梯很小；(4)属于稀薄相生长，溶液粘度很低。因此，它的优越性是适于生长熔点很高、具有包晶反应或非同成分熔化而在常温常压下又不溶于各种溶剂或溶解后即分解、且不能再结晶的晶体材料，也适用于生长那些熔化前后会分解、熔体蒸汽压较大、凝固后在高温下易升华或只能得到非晶态和具有多型性相变以及在特殊气氛中才能稳定的晶体；同时，生长出来的晶体热应力小、宏微观缺陷少、均匀性与纯度也较高。当然，这种方法也具有一定的局限性。例如，许多物质在高温高压条件下有关物理化学性质的实验资料不足，水热生长缺乏具体而可靠的科学依据与指导；对主要装置高压容器的耐温耐压及抗腐蚀性能要求非常严格；生长过程很难实时观察，因而某些参量不能随时根据需要来进行调整；晶体生长受边界层内溶质与溶剂扩散传质的限制而使生长率较小，生长周期很长。

## §4.1 水热法生长晶体的原理

水热生长晶体的方法主要有温差法、降温法(或升温法)及等温法等，这些方法都是通过不同的物理化学条件使生长系统内的液相获得适当的过饱和状态而结晶。降温法是依靠体系缓慢降温来获得过饱和的，由于降温范围和溶解度温度系数的限制，生长大晶体需要经过多次降温的过程，反复操作很不方便，同时也影响晶体的质量。等温生长法基于欲生长的晶体与所用原料的溶解度不同而形成过饱和来生长晶体，这种方法随着原料的同晶型化，两者溶解度逐渐相近而会使生长速率趋于零，也不宜于生长大的晶体。所以本文所述的是目前普遍采用的温差水热结晶法，它是依靠容器内的溶液维持温差对流而形成过饱和状态的。这样，可以根据需要经数周以至上百天稳定的连续生长，并且可以根据原料与籽晶的比例，通过缓冲器和加热带来调整温差。完成温差水热结晶的必要条件如下:

(1) 在高温高压的某种矿化剂水溶液中，能促使晶体原料具有一定值(例如 1.5% 到 5%)的溶解度，并形成稳定的所需的单一晶相。

(2) 有足够大的溶解度温度系数，以使得在适当的温差下就能形成足够的过饱和度而又不产生过分的自发成核。

(3) 具备适于晶体生长所需的一定切型和规格的籽晶，并使原料的总表面积与籽晶总表面积之比值达到足够大。

(4) 溶液密度的温度系数要足够大，使得溶液在适当的温差条件下具有引起晶体生长的溶液对流和溶质传输作用。

(5) 备有耐高温高压抗腐蚀的容器。

温差水热法生长晶体的工艺装置见图 4.1。生长过程是在耐高温高压抗腐蚀的特制立式容器内进行的。一般来说，培养晶体的原料放在高压釜温度较高的下部，籽晶悬挂在温度较低的上部。釜内填充以一定容量和浓度的矿化剂溶液作为溶剂介质。当容器内的溶液由于上下部之间的温差而产生对流时，高温区的饱和溶液被输送到低温区，从而形成过饱和状态，使籽晶生长．溶质传输的综合反应过程不仅取决于反应容器的设计与材质和装置的加热器与热功效，还取决于体系的物理参量，如溶液的热容量、粘滞度、热传导等．通过冷却在籽晶上析出部分溶质后的溶液又流回下部，变得不饱和，再溶解培养体．如此循环往复，使籽晶得以不断长大．至于培养体与籽晶在釜内的相对位置则需视其溶解度温度系数的正负值而定．如石英晶体的溶解度随着温度、压力的提高而增加，所以籽晶应放在冷端，培养体放在热端；$AlPO_4$ 晶体则相反，因为 $AlPO_4$ 不论在磷酸、盐酸、草酸或硫酸溶液中，在压力为 14—68.9MPa 和温度为 150—300℃ 的条件下，溶解度的温度系数是负值，所以应将籽晶放在热端，培养体放在冷端．

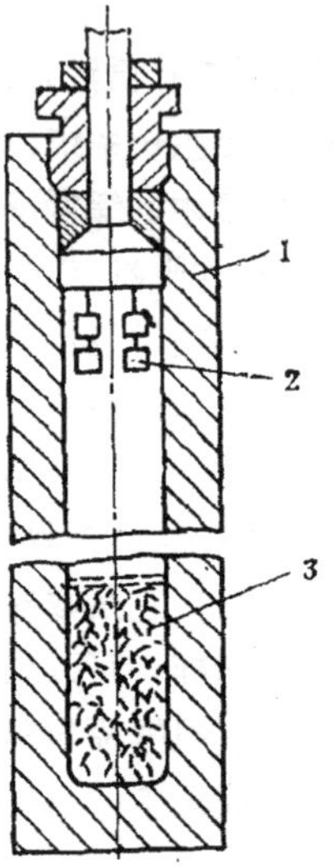

图 4.1 水热法生长晶体的装置．1.釜体；2.籽晶；3.培养体．

## §4.2 水热结晶热力学基础

### 4.2.1 高温高压下水的热力学特性

水是水热法晶体生长的主要溶剂．水 ($H_2O$) 分子是极性分子，其结构为具有一定对称性的四面体．四面体中键角 H—O—H 等于 104°30′ 的 2 个顶点为H核，正电荷分布在两个H核和一个O核上，其中心偏离O核，而负电荷由于O—H共用电子对偏向O原子，其中心更靠近O核，连同剩余的电子密度集中在O核附近形成四面体的另外 2 个小顶角．利用分子间的取向、诱导及色散作用即分子间力 (van der Waals) 和氢键，任何水分子可以与其 4 个邻近分子相连，形成缔合分子．因此水分子的结构排列紧凑，组成聚合式时，犹如紧密堆积的固体晶相。然而，其堆积密度随着温度和压力的变化而不同。在大气压下升高温度，缔合水的结构分裂，但是在加压情况下，水分子受到压缩，增大了液态水的密度。在不同的温度下，水的密度与压力之间的关系见图 4.2，压力越高，水的密度越大[1]。在不同的压力下，水的比容与温度之间的关系如图 4.3 所示[2]，压力越大，比容随温度的变化也越小。这些数值可应用于晶体生长的稀溶液中。

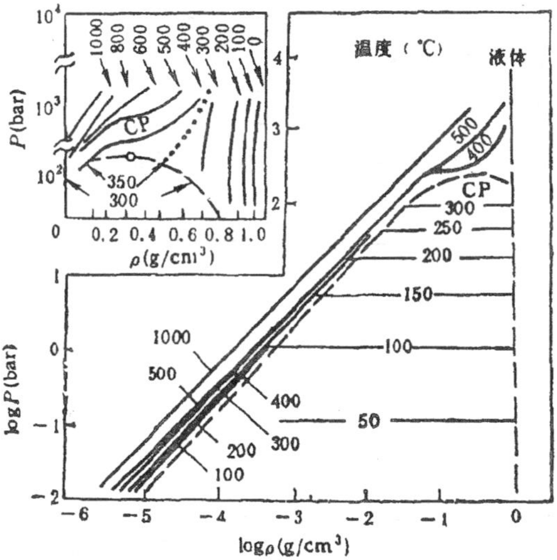


图 4.2 在一定的温度下，水的密度与压力之间的关系[1]。
图中：———为气液平衡状态； CP 为临界点。

在高温高压下，水的临界温度是 374℃，临界压力是 217atm，临界密度是 0.32g/ml。图 4.4 示出水在一定的填充度下，温度与压力之间的关系[3]，32%为高压釜的临界填充度。在初始填充度小于 32%的情况下，当升高温度时，气-液相的界面稍有上升；随着温度的继续增高至某一值时，液面就转而下降，直到升至临界温度液相完全消失为止。如果初始填充度大于临界值，温度升高时，气-液相界面就迅速升高，直到容器全部被液相所充满。图 4.5 示

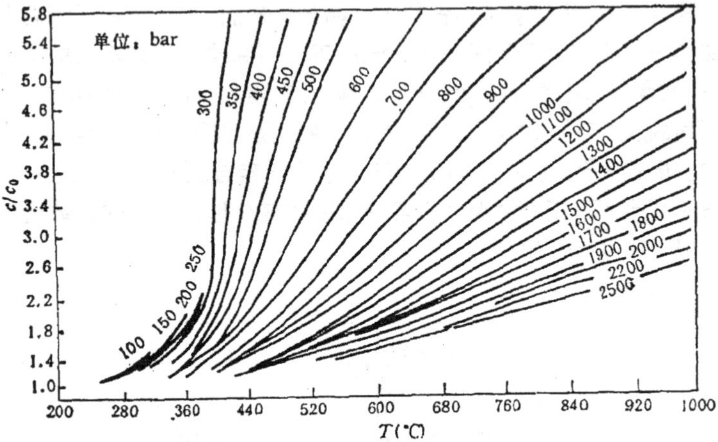


图 4.3　水的比容 $c/c_0$ 与温度$T$之间的关系[2].

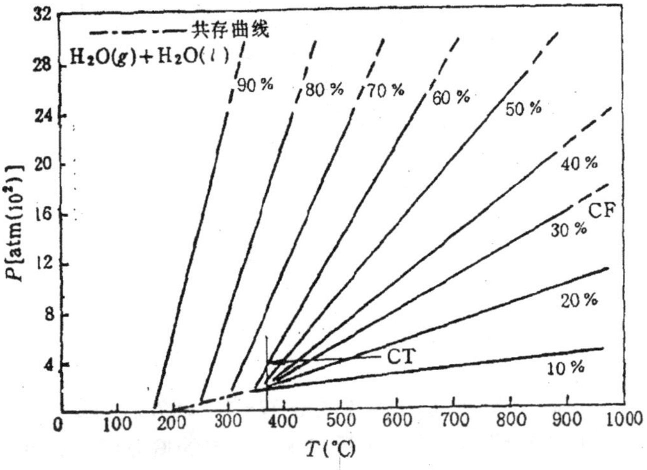


图 4.4　水在一定的填充度下，温度与压力之间的关系[3].

出水的初始填充度不同时，液相体积随温度的变化情况[4]. 这说明系统的气液相界面的高度变化不仅与温度有关，而且随初始填充度的不同而各异.

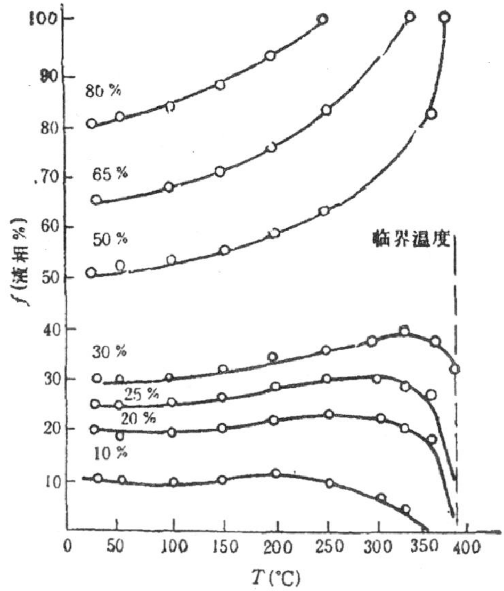


图 4.5 水在一定的初始填充度下，液相填充度 f 与温度的关系[4].

### 4.2.2 A-$H_2O$ 及 A-B-$H_2O$ 系统中的 *PVT* 特性

在 A-$H_2O$ 体系中，A 为常温下微溶或不溶于水的化合物. 由于水在过热状态的特性，能使所需要培育的晶体增强溶解性并结晶出来，但其溶解度往往仍不能满足正常生长的需要。例如在 $SiO_2$-$H_2O$ 的水热体系中，$SiO_2$ 的溶解度是很小的，所以还要加入一定量的矿化剂 B，以改变溶液的原始成分与性质，从而增加 $SiO_2$ 的溶解度。这种体系称为 A-B-$H_2O$ 体系。从图 4.6 中可以看出[3]，在临界温度附近，石英在水中的溶解度 $s$ 甚小，而且在较低的压力 $P$($P < 750$bar) 和较高的温度下，石英的溶解度具有负的温度系数，这些都给在纯水系统中生长水晶造成困难。

图 4.7 示出不同作者所测定的 $SiO_2$ 在 $SiO_2$-$Na_2CO_3$-$H_2O$ 及 $SiO_2$-NaOH-$H_2O$ 体系中的溶解度数据。从图中可以看出，石英

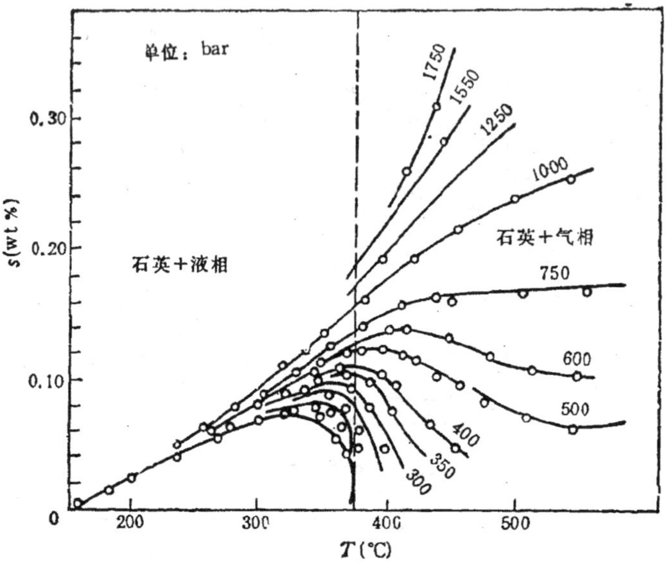


图 4.6 石英在水中的溶解度 $s$[3].

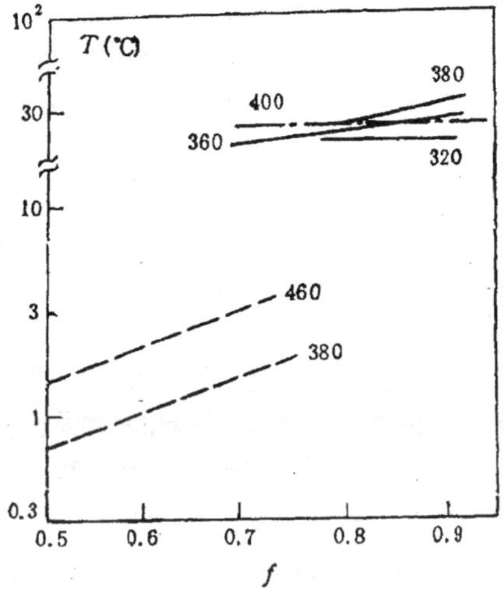


图 4.7 石英在 $Na_2CO_3$ · NaOH 水溶液及纯水中的溶解度 $s$ 与温度、填充度 $f$ 的关系. ----表示 0.5(mol/L)NaOH 溶液[4]; —·—·—表示 5%$Na_2CO_3$ 溶液[5]; ————表示纯水[1].

在 $Na_2CO_3$[5] 及 NaOH[4] 水溶液中的溶解度 s 比在纯水中的大得多。

然而，在 A-$H_2O$ 或 A-B-$H_2O$ 系统的水热反应中，参与的各个物理化学参量最终反映在温度与压力上，而且压力与系统内的体积(或填充度)有关。因此，从事水热法晶体生长的科研人员在确定结晶物质的生长条件以前必须了解该晶体所处的水热体系中的 $P$-$V$-$T$ 关系。人造水晶之所以能够成为第一个成功地用水热法生长的技术晶体而又较迅速广泛地应用到电子学与光学领域中，在一定程度上应归功于以前的学者对生长石英晶体时水热溶液的 $P$-$V$-$T$ 特性的研究。如美国 Kolb[6]等研究了 $SiO_2$ 溶解在 1.0(mol/L) NaOH 溶剂时溶液中的 $PVT$ 特性，见图 4.8。在图 4.8 中，(a)为低压区曲线，(b)为高压区曲线，$AB$ 是气液共存线。图中注明的填充度是以室温下装釜时量取溶剂的初始容积和高压

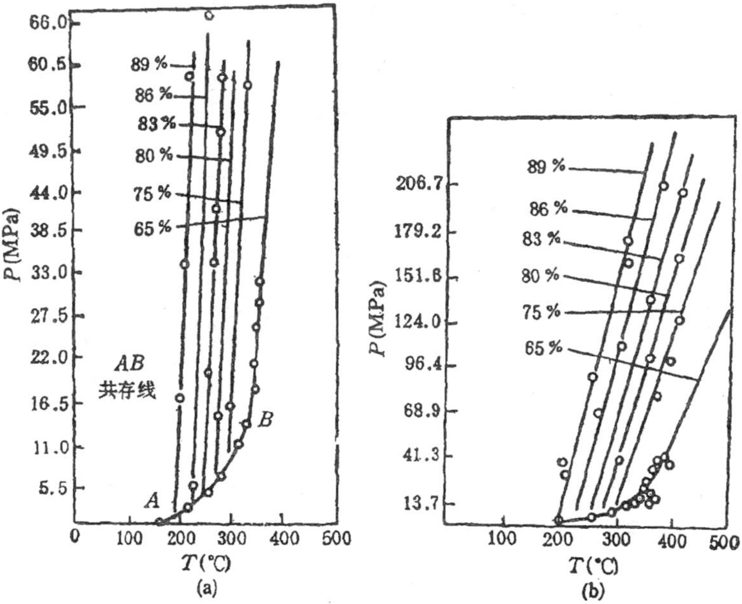


图 4.8 不同的填充度下，石英在 1.0(mol/L) NaOH 中饱和时溶液的 $P$-$T$ 特性[6]。(a) 为低压区；(b) 为高压区。

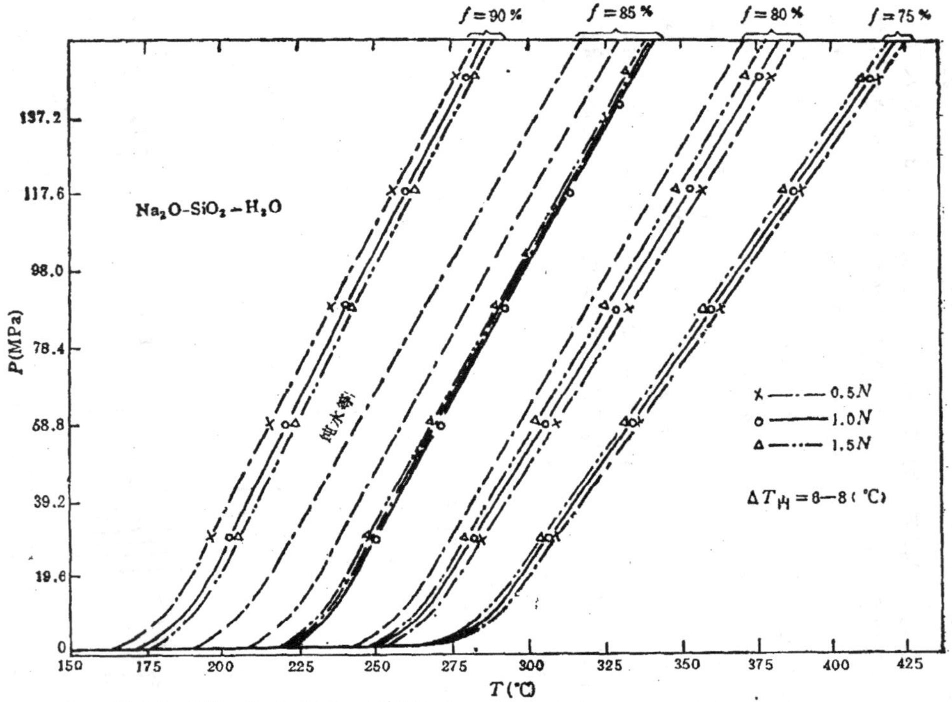


图 4.9　$SiO_2$-$Na_2O$-$H_2O$ 系统中的 $P$-$V(f)$-$T$ 关系曲线[7]. 图中的 0.5$N$, 1.0$N$, 1.5$N$ 应为 0.5mol/L, 1.0mol/L, 1.5mol/L.

釜内的有效容积之比来计算的。可以看出，压力随着填充度与温度的提高而提高。对于高压釜内的每一个溶剂填充度值，当升温至相应值时，溶液压力就偏离共存线，并与温度呈线性变化关系。当填充度不变时，$P$-$T$ 曲线的斜率 $\left(\frac{\partial P}{\partial T}\right)\%f$ 不变。斜率则随着填充度的增加而增大。

中国科学院物理研究所贾寿泉等[7]研究了石英在不同填充度的不同 NaOH 溶剂浓度的饱和溶液中，$SiO_2$-$Na_2O$-$H_2O$ 系统的 $PVT$ 特性，见图 4.9。在图中 $V$ 是以溶剂填充度 $f$ 来体现的，并加入了矿化剂浓度 $c$ 的变量。图中并列了由 Kennedy 所测定的纯水 $P$-$V(f)$-$T$ 关系曲线，以资对照。从图中还可以看出，纯水的和生长溶液的 $P$-$V$-$T$ 关系是显然不同的，而且后者是随着填充度的改变而周期性地变化的。当采用三种不同浓度的溶剂，其填充度 $f>85\%$ 时，在相同温度下，系统的压力随着溶剂浓度 $c$ 的减小而提高；当 $f=85\%$ 时，$P$-$T$ 关系几乎与浓度 $c$ 无关；当 $f$ 为 80% 时情况却相反，系统的压力随着溶剂浓度的提高而增大。即 3 条曲线的相对位置与 $f=90\%$ 者彼此颠倒；当 $f$ 进一步减小时，3 条不同浓度的曲线又逐渐靠拢。这一结果对研究不同参量的匹配及其对晶体生长速率与品质的影响有重要意义。

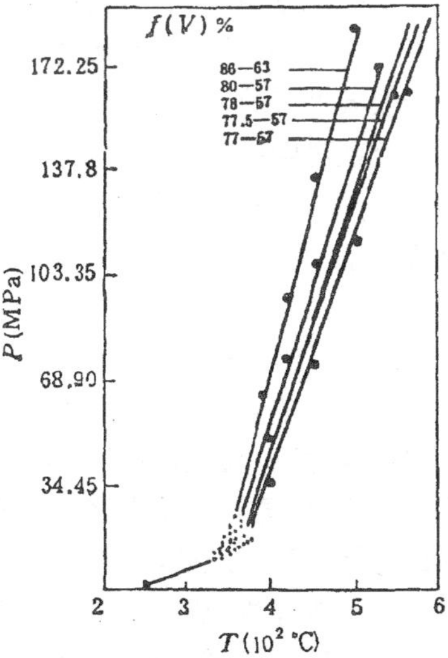


图 4.10 $KH_2AsO_4$-$H_2O$ 系统中的 $P$-$V(f)$-$T$ 关系曲线[8]。

另外，Belt 等[8]为了研究非线性光学新材料砷酸钛氧钾 $KTiOAsO_4$(KTA) 晶体的水热生长，在有金衬囊的 Morey 型高压釜内，用 4mol/L 的 $KH_2AsO_4$ 作溶剂进行了 $P-V-T$ 关系的测量（图 4.10）。为了保持衬囊内外的压力平衡，在衬囊与高压釜腔壁之间装有纯水，其填充度与囊内溶剂的填充度不同，例如图中的 86% 是囊内溶剂的填充度，63% 是囊外纯水的填充度。温度与压力的关系是通过高压釜内溶剂的不同填充度来测量的。从图 4.10 中可以看到，在临界温度以上，一定填充度下溶液的温度与压力呈线性关系。将此关系应用于晶体生长，并采用熔盐法生长的晶体作籽晶及培养体，则可以获得每边每周 0.1—0.4mm 的生长速率。

### 4.2.3 水热生长系统中的相关系

晶体的水热生长，希望反应生成的晶体是该系统中不分解的唯一稳定晶相，并具有理想的生长速率与品质。因此，在确定晶体的生长条件以前，应先借助于物相分析与成分分析来研究该晶体在水热系统中的相平衡关系。Tuttle 等[9]曾经在小高压釜内研究了 $SiO_2-Na_2O-H_2O$ 系统在 300℃，350℃，400℃及 450℃ 时的相平衡关系。图 4.11 示出 $SiO_2-Na_2O-H_2O$ 在 350℃ 时的相图。从相平衡关系中可以看到两种情况：第一种是系统中 $Na_2O$ 的浓度较低时，只出现液相 $H_2O$-A 同石英晶相之间的平衡；第二种是系统中 $Na_2O$ 的含量较高时，系统中有可能出现两种液相（或者在某种温度压力下存在着相当于图中 A-C-$SiO_2$ 区域成分的一个液相和一个气相）同石英晶相之间的平衡。在高压釜上部出现的液相，其成分相当于 A 点的坐标，称为轻液相；而比较重的液相沉积于釜底熔炼石英碎块空隙处，称为重液相，它的成分相当于相图中 C 点的坐标，当高压釜冷却时即结成硬块。表 4.1 中列出 350℃ 时 $SiO_2-Na_2O-H_2O$ 系统中各液层的成分。

磷酸钛氧钾（KTP）是一种很好的非线性光学晶体，为了探索水热生长 KTP 的条件，Laudise 等[10]用筛选出的矿化剂 $K_2HPO_4$ 进行了 $KPO_3-TiO_2-H_2O$ 体系的相平衡研究。实验是在 Tuttle 型高压釜中的铂囊内做的，囊长 3cm，外径 0.4cm，内部容

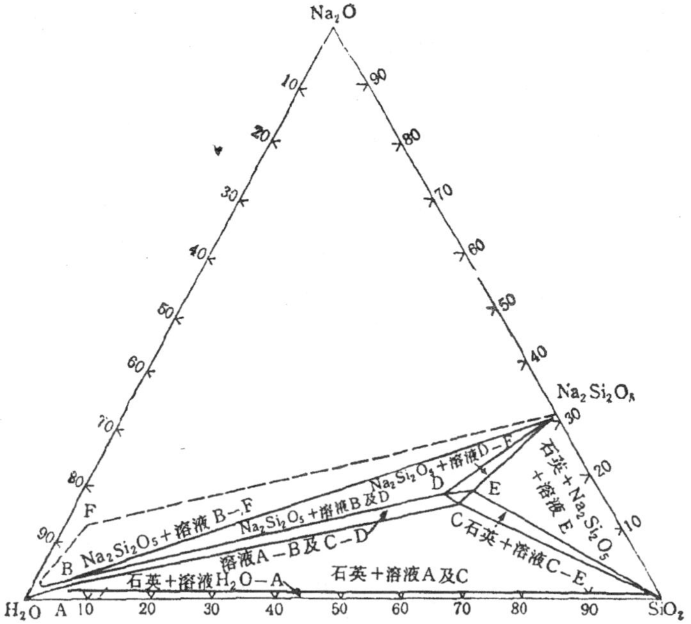


图 4.11 350℃时，$SiO_2$-$Na_2O$-$H_2O$ 三元体系的相图[9]。

**表 4.1 350℃时 $SiO_2$-$Na_2O$-$H_2O$ 系统中平衡液相的成分(%)[9]**

| 原始成分 | | | 轻液相成分 | | | 重液相成分 | | |
|---|---|---|---|---|---|---|---|---|
| $SiO_2$ | $Na_2O$ | $H_2O$ | $SiO_2$ | $Na_2O$ | $H_2O$ | $SiO_2$ | $Na_2O$ | $H_2O$ |
| 36.1 | 12.6 | 51.3 | 12.1 | 4.5 | 83.4 | 55.4 | 20.1 | 24.5 |

积一般为～0.2cm³．实验时囊内放入所需的用微注射器量取的矿化剂溶液及称过重量的 $KH_2PO_4$ 与 $TiO_2$ 粉末，压力是由压缩空气驱动的增压器将水泵入而产生并调节平衡的．通过反应

$$KH_2PO_4 + TiO_2 \rightleftharpoons KTiOPO_4 + H_2O, \qquad (4.1)$$

形成 KTP.

图 4.12 示出 68.9MPa，500℃及 600℃时，$KPO_3$-$TiO_2$-$H_2O$

三元系在 1(mol/L) $K_2HPO_4$ 中的富水部分的相图. 沿相图中 (A)-$H_2O$ 线的各点上,摩尔比 $KPO_3/TiO_2 = 1.00$,与 KTP 中的一样. 截交 $H_2O$-(A) 的 *CD* 线代表 KTP 在 600℃的溶解度, KTP 为同成分饱和; *EF* 线代表 KTP 在 500℃时的溶解度. *EF* 不与 (A)-D-$H_2O$ 相交,所以 KTP 在 500℃时为非同成分溶解,即溶液中 $KPO_3/TiO_2$ 的摩尔比不等于 1. $KPO_3/(KPO_3+TiO_2) \simeq 65$mol%的箭头(1)处在或靠近 600℃时 KTP 与 KTP +$\alpha$ 相区之间的相界上,该相界几乎与 500℃时的位置相同. 箭头(2)是 600℃时 KTP 与 KTP + $TiO_2$(锐钛矿)相区之间的相界,其 $KPO_3/(KPO_3 + TiO_2) \simeq 50$mol%,与 (A)-$H_2O$ 重合. 箭

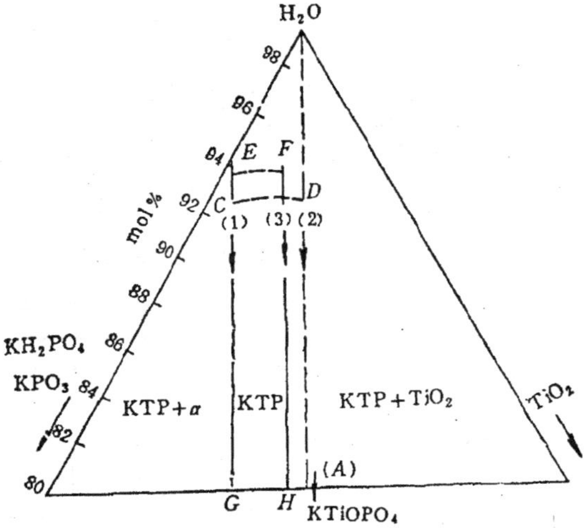


图 4.12 在 1(mol/L) $K_2HPO_4$ 的溶液中,在 68.9MPa、500℃及 600℃时相图 $KPO_3$-$TiO_2$-$H_2O$ 富水部分的示意图[10].

头(3)则是 500℃时 KTP 与 KTP + $TiO_2$ 相区之间的界线,其成分 $KPO_3/(KPO_3 + TiO_2) \simeq 58$mol%,位于 $KPO_3$ 比 (A)-$H_2O$ 较多的地方. 相图表明,在 600℃时,不仅 KTP 的溶解度较大,为同成分溶解,而且单相区也较宽 (CG-DA),而 500℃时 KTP 为非同成分溶解,溶解度较小,且其单相区也较窄 (*EG*-*FH*). 将

相关系同反应组分、矿化剂浓度、温度及溶解度结合起来研究，便可帮助寻找出 KTP 的最佳生长条件.

红宝石的水热生长可用 $K_2CO_3$，$Na_2CO_3$ 或 $KHCO_3$ 的水溶液作溶剂. 但 $Al_2O_3$ 在不同的温度、压力下会形成不同的物相，如三水铝石 [$Al(OH)_3$]、勃姆铝石（AlOOH）及水铝石（AlOOH）等. 图 4.13 示出在 $Na_2CO_3$ 溶液中的 $Al_2O_3$-$H_2O$ 相图[11]. 可以

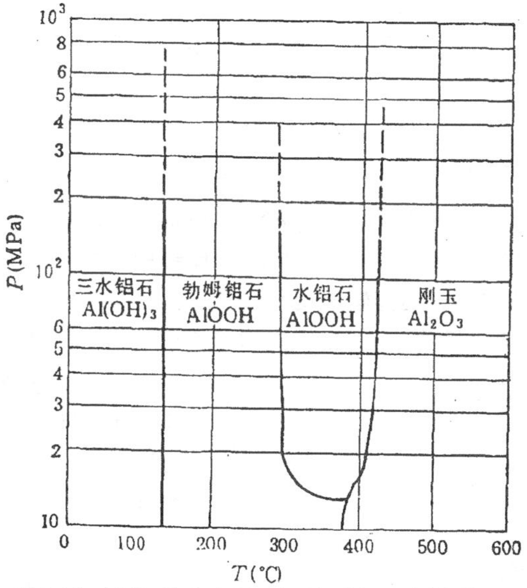


图 4.13 $Al_2O_3$-$H_2O$ 相图（在 $Na_2CO_3$ 溶液中）[11].
图中：$H_2O$：——；外插线：----.

看出，刚玉的生长宜控制在 420℃以上. 另外，红宝石中含有一定量的 $Cr_2O_3$，从图 4.14 所示 $Cr_2O_3$-$H_2O$ 的相图[12]中可看出，$Cr_2O_3$ 的相区在 500—550℃ 以上，其稳定性对温度的要求较高. 所以生长红宝石的结晶温度必须高于 470℃，溶解区的温度必须高于 500℃，温度越高，掺入铬的量也越多.

### 4.2.4 水热溶解反应

晶体在高温高压水溶液中的溶解度研究是水热法生长晶体的

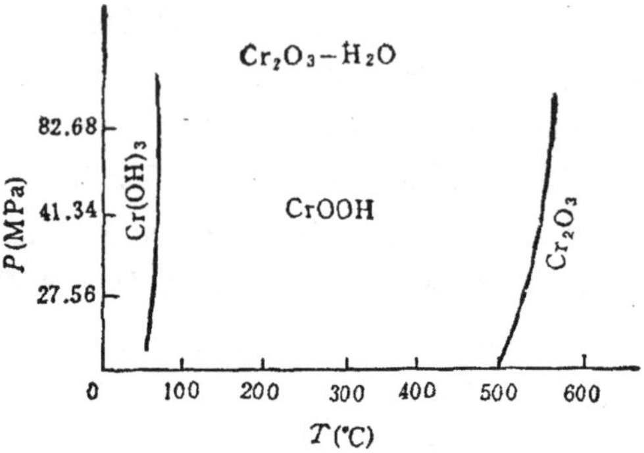


图 4.14 $Cr_2O_3$-$H_2O$ 相图[12].

基础．一般晶体在水热溶液中的溶解度随着系统的温度、压力的不同而不同，并与溶剂（矿化剂）的种类及其浓度有关．

水热溶解反应可以在小容积的高压釜中进行（内径为 15—25 mm），釜内壁衬以贵金属套（金或铂），衬套可以是固定式（衬里）的或悬浮式（衬囊）的．在筒体与衬囊之间有一定的空隙，其中可装入纯水，填充度需经过相应的 $PV(f)CT$ 曲线精确计算，使高温过程中衬囊内外的压力保持平衡，以防止衬囊变形、渗漏所造成的污染或误差．一般可在充分的水热溶解反应后，用淬冷法从溶质的失重求得该物质的溶解度，这样可使溶解过程以单一的物相进行，而不至混杂其他物质．

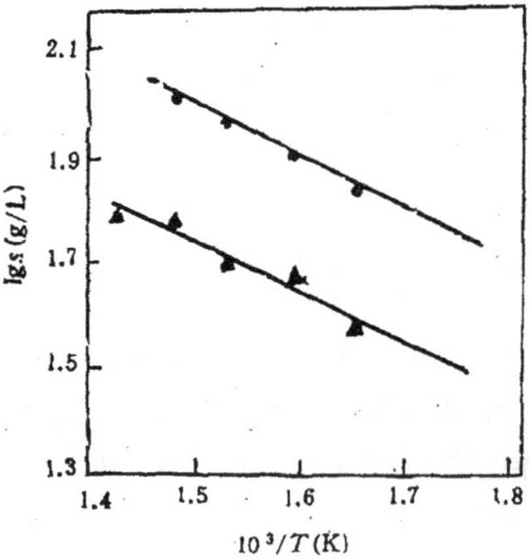


图 4.15 水晶在 NaOH 溶剂中的溶解度对数与绝对温度倒数之间的函数关系[13].

图 4.15 示出水晶在 NaOH 水溶液中的溶解度对数与绝对温度倒数之间的关系[13]．图中“•”表示用1.004(mol/L)

NaOH、85% 填充度时所得的结果；“▲”表示用 0.68（mol/L）NaOH、80%填充度时所得的结果。

KTP 晶体在溶剂（KF 水溶液）中的溶解度测定研究是贾寿泉等为了探索能在较低温度、压力下使 KTP 具有足够溶解度与溶解度温度系数的溶剂而进行矿化剂筛选工作的一部分[14]。测定结果见图 4.16。KTP 在 KF 溶液中的水热溶解度曲线表明，当

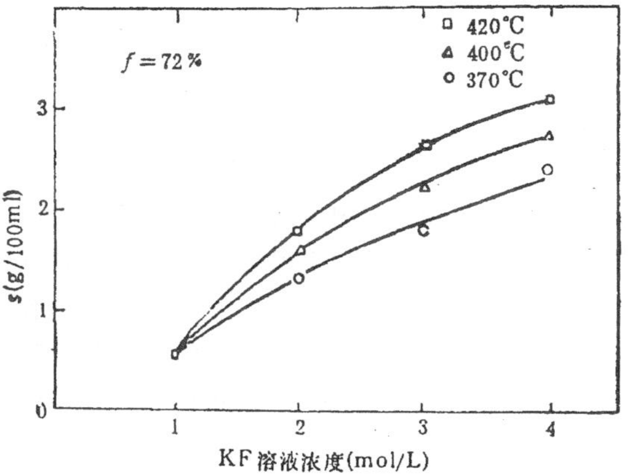


图 4.16 在固定的填充度条件下，KTP 的溶解度 s 与温度 T 及溶剂浓度之间的关系[14]。

KF 溶液的浓度为 3mol/L，温度为 400—420℃，压力约相当于 98 MPa 时，溶解度可达到 2.2—2.6g/100ml，它的温度系数大于 0.15 g/(100ml/10℃)。图 4.17 示出 KTP 在 72%填充度的 KF 溶液中，溶解度对数与绝对温度倒数之间的关系[14]。由此看来，若用 KF 水溶液作溶剂生长 KTP 时，其温度与压力可以降低到几乎与生长水晶相似的条件。

$AlPO_4$ 晶体是一种机电耦合系数大的压电材料，它在一定的切角范围内有较好的频率温度特性，因此很引人注目。国内外不少科研人员曾用不同的溶剂来研究 $AlPO_4$ 晶体的水热生长，$H_3PO_4$ 是研究得最多的一种。虽然 $AlPO_4$ 在 $H_3PO_4$ 中的溶解度温度系数是负的，但有足够的溶解度可用于水热生长。图 4.18 示出 $AlPO_4$

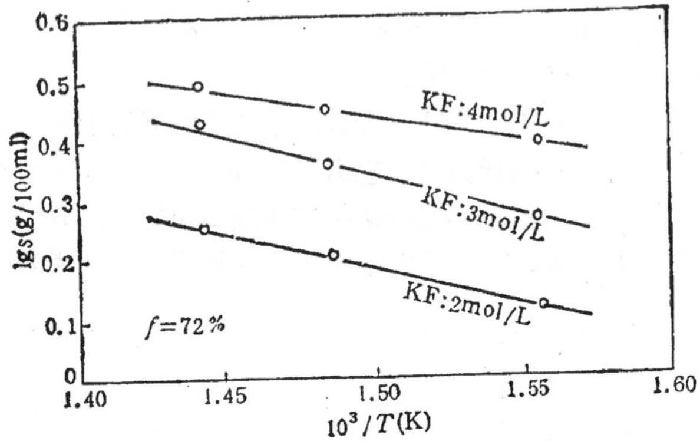


图 4.17 在 72%的填充度及不同浓度的 KF 水溶液中，KTP 溶解度对数与绝对温度倒数之间的关系[14].

在不同压力下的 7.58(mol/L) $H_3PO_4$ 中，溶解度的对数与绝对温度倒数之间的函数关系[15]．从图上可以看出，线性关系以 300℃为界分成斜率不同的两个部分．这可能与磷酸的正磷酸（$H_3PO_4$），焦磷酸（$H_4P_2O_7$）及偏磷酸（$HPO_3$）之间的平衡有关．用 $H_3PO_4$ 作溶剂的不足之处是，当温度大于 230℃ 时，$AlPO_4$ 的溶解度变化甚小；在高压釜达到热平衡以前，籽晶往往会溶解；若温度过低则晶体中易掺入水而影响晶体器件的性质．法国的 Pillippot 等[15]选用了 $H_2SO_4$ 作溶剂，它在相似的浓度下使 $AlPO_4$ 获得比在 HCl 及 $H_3PO_4$ 中高得多的溶解度，从而

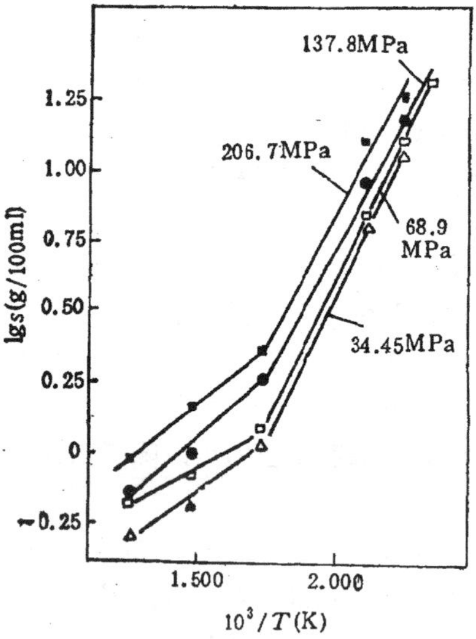


图 4.18 不同压力下，$AlPO_4$ 在 7.58 (mol/L) $H_3PO_4$ 中的溶解度对数与绝对温度倒数的函数关系[15].

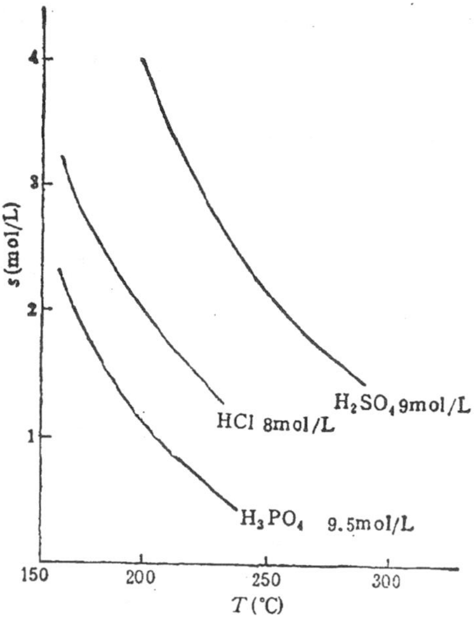


图 4.19 $AlPO_4$ 在 $H_2SO_4$，HCl 及 $H_3PO_4$ 中溶解度的比较[16].

解决了用 $H_3PO_4$ 作溶剂的缺点. $AlPO_4$ 在 $H_2SO_4$ 溶剂中的溶解度温度系数也是负的，要在逆温差条件下生长. 图 4.19 示出 $AlPO_4$ 晶体在 $H_2SO_4$，HCl 及 $H_3PO_4$ 中溶解度的比较[16].

$AlPO_4$ 晶体的同构体 $GaPO_4$ 晶体是新近发展的一种压电材料[17]. $GaPO_4$ 在 $H_3PO_4$ 中的溶解度如图 4.20 所示[18]. 表明在不同压力下的 7.25(mol/L)$H_3PO_4$ 溶剂中，$GaPO_4$ 的溶解度对数与绝对温度倒数之间的函数关系.

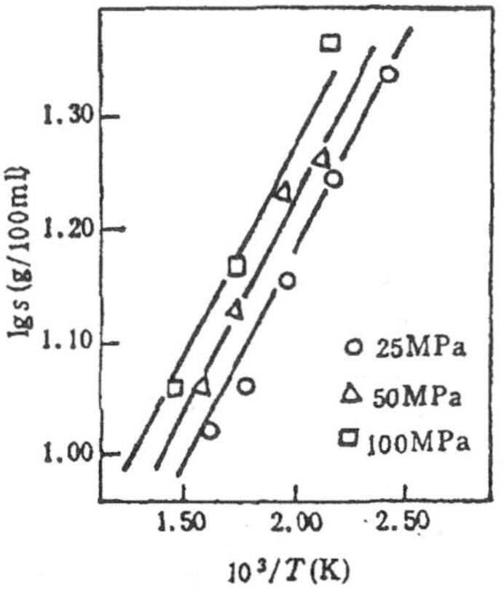


图 4.20 7.25(mol/L)$H_3PO_4$ 溶剂中，在不同压力下，$GaPO_4$ 的溶解度对数与绝对温度倒数之间的函数关系[18].

光学晶体冰洲石［双折射

透明方解石 ($CaCO_3$)]的水热生长研究表明,在 $NaNO_3$ 溶液中可获得稳定的单晶相[19]。它在 3(mol/L) $NaNO_3$ 溶剂中的溶解度随着温度的上升而迅速增加，在 450℃ 时溶解度达到 2.2g/L。图 4.21 示出 $CaCO_3$ 的溶解度对数与绝对温度倒数之间的函数关系。图上数据说明此系统内的反应不符合 Van't Hoff 定律。这一事实可以假定溶解物质的状态可能随着温度的增加而变化。

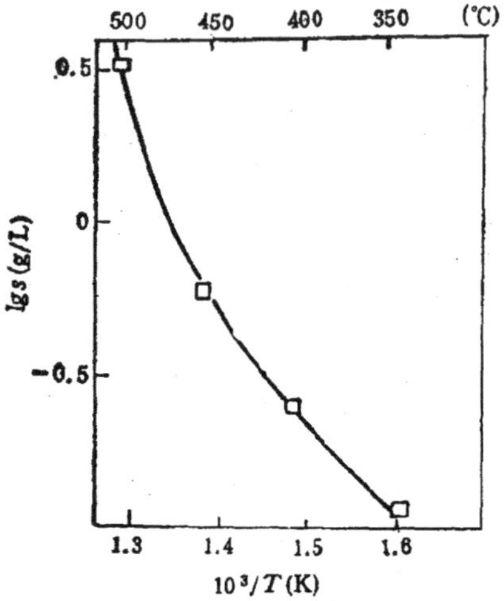


图 4.21 在 3(mol/L) $NaNO_3$ 溶剂中，$CaCO_3$ 的溶解度对数与绝对温度倒数之间的关系[19]。

从石英及 KTP 等晶体的水热反应来看，在前述相应条件下其测量的溶解度数据基本上服从Arrhenius 方程,即

$$\lg s = \frac{-\Delta H}{2.303RT} + A, \tag{4.2}$$

式中 $s$ 表示溶解度(g/L); $\Delta H$ 代表溶解热 (kJ/mol); 求得 $\Delta H$

表 4.2 几种晶体的水热溶解热

| 物质 | 溶剂 | 填充度(%) | 压力(MPa) | 溶解热(kJ/mol) |
|---|---|---|---|---|
| 石英[13] | 0.68(mol/L)NaOH | 80 | | 5.99 |
| 石英[13] | 1.004(mol/L)NaOH | 85 | | 10.26 |
| KTP[14] | 3.0(mol/L)KF | 72 | (98) | 24.05 |
| $AlPO_4$[15] | 7.58(mol/L)$H_3PO_4$ | | 206.86 | −36.42 |
| $AlPO_4$[15] | 7.58(mol/L)$H_3PO_4$ | | 137.78 | −34.74 |
| $GaPO_4$[18] | 7.25(mol/L)$H_3PO_4$ | | | −7.53 |
| $BaPb_{1-x}Bi_xO_3$[20] | 4.5(mol/L)KCl | | 98 | 40.18 |

为正，反应是吸热过程，温度升高溶解度增大；$\Delta H$ 为负值时情况则相反；$R$ 为理想气体常量($8.315 J \cdot K^{-1} \cdot mol^{-1}$)；$T$ 为绝对温度(K)；$A$ 为特定反应的常数，即 $\lg s-\frac{1}{T}$ 直线的截距。表 4.2 中列出了石英及 KTP 等晶体的溶解热。

从上面几个例子还可以看到，除了温度对溶解反应的影响较明显以外，溶剂(矿化剂)的浓度和体系的压力与溶解度及溶解热($\Delta H$) 也有关。

## §4.3 水热结晶动力学基础

### 4.3.1 生长速率的各向异性

同其他稀薄相(气相和溶液相等)中的晶体生长一样，在相同的水热生长条件下，各晶面的生长速率是不同的。对人造水晶来说，各晶面生长速率大小的顺序如下：

基面 $z(0001)>$ 小菱面 $r(01\bar{1}1)>$ 大菱面 $R(10\bar{1}1)>+x(11\bar{2}0)>-x(\bar{1}\bar{1}20)>$ 柱面 $m(10\bar{1}0)$。

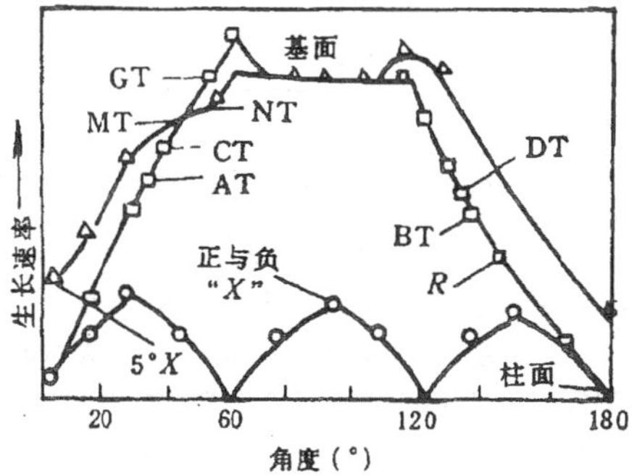


图 4.22 不同取向的石英晶体籽晶在 NaOH 溶液中生长速率的比较[21]。

图 4.22 示出不同取向的石英晶体籽晶在 NaOH 溶液中的生长速率[21]。图 4.23 示出不同取向的石英晶体籽晶在 $Na_2CO_3$ 溶液中的生长速率比较[22]。

磷酸钛氧钾 (KTP) 晶体在 $KF+H_2O_2$ 水溶液中各类晶面生长速率的顺序是 $\{001\}>\{010\}>\{110\}>\{011\}>\{201\}>\{100\}$。$\{001\}$ 与 $\{010\}$ 的生长率较大，一般在生长过程中最先消

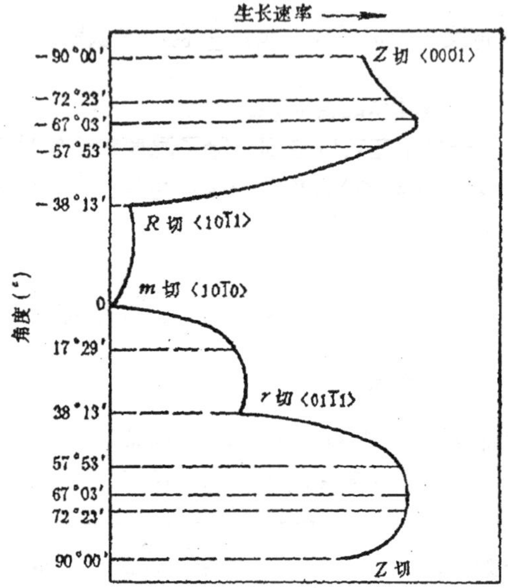


图 4.23 不同取向的石英晶体籽晶在 $Na_2CO_3$ 溶液中生长速率的比较[22]。$Na_2CO_3$ 溶液浓度为 2mol/L，填充度 70%，结晶温度 353℃，温差 7℃.

失，故晶体外形中观察不到。表 4.3 列出在 KF 溶液中水热 KTP 晶体生长形态中发育程度不同的晶面平均生长速率[23]。

**表 4.3 水热生长 KTP 不同晶面的平均生长速率[11]**

| 试验号 | 生长速率 ($10^{-5}$mm/d) | | | |
|---|---|---|---|---|
| | {100} | {201} | {011} | {110} |
| 861 | 90 | 97 | 123 | 156 |
| 862 | 65 | 72 | 88 | 110 |
| 863 | 40 | 45 | 53 | 71 |

不同取向的籽晶不但影响晶体的生长速率，而且还影响晶体的完整性。例如，Kolb 等[15]在研究 $AlPO_4$ 晶体的生长中，采用温差升温法：溶剂为 6.1mol/L 的 $H_3PO_4$，填充度为 82%；结晶温

度从 151±1℃开始升到 210℃，温差为 2—5℃. 结果各面的生长速率比：$v(0001) > v(11\bar{2}0) > v(10\bar{1}1) > v(10\bar{1}0) > v(01\bar{1}1)$. 晶体品质却以$(11\bar{2}0)$面及$(10\bar{1}0)$面生长的较好. 文献[23]中描述了水热 KTP 各主要晶面的表面结构与其生长率的各向异性的一致性.

晶体各晶面生长速率的差异程度或相对比值还受生长溶剂的性质、温度及压力的影响. 表 4.4 列出 $AlPO_4$ 晶体在不同溶剂中生长时所显示的不同生长速率[24].

表 4.4 在不同溶剂中，$AlPO_4$ 籽晶不同方向的生长速率($v$, mm/d)[24]

| 溶剂 | $T_c$(℃) | $v_z$ | $v_x$ | $v_m$ | $v_r$ | $v_R$ | 参考文献 |
|---|---|---|---|---|---|---|---|
| 6.1(mol/L)$H_3PO_4$ | 200 | 0.25—0.50 | 0.23—0.30 | 0.12—0.15 | 0.12 | 0.15 | [15] |
| 8(mol/L)HCl | 210 | 0.25 | — | 0.10 | — | 0.20 | [25] |
| 6(mol/L)$H_2SO_4$ | 230 | 0.30 | 0.50 | 0.06 | — | — | [26] |
| 8(mol/L)$H_2SO_4$(75%)+8(mol/L)HCl(25%) | 230 | 0.35 | — | 0.20 | — | — | [24] |

注：$z(0001)$, $x(11\bar{2}0)$, $m(10\bar{1}0)$, $r(01\bar{1}1)$, $R(10\bar{1}1)$.

因此，采用不同的籽晶切型、不同的溶剂种类、浓度及温度、压力等物理化学参量，便可获得生长形态、完整程度以至物理性质各异的水热晶体。

### 4.3.2 结晶温度与温差

选择适当的结晶温度和控制合宜的温差对快速生长优质的晶体具有重要意义。它们决定着结晶的活化能，溶质的浓度，溶液的对流和过饱和状态。

在温差和其他物理、化学条件恒定的情况下，晶体的生长速率一般随着

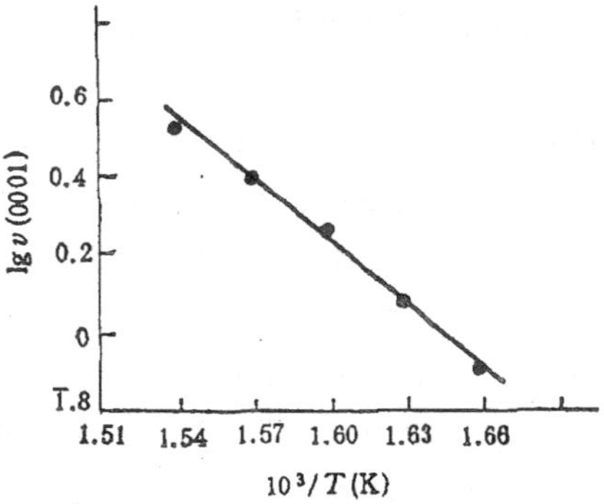


图 4.24 人造水晶在 1(mol/L)NaOH 溶液中的生长速率对数与绝对温度倒数之间的函数关系[13].

结晶温度的提高而加快. 例如人造水晶的生长，在1(mol/L) NaOH 溶液中，当 $\Delta T = 30℃$，填充度为85%时，其生长速率的对数与绝对温度的倒数呈线性关系[13]，见图4.24.

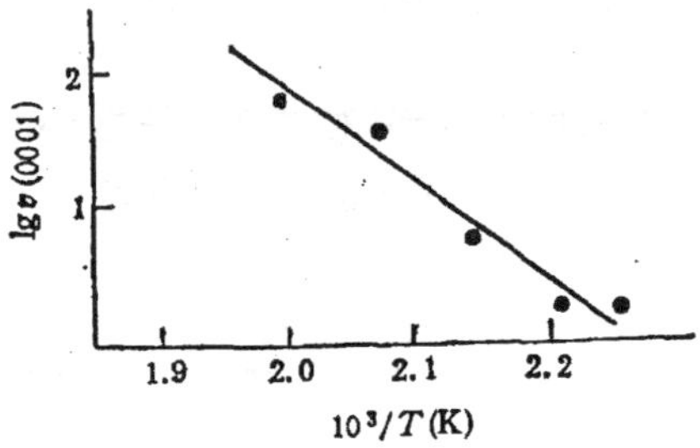


图4.25 $AlPO_4$ 晶体在6.5(mol/L)$H_3PO_4$ 溶液中的生长速率对数与绝对温度的倒数之间的函数关系[27].

又如在6.5mol/L的 $H_3PO_4$ 中，当 $\Delta T = 3℃$，填充度为80%时，$AlPO_4$ 晶体的生长速率对数与结晶温度倒数也呈线性关系[27](图4.25).

上述关系符合下面的经验公式:

$$\frac{d\lg v}{dT} = \frac{C}{RT^2}, \qquad (4.3)$$

式中，$v$ 代表生长速率 (mm/d); $C$ 为常数; $R$ 为理想气体常量; $T$ 为绝对温度(K).

两者所不同的是人造水晶在顺温差的条件下生长，而 $AlPO_4$ 是在逆温差的条件下生长.

温差是指在其他条件不变的情况下，容器内生长区与溶解区之间的温度差. 温差的大小决定着两区的溶液对流状态、溶质的传输和生长区溶质的过饱和度. 一般来说，温差越大，生长区溶液的过饱和度也越大，因而生长速率也越大. 例如 $AlPO_4$ 晶体在9(mol/L) $H_2SO_4$ 溶液中，结晶温度为223℃及241℃时，其 $X, Z, Y$ 3个方向的生长速率与温差 $\Delta T$ 的关系如图4.26所示[16]. 从图中曲线可见，在一定的温度范围内，晶体的生长速率与温差呈线性关系；当温差超过7℃后，生长速率的增长逐渐减缓；到 $\Delta T = 10℃$ 时，3个方向的生长率均出现1个最大值，此种现象在温度较低 ($T_c = 223℃$)时更为明显. 这可能与结晶的活化能、温差产生的方式、溶液密度差的变化及溶质供应的情况等因素有关.

温差的存在引起了溶液的对流，从而产生热量与质量的传输. Shternberg[28]认为在高压釜内的溶质传输是由热的饱和溶液与

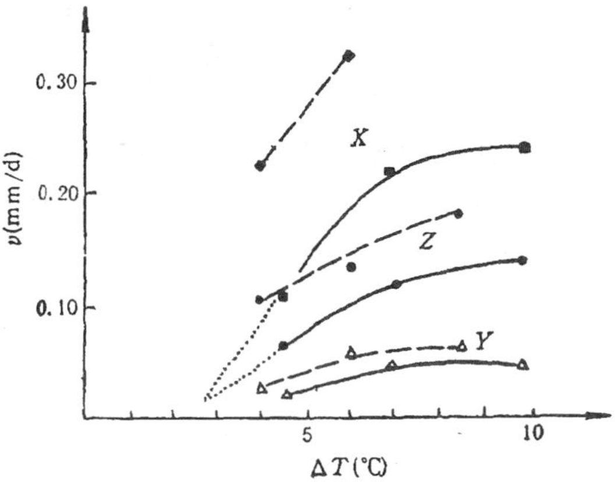


图 4.26 在 9(mol/L)$H_2SO_4$ 溶液中，$AlPO_4$ 晶体 3 个方向的生长速率 $v_x$,$v_z$ 及 $v_y$ 与温差的关系[16]. 实线表示 $T_c=223℃$,虚线表示 $T_c=241℃$,点线为 $T_c=223℃$ 时 $v_x$ 与 $v_z$ 曲线的外推部分. 图中纵坐标 $v$(mm/d) 为每边的生长速率.

"消耗过"的冷溶液之间的密度差所产生的. 在一定的实验条件,即压力与平均温度保持恒定的情况下,密度差可用下式表示:

$$\Delta\rho=\alpha\rho\Delta T-c\Delta T=(\alpha\rho-c)\Delta T, \tag{4.4}$$

式中 $\rho$ 为溶液的密度 (g/cm³); $\alpha$ 为溶液的热膨胀系数($K^{-1}$); $\Delta T$ 为溶解区与生长区之间的温度差(℃); $c$ 为溶液密度的变化系数.

Shternberg 还从水的 $P$-$T$ 关系分析中阐述了热膨胀系数 $\alpha$ 因温度及压力而异. 一般液体介质的温度在水的临界温度以下时,热膨胀系数 $\alpha$ 随压力的升高而减小,因而会出现 $\alpha\rho<c$ 的情况,即热的饱和溶液的密度比冷的溶液为大时,不会产生对流的质量传输. 当液体介质的温度大于水的临界温度时,气相成分增加. 热膨胀系数 $\alpha$ 随着压力的升高而增大, 从而保证了 $\alpha\rho>c$ 的条件. 体系内的质量传输增加了,因而从式(4.4) 可看出,只要选择适当的温度、压力,并调整温差,便可以获得理想的晶体生长速率.

为了有助于温差的建立, 往往在生长区与溶解区之间插入一个抑制溶液对流的缓冲器, 使高压釜内获得分别近似等温的生长区与溶解区. 图 4.27 示出具有开孔面积 10%—30% 缓冲器的银衬套 Sawyer 高压釜（内径 330mm，长 3m）内的温度分布[29]. 釜内生长区温度 346℃，$\Delta T$ 为 9.5℃.从图上可以看到，相应于缓冲器位置有一个很大的温度降.

为了获得理想的温度分布和对流状态，除了采用适当类型的缓冲器外，还可以借助于高压釜加热器的功率分配和保温炉散热系统的通风量来调整温差. 还有，温差的大小同高压釜内部的长度与直径之比(长径比)有关. 在高压釜内径和加热保温等状况相同的条件下，长径比较大的釜内，其温差要大于长径比较小的温差. 换言之，若需获得同样的温差范围，则大内径高压釜的长径比应大于小内径高压釜的长径比. 所以在设计高压釜时，要考虑到高压釜的长度与内径之比这一因素.

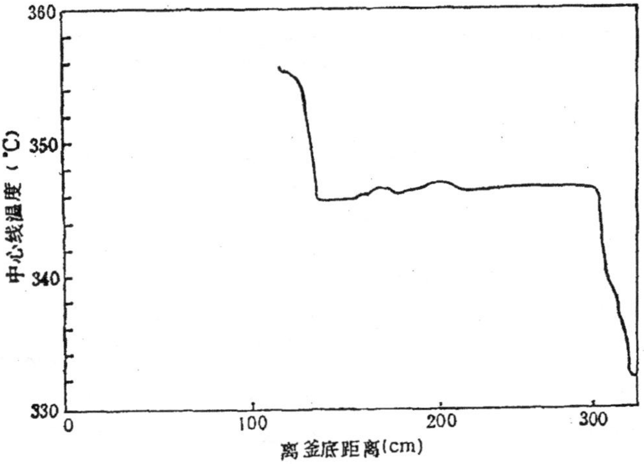


图 4.27　带有开孔面积为 10—30%缓冲器的 Sawyer 银衬高压釜内，$\Delta T$ 为 9.5℃时的温度分布[29].

### 4.3.3 压力和溶剂填充度

压力是作为容器内的溶剂及其浓度、初始填充度、温度和温差的函数而存在的. 加大压力可提高晶面的生长速率，这实际上是通过改变其他参量，从而增强溶解度和质量传输来体现的. 例如在 4.2.4 节中述及的 $GaPO_4$ 晶体在 7.25(mol/L)$H_3PO_4$ 溶剂中，低于 400℃ 进行的水热生长。从图 4.20 可以看出，在一定温度下，$GaPO_4$ 的溶解度随着压力而增加。这说明在上述条件下可能的溶解反应

$$GaPO_4 + 5H_3PO_4 \rightleftharpoons Ga(H_2PO_4)_6^{3-} + 3H^+ \qquad (4.5)$$

中，右边化学产物的比容较小。

超导晶体 $BaPb_{1-x}Bi_xO_3$(BPB) 在 KCl 溶液中进行水热生长的实验中，同样可以得到溶解度随着压力的增高而加大的结果(图 4.28)[20]。在这种密度较高的溶液中，溶解度增加的实验事实可以认为溶解反应包含着各类溶质体积的缩小。

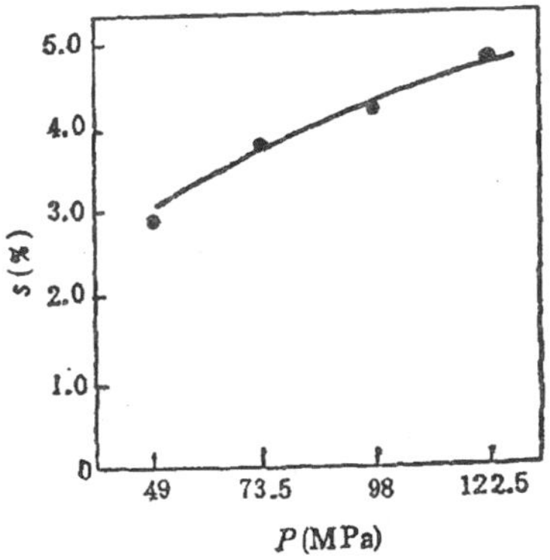

图 4.28 在 450℃，4.5 (mol/L)KCl 溶液中 BPB 的溶解度与压力的关系曲线[20].

在人造水晶的生长中，通过增加填充度来提高压力，一方面可以提高生长速率，另一方面可以克服在低压高温下生长区内溶质供应不足的情况. 高的温度，低的压力和低的溶剂浓度相结合，往往使生长的晶体出现后期裂隙。尤其在彩色水晶的生长中，由于高温和掺杂，晶体表面很容易出现针状裂隙. 若将填充度提高，则可以获得完整的彩色水晶。

### 4.3.4 缓冲器

缓冲器的作用是调节生长系统里的溶液对流或质量传输状态。缓冲器将高压釜的生长区与溶解区分隔开，这样不仅可以增大两区间的温差，从而提高晶体的生长速率，而且还能使整个生长区达到比较均匀的质量传输状态，使生长区上下部晶体的生长速率相接近。

缓冲器的形式有单孔或多孔、圆盘状或伞状多种。缓冲器的开孔面积与高压釜的大小及长径比有关。在长度与内径比较大的高压釜中，缓冲器的开孔率可以大些；而在长径比较小的高压釜中，缓冲器的开孔率就要小些。当长径比相同时，内径较大的釜宜使用开孔率较小的缓冲器。总之，缓冲器的设计要适应釜内温差和液流条件的需要。

Johnson 等[29]对人造水晶生长时缓冲器开孔率、温差和加热功率之间的关系进行了实验测定，结果见图 4.29。从图中可以看出：

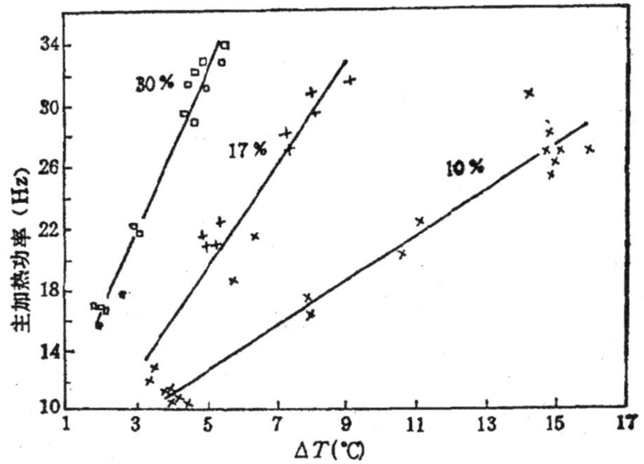


图 4.29 用不同开孔率的单孔缓冲器时功率与温差的关系曲线(生长区温度 345℃)[29]。需要注意的是，频率是指用带有衰减器的分辨率为 0.1Hz 的 Fluke 型 1910A 多位计数器测量从 SCRS 至加热器引线中的交流电频率。

(1) 随着温差的增大，主加热器功率呈线性增大。

(2) 对于缓冲器开孔率大的条件，需要更大的加热功率。因为开孔率增大时，生长区与溶解区之间有更多的液流交换，能量交换也随之增多，所以需要更大的功率以维持一定的温差。

(3) 采用开孔率小的缓冲器易于拉开温差。

在单孔缓冲器与多孔缓冲器的对比中，Johnson 等[29]早就认为一定开孔率的多孔缓冲器，其作用近似于两倍开孔率的单孔者．即开孔率为15%的多孔缓冲器，其作用近似于开孔率为30%的单孔缓冲器．图4.30示出一些单孔及多孔缓冲器的加热功率-温度差曲线，虽然要确切测量它们的关系尚有困难，但已能看到开孔率为11%的多孔缓冲器与开孔率为22%的单孔缓冲器的关系．另外，从图中还可以看出，无论缓冲器属于单孔还是多孔，为了增大温差所需改变加热功率的速率（功率-温差曲线的斜率）均与缓冲器的开孔率有关．

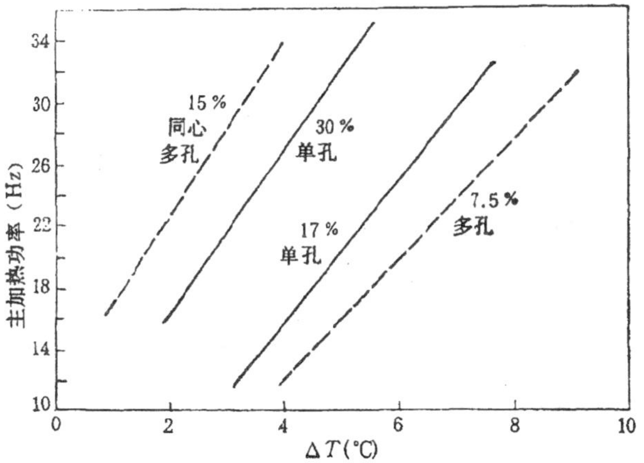


图4.30 不同开孔率的单孔和多孔缓冲器的功率-温差曲线(生长区温度345℃)[29]．

由于缓冲器与温差的作用，高压釜内形成一个良好的对流环境，促使溶质向晶体-溶液的界面迁移、扩散．实际上晶体的外形、微观缺陷、包裹体、双晶等成因往往与生长时容器内液流的状态有关．在人造水晶的生长中，有时会看到两端呈楔形的晶体．若缓冲器设计不当，或加热系统损坏时，这种现象更为严重．Klipov等研究了溶液的对流对人造水晶生长的影响[30]．他们发现，晶体迎向液流的一端常常比背向液流的一端要长得大一些．至于大菱面的附生双晶，出现最多的是在向上的液流区内生长的晶体上，而在靠近釜壁向下的液流中生长的晶体上最少．这是因为向下的液流能把细微的晶粒冲掉，减少了附生双晶的形成．因此，缓冲器的合理设计是水热法生长晶体的关键工艺之一．

### 4.3.5 溶剂(矿化剂溶液)的化学成分及其浓度

水热晶体生长中选用的溶剂对结晶物质来说，在一定的温度压力条件下不仅要有足够大的溶解度，而且需要具有足够大的溶解度温度系数，并能与结晶物质形成同自由离子存在化学平衡的络合物．

一般矿化剂可分为下述五类：

(1) 碱金属及铵的卤化物．

(2) 碱金属的氢氧化物．

(3) 弱酸 ($H_2CO_3$, $H_3BO_3$, $H_3PO_4$, $H_2S$) 与碱金属形成的盐类．

(4) 强酸的盐类．

(5) 酸类(一般为无机酸)．

其中碱金属的卤化物及氢氧化物是最有效，因而也是应用较广的矿化剂．如 KTP[23], $TiO_2$, $ZrO_2$[31]等可以在 KF, $NH_4F$ 或 NaF 的水溶液中结晶；$SiO_2$[4,6,7,9,13,21], $Bi_{12}SiO_{20}$[32], ZnO[33], $CaWO_4$[34], BPB[35] 等可以在 NaOH 溶液中结晶；ZnS[36]和 K(Ta, Nb)$O_3$[37]在 KOH 溶液中结晶；石英[5]、刚玉[38,39]和石榴石[40]也可以在碳酸盐溶液中结晶．这些溶剂对结晶速率的影响都是通过结晶物质的溶解度与温度压力的关系来体现的．例如石英在一定压力的 NaOH 溶液中，溶解度与温度的关系具有正的温度系数，从而使人造水晶在高压釜的冷端结晶出来．

在酸性溶液中生长的晶体有 $AlPO_4$[24], $GaPO_4$[41]．它们在 $H_3PO_4$, HCl 及 $H_2SO_4$ 溶液中的溶解度具有负的温度系数，所以在容器内温度较高的部位结晶．

然而，溶剂的化学性质不同，物质在其中的溶解度与生长速率也不相同．在一定的条件下，水晶在 $Na_2CO_3$ 溶剂中的生长速率大于在 NaOH 溶剂中的生长速率．用 $Na_2CO_3$ 溶剂的缺点是 $\alpha$-$SiO_2$

溶液的亚稳区较窄，容易产生自发晶芽．这种晶芽不仅使晶体品质变差，有时还会附着在塞头和釜壁之间的缝隙中，使高压釜开启困难．因此 $SiO_2$-$Na_2CO_3$-$H_2O$ 系统适宜在较低的温度、温差和压力下生长水晶．当采用 $SiO_2$-NaOH-$H_2O$ 系统时，如要获得与在 $Na_2CO_3$ 溶液中相同的生长速率，则需要较高的温度、温差和压力．

水热生长红宝石的溶剂有 NaOH，$Na_2CO_3$[11]，$NaHCO_3$ + $KHCO_3$[42] 及 $K_2CO_3$[43]等数种．$Al_2O_3$ 在 NaOH 中的溶解度很小，增加温度和压力后的效果也不明显；而在 $Na_2CO_3$ 溶液中生长虽较慢，但升高温度压力后生长速率能有所提高；采用 $NaHCO_3$ + $KHCO_3$ 的混合液则较好．姜彦岛与贾寿泉等用 1.4(mol/L) $Na_2CO_3$ + 0.9(mol/L)NaCl 混合液在 $f = 67\%$，$T_g = 430$℃ 的条件下获得较大的生长速率，沿〈0001〉方向的生长速率约为 0.4 mm/d[44]．

增加矿化剂的浓度，一般能提高晶体的溶解度及生长速率．但是溶剂浓度的加大也有一定的限度，主要因为过高的溶剂与溶液浓度使溶液的粘度与密度增加，影响溶液的对流，不利于晶体生长．例如红宝石在 $Na_2CO_3$ 溶液中的生长，当溶剂浓度增加到超过 1.5mol/L 时，生长率逐渐减慢，并有下降趋势，见图 4.31*．$AlPO_4$ 晶体在 $H_2SO_4$ 溶剂中生长时，其生长速率与溶剂浓度存在类似的反常关系曲线，见图 4.32[16]．$AlPO_4$ 晶体在相似的结晶温度 230℃下，$X$ 方向及 $Z$ 方向在 6(mol/L) $H_2SO_4$ 中的生长速率分别为 9(mol/L)$H_2SO_4$ 中生长率的 3 倍．

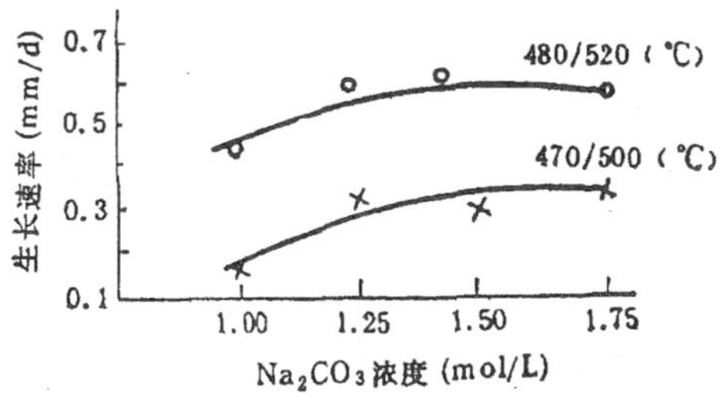

图 4.31 红宝石在不同温度下的生长速率与 $Na_2CO_3$ 溶剂浓度的关系*．

* 姚广涛、经和贞等，电子工业部 1411 研究所内部资料．

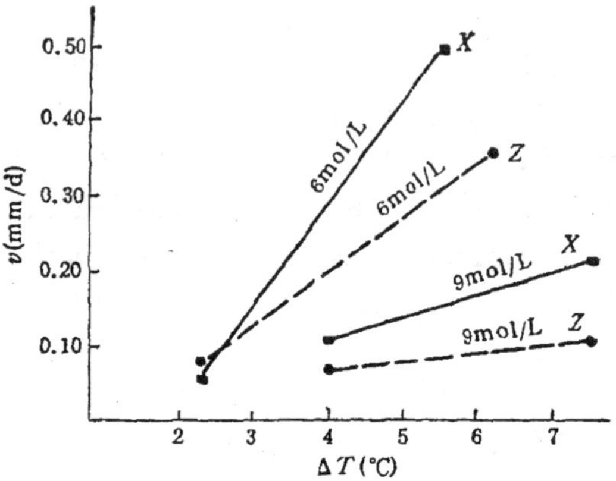


图4.32 $AlPO_4$ 晶体在不同浓度的 $H_2SO_4$ 溶液中和相似的结晶温度230℃下，Z及X方向的生长速率均为 $v_{6M} \simeq 3 \times v_{9M}$[16]. 图中纵坐标 $v$(mm/d) 是每边的生长速率.

除了利用矿化剂各自的优点和彼此的互补性的混合溶剂（诸如用 $NaOH + KOH$ 生长水晶，用 $NaHCO_3 + KHCO_3$ 生长红宝石[42]，用 $NaOH + LiOH$ 生长 ZnSe[45] 以及用 $H_3BO_3 + NaCl + NaF$ 生长电气石[46]等）之外，在矿化剂中适当地加入某种添加剂，对晶体的生长与性能也有好的作用，例如在生长人造水晶的溶剂中加入锂盐（LiF 或 $LiNO_2$ 等），可以抑制晶体对 $OH^-$ 的吸收，从而提高晶体的品质．因为 $Li^+$ 吸附在生长晶体的表面上，并促进表面上 $OH^-$ 的脱水反应，破坏了界面上液体层的组成与结构，从而减少了吸附层对晶体生长的阻力和 $OH^-$ 离子进入晶格的机率．而 $NO_2^-$ 又能加强 $Li^+$ 的退吸附作用，并与晶面上的 $OH^-$ 起化学反应

$$(NO_2)^- + 2(OH)^- \rightleftharpoons NO_3^- + H_2O + 2e^-, \qquad (4.6)$$

因此添加 $LiNO_2$ 的效果比添加 LiF 的更好．另外，锂盐在生长人造水晶的溶液中还可与杂质铝形成 $LiAlSiO_4$，从而抑制其进入晶体，改善水晶的纯度、均匀性和完整性；并能使 ⟨s⟩ 方向的生长速率减小，品质较好的Z区增大．

掺入添加剂也会改变晶体的某些物理性质。例如 $AlPO_4$ 晶体的 $\alpha$-$\beta$ 相转换点为586℃。在加入某些诸如 Pb，Cu，Bi，Mg，La，Zr，Be，Cr，Fe 等后，不仅改变了 $AlPO_4$ 晶体的表面形态，而且 $\alpha$-$\beta$ 转换温度降低到550—577℃之间[47]。引起这种变化的原因主要是晶体中除了强的 Al—O 和 P—O 共价键之外，还包含一些较弱的离子键。

### 4.3.6 培养料与籽晶

培养料与籽晶是水热法生长晶体的主要原材料。一般培养料与籽晶的来源是天然晶体，如生长人造水晶时用天然石英碎块作培养料，从较好的天然水晶切取籽晶片。第二个来源是用其他生长方法获得的晶体材料作培养料或切取籽晶。例如红宝石的生长可用焰熔法生长的晶体作培养料及籽晶[44]；KTP 晶体的生长可用熔盐法生长的晶体作培养料及籽晶[23]；$Bi_{12}SiO_{20}$ 晶体可用提拉法生长的晶体作培养料及籽晶[48]。此外还可以按化学计量成分配制成原料，并在一定的温度及压力下烧结成块状培养料。籽晶也可以采用结构相同且点阵参量相近的晶体，例如 $GaPO_4$ 晶体可附生在 $AlPO_4$ 籽晶上[41]。

对于培养料的要求主要是纯度高。无论是哪种来源的培养料，纯度要求在99.9%以上。籽晶要求无宏观弊病和孪生，位错密度低，这样才能生长出良好的晶体。

培养料应有足够的数量和线度以供生长时的需要。培养料的溶解表面积与籽晶生长表面积之比将影响晶体的生长速率。在相同的生长参量下，釜内籽晶挂得少的，其生长速率要大于籽晶挂得多的釜，即生长速率与籽晶面积成反比。再者随着生长过程的推移，两者之间的比值会不断改变，所以生长速率也可能发生变化。这里有两种情况：一种是生长面积增大，生长速率减小，如Y棒水晶的生长，这时可通过逐渐增大温差来补偿；另一种情况是随着晶体的长大，快速生长的晶面逐渐收缩，因此虽然培养料总的溶解面积减小了，但对整个晶体的生长速率影响不大，Z块水晶的生长即如此．正是由于这个原因，在整个生长周期内温差不变的情况下，Z片生长的水晶其均匀性比Y棒生长的水晶要好．

## §4.4 水热法晶体生长技术

### 4.4.1 高压釜

高压釜是水热晶体生长的关键设备，晶体生长的效果与它直接有关．由于高压釜是在高温高压下运作，并同酸、碱等腐蚀性介质接触，所以要求高压釜的材料能耐腐蚀，并具有较好的高温机械性能．釜体密封结构要简单、可靠，便于制造和装启，同时又能保证长周期连续使用．

（1）高压釜的密封结构　高压釜的密封结构可分为自紧式和非自紧式两大类．图4.33示出高压釜的非自紧式密封结构．它依靠高于工作压力的预紧压力来使高压釜维持密封．这种结构操作简易，适宜于小的容器．

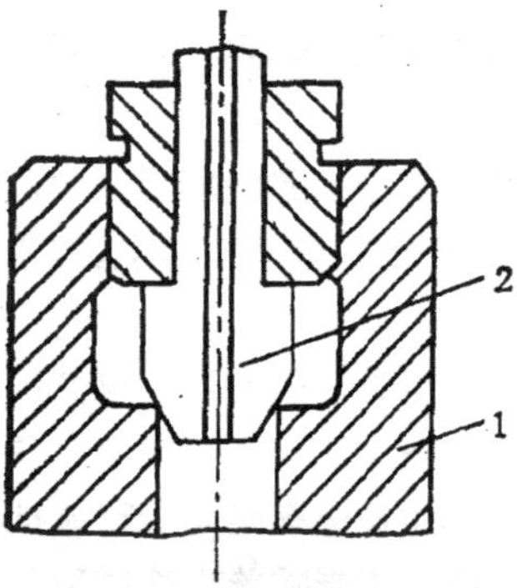


图4.33　非自紧式密封结构．
1.釜体；　2.密封塞．

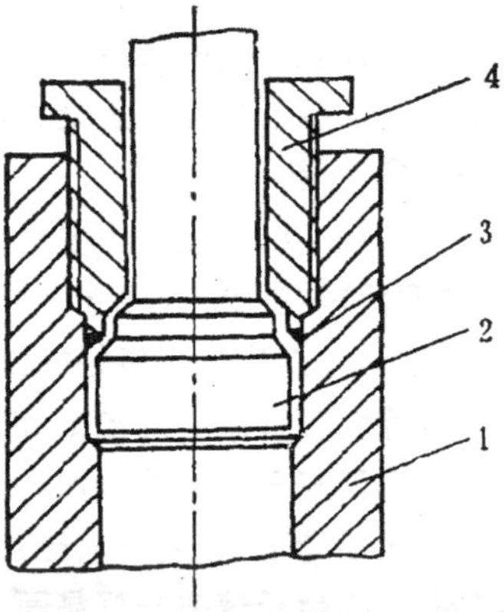


图4.34　自紧式密封结构．
1.釜体；　2.密封塞；　3.密封圈；　4.顶盖．

关于自紧式密封结构，广泛被采用的是改进后的基于无支持面原理的Bridgman结构，如图4.34所示．这种结构由顶盖与筒体以螺纹连接以支持密封环；当使用很小的预紧力达到初步密封后，工作时内部产生的压力通过密封塞头传至受顶盖下端支持的密封圈上，使密封圈变形达到密封效果。由于密封塞头的面积与密封圈上接触面积之间有一定的比例，前者一般要大好几倍，故密封圈上所受的压力总比高压釜内的压力要大，从而产生自紧的作用。

然而对于直径较大的高压釜，使用上述两种结构就感到不足。由于直径的加大，零件需要放大和增多，各部位的摩擦力也增加，因而开卸时比较困难。为了克服大型釜的开卸困难，近年来发展了一种卡箍式结构的高压釜，见图 4.35。这种结构是由卡箍（二瓣拼合式或三瓣拼合式）将密封圈夹持在顶盖和釜体筒口之间使它们彼此接触。拧紧卡箍时，密封圈即达到预紧密封。当内压上升时，介质压力使顶盖有上移的趋势；但同时，密封圈内腔也受到介质压力的作用而使密封圈沿径向扩张，保证了密封。

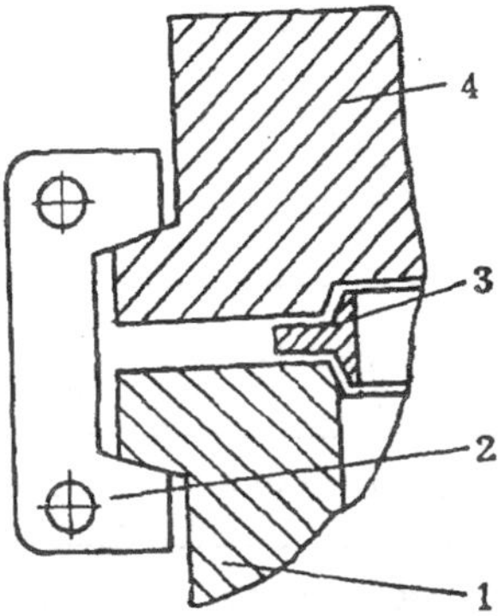


图 4.35 卡箍式结构的高压釜。
1.釜体； 2.卡箍； 3.密封圈； 4.顶盖。

(2) 高压釜体的材料 一般水热生长的温度从 200—1100℃，压力从 200atm 至 10,000atm。所以制造高压釜所用材料的选择非常重要，尤其在工作压力超过 1000atm 时，必须采用高温强度大的材料。表 4.5 列出制造高压釜釜体常用材料的化学成份。表 4.6 列出几种典型材料的机械性能参数。

(3) 高压釜壁的厚度

(i) 单筒体釜壁厚度的设计计算。单筒体高压釜釜壁厚度的计算通常依据最大剪应力和最大应变能两种理论。如用最大剪应力理论计算，在工作温度 400℃ 及以下时的釜壁厚度，可用下面公式计算：

$$K_d = \frac{D_w}{D_n} = \sqrt{\frac{[\sigma]}{[\sigma] - 2P}}, \tag{4.7}$$

表 4.5 制造高压釜常用

| 材 料 | C | Si | Mn | Cr | Ni |
|---|---|---|---|---|---|
| $PCrNi_3MoVA$ | 0.32—0.42 | 0.10—0.35 | 0.20—0.80 | 0.50—1.20 | 2.0—3.5 |
| $33CrNi_3MoVA$ | 0.30—0.38 | 0.17—0.37 | 0.50—0.80 | 1.20—1.50 | 3.00—3.50 |
| JSWVMCH | 0.25—0.35 | ≤0.35 | 0.60—0.90 | 0.85—1.25 | — |
| GH33 | 0.045 | 0.40 | 0.24 | 20.10 | 基 |
| $1Cr_{18}Ni_9Ti$ | 0.12—0.14 | ≤0.8 | ≤2.00 | 17—19 | 8—11 |

表 4.6 制造高压釜常用材

| 材 料 | 机 械 | | |
|---|---|---|---|
| | $\sigma_b$(kN/cm²) | $\sigma_s$(kN/cm²) | $\delta$(%) |
| $PCrNi_3MoVA$ | 114(82.6) | 104(73) | 12 |
| $33CrNi_3MoVA$ | ≥95(80) | 85(70) | 12(14) |
| JSW VMCH | 112(78) | 83(59) | 13 |
| GH33 | ≥88(60.8) | ≥58.8(49) | 13(5) |
| $1Cr_{18}Ni_9Ti$ | ≥54(35.3) | ≥19.6(20.6) | ≥40(28.5) |

式中，$K_d$ 为高压釜的内外直径比，$D_w$ 为容器外径(cm)，$D_n$ 为容器内径（cm)，$P$ 为工作压力(MPa)，$[\sigma]$ 为许用应力(MPa)，即

$$[\sigma]=\frac{\sigma_s^T}{\eta_s}, \tag{4.8}$$

式中，$\sigma_s^T$ 为设计壁温 $T$ 下材料的屈服极限（MPa)，$\eta_s$ 为安全系数。

当温度小于或等于 400℃ 时，上式适用，大于 400℃ 时则应考虑蠕变和持久强度。

材料的化学成分(%)

| Mo | V | S | P | Ti | 其他 |
|---|---|---|---|---|---|
| 0.4—0.7 | 0.15—0.25 | 0.015 | 0.015 | — | |
| 0.35—0.45 | 0.10—0.20 | 0.015 | 0.015 | — | |
| 1.0—1.5 | — | ≤0.035 | ≤0.035 | — | |
| — | — | 0.004 | 0.008 | 2.74 | Fe 0.58 Al 1.00 |
| — | — | ≤0.02 | ≤0.035 | 0.48 | |

料的机械性能参数

| 性能 | | $k/c$ (kN/cm²) | 备注 |
|---|---|---|---|
| $\psi$(%) | $a_k$(N·m/cm²) | | |
| 35 | 49 | <343 | ( )内为高温 400℃ 时的性能参数 |
| 35(40) | 49 | ≈396 | ( )内为高温 400℃ 时的性能参数 |
| 35 | 49 | — | 日本制钢所材料,( )内为高温 427℃ 的性能参数 |
| 10(12) | 29.4 | — | ( )内为高温 700℃ 时的性能参数 |
| ≥55(64.5) | 122.58 | — | ( )内为高温 600℃ 时的性能参数 |

(ii) 组合筒体釜壁厚度的设计和计算[49]。组合筒体是将若干个筒体以一定的过盈量加热后相互套合而成的多层容器，即采用制造单层筒体的材料来制造耐压超过单层筒体的超高压容器。对于工作压力超过 300MPa 的大型釜，以用双层筒体较好。在设计和计算中，如内外筒材料相同，其屈服强度相同时，整个筒体的壁厚应按下式计算：

$$K=\frac{D_w}{D_n}=\frac{2[\sigma]}{2[\sigma]-\sqrt{3}P}, \tag{4.9}$$

$$K_1=K_2=\sqrt{K},$$

式中，$K$为筒体总的外部与内部直径之比，$K_1$，$K_2$分别为内层和外层筒体的外内径之比，$D_w$，$D_n$ 分别为筒体总的外径和内径(cm)，$P$为工作压力(MPa)，$[\sigma]$为内外层材料的许用应力(MPa)。

两层筒体间的过盈量按下式计算：

$$\Delta = \frac{2[\sigma]r_c}{\sqrt{3}E}\left(\frac{K-1}{K}\right) \tag{4.10}$$

或

$$\Delta = \frac{Pr_c}{E}, \tag{4.11}$$

式中，$E$为弹性模量，$\Delta$ 为两层之间的半径过盈量 (cm)，$r_c$ 为两层之间的接触半径，即

$$r_c = \sqrt{r_w r_n}\,(\text{cm}); \tag{4.12}$$

式中，$r_w$，$r_n$ 分别为整个筒体的外半径和内半径。

(4) **高压釜的试验压力** 为了保证高压釜的安全使用，在使用前必须对其进行耐压试验，试验压力由下式确定：

$$P_t \geqslant 1.25P \times \frac{[\sigma]}{[\sigma]^T}, \tag{4.13}$$

式中，$P_t$ 为试验压力 (MPa)，$[\sigma]$为试验温度下材料的许用应力(MPa)，$[\sigma]^T$ 为工作温度下材料的许用应力 (MPa)；当 $\frac{[\sigma]}{[\sigma]^T}$ 之比值大于 1.8 时，取 1.8。

(5) **高压釜的直径与高度比** 因为水热法晶体生长是利用溶液在一定的温差条件下形成过饱和而进行的，所以为了便于控制温差，容器必须有足够的长度。但是容器过长容易造成温度的分布不均，同时也给设备制造带来困难。一般对内径为 100—200mm 的高压釜来说，内径与高度之比以 1:16 为宜。如内径再增加，比例也需相应增大。作为溶解度试验用的高压釜，其内径与高度比取 1:5 即可。

(6) **关于高压釜的防腐蚀问题** 在高温高压下，水及盐类的水溶液对大部分金属及合金均有腐蚀作用，尤其是用酸、碱溶液作

为溶剂时，更要考虑到容器内壁的防腐蚀问题．一般采用惰性材料制成的衬套将溶液与釜壁隔开以防止腐蚀。表 4.7 列举了可用作耐蚀衬套的若干种材料[50]．衬套的结构形式有悬浮式及非悬浮式之分．衬套的关键在于密封．图 4.36 示出悬浮式的衬套，它的盖子是带有螺纹的，筒体与衬套之间有一定的空隙，其中可装人纯水，其填充度需经过精确计算，以便空隙与衬套内的工作压力达到平衡，并须防止水或溶液向衬套内外渗漏．图 4.37 示出非悬浮式的衬套，它要求加工精度很高以防止使用时破裂。然而，在大规模生产用的高压釜中，用贵金属做衬套是很不经济的．所以往往可根据反应体系的特性和条件来选择价格较低的替代材料，如石英、石

**表 4.7　制造高压釜衬套的材料[50]**

| 材　料 | 温度 $T$(℃) | 溶　液 | 备　　注 |
|---|---|---|---|
| 钛 Ti | 550 | 氯化物*，碱**，硫酸盐，硫化物 | 当溶液浓度 $c_{NaOH}>25\%$ 或 $c_{NH_4Cl}>10\%$，$T=400℃$ 时钛被腐蚀． |
| 磁性铁(纯铁，Fe) | 450 | 碱 | 逐渐氧化形成磁铁矿($Fe_3O_4$) |
| 银 (Ag) | 600 | 碱 | 逐渐重结晶并脆化，部分溶解 |
| 铂 (Pt) | 700 | 碱，氯化物，硫酸盐 | 在有硫离子的氯化物溶液中变黑；在碱溶液中局部溶解 |
| 聚四氟乙烯(Teflon) | 300 | 氯化物，碱 | 热传导性能差 |
| 钽 (Ta) | 500 | 氯化物 | 在 $c_{NH_4Cl}>8\%$ 的溶液中开始被腐蚀． |
| Pyrex 玻璃 | 300 | 氯化物 | |
| 铜 (Cu) | 450 | 碱 | 存在氯离子和有机化合物时腐蚀减轻 |
| 石墨 (C) | 450 | 硫化物 | |
| 镍 (Ni) | 500 | 碱 | |
| 石英 ($SiO_2$) | 300 | 氯化物 | |

*：包括其他碱金属卤化物．

**：包括碱金属的氢氧化物和碳酸盐．

墨、聚四氟乙烯及纯铁等作衬套。也可利用在晶体的生长过程中，釜壁上自然形成的保护层来防止进一步的腐蚀和污染。例如合成

水晶时，由于溶液中的 $SiO_2$ 与 $Na_2O$ 和釜体中的 Fe 能反应生成一种在该体系内稳定的化合物，即硅酸铁钠 $NaFeSi_2O_6$（锥辉石 acmite）附着于容器内壁，从而起到了保护层的作用.

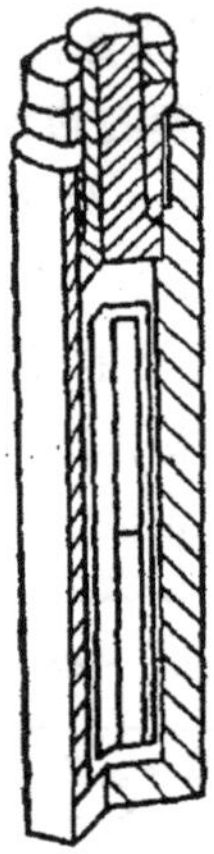

图 4.36 带悬浮式衬套的高压釜.

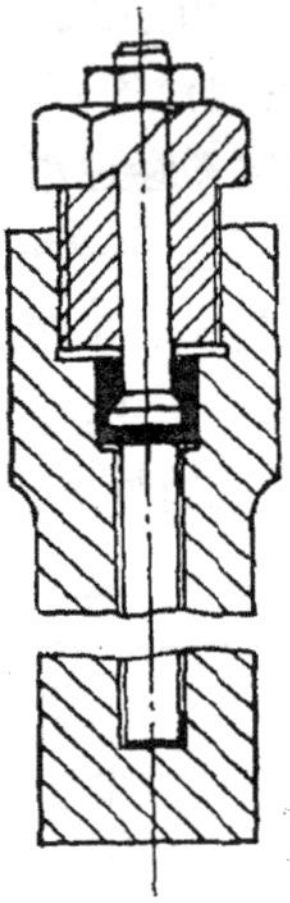

图 4.37 带非悬浮式衬套的高压釜.

(7) **溶解度试验用高压釜装置** 一般测定某物质在高温高压水溶液中溶解度的方法为淬火-称重法，其高压釜结构如图 4.37 所示的普通型式. 实验时，高压釜内部必须处于等温状态，不能存在明显的温度梯度和两种以上的液相，淬火时要尽量迅速. 整个操作过程比较麻烦，实验周期长，而且结果不易精确. 美国 LECO 公司的 Barns 容量水热装置[51]可以实现在工作条件下连续分次直接从容器取样分析，其装置如图 4.38 所示. 它可用来测定一定填充度下温度为 25—600℃，压力至 103MPa 范围内物质在溶剂中的溶解度，并能测定水热条件下溶液的电导等数据. 该装置的特点如下：(1)实验时容器可以自动摇摆，这样就大大缩短容器内液相与固相达到平衡的时间；(2)在一定的温度和压力下可以直接取样进行分析，因此结果的可靠性高得多；(3)每次取样后容器内填充度变化不大($<0.2\%$)，可以继续升高温度和压力，待液固相

平衡后再取样分析．因此，每次实验能够在一个填充度下测得某物质的溶解度随温度变化的一系列数据；(4)与淬火法相比，其系统更不易受污染．

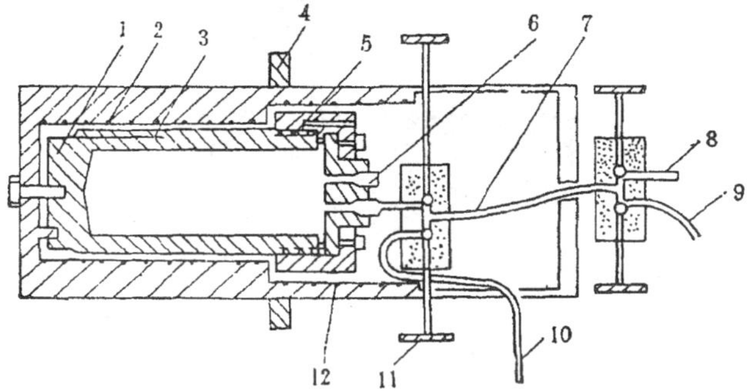


图4.38 Barns 反应容器，加热炉及取样阀的结构示意图．1.高压釜； 2.加热炉（*A*）； 3，5.热电偶； 4.摇动轴； 6.接压力表处； 7.抽样管； 8.抽样口； 9.接离子交换柱及水泵； 10.接真空泵及氮气瓶； 11.阀门旋钮； 12.加热炉（*B*）．

(8) 特殊用途的高压釜装置　一般研究与生产用高压釜为立式固定型安装；外加热系统；生长过程由各个物理化学参量来控制，但不直观；使用的温度压力范围又有局限性．所以为了克服这些不足，就有了各种特殊用途高压釜的研究与开发，例如：

(i) 双联高压釜(外接高压釜)．为了不使机械压缩系统提供给反应室的压力受到限制，Shternberg 研制了一种双联高压釜[52]，如图 4.39 所示．该釜可在 300MPa 压力和 700℃温度下用于合成、再结晶及生长工作．其中一个容器是反应室，另一个装压力表的是压缩室．它们中间由钢质毛细管连接．压力是通过压缩器中的水被加热时膨胀而产生的．它的特点是可以在工作腔内独立地改变温度与压力． Shternberg 等还采用内加热及多层容器的措施，使高压釜的使用温度达到 900—1000℃，压力达到 1000MPa[53]．Lobachev 等利用冷却高压釜密封部位的方法发展了高温度梯度条件下生长晶体的技术[54]．

(ii) 研究晶体生长动力学用的高压釜装置．由于水热生长

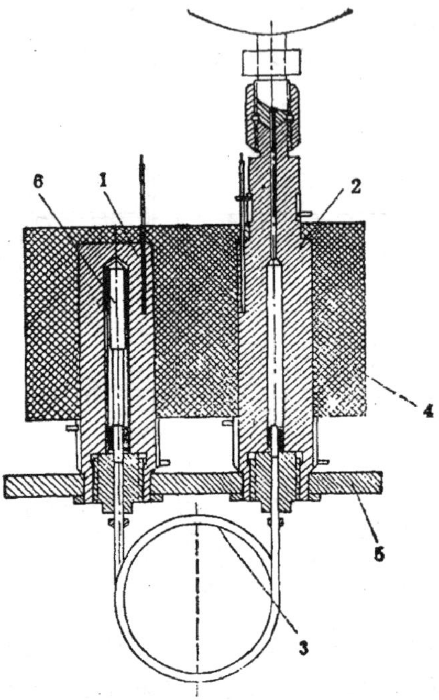


图 4.39　双联高压釜示意图[52]　1.高压反应容器；　2.高压压缩容器；　3.钢质毛细管；　4.保温材料；　5.座架；　6.接触式衬套.

是在密闭的容器内进行，既不易观察其反应状态，又不易了解其中间的过程. 所以设计不同类型的高压装置用以研究生长动力学方面的问题，也引起人们的重视. Shternberg 采用定量监控溶质传输的重量分析装置来研究晶体生长过程中材料转移的动力学情况[55]. 图 4.40 示出一种衡重式的高压釜装置，水平固定的高压釜其重心悬挂在垂杆的支点上，釜体可以在炉子中自由摆动. 当釜内的材料质量从一端转移到另一端时，支点即偏离垂轴. 然后添加砝码来使釜体恢复到水平位置，从重量的变化可以知道釜内是否有晶体生长及其生长速率的大小.

另外，为了观察高压釜内发生的过程，Kleschev 等特制了用熔融石英或白宝石做窗口的可观察高压釜[56]，见图 4.41. 图中 4

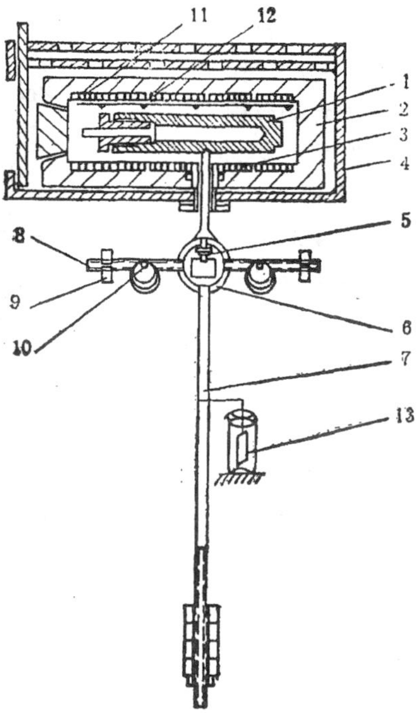


图 4.40 衡重式高压釜装置[55]. 1.高压釜; 2.炉子; 3.加热器; 4.防护套筒; 5.刀口; 6.环; 7.垂杆; 8.横杆; 9.平衡砝码; 10.称重砝码; 11.四段加热器; 12.热偶; 13.油阻尼器.

为白宝石制成的窗口，两个这样的窗口在釜体两侧相对着。当强光源从一个窗口射入高压釜，而从另一窗口进行观察时，可以看到不同温度下的液流状态和生长情况。还有一种用熔融石英制成的透明反应容器[54]，其工作容积为 200—700cm$^3$。容积为 200cm$^3$ 的釜是为在温度达 300℃ 和饱和溶液蒸气压下运作的。这种设计的高压容器可以连续观察晶体的生长过程。

(iii) 特殊结构的高压釜衬套。为了解决高压釜内衬套内外空隙之间的压力平衡，一般要对衬套内及衬套与釜壁间的填充度进行精确的计算。但是每改变一次就要计算一次，比较繁琐。

Ashby 等[57]设计的一种容积可变的衬套适用于条件常变化或计算上易有误差的实验．这种衬套的部分区段带有可伸缩的波纹以便随时调整衬套内外的容积来建立压力平衡．容积可变的衬套结构如图 4.42 所示．

(9) 高压釜的防爆系统

防爆系统是高压釜的关键部位之一．当高压釜加热操作失控,容器内压力超过设计压力时,防爆系统应该首先遭到破坏,将压力释解以保护环境与设备的安全．防爆装置中的爆破元件有爆破帽及爆破片两种．爆破帽和爆破片的设计爆破压力稍高于高压釜的工作压力，但以不超过高压釜的设计压力为准，其温度则与所用装置的环境温度有关．图 4.43 示出装有爆破片的夹持器．当釜内压力上升到规定的爆破压力时，爆破片就能起爆,发生泄压作用．它的爆破压力可按下式计算:

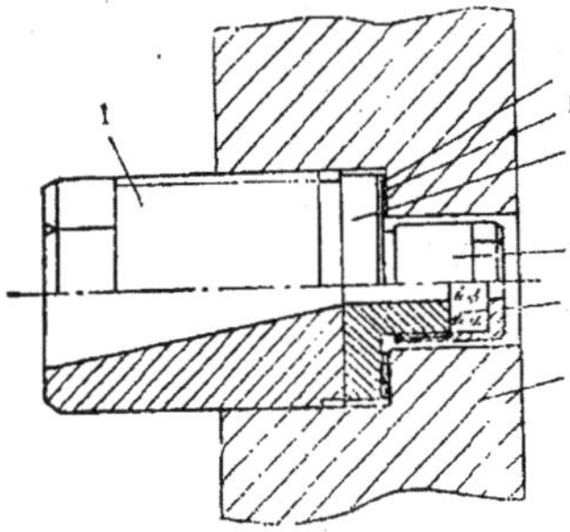

图 4.41 高压釜上的观察装置[56].
1.压紧顶盖； 2.压圈； 3.推动螺母；4.白宝石窗口； 5.铜密封圈；6.釜壁.

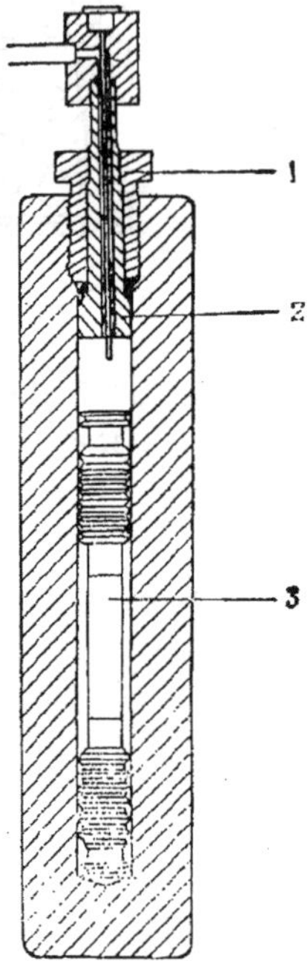

图 4.42 容积可变的衬套[57].
1.锁紧螺母;2.柱塞;3.悬浮式衬套.

$$P_B = 3.6\sigma_b s/D, \tag{4.14}$$

式中，$P_B$ 为爆破片的爆破压力 (MPa)，$\sigma_b$ 为片材的强度极限 (MPa)，$s$ 为爆破片初始厚度(mm)，$D$ 为爆破片夹持直径 (mm).

(10) 高压釜的安全检测　由于高压釜长期处于高温高压的工作状态,故除了要考虑高压釜材料的机械性能和使用寿命外,还应对高压釜进行定期的安全检测。由于内壁承受应力最大，釜底的圆角过渡加工部分也易造成应力集中，所以检测的重点是内壁及底部圆角过渡区。目前使用的无损探伤法有超声探伤法和涡流探伤法，这两种方法可结合使用。

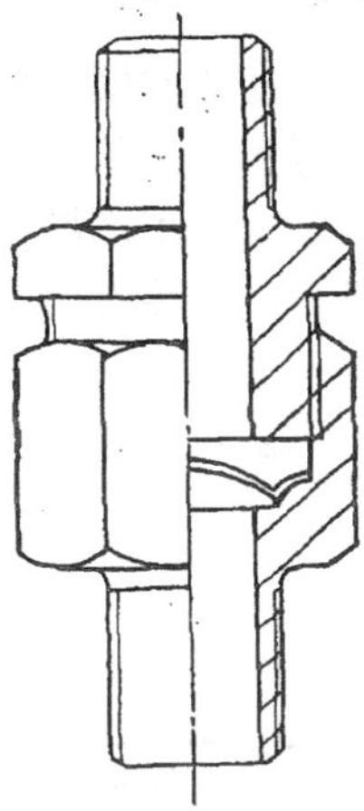

图 4.43　装有防爆片的夹持器.

超声探伤基于脉冲反射原理。操作时将探头通过油等耦合剂与釜壁接触，探头发出的超声波以持续时间为 0.5—5μs 的短脉冲在釜壁中传播。当遇到缺陷或底面时，声波就会产生反射，并被探头接收，再通过高频放大、检波及视频放大后在仪器的荧光屏上显示出来。缺陷的大小可用“当量法”来判断：在探伤前制备一件与待测体材质、形状、光洁度相近的试块，试块上刻有已知不同尺寸的人工反射体；探伤时将被测体中缺陷的反射回波与试块上人工反射体的反射回波相比较就可以判断其缺陷的大小与形态。

涡流检测法以电磁感应原理为基础。在检测中，当检测线圈靠近被测的导电材料试件时,在交变磁场的作用下,试件就会感应出涡流。如果试件表面或近表面有裂纹存在,涡流就会产生畸变。变形的涡流又通过次级磁场去改变涡流检测线圈的电性能，使涡流线圈输出各种不同的电信号。通过观察分析就可以推知被检测件有无缺陷和缺陷的位置。

我国试制成功了一种高压釜探伤机器人，它是以电脑为核心的自动化无损检测系统。安装在机器人本体上的探头在高压釜内作 4 个自由度的运动。控制系统具有探头收放、程序探伤、人工探伤、探头步进探伤、数字显示、打印等多种自动化控制功能，并且还有缺陷报警、缺陷坐标记忆、断电保护等功能。探伤机器人装有 6

个专用探头,可对高压釜内壁作超声和涡流探伤。

### 4.4.2 高压釜的加热系统与温控系统

高压釜固定在有地基的底座上，釜体用绝热材料制成的炉壳来保温. 为了便于控制温差，在釜体外部相应于溶解区与生长区之间加一用绝热材料制成的隔板，使下部的热空气不能对流到上部. 其加热方式可以采用固定在釜体外壁的加热圈加热. 釜体加热功率根据整个高压釜及高压釜内所装的物质升高至某一温度时所需的热容量来估算. 加热系统分溶解区与生长区两个部分. 加热功率的分布视结晶物质的溶解度温度系数的正负而定. 在溶解度温度系数为正的情况下，溶解区的加热功率大于生长区的加热功率. 溶解区的加热功率一般为总加热功率的60%. 温度用插入釜体测温孔中的热偶测量，热偶的自由端用补偿导线连接到温度控制仪表上. 加热及保温炉的结构如图4.44所示.

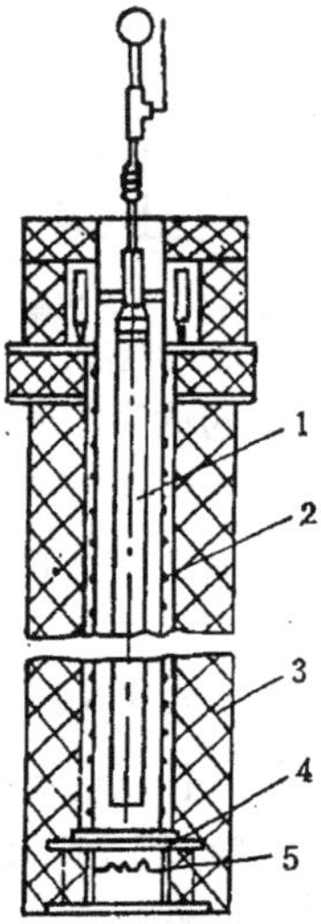

图4.44 高压釜加热及保温系统示意图. 1.釜体;2.加热带;3.保温筒;4.底座;5.底加热器.

温度检测控制一般借助可控硅系统. 在大型釜中以 DWT-702 精密温度控制仪作为主控,以 ZK-50 可控硅电压调整器作为辅助控制，还装有报警系统用的仪表. 整个控制系统的原理方框图见图 4.45. 在晶体生长过程中，由热偶测得的电动势与702精密温度控制仪中毫伏设定器规定的毫伏值相比较，如出现偏差，则说明釜内温度已偏离规定温度. 此偏差信号经微伏放大器放大后送入PID 调节器,再经可控硅触发器推动可控硅执行器调整加热功率,迅速消除偏差以保持恒温. 控制系统具有多项安全措施，有电流电压指示,恒温指示,超、低温报警及熔断报警等.

可控硅系统的精度较高，能使晶体生长过程保持恒定的温度

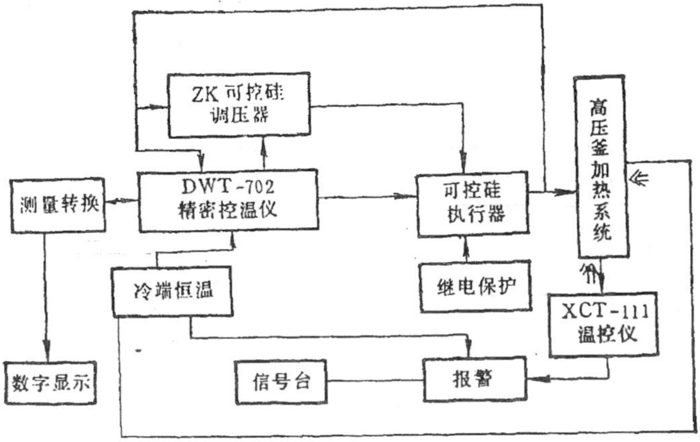


图 4.45 温度控制系统原理方框图.

和压力。但在生长过程中，原料供应与籽晶所需之间的关系是在变化着的。为了恒定供需关系，调整某些生长参量是很必要的。

计算机程序控制的功能可以任意设置晶体生长的工艺温度曲线，如升降温时的工作温度曲线，生长过程中的变温温度曲线。还可以从电脑屏幕上查询、显示高压釜的原始数据，并具有故障报警等功能。对于高压釜数量多的大型晶体生产厂家，可以采用计算机集中分散控制系统。即由一台管理机和多台智能化的温度控制器组成微机控制系统。我国上海测试技术研究所试制成功的计算机程控系统的方框图如图 4.46 所示。系统硬件都可选用标准的通用部件，具有开放式结构，扩展容易。由于 808 温度控制仪系带微处理机的智能化仪表，其控温精度高，并且各控制仪表相互独立。当系统工作时，由上位管理机(PC/286)设定各控制对象的工艺曲线，并通过 D261 通信控制器和通信网络 RS-422 总线传递给各个下位仪表 808。下位仪表根据上位仪表传递来的设定值(SP)，与控制对象高压釜的温度实测值比较，构成一个闭环的控制回路，控制算法由 808 完成。上位管理机同时通过网络采集各控制对象给下位仪表 808 本身的各项参量，经过数据处理，再以图

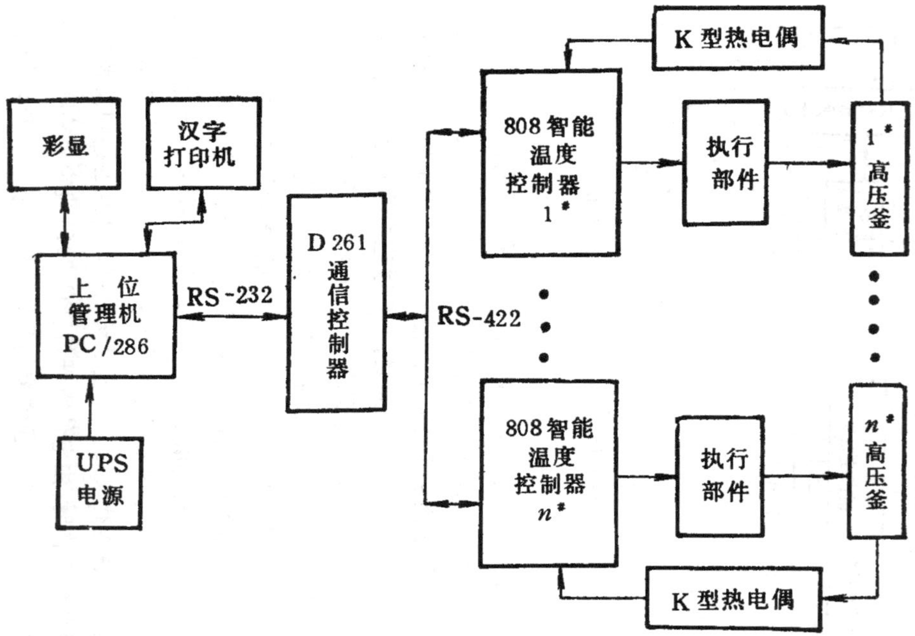


图 4.46　集中-分散式微机控制系统方框图.

表等形式在高分辨率的显示器上显示出来。

### 4.4.3 压力检测与控制系统

生长过程中高压釜内的压力可用下述两种方法进行检测控制:

(1) *用压力表检测控制* 根据需要可采用不同量程的 Bourdon 管式压力计。采用压力计可直接读出高压釜内的压力。压力计经过改装也可用来防止压力超过设定值。

(2) *用压力传感器检测控制* 一般压力传感器根据电阻应变原理制成。被测压力直接传感到装有电阻应变片的厚壁圆柱应变管上,应变管产生径向膨胀,电阻应变片的阻值相应地增加,这时电桥对角端会有不平衡电压(电流)输出,该电压(电流)的大小与作用在传感器上的压力成正比。压力传感器可以根据需要设计不同的测压范围,其测试线路方框图示于图 4.47。图中 $R_1$, $R_2$, $R_3$, $R_4$ 为电阻应变片;$R_V$ 为调压电阻,$R_L$ 为调零电阻。

压力传感器的使用注意事项如下:

(i) 为了保证检测精度,稳压器输出电压尽可能稳定在 6V。

(ii) 为了减少外来电磁场对传感器的干扰,电桥的输入电压和输出信号的连接端均需用屏蔽线,且其外壳要接地。

(iii) 为了防止应变片粘接剂过早老化和温漂过大,应尽可能降低传感器的工作温度,这有利于提高测量精度和延长传感器的使用寿命。

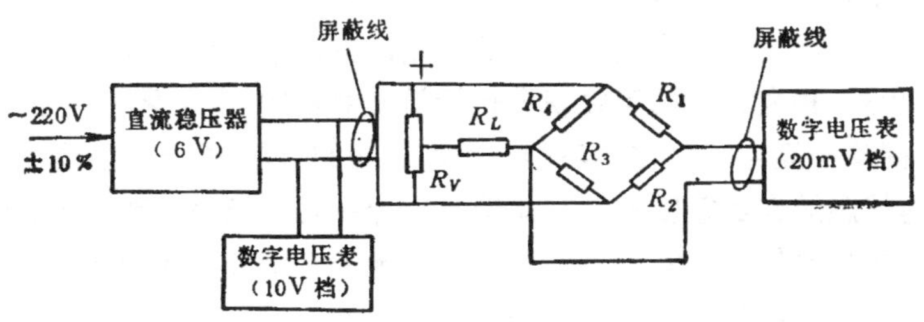


图 4.47 压力传感器测试线路图.

压力传感器不仅用于检测压力，还可用于控制压力，具有报警、停止加热、防止事故的作用。图 4.48 示出日本制钢所生产的人造水晶高压釜的可控制压力的压力传感器接线图。压力传感器连接在最大量程为 350MPa 的接收器上，接收器预先设定了所需要的压力值。当从传感器传来的信号与设定值有偏差时，接收器便控制电源、报警和关闭电源。

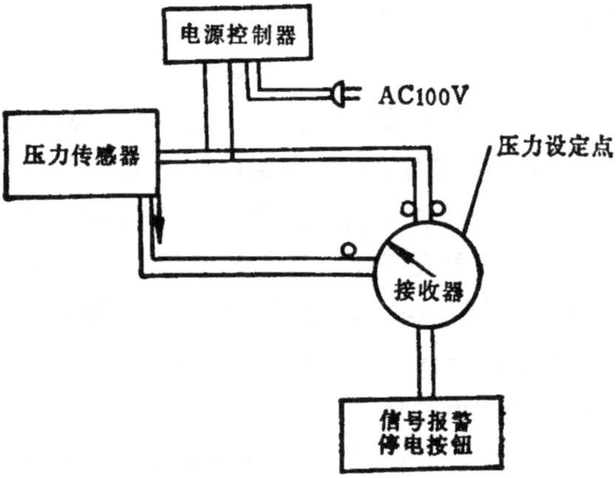


图 4.48 可控制压力的压力传感器系统示意图.

## §4.5 水热法生长晶体的几个典型实例

水热技术由于其独特的优越性而在无机材料的制备和固体的物理化学研究领域得到了广泛的应用。借助水热反应（合成、结晶、生长、相变、处理）可以获得包括从元素物质、卤族化物、硫族化物、简单与复合氧化物到各种盐类和矿物的非晶、微晶、多晶或单晶等状态的许多重要材料。本节只拟介绍几种能够体现水热法优势的典型单晶生长的实例。另外，还选择若干较重要的无机化合物单晶的水热生长条件与结果汇编于表 4.13 中，并列出有关参考文献。

### 4.5.1 $\alpha$-$SiO_2$ 晶体的水热生长

$\alpha$-$SiO_2$(水晶)是第一个最典型的水热生长晶体。众所周知，水晶具有很高的$Q$值和稳定的物理化学性质，其器件的频率温度特性又很好，因而广泛用于选频、控频、时标等技术。此外，水晶还可用以制造各种敏感元件和一些光学部件。

水晶作为主要的压电材料，自从60年代初期开始工业化生产以来，无论在生长研究或应用开发方面都已获得长足的进展。目前，人造水晶及其元器件的产量在各类晶体中仅次于单晶硅，名列第二位，其生产工艺也已相当成熟。本书第一版对生长石英晶体已有详细介绍，国内还有《人工水晶》等专著可供参考[58]。

尽管如此，高新技术对人造水晶的品质要求日益严格。需要均匀度高、应力小、包藏少、位错低、纯度高及腐蚀隧道少的晶体来适应超高频高稳定(尤其是抗辐照)的压电元器件和激光双折射滤光片等光学元件的性能指标。

针对上述目的，研究者们采取了一系列诸如降低和恒定生长率、在惰性衬套中生长、籽晶的来源与切型以及培养料的精选与提纯等措施进行生长研究。

(1) *生长率* Martin 与 Armington[59] 报道了生长率对晶体中含铝量的影响。铝是用于频率和时标的水晶中最有害的杂质。他们发现，当采用优质培养料在 NaOH 溶液中生长水晶的生长率低于 0.6mm/d 时，所得晶体的铝含量可低于 0.5ppm；生长率大于0.6mm/d 时，铝浓度随生长率的提高而迅速增大。若用 $Na_2CO_3$ 作矿化剂，生长率必须再减小一半即 0.3mm/d 才能获得同样的纯度。这时往矿化剂中添加锂已不再影响晶体的品质。

(2) *矿化剂* 生长水晶通常采用两种矿化剂，浓度均为 1mol/L 左右的 $Na_2CO_3$ 和 NaOH。如前所述，晶体要达最高纯度，用碳酸盐时的生长率必须是用氢氧化物时的一半（表 4.8)[59]。然而用碳酸钠也有其优点，即生长可在较低的压力下进行，这样所用高压釜的造价较低廉。另外，从外表直观，碳酸盐对籽晶的浸蚀似乎没有氢氧化物那么严重；不过使用两者所得晶体的腐蚀隧道密度几乎相同。

表 4.8　晶体生长率与铝含量

| 生长率(mls/d) | 矿化剂 | 铝(ppm) |
|---|---|---|
| 36 | $OH^-$ | 3.2 |
| 33 | $OH^-$ | 1.7 |
| 26 | $OH^-$ | 0.6 |
| 18 | $CO_3^{2-}$ | 3.2 (5 次平均) |

(3) 衬套　Armington 早就研究过用贵金属衬套来抑制釜壁对晶体吸收杂质的影响[60]。他曾用铂和银两种衬套。经 50 次实验得出结论，衬套，并不会减少晶体的铝杂质含量。已证明高压釜使用几个周期后，釜壁就覆盖一层硅酸铁钠[61]。当饱和溶液到达生长晶体的表面之前，溶液中的部分铝离子可能与釜壁上硅酸盐中的铁发生置换反应，从而降低了杂质水平，并且在正常条件下铁也不会以替代方式被带入晶体。

(4) **籽晶**　籽晶对生长晶体的品质起着重要的作用。生长高品质水晶所用的籽晶多为 Z 籽晶，它垂直于 Z 轴，沿 Y 轴的长度约 20cm。$X$ 轴方向的尺寸取决于谐振器坯料所需的直径。制作谐振器要用 Z 生长区的晶体，因为其中铝杂质的含量可低一个量级。

最近仍有用天然籽晶来生长低位错晶体的，但其选切过程十分麻烦又很不经济。也有人用小籽晶拼接成长籽晶[62]，然而总是不能获得圆满成功。

用人造水晶切制籽晶生长的大部晶体包含密度约为每平方厘米数百个的位错。由于较多位错含有化学性较活泼的离子，可能是锂与钠的硅酸盐，它们在谐振器加工过程的最后阶段用到 HF 或 $NH_4HF_2$ 时容易被浸蚀，形成浸蚀隧道，从而影响谐振器的力学性质。当电子器件进行表面沉积时也会出现问题。

近期研究[63]表明，当使用从 $X$ 生长区切下的垂直于 Z 轴的籽晶时,晶体的位错密度可减到每平方厘米低于 10 个，有时是零位错。虽然X生长区材料的含铝量较高，但籽晶中的铝并不会迁移到新生长的晶体内[64],不影响晶体的纯度。

(5) 培养料　培养料的品位对生长晶体的纯度有着深远的影响。铝在培养料中的含量越高，在人造水晶中的浓度也越大。纯度较高的天然水晶含铝约 30ppm,而再结晶玻璃仅 1ppm 或更少.进入晶体的杂质主要来源于培养料而不是釜壁，尽管釜壁或许会给晶体引入硅酸铁钠包裹体。部分杂质可能来自不纯的矿化剂。

Z 区生长的晶体和再结晶石英玻璃均可用来生长铝等杂质浓度低于 0.5ppm 的水晶。若要求更严格,尤其对辐照损伤，就必须进一步减小铝含量,纯度更高的再结晶玻璃便是这种首选培养料.表 4.9[65]说明培养料纯度的差异是十分显著的。Armington 等[66]研究发现，在掺 Al 较多的晶体中，包裹体密度也较大。Harris 等[67]成功地用石英玻璃培养料生长了高品质的人造水晶。

**表 4.9　人造与天然水晶的杂质含量**

| 杂质 (ppm) | 人造水晶 | 天然水晶 |
|---|---|---|
| H | 250—2500 | 200—1200 |
| Li | 0.5—35 | 200—2000 |
| Al | 1—30 | 1000—4000 |
| Na | 0.1—15 | 100—300 |
| K | 0.03—2 | <1 |
| Fe | 0.01—1 | 100—900 |
| Ge | <0.1 | 100—900 |

(6) 釜体放大　生产用釜的尺寸比实验釜大得多，籽晶数量也大得多,因此其温度及溶解度条件与后者很不相同。另外,生长的晶体会不断减少流体的输运容积。这些一般可通过随时调节温梯的增大而得到补偿。这样，实验室的结果能很好地在商用釜中重复[68]。再者,用X籽晶也能将位错密度减小到实验室的低值,这说明位错密度主要受籽晶品质的影响[68];放大实验时，Q值也并不会降低。

(7) 电清洗　当对谐振器的品质要求较高时，通常就需进行固态电解(或称电清洗)。电清洗的效果是除去生长期内沉积在晶格中的填隙式锂与钠。这些离子同晶格中的置换式铝杂质相互作用形成弱结合的 Al-Na 或 Al-Li 中心，这是谐振器辐照容限降低的原因[69]。电解时它们被辐照容限高得多的 Al-OH 或 Al-空穴中心所代替;同时也能有效地降低这些离子在位错内的浓度[68]，从而使材料的浸蚀隧道密度显著减小，提高了晶体的力学性质和器件的可靠性。经电清洗过的人造水晶在辐照下的频率偏移较小，瞬时损耗较好，导电性也较低。

应用上述这些技术，浸蚀隧道密度减小了两个数量级;某些场合[63]已获得隧道密度为零的材料。有迹象表明，电解法也能改善水晶的 $Q$ 值[70]，尤其在多数谐振器(或振荡器)使用的 30—130℃ 温度范围内。

(8) 其他　为了探索地面上生长高 $Q$ 值水晶的其他物理环境和评价空间水热生长水晶的现实意义，钱志强*与贾寿泉[71]提出了用水热法在"立式"和"卧式"釜中进行 $\alpha$-$SiO_2$ 的对比生长实验，研究不同的对流与扩散程度对溶质传输及晶体完整性的影响。生长是在内径 15mm、腔长 145mm (容积 29ml)的无衬钢质釜中运行的。两种生长模式除了缓冲器开孔率和两区温差需调节至晶体生长率大致相等($v_z \simeq 1.1$mm/d)之外，其余参量及条件均相同，这样就可排除一切干扰因素，确保对比实验的可行性和生长中影响晶体完整性的是重力引起的对流作用。因为在卧式釜中，由于溶液对流受到一定限制，生长表面上的扩散边界层厚度也相应增大，从而使溶质通过以温度与浓度梯度为驱动力的扩散传输成分增加，提高了晶体生长环境的稳定性和均匀性。品质鉴定结果与预期的相符，卧式釜中生长的水晶其完整性明显比立式釜中的高:红外吸收法测量的 $Q_{卧} = 2.34 \times 10^6$，$Q_{立} = 1.77 \times 10^6$；X线双晶衍射峰的半高宽 $\Delta\theta_{卧} = 58''$ 而 $\Delta\theta_{立} = 77''$;与生长表面微形态的

---

* 中国科学院物理研究所博士论文，50—78(1993)

观察结果也能互为佐证。

近年来已开展频率范围达吉赫（GHz）的谐振器应用研究。这要求谐振器的厚度为微米级而不是毫米，不仅必须没有浸蚀隧道，而且也没有包藏物。5MHz 的谐振器能容许几微米的包裹体[67]，因为它们小于这种频率谐振器所产生的声波。然而现有水晶中的大部分包裹体尺寸超过 1μm，大于 GHz 级谐振器的厚度，这将导致力学性能弱化，限制了谐振器的正常工作。因此需要进行更多的研究来找出解决此问题的办法。

Johnson[72]等进行了一系列参数实验，探讨若干工艺变量对水晶生产的影响。实验是借助计算机程序组件设计的，它不仅能考查个别变量的效果，而且可观察它们之间的交互作用。这就为水热生长提供多参量综合效应研究的高效途径。

### 4.5.2 $\alpha$-$AlPO_4$ 晶体的水热生长

正磷酸铝（$AlPO_4$）晶体又名 α 块磷铝矿（α-berlinite）属三角晶系、空间群为 $D_3^4$-$P3_12_1$，与水晶（可写成 Si $SiO_4$）等结构具有同等电子。$AlPO_4$ 的机电耦合系数较大，且其某些方向的谐振频率几乎不随温度而改变[73-75]，因而是另一种引人重视的压电换能材料。迄今能够获得零频率温度系数切型[76]的压电晶体仅有 α-$SiO_2$，$AlPO_4$，$LiTaO_3$ 及 $Li_2B_4O_7$ 四种。$LiTaO_3$ 晶体的耦合常量虽然最大，但难于抑制寄生频率的出现。$AlPO_4$ 和 $Li_2B_4O_7$ 则既具有大于水晶的耦合常量，又不存在寄生频率干扰的问题，所以在体波或面波器件上有希望得到应用。其中，$Li_2B_4O_7$ 可以用融熔法、准熔盐法生长单晶。然而，$AlPO_4$ 与 α-$SiO_2$ 相似，其熔体凝固时的结晶极为缓慢，且伴随多形性相变的发生[77]。在含水体系中，直至 584℃时，α-$AlPO_4$ 是稳定的，而低于 150℃ 时，则形成水化物 $AlPO_4 \cdot H_2O$。再者，天然块磷铝矿为颗粒状小晶体，因此只宜用水热技术才能生长出 $AlPO_4$ 单晶体。

最早长出 $AlPO_4$ 晶体的是 Jhan 与 Kordes[78]和 Stanley[79]。但直到 70 年代末 $AlPO_4$ 的重要性显露出来之后才较系统地开展

了有关 $AlPO_4$ 单晶生长的研究工作。这些工作采用了不同酸的水溶液作为生长介质，例如 $H_3PO_4$[80—83]，HCl[25,84]，HCOOH[85]，$H_2SO_4$[86]以及混合酸 $H_3PO_4$-HCl[87,88]，$H_3PO_4$-$H_2SO_4$[26]和 $H_2SO_4$-HCl[89]。

Kolb 与 Laudise[90] 研究了 $H_2O$-$H_3PO_4$-$AlPO_4$ 体系的 *PVT* 关系，其 $H_3PO_4$ 的浓度为 7.58mol/L，填充度 70—93%，温度 150—500℃，压力至 68.9MPa。用来把恒压下的 $AlPO_4$ 溶解度数据转换为恒填充度($f$)时溶解度数据的压力表明，恒 $f$ 时的溶解度温度系数（$\delta s/\delta T$）一般为负值。某一填充度时的溶解度即可用此 *PVT* 数据来转换。近期在培养较大 $AlPO_4$ 晶体的完整性、品质以及可重复性方面获得的成功都是这些 *PVT* 关系和溶解度研究的结果。关于 $AlPO_4$ 在三种不同溶剂中的溶解度比较可参阅图 4.19 所示的 $s$-$T$ 关系曲线。

$AlPO_4$ 在 HCOOH 中的溶解度曲线斜率[85]与在 HCl 和 $H_3PO_4$ 中的溶解曲线斜率相似。矿化剂种类及浓度的实验发现，300℃以上的 $AlPO_4$ 溶解度并无多大差异。因此，从图 4.19 等可以看出，$AlPO_4$ 的生长温度在 180—300℃ 范围内比较理想，而在 250℃ 时是最佳的生长温度。当然，新溶剂的探索对 $AlPO_4$ 晶体的大量生产来说仍是一个有意义的课题。

$AlPO_4$ 单晶生长的主要问题是溶解度的负温度系数和酸性生长介质的腐蚀性。

Kolb 与 Laudise[80] 指出，与生长 $\alpha$-$SiO_2$ 相反，将籽晶放在较热的下部区域，而将颗粒足够大的培养料放在顶部较冷区域的布局具有以下优点：生长时所产生的对流运动可使溶液得到充分的搅拌；除生长界面附近的扩散之外，生长率几乎永远不会超过输运极限。关于培养料的制备，可按

$$Al_2O_3 + 2H_3PO_4 \longrightarrow 2AlPO_4 + 3H_2O \qquad (4.15)$$

反应[参阅文献[87]中所介绍的温度循环（淘汰）法]去做。生长 $\alpha$-$AlPO_4$ 晶体的主要方式有如下 3 种：

（1）慢加热法　此法[84,85,91—94]主要用相似于成核的条件来改

善籽晶品质和加大晶体尺寸。另外，此法亦可用于短周期的生长参量研究。例如 Byrappa 等[35,93]的研究结果阐明了培养料成分、溶剂、生长温度、填充度、周期及压力等各种参量的相互依赖关系；Morales 等[24]以 $H_3PO_4$，HCl，$H_2SO_4$ 及其混合物作溶剂用慢加热法系统研究了 $AlPO_4$ 生长形态随溶剂的性质与温度而变化的规律，得出了对控制晶体形态有指导意义的形态图。这种方法的缺点是，由于溶液中可用的 $AlPO_4$ 量有限，不可能在一次操作中获得足够大的晶体。

（2）*水平温差法*　为了能够更自如地调节 Z 籽晶的生长率和避免制取大颗粒培养料所需的预生长工作，Krauss 和 Lehmann 首先提出了一种改进型水平梯度法[95]。不久前，已经用此法成功地生长了块磷铝矿晶体[96]。为保持复合梯度而经过进一步改善的高压釜设计示意图见图 4.49。培养料放在较短部分（冷区），而籽

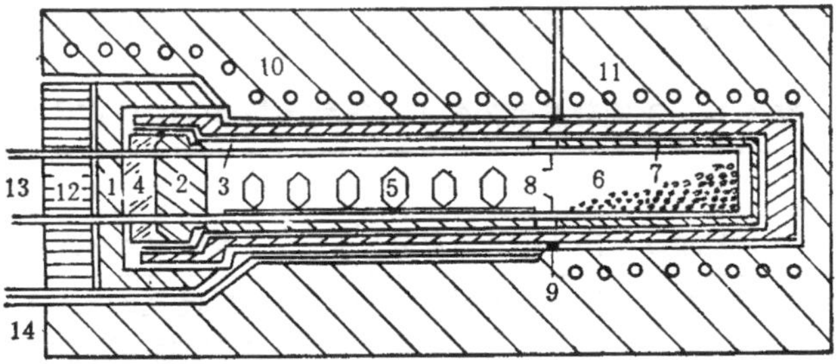


图 4.49　复合梯度法试验釜示意图[96]．1.钢釜；2.PTFE 盘；3.聚四氟乙烯衬里；4.柱塞；5.籽晶；6.粉状培养料；7.培养料筐；8.冷热区之间的隔屏；9.热绝缘体；10.半带加热器（热区）；11.冷区炉；12.盖（热绝缘体）；13.测温杆；14.使热区建立垂直温梯的铜质回路[96]．

晶则置于较长的热区，此二区用缓冲器隔开。在生长区，不仅水平向有温度梯度，而且还建有垂直向温梯，以改善流体循环，并防止寄生结晶，文献[95,96]所介绍的生长条件为

（1）高压釜内径 30mm，容积 100ml；

（2）缓冲器开孔直径 10mm；

(3) 热区冷区之比 2/1;

(4) 粉状培养料 ($\alpha$-$AlPO_4$);

(5) 溶液 $H_3PO_4$, $H_2O/AlPO_4$ (6.5mol/L/1.1mol/L);

(6) 填充度 80%;

(7) 生长温度 170℃;

(8) 水平温差 $3℃ \leqslant \Delta T_1 \leqslant 30℃$;

(9) 垂直温差 $2℃ \leqslant \Delta T_2 \leqslant 5℃$.

此法的特点如下:(1) 水平温差大2到3倍时可获得与 *RVTG* (垂直反温差)相似的生长率,这使调节生长率有更多的灵活性,并且更有可能从 *Z* 籽晶生长无包藏的晶体;(2)能够采用粉状培养料;(3)晶体品质同其他方法所得者相似,*Z* 生长的晶体更好得多。

从表 4.10 中可以看到用不同取向籽晶和不同方法生长的平均生长率的对比情况[96].考虑到水平梯度技术的优点,Jumas 等[97]已制造了一种大尺寸装置的样机来生长较大的 $AlPO_4$ 晶体。

**表 4.10 不同籽晶位向的平均每面生长率(mm/d)[96]**

| 籽晶 | 方法 | | |
|---|---|---|---|
| | SH(慢加热) | VTG(垂直温差) | HTG (水平温差) |
| *X* | 0.15 | 0.12 | 0.12($10℃ \leqslant \Delta T \leqslant 15℃$) |
| Y | 0.10 | 0.08 | 0.10($15℃ \leqslant \Delta T \leqslant 20℃$) |
| Z | 0.50 | 0.40 | 0.20($3℃ \leqslant \Delta T \leqslant 4℃$) |
| *r* | 0.08 | 0.06 | 0.08($15℃ \leqslant \Delta T \leqslant 20℃$) |

(3) *垂直温差法* 这是一种更普通并广泛用于生长 $AlPO_4$ 晶体的方式。培养料悬挂在较冷的釜腔上部。试验的填充度在60至83%之间[84,85,90,94,97]。填充度为83%时生长率减小,这似乎是最佳值。温差为5至50℃之间。温差小时,籽晶在升温期溶解。结晶温度为250℃和300℃时的生长率在0.08至0.18mm/d之间变动。而200℃时则减低很多。除培养料与籽晶的安排以外,这种方法在原理上和其他晶体(如水晶与红锌矿)的水热生长相同。目

前，只有用这种技术才能生长出大尺寸的 $AlPO_4$ 晶体，因此这种方法被用来进行批量的 $AlPO_4$ 的工业结晶。然而，这种方法的不足之处是 $AlPO_4$ 既能在籽晶上生长，亦会在生长区自发地结晶，从而可能形成寄生、孪生或包藏等现象。

用籽晶生长块磷铝矿时，籽晶的方向很重要，因为生长率和完整性取决于它。根据 Laudise[98] 的研究工作得出 5 种籽晶面的生长率为

(0001) (基面 $z$): 0.25—0.50mm/d,
(11$\bar{2}$0) ($X$ 切): 0.23—0.30mm/d,
(10$\bar{1}$0) ($Y$ 切): 0.12—0.15mm/d,
(01$\bar{1}$1) (小菱面 $r$): 0.12mm/d,
(10$\bar{1}$1) (大菱面 $R$): 0.15mm/d.

各面之间的相对生长率和观察到的自发成核晶体的平衡形态一致，其外形为由小的柱面(10$\bar{1}$0)和两端的小菱面与大菱面所围成的多面体。

$AlPO_4$ 的晶体形态主要取决于培养料成分及所用溶剂[85,99]。Byrappa[94] 还详细地研究了各种掺杂物，包括单价的 K, Rb；双价的 Mg, Ba, Be, Pb, Cu, Ni, Zn；三价的 Fe, Cr, Bi, La, Ce, Nd, Gd 以及四价的 Zr, Ti 对 $AlPO_4$ 结晶的影响。结果发现，这些掺杂物在 $AlPO_4$ 的结晶中起着重要作用，它们影响了结晶过程、晶体形态及许多其他性能特征。其中，如掺 Gd 或 Pb 时，晶体的尺寸明显增大，并且保持了良好的品质与形态。

遗憾的是，直至 1988 年以前，所有用 $H_3PO_4$ 作溶剂生长 $AlPO_4$ 时均有过多的水被带入晶体，从而对输入损耗或 $Q$ 因子、温度系数等器件性能产生巨大影响。Philippot 等[16]建议，采用一种新溶剂，即 $H_2SO_4$ 以后，情况就有了改观。他们的红外光谱测量结果表明，含"水"量 $c[H_2O]$ 取决于生长率 $v$、生长温度 $T_c$ 及浓度 $c_{H_2SO_4}$，并报道了用 VTG 法得到的 $c[H_2O] \sim v(c_{H_2SO_4} = 6$ 与 $9mol/L$, $T_c = 223$ 与 240℃)关系(图 4.50)。从图中可见，除了 $c[H_2O]$ 随 $v$ 的升高而增大外，在 6(mol/L)$H_2SO_4$ 中生长的晶体，

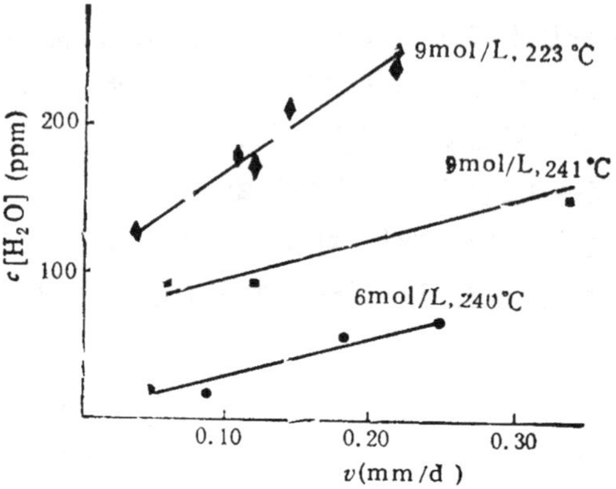


图 4.50 含水量 $c[H_2O]$ 与生长率 $v$ 的关系，$T_c \simeq 223$ 与 240℃，$c_{H_2SO_4}=6$ 与 9mol/L[16]. 横坐标 $v$(mm/d)为每面的生长速率.

其 $c[H_2O]$ 比在相同 $T_c$(240℃) 时 9(mol/L)$H_2SO_4$ 中生长的要低。另外，酸浓度相同时 (9mol/L)，$T_c$ 高，生长晶体的 $c[H_2O]$就低。

近年来，作为 $AlPO_4$ 类质同构的 $GaPO_4$ 晶体，由于其耦合系数比相同 AT 切型的 $\alpha$-$SiO_2$ 和 $\alpha$-$AlPO_4$ 大，且不存在后两者具有的 $\alpha \rightleftharpoons \beta$ 相变[17,100]，从而受到人们的重视(参阅表 4.11)。$k$ 值大就有可能制造带通更大的滤波器；无相变则可使滤波器或传感器在更广范围的温度($T > 1000$℃)内适用。

**表 4.11 $\alpha$-$SiO_2$、$\alpha$-$AlPO_4$ 和 $GaPO_4$的某些特性比较[41]**

| | $\alpha$-$SiO_2$ | $\alpha$-$AlPO_4$ | $GaPO_4$ |
|---|---|---|---|
| AT 切的耦合系数，$k$(%) | 8.5 | 11.0 | >14.0 |
| $\alpha \rightleftharpoons \beta$ 相变温度(℃) | 573 | 586 | 无 |

Philippot 等[41]借助慢加热 (SHT) 法和垂直反温差 (VTG) 法，在硫酸和磷酸介质中研究了 $GaPO_4$ 的晶体生长。系统的生长参量研究表明，生长率 $v_X$ 总是比其他两个 $v_Z$ 与 $v_Y$ 大许多。最有意义的结果是，在硫酸溶液中的 $AlPO_4$ 大籽晶上可外延生长 $GaPO_4$ 晶体，然后再用它们作籽晶在磷酸中生长 $GaPO_4$ 晶体。他

们用X线形貌术核实了其良好的外延过程与晶态品质；随之用红外光谱法测定了晶体的 OH 含量，证明比生长条件近乎相同的 $AlPO_4$ 中的 OH 浓度要低一个量级．对近 AT 切谐振器的第一次压电性鉴定表明，$GaPO_4$ 是一种很有前途的压电材料，其耦合系数很大，接近 16%，热稳定性与水晶的相似，$Q$ 因子已基本满足应用的要求．他们介绍了与扫描电镜、红外光谱及X线形貌检查和谐振器测量的一些结果有关的晶体生长新途径．可惜，这种交替运用 VTG 和 SHT 法在不同介质中生长晶体的工艺看来在工业规模中不易被采纳．因此，正在发展其他的晶体生长条件．

### 4.5.3 祖母绿及彩晶的水热生长

已有报道，用水热法生长的宝石类矿物除了目前以商品化为目标的晶体祖母绿（emerald）[101—104] 和彩色水晶[105—109]等用籽晶生长的研究工作较多以外，还有闪锌矿（sphalerite）、锂辉石（spodumine）、镍橄榄石（nickel olivine）、蓝铜矿（石青，azurite）、孔雀石（石绿，malachite）、海蓝宝石（蓝晶，aquamarine）、石榴石（garnet）、黄玉矿（黄晶，topaz）、电气石（tourmaline）以及方钠石（sodalite）等数十种晶体[110—112]主要是自发成核的小晶体生长．本小节仅简介人们比较感兴趣的祖母绿及彩色水晶的水热生长．

(1) 祖母绿　水热法是生长非同成分熔化的祖母绿晶体的主要方法之一．用此法生长的祖母绿是由 Insbruck 的 Lechleitner 于60年代引入市场的[113—115]．据推测，Lechleitner 祖母绿能在下列生长条件下生长：

生长温度为 300—400℃；压力为 100MPa；溶剂为弱碱溶液；培养料为 $SiO_2$，$Al_2O_3$，BeO．首先用带晶面的绿柱石（beryl）作籽晶，在籽晶表面上生长一薄层（<0.5mm）祖母绿[116]．而后又引出了祖母绿生长层更厚的绿柱石-祖母绿夹心型复合宝石[117,118]．祖母绿生长层的深绿色是用 7.64—13.20%$Cr_2O_3$ 量级的高浓度铬得到的[119]．所以 Lechleitner 祖母绿的折射率要高于通常含

$Cr_2O_3$ 量为百分之二三的天然晶体。

1961 年美国联合碳化物公司的 Linde 分部开始在商业基础上研究祖母绿的人工生长，并在 1964 年取得成功。Nassau[120]叙述了 Linde 水热祖母绿的生长方法。根据三次专利[121—123]，生长条件如下：

生长温度：500—600℃；

温度梯度：10—25℃；

体系压力：68.6—137.2MPa；

溶剂组成：$NH_4F + NH_4OH$ 或 KF(pH：7—12.5)，
$NH_4Cl + HCl$(pH：0.2—0.45)；

培养料：$Be(OH)_2$，$Al(OH)_3$，$SiO_2$($3BeO \cdot Al_2O_3 \cdot 6SiO_2$)

高压容器：衬以铂(或银或金)。

Yancey[123]已成功地在上述实验条件下用 pH 值小于 0.1 的酸溶液获得了 0.8mm/d 的生长率。图 4.51 示出 Nassau 关于水热生长祖母绿描述的培养料与晶体的安排[120]。籽晶的生长率受温度、压力、温差、矿化剂浓度及籽晶位向等种种因素的影响。Linde 选择籽晶的位向为 *c* 轴，并在上述实验条件下得到最大的生长率[124]。因为在天然绿柱石籽晶上生长的祖母绿层不够厚，严格讲不能称为生长宝石。所以可单独将祖母绿从天然绿柱石上分离下来，再用作籽晶生长祖母绿[126]。

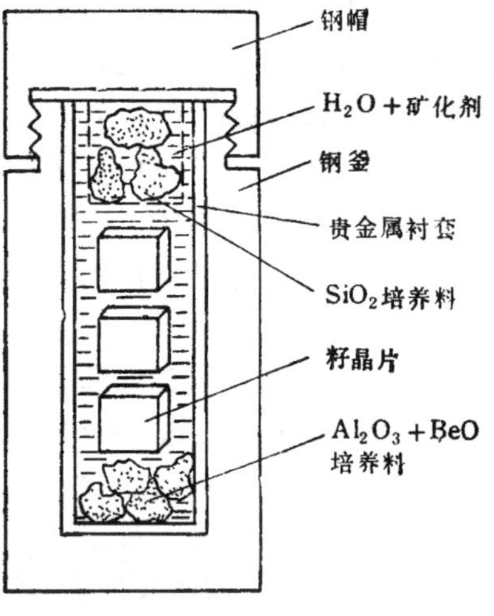


图 4.51 祖母绿水热生长示意图[120]

商名为“Regency 祖母绿”的晶体是用 Linde 技术生产的。因此，水热生长的 Regency 和 Linde 晶体中具有相同包裹体[124]，并都检测出氯的存在。这可能是从所加的着色剂$CrCl_3$或为增大生长溶液的含酸量而加的 HCl 中得来。Regency 祖母绿的晶体尺寸为 14mm × 8mm × 6mm，两边生长层的厚度各为籽晶的 3 至 4 倍。

西澳洲在 1977 年内开始生长 Biron 祖母绿的研究，并于 1985 年生长出商业宝石。Biron 矿物（Pvt）公司目前同祖母绿 Pool 矿业公司[104]一样著名。虽然他们的生长条件尚未得知，但是在这些晶体中检测到了氯、铬及钒[125,126,127]，红外吸收光谱揭示了水的存在[126]，显微镜观察发现了金晶体[126]。这些都表明，Biron 祖母绿是在带金或金合金衬套的高压釜中用水热法合成的，而铬与钒是用来作为着色剂。现在的 Pool 祖母绿晶体也是水热生长的[102]，其特征包裹体是金的颗粒、浅灰白的“面包屑”、硅铍石晶体以及偶而的籽晶碎片[102]。

前苏联祖母绿的水热生长始于 1965 年。目前在获得有商业刻面的祖母绿方面已作了改进[128—130]。俄罗斯生长水热祖母绿的方法已由 Schmetzer 详细报道[103]，其条件为

生长温度：590—620℃；

温　　差：45℃，20—100℃，70—130℃；

压　　力：80—150MPa；

溶　　剂：酸溶液或多组元含粉溶液；

培 养 料：天然绿柱石或 Be，Al 和 Si 的氧化物；

容　　器：不锈钢釜（200—800ml）。

籽　　晶：平行于$(5,5,\overline{10},6)$切下的晶片。

在这样的生长条件下，尺寸为 $6cm^2$ 的籽晶片于 20—30d 内重量增加了 10—20g；祖母绿生长层为 5—7mm，相当于生长率 0.2—0.3 mm/d。通过化学分析检测到 $Cr^{3+}$，$Fe^{2+}$，$Fe^{3+}$，$Ni^{3+}$ 及 $Cu^{2+}$ 为致色过渡元素。$Fe^{2+}$ 与 $Cu^{2+}$离子分配在四面体的位置，而 $Ni^{3+}$，$Cr^{3+}$ 及 $Fe^{3+}$ 离子安排在八面体位置上[103]。生长过程期间还可能会从釜体内壁淘析出某些离子加入到体系中去。俄罗斯为商业目的而生长的人工祖母绿晶体的生长层长为 10—12cm，宽达 2—2.5cm，厚为 2cm。

(2) 彩色水晶　在日本、美国和俄罗斯等国家已生长了相当数量的着色水晶，例如紫晶 (amethyst)、黄晶(茶晶，citrine)、蓝水晶、棕水晶、烟晶 (smoky quartz) 以及带浅绿色的棕色水晶和黄绿色水晶。

(i) 紫晶。Tsinober 与 Chentsova[131]首先描述了紫晶的生长。*R* 和 *r* 切面的籽晶在含铁的碱溶液中生长水晶之后，再用辐照产生了紫色。颜色深度由⟨*r*⟩到⟨*R*⟩方向变浓，这是由于大(*R*)与小(*r*)菱面之间的生长率差异所造成。在碱溶液内，大菱面的生长率低于小菱面。这样大菱面体内俘获的铁含量高于小菱面体。此不均匀性可在有 dauphine 孪生水晶的区域明显辨认出来[132]。从晶体的基面发出棕色或绿色，它是由于扇形区中非俘获的结构 $Fe^{3+}$ 所引起[132]。然而，当水晶在氟化铵溶剂中生长时，$Fe^{3+}$ 离子被捕集进入基面和几乎相等于基面的切割表面[133]。下面是在氟化铵溶剂中生长紫晶的条件：

生长温度：210—400℃；
温　　差：30—5℃；
压　　力：1.96—98MPa；
溶　　剂：5%—15% $NH_4F$；
掺　　质：Fe 的氧化物和氢氧化物；
容　　器：铜或聚四氟乙烯衬套；
辐　　照：5—6 × $10^6$R($Co^{60}$)。

紫晶颜色在生长温度为 320℃、生长率小于 0.3mm/d 时出现，或生长温度为 400℃、生长率小于 0.8mm/d 时产生。Hosaka 和 Taki[105]在下述条件下生长出了紫色水晶：

温　　度：400—450℃；
温　　差：25℃，50℃；
压　　力：78.4—127.4MPa
溶　　剂：10wt.%NaCl，10wt.%KCl；
掺　　质：金属铁，粉末状 $\alpha$-$Fe_2O_3$；
容　　器：铂衬釜(16.5ml)；

辐　　照：$2-15\times 10^6$R($Co^{60}$)．

加铁量少时，淡紫色泽的深度随生长溶剂中的铁浓度而定．但当溶剂的铁含量高于96μg/ml时，淡紫色达到饱和．与从NaOH或$Na_2CO_3$溶液生长人工水晶的结果相反，$v_R > v_r$．正是由于相对生长率的这种变化引起了小菱面体中的饱和色强高于大菱面体的饱和色强．晶体的基面在$\gamma$线辐照之前呈浅黄色，但辐照后得到的是紫晶色．Balitsky与Balitskaya还生长出具有紫晶色与茶晶色的双色水晶[106]．他们将20g/L的铁加到5%的$K_2CO_3$溶液中，在生长温度为360℃和压力为150MPa下生长水晶，然后对生长率$v_r = 0.46$mm/d和$v_R = 0.15$mm/d的生长水晶用$\gamma$线辐照便得到如下表所列的结果：

| 辐照之前 | | 辐照之后 | |
|---|---|---|---|
| ⟨*R*⟩ | 黄色 | ⟨*R*⟩ | 棕紫色 |
| ⟨*r*⟩ | 浅黄色 | ⟨*r*⟩ | 橙黄色或黄色 |

Hosaka等[107]通过水热生长，将Ti引入水晶，然后结合掺Fe的加热处理成功地获得了半透明的玫瑰色水晶．其具体条件为

生长温度：330℃；

温　　差：50℃；

溶　　剂：1mol/L NaOH，0.5mol/L$Na_2CO_3$或0.5mol/L $K_2CO_3$，每种溶液有时加少量$H_2O_2$或LiOH；

填 充 度：75%；

培 养 料：天然大块玫瑰晶碎片；

掺　　质：金属钛（$7\times 7\times 0.5mm^3$），含钛离子$Ti^{3+}$范围从450—600μg或0.5g左右$TiCl_3$的0.5mol/L $H_2SO_4$溶液；

籽　　晶：*R*切$(10\bar{1}1)$与*r*切$(01\bar{1}1)$晶片；

周　　期：10—14d；

热 处 理：水热原生态水晶放入装有约含0.5wt.%Fe的 $CaCO_3$ 粉末的 Pt 坩埚内加热至1200℃。

这种获得粉红色的原因和用 $Ti^{4+}_{置换}+Fe^{2+}_{间隙}\longrightarrow Fe^{3+}+Ti^{3+}$ 电荷迁移便能解释天然玫瑰水晶的着色情况相象。

(ii) 蓝晶。在蓝水晶的生长方面，Wood 与 Ballman[134] 采用温度345—390℃、压力160MPa（填充度82%）在1(mol/L) NaOH 溶液中加 $Co^{2+}$ 离子的方法已获得1.7mm/d(⊥$c$ 轴）的生长率。90年代初，Kuroda 又陆续发表了在 KOH 溶液[108]和 $Na_2CO_3$ 溶液[109]中生长蓝水晶的专利。后者的具体条件与结果为

结晶温度：310℃；溶解温度：340℃；

溶　　剂：1.0(mol/L)$Na_2CO_3$；压力：78.4MPa；

着 色 剂：0.5wt.% $AlPO_4$，0.5wt.% $CoSO_4$；

生长层厚度：7.0mm（缺陷很少的蓝色晶体，生长率0.7mm/d)。

(iii) 烟晶。烟晶是用 $\gamma$ 线照射在含 $Al^{3+}$ 离子碱溶液中生长的水晶而得到的。$\gamma$ 线辐照的颜色强度按 $+X>-X, S>Z$ 顺序排列，并多少随生长条件的变化而改变。因为烟色心正比于置换型 $Al^{3+}$ 的浓度，而沿 $c$ 轴似乎不存在置换型 $Al^{3+}$，或者 $Al^{3+}$ 以填隙式离子存在[135]。$Al^{3+}$ 离子以置换式进入 $+X$ 区，也以置换与间隙两种形式进入 $-X$ 区[136]。但 $-X$ 区内的置换 $Al^{3+}$ 离子比 $+X$ 区的少，因此后者的颜色总是较深。在含 $Al^{3+}$ 量10ppm以下的溶液中生长的水晶不出现 $S$ 扇形区，此区随所加 $Al^{3+}$ 浓度的增加而发展[137]。然而，当溶液中的 $Al^{3+}$ 离子由于白色钠长石 ($NaAlSi_3O_8$) 晶体形成而被消耗时，$S$ 生长区得到稳态的发育，此时 $Na_2CO_3$ 溶液中的 $Al^{3+}$ 浓度为50ppm[138]。溶液中杂质的含量通常对晶体的品质、生长率及形态发生影响。当杂质量超过某一水平时，生长就会被抑制，例如培养料中加入2.5wt%的 $Al^{3+}$ 生长水晶时则完全观察不到籽晶的生长。

(iv) 其他颜色的水晶。茶晶、绿晶及棕晶的生长一般用含铁

的 $K_2CO_3$ 或 KOH 溶液来实现. $Fe^{2+}$ 离子被引入X区而呈绿色，而 $Fe^{3+}$ 则被带进Z区而着棕色. 有时 $\gamma$ 线辐照 ($Co^{60}$, $10^7$R) 在生长水晶中也会诱发茶晶色[139]. 但这种水晶的颜色太淡，没有商业价值. 除了蓝色水晶以外，Kuroda 最近还研制出了棕绿色、黄绿色及棕色的水晶[109]. 这些水晶的生长条件和结果综合列在表 4.12 中.

表 4.12 3种着色水晶的生长条件[109]

| | 棕绿水晶 | 黄绿水晶 | 棕色水晶 |
|---|---|---|---|
| 生长温度 | 320℃ | 320℃ | 320℃ |
| 溶解温度 | 340℃ | 340℃ | 340℃ |
| 溶　　剂 | 0.5(mol/L)KOH | 1(mol/L)KOH | 0.5(mol/L)KOH |
| 掺　　质 | 1wt%$Pb_3O_4$ | 1wt%$Cr_2O_3$ | 1wt%$Co(OH)_2$ |
| 压　　力 | 98MPa | 98MPa | 98MPa |
| 周　　期 | 10d | 10d | 10d |
| 生长层厚 | 6.5mm | 5.9mm | 6.8mm |
| 生 长 率 | 0.65mm/d | 0.59mm/d | 0.68mm/d |

### 4.5.4 $KTiOPO_4$ 晶体的水热生长

磷酸钛氧钾 (KTP) 是一种非常著名的非线性光学材料[140]. 它的超极化率很大、相位匹配波长范围宽广、温度窗口良好，并且其化学、热学稳定性及机械性能突出. 正是由于其非线性光学系数、起动功率阈值、倍频转换效率、激光损伤阈值、相位匹配灵敏度以及偏振发散等特性全面优异，而被公认为用于 1.064μm 和 1.32 μm YAG 激光二次谐波发生 (SHG) 的首选无机材料. 最近，KTP 晶体在光学参量振荡[141]及和频[142]、差频混频[143]方面也开始受到人们的注意. 另外，KTP 还具有电光系数大、介电常量小、折射率适当以及没有声学共振效应等优点，因此可用于制造包括光开关、光调制器和波长滤光片的光电波导器件[144,145]. 关于 KTP 晶体器件的光学性质和新应用，Bierlein 与 Vanherzeele 曾发表了一篇很好的述评[146].

KTP 晶体约在 1170℃ 非同成分熔化并伴有部分分解。因此，不能使用像 Czochralski 等方法的熔体生长技术，而必须从高温溶液(熔盐法)或水热法中生长 KTP 大单晶。然而，由于熔盐法的固有缺点(相对高的非恒定的生长温度、溶液的粘滞性很大、体系容易被环境污染等)，生长出来的晶体，其完整性、纯度及均匀性都较差。具体表现在：与水热 KTP 晶体相比，其光损伤阈值至少低一个量级[147]，电导率高一个量级[148]；另外，我们发现，在直流电场中晶体负极端变黑。这样，KTP 就成为显示水热生长法优越性的又一个典型晶体。

KTP 晶体首先由 Zumsteg 同其合作者用降温水热法获得[149]。他们的实验步骤是，在 304MPa 的压力下，将 $TiO_2$ 的高温饱和磷酸盐溶液从 850℃降至 600℃，然后淬火取出。这种方法不仅条件苛刻，技术困难，费用昂贵，而且得不到大的晶体。差不多在相同时期，Bierlein 与 Gier 采用恒定温度梯度法[150]以 $TiO_2$ 或 $KTiOPO_4$ 为培养料在温度 600—650℃ 和压力为 206.7MPa 的 $KH_2PO_4$ 溶液中生长 KTP 单晶。

后来，Belt, Gashurov 和 Liu 采用比上述温度与压力更低的水热温差法生长出厘米大小的 KTP 晶体[151]。然而，他们的生长工艺要求长周期保持 600℃和 176.4MPa 的条件，因此仍未解决因温压高而带来的问题。

其他一些工作者研究了 KTP 的水热相区，以便确定是否能够在更低的温度下生长适用的晶体。Laudise 等利用碱性更强的 $K_2HPO_4$ 作为矿化剂，从而降低了生长 KTP 所需的温度压力[10,152]。他们采用的主要条件和所得结果如下：

高 压 釜：Pt 衬里，内径 25.4mm，内长 152.4mm；

矿 化 剂：2mol/L $K_2HPO_4$(+0.5mol/L $KPO_3$)；

填 充 度：75%；

结晶温度：375℃ ⎫ 温差～50℃；
溶解温度：425℃ ⎭

籽晶取向及生长率：(201)，(010)，0.07—0.14mm/d，(010)长

得稍快、较好；

(001) ~ 0.68mm/d，缺陷多。

接着，Laudise 又与 Belt、Gashurov 合作[153]改善了这些条件：在 2(mol/L)$K_2HPO_4$ 矿化剂中添加了 0.125(mol/L)$KNO_3$ 以防止 Ti 的还原，提高晶体品质；填充度增为 80%；$T_d$ = 475℃，$T_g$ = 430—435℃，$\Delta T$ = 40—45℃；压力为 147—153.8MPa；缓冲器开孔率～5%；培养料改用非晶态 KTP 块；籽晶主要为(011)切片。实验结果表明，在晶体品质相同情况下，其生长率可增大到 0.13—0.16mm/d。

在研究 4 种不同矿化剂溶液 KTP 生长体系中相关系与溶解度的基础上，贾寿泉等筛选出另一种生长 KTP 晶体的较好矿化剂 KF[154,14]。当填充度为 72%，温度在 370 与 420℃ 之间，$F^-$ 浓度从 1.0 至 4.0(mol/L) 时，KTP 的溶解度随温度与浓度在 0.5 与 3.0g/100 ml 范围内变化，见图 4.16。图中曲线表明，在中等温度压力下，KTP 的 KF 溶液中不仅有相当大的溶解度，而且还有对水热生长来说足够大的溶解度温度系数 $ds/dT$（～0.15g/100 ml/10℃），从而使生长 KTP 的条件降低到几乎和通常水热生长（例如生长水晶）的条件不相上下。他们生长水热 KTP 所用的实验条件与参量如下[23]：

高　压　釜：Pt 或 Au 衬里，内径 28mm，内长 360mm；

矿　化　剂：1.5—3.0(mol/L)KF + 1—5wt.%$H_2O_2$；

填　充　度：70%—80%（压力≲137.2MPa）；

结晶温度：370—425℃ ⎫
溶解温度：380—450℃ ⎭ 温差 10—80℃；

籽晶及生长率：(011)～0.12mm/d，(001) ~ 0.18mm/d（生长出来的晶体透明、无色、无包裹体，外形良好）。

上述两个殊途同归的结果为水热生长 KTP 晶体的生产技术提供了降低成本的潜在途径。因为足够低的温度压力相结合就可以利用便宜的普通合金钢而不用高温合金来制造较大的高压釜；

同时，可采用隋性金属衬里，而不是采用衬囊来防止溶液浸蚀釜壁，这样既能简化操作步骤、避免压力平衡的麻烦，又能充分利用容器的生长空间，并易于控制两区的温差。

KTP 的结构特性使人们可以设计并合成出一个大规模的结构模拟族。目前已经用直接合成和掺质生长（包括水热、离子交换、解吸/再吸、熔盐、凝胶、固态）等方法制成了 40 余个 KTP 类质同晶型体[155,156]。这个同晶型族的通式可写成 $ATOMO_4$（A 为 K，Rb，Cs，Tl，Ag，$NH_4$，Na；T 为 Ti，Ge，V，Sn，Zr；M 为 P，As）。其中 A 与 M 可全部或部分置换；也有更复杂的混合价置换，例如以 $[(Al, Fe, Ga)\text{-}F]^{2+}$代替 $[TO]^{2+}$，以 $Ga^{3+}_{0.5}Nb^{5+}_{0.5}$，$Fe^{3+}_{0.5}Nb^{5+}_{0.5}$ 代替 $T^{4+}$。

由于置换的离子种类及组成不同，KTP 族各类比物之间的光学性质差异很大。虽然大部分同晶型体的结构与性质关系尚未了解，但从 Bierlein 等[157]所得到的数据中可以看出，砷酸钛氧钾（$KTiOAsO_4$，KTA）的电光系数及非线性光学系数与 KTP 的相比有了显著的提高。KTA 中二类交互作用的有效倍频系数 $d_{eff}$ 比 KTP 的高 60%，仅用 As 的置换使其线性极化率增高这一点是不能解释的，因为 KTA 的折射率只比 KTP 的高 3%左右。电光 $r_{ijk}$ 项的增大也同样不仅是由于介电常量的微小变化；并且 KTA 主体与光波导调制器的品质因数（优值）均显著大于 KTP 的品质因数。另外，KTA 的离子电导率约为 KTP 的十分之一。这些数据表明，KTA 有可能在应用方面替代 KTP，甚至最终胜过 KTP。

根据现行非线性极化率模型，八面体金属中心的微观超极化率系随其几何畸变而增大，而钛氧基（Ti═O）金属中心则是导致 KTP 光学非线性的主要因素。所有模型都认为，整体 NLO 性质可根据包括 O—Ti—O 过渡键或 $TiO_6$ 基团的局部结构微扰来确定，从而忽视了正离子（KTP 中的 $K^+$）和二级原子（P 或 As）的贡献。因为观察到的光学性质对晶体的品质特别敏感，Stucky 等[156]集中评述了合成化学和离子交换化学，并按照现有 NLO 结

**表 4.13 其他一些无机化合物单晶的水热生长**

| 化学式 ① | 溶剂 ② | 实验条件 ③ | 晶体大小与生长率 ④ | 参考文献 ⑤ |
|---|---|---|---|---|
| Ag | NaOH4(mol/L)($NaClO_4$) | 500℃ | ~5mm | [158,159] |
|  | KOH 4(mol/L) | >400℃ | 5mm | [160] |
| Pt,Au,Co,Ni,Te,As,Sb | HI 2—10(mol/L) | 480—500℃,$f$0.57—0.65 | 1—10mm | [161,162] |
| Se | $NH_3$ | 175—190℃, 1000atm | 8—10mm | [163] |
|  | HI | 290—450℃;$\Delta T$15—40℃ 200—1600atm | 12 × 0.3mm | [164] |
|  | $Na_2S$0.025(mol/L) | 150—175℃ | 8—10mm | [165] |
| $Cu_2O$ | HF,$C_P$2%,pH5 HCl,pH4.5—5.5 | 160—200℃, $\Delta T$25—30℃ | 5mm, 籽晶生长 $v_{(001)}\simeq 0.1$mm/d | [166] |
| ZnO | KOH5.45(mol/L) + LiOH 0.7(mol/L) | 353℃, $\Delta T$14℃ | 20g,$v_{(0001)} = 0.2$mm/d | [167,168] |
|  | NaOH6(mol/L) + LiOH 1(mol/L) | 365℃,$\Delta T$10℃,$f$0.83 | 15 × 8mm,$v_{(0001)} = 0.35$mm/d |  |
|  | NaOH4(mol/L) + LiOH 1(mol/L) | 290℃, $\Delta T$10℃ | 40g, $v_{(0001)} = 0.2$mm/d | [169,33] |
|  | NaOH10% | 325℃,$\Delta T$30℃,$f$0.85 | $v_{(0001)}\simeq 0.2$mm/d | [170] |
|  | KOH5.15mol/kg + LiOH 1.2mol/kg | 280℃, $\Delta T$70℃ | $v_{(0001)} = 0.25$mm/d | [171] |

续表 4.13

| 化学式 ① | 溶　剂 ② | 实验条件 ③ | 晶体大小与生长率 ④ | 参考文献 ⑤ |
|---|---|---|---|---|
| ZnO | KOH3(mol/L) + LiOH 1(mol/L) | 350—380℃, $\Delta T$10—20℃ 1—1.2kb | $v_{(10\bar{1}0)} \simeq 0.2$mm/d | [172] |
| | KOH5—10(mol/L) + LiOH0—1.5(mol/L) | 260—290℃, $\Delta T$40—50℃ | $v_{(0001)} = 0.1—0.25$mm/d | [173] |
| | KOH3(mol/L) + LiOH 1.5(mol/L), $H_2O_2$ 0.1—0.3(mol/L) | 370—400℃, $\Delta T$10—15℃ 68.6—98MPa | $v = 0.9$mm/d | [174] |
| PbO | LiOH1(mol/L) | 450—250℃ | 10 × 5 × 0.5mm | [175] |
| BeO | KOH4(mol/L) + LiOH 0.06(mol/L) | 527℃, $\Delta T$10℃ | $v_{(0001)} = 0.1$mm/d | [176] |
| $Al_2O_3$ | $K_2CO_3$, $Na_2CO_3$, 10% | 550℃ | $v_{(10\bar{1}1)} = 1$mm/d | [38,177-182] |
| $Al_2O_3$:Cr | $NaHCO_3$, $KHCO_3$ 20% | 550℃ | 籽晶生长 | [42] |
| | $Na_2CO_3$($Na_2Cr_2O_7$) | 500℃, 4kb | 籽晶生长 | [39] |
| | HCl5.8(mol/L) + 0.3(mol/L)$CrCl_3$ | 460℃, $\Delta T$10℃, 1.7kb | 籽晶生长 | [183] |
| $\alpha$-$Fe_2O_3$, $Fe_3O_4$ | NaOH5(mol/L) | 385—445℃, $\Delta T$5℃, $f$0.7 | $v = 0.125$mm/d | [184] |
| $Rb_{0.2}MnO_2$ | RbOH5(mol/L) | 350℃, 200MPa | $v_{(010)} = 2.5$mm/d | [185] |
| [illegible]-$ZrO_2$(YSZ) | NaOH30% | 700℃, $\Delta T$10℃, 140MPa | $v = 0.001$mm/d | [186] |
| $GeO_2$ | $AlF_3$ | 225℃ | $SiO_2$ 上外延生长 | [187] |
| | KF, $NH_4F$, RbF, LiF | 150℃, $\Delta T$7℃ | $v_{(0001)} = 0.2$mm/d | [188] |

| | | | | |
|---|---|---|---|---|
| $TeO_2$ | $HNO_3$,HCl0.1(mol/L) | 210—340℃ | $v=0.1$—0.15mm/d | [189,190] |
| | NaOH0.01(mol/L);$H_2O$ | 250℃，$\Delta T$10℃ | $v=0.07$—0.25mm/d | [190] |
| | HCl3.65% | 150—200℃,$\Delta T$1—2℃,$f$0.85 | $v_{(102)}\simeq 0.25$mm/d | [191] |
| $TiO_2$（金红石） | KF10% | 550℃ | $v=0.2$mm/d | [31] |
| $AgInO_2$ | NaOH40% | 580⟶450℃(10℃/h) 200MPa($PO_2$) | 0.2×0.05mm | [192] |
| $YFeO_3$ | NaOH20(mol/L) | 500℃,$\Delta T$50℃,500atm | 外延生长 | [193] |
| | KOH40%—60% | 400—450℃，$\Delta T$60℃ | $v_{(001)}=0.02$—0.03mm/d | [194] |
| $LaFeO_3$ | KOH53% | 500℃,$\Delta T$5℃,100MPa | 0.8mm | [195] |
| $Y_3Fe_5O_{12}$ | $K_2CO_3$ | 525℃ | $v=0.5$mm/d | [40] |
| | NaOH2(mol/L) | 500℃,$\Delta T$30℃,1970atm | GGG 上外延 | [193] |
| | | 385℃,$\Delta T$15℃,$f$0.8 | GGG 上外延 | [196] |
| | NaOH50% | 370℃,200atm | $v\simeq 0.08$mm/d | [40] |
| $Y_3Ga_5O_{12}$ | $Na_2CO_3$1(mol/L) | 360℃,1500atm | 籽晶生长 | [40] |
| | NaOH5—20(mol/L), $Na_2CO_3$5(mol/L) | 420℃,$\Delta T$80℃,$f$0.7 | $v=0.25$—0.6mm/d | [196] |
| $Bi_{12}TiO_{20}$ | KF10%—30% | 560—570℃,$\Delta T$1—1.5℃,$f$0.7 | 10mm,$v_{(110)}=0.2$—0.25mm/d | [197][198] |
| $SbSbO_4$ | KF4% | 550℃ | 6mm，籽晶生长 | [199] |
| $PbCO_3$ | $KHCO_3$2(mol/L) | 170—240℃,$\Delta T$20—80℃ $f$0.85—0.93,~1000atm | $v_{(111),(021)}=0.1$—0.5mm/d | [200] |
| $CaCO_3$ | $NH_4Cl$1%—10% | 150—400℃ | 长到 200g | [201] |
| | $K_2CO_3$6(mol/L) | 410—425℃,$\Delta T$15—25℃ $f$0.86，1700atm | $v_{(10\bar{1}1)}=0.15$mm/d | [202] |
| | $Ca(OH)_2$-HCOOH | 230—260℃ | 良好单晶 | [203] |

续表 4.13

| 化学式 ① | 溶　剂 ② | 实验条件 ③ | 晶体大小与生长率 ④ | 参考文献 ⑤ |
|---|---|---|---|---|
| $CaCO_3$ | $Ca(NO_3)_2$1.5(mol/L) | 400℃,$\Delta T$12℃,100MPa | $v$ = 0.05mm/d | [204] |
| | $NH_4NO_3$0.1(mol/L) | 200℃,$\Delta T$12℃,100MPa | $v$ = 0.06mm/d | [205] |
| | $NH_4NO_3$0.02(mol/L) | 170℃,$\Delta T$20℃,100MPa | $v_{(10\bar{1}1)}$ = 0.11mm/d | [206] |
| $CoCO_3$ | LiCl5—20%, $NH_4Cl$1%—5%,$CO_2$; | 200—550℃,$\Delta T$15—20℃ | $v_{(0001)}$ = 0.0015—0.05mm/d | [207] |
| | LiCl8(mol/L),$CO_2$0.5 (mol/L) | 390℃,$\Delta T$10℃,270—400atm | $v_{(20\bar{2}1)}$ = 0.06—0.2mm/d | |
| $BaTiO_3$ | NaOH4(mol/L) | 480—600℃ | 1mm | [208] |
| $PbTiO_3$ | KF10% | 600℃ | 2—3mm,$v_{(100)}\simeq$0.05mm/d | [209] |
| $Bi_4Ti_3O_{12}$ | KF10%—30% | 570℃ | 5mm,$v\simeq$0.1mm/d | [197] |
| $LiNbO_3$ | LiOH1.86(mol/L) | 675℃,$\Delta T$125℃ | $LiTaO_3$ 上外延 | [210] |
| K(Ta,Nb)$O_3$ | KOH15(mol/L) | 650℃,1100atm | $v\simeq$0.25mm/d | [37] |
| $AlAsO_4$ | $H_3AsO_4$33(mol/L) | 254℃ | 1 至 100mm | [211] |
| | $H_3AsO_4$11(mol/L) | 200⟶220℃,$\Delta T$1℃/d | $v$ = 0.5mm/d($AlPO_4$籽晶) | [212] |
| $KTiOAsO_4$ | $KH_2AsO_4$4(mol/L) | 550℃,$\Delta T$40℃,$f$0.77, 1700atm | $v_{(201),(011)}$ = 0.11mm/d | [8] |
| $LiGaO_2$ | NaOH3.5(mol/L) | 380℃,$\Delta T$35℃,$f$0.7 | $v$ = 2.2mm/d | [213] |
| $CdWO_4$ | LiCl8%—12% | 450—500℃ | 5—7mm,籽晶生长 | [214] |
| $SrMoO_4$ | NaOH7%—10% | 430—500℃ | 3—10mm,$v\simeq$2—3mm/d | [214] |

| | | | | |
|---|---|---|---|---|
| $NaAlSiO_4$ | NaOH8%—14% | 400℃, $\Delta T$8—10℃ | $v_{(11\bar{2}0)}=0.5$mm/d<br>$v_{(10\bar{1}0),(0001)}=0.1$—0.15mm/d | [215] |
| $Na_8Al_6Si_6O_{24}(OH)_2\cdot nH_2O$ | NaOH15%—30% | 230—250℃, $\Delta T$10—20℃ 39.2MPa | 几个立方厘米,{100},{111};<br>$v_{(100),(110)}\simeq 0.6$—0.7mm/d | [215,216,217] |
| $Na_8Al_6Si_6O_{24}\cdot Cl_2$ | NaOH3.75(mol/L) + NaCl | 360—450℃, $\Delta T$40℃,0.75 | 晶体明显生长<br>$v\simeq 0.4$mm/d | [216,218] |
| $Bi_{12}SiO_{20}$ | NaOH4(mol/L) | 385℃, $\Delta T$5℃,1000atm | $v_{(100)}\simeq 0.2$mm/d | [50] |
| $ZrSiO_4$ | KF2—4(mol/L) + LiF1(mol/L) | 580℃, $\Delta T$20℃,1750atm | $v_{(100)}\simeq 0.125$mm/d | [219] |
| OH-phlogopite mica | KOH6.5(mol/L) | 540—550℃, $\Delta T$11℃,1kb | $v_{(001)}\simeq 0.01$mm/d | [220] |
| Turmaline; $Co^-$, Ni-$Cr^-$, $Mn^-$turmaline | 氯化物溶液 | 500—700℃ | 籽晶生长; $v_{(0001)}$0.3(Co),0.1(Cr);0.2(Mn)mm/d | [221] |
| | $H_3BO_3$2%—30% + NaCl 2.5% + NaF | 500—700℃,3000atm | $v\simeq 0.1$mm/d | [48] |
| $Na_2ZnGeO_4$ | NaOH20%—40% | 230—300℃, $\Delta T$25—65℃ | $v_{(001)}\simeq 0.15$—0.5; $v_{(010)}$ ~0.18—0.58, $v_{(011)}\simeq$ 0.22—0.65mm/d | [222] |
| $Na_2CoGeO_4$ | NaOH20% | 300—500℃ | $v\simeq 0.3$mm/d | [223,224] |
| $Yb_2Ge_2O_7$ | KF25% | 450—500℃, ≤1500atm | 毫米级晶体 | [225] |
| $Nd_4GeO_8$ | NaOH35%—40% | 同上 | 同上 | [225] |
| ZnS | KOH, CsOH7.6—8(mol/L) | 360—370℃, $\Delta T$5—10℃ | $v_{(111)}=0.1$mm/d | [226,227] |

续表 4.13

| 化学式 ① | 溶剂 ② | 实验条件 ③ | 晶体大小与生长率 ④ | 参考文献 ⑤ |
|---|---|---|---|---|
| ZnS | KOH10(mol/L) | 350℃ | $v \simeq 0.4$mm/d | [36] |
| | $H_3PO_4$50% | 380—450℃ | $v_{(111)} = 0.15$mm/d | [226] |
| PbS | RbOH0.5(mol/L) | 415℃, $\Delta T$15℃, 840atm | 籽晶生长 | [228] |
| HgS | NaHS10% + $H_2S$1.8—6.8(mol/L)(pH7—12) | 250℃, 100—200atm | $v \simeq 0.1$—0.15mm/d | [229] |
| | $Na_2S$0.5(mol/L) | 260—275℃, $\Delta T$5℃, $f$0.9 | $v_{(0001)} \simeq 0.1$—0.15mm/d | [230] |
| | $Na_2S$ + $NaHCO_3$(pH12—13) | 250℃, $\Delta T$30℃ | $v_{(0001)} \simeq 0.2$mm/d | [231] |
| ZnSe | NaOH5(mol/L) + LiOH4(mol/L) | 350℃ | $v \simeq 0.15$mm/d | [47] |
| | NaOH5(mol/L) | 350℃, $\Delta T$40℃, $f$0.78 | $v \simeq 0.3$($\Delta T$28℃) $\simeq 0.18$($\Delta T$8—12℃) | [232] |
| | 碱溶液3—11(mol/L) | 367℃ | $v_{(111)} \simeq 0.02$—0.20mm/d | [233] |
| ZnTe | NaOH(KOH)1(mol/L) | 350℃, $\Delta T$40℃, $f$0.75 | $v \simeq 0.3$($\Delta T$28℃) $\simeq 0.18$($\Delta T$8—12℃) | [232] |
| CdSe, CdTe | NaOH(KOH)2(mol/L) | 350℃, $\Delta T$40℃, $f$0.85 | $v \simeq 0.3$($\Delta T$28℃) $\simeq 0.18$($\Delta T$8—12℃) | [232] |
| HgSe, HgTe | HCl4—15(mol/L) | 300—350℃, $\Delta T$45—70℃ 1000—2000atm | 10 × 10 × (0.1—0.3)mm | [234] |
| CuSe | HBr48% | 360℃ | 10 × 6 × 0.3mm | [235] |

| | | | | |
|---|---|---|---|---|
| CuBr | HBr2%—16% | 150—180℃, $\Delta T$4—6℃, $f$0.6—0.65 | 0.8cm$^3$ | [191] |
| $La^{3+}:SrF_2$ | LiCl10% | 650℃, $\Delta T$5℃, 100MPa | $v \simeq 0.15$mm/d | [236] |
| $Sb_2S_3$ | HBr9(mol/L) | 440—455℃ | 15mm | [237] |
| $As_2Te_3$ | HCl25% | 370℃(3$d$) $\xrightarrow{2℃/h}$ R. T. $f$0.7, ~720bar | 0.04 × 0.04 × 0.24mm | [238] |
| $A^{V}B^{VI}C^{VII}$(A = Sb, As, Bi; B = S, Se; C = Cl, Br, I) | HCl; HBr; HI6%—11% + $Na_2S(Na_2Se)$ | 200—300℃, $\Delta T$20℃, 200—600atm | 10mm; 30—40 × 0.8mm (SbSeI) | [239,240] |
| SbSI | HI10(mol/L) | 490→250℃ | 50mm | [237] |
| BiSI | HI 直至 45% | 300—450℃, 200—2000atm | 10—50mm | [241] |
| $Pb_5S_2I_6$ | HI10(mol/L) | 480—465℃; 480→100℃, $f$0.65 | 1.5 × 50mm | [237] |
| $BaPb_{1-x}Bi_xO_3$ (BPB) | NaOH | 400℃, 100MPa | 5 × 5 × 4mm | [242] |
| $K_3ZrF_7$ | KF10%—60% | 450—500℃, 100—150MPa | 3—7mm | [243] |
| $K_2Y_{1-x}Er_xF_5$ | KF~25mol% | 450℃, 18℃/cm | 几个毫米 | [243] |
| $SbTaO_4$ | $H_2SO_4$13%—17% + $H_2O_2$5%—6% | 180—200℃, $\Delta T$5—8℃, $f$0.6—0.65 | 5 × 1.5 × 2.4mm | [191] |
| $SbNbO_4$ | $KHF_2$20%—30% + $H_2O_2$5% | 530℃, $\Delta T$40℃ | $v_{(100)} \simeq 0.3$—0.48mm/d | [244] |
| $BiNbO_4$ | $KHF_2$7%—25% | 450—600℃, $f$0.75—0.6 $\Delta T$10—40℃ | 7 × 3—4 × 0.5—1.5mm | [245] |
| $Na_2(La,Co)\cdot Zr[PO_4]_3$ | NaOH1.5(mol/L) | 200—300℃, 6—10atm | 5mm | [246] |

构/性质模型考察了 KTP 结构和类比物结构及光学本质的化学变体。他们指出,利用系统分析 KTP 结构族原子水平的结构/性质关系所得的信息,不仅可微调或改进其光学性质,而且还有可能发展一个能够处理扩展结构或其他金属氧化物结构中结构畸变的二次非线性光学 (NLO) 效应的定量模型。

### 4.5.5 其他晶体的水热生长

除了较详介绍上述 4 类重要的典型水热晶体生长实例之外,我们还选摘了若干种令人感兴趣的无机化合物材料于表 4.13 中,分别列出其水热生长所采用的溶剂组分、温度压力、长出晶体的尺寸或生长速率以及相应的参考文献. 至于更多的无机物水热反应例子,由于目前尚未获得足够大的单晶体而实际上仍属于水热合成或水热结晶的范畴,在此只得从略。

## 参 考 文 献


[1] G. C. Kennedy, *Am. J. Sci.*, **248**, 540(1950).

[2] G. C. Kennedy, *Am. J. Sci.*, **256**, 590(1958).

[3] G. C. Kennedy, *Econ. Geol.*, **45**, 629(1950a).

[4] R. A. Laudise, J. W. Nielsen, Solid State Physics, **12**, ed. F. Seitz, D. Turnbull (1961).

[5] V. P. Butuzov, L. V. Briatov, *Soviet Phys. Cryst.*, **5**, 662(1957).

[6] E. D. Kolb, P. L. Key, R. A. Laudise, Proc. 37th Ann. Freq. Contr. Symp., 153(1983).

[7] Jia Shou-Quan, Jiang Pei-Zhi, *Prog. Crystal Growth and Charact.*, **11**, 335(1985).

[8] R. F. Belt, J. B. Ings, *J. Crystal Growth*, **128**, 956(1993).

[9] O. F. Tuttle, I. Friedman, *J. Am. Chem. Soc.*, 72, 4572(1950).

[10] R. A. Laudies, R. J. Cava, A. J. Caporaso, *J. Crystal Growth*, **74**,275 (1986).

[11] R. A. Laudise, A. A. Ballman, *J. Am. Chem. Soc.*, **80**, 2655(1958).

[12] M. W. Shafer, R. Z. Roy, *Anorg. U. Allgem. Chem.*, **276**, 275(1954).

[13] 经和贞、相光启、王俊民、张敬珠,电子学报,**2**,129(1965).

[14] Jia Shou-Quan, Jiang Pei-Zhi, Niu Hong-Da, Li De-Zheng, Fan Xian-He, *J. Crystal Growth*, **79**, 970(1986).

[15] E. D. Kolb, R. L. Barns, J. C. Grenier, R. A. Laudise, Proc. 33rd Ann. Freq. Contr. Symp., 88(1979).

[16] E. Philippot, A. Goiffon, J. C. Jumas, C. Avinens, J. Detaint, J. Sc-

hwartzel, A. Zarka, Proc. 42nd Ann. Freq. Contr. Symp., 138(1988).
[17] G. Engel, P. Krempl, J. Stadler, 3rd Eur. Time and Freq. Forum., 50(1989).
[18] S. Hirano, K. Miwa, S. Naka, *J. Crystal Growth*, **79**, 215(1986).
[19] S. Hirano, K. Kikuta, *J. Crystal Growth*, **79**, 223(1986).
[20] S. Hirano, K. Kikuta, *J. Crystal Growth*, **79**, 219(1986).
[21] A. A. Ballman, R. A. Laudise, The Art and Science of Growing Crystal,. ed. J. J. Gilman, John Wiley and Sons, Inc., N. Y. (1963).
[22] J. M. Jost, 1st Quart. Progr. Rep., U. S. Army Signal Corps. Contr. Da-36—039, SC-64689, 17(1955).
[23] Jia Shou-Quan, Niu-Hong-Da, Tan Jin-Ge, Xu Yan-Ping, Tao Ying, *J. Crystal Growth*, **99**, 900(1990).
[24] J. G. Marales, R. R. Clemete, J. Durand, L. Cot, *J. Crystal Growth*, **128**, 1250(1993).
[25] J. Bentama, Cristallogénes et proprietés Physiques de la berlinite ($AlPO_4$) elaborée en milieu chlorhydrique, Thèse. Doctarat, Montpellier (1987).
[26] O. Cambon, A. Goiffon, E. Philippot, *J. Solid State Chem.*, **78**, 187 (1989).
[27] J. Detaint, M. Feldmann, J. Henaff, Proc. 33rd Ann. Freq. Contr. Symp., 70(1979).
[28] A. A. Shternberg, Hydrothermal Synthesis of Crystals, ed. A. N. Lobachev, Consultants Bureau, New York, 25(1971).
[29] G. R. Johnson, R. A. Irvine, J. W. Foise, Proc. 43rd Ann. Freq. Contr. Symp., 447(1989).
[30] V. A. Klipov, N. N. Shmakov, Proc. 45th Ann. Freq. Contr. Symp., 29(1991).
[31] V. A. Kuznetsov, Crystallization Processes under Hydrothermol Conditions, ed. A. N. Lobachev, Consultants Bureau, New York/London, 43(1973).
[32] V. S. Surnina, S. P. Fedosova, *Sov. Phys. Crystall.*, **15**, 395(1970).
[33] D. F. Croxall, R. C. C. Ward, C. A. Wallace, R. C. Kell, *J. Crystal Growth*, **22**, 117(1974).
[34] J. Liebertz, *Chem. Ing. Tech.*, **37**, 830(1965).
[35] S. Hirano, *J. Crystal Growth*, **85**, 1590(1987).
[36] R. A. Laudise, E. D. Kolb, *Am. Miner.*, **50**, 382(1965).
[37] D. J. Marshall, R. A. Laudise, *J. Phys. Chem. Sol.*, Suppl. **I**, 557 (1967).
[38] V. A. Kuznetsov, *Sov. Phys. Crystal.*, **12**, 702(1967).
[39] N. D. Chinh, *J. Crystal Growth*, **13/14**, 548(1972).
[40] R. C. Pattbach, R. R. Monchamp, *J. Phys.Chem. Sol.*,Suppl. **I**(1967).
[41] E. Philippot, A. Ibanez, A. Goiffon, A. Zarka, J. Schwartzel, J. Détaint, Proc. 46th Ann. Freq. Contr. Symp., 744(1992).
[42] V. A. Kuznetsov, IV Allunion Conference on Crystal Growth, Report

Contents, Part II, 196(1972).
[43] V. A. Kuznetsov, A. A. Shternberg, *Sov. Phys. Crystal*, **12**,2(1967).
[44] 姜彦岛、贾寿泉、蒋德华、聂汉卿，中国科学技术大学学报，**1**，243(1965).
[45] E. D. Kolb, R. A. Laudise, *J. Crystal Growth*, **7**, 199(1970).
[46] I. E. Voskresenskaya, M. L. Barsukova, Hydrothermal Synthesis of Crystals., ed A. N. Lobachev, Consultants Bureau. New York, 126 (1971).
[47] K. Byrappa, S. Srikantaswamy, G. S. Gopalakrishna, V. Venkatachalapathy, *J. Mater. Sci. Letters*, **5**, 347(1986).
[48] J. Larkin, M. Harris, J. E. Cormier, *J. Crystal Growth*, **128**, 871 (1993).
[49] 高压设备《化工设备手册》编写组，化工设备设计手册(4)，上海人民出版社 (1973).
[50] B. N. Litvin, D. A. Tules, Hydrothermal Synthesis of Crystals, ed. A. N. Lobachev, Consultants Bureau, N. Y., 139(1971).
[51] R. L. Barns, *Econ. Geol.*, **58**, 1054(1963).
[52] A. A. Shternberg, Hydrothermal Synthesis of Crystals, ed. A. N. Lobachev, Consultants Bureau, New York, 147(1971).
[53] A. A. Shternberg, T. N. Ivanova, V. A. Kuznetsov, *Dokl. AN SSSR*, **202**, 1(1972).
[54] A. N. Lobachev, V. I. Popolitov, A. Ya. Shapiro,Growth of Crystals, **13**, Nauka Press, Moscow (1979).
[55] A. A. Shternberg, Crystallization Processes under Hydrothermal Conditions, ed. A. N. Lobachev, Consultants Bureau,New York/London, 225(1973).
[56] G. V. Kleschev, Growth of Crystal, **10**, ed. N. N. Sheftal, translated by J. E. S. Bradley, Consultants Bureau, New York/London, 125 (1976).
[57] C. T. Ashby, J. W. Berry, *Am. Miner.*, **55**, 1800(1970).
[58] 仲维卓等，人工水晶，科学出版社(1983).
[59] J. J. Martin, A. F. Armington, *J. Crystal Growth*, **62**, 203(1983).
[60] A. F. Armington, J. J. Larkin, J. J. O'Connor,J. E. Cormier, J. A. Horrigan, Proc. 35th Ann. Freq. Contr. Symp., 297(1981).
[61] R. L. Barnes, P. E. Freeland, E. D. Kolb, R. A. Laudise, J.R. Patel, *J. Crystal Growth*, **43**, 676(1976).
[62] R. A. Christie, D. F. Croxall, B. J. Isherwood, UK Patent 2079175B, 7Dec (1983).
[63] A. F. Armington, J. J. Larkin, *J. Crystal Growth*, **71**, 799(1985).
[64] H. G. Lipson, A. F. Armington, *J. Crystal Growth*, **80**, 51(1987).
[65] J. C. Brice, *Reviews of Modern Physics*, **57**, 105(1985).
[66] A. F. Armington, J. A. Horrigan, M. T. Harris, J. F. Balascio,Proc. 41st Ann. Freq. Contr. Symp., 213(1987).
[67] M. T. Harris, et al., US Patent 4,956,047(11, Sept. 1990).
[68] A. F. Armington, J. F. Balascio, Proc. 40th Ann. Freq.Contr. Symp.,

230(1986).
[69] L. E. Halliburton, M. G. Jani, R. B. Bossoli, *Nuclear Instruments and Methods, Physical Research*, **B1**, 192(1984).
[70] J. J. Martin, A. R. Lopez, A. F. Armington, J. F. Balascio, Proc. 42nd Ann. Freq. Contr. Symp., 31?(1988).
[71] 钱志强、贾寿泉，人工晶体学报，**20**，337(1991).
[72] G. R. Johnson, R. A. Irvine, J. W. Foise, Proc. 44th Ann. Freq. Contr. Symp., 216(1990).
[73] Y. P. Chang, G. R. Barsch, *IEEE. Trans. Sonics Ultrasonics*, **SU-23**, 127(1976).
[74] A. Jhunijhunwala, J. F. Vetelino, J. C. Field, *J. Appl. Phys.*, **48**, 887(1977).
[75] E. D. Kolb, A. M. Glass, R. L. Rosenberg, J. C. Grenier, R. A. Laudise, Proc. Ultrasonics Symp., 322(1981).
[76] Proceedings, 36th Annual Frequency Control Symposium, U. S. Army, Electronics and Development Command, Phildelphia (1982).
[77] O. S. Robertson, I. M. Yocing, *J. Mater. Science*, **17**, 1729(1982).
[78] V. W. Jhan, E. Kordes, *Chem. Earth*, **70**, 75(1953).
[79] J. M. Stanley, *Ind. Eng. Chem.*, **45**, 1684(1954).
[80] E. D. Kolb, R. A. Laudise, *J. Crystal Growth*, **43**, 313(1978).
[81] H. Poignant, L. Le Marechal, Y. Toudic, *Mater. Res. Bull.*, **14**, 603 (1979).
[82] K. Nagai, T. Ogawa, J. Okuda, J. Asahara, S. Taki, Proc. 1st Intern. Symp. Hydroth. Reacts., 496(1982).
[83] J. Detaint, A. Zarka, B. Capelle, Y. Toudic, J. C. Schwartzel, E. Philippot, J. C. Jumas, J. C. Doukhan, A. Goiffon, Proc. 40th Ann. Freq. Contr. Symp., 101(1986).
[84] E. D. Kolb, J. C. Grenier, R. A. Laudise, *J. Crystal Growth*, **51**,178 (1981).
[85] K. Byrappa, V. Venkatachalapathy, B. Puttaraj, *J. Mater. Sci.*, **19**, 2855(1984).
[86] E. Philippot, A. Goiffon, M. Maurin, J. Détaint, J. Schwartzel, Y. Toudic, B. Capelle, A. Zarka, *J. Crystal Growth*, **104**, 713(1990).
[87] B. H. T. Chai, U. S. Patent 4, 382, 840(1983).
[88] M. Ouammu, Synthèse hydrothermale de $AlPO_4$ en milieu mixte HCl-$H_2SO_4$-$H_3PO_4$, Thèse Doctorat, Montpellier (1988).
[89] J. G. Morales, R. R. Clemente,J.Durand, L. Cot, *J. Crystal Growth*, **116**, 427(1992).
[90] E. D. Kolb, R. A. Laudise, *J. Crystal Growth*, **56**, 83(1982).
[91] D. F. Croxall, T. R. A. Christie, B. J. Isherwood, A. G. Todd, J. Brich, Proc. 2nd Europ. Conf. Crystal Growth, Lancaster (1979).
[92] H. Schulz, R, Kluckou, Crystal Growth, ed. H. S. Peiser, Pergamon Press, N. Y. (1967).
[93] H, Poignant, Hydrothermal Synthesis of Berlinite, Ph. D. Thesis

Univ. of Rennes (1979).
[94] K. Byrappa, S. Srikantaswamy, G. S. Gopalakrishna, V. Venkatachalapathy, *J. Mater. Sci.*, **21**, 2202(1986).
[95] V. Krauss, G. Lehmann, *Z. Naturforsch*, **30a**, 28(1975).
[96] J. Détaint, E. Philippot, J. C. Jumas, J. Schwartzel, A. Zarka, B. Capelle, J. C. Doukhan, Proc. 39th Ann. Freq. Contr. Symp., 234 (1985).
[97] J. C. Jumas, A. Goiffon, B. Capelle, A. Zarka, J. C. Doukhan, J. Schwartzel, J. Detaint, E. Phillipot, *J. Crystal Growth*, **80**, 133 (1987).
[98] R. A. Laudise, Crystal Growth of Electronic Materials, ed. Kaldis, Elsevier Science Publ., 159(1985).
[99] K. Hasegawa, K. Minegishi, S. Somiya, Proc. 1st Int. Symp. Hydroth. Reactions, 509(1982).
[100] G. Engel, P. Krempl, 2nd Eur. Time and Freq. Forum, 827(1988).
[101] J. I. Koivula, *Gems and Gemology*, **21**, 59(1985).
[102] G. Brown, J. Snow, *Aust. Gemmol.*, **16**(12), 437(1988).
[103] K. Schmetzer, *J. Gemmol.*, **21**(3), 145(1988).
[104] K. Scarratt, *J. Gemmol.*, **21** (5), 294(1989).
[105] M. Hosaka, S. Taki, *J. Crystal Growth*, **64**, 572 (1983).
[106] V. S. Balitsky, O. V. Balitskaya, *Phys. Chem. Minerals*, **13**, 415 (1986).
[107] M. Hosaka, T. Miyata, Y. Shimuzu, O. Okuyama, *J. Crystal Growth*, **78**, 561(1986).
[108] H. Kuroda, JP 90307882(1990).
[109] H. Kuroda, JP 9216583—9216586(1992).
[110] A. A. Chernov, Crystal Growth, Modern Crystallography III, Springer-Verlag, Berlin, Heidelberg (1984).
[111] D. Elwell, Man-Made Gemstones, Ellis Horwood (1979).
[112] K. Nassau, J. Nassau, The Growth of Synthetic and Imitation Gems, in: Crystals, ed. H. C. Freyhardt, Springer-Verlag, Berlin, Heidelberg, New York (1980).
[113] B. W. Anderson, Gem Testing, 8th Ed.,Butterworths,London(1971).
[114] Jr. R. T. Liddicoat, Handbook of Gem Identification, 10th, Ed., Gemol. Inst. of Am., Los Angeles(1975).
[115] R. Webster, Gems, 3rd Ed., Butterworths, London (1976).
[116] R. J. Holmes, G. R. Crowningshield, *Gems and Gemmology*, **10**, 11 (1960).
[117] E. M. Flanigen, D. W. Breck, N. R. Mumbach, A. M. Taylor, *Am. Mineral.*, **52**, 744 (1967).
[118] H. Bank, *Z. Dt. Gemmol. Ges.*, **25**, 107 (1976).
[119] K. Schmetzer, H. Bank, V. Stahle, *Gems and Gemmology*, **17**, 98 (1981).
[120] K. Nassau, *J. Crystal Growth*, **35**, 211 (1976).

[121] E. M. Flanigen, USA Patent, 3567642 (1971).
[122] E. M. Flanigen, N. R. Mumbach, USA Patent, 3567643 (1971).
[123] P. J. Yancey, *USA* Patent, 3723337 (1973).
[124] G. Brown, J. Snow, *Aust. Gemmol.*, **15**, 57(1983).
[125] P. J. Darragh, M. J. Willing, *Aust. Gemmol.*, **14**, 344(1982).
[126] R. E. Kane, Jr. R. T. Liddcoat, *Gems and Gemmology*, **21**, 156 (1985).
[127] E., Gübelin, *Aust. Gemmol.*, **16**, 329(1988).
[128] H. Takubo, *J. Gemmol. Soc. Jpn.*, **6** (4), 3 (1979).
[129] C. Fryer, R. Crowningshield, K. N. Hurwitt, R. E.,Kane, *Gems and Gemmol.*, **19**, 114 (1983).
[130] J. I. Koivula, *Gems and Gemmol.*, **21**, 59 (1985).
[131] L. I. Tsinober, L. G. Chentsova, *Kristallogr.*, **4**, 633(1959).
[132] V. S. Balitzky, *Z. Dt. Gemmol. Ges.*, **29** (1/2), 5(1980).
[133] V. S. Balitzky, *J. Crystal Growth*, **41**, 100 (1977).
[134] D. L. Wood, A. A. Ballman, *Am. Mineral.*, **51**, 216 (1966).
[135] A. J. Cohen, E. S. Hodge, *J. Phys. Chem. Solids*, **7**, 361 (1958).
[136] A. J. Cohen, *J. Phys. Chem. Solids*, **13**, 321 (1960).
[137] S. Taki, M. Hosaka, Proc. 2nd Int. Symp. Hydrothermal React., **28** (1985).
[138] S. Taki, M. Hosaka, *Hydrothermal*, **1**, 15 (1986).
[139] V. S. Balitsky, *J. Gemmol. Soc. Jpn.*, **6**(4), 3(1979).
[140] Y. S. Liu, L. Drafall, D. Dentz, R. Belt, General Electric Tech. Rept. No. 82 CRD, 016 (1982).
[141] H. Vanherzeele, J. D. Bierlein, F. C. Zumsteg, *Appl. Opt.*, **27**,3314 (1988).
[142] H. Y. Shen, Y. P. Zhou, W. X. Lin, R. R. Zeng, G. F. Yu, C. H. Huang, Z. D. Zeng, W. J. Zhang, S. Q. Jia, P. Z. Jiang,C. L.Xiao, *Chinese Phys. Lett.*, **8**, 215 (1991).
[143] W. P. Risk, J. C. Baumert, G. C. Bjorklund, F. M. Schellenberg, W. Lenth, *Appl. Phys. Lett.*, **52**, 85(1988).
[144] J. D. Bierlein, C. B. Arweiler, *Appl. Phys. Lett.*, **49**, 917 (1986).
[145] J. D. Bierlein, A. Ferretti, L. Brixner, Y. Hsu, *Appl. Phys. Lett.*, **50**, 1216 (1987).
[146] J. D. Bierlein, H. Vanherzeele, *J. Opt. Soc. Am.*, **B6**, 622 (1989).
[147] A. Tebo, *Laser Focus/Electro-Optics*, 28 (Sept. 1988).
[148] 朱镛、张道范、杨华光、贾寿泉、蒋培植，人工晶体学报，**18**(3)，218(1989).
[149] F. C. Zumsteg, J. D. Bierlein, T. E. Gier, *J. Appl. Phys.*, **47**, 4980 (1976).
[150] J. D. Bierlein, T. E. Gier, US Patent, 3949323 (1976).
[151] R. F. Belt, G. Gashurov, Y. S. Liu, *Laser Focus /Electro-Optics*, 110 (Oct. 1985).
[152] R. A. Laudise, US Patent, 4654111 (1987).
[153] R. F. Belt, G. Gashurov, R. A. Laudise, *SPIE* **968**, Ceramics and

Inorg Crystals for Optics, Electro-Optics, and Nonl.Conv., 100 (1988).
[154] 贾寿泉、蒋培植、牛宏达、李德臻、范先河，人工晶体，**11**(2/3)，81(1982).
[155] M. L. Phillips, T. E. Gier, M. M. Eddy, N. L., Keder, G. D. Stucky, J. D. Bierlein, *Solid State Ionics*, **32/33**, 147(1989).
[156] G. D., Stucky, M. L. Phillips, T. E. Gier, *Chemistry of Mater.*, **1**, 492 (1989).
[157] J. D. Bierlein, H. Vanherzeele, A. A. Ballman, *Appl. Phys. Lett.*, **54**, 783(1989).
[158] I. P. Kuzmina, *Geol. Ore Deposits Russ.*, **3**, 101(1963).
[159] S. Levinson, F. L. Carter, *J. Electrochem. Soc.*, **113**, 756(1966).
[160] A. Christoph, P. Gorlich, *Kristal Technik*, **1**, 563(1966).
[161] H. Rau, A. Rabenau, *J. Crystal Growth*, **3/4**, 417(1968).
[162] A. Rabenau, H. Rau, *Naturwissen.*, **55**, 336(1968).
[163] J. F. Balascio, W. B. White, R. Roy, *Mater. Res. Bull.*, **2**,10(1967).
[164] V. I. Popolitov, O. N. Zver'kova, A. N. Lobachev, *Zh. Prikl. Khimii*, **47**, 1490 (1974).
[165] E. D. Kolb, R. A. Laudise, *J. Crystal Growth*, **8**, 191 (1971).
[166] A. Kinoshita, T. Nakano, *Jpn. J. Appl. Phys.*, **6**, 656 (1967).
[167] R. A. Laudise, E. D. Kolb, A. J. Caporaso, *J. Am. Ceram. Soc.*,**47**, 9(1964).
[168] N. Sakagami, S. Hasegawa, G. Ohara, *Sci. Rept. Res. Inst. Tohoku Univ.*, **B19**, 199 (1967).
[169] I. P. Kuzmina, *Sov. Phys. Crystall.*, **15**, 13(1968).
[170] M. Demianiak, J. Zmija, *Bull. WAT, J. Dabrowskiego*,**20**,51(1971).
[171] A. N. Lobachev, I. P. Kuz'mina, O. A.Lazarevskaya, Proc. lst. Int. Symp. Hydroth. React., 561 (1982).
[172] N. Sakagami, Proc. lst. Int. Symp. Hydroth. React., 576 (1982).
[173] I. P. Kuzmina, V. A. Nikitenko, Zinc Oxid. Synthesis and Optical Properties. Moscow, Nauka (1984).
[174] N. Sakagami, *J. Crystal Growth*, **99**, 905 (1990).
[175] C. J. M. Rooymans, W. F. Th. Langenhoff, *J. Crystal Growth*, **3/4**, 411(1968).
[176] V. G. Hill, R. J. Harke, *J. Electrochem. Soc.*, **115**, 294 (1968).
[177] V. A. Shorygin, *Sov. Phys. Crystall.*, **8**, 5 (1963).
[178] J. Butcher, E. A. D. White, *Miner. Mag.*, **33**, 974 (1964).
[179] K. F. Kashkurov, P. I. Nikitichev, V. V. Osipov, L. D. Sizova, A. V. Simonov, *Sov. Phys. Crystall.*, **12**, 956(1967).
[180] R. F. Belt, *J. Appl. Phys.*, **38**, 2688 (1967).
[181] M. Marais, Croissance Composés Miner. Monocristall. Discussion, 33—34, 44 (1969).
[182] A. A. Chernov, *Crystal Growth*, Modern Crystallography III, Springer-Verlag, Berlin (1984).
[183] D. F. Weirauch, R. Kung, *J. Crystal Growth*, **19**, 139(1973).

[184] E. D. Kolb, A. J. Caporaso, R. A. Laudise, *J. Crystal Growth*, **19**, 242(1973).
[185] N. Yamamoto, O. Tamada, *J. Crystal Growth*, **73**, 199 (1985).
[186] M. Yoshimura, T. Hiuga, S. Sōmiya, *J. Crystal Growth*, **71**, 277 (1985).
[187] O. I. Kuskov, E. E. Senderov, *Geochemistry Russ.*, **9**,1409 (1975).
[188] T. B. Kosova, L. N. Demianets, *Growth of Crystals*, **16**, Nauka Press, Moscow, 73 (1988).
[189] V. I. Popolitov, A. N. Lobachev, *Izv. ANSSSR. Ser. Neorgan. Mater.*, **8**, 960 (1972).
[190] E. D. Kolb, R. A. Laudise, *Mater. Res. Bull.*, **8**, 1123 (1973).
[191] V. I. Popolitov, *Prog. Crystal Growth Charact. Mater.*,**21**,255(1990).
[192] B. U. Köhler, M. Jansen, *J. Solid State Chem.*, **71**, 566 (1987).
[193] A. Brochier, P. Coeure, B. Ferrand, J. C. Gay, J. C. Joubert, et al., *J. Crystal Growth*, **13/14**, 571 (1972).
[194] V. P. Nenast'ev, V. M. Rudyak, L. N. Demianets, L. V. Usov, A. N. Lobachev, *Sov. Phys. Crystal*, **20**, 347(1975).
[195] M. Yoshimura, K. Yamasawa, S. Sōmiya, Proc. 1st Intern. Symp. Hydroth. Reacts, 641(1982).
[196] E. D. Kolb, R. A. Laudise, *J. Crystal Growth*, **29**, 29(1975).
[197] M. L. Barsukova, V. A. Kuznetsov, A. N. Lobachev, Yu. V.Shaldin, *J. Crystal Growth*, **13/14**, 530(1972).
[198] M. L. Barsukova, V. A. Kuznetsov, A. N. Lobachev, Crystal Growth from High-temp. Aqueous Solutions, ed. A. N. Lobachev, Nauka Press, Moscow, 190 (1977).
[199] V. I. Popolitov, A. N. Lobachev. M. N. Tseitlin, ibid, 198(1977).
[200] D. F. Croxall, R. Lambert, R. C. Kell, GB Patent, 1468052(1977).
[201] Yu. V. Pogodin, V. M. Sergeev, *Growth of Crystals*, **7**, Nauka Press, Moscow, 170 (1967).
[202] D. R. Kinloch, R. F. Belt, R. C. Puttbach, *J. Crystal Growth*, **24/25**, 610 (1974).
[203] J. A. K. Tareen, Proc. 1st Int. Symp. Hydroth. React., 531(1982).
[204] S. Hirano, K. Kikuta, *J. Crystal Growth*, **94**, 351(1989).
[205] S. Hirano, T. Yogo, K. Kikuta, *Prog. Crystal Growth Charact. Mater.*, **23**, 341(1991).
[206] K. Kikuta, S. Hirano, *J. Crystal Growth*. **99**, 895 (1990).
[207] V. M. Egorov, N. Yu. Ikornikova, A. N. Lobachev, *J. Crystal Growth*, **36**, 138 (1976).
[208] N. Christensen, *Acta Chem. Scand.*, **24**, 2447 (1970).
[209] V. A. Kuznetsov, Crystallization Processes under Hydrothermal Conditions, ed. A. N. Lobachev, Consultants Bureau, New York, 81 (1973).
[210] E. D. Kolb, R. A. Laudise, *J. Crystal Growth*, **33**, 145(1976).
[211] J. M. Stanley, *Am. Miner.*, **41**, 947(1956).

[212] A. Goiffon, J. C. Jumas, R. Astier, E. Philippot, *J. Crystal Growth*, **71**, 763(1985).
[213] E. D. Kolb, A. J. Caporaso, R. A. Laudise, *J. Crystal Growth*, **8**, 354(1971).
[214] L. N. Demianets, Hydrothermal Synthesis of Crystals, ed. A. N. Lobachev, Consultants Bureau, NY, 65 (1971).
[215] B. N. Litvin, O. K. Melnikov, *Sov. Phys. Crystall.*, **14** 101(1969).
[216] K. L. Bye, E. A. D. White, *J. Crystal Growth*, **6**, 4(1970).
[217] N. S. Triodina, O. K. Melnikov, V. V. Gladky, V. A. Kirikov, Proc. 1st. Int. Symp. Hydroth. React., 681(1982).
[218] Liu Guo-Bin, Proc. 1st. Int. Symp, Hydroth. React., 553 (1982).
[219] R. Uhrin, R. F. Belt, R. C. Puttbach, *J. Crystal Growth*, **21**, 65 (1974).
[220] B. N. Sun, A. Baronnet, *J. Crystal Growth*, **96**, 265(1989).
[221] I. E. Voskresenskaya, N. A. Kovyzhenko, A. A. Shternberg, *Sov. Phys. Crystall.*, **20**, 210(1975).
[222] I. P. Kuzmina, A. N. Lobachev, N. S. Triodina, Crystallization Processes under Hydrothermal Conditions, ed. A. N. Lobachev, Consultants Bureau, NY/London, 211 (1973).
[223] L. N. Demianets, *Sov. Phys. Crystal*, **15**, 394(1970).
[224] N. G. Duderov, Theses Inst. Crystall. Acad. Sci. USSR, Moscow (1975).
[225] E. A. Genkina, L. N. Demianets, B. F. Mamin, B. A. Maximov, *Kristallografiya*, **35**, 722 (1990).
[226] V. A. Kuznetsov, I. P. Kuzmina, I. M. Silvestrova, Yu. V. Pisarevskii, *Bull. Mater. Sci.*, **6**, 117 (1984).
[227] V. G. Galstyan, D. V. Kostomarov, V. A. Kuznetsov, N. K. Morozova, 7th USSR Conf. on Crystal Growth, Abstr., **2**, 164(1988).
[228] O. C. Kopp, C. W. Clark, *J. Crystal Growth*, **11**, 336 (1971).
[229] E. P. Efremova, V. A. Kuznetsov, A. R. Kotelnikov, *Sov. Phys. Crystal*, **21**, 583(1976).
[230] Y. Toudic, R. Regreny, M. Passaret, R. Aumont, J. F. Bayon, *J. Crystal Growth*, **13/14**, 519(1972).
[231] E. P. Efremova, V. A. Kuznetsov, Proc. 1st Int. Symp. Hydroth. React., 317 (1982).
[232] E. D. Kolb, A. J. Caporaso, R. A. Laudise, *J. Crystal Growth*, **3**, 422(1968).
[233] D. V. Kostomarov, Yu. A. Pashchenko, N. K. Morozova, V. A. Kuznetsov, V. G. Galstyan, T. P. Dolukhanyan, V. N. Khirin, *Kristallografiya*, **31**, 720 (1986).
[234] A. Pajaczkowska, *J. Crystal Growth*, **8**, 137(1971).
[235] H. Rau, A. Rabenau, *Mater. Res. Bull.*, 2, 609 (1967).
[236] M. Yoshimura, K. J. Kim, S. Sōmiya, *J. Mater. Sci. Lett.*, **3**, 1097 (1984).

[237] A. Rabenau, Crystal Growth, An Introduction, ed. P. Hartman, North-Holland, Amsterdam, 198 (1973).
[238] A. C. Stergiou, *Z. Kristallogr.*, **172**, 139(1985).
[239] V. I. Popolitov, B. N. Litvin, *Sov. Phys, Crystall.*, **15**, 1271(1970).
[240] V. I. Popolitov, A. N. Lobachev, *Izv. AN SSSR, ser. Neorgan. Mater.*, **8**, 1229 (1972).
[241] V. I. Popolitov, *Sov. Phys. Crystall.*, **15**, 1271(1970).
[242] S. Hirano, *J. Crystal Growth*, **85**, 590(1987).
[243] G. D. Iljushin, L. N. Demianets, N. I. Sorokin, Collected Abstracts Int. Symp. Systems Fast Ion Transport, Czech., Prague, 162(1985)
[244] V. I. Popolitov, Proc. 1st. Int. Symp. Hydroth. React., 792(1982)
[245] V. I. Popolitov, *Neorg. Mater.*, **26**, 362(1990).
[246] K. Byrappa, G. S. Gopalakrishna, M. N. Viswanathian, V. Venkatachalapathy, B. Puttaraju, *J. Mater. Sci. Letter*, **4**, 565 (1985).

# 第五章　高温溶液法生长晶体*

蒋培植　贾维义

## §5.1　引　言

高温溶液法又称为助熔剂法，是生长晶体的一种重要方法，也是最早的炼丹术之一，从古至今已有100多年的历史了，也可算是一种古老的经典方法．然而，在过去100多年里，这种方法却没有什么重大的发展．在西欧有人曾用这种方法来生长金红石和祖母绿晶体（作为装饰宝石用的）．自从火焰法发明以后，这种方法曾一度衰落，很少有人问津．直到50年代初期，由于生产和科学技术发展的需要，这个方法才又重新发展起来．1954年Remeiks从PbO中生长出$BaTiO_3$单晶[1]．1958年，Nielsen又从PbO中生长出钇铁石榴石（YIG）单晶[2]．60年代以后，助熔剂法已广泛用于新材料的探索，培育小晶体样品．后来，由于生产和科学技术的突飞猛进的发展，不但对材料的性能，而且对晶体的尺寸都提出了更高的要求．在这种要求推动下，高温溶液法已有了很多突破性发展，得到许多新技术，特别是后来出现的顶部籽晶技术，ACRT等技术，生长出了大块优质的YIG，KTP，BBO，KN，$BaTiO_3$等等一系列重要的技术晶体，克服了过去被人们认为助熔剂法不能生长大晶体的所谓缺点，从而使这种方法更加令人注目而倍受青睐．与此同时，助熔剂法生长机理的研究也开始受到关注[3,4,5,6]．自1975年以来，最有意义的进展可以说是那些对于存在于助熔剂熔体中的络合离子的了解．

高温溶液法和其它方法相比具有如下优点：首先是这种方法

* 本章执笔者是蒋培植，但其中有小部分内容取自该书前身——《晶体生长》(1981年第一版)由贾维义所写的第五章．

适用性很强，对某种材料，只要能找到一种适当的助熔剂或助熔剂组合，就能用此法将这种材料的单晶生长出来，而几乎对于所有的材料，都能找到一些相应的助熔剂或助熔剂组合。这对于研究开发工作特别有利；第二是许多难熔化合物和在熔点极易挥发或由于在高温时变价或有相变的材料，以及非同成分熔融化合物，都不可能直接从其熔体中生长或不可能生长出完整的优质单晶，而助熔剂法由于生长温度低，对这些材料的单晶生长却显示出独特的能力。这些材料包括如下几个方面：

（1）非同成分熔融化合物，也就是在溶化之前会分解的材料。

（2）那些在生长后的降温过程中会发生固态相变，而这些相变又会导致严重应变或开裂的晶体材料（因而生长应在这相变点以下进行）。

（3）在熔点时，蒸汽压很高的材料。

（4）由于可挥发组分的损失而会变成非化学计量的材料。

（5）由于坩埚或炉子的问题而在技术上难于用熔体法生长的难溶材料。

研究表明，只要采取适当的措施，工艺条件合适，用此法生长出来的晶体比用熔体法生长的晶体，其热应力更小、更均匀完整。有时一些本来能用熔体法生长的晶体或层状材料，为了获得高品质也改用助熔剂法来进行生长。尤其是，一些在技术上很重要的（如砷化镓晶体），其块晶是用熔体法生长的，但用得最多的器件却是从金属作助熔剂的溶液中生长出来的层状材料。在较低温度上生长的层状晶体的点缺陷浓度和位错密度都较低，化学计量和掺质均匀性较好，因而在结晶学上比熔体法生长的晶体更为优良。

这个方法的主要缺点是，晶体生长是在一不纯的体系中进行的，而不纯物主要为助熔剂本身，因而要想避免生长晶体中不出现溶剂包裹体，生长必须在比熔体生长慢得多的速度下进行，致使生长速率极为缓慢(0.x—xmm/d)，生长周期拉得很长(十几天至几十天)，这是由它的生长机制所决定的。同时，助熔剂还可将杂质引入晶体，其一是助熔剂的主要成分以离子或原子形式进入晶体，其次是原来就存在于助熔剂中的杂质以离子或原子形式进入晶体。此外，很多助熔剂都具有不同程度的毒性，其挥发物常常腐蚀和污染炉体，并对人体造成损害。但这是可以采取适当的防护措施加以解决的。

助熔剂生长晶体的方法名目繁多，叫法各异，但大体可分为两类。一类是自成核技术，一类是籽晶生长技术。前者包括缓冷法、助熔剂蒸发法、温度梯度法等等。后者包括顶部籽晶法、侵没籽晶法、移动溶剂熔区法、坩埚倾斜和坩埚倒转法等等。有很多方法都是吸收了其它方法的长处发展起来的组合技术。由于方法变种繁多，不能一一列举，本章只能就其基本原理、基本方法和一些独特的实用技术作一简要介绍。读者如要深入了解这方面的知识可参阅有关的专著和综述[6,7,8,9,9b,10,11,12].由于助熔剂液相外延技术另有专章介绍，本章也就不再赘述。

## §5.2 助熔剂与溶液

### 5.2.1 助熔剂的类型

所有溶液生长技术的成败都取决于是否能找到适当的溶剂。对于高温溶液生长而言，这种溶剂通常称为助熔剂。溶剂为氧化物和卤化物的高温溶液常常被称为加有助熔剂的溶体，这是因为所用的这些氧化物和卤化物常常在焊接时被用来帮助降低焊接物的熔点而得名。所用的助熔剂主要有两种类型：一类为金属（通常为 Ga，In 和 Sn)，主要用于半导体单晶的生长；另一类为氧化物和卤化物(如 PbO，$PbF_2$ 等等)，主要用于氧化物和离子材料的生长。表 5.1 列出了一些具体例子。由于半导体单晶生长另有论述，本章就不涉及金属助熔剂而只介绍化合物助熔剂。

化合物助熔剂可分下述四大类：

(1) 简单离子性盐类　NaCl，LiF 等等属于这种类型，一般而言，这种类型的助熔剂的溶解能力较低，很少使用。近年来，有人用 NaCl 作为生长偏硼酸钡单晶的助熔剂，取得了满意的结果[13]，

(2) 极性化合物　如 $Bi_2O_3$，PbO，$PbF_2$ 等是应用范围最广的一类助熔剂。它们在熔融状态下的导电性、溶解能力很强，常常与溶质形成复杂的离子团（络离子），具有很强的离子性。例如 $Al_2O_3$ 溶于 $PbF_2$ 中就会形成 $PbF^+$，$PbF^-$，$AlO^+$，$AlO^{2-}$。氧化铅对许多材料都具有很强的溶解能力，在熔点时，电导为 1Ω · cm。

(3) 网络液体　硼化物具有坚固 O—B—O 键链，可形成网络结构液体。硼化物因其熔点低、挥发性低而被广泛用作助熔剂，特别适用于籽晶生长。但由于它的网络结构，使它又具有粘滞性高的缺点。

(4) 复杂反应溶液　如钨酸盐、钼酸盐、卤化物等，其溶液与溶质有较强的键合能力，在晶体生长过程中常有化学反应发生，如

$$2NaF + 2BaCl_2\,(\text{助熔剂}) = BaF_2 + BaCl_2 + 2NaCl.$$

又如

$$2BaCl_2\,(\text{助熔剂}) + 6Fe_2O_3 + H_2O\,(\text{蒸汽}) = BaFe_{12}O_{19}\,(\text{晶体}) + 2HCl.$$

因而应用并不广泛。

### 5.2.2　助熔剂的选择原则

对于高温溶液生长晶体来说，首要的一件事情就是选择适当的助熔剂。在选择助熔剂时必须首先考虑助熔剂的物理和化学性质。理想的助熔剂应具备下述的物理化学特性：

(1) 对晶体材料必须具有足够大的溶解度，一般应为 10—50 wt%，同时在生长温度范围内，还应有适度的溶解度的温度系数，该系数太大时生长速率不易控制，温度稍有变化则会引起大量的结晶物质析出，这样不但会造成生长速率的较大变化，还常常会引起大量的自发成核，这些都不利于大块优质单晶的生长。该系数太小时，则生长速率很小，这也不是我们所希望的，一般而言，只要在 10wt% 的范围内即可。

(2) 在尽可能大的温度压力等条件范围内与溶质的作用应是可逆的，不会形成稳定的其它化合物，而所要的晶体是唯一稳定的物相。这就要求助熔剂与参与结晶的成分最好不要形成多种

稳定的化合物。但经验表明，只有二者的组分之间形成某种化合物，溶液才具有较高的溶解度。

（3）助熔剂在晶体中的固溶度应尽可能小，为避免助熔剂作为杂质进入晶体，应选用那些与晶体不易形成固溶体的化合物作助熔剂。要完全避免助熔剂离子以间隙方式或替位方式进入晶体是不可能的，但应将其减少到最低限度，为此应尽量选用原子半径较大的元素的化合物或在某些主要方面（如价态以及阴、阳离子半径）与结晶材料极不相同的物质作助熔剂。例如，$PbF_2$ 与 $Al_2O_3$ 在阴阳离子的价态和半径方面都是很不相同的，因而 $Pb^{2+}$ 和 $F^-$ 离子进入刚玉晶体中的量都是很少的，除非在溶液中还有一些能对这些晶体化学上的差异进行补偿的其它杂质存在。为了避免过多的杂质加入，应尽可能使用与晶体具有相同原子的助熔剂，而不使用性质与晶体成分相近的原子构成的化合物。

（4）应具有尽可能小的粘滞性，以利于溶质和能量的输运，从而有利于溶质的扩散和结晶潜热的释放，这对于生长高完整性的单晶是极为重要的。

（5）应具有尽可能低的熔点和尽可能高的沸点，以便有较宽的生长温度范围可供选择。

（6）应具有很小的挥发性（除助熔剂挥发法外）和毒性，由于挥发会引起溶剂的减少，从而引起溶液浓度的增高，引起体系过饱和度的增大，结果将使得生长难以控制，尤其是在溶液表面将会引发大量的自发结晶，这些都是不利于晶体生长的。此外，由于助熔剂多少都有些毒性，挥发性大的助熔剂无疑会对环境造成污染，对人体造成损害。因此，在选择助熔剂时，应尽量选用毒性小的。

（7）助熔剂应对坩埚材料没有腐蚀性，否则会对坩埚造成损坏，而且腐蚀物还会对溶液造成污染。

（8）应易溶于对晶体无腐蚀作用的某种液体溶剂中，如水、酸或碱性溶液等，以便将生长得的晶体从凝固的助熔剂中很容易地分离出来。

（9）在熔融状态时，其比重应尽量与结晶材料相近，否则上下浓度不易均一。

当然，实际上很难找到一种能同时满足上述条件要求的助熔剂，在实际使用中，人们往往采用复合助熔剂来尽量满足这些要求，但复合助熔剂的组分过多，常常使得溶液体系的物相关系复杂起来，扰乱了待长晶体的稳定范围，因此，对复合助熔剂的使用亦必须慎重考虑。

### 5.2.3 助熔剂和溶液的物化特性

迄今为止，关于助熔剂的选取尚无完备的规律可寻，主要还是凭借经验，根据它们的物理和化学性质初选一些，最后再由实验决定出最佳者。这里我们将对助熔剂的下列主要特性作一简要介绍，以供读者参考。表 5.1 列出了一些常用助熔剂的性质。

（1）熔点　熔点是选取助熔剂的一个很重要的性质依据。在满足其它条件的前提下，一般常常选用熔点较低的物质作助熔剂。对于复合助熔剂的成分比例，一般选在低共熔点附近，这样的复合助熔剂的熔点较低，这对于含高熔点组分的助熔剂尤其重要。BaO 的熔点为 1923℃，但含 22wt% $B_2O_3$ 的 $BaO-B_2O_3$ 系统，熔点就仅有 915℃。多元系共晶点数据可从一些相图资料[14,15]中查到。图 5.1 示出了 $BaO-BaF_2-B_2O_3$ 三元系的一些近似液相点[16]。这样的实验资料表明了低熔点助熔剂的成分范围，这对于晶体生长是非常有用的。

（2）挥发性　不论什么溶剂，多少都有挥发发生，尤其是在高温下更是如此，而且这些溶剂的挥发物都具有不同程度的毒性和腐蚀性。因此，除了挥发法生长晶体外，一般而言，都希望助熔剂的挥发性越小越好。在晶体的生长过程中，助熔剂挥发会造成溶液表面比溶液内部具有更大的过饱和度，促使表面成核，形成大量自发结晶，这是生长优质大单晶所应避免的。高挥发性助熔剂常因挥发量难于控制，使得晶体生长工艺不稳，难以重复。同时，这种挥发物还会污染环境、毒害人体、损坏设备。

有关助熔剂挥发特性的资料较少，尤其是复合助熔剂的更是

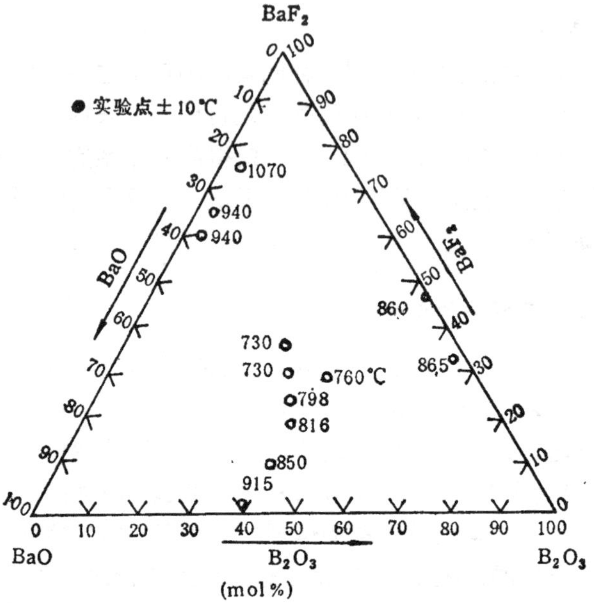


图 5.1 $BaO-BaF_2-B_2O_3$ 三元系近似液相点[16].

如此。一般来说，蒸汽压高的物质，其挥发性大。图 5.2 示出了一些助熔剂在不同温度 $T$ 下的蒸气压 $P$[9]. 物质的挥发特性还可采用 TGA（热失重分析）技术来加以测定。图 5.3 示出了 $BaO-BaF_2-B_2O_3$ 体系的蒸发速率[17]. 蒸发速度 $v$ 与温度 $T$ 呈指数关系，说明这是一种典型的扩散过程，

$$v = v_g \exp(-U_0/kT), \quad (5.1)$$

$U_0$ 为分子的激活能，等于蒸汽分子脱离液面时的逸出功。这种逸出功常常由于其他物质的掺入而有所改变，$BaO-B_2O_3$ 体系的挥发性是很低的，在 1200℃ 时保温几天都观察不到有明显

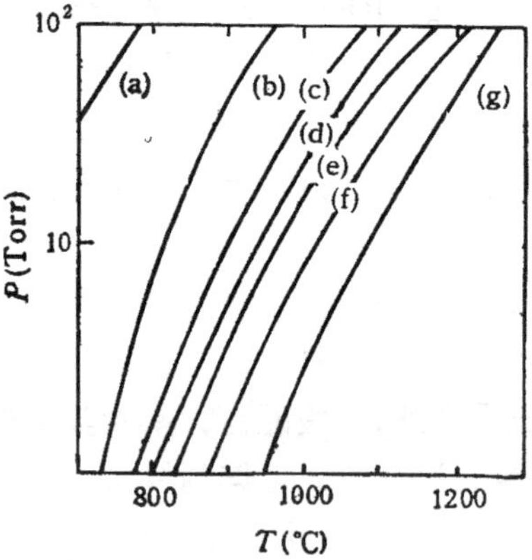


图 5.2 某些助熔剂的蒸汽压[9].
(a) $PbCl_2$; (b) MoO; (c) $PbF_2$; (d) LiCl; (e) KCl; (f) NaCl; (g) PbO.

的挥发损失，但若在这个系统中加入 $BaF_2$ 后就使得它的挥发性大大增加。加入溶质时，由于溶质与溶剂分子间的相互作用，激活能增大，有时可使蒸发速度降低一个数量级。含 YIG 的系统，在 1200—1000℃ 间，连续 3 个月都未发现溶液有明显损失。

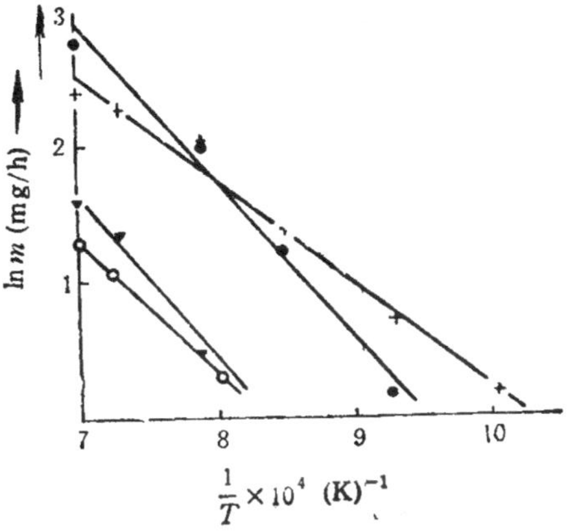


图 5.3 硼钡氧化物助熔剂溶液的蒸发速度[17]. 图中：(+) $0.41BaO$, $0.41B_2O_3$, $0.18BaF_2$; (●) $0.50BaO$, $0.41B_2O_3$, $0.09BaF_2$; (○) $0.41BaO$, $0.41B_2O_3$, $0.18BaF_2$, 15wt% $Y_3Al_5O_{12}$; (▲) 0.50 BaO, 0.41 $B_2O_3$, 0.09 $BaF_2$, 4wt% $Y_3Al_5O_{12}$.

(3) 粘滞性　助熔剂的粘滞性是助熔剂法生长晶体的又一重要性能参数。它直接影响着物质在溶液中的扩散系数和固液边界层的厚度，对溶质的输运和结晶时杂质排除都有很大的影响，因而对晶体生长速度和完整性也有

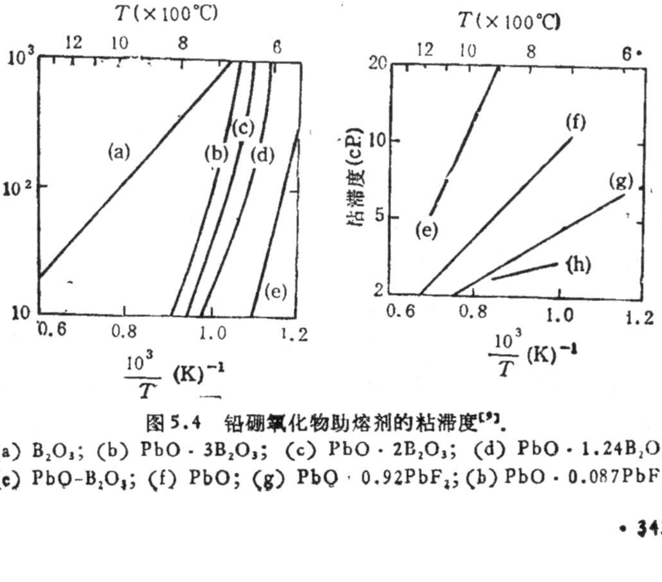


图 5.4 铅硼氧化物助熔剂的粘滞度[9].

(a) $B_2O_3$; (b) $PbO\cdot3B_2O_3$; (c) $PbO\cdot2B_2O_3$; (d) $PbO\cdot1.24B_2O_3$; (e) $PbO$-$B_2O_3$; (f) PbO; (g) $PbO\cdot0.92PbF_2$; (h) $PbO\cdot0.087PbF_2$.

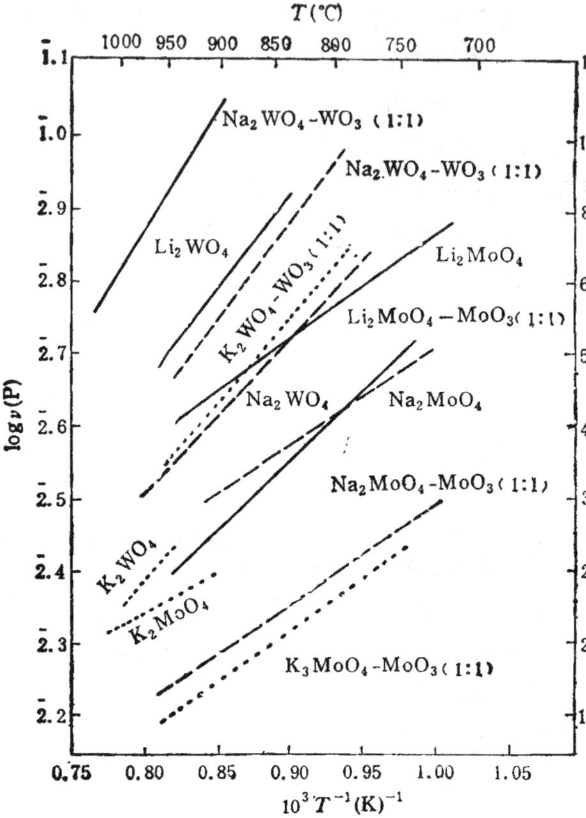


图 5.5 碱金属钨酸盐和钼酸盐溶液的粘滞度 ν[10].

很大的影响．这种粘滞性与溶液结构有关．网络液体的粘度都很高[18]，如 $B_2O_3$ 在低温时，8.5 个分子键合成一族，粘度很高（在450℃时为 $10^5$P)，随着温度的升高，族内分子数减少，粘滞性也随之下降．人们常常采用在溶液中加入其他一些物质来拆断硼氧之间的坚固键链，以降低溶液的粘滞性．比如，加入百分之几的碱金属氧化物就可使氧化硼的粘滞性成倍降低．加入碱金属氧化物后，在溶液中就会形成 $Na_2B_2O_4$ 或 $K_2B_2O_4$，而在 $Na_2B_2O_4$ 中，在1120℃时，常常是两个 $B_2O_3$ 键合在一起，在 $K_2B_2O_4$ 中，1168℃时，3 个 $B_2O_3$ 键合在一起．这些化合物与 $B_2O_3$ 相比都具有更低的粘滞性。

图 5.4 和图 5.5 分别示出了 $PbO-B_2O_3$，$PbO-PbF_2$ 系统[9] 及碱金属钨酸盐和钼酸盐[10]的粘度。从图 5.4 中可以看出，含 $PbF_2$ 的助熔剂的粘度低。由于这种助熔剂组合溶解力很强，因此获得了广泛的应用。但它容易挥发而且挥发物又有毒性和腐蚀性，在用时，必须注意防护。

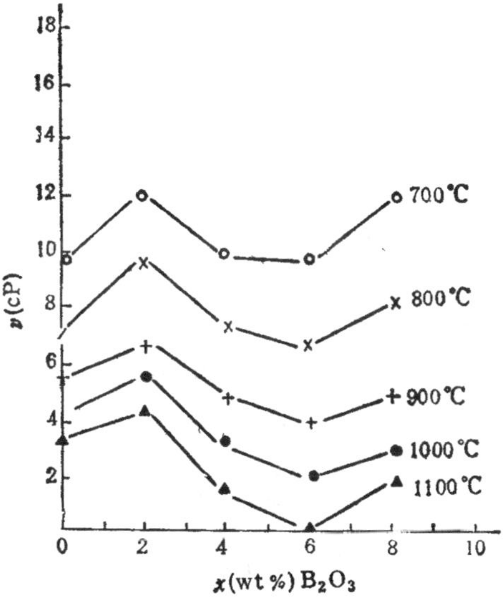


图 5.6 $(0.454PbO-0.546PbF_2)\cdot xB_2O_3$ 系统的粘度[19]。

另外，多组元助熔剂存在着粘滞性最低的成分组合，但当加入溶质后，溶液粘度往往会增高，最低粘滞性的成分组合也就发生变化。图 5.6 和图 5.7 分别示出了这样的例子[19]。助熔剂的粘度可采用高温同轴柱体粘度计来测量[20]。图 5.8 示出作者等用高温粘度计测得的生长 KTP($KTiOPO_4$) 单晶时所用的各种助熔剂 K4，K5，K6 和 K8 ($K4=K_4P_2O_7$，$K5=K_5P_3O_{10}$，$K6=K_6P_4O_{13}$，$K8=K_8P_6O_{19}$) 的粘滞系数与温度的关系曲线。

(4) *溶解度* 到目前为止，有关溶质在助熔剂中的溶解过程以及溶液的性质的研究工作很少，近些年来已开始有人着手进行

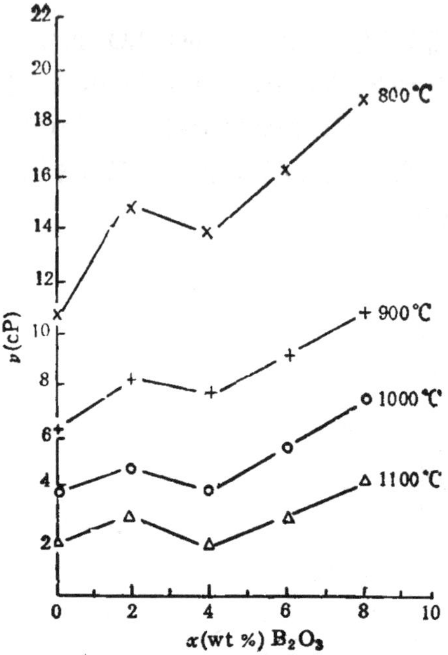


图 5.7 含 5wt% $Y_3Al_5O_{12}$(YAG) 的 ($0.454PbO-0.546PbF_2$) · $xB_2O_3$ 的助熔剂溶液的粘度[19]

这方面工作，但很多概念和规律仍是借用水溶液的. 在很多情况下，高温溶液的溶解度与温度的关系可以近似地用理想溶液的指数规律来进行描述。图 5.9 示出了 $PbO-B_2O_3$ 中 YIG 的平衡浓度的对数值与温度的倒数的关系[21],呈现出很好的直线性,利用溶解度曲线可以获得平衡浓度和计算物质的溶解热,即

$$c_e(g/cm) = c_0\exp(-\phi/RT) = 5\times10^3\exp(-\phi/RT), \qquad (5.2)$$

溶解热 $\phi = 25$kcal/mol, $R$ 为气体常量, $T$ 是绝对温度.

对高温溶液法生长晶体而言，都希望助熔剂对溶质有较大的溶解度,而且除挥发法外,还希望有适当的溶解度的温度系数. 溶解度太小则溶解的溶质总量必然会太少，这是不可能长出大晶体来的. 另一方面,若溶解度的温度系数太大,则很小的温度波动就

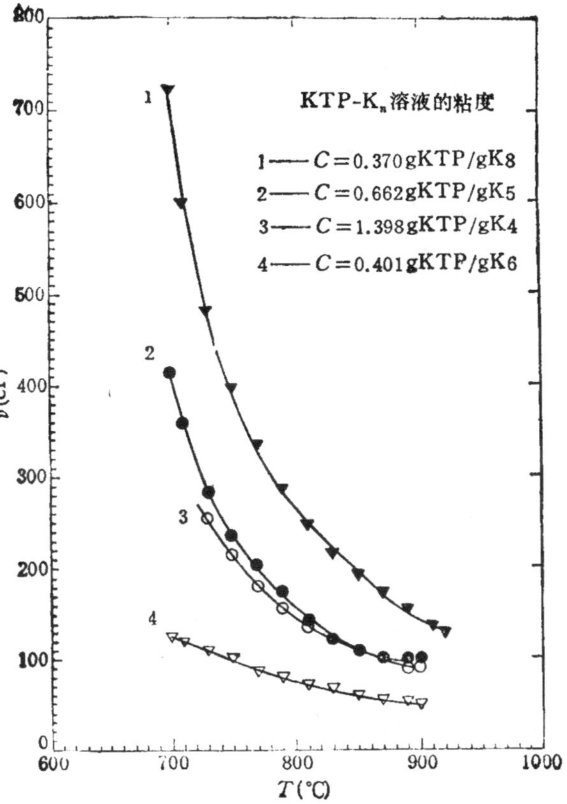


图5.8 KTP-K4，KTP-K5，KTP-K6 系统的粘度.

会引起大量物质析出，使得系统非常不稳定，生长不易控制.反之，则在缓冷法的有限的降温范围内将无法长出大单晶，若用温差法，则会由于温差更加有限而使得生长速率过慢，生长周期拉得太长，这是人们无法接受的。一般说来，极性化合物助熔剂融液的溶解力较强，多组元助熔剂则具有更强的溶解能力。如石榴石在 $PbO-B_2O_3$ 系统中，当 $B_2O_3$ 含量较低时，其溶解度随系统中极性化合物 $B_2O_3$ 的增加而增加，若再加入 $PbF_2$，则溶解度的增加就更明显.

图 5.10 示出了 $PbO-B_2O_3-PbF_2$ 系统中两种石榴石和几种氧化物的溶解度曲线[22]。由图可见，石榴石的各组分溶解度差异很

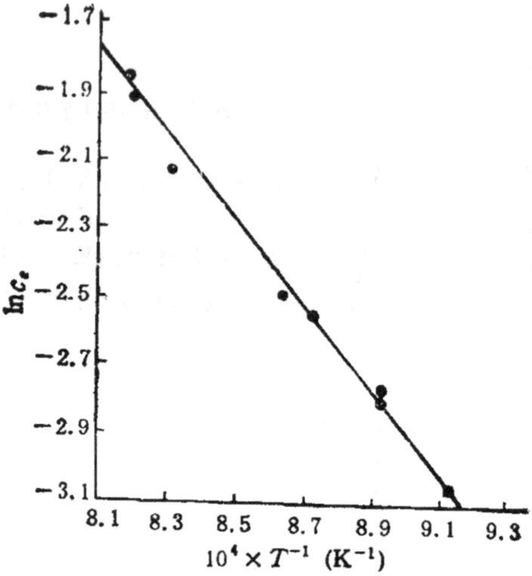


图5.9 在 $PbO-B_2O_3$ 系统中 YIG 的平衡浓度 $c_e$(YIGg/cm³)[21].

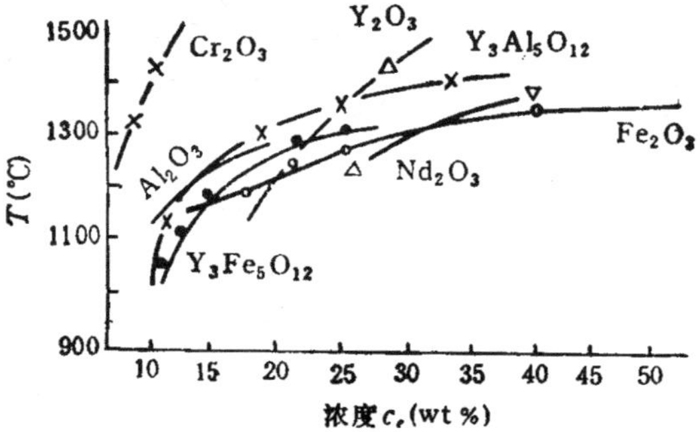


图5.10 几种氧化物和石榴石在 $PbO-0.35B_2O_3-1.2PbF_2$ 系统的溶解度[22].

大，溶解度曲线彼此不平行，采用助熔剂缓冷法生长晶体时，构成晶体各种成分的这种不一致的饱和溶解的性质将会造成晶体成分的不均匀，各成分溶解度曲线差别越大，不同温度下生长出来的晶体成分差异也越大. 为改进掺质均匀性，常常需改换助熔剂或调整助熔剂的成分.

溶解度可采用差热分析仪[23]、改进的热重分析仪[24]以及热台显微镜[25]来进行测量，也可采用其他一些简便方法，如籽晶试探法[26]就是一种广泛采用的行之有效的方法．先将溶液配制好，在比凭经验估计的饱和温度高数十度的温度上保温一段时间，让溶质完全溶解，并使溶液充分均化，然后分步缓慢降温．在各步温度上平衡一段时间后，将籽晶侵入，再保温一段时间取出，观察籽晶重量和籽晶表面的变化．无变化的温度即是饱和温度．采用优选

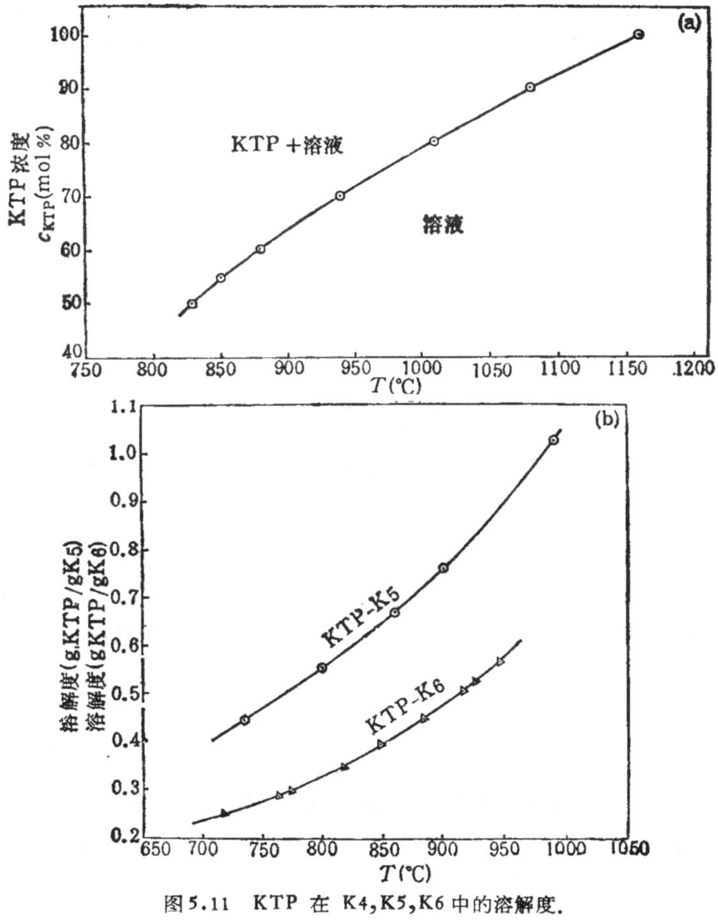


图5.11 KTP 在 K4,K5,K6 中的溶解度.
(a) KTP-K4; (b) KTP-K5 和 KTP-K6.

法或正交试验设计法可以获得事半功倍的效果（后者常用于多变

量系统)。若无单晶作籽晶时,也可用多晶,有时还可采用与待长晶体结构相同、晶格常数相近的其他单晶材料作试探籽晶。但由这种异质材料测得的饱和温度一般与用同质籽晶测得的数据多少都有一些差异。

图 5.11 示出作者所在研究组综合了差热分析和籽晶试探法测得的数据所绘制出的 KTP 在 K4,K5,K6 中的溶解度曲线。

有时也可根据现成相图查找或用作图法,根据已有的溶解度曲线外推出所需温度的饱和浓度,即该温度下的溶解度。

(5) 密度 在高温溶液法生长晶体过程中,密度也是一个重要参数。在熔融状态下,助熔剂的密度应尽量与溶质密度相等,否则在重力作用下将会在竖直方向出现浓度梯度,溶质分布不均匀,严重者还可能出现分层,从而无法生长。一般说来,密度会随温度或状态而改变。但物质熔态时的密度数据还很少有人测定,而只能用固态时的密度作参考,一些常用助熔剂的密度数据可在表 5.1 中查到。

### 5.2.4 加助熔剂的溶液中的相关系

助熔剂与溶剂之间存在着复杂的相互作用或化学反应,相关系极为复杂,直接影响着晶体生长。常常由于其它晶相的干扰,使主晶相生长缓慢或无法生长,从而造成实验失败。所以在选取助熔剂进行生长之前,首先必须弄清(1)溶液中所长晶相为单一的固相的组分配比范围;(2)晶体生长过程中,尤其是降温过程中将会出现那些其他晶相或相变,出现在什么温度范围或什么具体温度上?(3)如何通过溶液成分调整来扩展待长晶相的稳定范围。这些信息只有通过系统的物相关系的研究和已知的一些相图资料获取。有关这方面的内容在第一章文献[27]中已有较详细的论述。这里仅以 YIG 等材料为例来说明在含助熔剂溶液系统中的物相关系以及它们在晶体生长中的具体应用。

Jonker 给出了 $PbO-B_2O_3-Y_2O_3-Fe_2O_3$ 系统的相图(图 5.12)[28],图中只画出了助熔剂成分 $PbO-B_2O_3 \geq 50\%mol$ 部分,并

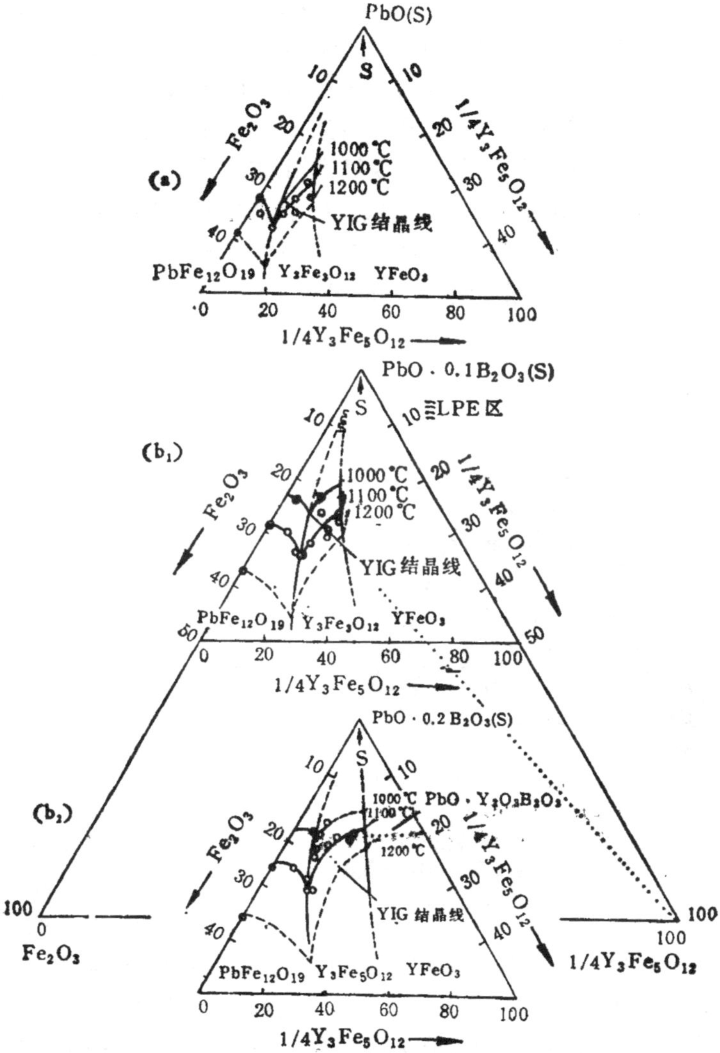


图5.12 PbO-$B_2O_3$-$Fe_2O_3$-1/4 $Y_3Fe_5O_{12}$ 系统相图[28].
(a) 未加 $B_2O_3$ 的系统的相区分布；($b_1$) 加入一定量的 $B_2O_3$ 后的相区分布；($b_2$) 加入较多量的 $B_2O_3$ 后的相区变化.

将此系统看成 ($PbO-B_2O_3$)-$Fe_2O_3$-1/4($Y_3Fe_5O_{12}$) 赝三元系。当不含 $B_2O_3$ 时[图 5.12(a)]，所得结果与 Blank, Nielsen 结果[29]相

同．可以看出，YIG 的单相区比较窄，处于富铁很多的区域．若溶质按 YIG 的化学计量成分配制，即沿三角形相图的 PbO-1/4 YIG 一边，生长出的单晶不是 YIG，而是正铁氧体 $YFeO_3$．当添加 $B_2O_3$ 时可使系统的相关系发生变化．随着 $B_2O_3$ 的增加，富铁相 $PbFe_{12}O_{19}$ 的范围扩大，正铁氧体相的范围缩小［图 5.12($b_1$)］，YIG 的结晶范围扩展，移向含铁量较少的范围［5.12($b_2$)］．

САПОЖНИКОВ 和 ТИТОВА 仔细研究了 $PbO-PbF_2-B_2O_3-(Y_2O_3+2Fe_2O_3)$ 系统第一个（即最早出现的）结晶相出现的成分范围（图 5.13），它显示出了 $PbF_2$ 和 $B_2O_3$ 对物相的稳定区域的影响[30]．这个系统可作为赝四元系来处理．$Y_2O_3$：$Fe_2O_3$ 固定为 1:2．总的摩尔数固定为 23．从图中可看出，$PbF_2$ 和 $B_2O_3$ 的加入都有利于富铁相的出现．在靠近 PbO-$PbF_2$ 一边的石榴石相区，画出了一个网格阴影区，被认为是较好的助熔剂配比区，用这个区域的配比组成的助熔剂生长石榴石将具有较宽的温度稳定范围，因而可望生长出较大的晶体．此外，在 $PbF_2$-$B_2O_3$ 一边，也存在一很窄的石榴石相区，但生长 YIG 的助熔剂成分大多是在前一个 YIG 相区中选取．

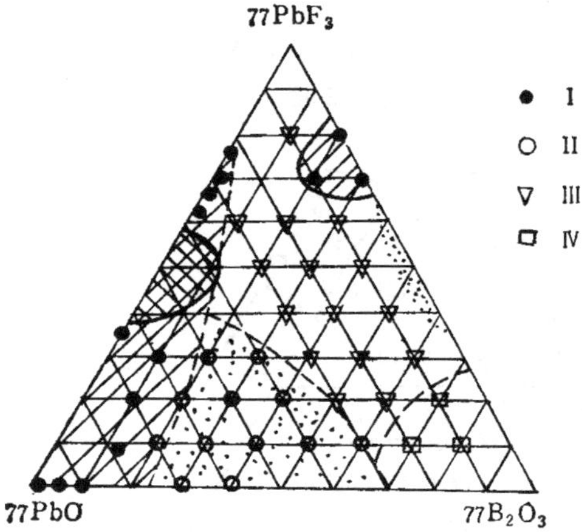


图 5.13 当溶质总摩尔数保持为 23($Y_2O_3$:$Fe_2O_3$=1:2)时，从 $PbO-PbF_2-B_2O_3$ 助熔剂溶液中第一个结晶相的成分范围[30]．I:石榴石； II: 磁铅石； III:赤铁矿 $\alpha$-$Fe_2O_3$；IV:未知相．

ТИМОФЕЕВА 等还曾研究了在 1400—860℃ 范围内，0.8 PbO-0.35$B_2O_3$-1$PbF_2$ 助熔剂生长 YIG 过程中相关系的变化[31]，提出助熔剂溶液中存在下列反应：

$$Y_3Fe_5O_{12} \rightleftharpoons 3YFeO_3 + Fe_2O_3, \tag{5.3}$$

$$3Y_3Fe_5O_{12} + 3B_2O_3 \rightleftharpoons 6YBO_3 + 5Fe_2O_3, \tag{5.4}$$

$$PbO + 6Fe_2O_3 \rightleftharpoons PbFe_{12}O_{19}, \tag{5.5}$$

$$2Y_3Fe_5O_{12} + (PbO + 3B_2O_3 + Fe_2O_3) \rightleftharpoons PbFe_{12}O_{19} + 6YBO_3. \tag{5.6}$$

此外，还应存在另一种反应[32]

$$Y_3Fe_5O_{12} + PbF_2 \rightleftharpoons 2YOF + YFeO_3 + 2Fe_2O_3. \tag{5.7}$$

因此，在这种溶液中可能观测到 6 种晶相，它们出现的顺序是

$YFeO_3$, $Y_3Fe_5O_{12}$, YOF, $YBO_3$, $PbFe_{12}O_{19}$, $Fe_2O_3$

高温← →低温

一个总的趋势是(粗略的规律)，熔点高的晶相，其温度较高，熔点低的晶相，其温度较低. 当然，例外的情况也是有的. 同时出现两种以上晶相的可能性也存在. 引起该溶液系统的多相性的主要原因，在于 $Y_2O_3$ 和 $Fe_2O_3$ 在这类助熔剂中非一致溶解饱和，二者的溶解度差别很大[31]，为了在溶液中建立起稳定的石榴石相，在初始成分中需要相当多过量的 $Fe_2O_3$，保温温度越高，$Fe_2O_3$ 的过量数越大. 当从高温缓冷到低温时，在析出 YIG 晶体过程中，$Fe_2O_3$ 在溶液中的过量数越来越大，易形成磁铅石 $PbFe_{12}O_{19}$，反应式(5.5)，(5.6) 向右进行。如果在配方中减少 $Fe_2O_3$ 的过量数，高温下易出现 $YFe_2O_3$，反应式(5.3)向右进行.

$PbF_2$ 和 $B_2O_3$ 的加入，使溶液有利于富铁相的生成，即反应式(5.4)，(5.6)向右进行，这可能是由于 $PbF_2$ 或 $B_2O_3$ 的加入，大大地增加了 $Y_2O_3$ 的溶解度，$Y_2O_3$ 和 $PbF_2$，$B_2O_3$ 之间存在着强的相互作用，使溶液显示出很强的富铁倾向. 在晶体生长过程中，$PbF_2$ 的挥发可以使富铁相出现的温度降低，从而使待长晶相稳定的温度范围扩大.

从助熔剂溶液中生长晶体，最早的结晶相必须是所需的晶相，次生晶相的温度应尽可能低，使所需晶相有尽可能宽的稳定区. 使用 $PbO$-$PbF_2$-$B_2O_3$ 助熔剂生长钇铁石榴石单晶，在低温区，当磁铅石大量生成时，溶液内开始大量缺铁，石榴石相变成不稳定相，停止生长，继之开始回熔[31,33]，晶体反而变小，晶面受到严重腐蚀，棱

角变浑圆．这种次生晶相导致所需晶相回熔的现象经常遇到．自 $PbO-B_2O_3$ 中生长 $(BiCa)_3(FeInV)_5O_{12}$ 单晶时，停止生长的温度如若过低，由于 $CaFe_2O_4$ 的大量出现，也会发生回熔[34]．

助熔剂-溶质系统的相关系的研究对晶体生长十分重要，因此，受到普遍重视．Linares 从 $PbO-B_2O_3$ 中生长 YAG 时，研究了 $PbO-B_2O_3-Y_2O_3-Al_2O_3$ 四元系的相关系，给出 YAG，$YAlO_3$，$Al_2O_3$ 相稳定区，结果如图 5.14 所示[35]．随着 $B_2O_3$ 含量的增加，YAG 的稳定区将会变宽，$YAlO_3Al_2O_3$ 晶相的稳定区将变窄．单纯用 PbO 做助熔剂，将不可能得到纯 YAG 相．

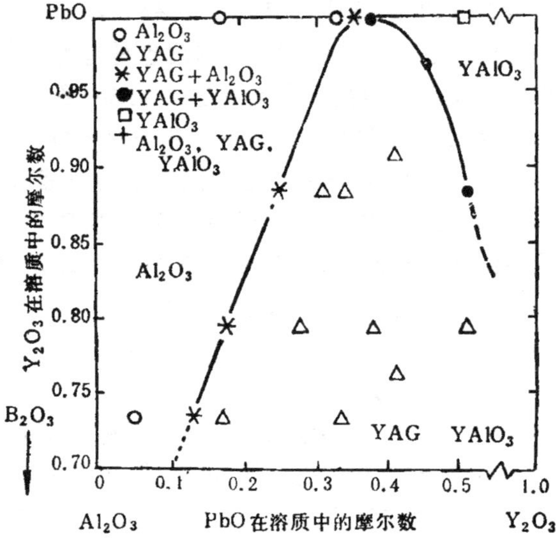


图 5.14　$PbO-B_2O_3-Y_2O_3-Al_2O_3$ 四元系相图[35]．

在探索新材料和确定正确的生长方法时，相图具有极为重要的指导意义．如我国发现的优质紫外倍频晶体材料偏硼酸钡低温相（BBO），开始被误认为“硼酸钡钠”，后经与硼酸钡相关的体系的相图的研究，才确定了具有倍频效应的是 BBO，而不是“硼酸钡钠”，其中钠盐所起的只是助熔剂的作用．从而在理论和实践上解决了生长 BBO 单晶的原理性问题，为 BBO 单晶的生长提供了重要的依据[27]．图 5.15示出了 $BaB_2O_4-Na_2O$ 赝二元相图．由图可知，

表 5.1 某些助熔剂的性质

| 助熔剂 | 熔点 | 沸点 | 比重 | 溶剂 | 生长晶体 |
|---|---|---|---|---|---|
| $B_2O_3$ | 450 | 1250 | 1.8 | 热水 | $Li_{0.5}Fe_{2.5}O_4$, $FeBO_3$ |
| BaCl | 962 | 1189 | 3.9 | 水 | $BaTiO_3$, $BaFe_{12}O_{19}$ |
| $BaO$-$0.62B_2O_3$ | 915 | | ~4.6 | HCl, $HNO_3$ | YIG, YAG, $NiFe_2O_4$ |
| $BaO$-$BaF_2$-$B_2O_3$ | ~800 | | ~4.7 | HCl, $HNO_3$ | YIG, $RFeO_3$* |
| $BiF_3$ | 727 | 1027 | 5.3 | HCl, $HNO_3$ | $HfO_2$ |
| $Bi_2O_3$ | 817 | 1890(分解) | 8.5 | HCl, 碱 | $Fe_2O_3$, $Bi_2Fe_4O_9$ |
| $CaCl_2$ | 782 | 1627 | 2.2 | 水 | $CaFe_2O_4$ |
| $CdCl_2$ | 568 | 960 | 4.05 | $H_2O$ | $CdCr_2O_4$ |
| KCl | 772 | 1407 | 1.9 | $H_2O$ | $KNbO_3$ |
| KF | 856 | 1506 | 2.5 | $H_2O$ | $BaTiO_3$, $CeO_2$ |
| LiCl | 610 | 1382 | 2.1 | $H_2O$ | $CaCrO_4$ |
| $LiVO_4$ | | | | | 绿柱石 |
| $MoO_3$ | 795 | 1155 | 4.7 | $HNO_3$ | $Bi_2Mo_2O_9$ |
| $Na_2B_4O_7$ | 724 | 1575 | 2.4 | $H_2O$, 酸 | $TiO_2$, $Fe_2O_3$ |
| NaCl | 808 | 1463 | 2.2 | $H_2O$ | $SrSO_4$, $BaSO_4$, BBO |
| NaF | 995 | 1704 | 2.2 | $H_2O$ | $BaTiO_3$ |
| $NaVO_4$ | | | | | $YVO_4$ |
| $PbCl_2$ | 498 | 954 | 5.8 | $H_2O$ | $PbTiO_3$ |
| $PbF_2$ | 822 | 1290 | 8.2 | $HNO_3$ | $Al_2O_3$, $MgAlO_4$ |
| PbO | 886 | 1472 | 9.5 | $HNO_3$ | YIG, $YFeO_3$ |
| $PbO$-$0.2B_2O_3$ | 500 | | ~5.6 | $HNO_3$ | YIG, YAG |
| $Pb$-$0.85PbF_2$ | ~500 | | ~9.0 | $HNO_3$ | YIG, YAG, $RFeO_3$* |
| $PbO$-$Bi_2O_3$ | ~580 | | ~9 | $HNO_3$ | $(BiCa)_3(FeV)_5O_{12}$ |
| $2PbO$-$V_2O_5$ | ~720 | | ~6 | HCl, $HNO_3$ | $RVO_4$*, $TiO_2$, $Fe_2O_3$ |
| $V_2O_5$ | 670 | 2052 | 3.4 | HCl | $RVO_4$* |
| $Li_2MoO_4$ | 705 | | 2.66 | 热碱, 酸 | $BaMoO_4$ |
| $Na_2WO_4$ | 698 | | 4.18 | $H_2O$ | $Fe_2O_3$, $Al_2O_3$ |

* R 为稀土元素

共晶线的温度为 755℃，$BaB_2O_4$ 低温相的生长必须在 920—755℃ 温度区间和相应成分为 22—32mol% $Na_2O$ 之间进行。选择适当的成分和温度即可生长出透明不裂的 $BaB_2O_4$ 低温相单晶。

### 5.2.5 常用助熔剂一览

表 5.1 列出了一些常用助熔剂的性质参数，供使用者参考。

EWELL，SHELL 和 Wanklyn 给出了更为完备的资料，读者若想了解更多的助熔剂，可直接查阅他们的专著[10,11,7]。

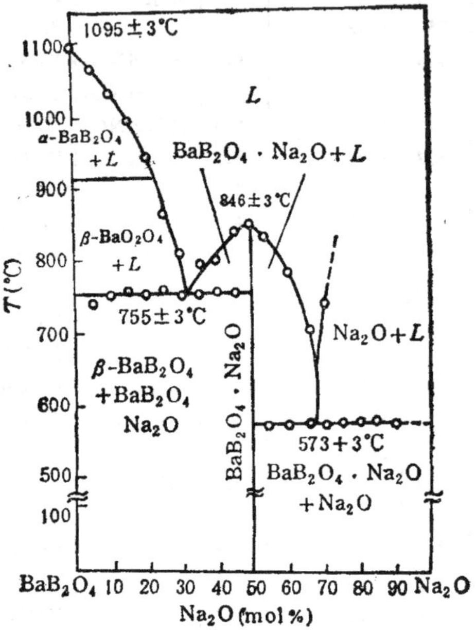


图 5.15 $BaB_2O_4$-$Na_2O$ 赝二元系相图[27].

## §5.3 高温溶液法的晶体生长机理

助熔剂法生长晶体的理论和机理基本上与水溶液法的相同。溶液生长的理论在第二，三章中已有详尽论述，这里只想就几个与助熔剂生长有关的几个基本问题作些简要论述，并介绍一些有助于研究生长机理的重要实验技术。

### 5.3.1 速率决定过程

一个具有台阶界面的晶体在溶液的生长过程中可分为下述 7 个阶段[10,36]。

(i) 由扩散、对流或强迫流动所引起的溶质向晶体表面附近区域的输运.

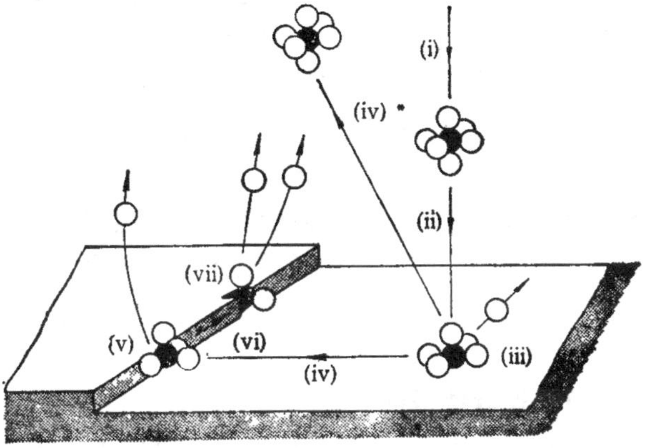


图 5.16　溶液中晶体生长过程的各个阶段[10].

(ii) 溶质通过与晶体表面紧相连接的边界层向晶面扩散. 这种扩散是由于边界层存在着浓度梯度所致. 而这种浓度梯度是因为在靠近晶体表面的一侧的溶质已析出到晶面, 在边界层两侧产生浓度差而引起的.

(iii) 溶质被晶面吸附.

(iv) 吸附的溶质基元在晶面上向台阶的扩散.

(v) 附着在台阶上.

(vi) 沿着台阶的扩散.

(vii) 扩散到扭折位置,与晶体结合成一体.

上述 7 个阶段序列由图 5.16 所示. 这些溶质粒子的细节特性迄今还不十分清楚, 但具有相反符号的离子将具有一起扩散的倾向, 这是因为它们彼此存在着静电吸引的缘故. 可以肯定, 在溶液中, 溶质和溶剂粒子之间存在着某些相互作用. 这些相互作用可以用溶剂化这一术语来描述. 这一术语在这里是用来概括所有形式的相互作用. 为了简化, 图中溶剂化现象用六个溶剂粒子围绕一个溶质粒子所形成的一个八面体来表示. 溶剂化可以减少溶质粒子在晶面附近成团的倾向．但成团在汽相生长中却是很重要的，这已由 LYDTIN 所证明[37]．

阶段（iii），（v）和（vii）都伴随部分脱溶．这时将有一新的溶剂流离开正在生长的晶体．在（iii）之后的任一阶段上，吸附在表面的溶质粒子都可解吸出来回到溶液之中，解吸过程在图中已由（iv′）表示．只有在结晶潜热释放和脱溶过程完成之后，溶质粒子才能完全成为晶体的一部分．

应该指出，(i)—(vii) 某些阶段是连续发生的，而某些过程又可能是并列出现的，因而在生长所选材料的过程中并非所有阶段都需涉及．例如，溶质粒子可以由表面迁移直接扩散到扭折位置而不需经历（v）和（vi）两个阶段．一些阶段常常发生很快，而一些则很慢，这就使得前者在与其它阶段比较起来可以忽略不计．在晶体生长过程中，决定生长快慢（即决定生长速度大小)的阶段应是连续各阶段中速度较慢者，最慢者影响最大，这就是所谓的速率决定过程．在实际晶体生长过程中，了解哪个阶段是速率决定过程是极为重要的．

在设计一种生长实验的时候，知道什么过程是速率决定过程，是溶质传输呢还是界面动力学过程，这是非常有益的．速率决定阶段最好的探测方法是利用热天平测量晶体生长速率．在测定装置上还应配置一个溶液搅拌的机构．例如，用晶体转动来搅拌溶液[38]．如果溶质向晶体的扩散是速率决定过程，则生长率将与过饱和度成正比，而且还将随溶液的搅拌情况而改变．如果界面动力学过程是速率决定过程，则生长率将随过饱和度的平方成正比，正如 BCF（BURTON-CABRERA-FRANK）理论所预言的那样．在不搅拌的溶液中，溶质扩散常常是速率决定过程．

晶体究竟能生长多快？有两个重要的方面需要考虑．第一，如果考虑一个在溶液中生长的平界面，则过饱和度的梯度条件将导出一个最大的稳定生长速率的表达式，即

$$v_{\max}=(D\Delta HN_e/\rho RT^2)(dT/dz),\tag{5.8}$$

其中 $D$ 为溶质的扩散系数，$\Delta H$ 为溶解热，$N_e$ 为溶质在温度 $T$ 时

的平衡浓度，$\rho$ 为晶体的密度，$dT/dz$ 为垂直于表面的温度梯度。实际上，大多数晶体都是在负温度梯度下生长，因为溶解热常常是通过溶液而不是通过晶体来释放的。由于固有的与习性面的生长相关的稳定生长机理，使得晶体生长只能发生在平小面上。第二，在选择晶体生长条件时极为重要的是应考虑过饱和度的不均匀性，即晶体中心部与边沿之间的过饱和度的变化。这种不均匀性是带小面晶体形状的必然结果。在晶体的角落和边棱上“看见”的溶液体积都要比表面中心为大，因而将具有更大的过饱和度。所以只有当这种不均匀性被各个面中心部分的更有效的生长动力学条件所补偿时，带小面的晶体才能保持它的外形[39]。采用X射线形貌术和类似的方法对晶体缺陷所作的研究表明，每一个晶面都是被一个以上的活化生长中心（active growth center）所控制。在这些点上，螺型位错与晶面相交的位置就成为该面生长层的发源地，生长层就从这些源头开始铺展到边缘，晶体的每个面都具有各自的特点。要进行定量描述是困难的，但是可以很一般的说，搅拌溶液可以减小晶面内从中心到边缘的横向溶质梯度，从而有助于大块晶体的稳定生长。

助熔剂溶液的过冷度和生长率可用热重仪(thermogravimetry）来测量。生长率可用热重仪测量晶体重量变化来推算，而过冷度的测量方法是将平衡溶解度曲线与在模拟缓冷法的动力学条件下测得的溶解度曲线进行比较。平衡溶解度曲线上的平衡温度值与同一组成时的实际结晶温度之差即为过冷度[40,41]，测得了过冷度则过饱和度也就可从溶解度曲线推定了。而实际结晶温度就是热重仪测定出的开始增重时的温度。

另一有效而简单、并能产生有关生长过程的极其重要信息的技术就是诱发条纹方法，简称 ISM (the induced striation method)。条纹是由几度大小的负温度脉冲在晶体中感生的。这几度的温度脉冲能引起晶体在一短时间内迅速生长，在迅速生长期间杂质的捕获量就会比平均值高，因而在晶体中形成一含高浓度杂质的生长层。在生长后对晶体切片进行研磨、抛光和侵蚀即可将生长层揭示出来。由于脉冲的顺序是已知的，因而晶体生长的速度和生长过程中晶体形状的变化都可跟踪研究，即使生长是在一完全封闭的系统中，同样也可进行这种跟踪研究。这一方法已被成功地用于研究助熔剂法的生长过程[42,43]。Gonert 和 Sinn 在他们的综述中[44]列出了利用这种 ISM 方法所作的 15 项研究工作。ISM 法除了能获取生长速率和生长历史的信息外，它还能用来测量过饱和度，例如缓冷生长过程中的过饱和度。在这种情形下，温度脉冲的方向是与之相反的。如施加一个不断变化幅度的加热脉冲，则小的正脉冲将只减慢生长率。但如在加热时，局部瞬间温度超过了平衡值，就将会发生晶体的溶解，而且溶解将优先发生在各个角尖上，因而晶体将会逐渐圆化。当继续冷却时，紧接着发生的再生长又将充满这些角落位置，但在对晶体切片侵蚀之后却可看见这些圆化的痕迹。能引起边界"圆化"的最小温度脉冲就应是溶液的过冷度，也可很容易地将它与过饱和度相关连，只要体系的溶解度曲线已知，即可做到这一点。当然，温度应在晶体所在位置上准确地测定。在实验上，要做到这一点并不是很容易的。

### 5.3.2 溶质的输运

晶体生长离不开物质的输运，这里所说的物质主要是指溶质而言(当然，有时还应包括少量的杂质在内)。溶质从溶液向晶体附近传输是靠扩散、对流和强迫流动等机制进行的。在助熔剂溶液中典型的扩散系数为～$(10^{-6})cm^2/s$，因而在 1cm 的距离上传输溶质所需的时间将要几个小时。实际上，溶质不可能仅仅只由扩散来传输，即使不存在竖直的温度梯度和溶质梯度所引起的对流传输，横向的温度梯度也将会促进溶液的对流。但在广泛使用的底部冷却生长装置和助熔剂的密度比溶质大的情形（如用铅的化合物作助熔剂)中，对流都可能是极端缓慢的。这已被 Tolkstorf 和 Welz 所证实，他们在从下面冷却的铅盐溶液中看不见对流的证据[45]。当使用另外的助熔剂或其他的温度分布时，热的或溶质的对流将会被促进，但通常不可能对对流速率作出估计，因为它将与很多因数(如坩埚的壁厚等)有关．在典型条件下，由热引起的对流速率的粗略估计是在 0.01—0.03cm/s 的范围内[46]，其值随熔体的粘滞性等参数的变化是相当缓慢的．

后来，人们对于搅拌在助熔剂生长的稳定性和在减少溶液中的成核数目方面的价值已有明确的认识[47,46]．ACRT 在好些材料上的成功应用都已有很多报道[48]．加速转动可通过熔体的惯性和器壁给予的变化力矩的联合作用将溶液混合，特别是对同一水平面内的溶液，这种混合效果更好．转动周期和最大转动速率应该与系统和所用坩埚尺寸相匹配，最好用与溶液的粘滞性相近的液体做些模拟实验．过分的搅拌会引起亚稳区的宽度减小，从而引起多个晶核的形成，此外，还可能引起温度起伏．但角加速不足，则搅拌又将起不到应有的作用，特别是对于那些粘性溶液更是这样．迄今，ACRT 已在那些用低粘滞性的铅化合物作助熔剂的晶体生长中获得了极大的成功．

当需要选用相当粘的物质，如硼酸盐作助熔剂时，则可采用顶部籽晶技术，把转动籽晶刚好插入溶液表面下面的顶部籽晶生长装置通常会获得很好的结果．籽晶转动速率如果为 $0.866(\nu/\omega)^{1/2}$，则转动将具有促进强迫对流的作用，这里 $\nu$ 为动力学粘滞系数，$\omega$ 为角转动速率．由这个作用所引起的流动速率大约为 1cm/s，与此相比而言，由热引起的对流即可忽略不计了．恒定的籽晶转动速率是可取的，因为那时稳定态的条件将占优势．在这一点上这种技术比 ACRT 有利，因为后者连续改变溶液流动速度可能导致因成分变化而引起的微细生长条纹．但迄今，还没想出更好的别的搅拌技术．

一个使溶质均匀流向晶体的方法是在籽晶和多晶料棒之间放置一很薄的溶剂层，这样溶质可经由扩散穿过这一薄层(或膜)输运到籽晶[49,50,51]，这种技术与顶部籽晶和加速坩埚转动技术一起似乎是现今助熔剂法生长块状单晶的最有希望的技术．

### 5.3.3 边界层

由于晶体生长消耗了界面附近的溶质而在界面附近形成一溶质梯度,这个溶质梯度存在的区域称为溶质边界层,其厚度用符号 $\delta s$ 表示. 在与边界层垂直方向上的界面生长率(界面向溶液中移动的速率)可由下式给出:

$$v = [D/(\rho_c - N_0)] \times [dN(z)/dz]_z, \tag{5.9}$$

其中,$D$ 是有效溶质扩散系数,$N(z)$ 是在距界面为 $z$ 的位置处的溶质浓度,$N_0$ 是在 $z = 0$ 时的溶质浓度,$\rho_c$ 是晶体密度. 由此可知,边界层厚度可由下式确定:

$$v = [D/(\rho_c - N_0)][(N_s - N_0)/\delta s] \tag{5.10}$$

这里,$N_s$ 是边界层外面的体溶液浓度. 必须注意,这个定义并不意味着当 $z > \delta s$ 时,溶质梯度立即消失,而是在一与 $\delta s$ 相比起来并不算大的距离上逐渐消失为零.

在流体动力学的教科书和论文中通常不涉及溶质边界层,而只涉及流体力学边界层 $\delta H$(也称为"阻滞"边界层)或热边界层 $\delta T$,这两者分别与固体表面附近的液流和热流有关. 这三者之间的关系最好用水平转动盘的几何学(rotation disc geometry)来说明. 由转动圆盘所引起的流动的严格处理已由 Cochran[52] 给出,并被 Burton, Prim 和 Slichter 等[53]用于晶体生长问题的处理. 由方程(5.10)定义的边界层厚度可由下式严格给定:

$$\delta s = (\nu/\omega)^{1/2}\int_0^\infty [\exp(\nu/D)\int H d\xi]d\xi,$$

其中

$$\xi = (\omega/\nu)^{1/2}z, \tag{5.11}$$

$H$ 为通常的流速,已由 Cochran 编制成表,使用时查阅此表即可,$\nu$ 为动力学粘滞系数,$\omega$ 为圆盘(或晶体)的转动角速度,$D$ 为扩散系数. $\delta s$ 的一个较好的近似(很低的 Schmid 数 $\nu/D$ 除外)可由近似公式给出[53],即

$$\delta s = 1.6D^{1/3}\nu^{1/6}\omega^{-1/2}, \tag{5.12}$$

热边界层由类似的公式给出[54]

$$\delta T = (\nu/\omega)^{1/2} \int \left[ \exp \sigma \int H d\xi \right] d\xi, \qquad (5.13)$$

这与溶质边界层的公式在形式上是完全相同的，只不过用 Frandtl 数代替了 Schmidt 数．流体动力学边界层厚度是圆盘附近的这样一个区域的厚度，在这个区域的外边界上，其转动角速度为圆盘的 1%，数值为 $5.4(\nu/\omega)^{1/2}$[55]．这个值通常比 $\delta s$ 大很多．各种边界层的厚度，取一级近似时，都与圆盘大小无关，这已由实验所确认．可以预期，当 $\nu$, $\omega$ 或 $\rho$ 增大，$\delta T$ 不会与圆盘大小无关的[54]．热边界层随晶体尺寸而变化已由 Brice[56] 在锗单晶生长实验中作过测量，但发现其边界层与晶体尺寸的相关性是相当小的．

因为助熔剂的溶液透明性不好，而且温度很高，因而助熔剂溶液中的边界层现象要像在水溶液中那样，直接观察生长晶体周围溶质浓度变化来进行研究，这恐怕是相当困难的．最有价值的可能要算与 LPE 相关的那些实验．在进行这种研究中，LPE 具有如下的优越性：(1)几何学是很简单的、而且是很确定的——把一个机械加工的圆盘插入溶液的上部，因而情形与理论所讨论相应；(2)生长发生在非习性面上，因而动力学附着速率要比扩散流的速率快；(3)实验可以很快完成．它的主要缺点在于初始瞬变过程的修正较为困难和薄膜与基片之间存在点阵失配的问题．

生长速率与转动速率的关系的测量已有很多报道[57,58,59]，后来发现，生长率是随 $\sqrt{\omega}$ 线性变化，就像对受体扩散控制的过程所预期的那样［方程(5.4)和(5.6)］．所获得的扩散系数值大约为 $5\times10^{-7}$—$3\times10^{-5}\mathrm{cm^2/s}$，按照石榴石种类、温度和对实验数据的处理的不同而有所不同．这些差异是否是多组元扩散的复杂性的真正表现，或原本是由于在修正对流和界面动力学影响时用的方法不同而引起的问题，尚待进一步研究．

对于在静态溶液中侵入静态籽晶的边界层理论还未曾严格研究．当然，对于这种情形，液体的流动将由扩散和对流引起，为了描述这种情形所作的最简单的假设是溶质流经所选晶面的速率为

$u$. 边界层厚度随 $u$ 的增大而减小，而且量纲分析表明，$\delta s$ 应该与晶面的长度 $l$ 有关．根据 Carison[60]的分析，这种关系可由方程

$$\delta s = 2.16D^{1/3}\nu^{1/6}l^{1/2}u^{-1/2} \quad (5.14)$$

表述．按照这个关系，生长率将随溶液流速而增大．但在很多晶体生长实验中，生长率是由外部参数(如在缓冷生长实验中的冷却速率等)控制的(在这种生长过程中，为了让材料以从溶液中析出的速率沉集在晶体上，过饱和度自身要作调整)．

### 5.3.4 界面动力学

溶质材料到达固-液界面实际成为晶体的组成部分的过程是极端复杂的，其具体细节迄今尚不完全清楚．特别是，助熔剂溶液中存在的结构基元的种类以及脱溶的作用更不肯定．

稳态生长一般是在习性面上进行的．溶质粒子通过几种机制加到晶面上，普遍认同的有两种，一是二维核化，二是螺型位错生长．和溶液相比，助熔剂中二维成核所需要的过冷度也比较高．在助熔剂生长中，经常观测到的二维成核发生在晶体的边棱或顶角，因为二维或三维扩散场内，这些地方比中心具有更高的过饱和度．助熔剂粘滞性高，溶质扩散系数较低，使得晶面附近，自晶面边沿到中心可以存在较大的浓度梯度．二维成核和螺型位错在晶面上提供了溶质粒子易于淀积的阶梯．溶质粒子自溶液中添加到阶梯上需要经历体扩散、表面吸附、表面扩散、晶面台阶吸收、沿台阶扩散，最后淀积在扭折上．前两种过程属于体扩散过程，后四种过程通称为界面过程，有时笼统地称为界面反应过程．

助熔剂溶液中 溶质成分之间及溶质与溶剂之间存在着复杂的相互作用．一般来说，在溶液中扩散的溶质粒子应该称为生长基元，它究竟是由一个原子还是由数量不等的原子团所组成，至今仍不十分清楚，也许两种情况都会存在．生长离子晶体时，正负离子对同时淀积到晶格上，至少从静电能考虑是合理的．生长基元与溶剂的相互作用，直接影响着动力学过程，在 $PbO-B_2O_3$ 助熔剂中，外延石榴石 $(SmY)_3(FeGa)_5O_{12}$ 薄膜时发现，在相同过冷度下，

在某一温度时，薄膜生长线速度随饱和温度的变化会出现突变．测量到的扩散系数随温度的变化也如此（图 5.17 和图 5.18）[61]． 出现这一现象的原因还不清楚，但可以肯定，在这一温度范围内，溶液结构或者说生长基元与助熔剂的相互作用发生了突变．这也许是一种高级相变过程．

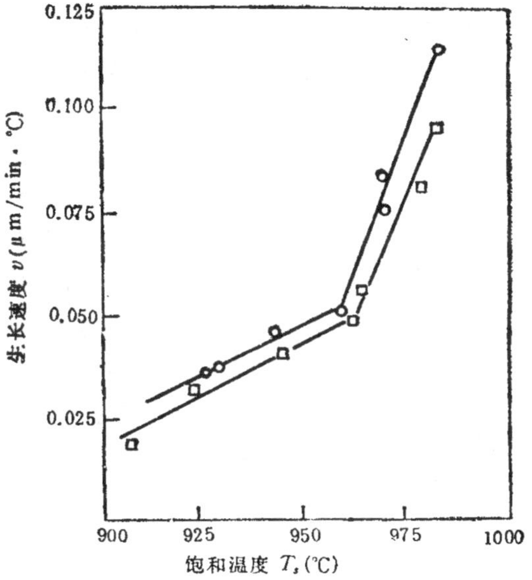


图 5.17　在 $PbO\text{-}B_2O_3(SmY)_3(FeGa)_5O_{12}$ 时每过冷 1℃ 的生长速度 $v$ 与饱和温度 $T_s$ 的关系（基片转速为 250r/min，两条曲线对应不同成分）[61]．

在助熔剂晶体生长中，由于溶液粘滞性高，扩散系数小，溶解度也往往很低，晶体生长速度主要受体扩散过程限制，界面过程可以认为很快，晶面能够及时地将溶质分子吸收，此时晶体生长线速度为

$$v=(D/\rho)(dc/dx)_{x=0},\tag{5.15}$$

$D$ 是扩散系数，$\rho$ 是晶体密度，$dc/dx$ 是溶质浓度沿晶面法线方向 $X$ 的梯度．如果边界层厚度为 $\delta$，且在边界层内浓度梯度是均匀的，则

$$dc/dx = (c_l - c_e)/\delta, \tag{5.16}$$

$$v = (D/\rho)[(c_l - c_e)/\delta] = [(Dc_e)/(\rho\delta)]\sigma, \tag{5.17}$$

这里，$c_l$ 为溶液浓度，$c_e$ 为溶液的平衡浓度，$\sigma$ 为相对过饱和度。由此可看出，在扩散限制条件下，晶体生长速度正比于过饱和度，如果晶体在溶液中以角速度 $\omega$(rad/s) 旋转，边界层厚度为

$$\delta = 1.6D^{1/3}\nu^{1/6}\omega^{-1/2} = \delta_0\omega^{-1/2}, \tag{5.18}$$

这里，$\nu$ 是动态粘滞度。可以看出，晶体生长速度 $v\propto\sqrt{\omega}$，这是体扩散限制起主要作用的特征。

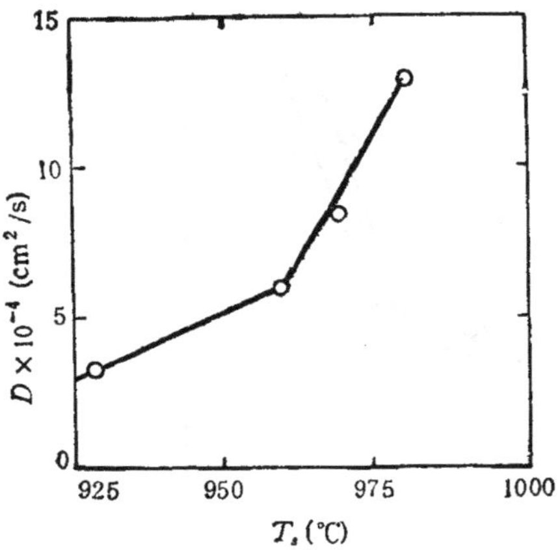


图 5.18 PbO-$B_2O_3$-石榴石溶液扩散系数 $D$ 与饱和温度 $T_s$ 的关系[61]。

Brice 同时考虑了体扩散和界面运动过程[62]。由于有限的界面反应速度，界面附近溶质浓度要比热平衡值 $c_e$ 高，取作 $c_i$。假定界面反应过程按浓度的 $m$ 次方进行，生长速度

$$v = (K/\rho)(c_i - c_e)^m, \tag{5.19}$$

$m$ 称为界面反应级数，$K$ 称为界面反应常数。由扩散过程决定的生长速度

$$v = (D/\rho)[(c_l - c_i)/\delta], \tag{5.20}$$

消掉 $c_i$，则有

$$(v\rho/K)^{1/m} + [(V\rho\delta)/D] = c_l - c_e. \tag{5.21}$$

已知 $\delta\propto\omega^{-1/2}$，如果画出 $v^{1/m}$-$v\omega^{-1/2}$关系，在恒定过饱和度下，应是一条直线，由此可以定出最佳适合线性关系的反应级数 $m$，还能求得直线的斜率和截距，测定出扩散系数 $D$、反应常数 $K$ 等生长参数。当界面过程很快($K$ 很大)时，式(5.21)化为式(5.17)。考虑了界面过程，生长速度与过饱和度不再保持线性关系。

Brice 引入的界面反应级数 $m$，对应着怎样的具体的界面过程

并不清楚，这仅仅是一种唯象的描述．实际的界面过程是很复杂的．一个最可能的模型的 BCF 螺型位错生长机制．对于溶液或助熔剂晶体生长，溶质直接向着晶面螺型位错台阶扩散，而且假定台阶密度很高，生长面内无扩散发生，晶体生长速度为[10]

$$v = A\sigma^2\{1 + B[\ln(\delta\sigma_l)/(a\sigma)][\sinh(\sigma/\sigma_l)]\}^{-1}, \qquad (5.22)$$

$A, B$ 是与温度相关的参数，$a$ 是原子间距，$\sigma_l$ 称为临界过饱和度．在高 $\sigma$，即 $\sigma \gg \sigma_l$，获得线性关系 $V \propto \sigma$；在低 $\sigma$，即 $\sigma \ll \sigma_l$，出现二次方关系，$V \propto \sigma^2$．一般情况下，可近似取 $V \propto \sigma^m$，$m$ 约等于 1.65。

助熔剂晶体生长实验结果表明，生长速度主要受扩散过程限制，Laudise 曾测量过 $BaO-B_2O_3$ 中 YIG 晶体生长速度与晶体旋转速度的关系，可以粗略地认为 $v \propto \sqrt{\omega}$（图 5.19）[63]．Elwell 和 Dawson 从 $BaO-B_2O_3$ 中生长镍铁氧体，发现线生长速度 $v_l$ 与过饱和度具有很好的线性关系（图 5.20），认为这是由体扩散过程决定的[4]．自 $BaO-SrO-Nb_2O_5-B_2O_3$ 中生长 $Ba_{0.5}Sr_{0.5}Nb_2O_6$ 晶体时，发现一直到 $\sigma \approx 10\%$（过冷度 $\Delta T \sim 50$℃），$v(\sigma)$ 仍具有抛物线型（图 5.21），显然界面过程也起着作用，而且临界过饱和度 $\sigma_l$ 大于 10%，这比水溶液要高得多．

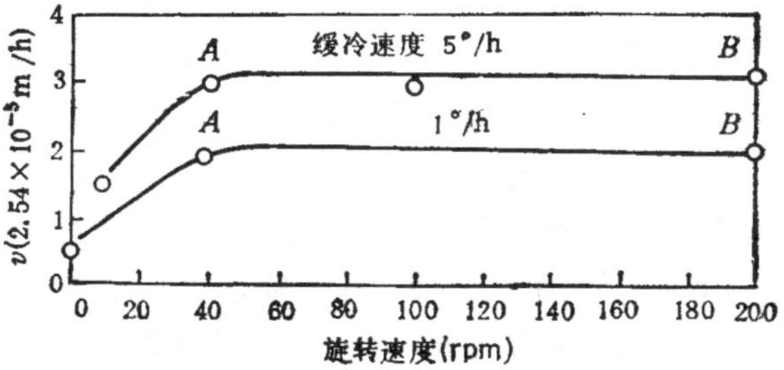


图 5.19　YIG 单晶生长速度 $v$ 与扰动速度（rpm）*⁾的关系[63]．

有关助熔剂液相外延动力学过程和实验资料见本书中有关章节．值得指出的是，外延生长过程的稳态生长阶段的动力学规律

*⁾ rpm（转每分）为非许用单位，1rpm = 1r(转)/min(分)．

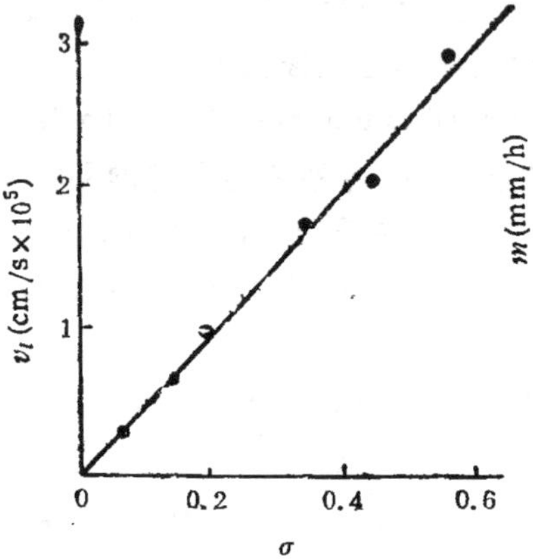


图 5.20 1206℃ 时自 $BaO\text{-}B_2O_3$ 中生长镍铁氧体,(111)晶面线生长速度 $v_l$ 与过饱和度 $\sigma$ 的关系[4].

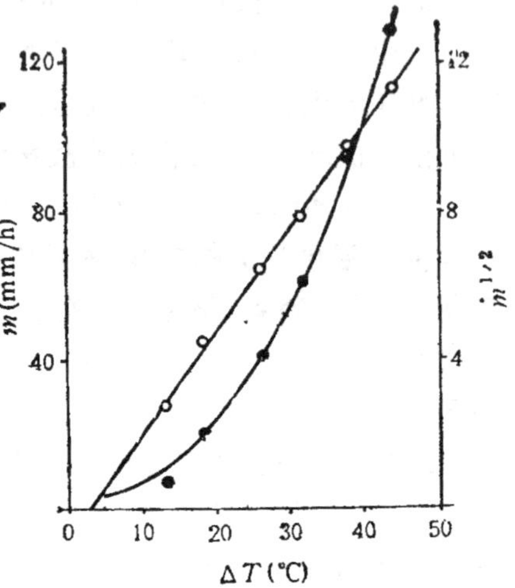


图 5.21 在 $BaO\text{-}SrO\text{-}Nb_2O_5\text{-}B_2O_3$ 中,铌酸锶钡生长速度 $\dot{m}$[4](生长温度 1120℃)$\dot{m}$(·) 和 $\dot{m}^{1/2}$(∘) 随过冷度 $\Delta T$ 的变化[4].

也适用于块状晶体生长.

### 5.3.5 稳态生长条件

在上一节中我们述及了一些稳态生长的特点，但并未涉及稳态生长的条件. 助熔剂晶体生长中，稳态生长的破坏将导致包裹缺陷的产生. 影响稳态生长的因素多，目前晶体生长理论尚未给出确切的完备的稳态生长条件.

一般认为，掺质溶液中平面界面稳定生长的条件可借助组分过冷判据来推导,要求生长面前边的温度永远超过液相线温度.助熔剂晶体生长遇到的情况与此类似，晶体生长时也必须将溶剂排挤出去,稳态生长条件也可使用组分过冷的条件判据. Elweell 和 Neate 提出,在助熔剂溶液中,出现组分过冷的条件是[3]，在界面附近

$$dc/dx > dc_e/dx, \tag{5.23}$$

由平衡浓度

$$c_e = c_0\exp(-\phi/RT) \tag{5.24}$$

和式(5.15)可以得到出现不稳定生长的条件是

$$v > v_{\max} = [(D\phi c_e)/(\rho RT^2)](dT/dx), \tag{5.25}$$

这个条件也可写成

$$(dT/dx) < (dT/dx)_{\min} = [(c_l - c_e)RT^2]/(c_e\phi\delta), \tag{5.26}$$

代入相应的参数进行估算,发现若要不发生非稳态生长,晶体生长速度不能超过 $10^{-8}$—$10^{-9}$cm/s, 或者温度梯度应不低于100℃/cm, 这与实验相比是非常不一致的, 实验中遇到的温度梯度一般在1℃/cm或更低,晶体生长速度为 $10^{-6}$cm/s.

由组分过冷条件推断的稳态生长条件与实验不符, 意味着尚有许多重要的稳定化因素并未被考虑到. 比如, 如果生长界面出现不同波长的界面起伏,将会沿界面同时造成溶质的浓度波动,这种波动将导致沿界面的扩散过程,使溶质自凸起处向凹处扩散,结果界面起伏趋向平缓. 另一种稳定化因素是稳定生长发生在习性面上, 这些晶面在表面能方向图上具有尖锐的极小值. 任何扰动都会发展形成凸起,都会产生非习性面,从能量观点来看, 其结果是很不利的.

还有一种模型是, 在稳态生长区和非稳态生长区之间存在一个亚稳区[64],就像临界核出现前,溶液可以处于一定的过冷度的亚稳态一样. 晶体生长过程中,界面的微小凸起类似于一个二维核, 在亚稳区内, 它是不稳定的. 没有足够高的过冷度, 越过亚稳界限,界面扰动就不会发展. 图5.22分别示出未扰动时溶质分布及亚稳区分布图. $T_0$ 线是按式(5.26)画的. 当不存在亚稳区时, 要实现稳态生长, 界面温度必须超过 $T_0$. 存在亚稳区时,只要界面前边实际温度不超过 $T_c$,就不会发生非稳态生长, 也就不会出现包裹缺陷. 甚至在晶面前面温度梯度允许是负的, 结晶潜热可以自溶液散去. 温度分布的斜率越大,生长速度就越小,生长也越稳定. 晶体生长速度增加时,亚稳区会减小.

但是,直到现在还没有一种理论能够给出最大稳态生长速度. 从助熔剂块状晶体生长来看, 最大稳态生长速度约为6 × 10⁻

cm/s，这是相当低的，这也是助熔剂法最主要的缺点之一. 晶体生长时坩埚旋转或籽晶旋转，使生长界面附近液流速度较高，有利于稳态生长，助熔剂外延生长速度可以高达 $10^{-3}$cm/s，仍不会出现非稳态生长. 过快的旋转速度也会产生不稳定性(见顶部籽晶生长)，其原因尚不清楚.

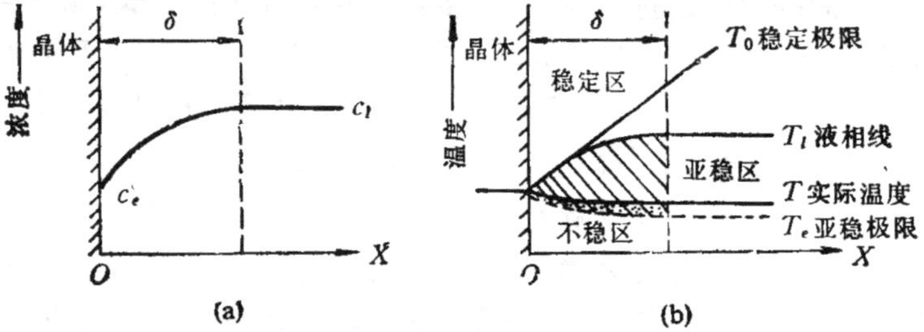


图 5.22 (a) 未扰动溶液溶质分布；(b) 未扰动溶液的实际 $T$，液相线温度 $T_l$，亚稳极限 $T_e$ 和稳定极限 $T_0$[64].

# § 5.4 助熔剂晶体生长的基本技术

## 5.4.1 方法的一般原理和分类

众所周知，当物质在溶液中的浓度值低于平衡浓度时物质会继续溶解，当物质的浓度值高于平衡浓度时，则溶液即处于不稳或亚稳状态，超出部分很容易沉析出来. 平衡浓度、溶解度和饱和浓度都是同一概念的不同叫法. 通常的溶解度曲线就是平衡浓度与温度的关系曲线. 若从通常的溶解度曲线(图 5.23)来看，溶解度曲线以上的区域是过饱和的，它表示这些区域的溶质浓

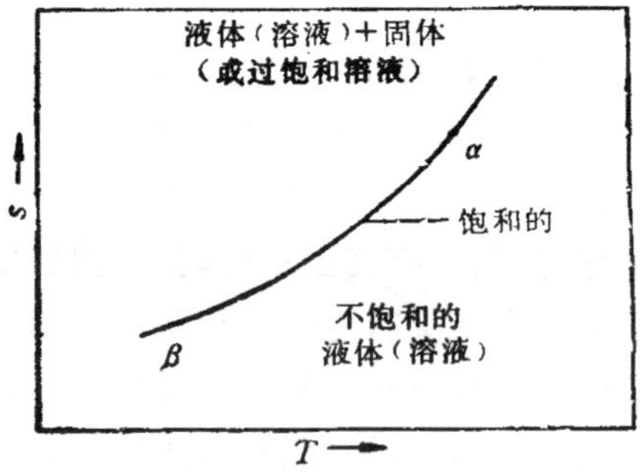


图 5.23 溶解度 s-温度 T 的关系曲线[36].

度高于平衡浓度，溶解度曲线以下的区域是不饱和的．人们通常把实际浓度高出平衡浓度的值，$\Delta s=c-c_{平衡}$定义为过饱和度，式中 $c$ 为实际浓度，$c_{平衡}$是平衡浓度(即溶解度 $s$)．过饱和溶液是不稳定的，如果过饱和度足够大，它将沉淀出溶质，或者在溶液中抑或器壁上自发成核．如在溶液中引入溶质晶体(籽晶)，则过剩的溶质就会往晶体上沉积，即使过饱和度很低也是如此，一直到其浓度降低成饱和浓度为止．因此可以说，溶液过饱和是晶体生长的必要条件，过饱和度是晶体生长的驱动力．不过，倘若没有籽晶，纯净而不受扰动的过饱和溶液常常可以保持很长时间而不会析出溶质，尽管他们在热力学上是不稳定的．

晶体生长最基本的条件就是要使溶液产生一适当的过饱和度．晶体从加助熔剂的溶液中生长时，所需的过饱和度常常可通过缓慢冷却溶液，溶剂蒸发，或在溶液中造成温度梯度来获得．在静置和无籽晶的条件下，将组成为 $N_A$ 在温度 $T_A$ 上平衡的溶液冷却到 $T_B$ 时，即有自发成核出现． 在液相线和与 $B$ 相交的虚线之间的区域，可以说溶液是过冷的或过饱和的．只有当温度下降到 $T_B$ 形成临界晶核之后，晶体材料才可能沉积．这说明溶液在液相线与 $B$ 之间的区域是亚稳的．人们常把这个区域称为亚稳区或 Ostwald-Miers 区．获得过饱和度的方法可用图 5.24 示出的准二元相图来加以说明．如曲线 1 所表示的那样，成分为 $N_A$ 的溶液温度降至 $T_B$ 时，临界晶核形成．如再从 $T_B$ 继续降温，则晶核就会在一低很多的过饱和度下逐渐发育生长．生长可一直进行到降温结束，同时溶液成分变至 $N_F$，但最多只能降至共晶点．直线 2 代表蒸发法生长过程． 当让溶剂在一恒定温度 $T_A$ 下蒸发，则溶液浓度即可从 $N_A$ 平穿亚稳区逐渐变化至 $N_D$，并在该处成核生长．线 3 代表的是温度梯度输运过程．溶剂在高温处溶解溶质至饱和，并通过对流到达低温区，这时溶液就由饱和变成过饱和．过剩的溶质就会成核生长，浓度降低之后的溶液又经对流，回流至高温区再度溶解到达饱和，这样周而复始就构成了溶质的温度梯度输运过程．在实际操作中，三种作用都可能同时出现，只是

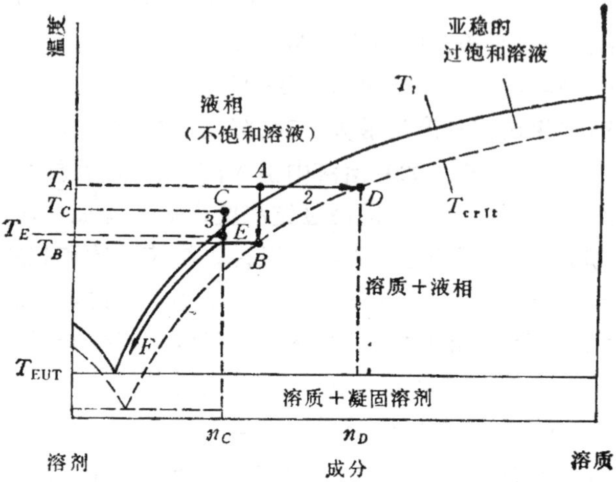


图 5.24　从加助熔剂溶液中产生过饱和度方法.
$ABF$(1)——缓冷法；$AD$(2)——蒸发法；
$CE$(3)——温度梯度输运法[10].

主次不同而已．在这个相图中，溶剂可以是一种元素、一种化合物或是一些化合物的组合．一般来说，溶质可以是熔点比溶剂高的元素或化合物．

除了上述这些最流行的方法外，还有几种技术，如化学反应法、电沉积法等等对于某些场合是很可取的．例如，要生长一种相当难溶的晶相时，过饱和度可由化学反应法来产生．当然，这是在从溶液沉淀过程中出现的情况．不过，通常这种反应发生很快，不能生长可观的大晶体．这种方法，实际上很少用于晶体生长，其最好的应用例子是生长祖母绿（即所谓的 IG Farben 方法）．在这种情形中，把 BeO，$Al_2O_3$ 溶解在钼酸锂或其它溶液中，而 $SiO_2$ 则让其浮在表面很缓慢地溶解来调节祖母绿（$Be_3Al_2Si_6O_{18}$）形成的速率．

高温溶液生长晶体所需要解决的主要问题是：（1）如何使溶液产生过饱和度，这是解决晶体生长驱动力的问题；（2）如何控制成核数目和位置，即解决生长中心的问题，最好能实现单一核心的生长;(3)如何提高溶质的扩散速度,从而提高体生长速度;(4)如何提高溶解度,提高晶体产量和尺寸;(5)如何减少或避免枝蔓生长和包裹体等缺陷;(6)如何控制生长晶体的成分和掺质的均匀性。为解决这些问题,已发展出很多种生长方法。这些方法若从生长中心产生的方法来分类,可分为自发成核法和籽晶生长法.若从过饱和度产生的方法来分,则可分为缓冷法、溶剂挥发法和温度梯度法以及助熔剂反应法等等。

### 5.4.2 缓冷法

晶体从加助熔剂的溶液中生长时,采用缓慢冷却溶液来获得生长所必须的过饱和度是最为简便的方法。由于这种方法所使用的设备简单,价廉,因而应用最为广泛。加热炉可采用康太丝绕制发热体自行制作,也可到市场购买现成的硅碳棒炉或硅钼棒炉.这主要应根据出发物质(原料)的熔点而定。温度控制要有良好的可靠性和稳定性。如要生长完整性好的优质单晶,控制精度也必须有较高的要求,至少应在1℃以内。坩埚可用高温陶瓷或难熔贵金属制作。前者如氧化铝坩埚,后者如通常使用的铂坩埚。采用何种材料制作,要根据体系的物化特性而定。原则是坩埚材料的熔点必须比出发物质的熔点高很多,第二是坩埚不应与体系物质起反应。

将配制好的出发物质装入坩埚中,一般不要装得太满,以不超过坩埚体积的3/4为好。为防止在高温下溶剂蒸发,可将坩埚密封或加盖。装好料后立即将它放入炉内升温。应想法使坩埚底部温度比顶部低几度至十几度,以使得溶质有优先在底部成核的倾向。首先应将炉温升至熔点以上十几度至100℃,并保温几个小时到一天左右,让料充分反应、均化。保温时间应视助熔剂溶解能力和挥发特性而定。然后,为节省时间,迅速降温至熔点(饱和温度),最好是成核温度。由于成核温度既不易测量,又很不稳定,其值常常与材料的纯度等因素有关。因此,成核温度应估计得偏高一些。继之,再行缓慢降温。降温速率一般在0.1—5℃/h.在其它结晶相出现的温度之前，或在溶解度的温度系数 $ds_c/dT \approx 0$ 温度附近即应结束晶体生长。图 5.25 示出一个典型的缓冷法晶体生长装置。

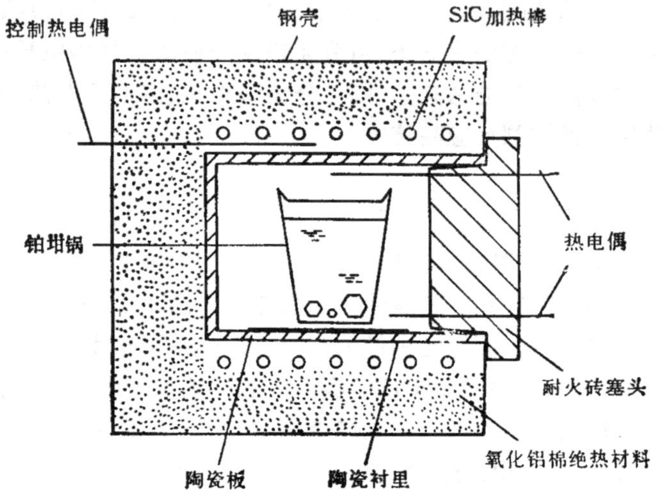


图 5.25 典型的缓冷法晶体生长装置[12b].

为了少数几个晶核能获得足够的溶质供应，从而使其充分发育生长，必须想法减少成核数目。其中一个很有效的方法就是温度振荡法[64]。这种方法的原理可用图 5.26 来说明。图中 $T_l$ 表示液相线的温度，$T_c$ 是亚稳区极限(下边界)。若知道这些温度的值(准确到±10℃以上)时可以使用以实线表示的过程。将溶液保温在液相线温度以上大约 50℃,至少 12h,再迅速下降至 $B$，而后以大约每小时 1—2℃ 的速率缓冷到 $C$ 点,使其充分低于亚稳区的下边界。再迅速将温度升高到低于 $T_l$ 大约 5℃ 的 $D$ 点，保温几小时。这样,在冷却时形成的大量晶核中的较小者将被完全熔掉,较大的则不会被完全熔掉而幸存下来,作为下次生长的晶核，这样，晶核数就大为减少了.最后从 $E$ 点开始按程序缓慢冷却,生长就在幸存下来的少数残留晶核上进行。

当不知道液相线的有关数据时，$T_l$ 可以用条件试验来估计，即按虚线进行，先冷却到 $C$ 点，后再迅速升温至 $F$，再由 $F$ 缓冷到 $C'$，再加热至 $F'$，等等。多次振荡，一直继续到估计温度 $G$ 远低于液相线，以后就可按通常的程序冷却了。

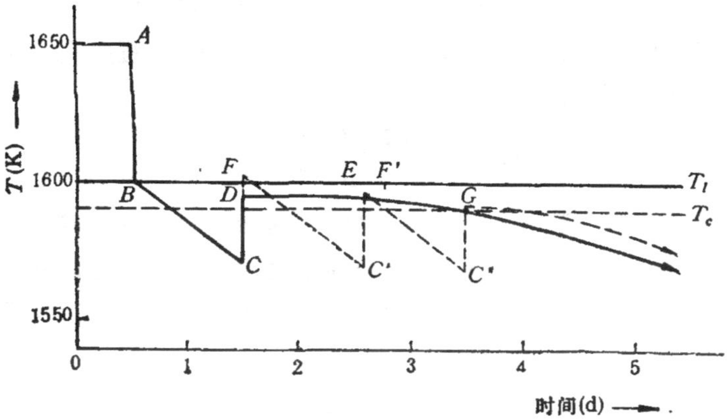


图 5.26 温度振荡法控温程序[64]

面积为 $A$ 的确定晶体的生长率 $v$ 由溶液的过饱和度决定，同时也受产生晶体生长所需的过饱和度的过程的影响。在大多数情形中，溶液以速率 $dT/dt$ 进行冷却时，生长率由下式给出：

$$v = \frac{V}{\rho A}\left(\frac{dN_e}{dT}\right)\left(\frac{dT}{dt}\right), \tag{5.27}$$

$\rho$ 为晶体密度，$dN_e/dT$ 是溶解度曲线的斜率，这两者都由体系决定，$V$ 为溶液体积，可根据所要求的晶体总质量来选定。晶体表面积 $A$ 将随晶体生长而改变。一般而言，最重要的实验参数是冷却速率 $dT/dt$，它直接控制着溶质沉析的速率。降温速率在实验过程中是可经常改变的，它将直接影响瞬时的生长速率。一般都采用 1℃/h 的降温速率。采用 1℃ 的降温速度多半是为了实验的方便。有人根据恒定线生长速率的要求提出了一种非线性冷却程序。程序的根据是所谓 $t^3$ 法则，即

$$\Psi\Delta T = F\rho v^3 t^3, \tag{5.28}$$

式中 $\Psi$ 是溶解度曲线的斜率（假定在一很小的温度范围内是线性的），$\Delta T$ 是温度变化，$v$ 是线性生长率，$t$ 是生长时间，$F$ 是外形

因子[65—67]。然而，采用这种程序表明，在生长后期将不能实现稳定生长。

Scheel 和 Elwell 根据稳定生长速率应随晶体长大而减小这一要求，提出了一个降温程序[46,64]，这个程序除了在晶体面积很小的初始阶段外，与恒速降温没有太大的区别。其程序是根据下述方程来制订的：

$$v_{\max}=\left(\frac{0.214Du\sigma^2N_e^2}{P_D^{1/2}\rho^2Y}\right)^{1/2},\tag{5.29}$$

其中 $D$ 为扩散系数，$u$ 为搅拌速度，$\sigma$ 是相对过饱和度，$P_D$ 施密特数 $(\eta/\rho_{sl}D)$，$N_e$ 为平衡浓度。$Y$ 是溶液中可生长的晶体最大长度。按照式(5.24)制订的稳定生长的降温程序可用下述方程来描述：

$$\frac{1.28Du\sigma^2t^2}{P_D^{1/3}\rho}=V\left(\frac{1}{N(T)}-\frac{1}{N_0}\right),\tag{5.30}$$

这里 $V$ 是溶液的体积，$N_0$ 是初始的溶质浓度，$N(T)$ 是温度为 $T$ 时的溶质的溶解度。假定只有一块立方型晶体生长，则可根据一些典型的数据(如：$V=80$ml，$\sigma=0.01$，$\rho=5$g/cm，$v=2.5\times10^{-6}$cm/s，在 1600—1300K 的温度区间，溶解度从 15% 到 5% 等)，由上面两个关系式得到两种降温程序，如图 5.27 所示。由图可知，实验所需的总时间，显然后者要少得多，但数值为 16.6℃/h 的最后的冷却速率要比按照此种模型所提出的稳定生长的最大速率还大 10 倍以上。如果使用籽晶，则就既可节省时间又可实现稳定生长，因为这样，则可省去成核阶段所需的最慢的冷却时间。

应当指出，在推导式(5.30)时，做了很多近似，例如，忽略了粘滞度和扩散系数对温度的依从关系。最大的稳定生长速率的测定工作还很不充分。在不搅拌的溶液中测得的最大稳定生长速率是 15nm/s 或 1.3mm/d[68]。在这些实验中并未探测稳定生长速率的尺寸依赖性。溶液体积 $V$ 也是出现在方程(5.27)中的一个重要参数。还有晶体外形，生长速率的各向异性在制订降温程序时都应有所考虑。

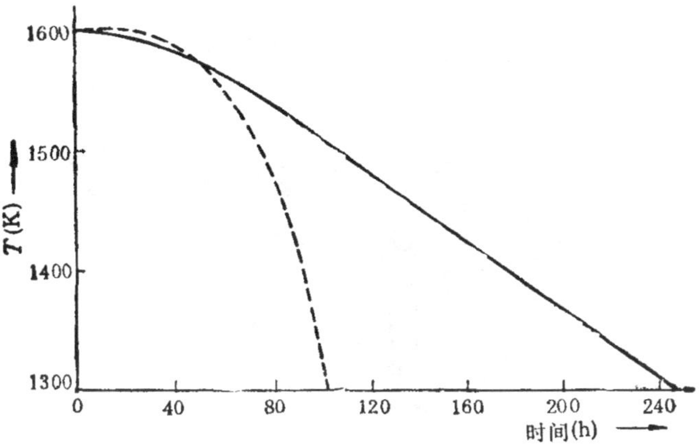


图 5.27 按式(5.30)稳定生长的降温程序(实线);按式(5.28)制订的同一例子的降温程序(虚线)[46,64]。

在靠自发成核的缓冷生长中，减少晶核数的有效方法除了温度振荡法外还有局部过冷技术,如冷杵法、悬丝法等等。前者是在坩埚下面安装一较细的冷却管,让其顶端与坩埚底部紧密接触(最好是点接触)缓慢降温之前先通气或通水，造成局部过冷。这样，溶液即会在冷点处优先成核，形成生长中心。后者是在待生长的溶液中侵入一导热性能良好又不与溶液反应的细丝，如铂丝。这样铂丝附近的热很快被传走,也会造成局部过冷,优先成核[69]，所用铂材料的性能状态对成核可能是至关重要的，Wanklyn 等的研究表明,与助熔剂溶液接触的铂表面,由于局部溶解可能发展一些优先的成核位置。这样铂坩埚的内表面也是很重要的，这时成核就不局限于“冷杵”位置了[70]。限制成核的方法很多。读者可自行创造。图 5.28 所示的只是这种装置的一个示意图。

在有条件时,最好采用引入籽晶的方法,只有这样才能容易实现真正的单核生长，克服通常缓冷法不易生长大单晶的不足。这方面的一些方法有坩埚翻转法,坩埚倾斜法，球形坩埚技术等等，关于球形坩埚技术将在后面特别述及。过饱和度的产生和控制(包括温度控制),成核数的控制或籽晶的引入,这是生长晶体的两大关键。

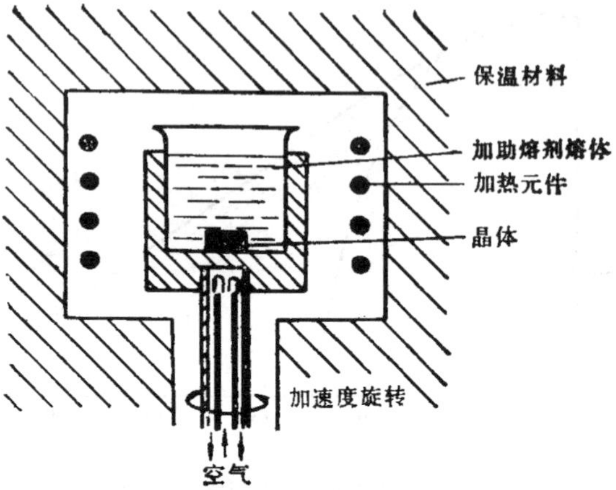


图 5.28 局部冷却装置[64]示意图.

### 5.4.3 溶剂挥发法

借助溶剂蒸发也可使溶液形成过饱和状态，达到析出晶体的目的. 生长设备更为简单，不需程序降温，当然也就不需控温仪器. 但使用的助熔剂必须具有足够高的挥发性，比如 $PbF_2$，$BiF_3$ 等. 挥发量依助熔剂性质、生长温度和坩埚盖开孔大小不同而不同. 蒸发法的主要优点是生长可在恒温下进行，晶体成分较均匀，同时也避免了在冷却过程中出现的其它物相的干扰. 此外，在降温过程中有些晶体还会发生结构相变或形成变价的化合物 单 晶，如 $Cr_2O_3$ 在 1000℃以下变为 $CrO_3$，这样就不能用通常的缓冷法生长，但若用恒温蒸发法就较为合适. 生长率的调节主要是靠改变蒸发孔径，从而改变平均蒸发率来实现. 这种方法的主要缺点是晶体一般生成在表面，质量往往不好. 若采用比重比晶体比重小的助熔剂、并加适当搅拌时，情况可能会得到改善. 应当指出的是，助熔剂蒸气大多数有毒和有腐蚀性，危害很大，必须注意防护. 使用一种冷凝蒸气回收装置来回收助熔剂，则可解决这个问题. 这种装置如图 5.29 所示[71].

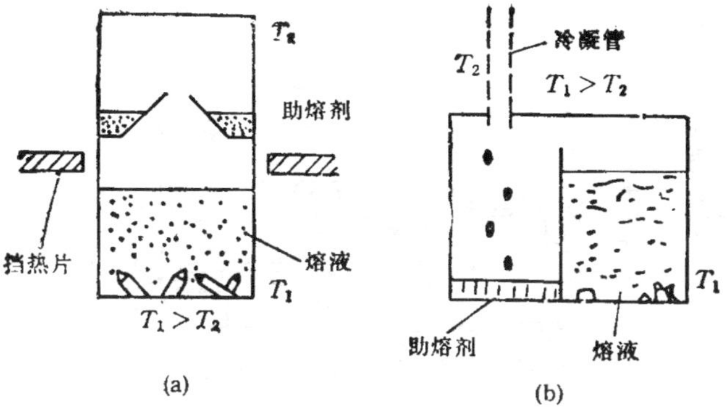


图 5.29 蒸发法生长晶体的助熔剂蒸汽回收装置[71]

Grodkiewicz 和 Nitti 曾用此法，从 $PbF_2$-$B_2O_3$ 中生长出 $YCrO_3$，$Al_2O_3$，$CeO_2$，$TiO_2$ 等多种单晶[72]，生长温度为 1300℃。生长 $CeO_2$ 时，助熔剂每天蒸发 35g，生长 5d，可得到 10g晶体。Wanklyn 从 $PbF_2$-$B_2O_3$-$PbO_2$ 中生长 $YbCrO_3$ 晶体，生长温度 1260℃，持续蒸发 9d，最大晶体可达 $3 \times 3 \times 2mm^3$[73]。缓冷法生长晶时，如果助熔剂挥发很快，则必须考虑蒸发对晶体生长过程的影响。

### 5.4.4 温差法

通常的温度梯度法的基本原理已在 5.4.1 节中作了简要说明。但依靠温度梯度从高温向低温区输运溶质的生长方法有两种类型。通常使用的一种是在整个溶液中建立一个温度梯度，即在原料区和局部过冷区(冷杵接触点)或晶体(籽晶)生长区之间维持一温差。这样，处于饱和状态的溶质就可由通常的对流从高温区输运到低温区，原来在高温区饱和的溶液在低温区就变成过饱和溶液了，过剩的溶质就会在籽晶上沉析出来，或在低温区自发成核进行生长。这种方法由于是在恒温下进行的，生长的晶体均匀性较好。它最适于生长固溶体晶体。通常使用粘滞性较低的试剂作助熔剂，有时为了达到综合效果往往采用混合溶剂，如像 $BaO/B_2O_3$

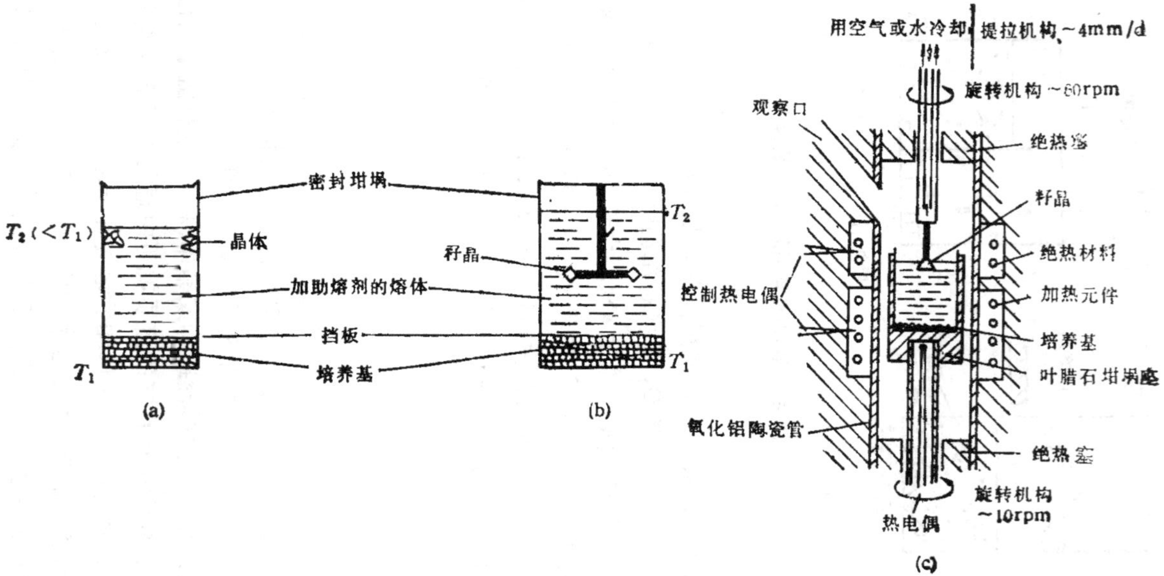


图 5.30 大容积温度梯度输运法.

(a) 自发成核；(b) 侵入溶液的籽晶生长；(c) 顶部籽晶提拉[44].

等。不使用籽晶的温度梯度输运法曾成功地用于 BeO[74]和 $NpO_2$[75] 晶体的生长。图 5.30(a) 示出了这种方法的原理示意图。将原料晶体的碎块放置于坩埚底部，其上再放置一开有若干小孔的挡板来阻挡它飘浮到较冷的区域。这样，溶剂在高温原料区溶解溶质至饱和后，被对流驱动经历温差(5—50℃)穿越溶液，到达低温生长区，溶液由饱和变成过饱和，这样，结晶就在表面下的坩埚壁上发生。常常形成交互生长。

引入籽晶将会大大地改善生长晶体的质量和大小。将籽晶设法用铂丝与一旋转的籽晶秆（如氧化铝棒）连接在一起，即可将悬挂在铂丝上的籽晶侵入溶液中生长。有时可将籽晶固定在用铂制的横秆两端，侵入溶液之中并让其旋转，这种方法由于搅拌充分，其生长晶体的效果一般都比通常的直秆单籽晶为好，其原理如图 5.30(b) 所示。尤其值得提出的是，可把它与熔体生长的提拉技术相结合，形成溶剂提拉法。这一方法已用来生长 YIG[76,77,78]、镍铁氧体[79]以及 $KTa_xNb_{1-x}O_3$ 上都取得了成功。所用设备如图 5.30(c) 所示。在理论上讲，从加助熔剂的溶液中提拉晶体的长度完全有可能与从熔体中提拉出的那些晶体长度相比美。但迄今还尚未做到，这主要牵涉到在生长晶体的长时期内保持恒定的过饱和度以及满意的籽晶秆构造等问题。鉴于这种方法在助熔剂生长技术中的重要性，故还将在顶部籽晶技术中再着重述及。

另一种类型就是所谓的溶剂浮区移动法（TGZM）。高粘滞性将会给输运过程带来严重的问题，因为这时溶质输运甚至不能满足低生长率的需求。为了克服粘滞性给溶质输运带来的困难，人们就想出了减小溶质输运路程的办法。那就是用较薄的溶剂区来代替体块溶液，即在料棒与生长晶体之间形成一较薄的助熔剂溶液，溶质通过它从高温端的多晶料棒输运到低温端的晶体上。鉴于它的重要性，将在下一节中进行介绍。

## 5.4.5 其它方法

(1) *薄层溶剂浮区法* 这个方法是属另一种温度梯度技术，首先是由 Pfann[80] 所描述。它类似于通常的区熔技术，把一薄层（大约 1mm）的作为助熔剂的固体物质 $B$ 放置在籽晶与多晶料棒 $A$ 之间，在一高梯度的温场中加热，并把温度维持在结晶物质熔点以下。这时，结晶物质在助熔剂作用下发生部分溶解，而且溶液层的厚度超过初始的溶剂层。如果 $T_h > T_c$（见图 5.31），液相区将沿料棒向上移动。当它到达区域 $T_1—T_2$ 时，则在较冷的固-液边界处发生物质的溶解直到达到平衡浓度：$c_B = c_1$。在较热的固-液边界上的物质将更加溶解，直到平衡浓度 $c_B = c_2 > c_1$。这样，就在薄层熔区中产生了浓度梯度，在浓度梯度的作用下结晶物质就会向低浓度的较冷界面扩散，在那里，溶液变成过饱和，物质 $A$ 就会结晶在籽体上，于是一个连续的溶解-扩散-结晶的过程就不断

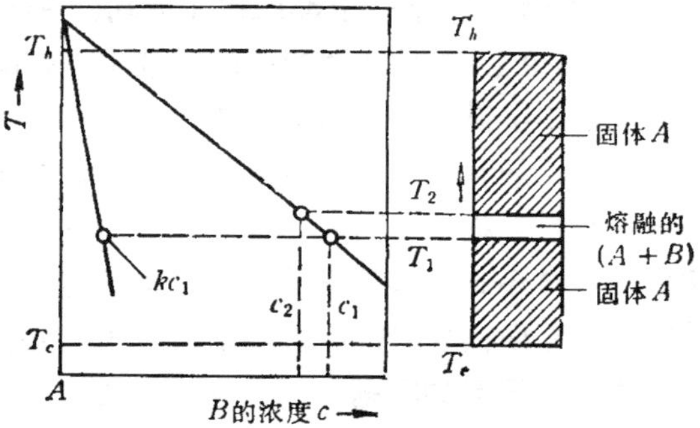


图 5.31 TGZN 原理示意图[80]. 图中，左边是结晶物质 $A$ 和助熔剂 $B$ 组成的系统的部分相图. 右边是经受温度梯度区熔的料棒. 下部是新生长的物质 $A$ 的晶体，中部是 $A+B$ 的溶液，上部是固体原料 $A$. 溶液浓度 $c_B$ 被标在 $X$ 轴上.

地进行下去，直到熔区移到料棒的终端. 这个方法的理论已被很多人研究过[81—85]. 其基本装置有三种类型. 分别由图 5.32 中的 (a)，(b)，(c)来表示。在图 5.32(a) 中，热源设置在试样的上方，在整个试样区间建立一温度梯度，并使最低温度保持在助熔剂的熔点以

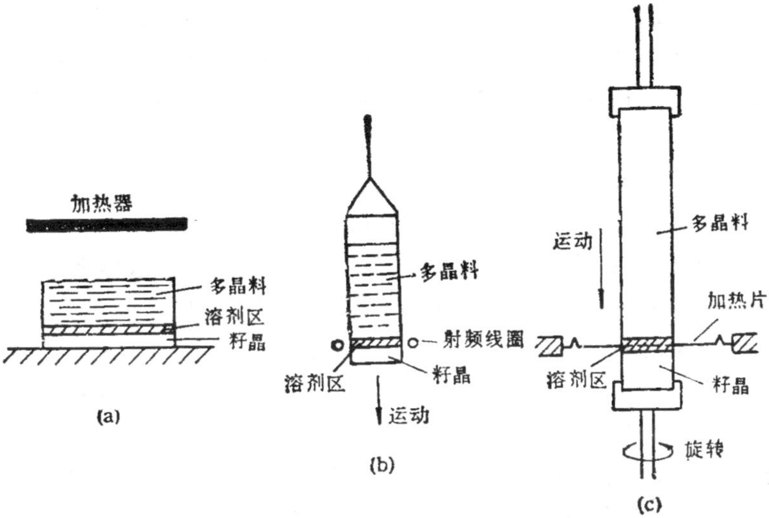


图 5.32 (a) 熔区在温度梯度场中移动;(b) 熔区随环型加热圈沿试样相对移动法;(c) 熔区随加热片沿试样相对移动法[86].

上,最高温度在晶体料棒熔点以下．这样,助熔剂的上表面将比下表面热,溶质淀积在溶剂区的下沿,那里的温度较低，并由上沿的溶解作用来进行补充．因此,这个区域就会向比较热的方向移动，晶体也就随之而向上生长．第二种类型如图 5.32(b) 所示．把助熔剂薄层置于加热线圈位置,先让溶剂区熔化后,再将坩埚缓慢下降逐步通过加热线圈.通过线圈部分的温度也随之下降,当将到低于某一值时,结晶就在熔区的下面的籽晶上发生.只要温度的极大值和极小值(即温度梯度)局限于很窄的范围，同时下降速率与晶体生长速率相等则熔区和生长的稳定性都可得到保持．第三种类型示意于图 5.32(c) 中．将一开有很多小孔的铂片镶进助熔剂区内，用它作电阻加热器来产生所需要的极窄的温度梯度场．它比起图 5.32(a，b) 来的最大优点是可以自始至终连续进行生长过程的观察．用此法已从 $Li_2CO_3$ 助熔剂中生长出良好光学质量的 $CaCO_3$ 单晶[80,86]．

为了获得低杂质含量的晶体，最好使用在固态结晶质中溶解度很低的助熔剂。当然也可用减小熔区移动的速度来实现。很多半导体单晶，如砷化镓，碳化硅的 $\alpha$ 变体（用 Cr 作溶剂），锗单晶（溶剂：Pb）和磷化镓（溶剂为砷化镓）用这种方法都获得了很好的结果。

（2）*助熔剂反应法*　这种方法是通过溶质和助熔剂系统的化学反应（常常同时还要加些其它条件）产生并维持一定的过饱和度，使晶体成核并生长。Brixner 和 Babcock 以 $BaCl_2$ 做助熔剂，在 $BaCl_2$-高温溶液中通水蒸汽，产生高温化学反应

$$BaCl_2 + 6Fe_2O_3 + H_2O = BaFe_{12}O_{19}(\text{晶体}) + 2HCl\uparrow,$$

生长出钡铁氧体单晶[87]。水蒸汽的通入和 HCl 的挥发，控制反应向右进行。类似地可从 $CaCl_2$-$Fe_2O_3$，$SrCl_2$-$Fe_2O_3$，$SrCl_2$-$TiO_2$ 生长出 $CaFe_2O_4$，$SrFe_{12}O_{19}$ 及 $SrTiO_3$ 晶体。Weaver 等用 KF 作助熔剂，生长 $K_2Ge_4O_9$ 单晶[88]，采用的反应是

$$2KF + 4GeO_2 + H_2O = K_2Ge_2O_9 + 2HF\uparrow$$

或

$$2KF + \frac{9}{2} GeO_2 = K_2Ge_4O_9 + \frac{1}{2} GeF_4\uparrow,$$

水蒸汽的通入不是必须的。

在上面的例子中，助熔剂参加化学反应，产生了晶体生长所必要的原材料，在另一类反应生长中，助熔剂则是在反应生长过程中产生的。比如液相输运法生长磁性半导体单晶 $CdCr_2Se_4$，$CdCr_2S_4$ 等[89]，是将 CdSe 和 $CrCl_3$ 粉末压成直径相同的圆片，并用铂片包起来，放在抽真空的石英管中，在 700℃左右保温，在固相 CdSe 和 $CrCl_3$ 之间产生反应

$$6CdSe + 6CrCl_3 + Pt \xrightleftharpoons{700^\circ C} CdCr_2Se_4(\text{晶体}) + PtSe_2 + 5CdCl_2 + 4CrCl_2,$$

反应物中 $CdCl_2$-$CrCl_2$ 是液相，起着助熔剂的作用，是输运载体。固相成分不相混合，避免生成 $CdCr_2Se_4$ 和 $Cr_2Se_3$ 多晶。Pt 称为

“接触剂”或“催化剂”，促进生成 $CrCl_2$，并吸取 Se，避免生成 $Cr_2Se_3$，否则由于 Cr 的缺少，$CdCr_2Se_4$ 的生长受到抑制. $CdCr_2Se_4$ 单晶生长靠近 CdSe 一边的液相区。在 700℃ 保温 3—5d，晶体可长到数毫米。这类单晶也可采用汽相-液相输运法，得到比液相输运更好一些的结果[89,90]。如图 5.33 所示，将抽真空的密封石英管倾斜 20° 左右，其一端放一石英舟，舟中放着 AX(A = Cd, Zn, Fe, Co; X = S, Se) 和 $CrCl_3$ 的粉末压成的块体，二者之间用石英片隔开，避免直接反应。石英管另一端放一些铂片，也可不放。炉子保持在 900℃左右，温差 50℃，石英舟在高温区。AX 和 $CrCl_3$ 蒸气在冷区凝结成液体，并发生前面所提到的化学反应，晶体生长过程类似液相输运情况。

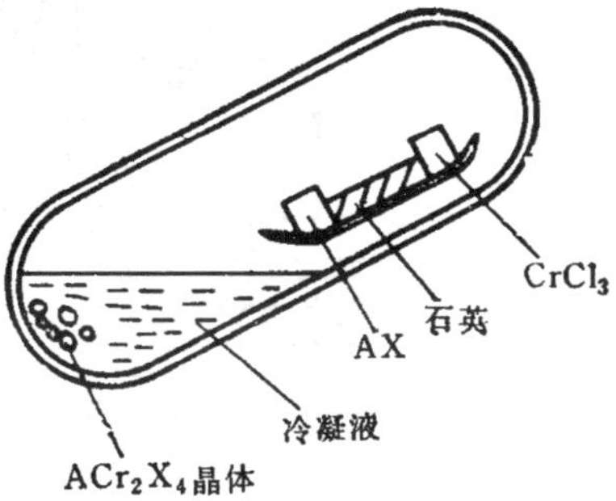


图 5.33 汽相-液相输运生长 $ACr_2X_4$ 单晶 (A = Cd, Zn, Fe, Co; X = S, Se)[49].

## §5.5 高温溶液生长中的一些实用技术

### 5.5.1 顶部籽晶技术

顶部籽晶溶液生长技术是助熔剂生长方法的最重大发展之一。它是熔体生长提拉技术与助熔剂生长方法的巧妙结合。把籽晶固定在籽晶秆的下端，缓慢地下降到液面上空，使其预热一段时间，待籽晶温度与溶液大体相等时，即可将籽晶降到与坩埚中的饱和溶液液面接触。然后再将溶液缓慢冷却，同时也可缓慢地向上提拉籽晶。其设备与熔体生长的 Czochrals 装置极端类似，图 5.34 示出了一个典型的装置示意[91]。采用这种技术生长出了尺寸达 75mm × 60mm × 25mm，重达 1300g 的 K(Nb, Ta)$O_3$ 单晶[92]。为了有利于籽晶最初的生长和其后晶体生长的控制，还采

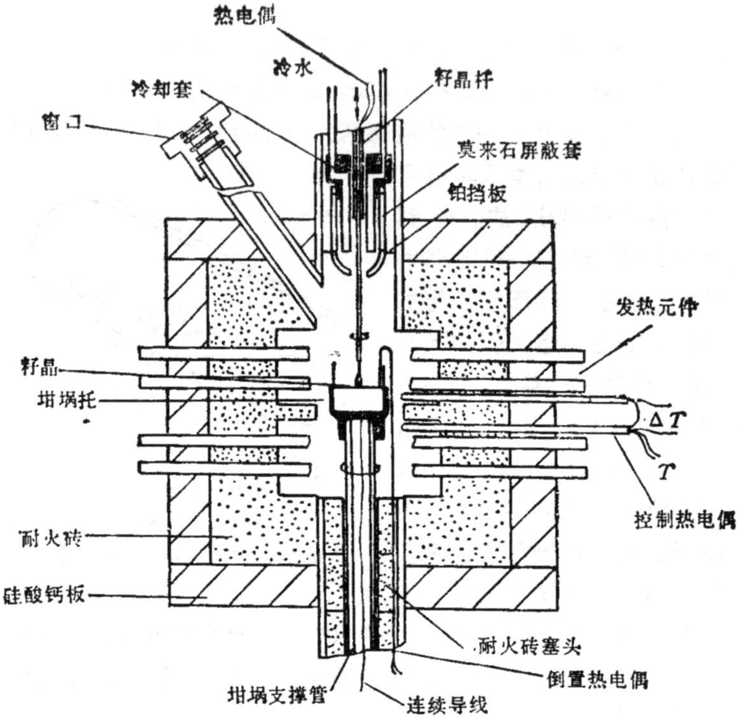


图 5.34 顶部籽晶溶液生长装置[91]

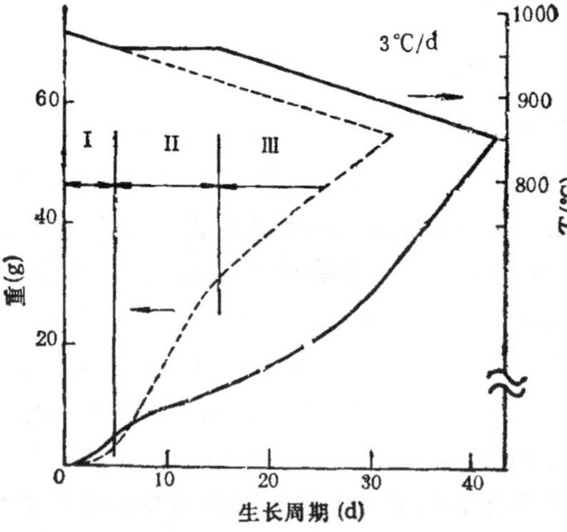


图 5.35 降温程序与晶体重量变化曲线 (……)恒速降温的生长结果；(——)速降温生长结果[93]

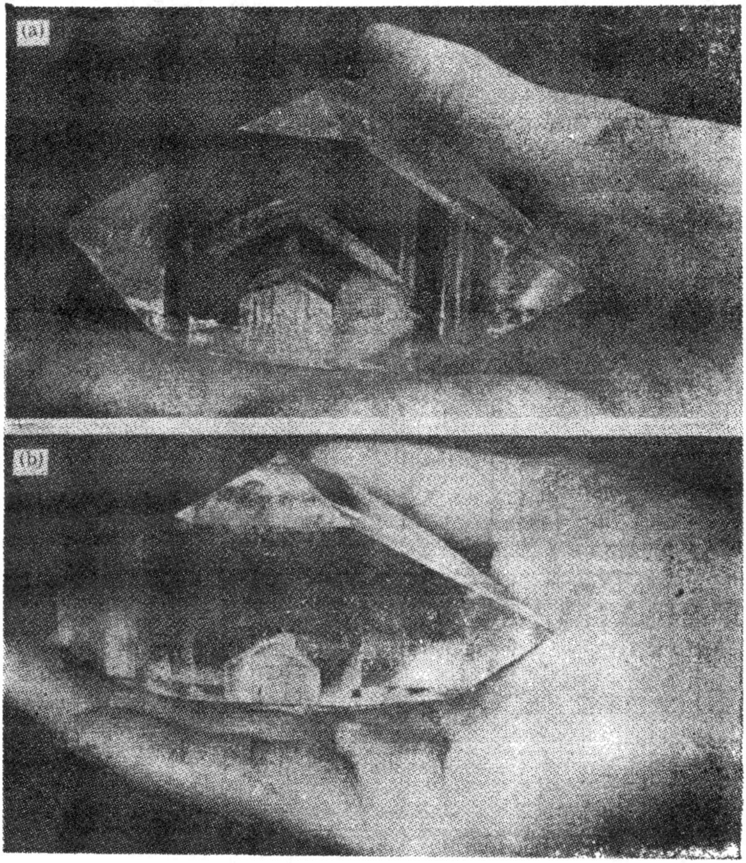


图 5.36 两种降温方式所生长的 KTP 单晶照片.
(a) 恒速降温 (3℃/d) 生长的晶体 ($31\times42\times84cm^3$); (b) 变速生长的 KTP 单晶(速率在 0—3℃/d 之间变化，尺寸为 $32\times42\times87cm^3$)[93].

用了冷指 (cold finger) 结构来调节籽晶与溶液之间的温度梯度，这种调节是通过冷指中的气流(或水流)来实现的。为了促进溶液的混合,坩埚还应作正反向交替的转动。若采用 ACRT 搅拌效果则会更好。降温程序对不同的材料和助熔剂体系是不一样的,应分别根据具体情况来制订。如在生长 KTP($KTiOPO_4$)时,若采用恒速降温生长,则晶体中会出现层绵状包裹缺陷,而在分段变速降温生长的晶体中则无这种缺陷发生。图 5.35 所示的是两种方式的降温程序示意。图 5.36 示出两种降温程序生长的 KTP 单晶实物照片[93]。现在 TSSG 已被广泛地用于生长很多高技术晶体，而且都取得了很大的成功。

### 5.5.2 球型坩埚技术

由于高温溶液中籽晶情况难于观测，要想引入籽晶进行生长是一件非常困难的事情。为防止籽晶溶解，必须知道准确的溶解度数据，并细心地调节生长条件。这给高温溶液生长带来极大的麻烦。后来这个问题已由 Tolksdorf 等人用缓慢旋转球形坩埚装

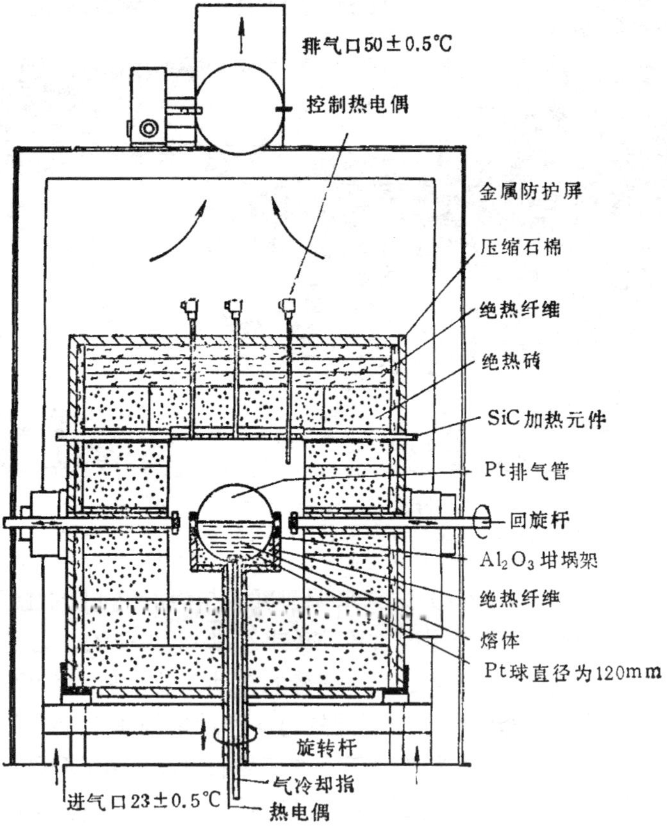


图 5.37 球形坩埚生长装置[24]。

置很好解决[94—96]。不少人认为，这个装置可能是缓冷助熔剂生长的最好的设计。整个结构如图5.37所示。图5.38示出了坩埚和籽晶在生长过程的起始、生长和结束时的位置。它不像早先采用的圆筒坩埚翻转法那样引入籽晶，而是采用把球形坩埚绕水平轴旋转120°的方式来引入籽晶。在起始位置时，籽晶固定在坩埚壁上距底部冷点120°的位置处。先升温至熔点以上几十度，保温一段时间再进行降温，其降温程序可根据溶解度曲线和生长速率来制订。图5.39示出一个典型的生长YIG单晶的降温程序。

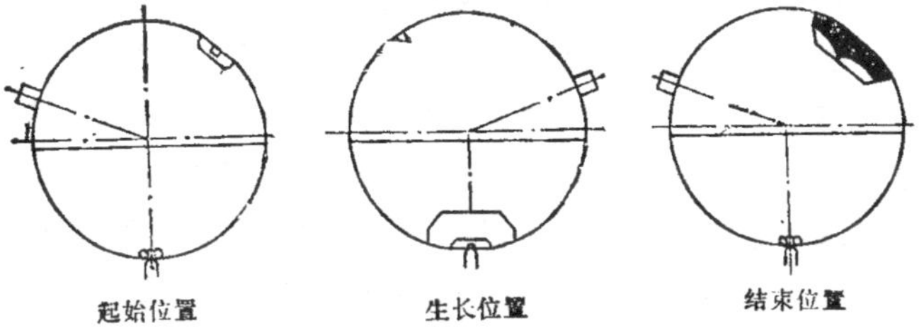


图5.38 生长过程中各阶段坩埚及籽晶或晶体的位置[94]。

等探测到冷点处出现自发成核时（可由冷点下面的一对热电偶来探知），即可将坩埚向下转动120°到达冷点位置。继续缓慢降温，

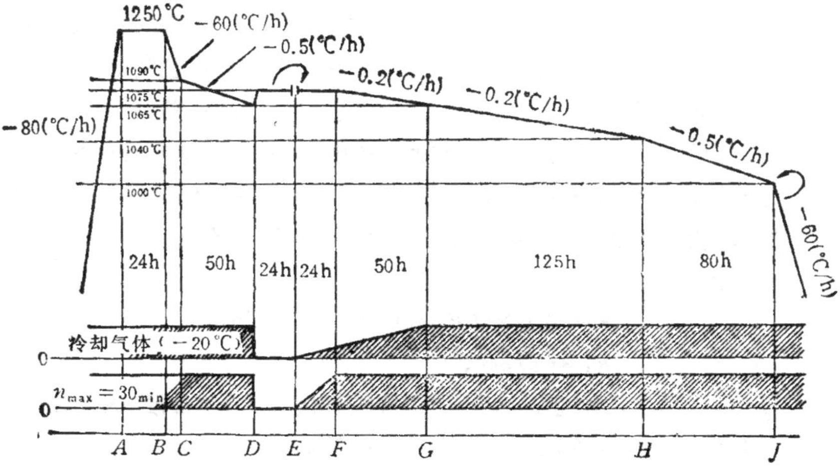


图5.39 球形坩埚生长石榴石晶体的温度控制程序[94]。

这样自发成核离开溶液，籽晶到位，并开始生长，到生长结束时再将晶体转回原籽晶起始位置，自然实现了晶体与溶剂的分离。由于坩埚是球形的具有更好的旋转对称性，因此在转动过程中所产生的热学和力学上的扰动将可减到最小，这就避免了初期快速生长中包裹体的形成。由于在生长过程中始终利用了加速坩埚转动技术（ACRT），因而通常可生长出具有很高品质的大晶体。

### 5.5.3 ACRT 技术

助熔剂生长技术在发展过程中由于不断与其它技术相结合，从而也不断获得改善。为促进溶质的扩散，减小边界层厚度，提高晶体生长速度，采用坩埚旋转技术[33]，使溶液在晶体生长过程中不断受到搅拌。在早期助熔剂溶液搅拌工艺中采用匀速旋转坩埚技术，后来证明搅拌作用很差。再匀速旋转时，坩埚中稳定的层状环流甚至阻碍了正常的扩散过程，使各部分的均匀混合时间比静止时靠扩散作用所需时间还要长得多。近些年来在助熔剂晶体生长中普遍采用加速坩埚旋转技术。实践证明，这种搅拌技术既方便，效果又好，在一定程度上还有减少成核和减少包裹缺陷的作用。

坩埚在加速旋转中，存在两种典型的流体力学过程，即螺旋型剪切扭变流和 Ekman 层流[97]。螺旋型剪切扭变流发生在坩埚突然停转时，接近坩埚壁的液体由于摩擦作用，其角速度很快降低，而中部的液体则由于惯性，其速度减小很慢。结果是，原来的环状层流之间产生剪切力，形成螺旋型液流环，使达到很好的混合。图 5.40 示出一根充满两种液体的圆管在匀速旋转时的状态，以及突然停转时形成的螺旋型剪切扭变流[97]。最有效的混合时间由下两式给出：

$$\tau = 0.1 \times (E_k\omega_0)^{-1} = 0.1\rho R^2/v, \tag{5.31}$$

$$E_k = v/\rho\omega_0, \tag{5.32}$$

这里，$\rho$ 为晶体密度，$\omega_0$ 为稳定旋转速度，$v$ 为粘滞度，$R$ 为坩埚半径，$E_k$ 称为 Ekman 数。对于一般助熔剂，$\tau \sim 250$s。

Ekman 层流是旋风中地面上的薄层空气，由于中心气压低，

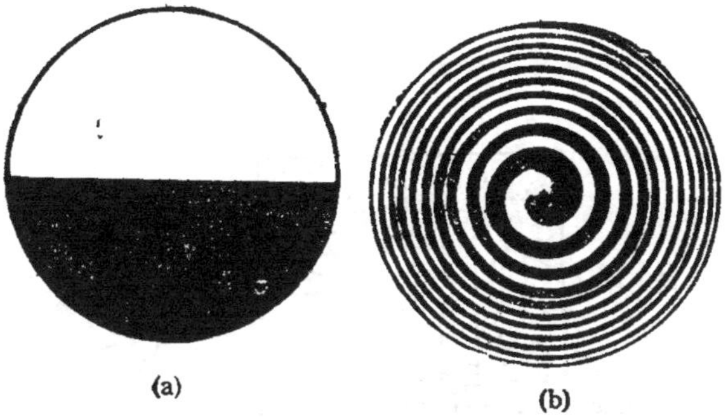


图 5.40 充满两种液体的圆管旋转使横截面的液流图样[97]
(a) 匀速转动 (b) 突然停转时,最后形成的螺线型剪切扭变流.

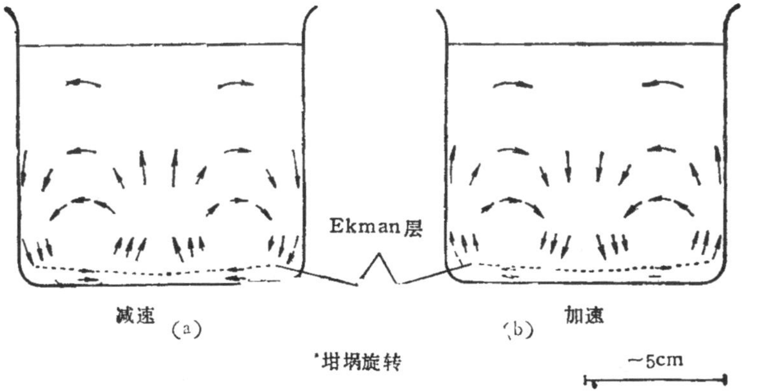


图 5.41 坩埚加速和减速旋转时,形成的 Ekman 层流[10].
(a) 减速; (b) 加速.

周围气压高,产生一种从地面四周流向中心,然后上升的气流。类似的情况也发生在加减速旋转的坩埚中,坩埚减速时由于坩埚底部摩擦力的存在,形成 Ekman 层,周围液体与中心部分液压差不能被离心力平衡,结果向底部中心流动,在中心形成一股向上的液流。图 5.41(a) 示出了这种情况。当坩埚加速旋转时,在底部 Ekman 层由于离心力的影响,发生相反的情况,液体由底部中心往外流,液流又由上部中心往底部中心流动[图 5.41(b)]. Ekman 层流只在加速、减速旋转过程中形成。一旦开始匀速旋转,则在经

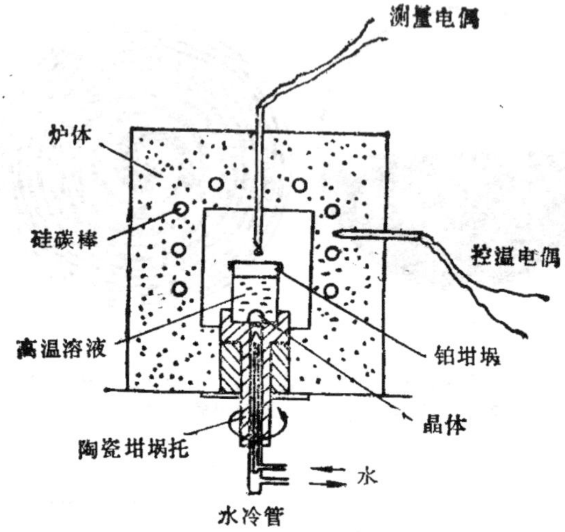


(a)

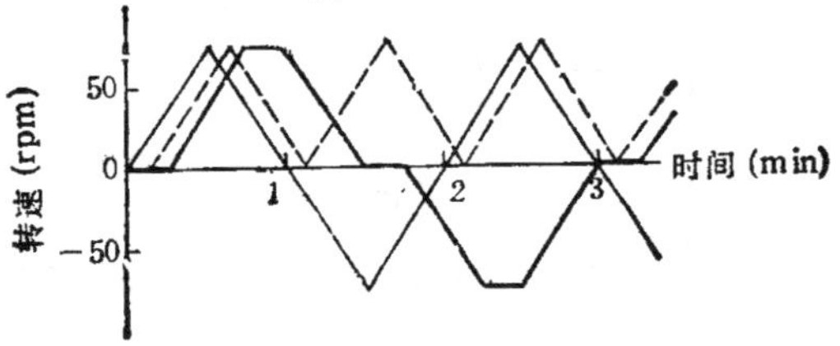


(b)

图 5.42 (a) 加速旋转坩埚加底部冷却的装置示意图;
(b) 几种加速旋转坩埚的方案[98].

历时间 $\tau$ 后即行消失,这里

$$\tau = E_k^{1/2}\omega_0^{-1} = R(\rho/v\omega_0)^{1/2}. \tag{5.33}$$

对于一般助熔剂, $\tau \sim 30$s. 考虑到上述两种作用,为了有效地搅拌溶液,坩埚加速和减速旋转周期一般选为 1～2min, 最大转速为 60—100r/min. 加速旋转坩埚搅拌技术效果很好, 减小了边界层厚度,提高了晶体的生长速度[98]. 助熔剂溶液中,只靠浓度梯度驱动的溶质扩散,其边界层厚度估计是在 1.7cm 左右,晶体最大线生长速率为 0.05—0.3nm/s. 靠温度梯度驱动的溶质扩散,边界层厚度约为 $6 \times 10^{-2}$cm, 线生长速度约为 20—80 埃/秒. 采用加速坩埚旋转技术后，边界层厚度可减小到 $1.2 \times 10^{-2}$—$1.2 \times 10^{-3}$cm，线生长速度提高到 100—500nm/s[48]。坩埚旋转时，由于溶液不断冲刷晶面，使包裹缺陷大大减少。搅拌可使溶质浓度变均匀，减少了出现局部过冷的可能性，因此减少了在晶体生长过程中继续出现自发成核形成的小晶粒或其它晶相局部析出的可能。

最成功的助熔剂缓冷法生长晶体技术之一是同时采用加速坩埚旋转和底部冷却[45,48,98,99]，图 5.42 示出了这种装置的示意图及交替加速、减速旋转的几种方案。

### 5.5.4 诱导条纹技术（ISM）

晶体生长领域中最重要的参量之一是生长率。但从理论上得出的速率往往与实际的速率是不大一样的，而且每个时刻的瞬时速率与实验后测得的平均速率是很不相同的。这种瞬时速率的测定对于晶体生长动力学的研究和生长实践都是极有意义的，因此应该精确地测定它。正如在 5.3.1 节中所提到的那样，借助诱导条纹技术就可实现这种测定。利用这种技术可以测定各个晶面的移动速度，而不需进行界面的光学观察和测量晶体的重量，这对于密封坩埚中的高温溶液晶体生长速率的测定显然是极为有利的（对于使用高压釜的水热法生长也同样）。诱导条纹的产生反映了输入参量的确定变化。生长温度的变化可引起生长速率的变化，从而引起生长晶体化学成分的变化。也就是说，生长温度的波动会对生长速率(从而对生长晶体成分)进行调制。这种成分的不均匀性可用化学侵蚀的方法和若干物理方法(如光学显微镜、X射线形貌术和放射显影法）等揭示出来。这样，生长率即可用两次温度(加热电流或其它的引起生长率变化的参量的)脉冲的间隔时间除相应两条纹之间的距离来确定。图 5.43 示出了一个在缓冷法生长的 YIG 晶体中由替位掺质 Ga 产生的诱导条纹的例子。在这个例子中，首先用脉冲高度为 6K，然后为 14K 的脉冲来诱导条纹，两种脉冲宽度都为 54min。冷却速率为 −5.3K/h，90K/h，−0.53K/h 和 −5.3K/h。在第一降温程序段内将条纹发生器关断

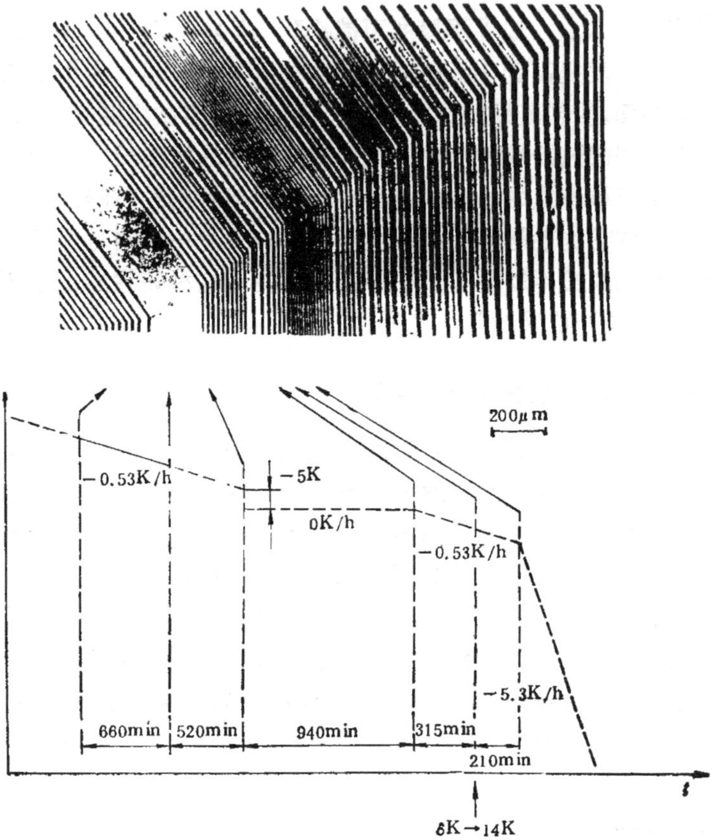


**图 5.43** 掺有替位式的 Ga 原子的 YIG 单晶中的诱导条纹和降温程序；脉冲宽度 $\Delta t = 54\text{min}$(经化学腐蚀的晶体切片的光学显微相)[100].

660min。在第二程序段开始处让温度突变−5K。另一例子的条纹、降温程序和温度脉冲施加情况的细节如图 5.44 所示。

如果正温度脉冲的振幅 $\Delta t$ 比晶体在溶液中的过冷度($T_l - T_e$)大，则会出现溶解条纹[100−102]。由于溶解优先发生在尖角和边棱上，因而这时角、边将会变圆。其后的再生长就发生在这被溶解造成的原子级的粗糙界面上直到变圆的区域被充满，生长面完成为止。从粗糙向光滑面的过渡将在变圆区域上形成“屋脊”，如图 5.45 所示。当溶解侵袭太严重时则会出现包裹体，这种溶解也会

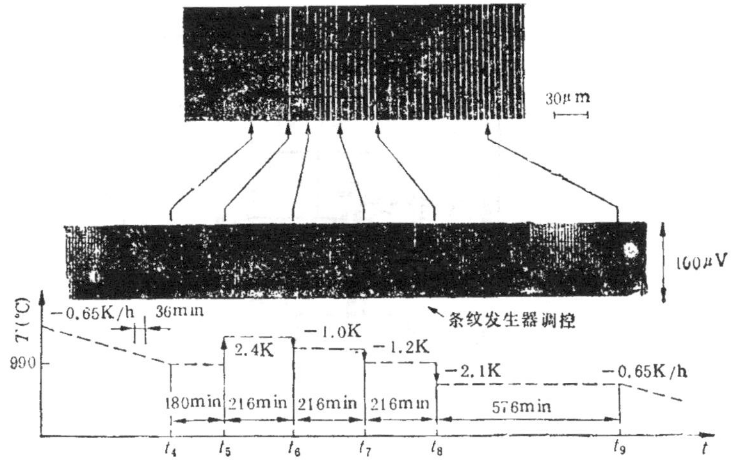


图 5.44 掺有替位式的 Ga 原子的 YIG 单晶中，由高为 1.1K，宽为 36min 的温度脉冲所产生的诱导条纹（经化学腐蚀的晶体切片的光学显微 x 照片），和降温程序以及温度记录曲线[100]。

图 5.45 具有包裹体的溶解条纹边棱区域（经化学侵蚀的 YIG 切片的扫描电镜照片）[101]。

伴随着晶体中成分的变化。因而也同样会产生诱导条纹。

对于 $\Delta t \leqslant (T_l - T_e)$ 生长率仍然是正的，则会出现正常的

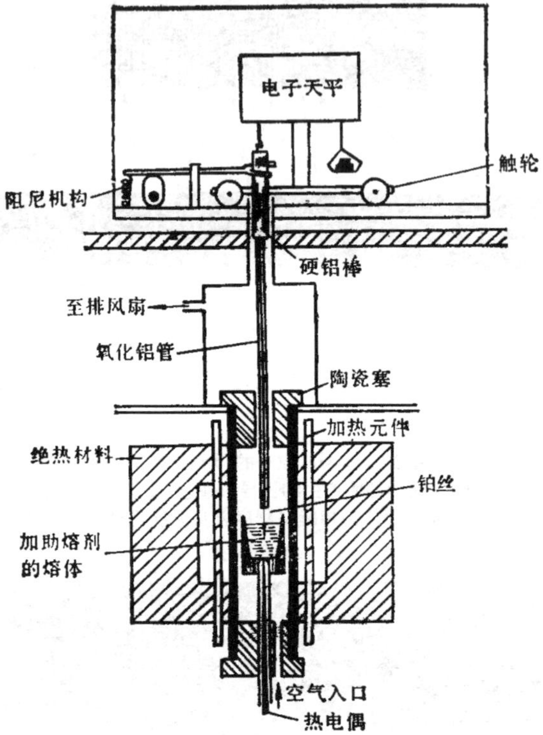


图 5.46 配有热重仪的高温溶液晶体生长研究装置[4]

具有鲜明的角、边的条纹。这样，过冷度 ($T_l - T_e$) 就可用施加一些具有不同振幅的温度脉冲，并对这些脉冲产生的条纹结构进行分析来测定。

### 5.5.5 热重分析法

过饱和温度大多是用将熔体迅速淬火的方法来测定。一次实验仅仅只能测出溶解度曲线上的一个点。Smith 和 Elwell 测定了悬挂在灵敏电子天平上的正在生长的晶体的重量的变化[24]。这个方法已被其他人用来从事测定过饱和温度和进行晶体生长动力学的研究[103]。这已在 5.3.1 节中述及过了。图 5.46 示出了这种装置的较为详细的结构示意，关于详情请参阅有关文献[4,38]。

## 参 考 文 献


[1] J. P. Remeiks, *J. Am. Chem. Soc.*, **76**, 940(1954).

[2] J. W. Nielsen, E. F. Dearborn, *J. Phys. Chem. Solids*, **5**, 202(1958).

[3] D. Elweel, R. W. Neate, *J. Mater. Science*, **6**, 1499 (1971).

[4] D. Elweel, R. D. Dowson, *J. Crystal Growth*, **13/14**, 555(1972).

[5] P. Gornert, *J. Crystal Growth*, **52**,88 (1981).

[6] P. Gornert, *Prog. Crystal Growth and Charact.*, **20**, 263 (1990).

[7] Тимофеева, В. А. Кристаллов из Растворов Расплавов,Изд. Наука, Москва (1978).

[8] B. N. Wanklyn, *J. Crystal Growth*, **65**, 533 (1983).

[9a] J. C. Brice, The Growth of Crystals from the Liquid, Chap. 10, (1973).

[9b] J. C. Brice, Crvstal Growth, Chap. 7, Blackie Halsted Press (1986).

[10] D. Elwell, H. J. Scheel, Crystal Growth from High-Temperature Solutions, Academic Press, London (1975).

[11] B. R. Pamplin, Crystal Growyh, Chap. 6 and Chap. 7, Pergamon Press (1975).

[12] 张克从，张乐惠主编，晶体生长，科学出版社，第五章贾惟义 (1981).

[13] P. F. Bordui, G. D. Calvert, R. Blachman, *J. Crystal Growth*, **129**,371 (1993).

[14] E. M. Levin, et al., Phase Diagrams for Ceramists the American Ceramic Soc. (1969).

[15] A. M. Alper, Phase Diagrams, **I—III**, Academic Press (1970).

[16] R. Hiskes, et al., *J. Elec. Mat.*, **1**, 458 (1972).

[17] P. Capper, D. Elwell, *J. Crystal Growth*, **26**, 65 (1974).

[18] J. S. Berkes, et al., *J. Crystal Growth*, **6**, 29 (1969).

[19] I. M. Coe, D. Elwell, *J. Crystal Growth*, **23**, 345 (1974).

[20] D. Elwell, et al., *J. Crystal Growth*, **24/25**, 651 (1974).

[21] A. E. Morgan, *J. Crystal Growth*, **27**, 266(1974).

[22] V. A. Timofeeva, *J. Crystal Growth*, **3/4**, 496(1968).

[23] D. Elwell, et al., *J. Physics*, **E4**, 775(1971).
D. Elwell, et al., *J. Thermal Analys.*, **1**, 319 (1969).

[24] S. H. Smith, D. Elwell, *J. Mat, Sci.*, **2**, 297(1967).

[25] D. Elwell, et al., *J. Crystal Growth*, **16**, 67(1972).

[26] В. А. Тимофеева, Т. С. и Конькова, *Кристаллография*, **13**, 567 (1968).

[27] 梁敬魁，相图与相结构(相图的理论、实验和应用)，上册，科学出版社(1993).

[28] H. D. Jonker, *J. Crystal Growth*, **28**, 231(1975).

[29] S. L. Blank, J. W. Nielsen, *J. Crystal Growth*, **17**, 302 (1972).

[30] Ю. Л. Сапожников, А. Г. Титова, *Неорганицеские Материалы*,

VIII, 137(1972).
[31] В. А. Тимофеева, Н. И. и Лукьянова, *Кристаллография*, **14**, 884 (1969).
[32] H. H. Quon, et al., *Mat. Res. Bull.*, **6**, 1175(1971).
[33] J. W. Nielsen, *Electronics*, **37**, 44(1964).
[34] 中国科学院物理研究所磁性单晶组，物理学报，**25**，373(1976).
[35] R. C. Linares, *J. Amer. Ceram. Soc.*, **45**, 119(1962).
[36] R. A. Laucise, The Growth of Single Crystals Prentice-Hall. Inc. (1970).
[37] H. Lydtin, Chemical Vapour Deposition Second Inter National Conference, *J. M. Blocher, J. C. Withers*, eds.,The Electrochemical Society Inc. (1970).
[38] D. Elwell, P. Capper, M. D'Agostino, *J. Crystal Growth*, **29**, 321 (1975).
[39] A. A. Chernov, *Soviet Phys. Crystallog.*, **16**, 734 (1972).
[40] B. M. Wanklyn, *J. Crystal Growth*, **65**, 523(1983).
[41] B. M. Wanklyn, S. H. Smith, B. J. Garrard, *J. Crystal Growth*, **63**, 77(1983)
[42] P. Gornert, E. Wende, *Phys. Stat. Sol.*, (a) **37**, 505(1976).
[43] D. Elwell, Crystal Growth in Science and Technology, H. Alrend, J. Hulliger eds, NATO ASI Series, Ser. B: Physics, **210** (1989).
[44] P. Gornert, E. Sinn, Crystal Growth of Electronic Materials, E. Kaldis, ed.,Elsevier, Amsterdam, 23 (1985).
[45] W. Tolksdorf, F. Wels, *J. Crystal Growth*, **13/14**, 566(1972).
[46] H. J. Scheel, D. Elwell, *J. Crystal Growth*, **12**, 153 (1972).
[47] H. J. Scheel, D. Elwell, *J. Electrochem. Soc.*, **120**, 818(1973).
[48] H. J. Scheel, *J. Crystal Growth*, **13/14**, 560(1972).
[49] N. Hemmat, et al., *Mats. Eng.*, **112**(1970).
[50] R. O. Bell, F. Wald, *Proc. Int. Symp. Cd Te*, **VI**(1) (1971).
[51] C. Belin, et al., *J. Crystal Growth*, **13/14**, 597(1972).
[52] W. G. Cochran, *Proc. Camb. Phil. Soc.*, **30**, 365(1934).
[53] J. A. Burton, R. C. Prim, W. F. Slichter, *J. Chem. Phys.*, **21**, 1987 (1953).
[54] K. Millsaps, K. Pohlhausen, *J. Aero. Sci.*, **20**, 187(1953).
[55] G. K. Batchelor, An Introduction to Fluid Dynamics, Cambridge Univ. Press (1967).
[56] J. C. Brice, The Growth of Crystals from Liquids, N. Holland, Amsterdam (1973).
[57] R. Chez, E. A. Giess, *Mat. Res. Bull.*, **8**, 31(1973).
[58] S. L. Blank. J. W. Nielsen, *J. Crystal Growth*, **17**, 302(1973).
[59] S. Kright, et al., *Mat. Res. Bull.*, **9**, 893(1974).
[60] A. E. Carlson, Growth and Perfection of Crystals, R. H. Doremus, B. W. Roberts, D. Turnhull, eds, Wiley, New York, 421(1958).
[61] L. De Brouckere, et al., *J. Crystal Growth*, **40**, 271(1977).

[62] J. C. Brice, *J. Crystal Growth*, **1**, 161(1967).
[63] R. A. Laudise, The Art and Science of Growing Crystals, J. J. Gilman, ed, Wiley, 252(1963).
[64] D. Elwell, Crystal Growth, B. R. Pamplin, ed, 185(1975).
[65] C. M. Cobb, E. B. Wallis, *AFCRL Rept. AD*, **655**, 388(1967).
[66] J. Lvapil, V. John, M. Vichr, Growth of Crystals, ed. N.N.Sheftal, **7**, 233(1969).
[67] R. A. Laudise, The Art and Science of Growing Crystals, ed. J. J. Gilman, Wiley, N. Y., 252 (1963).
[68] P. Hergt, P. Gornert, *Phys, Stat. Sol.*, **(a)21**, 77(1974).
[69] D. Elwell, A. W. Morris, *J. Mater. Sci.*, **14**, 2139(1979).
[70] B. M. Wanklyn, et al., *J. Crystal Growth*, **70**, 459(1984).
[71] E. A. D. White, Technique of Inorganic Chemistry, **IV**, H. B. Jonassen, A. Weisaberger, ed, 31(1965).
[72] W. H. Grodkiewies, D. J. Nitti, *J. Am. Ceram. Soc.*, **49**, 576(1966).
[73] B. M. Wanklyn, *J. Mat. Sci.*, **7**, 813(1972).
[74] H. W. Newkirk, D. K. Smith, *Am. Min.*, **50**, 44(1965).
[75] C. H. Finch, G. W. Clark, *J. Crystal Growth*, **6**, 245(1970).
[76] R. C. Linares, *J. App. Phys.*, **35**, 433(1964).
[77] M. Kestigian, *J. Am. Ceram. Soc.*, **50**, 165(1967).
[78] G. A. Bennett, *J. Crystal Growth*, **3/4**, 458(1968).
[79] S. H. Smith, D. Elwell, *J. Crystal Growth*, **3/4**, 471(1968).
[80] G. Pfann, *Zone Melting*, Wiley, New York (1966).
[81] W. A. Tiller, *J. Appl. Phys.*, **34**, 2757(1963).
[82] W. A. Tiller, *J. Appl. Phys.*, **34**, 2763(1963).
[83] W. A. Tiller, *J. Appl. Phys.*, **36**, 261(1965).
[84] R. W. Hamaker, W. B. White, *J. Appl. Phys.*, **39**, 1758(1968).
[85] I. F. Nicolau, *J. Mater Sci.*, **5**, 623(1970).
[86] J. J. Brissot, C. Belin, *J. Crystal Growth*, **8**, 213(1971).
[87] L. H. Brixner, K. Babeoek, *Mat. Res. Bull.*, **3**,817(1968).
[88] E. A. Weaver, C. T. Li, *J. Am. Ceram. Soc.*, **52**, 335(1969).
[89] H. Von Philipsborn, *J. Crystal Growth*, **9**, 296(1971).
[90] L. K. Shick, A. R. Von Neida, *J. Crystal Growth*, **5**,313(1969).
[91] D. Elwell, P. Capper, M. D'Agostino, *J. Crystal Growth*, **29**, 263 (1975).
[92] W. A. Bonner, E. F. Dearborn, L. G. van Uitert, Crystal Growth, ed., H. S. Peiser, Pergamon Press, Oxford, 437(1967).
[93] T. Sasaki, A. Miyamoto, A. Yokotani, N. Sadao, *J. Crystal Growth*, **128**, 950(1993).
[94] W. Tolksdorf, F. Welz, Crystals: Growth, Propertiees, and Applications, **1**, ed., C. J. M. Rooijmans, Springer (1978).
[95] D. Elwell, Crystal Growth, B. R., Pumplin, eds, 2nd Edition, Pergamon Press, Oxford (1980).
[96] A. Authier, et al, Fluid Sciences and Materiaks Science in Space,

Walter, H. U., eds, Springer-Verlag (1987).
[97] E. O. Schulz-Dubois, *J. Crystal Growth*, **12**, 81(1972).
[98] H. J. Sheel, E. O. Schulz-Dubois, *J. Crystal Growth*, **8**, 304(1971).
[99] W. H. Grodkiewics, et al., Crystal Growth, H. S. Peiser, ed., 441 (1967).
[100] P. Gornert, *Kristall und Technik*, **15**, 627(1980).
[101] R. Hergt, M. Wendt, P. Gornert, S. Bornmann, *Phys. Stat.Sol.*, (a) **35**, 347(1976).
[102] P. Gornert, S. Bornmann, R. Hergt, *Phys. Stat. Sol.*, (a)**35**, 583 (1976).
[103] T. B. Bruton, E. A. D. White, *J. Crystal Growth*, **19**, 341(1972).

# 第六章　从熔体中生长晶体

姜彦岛　常英传　任绍霞

从熔体中生长晶体的研究已有很长的历史了．自从上一世纪末到本世纪20年代，熔体生长的几种主要方法就已陆续建立，其中焰熔法生长宝石的研究最早获得了工业上的应用．40年代晶体管的研制成功，60年代红宝石受激发射的发现，以及近年来以单晶为基底的大规模集成电路、集成光路、铁电薄膜和超导薄膜的迅速发展，都对单晶提出了更高的要求，即大尺寸、高质量和多品种．这些晶体的生长以及单晶纤维的制备也对生长设备提出了更精密的要求．这些不同的需求对熔体生长的技术、工艺和理论的发展都起了巨大的推动作用．反之，现代科学技术的发展也使原来人们梦寐以求的生长方法得以实现．所以熔体生长的工艺和科学的日益成熟，对于存储、计算、通信、传感、激光和太阳能利用等现代化技术发展产生了并将继续产生决定性的影响．

从熔体中生长晶体是制备大单晶和特定形状的单晶最常用的和最重要的一种方法，电子学、光学等现代技术应用中所需要的单晶材料，大部分是用熔体生长方法制备的（例如 Si，Ge，GaAs，GaP，$LiNbO_3$，Nd：YAG，Nd，Cr：GSGG，$Al_2O_3$，$LaAlO_3$ 等以及某些碱金属和碱土金属的卤族化合物等），许多晶体品种早已开始进行不同规模的工业生产．

除熔体生长外，制备晶体常用的方法还有溶液生长（常温溶液生长和高温溶液生长-助熔剂法）、气相生长和固相生长．与这些方法相比，熔体生长通常具有生长快、晶体的纯度和完整性高等优点[1]．

目前熔体生长的工艺和技术已发展到相当成熟的程度，对生产过程的了解也日益深入．硅单晶年产量约 $1 \times 10^8$ kg（即 1 万吨)，大直径、高品质的硅单晶、Nd:YAG 和 Ti:$Al_2O_3$ 激光单晶，以及各种光学用晶体和外延用基底材料（如 MgO，$SrTiO_3$，$Al_2O_3$，$LaAlO_3$ 等)的商品化，这些都是上述成就的实例．然而，单晶的重要价值并不限于技术应用方面，实践证明，利用单晶样品可以最有效地研究固体的某些性能，从而为科学技术的进步和发展奠定基础．因此，随着固体器件和固体理论的发展，熔体生长的工艺和技术无疑将会进一步发展．此外，对生长机制进行深入探讨，将使理论模型更加接近于真实的生长过程．可以肯定，理论和实际的结合将使我们能够科学地控制生长过程，以得到高质量的晶体，同时也能够生长更多的难以制造的新材料．

熔体生长所涉及的内容极其丰富，本章仅就熔体生长的方法和原理作一简单介绍，并着重讨论提拉法和坩埚下降法．显然，要想深入地了解某些问题，尚需查阅本文中所介绍的有关文献．

## §6.1 熔体生长过程的特点

通常，当一个结晶固体的温度高于熔点时，固体就熔化为熔体；当熔体的温度低于凝固点时，熔体就凝固成固体（往往是多晶)．因此，熔体生长过程只涉及固-液相变过程，这是熔体在受控制的条件下的定向凝固过程．在该过程中，原子(或分子)随机堆积的阵列直接转变为有序阵列，这种从无对称性结构到有对称性结构的转变不是一个整体效应，而是通过固-液界面的移动而逐渐完成的．

熔体生长的目的是为了得到高质量的单晶体，为此，首先要在熔体中形成一个单晶核(引入籽晶，或自发成核)，然后，在晶核和熔体的交界面上不断进行原子或分子的重新排列而形成单晶体．只有当晶核附近熔体的温度低于凝固点时，晶核才能继续发展．因此，生长着的界面必须处于过冷状态．然而，为了避免出现新的晶核和避免生长界面的不稳定性（这种不稳定性将会导致晶体的结构无序和化学无序），过冷区必须集中于界面附近狭小的范围之内，而熔体的其余部分则处于过热状态．在这种情况下，结晶过程中释放出来的潜热不可能通过熔体而导走，而必须通过生长着的晶体导走．通常，使生长着的晶体处于较冷的环境之中，由晶体的传导和表面辐射导走热量．随着界面向熔体发展，界面附近的过冷度将逐渐趋近于零，为了保持一定的过冷度，生长界面必须向着低温方向不断离开凝固点等温面，只有这样，生长过程才能继续进行下去．另一方面，熔体的温度通常远高于室温，为了使熔体保持适当的温度，必须由加热器不断供应热量．上述的热传输过程在生长系统中建立起一定的温度场（或者说形成一系列等温面），并决定了固-液界面的形状．因此，在熔体生长过程中，热量的传输问题将起着支配的作用．此外，对于那些掺质的或非同成分熔化的化合物，在界面上会出现溶质*分凝问题．分凝问题由界面附近溶质的浓度所支配，而后者则取决于熔体中溶质的扩散和对流传输过程．因此，溶质的传输问题也是熔体生长过程中的一个重要问题．

从熔体中生长晶体，一般有下述两种类型：

(1) 晶体与熔体有相同的成分．纯元素和同成分熔化的化合物(具有最高熔点)属于这一类，这类材料实际上是单元体系．在生长过程中，晶体和熔体的成分均保持恒定，熔点亦不变．这类材料容易得到高质量的晶体(例如 Si，Ge，$Al_2O_3$，YAG 等)，也允许有较高的生长率．

(2) 生长的晶体与熔体成分不同．掺杂的元素或化合物以及非同成分熔化的化合物属于这一类．这类材料实际上是二元或多元体系．在生长过程中，晶体和熔体的成分均不断变化，熔点(或凝固点)也随成分的变化而变化，熔点和凝固点不再是一个确定的数值，而是由一条固线和一条液线所表示．这一类材料要得到均

* 此处的溶质是指杂质、掺质或化合物中的某一组分，以下同．

匀的单晶就困难的多。这些材料可以形成连续固溶体，但多数材料只有有限的固溶度，一旦超过固溶限，将会出现第二相沉淀物，甚至出现共晶或包晶反应，使单晶的生长受到破坏。

此外，熔体生长过程中不仅存在着固-液平衡问题，还存在着固-气平衡和液-气平衡。那些蒸气压或离解压较高的材料（例如 Nd:$YVO_4$,GaAs 等），在高温下某种组分的挥发将使熔体偏离所需要的成分，而过剩的其他组分将成为有害的杂质。生长这一类的晶体将增加技术上的困难。

再者，晶体生长完毕以后，必须由高温降至室温，有些材料在这一温度范围内有固态相变（包括脱溶沉淀和共析反应），这也给晶体生长带来很大的困难[122]。

因此，只有那些没有破坏性相变，又具有较低的蒸气压或离解压的同成分熔化的化合物（包括纯元素）才是熔体生长的理想材料，用熔体生长方法可以方便地得到这类材料的高质量单晶。

不能满足上述条件的材料虽然难以生长，但是随着生长技术和理论的发展，这类材料中，有许多品种已经得到了优质晶体，尽管晶体的均匀性和完整性受到了一定程度的损害。然而，有些材料则不能采用熔体生长技术。众所周知，压电和光学应用的基础材料——水晶，由于在熔点以下具有一系列相变，只能用水热法生长。光折变晶体 $BaTiO_3$（四方相），因其高温相不是所需要的相，所以它们虽是同成分熔化的化合物，但也不能采用一般的熔体法生长，而只能用助熔剂法或熔剂提拉法生长。重要的双折射晶体方解石（$CaCO_3$）由于离解压较高，也不能采用熔体生长技术。采用溶液法（包括熔剂法）或水热法生长的主要目的是为了降低生长温度到相变点以下，或者为了改变材料体系的相平衡关系。用这些方法，生长率通常是很低的。例如，用 $LiCO_3$ 作为助熔剂，用浮区法的装置生长方解石晶体 [$\phi$25 (mm)]，其生长率只有 0.08 (mm/h)[2]。

## §6.2 熔体生长的一般原理

### 6.2.1 结晶过程的驱动力

结晶固体区别于其熔体的主要标志是前者具有结构的对称性。一种或多种原子的规则排列构成了晶体点阵，点阵的对称性决定了各个原子的平均位置，原子对之间的结合力使晶体成为刚性的固体。要使结晶固体转变为熔体，需要提供能量来削弱这种结合力，使原子脱离点阵所决定的平均位置而随机分布。通常，采用加热的办法使固体在其熔点温度完成这一转变，所施加的热量就是熔化潜热（$L$)。当熔体凝固时，这部分潜热又被释放出来，以降低系统的自由能，只有自由能减小时，晶体才能生长。因此，被释放的自由能，即固、液两相之间自由能的差值 $\Delta G$ 是结晶过程的驱动力。

吉布斯自由能可表示为

$$G = H - TS,$$

式中 $H$ 为焓，$S$ 为熵，$T$ 为绝对温度。

在固-液平衡温度 $T_e$，两相之间自由能的差值为零，即

$$\Delta G = (H_S - T_e S_S) - (H_L - T_e S_L) = 0, \tag{6.1}$$

于是

$$T_e(S_L - S_S) = (H_L - H_S),$$

即

$$\Delta S = \Delta H / T_e, \tag{6.2}$$

下标 $S$ 和 $L$ 分别表示固相和液相，$\Delta S$ 是熔化时熵的变化（即熔化熵），$\Delta H$ 是熔化时焓的变化(即熔化潜热)。

当温度不是平衡温度时(即系统的实际温度 $T$ 不等于 $T_e$)，差值 $\Delta G$ 为

$$\Delta G = \Delta H - T\Delta S. \tag{6.3}$$

将式(6.2)代入式(6.3)，即得到

$$\Delta G = \frac{\Delta H (T_e - T)}{T_e}. \tag{6.4}$$

熔体凝固时，定压比热 $c_p$ 有变化，从而影响焓的变化。自由能变化的精确表示式为[3]

$$\Delta G = \left(\Delta H - \frac{1}{2}\Delta c_p \Delta T\right)\frac{\Delta T}{T_e}, \tag{6.5}$$

式中 $\Delta c_p$ 是固、液两相比热的差值，$\Delta T = T_e - T$ 是过冷度。

在一般情况下，一个晶体-熔体系统，究竟是熔化还是凝固呢？我们知道，一种材料若能以两种相存在时，则自由能较小的一个相是稳定相，也就是说，系统总是向着自由能减小的方向发展，于是 $\Delta G$ 应该是一个负值。对于熔化过程来说，$\Delta H$ 为正值（系统吸收热量），而 $T_e$ 总是正值（$T$ 为绝对温度），于是，根据式(6.4)，只有当 $T_e - T$ 为负值时，才能使 $\Delta G < 0$，即 $T > T_e$ 是熔化的必要条件。同样，对于凝固过程，$\Delta H$ 为负值（系统释放热量），因此，只有当 $T_e - T > 0$ 时，才能使 $\Delta G < 0$，即 $T < T_e$ 是从熔体中生长晶体的必要条件。图 6.1 所示的是对上述问题所作的直观说明。

对于结晶过程，式(6.4)可以写成

$$\Delta G = -\left(\frac{L}{T_e}\right)\Delta T, \tag{6.6}$$

式中 $L$ 为熔化潜热，而 $\Delta T = T_e - T$ 是过冷度。

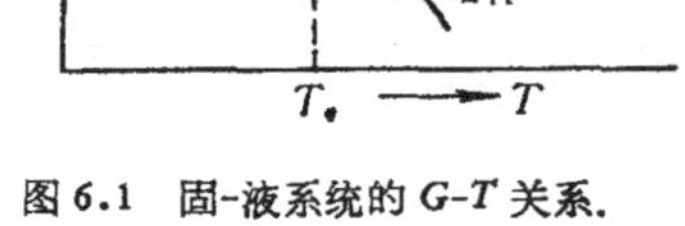


图 6.1　固-液系统的 G-T 关系.

上面的讨论是假定系统中原来就有固-液界面，而没有考虑形成固-液界面对系统自由能的影响。如果系统中原来不存在固-液界面（或固-液界面不断扩大），新界面的形成需要能量，此时，结晶过程所释放的潜热，部分转化为界面的表面能，即结晶驱动力减小了。在某种情况下，形成新界面所需的能量可能会接近于 $\frac{L\Delta T}{T_e}$，这时，实际的结晶驱动力将变为零，在这种情况下，尽管熔体的温度低于凝固点，但是固相不能够形成．所以只有加大 $\Delta T$ 才能增大结晶驱动力，因此，对于自发成核系统在结晶的起始阶段必须提供很大的过冷度．

另外，当籽晶和生长的晶体晶格不匹配时，释放的自由能部分地变为应变能，从而使结晶驱动力下降．文献[1]中指出：如果晶体和籽晶晶格不匹配，那么所释放的自由能减少的数值为 $\frac{V_m Y}{1-\nu_0}\left(\frac{\Delta a}{a}\right)^2$，式中 $V_m$ 是摩尔体积，$Y$ 是杨氏模量，$\nu_0$ 是泊松比，$\Delta a$ 是点阵常数 $a$ 的强制变化．随着晶体的生长，$\Delta a$ 减小了，但切应变却随 $\Delta a$ 的减小而增大(即随晶体的生长而增大)．这就使涉及初始失配的上式增加了一个因子 $1+L^2/aR$（$L$ 为生长厚度，$R$ 为籽晶半径，且 $L \ll R$）．因此，当晶体长到某一厚度时，总的应变能就可能等于释放的自由能，在这个厚度，晶体停止生长．和上面所说的一样，只有加大 $\Delta T$，才能继续生长．

结晶过程中释放出来的潜热，也必须从固-液界面处导走，如果这部分热量不能全部导走，界面附近的温度将会升高，于是 $\Delta T$ 减小，从而减小了结晶驱动力．当 $T = T_e$ 时，$\Delta G = 0$，这时晶体停止生长．

### 6.2.2 物质传输、分凝和溶质分布

除了纯材料(纯元素或同成分熔化的化合物)之外，通常，熔体和其中生长的晶体具有不同的成分，这表明在凝固过程中存在着组分分凝问题．为方便起见，将材料中的杂质、掺质(掺杂剂)或材料的某种组分都称为溶质，而将材料的其余组分(或主要组分)称为溶剂，这样，我们就可以用溶质的浓度来描述凝固过程的分凝问题．当然，这里所说的溶质和溶剂与溶液生长有所不同，对熔体生长而言，溶质和溶剂均为结晶固体的组成部分．

(1) *熔点、凝固点和平衡温度*　假定某种成分的材料能够以熔态的形式存在而不分解或升华，那么，缓慢升高固态材料的温度，当达到某一温度 $T_m$ 时，材料开始熔化，于是 $T_m$ 称为该固态

材料的熔点．该成分的固态材料完全熔化以后，缓慢降低熔体的温度，当达到某一温度 $T_f$ 时，熔体开始凝固，于是 $T_f$ 称为该熔体的凝固点．熔点和凝固点都是固、液两相之间的平衡温度，熔点的温度是熔化过程中的两相平衡温度，凝固点的温度是凝固过程中的两相平衡温度，它们都是材料的成分的函数(分别用固线和液线来表示)．

对于纯材料，如纯元素(图 6.2 中的 $A$ 或 $B$)或同成分熔化的化合物(图 6.3 中的 $C$)．显然，$T_m = T_f = T_e$，$T_e$ 是固-液两相唯一的平衡温度．在熔化或凝固过程中，材料的成分不变，两相平衡温度也不变．在这种情况下，晶体及其熔体具有相同的成分，自然也就不存在所谓的分凝问题．这时影响平衡温度的因素是压力和固-液界面的形状．

平衡温度的变化 $\Delta T$(℃) 与压力的变化 $\Delta P$(N/cm²) 之间的关系由 Clapeyron 方程给出

$$\frac{\Delta T}{\Delta P} = \frac{T_e(V_2 - V_1)}{L}, \tag{6.7}$$

式中 $T_e$ 是平衡温度 (K)，$V_1$ 和 $V_2$ 分别是 1g 固体和 1g 熔体的体积 (cm³)，$L$ 为熔化潜热 (J/g)．

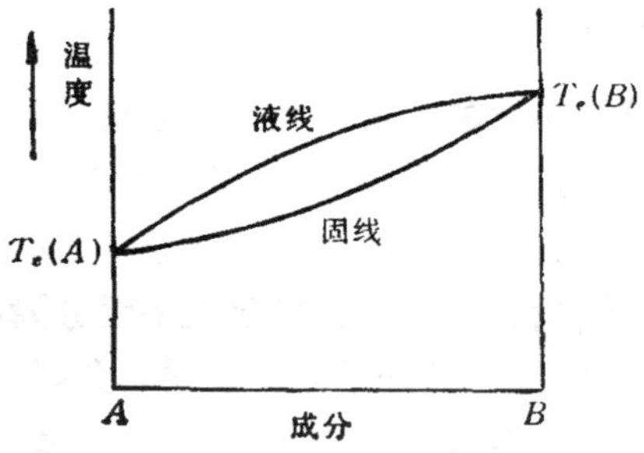


图 6.2 纯组元($A$ 或 $B$)的熔点和凝固点重合在一起．

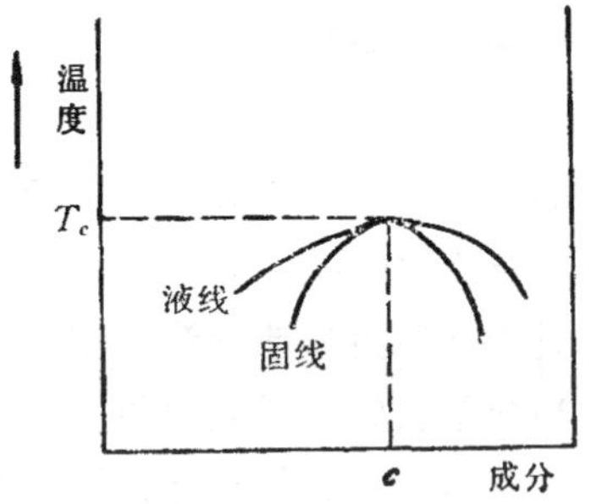


图 6.3 同成分熔化的化合物其熔点和凝固点重合在一起．

施加压力会促进比容小的那一个相的形成．大多数材料在熔化时都会发生膨胀，即固相的密度大(比容小)，因此，在这种情况下，提高压力将使 $T_e$ 升高．而另外有些材料，如水，Ge，Si 和 Bi，则有相反的特性．

假定平的固-液界面的平衡温度为 $T_e$．界面是半径为 $R$ 的曲面时，其平衡温度 $T_e$（曲），则

$$T_e(\text{曲}) = T_e + \frac{2\sigma T_e}{RL}, \tag{6.8}$$

式中 $\sigma$ 为表面张力，$L$ 为熔化潜热．

如果界面凸向熔体（曲率中心在固体一侧），则 $\left(\frac{2\sigma T_e}{RL}\right)$ 为一负值（$R$ 为负值）．因此，凸界面使平衡温度降低了．凹界面（曲率中心在熔体一侧）的情况正好相反．当讨论晶体微观生长率的稳定性时，应该考虑压力及界面形状的变化对平衡温度的影响．在通常情况下，上述两项因素的影响因其太微弱而可以忽略．这一点对于下面要讨论的不纯材料也是适用的．

对于不纯材料，平衡温度将随材料成分的变化而变化．与纯材料相反，固体的熔点和同一成分的熔体的凝固点不再重合，具有相同成分的固体和熔体不能处于平衡状态，或者说处于平衡态的固体和熔体是非同成分的．从图 6.4 中可以看出，固相（$C_2$）的熔点是 $T_2$，液相（$C_2$）的凝固点是 $T_1$．固相（$C_2$）与液相（$C_3$）处于平衡（平衡温度为 $T_2$），而液相（$C_2$）与固相（$C_1$）处处于平衡（平衡温度是 $T_1$）．

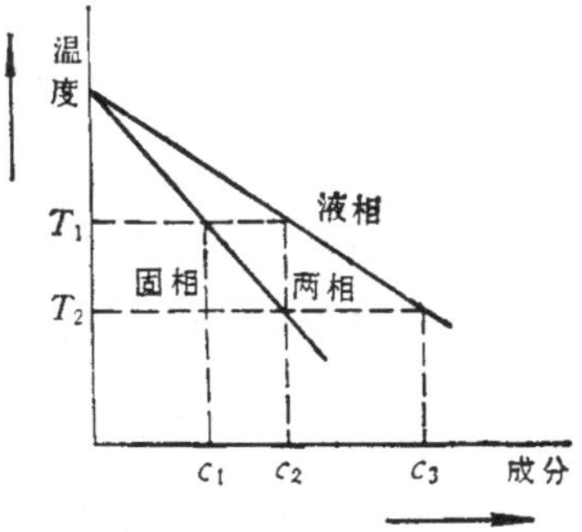

图 6.4　不纯的材料系统中平衡温度和材料成分的关系．

既然，平衡状态下晶体和熔体是非同成分的，这就意味着凝固过程中将出现分凝问题，即溶质的分凝和溶质沿晶体的特定分布的问题．

（2）**分凝系数**　结晶固体与其熔体之间的平衡，可以用溶质-溶剂体系的二元相图上的两条线（固线和液线）来表示．图 6.5(a)

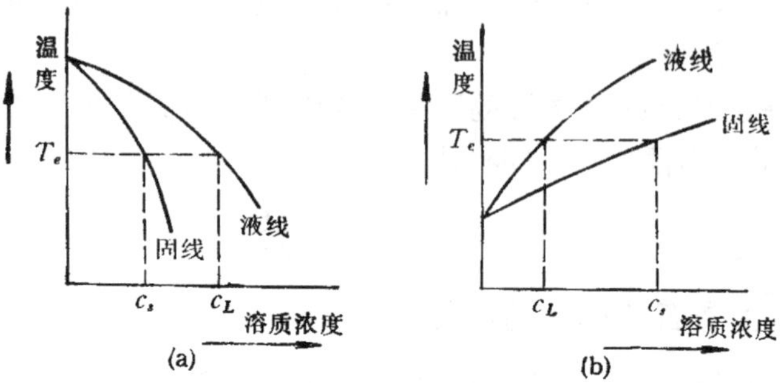


图 6.5 溶质-溶剂系统的固线-液线关系
(a) $k_0<1$; (b) $k_0>1$.

和 (b) 是相图的一部分，纵坐标表示温度 ($T$)，横坐标表示溶质浓度 ($c$)。液线是熔体凝固点与溶质浓度的关系曲线，在液线以上的熔体是稳定相. 固线是固体的熔点与溶质浓度的关系曲线，在固线以下的固体是稳定相. 两条线之间为两相共存区. 用平衡分凝系数 $k_0$ 可以方便地阐明固-液平衡的特点. $k_0$ 的定义是：当固-液两相处于平衡时，固体中的溶质浓度 $c_s$ 与熔体中的溶质浓度 $c_l$ 之比，即

$$k_0=\frac{c_s}{c_l}. \tag{6.9}$$

$k_0$ 取决于材料体系的特性，对于确定的体系，除溶质浓度很低的情况外，通常 $k_0$ 将随浓度而变化.

对于图 6.5(a) 而言，$k_0=\frac{c_s}{c_l}$ 小于 1，即固体排拒溶质；另外，随着溶质浓度的增加，体系的平衡温度降低. 对于 6.5(b) 而言，$k_0=\frac{c_s}{c_l}$ 大于 1，即固体排拒溶剂；另外，随着浓度的增加，体系的平衡温度升高. 显然，如果 $k_0=1$ 时，则表示是一个纯材料体系。

无论 $k_0<1$ 还是 $k_0>1$，当凝固时，晶体和熔体中的溶质浓度，将分别沿固线和液线向下移动，当起始浓度为 $c_l$ 的熔体开

始凝固时，最初凝固的固体，其浓度为 $c_s$。形成一定量的 $c_s$ 以后，熔体的浓度必然要产生相应的变化，于是熔体的浓度以 $c_l$ 为起点沿液线下降，而固体的浓度则以 $c_s$ 为起点沿固线下降。

对于大多数溶质而言，$k_0 < 1$. 下面将讨论这种常见的情况。

在平衡条件下，界面移动速率 $f$ 可以忽略不计，而且熔体中各处的溶质浓度是相同的。然而，在实际生长过程中总是偏离平衡态的，界面移动并不是十分缓慢，溶质的混合也不是十分充分。当 $k_0 < 1$ 时，最初界面排出溶质的速率大于溶质进入熔体主体的速率，于是界面附近的熔体将出现过剩的溶质，然而，随着界面附近溶质浓度的增大，溶质进入熔体主体的速率也逐渐增大，以至和界面排出溶质的速率相互平衡，此时，界面附近熔体中的溶质浓度 $c_{l(I)}$ 便达到了稳定值，并且高于熔体主体的浓度 $c_{l(B)}$（图 6.6）。因此，对于晶体生长过程而言，还需要提出下述另外两种分凝系数。

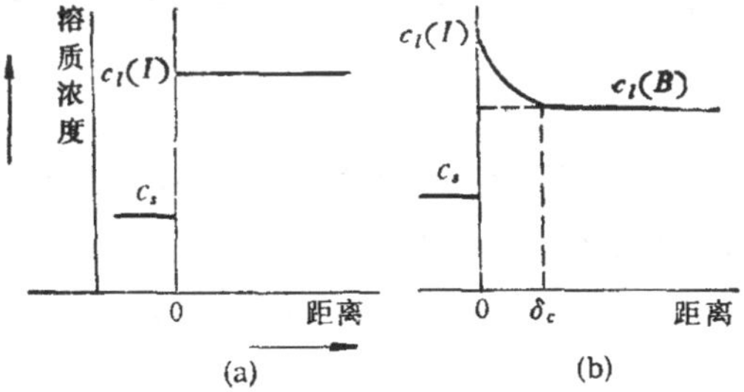


图 6.6 固-液界面附近的溶质浓度.
(a) 平衡状态； (b) 稳定生长状态.

界面分凝系数

$$k^* = \frac{c_s}{c_{l(I)}}, \tag{6.10}$$

有效分凝系数

$$k_e = \frac{c_s}{c_{l(B)}}. \tag{6.11}$$

只要熔体的体积远大于边界层的体积，那么 $c_{l(B)}$ 就可以用熔体的平均浓度 $c_l$ 来表示，后者是一个便于测量的浓度值。

$k_e$ 和 $k^*$ 都是和生长过程密切相关的分凝系数，$k_e$ 的表示法

由 Burton 等人给出[4]

$$k_e = \frac{k^*}{k^* + (1 - k^*)\exp(-f\delta_c/D)}, \tag{6.12}$$

式中 $f$ 为界面移动速率，$\delta_c$ 为溶质边界层的厚度，而 $D$ 是溶质在熔体中的扩散系数。

文献[4]中还给出了 $\delta_c$ 的表示式

$$\delta_c = 1.6D^{1/3}\nu^{1/6}\omega^{-1/2}, \tag{6.13}$$

式中 $\nu$ 为熔体的粘滞率，$\omega$ 为晶体转动速率。上式常应用于提拉生长系统。

为方便起见，也可以将非平衡态的界面分凝过程近似看作是平衡过程，于是 $k^* \simeq k_0$，这种情况下，式(6.12)就简化为

$$k_e = \frac{k_0}{k_0 + (1 - k_0)\exp(-f\delta_c/D)}. \tag{6.14}$$

因为在通常的掺质范围内，$k_0$ 可以看作常数，而且常常能查到 $k_0$ 的数值。

现在我们讨论下述两种极限情况。

当 $f \to 0$ 时（趋近于平衡态）或 $\delta_c \to 0$（熔体有充分的搅拌使熔体中溶质浓度均匀分布），这时

$$\exp(-f\delta_c/D) = 1,$$

所以

$$k_e = k^* = k_0.$$

当 $f \to \infty$ 时(过冷度极大)或 $\delta_c \to \infty$（熔体搅拌很差，没有对流传输），这时

$$\exp(-f\delta_c/D) = 0,$$

所以

$$k_e = 1.$$

实际的生长过程总是介于上述两种特例之间，所以实际生长过程的有效分凝系数 $k_e$ 介于 $k_0$ 和 1 之间，即 $k_0 < k_e < 1$（$k_0 < 1$ 时），或者（$k_0 > k_e > 1$（$k_0 > 1$ 时）。

从式(6.14)中可以看到，当 $k_e < 1$ 时，随着 $f$ 的增大，$k_e$ 也增

大．另外，就一般而言，熔体的流动愈猛烈，则 $\delta_c$ 愈小（在剧烈搅拌的条件下，$\delta_c \sim 10^{-3}$cm，在极弱的搅拌下，$\delta_c \sim 10^{-1}$cm）．因此，随着熔体搅拌（或对流）的减弱，$\delta_c$ 增大了，从而也使 $k_e$ 增大．而 $f$ 减小或液流增强时，$k_e$ 减小．

将式(6.14)改写后，等式两边取对数，就能得到

$$\mathrm{Ln}(1/k_e - 1) = \mathrm{Ln}(1/k_0 - 1) - f\delta_c/D. \tag{6.15}$$

在相同的搅拌条件下（$\delta_c$ 看作常数），测量不同生长率 $f$ 时的晶体有效分凝系数 $k_e$ 值，并把 $\mathrm{Ln}(1/k_e - 1)$ 对 $f$ 作图，则得出的直线斜率为 $-\delta_c/D$．由该直线的截距 $[\mathrm{Ln}(1/k_0 - 1)]$，可以求出 $k_0$．

如果知道粘滞率 $\nu$（$\omega$ 为已知数），则用式(6.13)和实验求出的 $\delta_c/D$ 值，就能分别求出 $\delta_c$ 和 $D$．

生长过程总是存在着温度波动，因此，实验测出的 $f$ 和 $k_e$ 都是一个平均值，由平均值推算 $\delta_c/D$ 自然会有误差．

（3）晶体中的溶质分布　前面已经指出，在熔体生长中，晶体的溶质浓度 $c_s$ 和熔体的溶质平均浓度 $c_l$ 有下列关系：

$$c_s = k_e c_l,$$

$c_s$ 和 $c_l$ 都是指某一瞬间的浓度，它们在生长过程中都是不断变化的．例如，当 $k_e < 1$ 时，$c_s < c_l$，随着生长的进行，过剩的溶质将排斥到熔体中，使 $c_l$ 不断增大，于是 $c_s$ 也相应增大，使晶体中的 $c_s$ 按照一定的规律而变化．描述这种分布规律的数学表示式，虽有不同的推导方法，但其结果都是一致的．文献[5]所介绍的方法是从一个通式出发，作为两个特例分别求出正常凝固法和区熔法的溶质分布，这样，便于从整体上去了解不同的凝固方式对溶质分布规律的影响．为了计算，必须作下述近似的或者说理想化的假设：

（1）液相中溶质的混合是充分的．

（2）固相中没有扩散现象．

（3）生长率是稳定的．

（4）固-液界面是平面，并垂直于宏观的结晶方向．

(5) $k_e$ 为常数.

现在考虑图 6.7 所示的凝固过程. 一根棒状材料的长度为 $L$，垂直于 $L$ 方向的截面积为 1，材料中有一段熔化区，在时间 $t$ 时，它的长度为 $l$（沿 Z 方向），在熔区即将移动时（即 $t=0$），它的长度为 $l_0$. 熔区的凝固界面和熔化界面分别以 $v_s$ 和 $v_m$ 的速率移动. 即将凝固的材料，其溶质浓度为 $c_s(z)$，即将熔化的材料其溶质浓度为 $c_m$. 熔区的溶质浓度在时间 $t$ 时为 $c_l$，当 $t=0$ 时，浓度则为 $c_0$（熔区的初始浓度）.

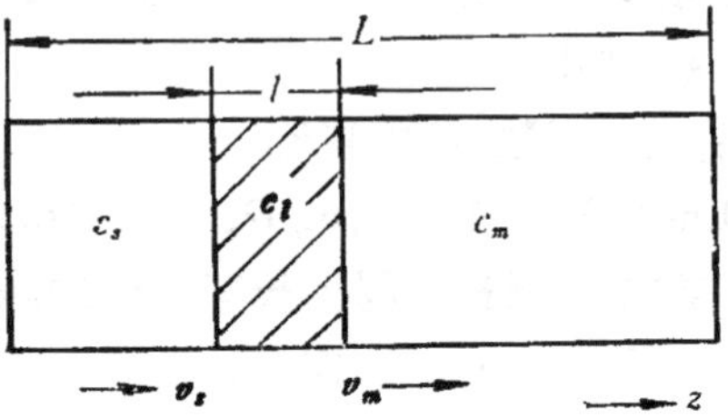

图 6.7 凝固过程示意图.

当熔区以上述速率移动时，熔区中的溶质浓度变化率为

$$\frac{d}{dt}(lc_l) = c_m v_m - c_s v_s. \tag{6.16}$$

另外，

$$\frac{dl}{dt} = v_m - v_s. \tag{6.17}$$

上式积分后得到

$$l = l_0 + (v_m - v_s)t. \tag{6.18}$$

已知

$$c_s = k_e c_l. \tag{6.19}$$

将式(6.16)左边微分，并将式(6.17)、式(6.18)和式(6.19)代入该式，然后积分，便得到

$$\int_{c_0}^{c_l} \frac{dc_l}{c_m v_m - [(k_e - 1)v_s + v_m]c_l} = \int_0^t \frac{dt}{l_0 + (v_m - v_s)t}. \tag{6.20}$$

下面对 § 6.3 中提到的两类生长方法，即正常凝固法和逐区熔

化法分别解式(6.20).

(i) 在正常凝固过程中,晶体的溶质分布. 开始时,全部原料均被熔化. 这时, $v_m = 0, l_0 = L$, 而且 $c_0$ 就是整个料锭的初始浓度(配料浓度). 于是式(6.20)可以化简,积分后,将 $c_l = \frac{c_s}{k_0}$ 代入该式,即可得到

$$c_s = k_e c_0 (1 - g)^{k_e - 1}, \tag{6.21}$$

式中 $g = v_s t / L$, 它是在时间 $t$ 的凝固部分与全部料锭的体积之比,即凝固分数. 如果晶体和熔体的密度差别可以忽略的话, $g$ 就是凝固部分与全部料锭的重量比, $v_s$ 就是生长率 $f$.

假定溶质混合是充分的,则 $k_e = k_0$, 因此, 有人也曾采用下述表示式:

$$c_s = k_0 c_0 (1 - g)^{k_0 - 1}, \tag{6.22}$$

实际上,该式只是式(6.21)的一个特例(相应于 $\delta \to 0$ 或 $f \to 0$).

不过,还是式(6.21)更接近于实际生长情况, 因为式(6.21)在某种程度上反映了生长参量(例如 $f, D$ 和搅拌条件等)对溶质分布 $c_s(z)$ 的影响.

如果分凝系数是已知的,可以用式(6.21)或式(6.22)求出在材料凝固了一定的百分数时晶体相应的溶质浓度.

如果测出了若干 $g$ 值下相应的 $c_s$ 值, 也可求出有效分凝系数 $k_e$. 由式(6.21)得到

$$\lg(c_s/c_0) = \lg k_e + (k_e - 1)\lg(1 - g). \tag{6.23}$$

将 $\lg(c_s/c_0)$ 对 $\lg(1 - g)$ 作图,所得直线的截距为 $\lg k_e$, 斜率为 $(k_e - 1)$.

既然式(6.21)的推导是以许多理想化的假设为前题, 那么,当计算晶体中溶质的宏观分布时,该式就只能是一个近似表示式.当然,这是一个很好的一级近似.

通常,在生长后期(例如 $g \sim 0.9$), 式(6.21)就不适用了, 因为可能出现共晶或包晶反应,或者是分凝系数的变化太大.

(ii) 在区熔过程中,晶体的溶质分布. 假设 $v_s = v_m = \frac{z}{t} =$

常数，显然，熔区移动时，其长度不变（$l = l_0$=常数）．由式(6.20)和式(6.19)可以得出

$$c_s = c_m - (c_m - k_e c_0)\exp(-k_e z/l). \qquad (6.24)$$

假定该料锭的初始浓度是均匀分布的（即 $c_m = c_0$），于是式(6.24)变为

$$c_s = c_0[1 - (1 - k_0)\exp(-k_e z/l)]. \qquad (6.25a)$$

当 $k_e z/l \ll 1$ 时，$\exp(-k_e z/l) \approx (1 - k_e z/l)$，所以

$$c_s = k_e c_0[1 + (1 - k_e)z/l].$$

当 $k_e z/l \gg 1$ 时，$c_s \to c_0$，即当熔化界面到达料锭的右端时，此时的凝固则为上述的正常凝固．式(6.25a)是熔区一次通过料锭时，晶体中溶质分布的表示式．关于熔区多次通过料锭的情况已超出本章的范围，任何一本区熔提纯的书中，读者都能查到多次通过时溶质分布的表示式．

图 6.8 给出了正常凝固和区熔（一次通过）的溶质分布，纵坐标是熔质浓度，横坐标是凝固分数．

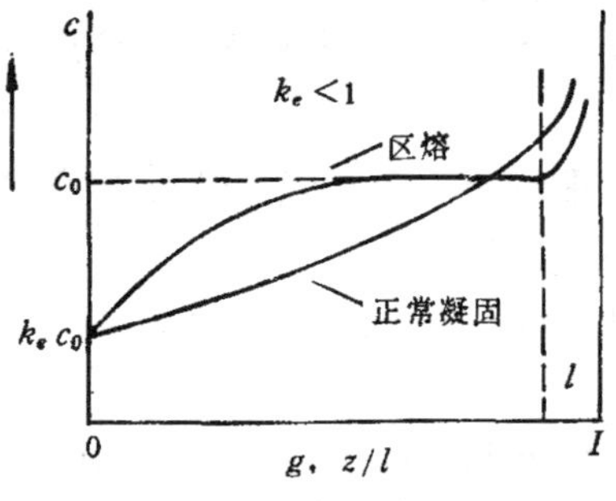


图 6.8 凝固时，溶质分布示意图．

无论是正常凝固还是区熔凝固，当 $k_e < 1$ 时，溶质富集于料锭的终端(图 6.8 的右端)；当 $k_e > 1$ 时，溶质富集于料锭的始端．于是，对料锭的大部分区域而言，$c_s < c_0$．这就是说，这两种方法都具有某种程度的提纯作用．通常，正常凝固比区熔凝固(一次通过)具有较高的提纯作用，但是当再一次进行正常凝固时就没有进一步的提纯作用了(再一次凝固之前，料锭全部熔化，溶质重新混合，因此，第二次正常凝固后的溶质分布与第一次一样)．与此相比，第二次区熔却能进一步使料锭纯化(第二次区熔时，溶质只在狭小的熔区中重新混合，而料锭的其余部分则保持第一次区熔时的溶质分布)．这就是区熔提纯的基础．

(4) **熔体中的溶质传输和溶质分布** 熔体中的溶质传输是通过扩散和对流来完成的。生长界面的推移所产生的溶质浓度梯度决定着溶质的扩散传输过程；熔体中的浮力和外加的搅拌力，则决定着溶质的对流传输过程。这两种传输过程决定了熔体中的溶质分布，而界面附近熔体中的溶质分布也就决定了晶体中的溶质分布情况。

采用溶质边界层的概念，可以方便地描述熔体中的传质过程和溶质分布情况。根据溶质边界层的理论，在紧靠固-液界面的熔体边界层($\delta_c$)之内，溶质传输的主要机制是扩散；在边界层之外(熔体主体中)，对流进行了充分的搅拌，因此，溶质的分布是均匀的。这样一来，传质问题就简化为：对流传输的作用只限于改变边界层的厚度，并使边界层外的溶质均匀分布。于是，我们就可以只考虑溶质的扩散方程，并通过有效分凝系数 $k_e$ 和边界层厚度 $\delta_c$ 的关系来说明对流对溶质分布的影响。

根据上述的边界层理论，我们来讨论熔体中的溶质传输和溶质分布问题。

设固-液界面处 ($z=0$) 熔体的溶质浓度为 $c_{l(I)}$，熔体主体中 ($z \geqslant \delta_c$)，溶质浓度为 $c_{l(B)}$。显然，当 $k_e<1$ 时，$c_{l(I)}>c_{l(B)}$，于是在 $0<z<\delta_c$ 的范围内(边界层内)存在着一定的浓度梯度 $\dfrac{\partial c}{\partial z}$。当平界面以恒定速率 $f$ 沿界面法线方向($Z$)运动时，(直角坐标系的原点固定在界面上，并随界面移动)溶质的扩散方程为

$$D\nabla^2 c=D\left(\frac{\partial^2 c}{\partial x^2}+\frac{\partial^2 c}{\partial y^2}+\frac{\partial^2 c}{\partial z^2}\right)$$

$$=\frac{\partial c}{\partial t}-\frac{dz}{dt}\cdot\frac{\partial c}{\partial z}, \tag{6.25b}$$

式中 $D$ 为溶质在熔体中的扩散系数，$\nabla$ 为拉普拉斯算符。

假定溶质浓度 $c$ 与 $x,y$ 无关(在垂直 $Z$ 方向的平面内，$c$ 均匀分布)，并假定 $c$ 与时间无关，于是由上式得出

$$D\frac{\partial^2 c}{\partial z^2}+f\frac{\partial c}{\partial z}=0. \tag{6.26}$$

受到生长界面排斥的溶质必须通过扩散而保持守恒，由此可求得上式的边界条件.

当 $z=0$ 时

$$-D\left(\frac{\partial c}{\partial z}\right)=[c_{l(I)}-c_s]f, \tag{6.27}$$

式中 $D$ 是溶质在熔体中的扩散系数，$c_s$ 是晶体的溶质浓度.

另外，当 $z=\delta_c$ 时，根据溶质边界层的概念可以得到

$$c(\delta_c)=c_{l(B)}. \tag{6.28}$$

在 $0<z<\delta_c$ 的范围内，由式(6.26)及其边界条件，可以得到

$$\frac{c(z)-c_s}{c_{l(B)}-c_s}=\exp\left[\frac{f}{D}(\delta_c-z)\right], \tag{6.29}$$

所以

$$\begin{aligned}c(z)&=c_s+[c_{l(B)}-c_s]\exp\left[\frac{f}{D}(\delta_c-z)\right]\\&=k_ec_{l(B)}+c_{l(B)}(1-k_e)\exp\left[\frac{f}{D}(\delta_c-z)\right].\end{aligned} \tag{6.30}$$

在 $z>\delta_c$ 的范围内

$$c(z)\equiv c_{l(B)}, \tag{6.31}$$

于是，熔体中的溶质分布将由式(6.30)和式(6.31)所表示. 只要熔区的体积远大于溶质边界层的体积，上述两式中的 $c_{l(B)}$ 就可以用熔体的平均溶质浓度 $c_l$ 来代替.

由式(6.29)可以方便地得出下面著名的 Burton 方程：当 $z=0$ (界面)，式(6.29)变为

$$\frac{c_{l(I)}-c_s}{c_{l(B)}-c_s}=\exp\left(\frac{f}{D}\delta_c\right). \tag{6.32}$$

另外，

$$k_e=\frac{c_s}{c_{l(B)}},\quad k^*=\frac{c_s}{c_{l(I)}};$$

于是可以得到

$$k_e=\frac{k^*}{k^*+(1-k^*)\exp\left(-\frac{f}{D}\delta_c\right)}. \tag{6.33}$$

前面曾提到，根据旋转圆盘模型[6]（无限大的旋转圆盘，位于半无限大的熔体之上），而计算出的溶质边界层厚度 $\delta_c$ 为

$$\delta_c \approx 1.6D^{1/3}\nu^{1/6}\omega^{-1/2}. \tag{6.34}$$

根据式(6.34)和式(6.33)可以计算晶体转动速率 $\omega$ 对 $\delta_c$ 和 $k_e$ 的影响，然后通过式(6.30)来计算转速 $\omega$ 对熔体中溶质分布的影响。

图(6.9)示出用提拉法生长掺铬的钨酸锌晶体，铬的有效分凝系数与生长率的关系曲线(a)，以及有效分凝系数与晶体转速的关系曲线(b)。这是 $k^* > 1$ 的情况。从图6.9可以看出，$k_e$ 随 $f$ 的增大而减小，并随 $\omega$ 的增大而增大。该实验结果与 Burton

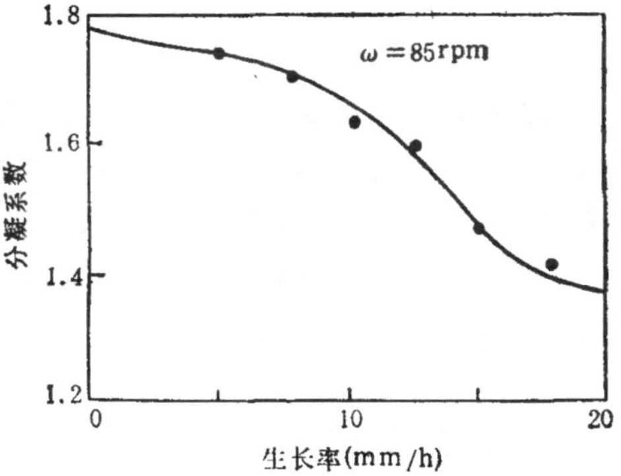

(a)

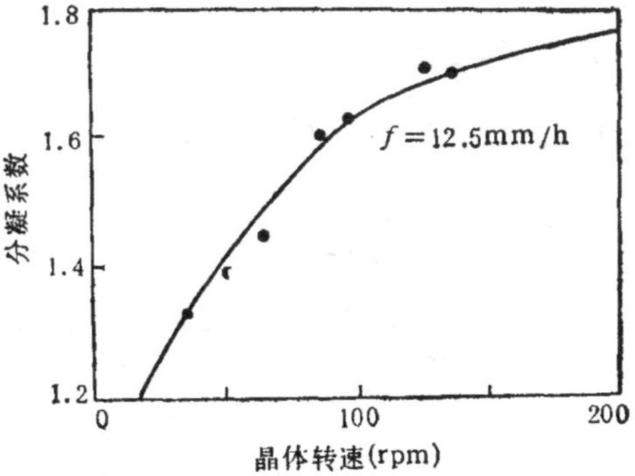

(b)

图 6.9 有效分凝系数与生长参数的关系(实验曲线)[1].

方程所预示的变化趋势是符合的.

Burton 等提出的 $k_e$ 表示式，长期来被广泛引用. 该模型的一个前提条件是，溶质边界层内不存在液流，溶体中的液流状况对 $k_e$ 的影响，通过边界层厚度的变化体现出来. 最近，Ostrogorsky 等[125]假定溶质边界层中存在液流，并用边界层积分分析法求出了 $k_e$ 的表示式. 虽然该式的结果与 Burton 等人早期的某些结果大致符合，但是要对该新模型的优劣作出准确判断，尚需进一步的研究.

### 6.2.3 热传输、对流和温度分布

（1）通过固-液界面的热传输 前面已指出，晶体生长时所释放的潜热必须从界面附近导走，晶体才能保持稳态生长. 如果潜热由熔体导走，这就意味着距界面愈远，熔体的温度愈低. 在这样的条件下，即使是纯材料的生长，界面也会变的不稳定，即出现枝蔓生长. 这种情况在生长单晶时是必须避免的. 通常距界面愈远，熔体的温度愈高，于是热量就由熔体通过界面而导入晶体.

假定平界面附近晶体和熔体的温度梯度分别为 $\left(\frac{\partial T}{\partial z}\right)_s$ 和 $\left(\frac{\partial T}{\partial z}\right)_l$，（$Z$ 为平界面的法线方向）. 晶体和熔体的热导率分别为 $K_s$ 和 $K_l$. 若单位体积的材料凝固时所释放的潜热为 $L$，晶体沿 $Z$ 方向的生长率为 $f$，则单位时间所释放的潜热为 $fAL$，（$A$ 为界面面积）. 单位时间由熔体导入界面的热量为 $K_l\left(\frac{\partial T}{\partial z}\right)_l A$，而由晶体从界面导走的热量为 $K_s\left(\frac{\partial T}{\partial z}\right)_s A$.

稳态生长时，界面是等温的，而且能量是守恒的，于是

$$K_s\left(\frac{\partial T}{\partial z}\right)_s = fL + K_l\left(\frac{\partial T}{\partial z}\right)_l, \tag{6.35}$$

这就是界面的热流连续方程. 该方程虽然很简单，但却是熔体生长中的一个基本方程，许多理论分析都离不开它，而且用这个方程

还可以定性地说明许多实际问题．例如，上式也可以写成

$$Af L = Q_s - Q_l, \tag{6.36}$$

式中 $Q_s = K_s \left(\frac{\partial T}{\partial z}\right)_s \cdot A$ 是界面损失的热量（经过晶体耗散于生长环境之中），$Q_l = K_l \left(\frac{\partial T}{\partial z}\right)_l \cdot A$ 是界面由加热器得到的热量．由式(6.36)可知，当 $f$ 恒定时，增加晶体的散热，或减小对界面的供热，晶体的直径均将随之增大；反之亦然．若 $A$ 和 $f$ 都保持不变时，增大晶体的散热，则 $Q_l$ 必然要作相应的增大，即 $\left(\frac{\partial T}{\partial z}\right)_l$ 增大了．

从原则上讲，只要保持（$Q_s - Q_l$）恒定，晶体就能等直径、等速率地生长．例如，在坩埚移动法生长中，$A$ 通常是恒定的，在提拉法中，$f$ 通常是恒定的．因此，只要 $Q_s - Q_l =$ 常数，$A$ 和 $f$ 均可保持恒定．然而，在实际生长过程中，$Q_s$ 是不断变化的，在提拉法中，如果将 $f$ 和 $Q_l$ 看作恒定，那么就可以通过监视 $A$（监视晶体直径）来监视 $Q_s$ 的变化，并用精密的伺服系统来调节 $Q_l$，使 $Q_s - Q_l =$ 常数．但是对于坩埚移动法就难以监视 $Q_s$ 的变化，因此，晶体的生长率往往逐渐加大（$Q_s$ 增大）．

（2） **晶体中的温度分布** 熔体和晶体中的温度分布，特别是两者之间的界面形状是熔体生长中的一个重要问题，它直接影响着晶体的内部质量．生长系统中的温度分布取决于系统中的热传输过程，它涉及传导、对流和辐射三种传输机制以及它们之间的相互作用．如果考虑到熔体生长中，各种可能的影响因素（包括非稳态效应），那么这个问题将是十分复杂的，迄今尚无完善的定量理论．首先，只能从简化的条件出发来处理热传输方程的求解问题．

Brice[7] 曾详细讨论了晶体中的传热问题，他提出了简化模型，并进行了数学处理，得出拉普拉斯方程的解析解．

在一个稳定的固体中，由于质量传输很缓慢，因而可以忽略．固体中的热传输就只有传导和辐射两种方式．在文献[8]中指出，

一个吸收系数为 $\alpha$、折射率为 $n$ 的传输介质，由于辐射传热而产生的热导率为

$$K_R = \frac{16n^2\sigma_0 T^3}{3\alpha}, \tag{6.37}$$

式中，$\sigma_0$ 是 Stefan 常数，$T$ 为绝对温度.

总的热导率 $K = \frac{1}{(1/K_R)+(1/K_N)}$，$K_N$ 为一般热导率.下面的讨论假定固体的热导率已作了上述修正，即 $K_s = K$.

以速率 $f$ 沿 Z 轴运动的固体，运动本身也产生热量的传输.考虑固体中某一点的热量累加速率，则温度的一般微分方程如下：

$$\rho c\frac{\partial T}{\partial t} + f\rho c\frac{\partial T}{\partial z} - K\nabla^2 T = 0, \tag{6.38}$$

式中 $t$ 为时间，$\rho$ 和 $c$ 分别是固体的密度和比热. 该式也可写为

$$\frac{\partial T}{\partial t} + f\frac{\partial T}{\partial z} - K\nabla^2 T = 0, \tag{6.39}$$

式中热扩散率 $\kappa = \frac{K}{\rho c}$，这样，热传输方程和溶质扩散方程即式(6.25)就有了类似的形式.

这样的固体具有如下四类边界：

(i) 固-液界面

$$K_s\Delta T_s = K_l\nabla T_l + fL, \tag{6.40}$$

下标 $s$ 和 $l$ 分别表示固体和液体，$f$ 为生长率，$L$ 为单位体积的潜热. 熔体生长过程中，通常向晶体传输潜热.

(ii) 只有辐射热耗损的界面. 该耗损为

$$Q_R = \sigma\sigma_0(T^4 - T_0^4), \tag{6.41}$$

式中 $\sigma$ 是发射率，$T_0$ 是环境温度（假定各处都相同）. 也可以令

$$\theta = T - T_0,$$

于是

$$Q_R = \varepsilon_R\theta = 4\sigma\sigma_0T_0^3\left[1 + \frac{3}{2}\left(\frac{\theta}{T_0} + \left(\frac{\theta}{T_0}\right)^2 + \frac{1}{4}\left(\frac{\theta}{T_0}\right)^3\right]\theta, \tag{6.42}$$

式中 $\varepsilon_R$ 是单位温差下，每单位面积的热损耗率.

(iii) 没有质量传输的固-气界面. 气体对流引起的热损耗为

$$Q_c = \varepsilon_c \theta,$$

式中

$$\varepsilon_c = 0.548\left[\frac{g\rho_0 c_0 K_0^3 \theta}{\eta l T_0}\right]^{1/2},$$

$g$ 是重力加速度，$l$ 为固体的长度，$T_0$ 为气体的温度，而 $\rho_0, c_0, K_0$ 和 $\eta$ 分别为气体的密度、比热、热导率和动态粘滞度[在常压下，$\varepsilon_c$ 估计为 1—10(mW/cm² · ℃)]. 如果同时存在着辐射热损耗，则总的热损耗为

$$Q = \varepsilon\theta = (\varepsilon_R + \varepsilon_c)\theta, \tag{6.43}$$

式中 $\varepsilon$ 是温度比环境高 1(℃) 时，晶体在单位时间内单位面积的热损耗.

(iv) 固-固界面(如晶体和籽晶夹头之间的界面). 如果两种材料分别以 $s_1$ 和 $s_2$ 表示，则热流为

$$Q_s = K_{s_1}\nabla T_{s_1} = K_{s_2}\nabla T_{s_2}. \tag{6.44}$$

在稳态条件下，上述各种界面上损耗的总热量 $Q$ 与固体中的热流相平衡，于是

$$Q = K_s \frac{\partial T}{\partial r},$$

($r$ 垂直于表面).

现在考虑如图 6.10 所示的简化系统. 晶体的半径为 $a$，晶体中任一点的坐标为 $(r, \varphi, z)$.

在稳态条件下，$\rho c \dfrac{\partial T}{\partial t}$ 可以忽略. 另外，若 $8\varepsilon K_s > a^2(f\rho c)^2$，则 $f\rho c \dfrac{\partial T}{\partial z}$ 可以忽略[9]. 于是

$$\nabla^2 T = 0.$$

采用圆柱坐标系可得到

$$\frac{\partial^2\theta}{\partial r^2} + \frac{1}{r}\frac{\partial\theta}{\partial r} + \frac{1}{r^2}\frac{\partial^2\theta}{\partial\varphi^2} + \frac{\partial^2\theta}{\partial z^2} = 0. \tag{6.45}$$

假定热场具有旋转对称性,即 $\theta$ 与 $\varphi$ 无关,那么

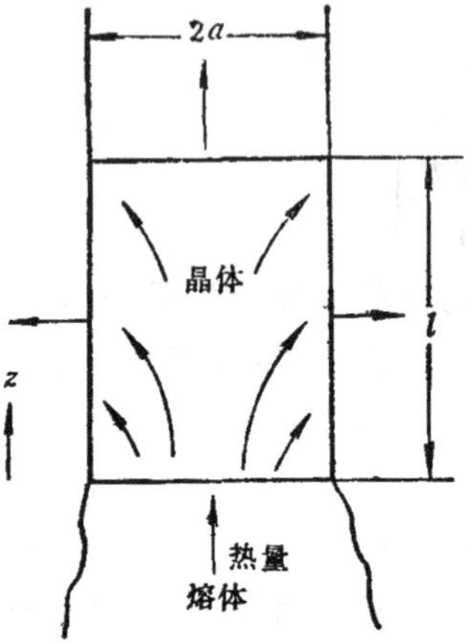


图 6.10 晶体和熔体中的热流.

$$\frac{\partial^2\theta}{\partial r^2}+\frac{1}{r}\frac{\partial\theta}{\partial r}+\frac{\partial^2\theta}{\partial z^2}=0。\tag{6.46}$$

上式的边界条件为

当 $z=0$ 时, $\theta=\theta_m$。

当 $r=a$ 时, $K\dfrac{\partial\theta}{\partial r}+\varepsilon\theta=0$。

当 $z=l$ 时, $K\dfrac{\partial\theta}{\partial z}+\varepsilon\theta=0$。

由式(6.46)及其边界条件便可求出了该式的通解。在 $h$ 很小的条件下 $\left[h=\dfrac{\varepsilon}{K}\ll 1(\mathrm{cm}^{-1})\right]$, 得出了式(6.46)的近似解为

$$\theta(r,z)\sim\frac{\theta_m(1-hr^2/za)}{\left(1-\frac{1}{2}ha\right)}\exp\left[-\left(\frac{2h}{a}\right)^{1/2}z\right],\tag{6.47}$$

并得到

$$\frac{\partial\theta}{\partial z}\sim-\theta_m\left(\frac{2h}{a}\right)^{1/2}\frac{(1-hr^2/2a)}{\left(1-\frac{1}{2}ha\right)}\exp\left[-\left(\frac{2h}{a}\right)^{1/2}z\right],\tag{6.48}$$

$$\frac{\partial\theta}{\partial r}\sim-\frac{\theta_m 2h}{\left(1-\frac{1}{2}ha\right)}\left(\frac{r}{a}\right)\exp\left[-\left(\frac{2h}{a}\right)^{1/2}z\right],\tag{6.49}$$

$$\frac{\partial^2\theta}{\partial z^2}\sim\theta_m\frac{2h}{a}\exp\left[-\frac{2h}{a}\right]^{1/2}z\Big],\tag{6.50}$$

式中 $\theta_m=T_m-T_0$, $T_m$ 为熔点, $h$ 为热交换系数。

当 $h$ 很小时, 由式(6.48)和式(6.50)可以看出, $a^{1/2}\dfrac{\partial\theta}{\partial z}$ 和 $a\dfrac{\partial^2\theta}{\partial z^2}$ 均与 $a$ 无关,这一点已由提拉法生长 Ge 晶体时测得的实验

数据所证实[9]. 对于 Ge, $h \sim 1.5 \times 10^{-2}(\mathrm{cm}^{-1})$.

通常, $h \ll 1(\mathrm{cm}^{-1})$, 而晶体半径 $a$ 为厘米数量级,于是

$$\left(1-\frac{1}{2}ha\right)>0,$$

这一点由上述各式也可以看到.

在 $h>0$ 的情况下 (晶体向环境散热), 当 $z$ 为常数时, $\theta$ 和 $\left|\frac{\partial\theta}{\partial z}\right|$ 均随 $r$ 的增大而减小;而 $\left|\frac{\partial\theta}{\partial r}\right|$ 则随 $r$ 的增大而增大. 当 $r$ 为常数时, $\theta$, $\left|\frac{\partial\theta}{\partial z}\right|$ 和 $\left|\frac{\partial\theta}{\partial r}\right|$ 则随 $z$ 的增大而按指数降低. 在 $h<0$ 的情况下(例如晶体从坩埚壁中吸热), 同样可以进行分析.

虽然上述分析得出了可贵的解析解, 但是所得结果的逼真性不能不受到简化模型本身的限制. 例如,上述分析没有考虑搅拌、熔体中的温度分布和坩埚壁的温度等因素对晶体中传热过程的影响.

较完善的分析必须考虑上述因素的影响,在这种情况下,对拉普拉斯方程的求解就十分困难了. 有人曾用电子计算机求出该方程的数字解[10—12].

(3) 温度分布和界面形状 Arizumi 和 Kobayashi[10] 根据提拉法生长系统的基本特征, 提出了简化的模型, 并以 Ge 为对象(它的特性参数是已知的), 用计算技术求出拉普拉斯方程的数字解. 在未考虑熔体流动的情况下得出了固-液界面形状和某些生长参量之间的关系曲线. 这里定性地介绍他们所得到的主要结论.

(i) 气体对流的影响: 生长系统在真空条件下比在充气条件下界面凹的轻(凹界面是指界面曲率中心在熔体一方).

(ii) 晶体长度的影响: 随晶体长度 $l$ 的增加, 凹界面偏离平界面的程度逐渐减小. 偏离平界面的程度可用 $z/r$ 表示, $z$ 是凹(或凸)界面的顶点到平界面的距离, $r$ 为晶体半径.

(iii) 晶体半径的影响：基本情况是，界面凹的程度随半径的增大而增大，只有当半径超过某一数值时，才有减小的趋势.

(iv) 坩埚温度的影响：当坩埚温度升高时，界面形状变化的趋势是：凹→平→凸.

(v) 生长率对界面形状的影响，与坩埚温度的影响相反.

上述由锗晶体计算出的结果与提拉法和浮区法得到的许多实验结果是定性符合的.

在上述中，作者还考虑了熔体流动的影响[11,12]，即考虑了不均匀的温度分布产生的浮力(自然对流)和晶体或坩埚转动产生的旋转力(强制对流)的作用之后，仍用计算技术解熔体中的热传输方程和制约液流的 Navier-Stokes 方程（晶体中只考虑热传输方程）. 从而得出了晶体中和熔体中的温度分布以及界面形状和晶体转速之间的关系.

图 6.11 示出晶体不转动时的温度分布图(用一系列等温线表示)，在熔体中沿轴线方向向下运动的液流，使熔体中的等温面向下推移.

图 6.12 示出晶体转动时的温度分布图. 晶体的转动削弱了自然对流，在界面之下出现了向上运动的液流，这种液流使等温面受到向上的推移. 于是，界面出现相应的变化(晶体转动使凹界面变的更凹).

如果只转动坩埚，液流类型与自然对流相似，但是伴有绕中心轴流动的环流. 当增大坩埚转速时，等温面只受到轻微的向下推移.

如果晶体和坩埚同时转动(同方向或反向)，情况就比较复杂，大体上说，随晶转的增大，凹界面将变的更凹.

上述这些计算结果与实际生长中的许多实验结果也是定性符合的.

应当指出，在上述所提到的文献中虽给出了定量的结果，但是这些结果通常不能定量地应用于实际晶体. 因为这些结果来自特定的简化模型和特定的材料（Ge：熔点 937℃，$K_l \approx 3K_s$ 等等）.

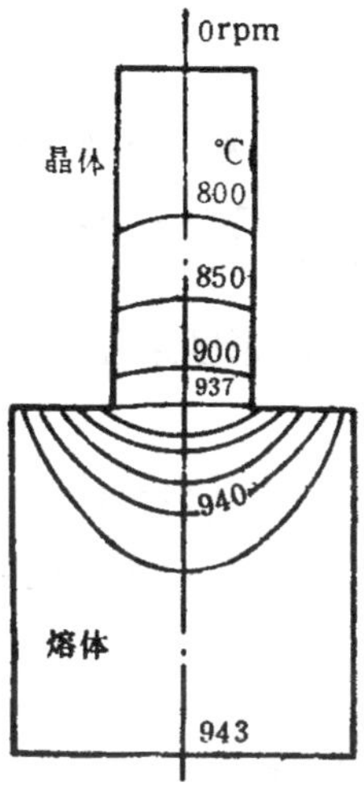


图 6.11　晶体不转时的温度分布.

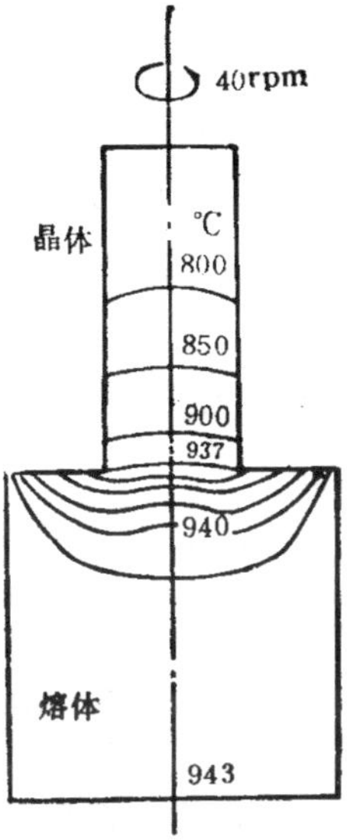


图 6.12　晶体转动时的温度分布.

不同的材料和生长装置将带来很大的特殊性，因此，只能定性地应用这些结果.

随后，Kobayash[13] 进一步研究了提拉生长系统中的温度分布和液流状况. 他仍用与上述相类似的方程组和计算方法得出了给定的 Reynolds 数（Re）下，不同的 Prandtl 数（Pr）和不同的 Grashof 数（Gr）时，熔体中的温度分布曲线（Re, Pr 和 Gr 都是无量纲准数）.

$$\mathrm{Pr} = \frac{\nu}{K}, \tag{6.51}$$

式中 $\nu$ 和 $K$ 分别是熔体的粘滞率和热扩散系数. 显然 Pr 数是一个材料参数，它取决于材料(熔体)的物理性质. Pr 反映了热传输中对流传热和传导传热所占的相对“比重”.

$$\mathrm{Gr} = \frac{\beta g(T_c - T_m)d^3}{\nu^2}, \tag{6.52}$$

式中 $\beta$ 为热膨胀系数，$g$ 为重力加速度，$(T_c - T_m)$ 为坩埚和晶体的温度差，$d$ 为坩埚(熔体)的深度. Gr 数反映了浮力对液流所起的作用。

对熔态金属和半导体，Pr 的典型数值为 0.01，而对熔态氧化物，Pr 的典型数值为 1。

当 Pr = 0.01 时，热量主要靠传导来传输，这时温度分布（等温线）以及固-液界面上的温度梯度 $\left(\frac{\partial T}{\partial z}\right)$ 几乎与 Gr 数无关，即与液流状况无关。另外，除了界面外缘的环形区之外，$\frac{\partial T}{\partial z}$ 沿界面均匀分布。

当 Pr = 1 时，温度分布和界面上的温度梯度均与 Gr 数密切相关，即与液流状况密切相关。另外，当自然对流占优势时，界面上的 $\frac{\partial T}{\partial z}$ 随径向位置的变化沿抛物线变化，即 $\frac{\partial T}{\partial z}$ 沿界面是不均匀分布的。当强制对流占优势时，$\frac{\partial T}{\partial z}$ 沿界面是均匀变化的（界面外缘除外）。

当 Gr 数相同时，Pr = 0.01 和 Pr = 1 的两组等温线，它们的形状差别很大。

上述结果在一定程度上反映了材料（熔体）的特性和生长系统的特性（几何条件和热条件）对熔体中温度分布的影响。例如，对于低 Pr 数的材料（熔态金属和半导体），由于温度分布和液流状况几乎无关，因此，晶转速率的变化（改变液流状况）只能微弱地改变界面的形状。对于高 Pr 数的材料（熔态氧化物），由于温度分布与液流状况密切相关，因此，晶转速率的变化会明显改变界面形状。当自然对流占优势时，界面是凸的，随着晶转速率的增大，自然对流将让位于强制对流，于是界面由凸转向凹。

应该指出，上面的介绍是针对稳态条件的。关于非稳态（与 $t$ 有关）条件下的液流状况和温度分布可参阅文献[14]，而文献[15]则阐述了非稳态液流方程求数字解的步骤。

(4) *熔体中的液流状况*　坩埚中的液流，通常由浮力和晶体的旋转力所驱动。不同的浮力和旋转力下，熔体中会出现不同的

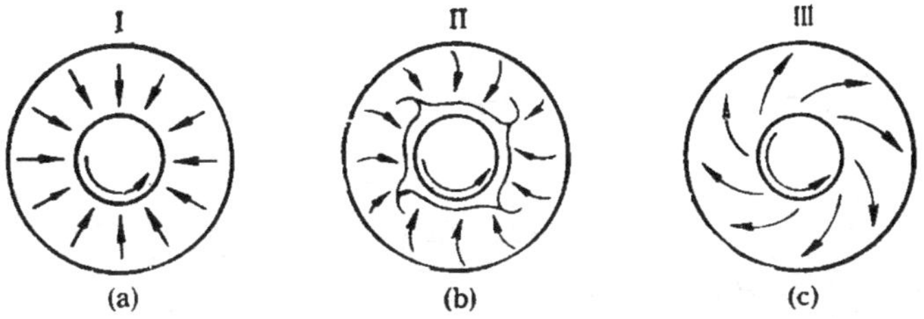


图 6.13　水或含水甘油模型中的表面液流.
(a) 慢转速(小直径); (b) 中等转速; (c) 快转速(大直径).

液流状况. 人们曾采用实物模拟的方法研究熔体中液流状况[16,17]. 例如,在透明坩埚中装入不同粘度的透明液体(水、甘油等)和塑料圆盘(代替晶体),并注入染料以显示流线. 这样,就能在较低的温度下进行模拟实验. 这种实物模拟法能直观而且简便地研究容器的几何条件、加热条件、圆盘的直径、转速和液体粘度等参数对液流花样的影响.

文献[17]中介绍了用水或含水甘油进行的模拟实验(模拟在GGG 熔体表面上观察到的流动花样,并研究坩埚中的液流情况). 在模拟实验中,存在着三种流动类型,它们取决于晶体的直径和转速.

当晶体转动很慢(或直径很小时)出现第 I 种流动类型, 如图 6.13 (a) 和图 6.14(a) 所示. 这种流动是由自然对流所支配的,它和没有晶体时的自然对流极为相似. 唯一不同的是前者由于晶体的转动而使流体有一个角速度分量. 随着晶体转速或直径的增加,流动变为第 II 种类型, 如图 6.13(b) 和图 6.14(b) 所示, 其特点是液体外部的环形区仍由侧面加热产生的自然对流所支配, 而中心部分则由晶体转动引起的强制对流所支配. 这两种流区之间的边界区会出现旋涡, 实际生长晶体时也可能看到. 当进一步加大晶体转速或直径时, 流动变为第 III 种类型, 如图 6.13(c) 和图 6.14(c) 所示. 第 III 和第 II 的差别不大, 都反映了两种对流之间的平衡, 不过, 对第 III 种流动类型而言, 内、外两种流区的边界区位于液面以下, 因此, 实际生长的时候往往观察不到. 在这三

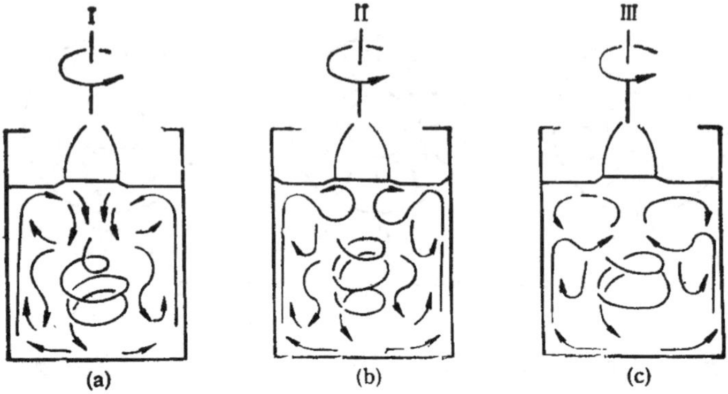


图 6.14 水或含水甘油模型中的体内液流.
(a) 慢转速(小直径); (b) 中等转速; (c) 快转速(大直径).

种流动类型中，液体底层都是由自然对流支配着. 在 GGG 晶体 ($Gd_3Ga_5O_{12}$) 生长的全过程中，能够观察到上述这三种流动类型. 第 I 种类型出现在生长初期（下籽晶和扩大直径阶段). 第 II 种类型出现在界面变平以后. 第 III 种类型则出现在生长后期.

不可否认，模拟的方法是研究熔体流动的一种有效而简便的方法. 然而,熔体中的液流状况与生长方法、生长装置的几何条件以及熔体的特性等许多因素的关系是十分复杂的,因此,所得到的结果只能定性地反映特定条件下的某些规律.

除了实物模拟外，人们还采用数字模拟的方法来研究熔体中的液流状况[13,18,124]. 前面已经提到，利用计算技术对热传输方程和液流方程求数字解，得出了熔体中的温度分布和液流状况. 这种方法也叫数字模拟. 对给定的 Re 数,当 $Gr = 6.25 \times 10^4$ 时, $Pr = 0.01$, 0.1 和 1 三种情况下的液流花样是类似的,晶体下面是晶转产生的强制对流,其他区域是浮力产生的自然对流. 当 $Pr = 0.01$ 或者 $Pr = 1$ 时,随着 Gr 数的增大，液流状况由强制对流逐渐变为自然对流. $Gr = 2 \times 10^3$ 时，支配的液流是强制对流; $Gr = 2 \times 10^5$ 时，支配的液流是热对流; 而 $Gr = 2 \times 10^4$ 和 $6.25 \times 10^4$ 时，两种对流形式共存. 上述结果说明坩埚中的液流状况主要取决于 Gr 数,而与 Pr 数几乎无关(对给定的 Re 数).

有时，坩埚中的熔体是由两个液流区所组成，主液流区和次液流区被一个停滞的界面所分开，液流不能通过停滞界面进行混合．当晶体的半径相对于熔体深度来说为比较小的情况时，如果只转动晶体，则熔体分为上、下两个液流区；当只转动坩埚时，熔体则分为内、外两个液流区．为了实现热量和溶质的充分混合，应当消除将熔体分开的停滞界面．当晶转速率大于埚转速率时，晶体和坩埚的同向转动可以消除停滞界面．然而，当晶转速率小于埚转速率时，则无法消除停滞界面．这时，如果晶体与坩埚反转，主液流区与次液流区由一个近乎圆柱形的停滞界面所分开，被停滞界面所分开的熔区，构成了所谓的 Taylor-Proudman 液胞．

熔体中的对流，除了前面提到的强制对流（旋转晶体或旋转坩埚）和重力引起的自然对流（重力场中纵向温度差或溶质浓度差所驱动）以外，还存在表面张力梯度驱动的对流，即 Marangoni 对流（Mn）．这种表面张力梯度起因于沿熔体自由表面的温度差和溶质浓度差，故亦分别称为热毛细对流和浓度毛细对流．晶体生长过程中的 Marangoni 对流往往被忽略，但是近年来的研究已经证明，至少许多重要的生长体系必须考虑这种对流的影响．例如，提拉法和水平梯度法，沿熔体自由表面有很大的温度梯度；浮区区熔法有很小的熔区和相当大的自由表面积与体积之比等．在这种情况下，将出现很强的 Marangoni 对流，微重力条件下的生长体系更是如此．图 6.15 示出浮区区熔法实物模拟所显示的 Marangoni 对流．50℃ 硅油作为熔体，加入粉末 $TiO_2$ 以显示流线．该熔区的水平中线处受热（温度最高），并存在径向温度差，所以显现了 4 个流区[19]．这个结果与理论计算的结果一致．

温度差引起的热毛细对流用 Marangoni 数 Mn 来表示，

$$\mathrm{Mn} = \sigma_0 \beta_T L \Delta T / \rho \nu^2. \tag{6.53}$$

式中 $\sigma_0$ 为表面张力系数，$\beta_T$ 为表面张力的温度系数，$L$ 为熔体自由表面的一维尺寸（如半径），$\Delta T$ 为相应的温度差．当 Mn 数超过某一临界值 $\mathrm{Mn}_c$ 时，稳定的 Marangoni 对流变为振荡的 Marangoni 对流，在不均匀的温度场中将引起温度振荡． $\mathrm{Mn}_c$ =

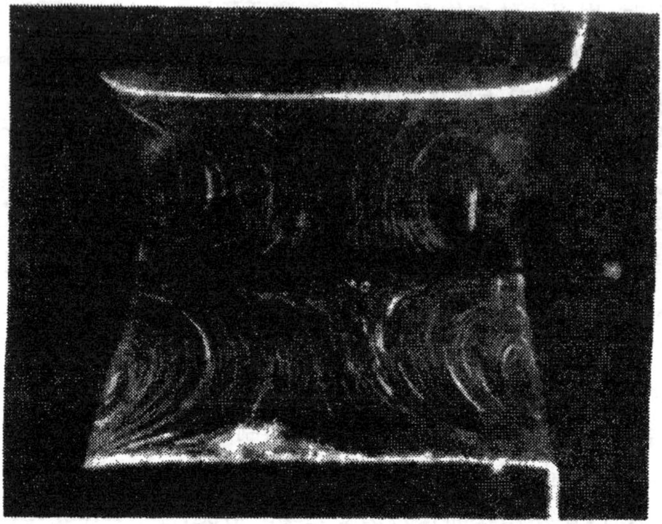

图 6.15 浮区区熔法中的 Marangoni 对流. 环形加热器，硅油作熔体.

$1.5\times10^4$.

在绝大多数的情况下(包括液态金属)，表面张力随温度的升高而减小. 如果自由表面存在温度差,自然会出现表面张力梯度. 提拉法中径向温度差引起的这种热毛细对流，由坩埚壁沿熔体自由表面流向较冷的晶体[20],由于熔体的粘滞性,这种表面液流将成为表层液流. 对氧化物熔体而言,液流层的厚度为毫米数量级,并成为熔体表层处于支配地位的液流. 这种液流引起热量和物质的输运,它将改变熔体中的等温线和流线分布.一般而言,Marangoni 对流能阻止生长界面变为凹界面的趋势，并能促进生长界面所排拒的杂质离开界面,使晶体有较高的安全生长率.

由于 Marangoni 对流对熔体表面的扰动（组分、温度或形态等)会作出灵敏的反应,而且这种对流紧靠生长前沿,因此,这种对流的影响是不可忽视的. 然而,对这种对流的研究尚不充分,因为这种对流与熔体中已有的浮力对流或强制对流产生复杂的相互作用,在实验上很难将它们分开而单独研究,而数字模拟的某些结果又需进一步证实. 溶质浓度差引起的 Marangoni 对流对晶体生长的影响，研究的更不充分。浓度毛细对流用 Marangoni 数 $Mn_D$ 来表示，$Mn_D = \sigma_0\beta_c L\Delta c/\rho\nu^2$，式中 $\beta_c$ 为表面张力的浓度系数，$\Delta c$ 为沿自由表面的溶质浓度差。

Marangoni 对流的研究，多限于微重力条件下的晶体生长体系。

最近，Müller[21] 讨论了在提拉法、垂直 Bridgman 法、区熔法中 Marangoni 对流的影响

(5) 熔体对流和温度振荡　稳态生长 $\left(\frac{\partial T}{\partial t}=0,\ f=\text{常数}\right)$ 只是一种理想的情况，实际的晶体生长总是在非稳态下进行的。这时，任一固定点的温度都将随时间而变化，晶体的微观生长率也随时间而变化。除加热和散热功率的变化等影响因素外，熔体中的不稳定对流也可引起温度的波动。温度和溶质的均匀分布需要有充分的对流来进行混合，而充分的对流往往表现为湍流流动，这种流动必然造成温度的无规则起伏或周期性的温度振荡。

通常，用 Bénard 几何模型来描述液体的对流。在横向无限大的一对水平表面之间有一层液体，如果液体从底部受热，而且它的热膨胀系数 $\beta>0$，于是上部密度较大的冷液体有下降的趋势，而底部密度较小的热液体有上升的趋势。稳定性的分析表明，只有当无量纲 Rayleigh 数 (Ra) 超过某一临界值 $Ra^c$ 时，流体才开始对流。($Ra^c$)取决于边界表面的热学和力学性质，对于刚性传导的边界 ($Ra^c\approx 1707$)。

$$Ra=\frac{\beta g G d^4}{\nu K},\tag{6.54}$$

式中 $\nu$ 和 $K$ 分别为液体的粘滞率和热扩散系数，$G$ 是温度梯度，$g$ 是重力加速度，$d$ 是液体的高度。对流的开始必然具有稳定的形态，实际上液体分成为无数六方(或四方)棱柱体(称为液胞)，这些相同形状的液胞紧密排列，流体沿每一个液胞的中心上升并沿其四周下降。

其他重要的几何结构是垂直的缝隙，在相互平行的直立表面

之间有一层液体，直立表面之间保持恒向温度差。在这种情况下，不存在对流的临界值。实际上，任何具有水平温度梯度分量的体系均会发生对流[22]。

在提拉法生长系统中，热量主要来自坩埚壁，这时靠近埚壁的热熔体上升，流向坩埚中心并在那里下沉，从而形成对流循环，从熔体表面往往能看到这种辐射状液流花样。在水平正常凝固或区熔系统中，熔体自热表面升起，向冷表面下沉，熔体将通过这种对流运动得到有效的混合。

从 60 年代开始，不少科学工作者均曾观测到熔体生长系统中熔体温度的周期性波动，即温度振荡。对于不同的熔体和熔体系统，温度振荡的振幅和周期也不相同，粗略地说，振幅从几度到几十度，周期从～1秒到几分钟。例如文献[23]报道，从侧面加热的矩形镓熔体中，测出了规则的温度振荡(见图 6.16)。当轴向温度梯度大于某一临界值时，出现振荡，该临界温度梯度是流体尺寸的函数。振动的周期与装料容器的长度成正比，振动的振幅随温度梯度的加大而加大。用 Rayleigh 数 (Ra) 可以方便地表示发生这种振荡的临界条件。前面已提到，当 $Ra > Ra^c$ (临界值)时，熔体开始对流，但是只有当 Ra 超过某一更高的临界值时，流体才由低 Ra 数的稳流变为湍流，于是熔体的温度出现振荡[24,25]。$Ra^c$ 在约 $10^3$—$10^6$ 的很宽范围内发生变化，其精确值取决于熔体的性质、溶体的几何条件和受热条件。提拉法生长大块硅单晶时，熔体为 8—50 (kg)，在生长过程中，熔体的高度与直径之比 $h/d$ 约由 0.6 逐渐变为 0.1，在这样的系统中，$Ra \sim 10^7$，而临界值 $Ra^c = 2 \times 10^3$。可以预料，在这种低 Pr 数、高 Ra 数的大容积熔体中，必然出现湍流热对流。对于低 Pr 数的熔体(如熔态金属和半导体)，当 $Ra > 1.1Ra^c$ 时，就

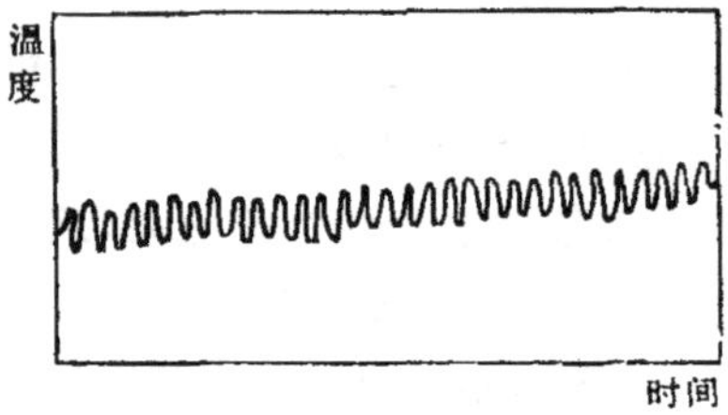

图 6.16　Gd 熔体中的温度振荡.

会出现非稳态液流的温度振荡．对于高 Pr 数的熔体(如熔态氧化物),只有当 Ra 达到某一更高的超临界 Rayleigh 数时，才会出现非稳态液流[26]．

由侧面加热并由上表面冷却的熔体系统往往会出现这种温度振荡．但是对于垂直的坩埚下降法,由于熔体底部温度较低,而上部温度较高,因此,通常不会出现这种振荡（$\beta < 0$ 者除外)．

晶体的转动使熔体和晶体之间存在着相对运动，如果这种流动的 Raynolds 数超过某一临界值 $Re^c$ 时,流动就由稳流转变为湍流,流体的速度和温度将出现无规则的起伏．Reynolds 数 $Re = \frac{lv}{\nu}$ ($l$ 为晶体的特征尺寸，$v$ 为液体的流速，$\nu$ 为液体的运动粘度)．当转动晶体时，Reynolds 数可表示为 $Re = \frac{a^2\omega}{\nu}$ ($a$ 为晶体半径,$\omega$ 为晶转速率)．根据文献[27]报道，对于晶转产生的强制对流，临界 Reynolds 数 $Re^c \sim (1—3) \times 10^3$，$Re^c$ 的精确值取决于系统的形状．随着晶体转速的增大，即 Re 的增大，熔体的不稳定性也增大了，当转速超过 120 (r/min) 时，$ZnWO_4$ 熔体中出现温度振荡．文献[27]所报道的实验结果与所提出的临界 Reynolds 数是一致的．不过,有人在讨论晶转对液流稳定性影响时，所引证的临界 Reynolds 数却高的多 ($Re^c = 1.9 \times 10^5$)[18]．在实际的生长系统里,一般不会有这么高的临界值．

当流体以角速度 $\Omega$ 转动时，转动对流体热不稳定性的影响可以用无量纲 Taylor 数 (Ta) 来描述，$Ta = \frac{4\Omega^2 d^4}{\nu^2}$ ($d$ 为熔体的深度),它表示具有非稳倾向的离心力与具有致稳倾向的粘滞力之比．稳定性的分析表明,当 Pr 小于临界值 $Pr^c$ 时 ($Pr^c \sim 1$),如果 Ta 数大于某一临界值 $Ta^c$ (取决于 Pr)，则流体出现热不稳定性．转动坩埚出现的这种现象是重要的，因为熔体生长的大多数材料具有较低的 Pr 数($<1$)[28]．

在熔体生长系统中,非稳态对流和温度振荡现象,将使生长的晶体产生叫做生长层的溶质不均匀分布，这是晶体生长者希望避免的一种晶体缺陷. 然而，不规则温度波动和周期性温度振荡的成因是相当复杂的,进一步的了解可参阅[29,26].

### 6.2.4 界面稳定性和组分过冷

从熔体中生长晶体的过程是固-液界面向熔体推移的过程,在这个过程中，界面的形态是否发生变化? 这种变化与生长参数有什么联系? 对晶体的质量又有什么影响? 许多研究者对于这些问题进行了理论分析和实验研究. 最早的研究报告发表于1953年[30,31];其后有代表性的文献是[32—34]; 最近的文献有[35,36].

下面仅对这些问题进行宏观的分析，而不直接涉及原子尺度的各种效应,虽然这种分析具有局限性,但用于实际的熔体生长还是相当可靠的.

熔体生长的特点之一,就是提供一个强制的界面移动速率,从而产生强制的热交换条件. 尽管界面上也可能出现小晶面，但是一般来说可以认为界面取等温面形式. 现在考虑一个各向同性的平界面,如果一个宏观平坦的界面,其表面形态在生长过程中始终保持不变的话,也就是说,界面上随机形成的突出或凹陷部位在生长过程中能自行消失,这种界面是稳定的. 反之,如果宏观平坦的界面上瞬时形成的突出或凹陷部位随着生长的进行而继续发展的话，这种界面是不稳定的. 不稳定界面的推移将使晶体中出现包裹物、应变、溶质不均匀分布等常见的缺陷. 显然，界面稳定性的判据是生长界面上的扰动随着生长的进行而衰减.

为方便起见，我们从界面附近熔体中的过冷度随距离的变化来分析界面稳定性问题.

过冷度 $\Delta T = T_f - T$，式中 $T_f$ 为平衡温度(凝固点),$T$ 为熔体的实际温度. 所谓过冷度是指界面附近熔体的实际温度低于平衡温度. 从熔体中生长晶体，需要一定的过冷度来提供结晶的驱动力,如果不存在过冷，即 $T = T_f$，则界面处于固-液平衡状态,而不能继续生长. 因此,过冷度本身只影响晶体的生长率，而不直接破坏界面的稳定性.

现在只考虑界面附近的熔体，直角坐标系仍固定于平界面上，$Z$ 轴垂直于界面，其正向指向熔体. 如果 $\Delta T(z)$ 随 $z$ 的增大而增大，即从界面起愈深入熔体，过冷度愈大，这种情况下，界面将是不稳定的. 距界面较远的地方有较大的过冷度，该处必然有较高的生长率，因此，平坦界面上一旦出现凸起物，该凸起部分的前沿的生长率将高于周围低凹区域的生长率，这时，凸起物只会继续发展，而不能消失. 如果 $\Delta T(z)$ 随 $z$ 而增大的趋势是由于溶质的存在而产生的，这种情况叫组分过冷. 这时，组分过冷与界面不稳定性具有相同的含意.

对于纯熔体而言（纯元素或同成分熔化的化合物），熔体中各个地方的平衡温度是相同的，即 $T_f$ 与 $z$ 无关而是一个常数. 如果要求 $\Delta T$ 随 $z$ 的增大而增大的话，只能是 $T$ 随 $z$ 的增大而减小. 于是 $\left(\frac{\partial T}{\partial z}\right)_l < 0$（图 6.17），这就是界面不稳的条件. 这时，晶体的温度高于熔体的温度，结晶时所释放的潜热由熔体导走. 界面上凸起物愈深入熔体，生长率愈高，这种不稳定界面如果继续发展，将导致自由枝蔓生长（如果有足够高的过冷度）.

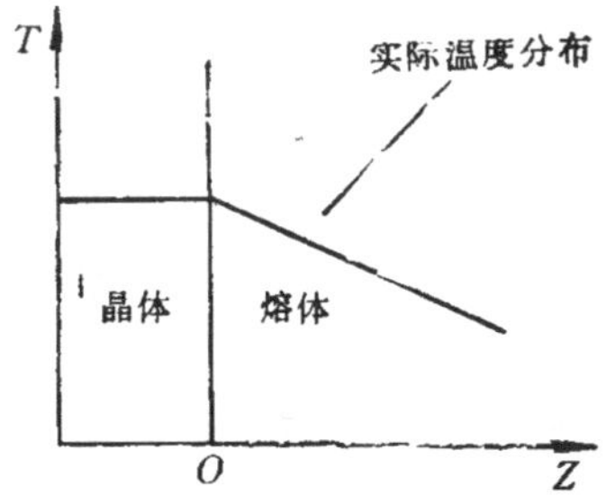

图 6.17　界面附近的温度分布.

界面稳定的条件为

$$\left(\frac{\partial T}{\partial z}\right)_l \geqslant 0, \tag{6.55}$$

而

$$K_l\left(\frac{\partial T}{\partial z}\right)_l + \rho f L = K_s\left(\frac{\partial T}{\partial z}\right)_s, \tag{6.56}$$

所以

$$f \leqslant \frac{K_s}{\rho L}\left(\frac{\partial T}{\partial z}\right)_s. \tag{6.57}$$

因此，界面保持稳定的最大生长率为 $f_{\max}=\frac{K_s}{\rho L}\left(\frac{\partial T}{\partial z}\right)_s$，$\left(\frac{\partial T}{\partial z}\right)_l$ 和 $\left(\frac{\partial T}{\partial z}\right)_s$ 分别为界面附近熔体中和晶体中的温度梯度，$K_s$ 为晶体的热导率，$\rho$ 为密度，$L$ 为潜热。

对于纯熔体，当然不存在溶质引起的组分过冷问题，通常，也不会出现界面不稳定性，因为上述界面稳定的条件是很容易满足的，而且可以有较高的安全生长率。

对于不纯的熔体，晶体和熔体通常具有不同的成分。因此，在生长界面附近的熔体中，将出现溶质的浓度梯度。由于这部分熔体中各处的溶质浓度不同，因此，凝固点 $T_f$ 也不相同(平衡状态下，由相图的液线来确定)。对于 $k_0<1$ 的溶质，从界面起，溶质浓度随 $z$ 的增大而减小，对于 $k_0>1$ 的溶质，浓度随 $z$ 的增大而增大。从图 (6.5) 中可以看出，在这两种情况下，凝固点 $T_f$ 都是随 $z$ 的增大而逐渐升高，当 $z=\delta_c$ 时，$T_f=T_B$($T_B$ 是熔体主体的凝固点)。假定熔体主体是混合均匀的，即 $T_B$ 为常数。图 6.18 示出了 $k_0<1$ 时界面附近溶质浓度 $c$ 和距离 $z$ 之间的关系曲线。图 6.19 示出了界面附近凝固点 $T_f$ 和距离 $z$ 的关系曲线以及两种可能的实际温度分布（$A$ 和 $B$)。如果熔体中的实际温度分布如 $A$ 线所示，则从界面起愈深入熔体，过冷度（$T_f-T$）愈小，于是界面是稳定的，或者说不出现组分过冷。如果熔体中的实际温度

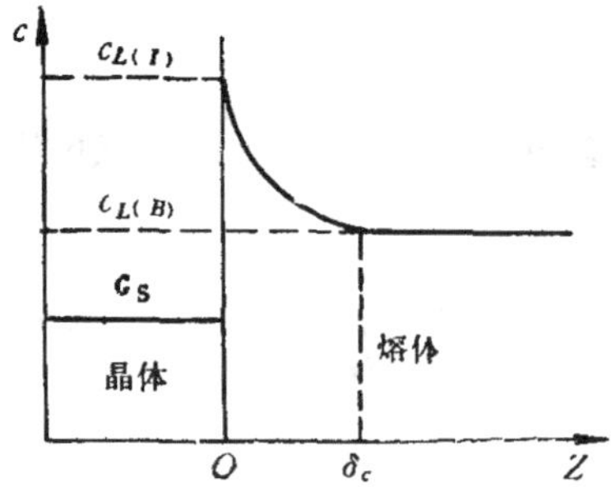


图 6.18　界面附近的溶质分布。

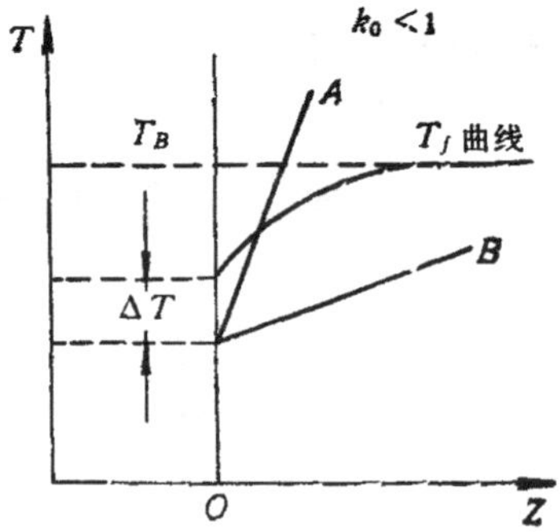


图 6.19　界面附近的温度分布。

分布如 $B$ 线所示，则从界面起愈深入熔体，过冷度 $(T_f - T)$ 愈大，于是界面是不稳定的，即出现组分过冷现象，从图 6.19 中可以看到，对 $B$ 线而言，熔体的温度仍高于界面，而且愈深入熔体，温度愈高，即 $\left(\frac{\partial T}{\partial z}\right)_l > 0$. 如果熔体不含溶质，界面显然是稳定的，正是由于溶质的存在，才产生了过冷度随 $z$ 的增大而增大的界面不稳定性。因此，这种不稳定称为组分过冷。对于掺杂的材料或非同成分熔化的材料，欲得到优质单晶要比纯材料时更困难一些，其中重要的原因之一也在于此。

现在我们来分析不出现组分过冷所需要的条件。过冷度不随 $z$ 的增大而增大的临界条件是，熔体中实际温度分布曲线与凝固点 $T_f$ 曲线具有相同的斜率。显然，这就是不出现组分过冷的临界条件。

现在仍然考虑 $0 < z < \delta_c$ 这一区域，假定熔体中存在着对流，根据溶质边界层的概念，在边界层之外，熔体的主体部分由对流提供了充分的混合，因此，有均匀的溶质浓度 $c_{l(B)}$，并对应于恒定的凝固点 $T_B$。在边界层之内，传质过程是由扩散所支配的，溶质浓度是 $z$ 的函数（忽略了横向扩散），并用 $c_{l(z)}$ 表示之，其对应之凝固点为 $T_{f(z)}$。设 $m$ 为液线斜率，并将 $m$ 近似地看作常数. $m = \frac{dT_f}{dc_l}$, 当 $k_0 > 1$ 时，$m$ 为正值，而 $k_0 < 1$ 时，$m$ 为负值，于是

$$T_f(z) = T_0 + mc_{l(z)}. \tag{6.58}$$

由式(6.30)可以知道

$$c_{l(z)} = c_s + [c_{l(B)} - c_s]\exp\left(\frac{f}{D}\delta_c - \frac{f}{D}z\right), \tag{6.59}$$

将该式代入式(6.58)，并对 $z$ 求微商，即可得到

$$\frac{dT_f(z)}{dz} = \frac{-mf}{D}[c_{l(B)} - c_s]\exp\left(\frac{f}{D}\delta_c - \frac{f}{D}z\right). \tag{6.60}$$

在 $z = 0$ 处，凝固点曲线的斜率为

$$\left.\frac{dT_f(z)}{dz}\right|_{z=0} = \frac{-mf}{D}\,[c_{l(B)} - c_s]\exp\left(\frac{f}{D}\delta_c\right), \qquad (6.61)$$

因为

$$k_e = \frac{c_s}{c_{l(B)}} = \frac{k^*}{k^* + (1-k^*)\exp\left(-\frac{f}{D}\delta_c\right)}, \qquad (6.62)$$

将式(6.62)代入式(6.61),即可得到

$$\left.\frac{dT_f(z)}{dz}\right|_{z=0} = \frac{-mf\,c_{l(B)}(1-k^*)}{D\left[k^* + (1-k^*)\exp\left(-\frac{f}{D}\delta_c\right)\right]}. \qquad (6.63)$$

设熔体中的实际温度梯度为 $\left(\frac{\partial T}{\partial z}\right)_l$ (即实际分布曲线的斜率),则不产生组分过冷的条件为

$$\left(\frac{\partial T}{\partial z}\right)_l \geqslant \left.\frac{dT_f}{dz}\right|_{z=0}, \qquad (6.64)$$

于是

$$\frac{\partial T}{\partial z} \geqslant \frac{-mf c_{l(B)}(1-k^*)}{D\left[k^* + (1-k^*)\exp\left(-\frac{f}{D}\delta_c\right)\right]}. \qquad (6.65)$$

显然,若上式的左端小于右端,则出现组分过冷,而且两者的差值愈大,组分过冷的现象将愈严重.

如前所述,为方便起见,可以取 $k^* \simeq k_0$, $c_{l(B)} \simeq c_0$. $c_0$ 为熔体的平均溶质浓度,$k_0$ 为平衡分凝系数. 那么,式(6.65)可以近似地表示为

$$\left(\frac{\partial T}{\partial z}\right)_l \geqslant \frac{-mf\,c_0(1-k_0)}{D\left[k_0 + (1-k_0)\exp\left(-\frac{f}{D}\delta_c\right)\right]}. \qquad (6.66)$$

应当指出,当$k_0 < 1$ 时,$m$为负值,而当 $k_0 > 1$ 时,$m$则为正值,因此,上式的右端总是正值.

如果熔体中不存在对流,即扩散过程支配整个熔体,则式(6.66) 可以简化为

$$\left(\frac{\partial T}{\partial z}\right)_l \geqslant \frac{-mf\,c_0(1-k_0)}{Dk_0}. \qquad (6.67)$$

不出现组分过冷的临界条件为

$$\left(\frac{\partial T}{\partial z}\right)_l=\frac{-mf(1-k_0)}{Dk_0}c_0.$$

对于确定的材料，$\left(\frac{\partial T}{\partial z}\right)_l\Big/f=$ 常数 $\times c_0$，因此，$\left(\frac{\partial T}{\partial z}\right)_l\Big/f$ 与 $c_0$ 的关系为一条通过原点的直线．该直线的一侧为组分过冷区，而另一侧为非组分过冷区(图 6.20)．从图中可以看出，减小溶质浓度或降低生长速率，或加大温度梯度，均可抑制组分过冷．

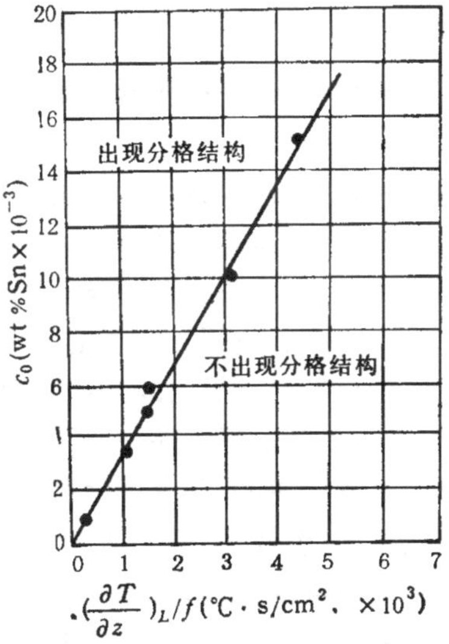


图 6.20　掺锡的铅，凝固时形成分格结构的条件[37]．

总之，上述组分过冷的理论分析已为许多实验结果所证实，尽管不是十分完善的，但是用它去分析熔体生长的问题时，却可以得到满意的结果．

在组分过冷的条件下，生长的晶体是不均匀的，不完整的．特别是，当组分过冷现象严重的时候，溶质横向分布的不均匀性将使晶体产生宏观缺陷．组分过冷使晶体中出现分格结构(也称为胞状结构、蜂窝状结构或网状结构)．像前面所指出的那样，平坦界面随机出现的小凸起，处于较大的过冷度下，它的前沿比界面其余部分生长的更快．随着生长的进行，温度与浓度的扰动使界面上出现更多的小凸起，而且向周围区域排斥出的溶质进一步抑制了非凸起部位的生长(降低了凝固点)，于是各突起之间形成了富集溶质的“渠道”．因为突起物不能超出过冷区，因此，初期形成的突起物和后来陆续出现的突起物将逐渐具有相近的高度，它们构成密堆积的阵列．图 6.21 示出了这种发展过程．如果观察 *XY* 平面，这种分格结构往往具有六方网格的形式．在这种条件下得到的晶体是极不均匀的，每个六方“格子”的边沿富集着溶质，甚至会出现第二相析出物，或片状、丝状的宏观缺陷，并降低了晶体的透明性．严重的组分过冷能使界面由分格生长变为枝蔓生长．当然，如果生长条件只是稍微偏离或者瞬时偏离界面稳定的条件，那么晶体中的缺陷将是分散的、不连续的出现．

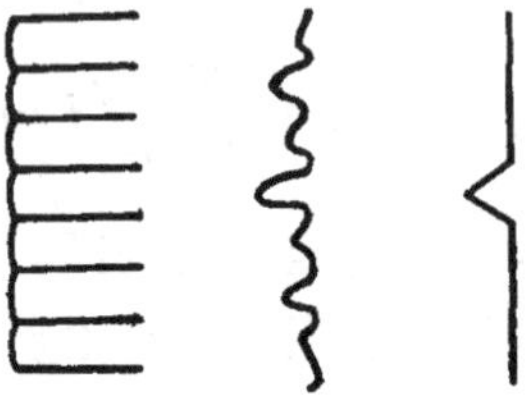

图 6.21　分格结构的形成过程．

生长着的晶体，如果迅速与熔体脱离，生长界面的表面形态就反映了分格结构．这时，表面不再是宏观平坦的表面，而具有波纹状或角锥状的宏观形态，对于半导体和绝缘性晶体，分格状界面通常由许多一定取向的低指数小晶面所构成；对于金属，由于它们不形成小晶面，分格状态一般采用密堆积六方阵列的形式．

本节中，我们介绍了熔体生长的一般原理．应当指出，在进行理论分析时所提出的某些前提条件是近似的或者说是理想化了的，甚至个别前提条件与所得出的结果有冲突之处，这就说明这些理论是不完善的，是有待发展的．然而，这些理论又是基本符合实验结果的，因此，它们又是客观实际的反映．对于像晶体生长这样一种极复杂的过程，那种尽善尽美，包罗万象的理论，或许只存在于未来，而人们只能逐步逼近更完善和更成熟的理论．

## §6.3　熔体生长的方法

熔体生长的方法有许多种，目前尚无统一和严格的分类方法．可根据使用坩埚来分，也可以根据熔区的特点来分．前一种分类法是从技术和工艺的角度来考虑，有其方便之处，后一种分类法对讨论生长过程中的某些问题则可能是方便的．这里采用后一种分类法．

根据熔区的特点，可以把 6.3.1 节及 6.3.3 节至 6.3.6 节的方法称为正常凝固法，而把 6.3.2 节及 6.3.7 节至 6.3.10 节的方法称为逐区熔化法．正常凝固法的特点是在晶体开始生长的时候，全部材料处于熔态(引入的籽晶除外)，在生长过程中，材料体系由晶体和熔体两部分组成，生长过程是以晶体长大和熔体逐渐减少而告终．而逐区熔化法的特点是固体材料中只有一小段区域处于熔态，材料体系是由晶体、熔体和多晶原料三部分组成，体系中存着两个固-液界面，其中，一个界面上发生结晶过程，而另一个界面上发生多晶原料的熔化过程，熔区向多晶原料方向移动，尽管熔区的体积不变，实际上是不断地向熔区中添加材料，生长过程将以晶体长大和多晶原料耗尽而告终．

### 6.3.1 提拉法

该方法的创始人是 Czochralski，他的论文发表于 1918 年[38]．这是熔体生长最常用的方法之一，很多重要的实用晶体是用这种方法制备的，近年来这种方法又得到了几项重大的改进，能够顺利地生长某些易挥发的化合物（如 GaP 和含 Pb 的化合物）和特殊形状的晶体(如八边形、长 4.5m 的硅管、漏斗形等各种复杂形状的蓝宝石晶体、带状硅和氧化物晶体)．

提拉法的设备如图 6.22 所示．将预先合成好的多晶原料装在坩埚中，并被加热到原料的熔点以上，此时，坩埚内的原料就熔化成熔体．在坩埚的上方有一根可以旋转和升降的提拉杆，杆的下端带有一个夹头，其上装有籽晶．降低提拉杆，使籽晶插入熔体中，只要温度合适，籽晶既不熔掉也不长大，然后缓慢地向上提拉和转动晶杆．同时，缓慢地降低

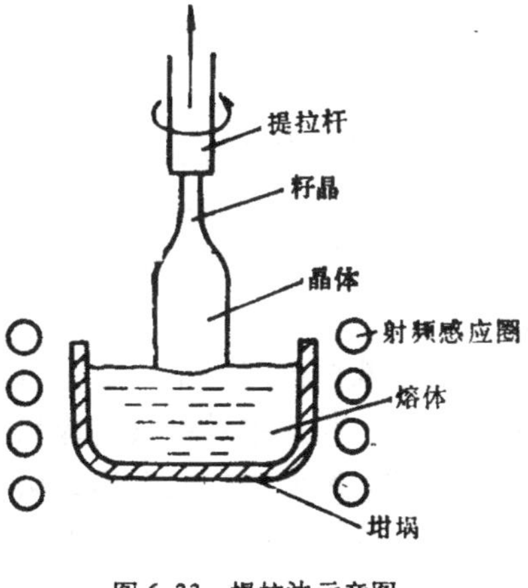

图 6.22　提拉法示意图.

加热功率，籽晶就逐渐长粗，小心地调节加热功率，就能得到所需直径的晶体。整个生长装置安放在一个可以封闭的外罩里，以便使生长环境中有所需要的气氛和压强。通过外罩的窗口，可以观察到生长的情况。用这种方法已成功地长出了半导体、氧化物和其他绝缘类型的大晶体[21,39]。

这种方法的主要优点如下：

(1) 在生长过程中可以方便地观察晶体的生长状况。

(2) 晶体在熔体表面处生长，而不与坩埚相接触，这样能显著地减小晶体的应力，并防止埚壁的寄生成核。

(3) 可以方便地使用定向籽晶和“缩颈”工艺。缩颈后面的籽晶，其位错可大大减少，这样可使放大后生长出来的晶体，其位错密度降低。

总之，提拉法生长的晶体，其完整性很高，而生长率和晶体尺寸也是令人满意的。例如，提拉法生长的红宝石与焰熔法生长的红宝石相比，具有较低的位错密度，较高的光学均匀性，也不存在镶嵌结构。

像所有使用坩埚的方法一样，提拉法要求坩埚不污染熔体。因此，对于那些化学活性较强或熔点极高的材料，就难以找到合适的坩埚来盛装它们，从而不得不改用其他生长方法。

在提拉法中，特别要提及以下三种技术：

(1) 晶体直径的自动控制技术，即 ADC 技术。这种技术不仅使生长过程的控制实现了自动化，而且提高了晶体的质量和成品率。

(2) 液相封盖技术和高压单晶炉，即 LEC 技术。用这种技术，可以生长那些具有较高蒸气压或高离解压的材料。该法对生长具有 Pb 挥发物的铁电晶体和一些半导体晶体极为有用。

(3) 导模法，即 EFG 技术。用这种技术可以按照所需要的形状和尺寸来生长晶体，晶体的质量和均匀性也得到改善。该方法已广泛用于生产多边形硅管、硅带以及薄膜外延用的基底材料等领域。

上述 3 个方面将在 § 6.4 中加以详细描述。

### 6.3.2 连续加料提拉法

提拉法生长晶体中，另一重要的改进是连续加料提拉法的应用。该法首先被 Ya. Apilat 和 Yu. P. Belogurov 等所采用[40,41]。图 6.23 所示的是设备的示意图，通过坩埚内一个高灵敏度的熔体液面规来控制熔体的温度和晶体直径。在坩埚内，一边提拉晶体，一边补充所消耗的原料。具体过程如下：通过导管将原料 $\dot{m}$ 引入圆形槽 1 中，在那里熔融后，流入坩埚 2 内，坩埚被安放在可旋转的支撑环 3 上，支撑环 3 和晶体 9 可作同步旋转，以保证在生长过程中熔体的轴向温场的对称性。由于晶体直径很大，而晶体与埚壁之间距离很小，因此，晶体直径的微小变化(生长界面的高度也相应变化)将引起液面高度的明显变化。一个带有铂探针 5 的熔体液面规 4 能根据液面高度的微小改变，通过补偿电路 6 而相应地调节埚底的附加电源，使液面高度保持恒定，以保证晶体的生长重量与补加原料的重量始终相等，从而达到自动控制晶体直径的目的。由于在生长过程中，坩埚内不断地有原料补充，从而使所要提拉晶体的尺寸不受坩埚内物料的限制，晶体的尺寸可以长大。Goriletsky 等用这种方法已生长出直径为 400 (mm)，重 140(kg) 的 KCl 大单晶。

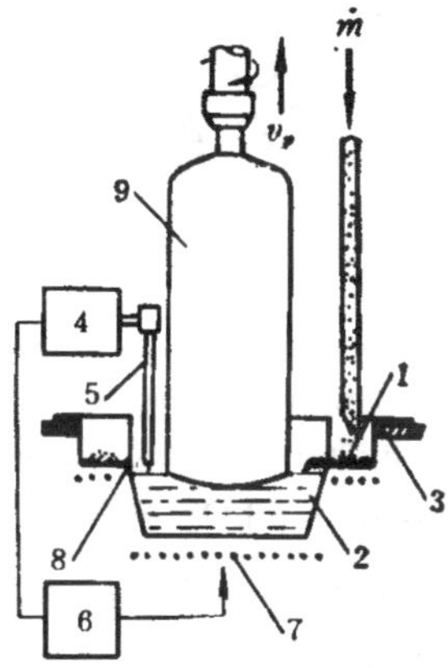

图 6.23 连续加料提拉法.

### 6.3.3 泡生法

该方法的创始人是 Kyropouls，他的论文发表于 1926 年[42]。这种方法是将一根受冷的籽晶与熔体接触，如果界面的温度低于凝固点，则籽晶开始生长，为了使晶体不断长大，就需要逐渐降低熔体的温度,同时旋转晶体,以改善熔体的温度分布. 也可以缓慢的(或分阶段的)上提晶体，以扩大散热面. 晶体在生长过程中或生长结束时不与坩埚壁接触，这就大大减少了晶体的应力. 不过，当晶体与剩余的熔体脱离时，通常会产生较大的热冲击. 生长装置如图 6.24所示. 70 年代以后，该方法已较少用于生长同成分熔化的化合物,而多用于含某种过量组分的体系，例如从含过量 $K_2O$ 的熔体中生长 $KNbO_3$ 单晶. 从含过量 $TiO_2$ 的熔体中生长 $BaTiO_3$ 单晶等. 可以认为目前常用的高温溶液顶部籽晶法是该方法的改良和发展.

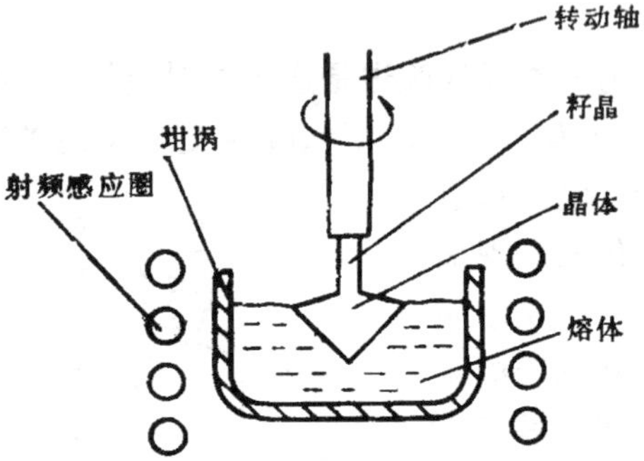

图 6.24 晶体泡生法示意图.

### 6.3.4 坩埚移动法

该方法的创始人是 Bridgman. 他于 1925 年发表了论文[43]. Stockbarger[44] 又发展了他的方法. 该方法尚无恰当的中文名称，也称 B-S 法. 该方法的特点是让熔体在坩埚中冷却而凝固. 凝固过程虽然都是由坩埚的一端开始而逐渐扩展到整个熔体，但方式不同. 坩埚可以垂直放置，熔体自下而上凝固，或自上而下凝固. 一个籽晶插入熔体上部,这样,在生长初期，晶体不与埚壁接触，以减少缺陷[45]. 坩埚也可以水平放置(使用“舟”形坩埚). 凝固过程可通过移动固-液界面来完成,移动界面的方式是移动坩埚或移动加热炉或降温均可. 其装置如图 6.25 (a,b) 所示.

最常用的方法是将一个垂直放置的坩埚逐渐下降，使其通过一个温度梯度区(温度上高下低)，熔体自下而上凝固. 使用尖底坩埚可以成功地得到单晶，也可以在坩埚底部放置籽晶. 对于挥

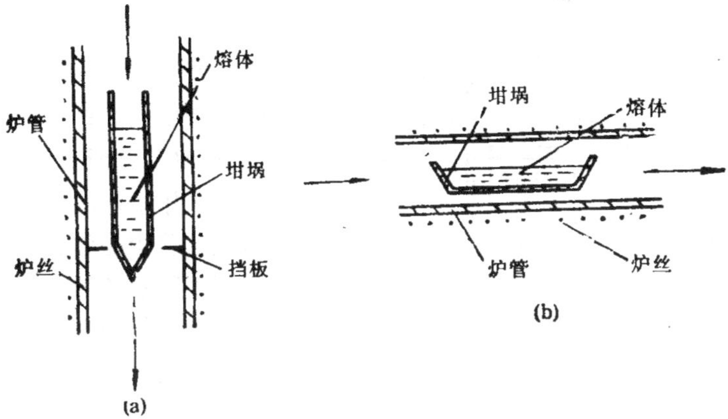


图 6.25 坩埚移动法示意图.
(a) 垂直式; (b) 水平式.

发性材料要使用密闭坩埚. 为防止晶体粘附于埚壁上，也可使用石墨衬里或涂层.

这种方法主要用于生长碱金属和碱土金属的卤化物晶体（例如 $CaF_2$, LiF, NaI 等），其最大的优点是能够制造大直径的晶体[例如 200(mm) 以上]. 主要的缺点是晶体和坩埚壁接触，容易产生应力或寄生成核. 另外，在生长过程中也不能直接观察. 这种方法将在 §6.6 中加以详细描述.

### 6.3.5 热交换法

该方法的实质是熔体在坩埚内直接凝固[46]. 它与坩埚移动法的区别是在这种方法中，坩埚不作任何方向的移动. 这是近年来生长大尺寸晶体的又一发展. Schmid[47] 最初的生长是在一个梯度单晶炉内进行，用以生长大尺寸白宝石单晶. 图 6.26 所示的是这种方法的示意图. 该梯度炉就是在真空石墨电阻炉的底部装上一个钨钼制成的热交换器，内有冷却氦气流过. 把装有原料的坩埚放在热交换器的顶端，两者中心相互重合，而籽晶置于坩埚底部的中心处(注意，热交换器与坩埚底面积之比应有一定的比例)，当坩埚内的原料被加热熔化以后，此时，由于氦气流经热交换器冷却，使籽晶并未熔化，当氦气流量逐渐加大后，则从熔体带走的热量亦相应增加，使籽晶逐渐长大，最后使整个坩埚内的熔体全部凝固。整个晶体生长过程分两个阶段进行，即成核阶段和生长阶段。在这个过程中晶体生长的驱动力来自固-液界面上的温度梯度。通过调节石墨加热器的功率，可达到调节熔体温度的目的，而晶体的热量可通过氦气的流量带走。因此，在生长过程中，晶体的生长界面上可以建立起所需要的温度梯度。

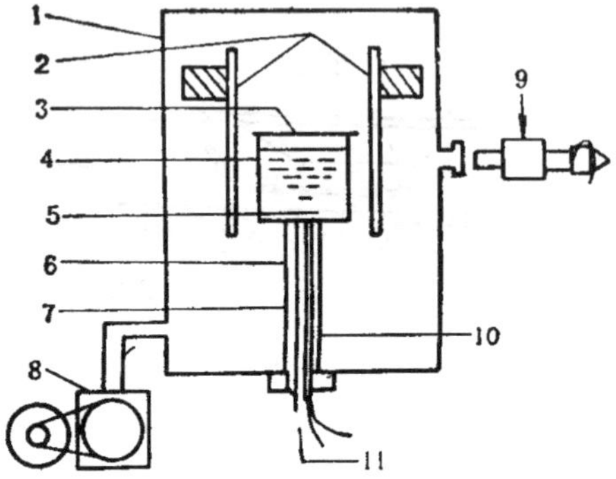


图 6.26　热交换法示意图[46]。
1.真空炉壳； 2.加热元件； 3.耐熔金属盖； 4.坩埚和熔体； 5.籽晶； 6.热交换器； 7.钨管； 8.真空泵； 9.高温计； 10.热电偶； 11.氦气。

这种方法的主要优点如下：

(1) 晶体生长时，坩埚、晶体和加热区都不移动，这就消除了由于机械运动而产生的熔体涡流，控制热交换器的温度，使晶体生长在稳定的温度梯度场中进行，抑制了熔体的涡流和对流，可以消除固-液界面上温度和浓度的波动，以避免晶体造成过多的缺陷。

(2) 刚生长出来的晶体被熔体所包围，这样就可以控制它的冷却速率，以减少晶体的热应力及由此产生的开裂和位错等缺陷。同时，也可生长出与坩埚形状和尺寸相仿的单晶。当然热交换法生长晶体的周期较长，例如 Schmid 生长 32(cm)直径的白宝石单晶约需一周左右的时间[48]。

现在，热交换法已广泛用于生长白宝石、硅单晶以及作光学窗口材料用的大直径单晶。一般而言，此方法适用于生长热导率较高的材料。

### 6.3.6 冷坩埚法

冷坩埚法实际上是无坩埚技术的一种．某些材料，当熔点极高或化学活性很强时，则找不到适合的坩埚材料，此时，可以用原料本身的外壳作为“坩埚”，由外部冷却系统使其保持较低温度，而处于凝固状态，而坩埚内的原料则被加热成熔体．由熔体中生长晶体可按两种方式进行：一种是缓冷法，即熔体在“坩埚”内直接凝固；另一种是加入籽晶，进行提拉．加热熔体的方法也有两种：一种是高频加热法；也可以用聚焦镜加热法．这种方法可以用来生长稀土石榴石和高熔点氧化物．详细描述见 §9.3.

### 6.3.7 水平区熔法

该法的创始人是 Pfann，他于 1952 年发表论文[49]．这种方法主要用于材料的物理提纯，但也常用来生长晶体．该方法与 B-S 方法大体相似．不过此法的熔区被限制在一个狭小的范围内，绝大部分的材料处于固态．随着熔区沿着料锭由一端向另一端缓慢移动，晶体的生长过程也就完成．这种方法与 B-S 法相比，其优点是减小了坩埚对熔体的污染，并降低了加热功率．生长装置的示意图如图 6.27 所示．近来有人[50]将传统式两温区炉改进为四温区水平炉，并适当的控制 Sb 分压，已首次生长出直径大于或等于 25(mm)、位错密度小于 10($cm^{-2}$) 的高完整性 GaSb 单晶．

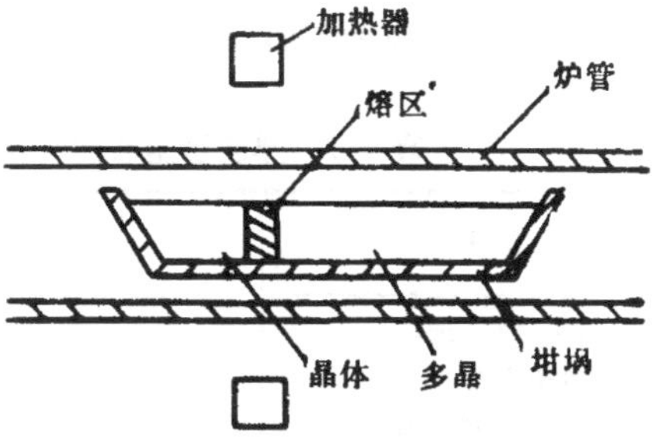

图 6.27 水平区熔法示意图.

### 6.3.8 浮区法

这种方法也可以说是一种垂直的区熔法．该方法由 Keek 和

Golay 于 1953 年创立的[51]. 生长装置的示意图如 6.28 所示. 在生长的晶体和多晶棒之间有一段熔区,该熔区由表面张力所支持.

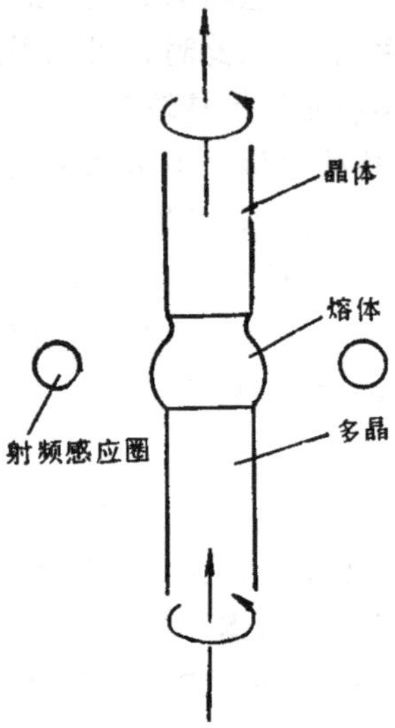


图 6.28 浮区法示意图.

熔区自上而下,或自下而上移动,以完成结晶过程. 该方法的主要优点是不需要坩埚, 也由于加热不受坩埚熔点的限制, 可以生长熔点极高的材料. 生长出来的晶体沿轴向有较小的组分不均匀性, 在生长过程中容易观察等. 在该方法中, 熔区的稳定是靠表面张力与重力的平衡来保持. 因此, 材料要有较大的表面张力和较小的熔态密度. 此种方法对加热技术和机械传动装置的要求都比较严格. 表 6.1 列出了浮区法生长的加热方式和适用的材料.

这里, 我们将着重介绍红外线聚焦加热的浮区区熔法. 它是将光

**表 6.1 浮区法生长的加热方式和适用的材料**

| 加热方式 | 生长的晶体举例 |
|---|---|
| RF 感应加热 | 金属,半导体 |
| 电子轰击 | 金属 |
| DC 等离子炬 | 金属 (TiC), 氧化物 |
| 放 电 | $Al_2O_3$ |
| 电 弧 | $LaCoO_3$ |
| 光聚焦 | $MnFe_2O_4$, $Y_3Al_5O_{12}$ |
| 电阻加热 | $Al_2O_3$, CdTe |
| 接触式电阻加热 | $CaWO_4$ |

源发出的光,经过聚焦后作为热源,送到被加热的多晶样品上, 待多晶熔化以后,生长晶体. 早先使用的光源是用炭弧发出的光,但使用的寿命极短. 后又用白炽灯作为光源, 但白炽灯的钨丝在高

温下极易挥发，灯的使用寿命依然很短。1916 年 Humbuger 曾设想在钨丝灯的灯泡中加入少量的卤素会大大提高灯的使用寿命，直到 1962 年 Kooy 等[52]才作出了实用的卤钨灯。目前，红外线聚焦加热炉使用的光源多为碘钨灯或氙灯，其加热温度分别可达 2100℃ 或 2800℃。图 6.29 所示的是红外线聚焦加热炉的示意图：(a) 单椭球反射腔式加热；(b) 双椭球反射腔式加热。以单椭球反射腔式加热为例，当光源 $F_1$ 发出光以后，在椭球反射腔内经过反射聚焦于 $F_2$ 处，使多晶棒的一个微小的区域熔化，以形成熔区，然后生长晶体。在实际的晶体生长过程中，大多采用双椭球反射腔式，以改善温场的对称性。

红外线聚焦加热炉的使用，已使许多熔点很高，又不能用 RF 加热，而又需各种生长气氛的材料得以实现单晶的生长，例如 $TiO_2$[123]，Nd:$YVO_4$，$Yb_3Fe_5O_{12}$[53] 等晶体的生长。

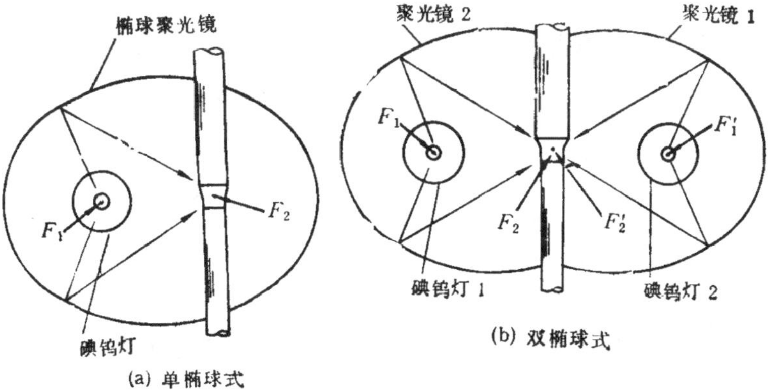


图 6.29 光聚焦加热示意图.
(a) 单椭球式反射腔加热；(b) 双椭球式反射腔加热.

### 6.3.9 基座法

该方法与浮区法基本相同，熔区仍然由晶体和多晶原料来支撑。不同的是在此法中多晶原料棒的直径远远大于晶体的直径。将一个大直径的多晶原料棒的上端熔化，降低籽晶，使其接触这部分熔体，然后向上提拉籽晶以生长晶体。这也是一种无坩埚技术，其示意图如 6.30 所示.

在基座法中,以激光加热基座法 (LHPG) 最为常见,它是制备单晶纤维的常用方法之一. 单晶纤维作为一维晶体有独特的性能,近年来国内外单晶纤维的发展很快, 如单晶光纤激光器、高温传感器等应用非常活跃[54]. 激光加热基座法的示意图如 6.31 所示. 加热的热源一般用 $CO_2$ 激光器. 80 年代末, 氧化物的高温超导体发现以后, 人们争先恐后的研制这些氧化物高温超导体的单晶, 以研究其基本物理性能, 并向应用的方向发展. Gazit 和 Feigelson[55] 报道了他们用激光加热基座法生长出 8(mm) 长纯相的 $Bi_2Sr_2Ca_1Cu_2O_8$ 超导单晶, 其直径为 0.2(mm), 得到了临界电流密度超过了 $3 \times 10^4(A/cm^2)$ (4K 时), 这个数据与用自助熔剂慢降温法生长的晶体相比, 其电流密度要大的多. 他们也制备了直径为 $110 \times 10^{-6}$(m)、具有相当高的强度和有很大弯曲性的单晶纤维.

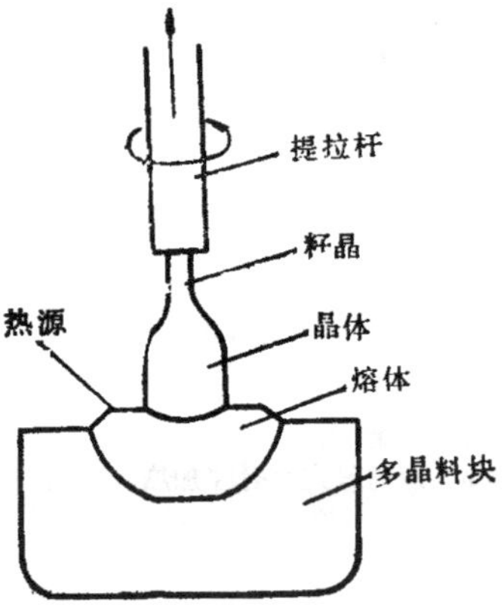

图 6.30 基座法示意图.

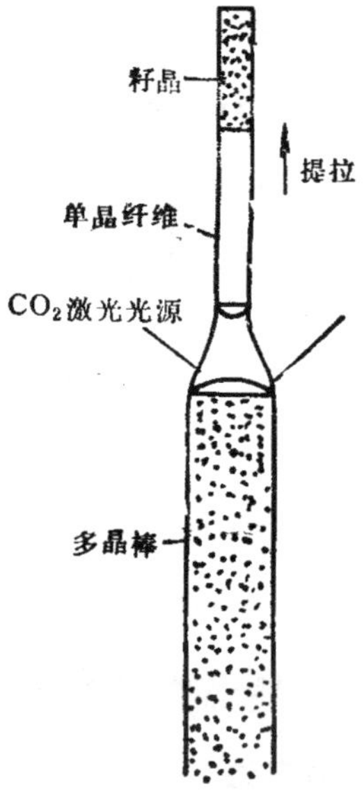

图 6.31 激光加热基座法.

### 6.3.10 焰熔法

该方法的创始人是 Verneuil, 也称为维纳尔法, 他的论文发表于 1902 年. 这是一种最简单的无坩埚生长方法,主要用于宝石工业的生产. 详细描述见 §9.1.

## §6.4 提拉法的生长工艺

对于生长高质量晶体而言, 提拉法是十分重要的一种生长方法. 它对于实验研究来说, 也是一种比较理想的方法, 其理由如下:

(1) 通过调整发热体、坩埚、后热器(或保温罩)的几何条件, 可以方便地控制温度梯度.

(2) 通过改变转速或加入阻流器也可以调节液流.

(3) 生长装置中, 可以安装温度、压力、图像等传感装置和掺杂装置.

(4) 可以方便地生长大直径晶体和特定形状的晶体, 并具有较快的生长率.

鉴于提拉法在生产和研究两方面都是常用的和重要的生长方法,因此,本节将对该方法的工艺和晶体完整性的控制问题作一简要的介绍.

### 6.4.1 提拉法的一般工艺

关于晶体提拉法以及有关的实验技术,在文献[56,57]中已作了详细的论述,这里只对几个重要的工艺问题作一简要介绍.

(1) *加热方式* 最常用的加热方法是电阻加热和高频感应加热. 一般来说,只有无坩埚生长技术才使用激光束加热、电子束加热、等离子体加热和弧光聚焦加热等加热方式. 电阻加热的优点是成本低,可使用大电流、低电压的电源, 并可以制成复杂形状的加热器. 高频感应加热可以提供比较干净的生长环境, 并能用很短的时间常数进行精密控温. 但是成本和运转费用较高. 对电阻加热来说,当工作温度较高时(例如高于 1500℃ 时), 通常采用圆筒状的石墨或钨加热器, 它们需要有还原性或中性保护气氛. 当工作温度较低时，可以方便地使用电阻丝、硅碳（硅钼）棒或管，作为加热器，它们可以在氧化气氛下工作．对于高频加热来说，坩埚本身常常就是加热器．在高温下多用铱坩埚，在1500℃以下大多采用铂坩埚作为加热器．加热频率为几百千赫．一般来说，提拉法以镁铝尖晶石（$T_m = 2150$℃）为生长上限．

精确的、稳定的温度控制是获得高质量晶体的一个重要条件．早期的温度或功率控制的基本原理是用热电偶、拾波线圈或硅光电池检测温度或功率信号，与要求的信号值进行比较，差值经放大后输送给执行机构，以调节加热器的功率，使差值为零．温度波动至少应小于 ±1℃，这要求用比例调节的伺服系统，可以方便地使用 PID 调节器．通常，控制功率效果更好．近年来，多采用微处理器为核心，可作多点多段可编控序的控制器，不仅提高了热场的温度稳定度，而且同时满足了晶体制备过程中，对各种热场变化的要求．

对坩埚材料的要求，在某些方面与对加热材料的要求相同．坩埚材料必须满足以下要求：

(i) 能够承受所需的工作温度．

(ii) 不污染熔体、也不与生长气氛和周围的绝缘材料起反应．

(iii) 有良好的抗热振性能和机械加工性能等．

坩埚材料的熔点必须比工作温度高出200℃左右．常用的坩埚材料为铂、铱、钼、石墨、二氧化硅或其他高熔点氧化物．粗略地说，铂、铱和钼主要用于生长氧化物或碱金属、碱土金属的卤化物晶体，而石墨、二氧化硅或其他高熔点氧化物主要用于生长半导体晶体或金属晶体．石墨和钼不能在氧化气氛下使用，铱可在弱氧化气氛下使用，其他材料则不受气氛的限制．

坩埚的作用不只是盛装熔体，通过改变坩埚的几何条件（如直径与高度之比）以及改变坩埚在生长装置中的相对位置，可以改变熔体中的液流状况和温度分布．

后热器可分为自热式和隔热式两种．自热式后热器一般为圆柱状或伞状。隔热式后热器可以用高熔点氧化物制成，也可以由多层钼片反射器组成(隔热式后热器也称为保温盖)。后热器放在坩埚的上部，生长的晶体逐渐进入后热器，生长完毕后并在其中冷却至室温。后热器的主要作用是调节晶体和熔体中的温度梯度。对于高频加热，坩埚周围和底部也要有适当的绝热材料，如粉末状或者是成型的 $ZrO_2$, $\alpha$-$Al_2O_3$ 或 MgO 制品。对于电阻加热，发热体周围要用上述隔热材料或者用多层钼筒进行保温。各种绝热材料在使用之前要经过高温处理，以尽量赶走可能的挥发性杂质。使用绝热材料的主要目的是降低加热功率，降低发热体的工作温度，从而减小发热体的挥发。

表 6.2 列出了常用坩埚材料的特性。表 6.3 列出了常用绝热材料的特性。

**表 6.2 常用坩埚材料的特性**

| 材料 | 熔点(℃) | 熔点时的蒸汽压(Pa) | 最高使用温度(℃) | 工作气氛 |
|---|---|---|---|---|
| Pt | 1774 | 0.02 | 1600 | 不限 |
| $PtRh_{50}$ | 1970 | | 1800 | 不限 |
| Ir | 2454 | 0.47 | 2150 | 还原，中性，弱氧化 |
| Mo | 2625 | 2.93 | 2400 | 真空，还原，中性 |
| W | 3410 | 2.33 | 3000 | 同上 |
| Ta | 2996 | 0.66 | 2400 | 同上 |
| C | | | 3000 | 同上 |
| $SiO_2$ | | | 1500 | 不限 |
| SiC | | | 1500 | 不限 |

**表 6.3 绝热材料的特性**

| 材料 | 熔点(℃) | 氧化气氛中的最高使用温度(℃) | 抗热振性 | 热导率 | 保持相同温度的相对功率 |
|---|---|---|---|---|---|
| $A_2O_3$ | 2015 | 1950 | 良 | 中 | / |
| BeO | 2550 | 2400 | 优 | 高 | / |
| MgO | 2800 | 2400 | 可 | 中 | 0.9 |
| $ZrO_2$ | 2600 | 2500 | 可 | 低 | 0.6 |
| $ThO_2$ | 3300 | 2700 | 劣 | 最低 | 0.5 |

（2）直径自动控制　在§6.3中曾指出，提拉法中重要的问题之一是晶体直径的自动控制技术，即 ADC 技术．精密而有效的直径自动控制技术是提高晶体质量和成品率的重要条件． ADC 技术大致可分为以下几类：

（i）利用弯月面的光反射法．

（ii）晶体外形成像法．

（iii）称重法

（iv）其他方法．

现在分别介绍如下：

（i）利用弯月面的光反射监控直径．我们知道生长着的晶体的外沿与熔体之间形成弯月面（$\theta_l$ 为弯月面角），弯月面对应于所谓的亮环（该处有较高的亮度）（图6.32）．晶体等径生长时的 $\theta_l$ 可用 $\theta_l^0$ 表示，当 $\theta_l > \theta_l^0$ 时，直径扩大；当 $\theta_l < \theta_l^0$ 时，直径缩小．$\theta_l^0$ 取决于材料的性质，例如 $\theta_l^0(\mathrm{Ge}) = 13 \pm 1$℃，$\theta_l^0(\mathrm{Si}) = 11 \pm 1$℃，不等于零的 $\theta_l^0$ 意味着晶体与熔体之间是非完全浸润的．金属或氧化物有可能完全浸润，即 $\theta_l^0 = 0$．

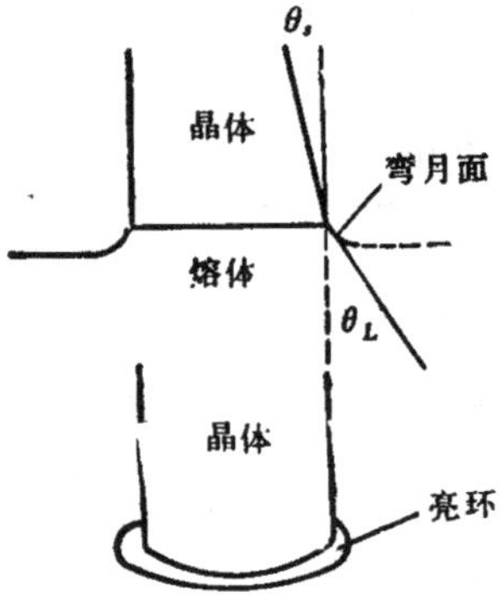

图 6.32　弯月面和亮环．

亮环处的亮度不完全来自熔体的热辐射，而是来自熔体表面的反射（弯月面反射了生长系统中较热部分的热辐射，如坩埚壁的热辐射）．对于确定的材料和确定的直径，弯月面的形状是确定的．因此，当用一个光学传感系统对准弯月面时，只要监测的反射光的总量没有变化，就说明弯月面的形状是稳定的；于是，传感器的输出给出了直径的瞬时测定值．可以根据输出，用伺服系统调节拉速或转速，以控制直径[58]，也可以用计算机调节加热功率和拉速以控制直径[59]．为了提高检测直径的灵敏度，接受器应当对准弯月面上这样一个部位，即反射光的强度随弯月面的形状灵敏变化的那一个部位．由于生长过程中，液面不断降低，因此，这两种技术，接受器均需“跟迹”亮环（通常用坩埚随动装置，不断补偿液面的下降）．用激光束近似垂直入射可以避免“跟迹”问题，但接受器的灵敏度降低[60]．

（ii）晶体成像法．用光学、红外或X射线成像系统摄取晶体的图像，据以直接测定晶体的直径，然后，通过 PID 控制器，调节温度．

有闭环控制的黑白电视成像系统[61]，或红外线成像系统[62]．这种方法，不能用摄像机垂直晶轴来观察晶体．

在液相覆盖技术中（LEC），曾使用X射线成像装置，该装置可以在垂直于晶轴的方向观察晶体[63]．

成像法的缺点是，只有直径变化到一定的数值和一定的时间之后才能测出直径的变化．成像法如果能检测弯月面的形状，就能改善直径的自动控制，因为弯月面的形状是生长区的熔体温度的最好反映．

（iii）称重法．在晶体生长过程中，用称重元件称量晶体的重量[64]或坩埚的重量[65]．将称重元件的输出电压与一个线性驱动的电势计信号进行比较，差值作为误差信号，如果差值不为零，则有一个适当的信号变更递交给加热系统，从而不断调整温度（直径）．也可以将重量信号微分后与要求的重量增长率信号进行比较，差值作为误差信号．前者是将总重量保持在要求的数值上，因此，一旦出现直径误差，将会影响以后的精密控制．不过，这种方法具有较高的信-噪比，可以用于低拉速．后者，不管晶体前期的生长情况，能将此刻的直径保持在要求的数值上，然而，信号微分处理后，增强了噪声信号，因此，不能用于低拉速[66]．

实际上，问题是复杂的，称出的重量，即称重元件所感受的力是弯月面角 $\theta_l$ 的函数，它包括表面张力的贡献，如果直径变化，这些力也会变化，因此，重量和直径间的关系不是简单的函数关系．最近，Sveshtarov 等[67]还进一步考虑了界面形状的影响所引起的修正，另外，还有材料挥发和气体浮力带来的影响．对于在凝固时膨胀或晶体与熔体不完全浸润的材料，重量增长率信号与直径的变化有反常的关系，这些都必须对信号进行修正，才能稳定地等径生长.

近年来，用计算机控制称重法的晶体直径，取得很好的进展，并已商品化.

(iv) 其他的直径自动控制方法. 利用 Peltier 效应控制直径是一种特殊的尝试. 我们知道，直流电通过固-液界面时，产生的热量为 $Q = J\alpha T_m$ ($J$ 是通过界面的电流密度，$\alpha$ 是固-液平衡温度 $T_m$ 时，固-液两相的绝对 Seebeck 系数的差值). 如果电流方向是由固体经界面进入熔体，则 $Q$ 为负值，于是产生致冷效应，而"吸收"结晶时释放的潜热(如果电流方向相反，则 $Q$ 为正值，于是产生致热效应). Vojdanl 等[68]曾利用 Peltier 效应，对晶体直径进行自动控制，提拉生长了 Ge 单晶. 直径控制的主要原理是当电流 $I$ 不变时，电流密度 $J$ 与晶体直径 $D$ 的平方成反比. 如果界面附近温度升高，$D$ 就会减小，于是 $J$ 就变大，即 Peltier 致冷效应加强，从而降低界面附近的温度. 反之，如果界面附近温度降低，则致冷效应减弱，而使界面温度升高. 对给定的直径，只要选用适当的电流，就能实现直径自动控制. Peltier 效应发生在生长界面上，没有热滞后，因此，温度的波动能得到及时的控制，然而，当电流通过时，必然产生焦尔热，因此，只有那些有适当电子导电率（避免产生过量的焦耳热）而且又有较强的温差电效应的极少数的材料[如 InSb, Ge, Si 等半导体，$\alpha$ 的数量级为 $10^{-4}$—$10^{-5}$ (V/℃)]，才有可能利用 Peltier 致冷效应. 另外，有效的致冷所需要的电流 ($I$) 随着晶体尺寸的增大而迅速地增大，因此，这种直径自动控制技术的实用价值受到了限制.

(3) *材料挥发的控制*　含某些 VI 族元素的化合物和许多 IV—V 族化合物往往是挥发性或离解性的. 高温下材料的挥发效应改变了熔体的化学配比，熔体中过剩的组分分凝问题将损害晶体的质量. 为了生长那些具有较高蒸气压或离解压的材料（如 GaP, InAs 等)，必须抑制生长过程中材料的分解问题. 为此，人们又发展了液相覆盖技术和高压单晶炉[69]，这种方法是用一层液相物质覆盖着熔体，同时，炉膛内的压力高于熔体的挥发组分的离解压(例如生长 GaP 时，压力约 35atm)．覆盖物质应当具有下述特性：密度小于熔体的密度，透明，对熔体、坩埚和气氛是化学惰性的，能够浸润晶体、熔体和坩埚，并具有较大的粘度．最好的覆盖物质是熔融的 $B_2O_3$，高温下它是一层透明的玻璃态物质，对某些材料的熔体而言，$B_2O_3$ 是惰性的，不起反应也不相互溶解．由于 $B_2O_3$ 覆盖于熔体表面，因此，挥发性组分不能从熔体中挥发．生长时，将籽晶下降，穿过 $B_2O_3$ 层到达两种液相的交界面处，并在此处生长晶体．当提拉的晶体通过覆盖层而上升时，晶体的表面也粘附一薄层 $B_2O_3$，它可以防止晶体冷却时的挥发．这种技术已用于生长许多种材料，除 III—V 族化合物外，还包括某些 II—VI 族和 IV—VI 族化合物．对于有较高熔点的 II—VI 族化合物(如 ZnSe，ZnTe 等)，由于难以找到合适的覆盖材料，LEC 技术遇到了困难．已发展了所谓压力平衡提拉法 (PB 技术)[70]．对于分解性化合物的熔体生长技术，在文献[71]中有了简要的综合评述．

(4) **晶体形状的控制——导模法** 导模法 (EFG 技术以及各种变型)实质上是控制晶体形状的提拉法，按照需要的形状和尺寸制备晶体，这显然是有意义的．为此，进行的研究已有 60 多年的历史了，只是在 60 年代以后才得到了较大的进展[72]．这种方法是将一个高熔点的惰性模具放于熔体之中(图 6.33)，模具的下部带有细的管道，熔体由于毛细作用被吸引到模具的上表面，与一根籽晶接触后即随籽晶的提拉而不断凝固，而模具上部的边沿则控制着晶体的形状．用这种方法已成功地生长了片状、带状、管状和纤维状晶体．晶体的品种有 Ge，Si，GGG 以及几种铌酸盐和 $Al_2O_3$ 晶体．虽然，生长条件的控制要求严格，而且体积生长率尚无法与大块晶体相比，然而，它仍然是很有价值的一种生长方法．这种方法具有很高的一维生长率，并可得到成分均匀的晶体[73]．因为模具的毛细渠道中对流极弱，界面排除的过剩溶质仅能通过扩散过程向熔体主体中运动，然而模具的毛细渠道中，熔体的流速较

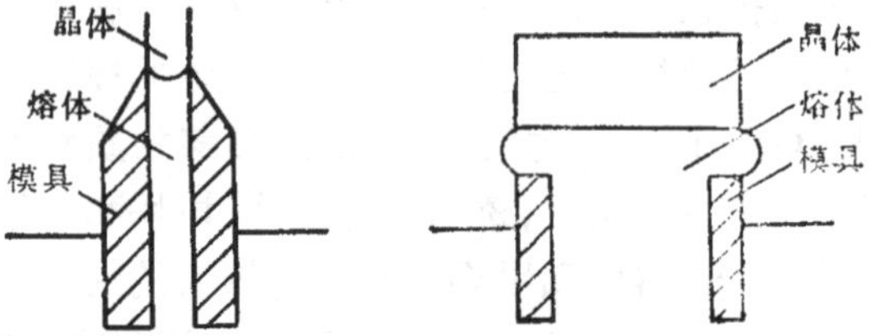


图 6.33　导模法中常用的两种模具.

快(即晶体拉速快),因此,这些溶质难以回到埚中,这样,晶体的溶质浓度将达到熔体上体的浓度,即 $k_0 = \frac{c_s}{c_{l(B)}} \sim 1$. 有人曾用这种方法长出了大尺寸的带状硅单晶(太阳能电池材料),晶体尺寸

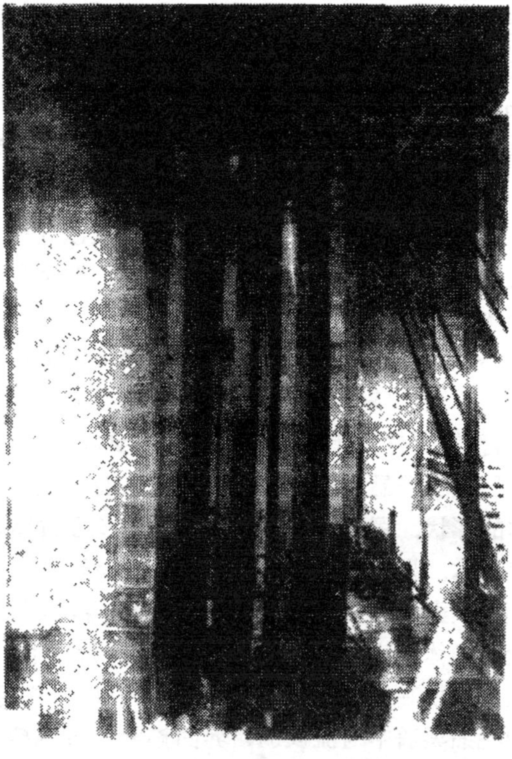

图 6.34　导向生长炉生长的八边形长硅管(4.5m).

的宽为 84(mm)，厚为 1(mm)，长为 170(mm)，模具材料为石墨[74]．近期还有人报道，用中频感应加热方式，生长出宽 35(mm)、厚为 2(mm)、长为 200(mm) 的白宝石片状晶体[75]．

80 年代以后，导模法有两个主要发展方向．为了满足太阳能电池的需要，生长大尺寸、高效率的硅板．美国的 Mobil 太阳能公司已例行生产每边宽 10(cm) 的八边形硅管，长度为 4.5(m)．用这种硅板制成的太阳能电池效率大于 13%（图 6.34）[76]．另一个发展方向是，为特殊的光学应用生长形状复杂的白宝石晶体，见图 6.35[77]．与传统的导模法不同，这种工艺生长的晶体的横截面并不等于模具的顶表面．晶体横截面的一部分在模具顶部生长，生长中晶体不断转动，而晶体的转动轴偏离模具的中心轴，转动的轨迹与模具顶表面相交，通过精密控制晶体转动轴的位置来改变晶体横截面的直径．

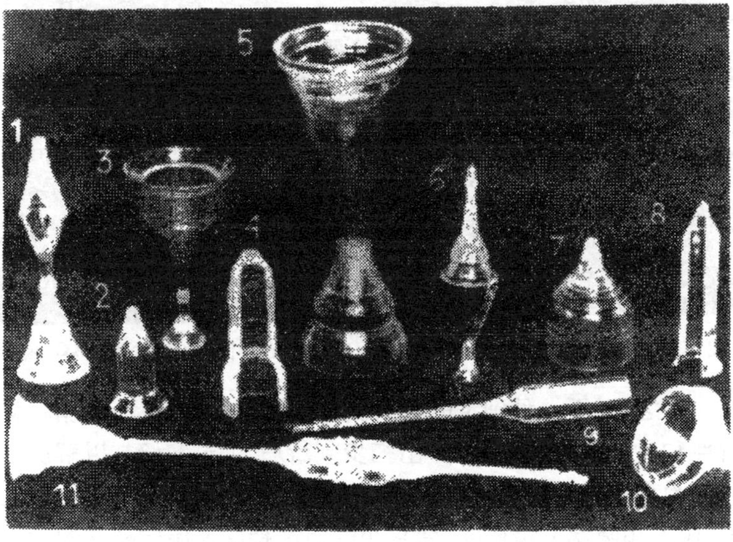


图 6.35　用改良的 EFG 方法生长的若干复杂形状的白宝石晶体．

(5) 温场的选择和控制　生长高质量晶体的一个很重要的条件就是要有一个合适的温度场．生长系统中的温度分布（等温面的状况)或者说晶体中、熔体中以及固-液界面上的温度梯度对晶体的质量有决定性的影响．然而，不同类型的晶体具有不同的特性，需要控制的主要缺陷也往往不同，它们对于温场条件的要求自然也不相同．因此，所谓合适的温场并没有一个严格的判据．一般来说，对于掺质晶体需要有大的温度梯度(特别是界面附近)，而不掺质的晶体或者容易开裂的晶体，采用较小的温度梯度；另外，一般采用平的(或微凸的)界面来生长晶体，有助于晶体均匀性的改善．不过，在特定条件下，采用凸界面生长晶体也有它有利的一面，这些问题将在后面加以讨论．当然，生长任何晶体都要求有一个径向对称分布的热环境．图 6.36 示出采用提拉法生长的 GGG 晶体(等径后，界面形状近似是一个平面)和 Nd:YAG 晶体(始终以凸界面生长)．

图 6.36 (a) 平界面生长的 GGG 晶体；(b) 凸界面生长的 Nd:YAG 晶体．

总之，对于一种确定的材料，合适的温场条件只能根据材料的特性和对完整性的要求，作出初步判断后，通过实验加以解决．

为克服组分过冷，需要有大的温度梯度(轴向分量)；为防止开裂、应力和降低位错密度，要求小的温度梯度．温度梯度的大小在很大程度上取决于结晶装置的结构，包括加热方式、加热器、坩埚、后热器等的形状和尺寸以及它们之间的相对位置．界面附近熔体中的温度梯度大，意味着晶体散热量大以及熔体的过热程度较高，这时熔体有较好的流动性("稀")和表面反光性（相对于同一种材料的等径生长而言）．为了加大温度梯度，可以适当地提高坩埚的位置，或提高液面的位置(多装料)，便可达到加大温度梯度的目的．另外，加强晶体的散热也是有效的办法．晶体的散热量和晶体所在的环境温度密切相关．因此，只要设法加大熔体和熔体上方空间的温度差，就能加大轴向温度梯度；只要设法加大熔体中心部分和周围的部分散热量的差别就能加大径向温度梯度．

例如，在坩埚上安放一个中心开孔的挡板，就能够实现上述要求．利用气体的自然对流或向晶体吹气，也可以加强晶体的散热．反之，如果要减小温度梯度，只要采用适当形式的后热器就能作到这一点．随着晶体长度的增加，晶体散热也增大了，因此，轴向温度梯度有增大的趋势；然而对于高频感应加热来说，液面的降低，将使裸露的坩埚壁的后加热作用不断加强．特别是当液面下降较快的时候(晶径与埚径之比较大时)，这将使轴向温度梯度又有减少的趋势．因此，当晶体生长到一定长度之后，晶体散热接近于饱和，于是轴向梯度反而开始减小．对于电阻加热来说，坩埚的后热作用较弱，因此，影响较小(限于辐射传热占优势的熔点较高的材料)．

(6) *晶体转动对生长的影响*　在提拉法中，晶体是以一定的速率转动的．晶转的直接作用是搅拌熔体，并产生强制对流．晶转速率和其他生长参数一样，对于生长过程的影响是多方面的，对晶体完整性的影响也往往既有好作用也可能有副作用．转动晶体可能产生的影响有以下几方面：

(i) 增加了温场的径向对称性．通常在低转速下就能作到这一点．

(ii) 改变界面的形状．通常随着转速的增大，界面形状变化的方向是凸→平→凹．但是对 Nd:YAG 等氧化物晶体在 70(r/min) 以下时，转速的改变对界面形状的影响不大．对于某些铌酸盐晶体，即使转速只有 1—10(r/min)，界面仍近于平面．

(iii) 改变界面附近的温度梯度．如果在自然对流占优势的范围内增加转速,温度梯度往往增大;如果改变转速使占支配地位的自然对流让位于强制对流,则温度梯度往往减小。

(iv) 改变液流的稳定性. 转动晶体能改变液流花样(由自然对流向强制对流过渡),一般来说,增大转速,液流的热不稳定性往往增大.

(v) 改变有效分凝系数. 转速增大,当 $k_0 < 1$ 时, $k_e$ 减小,当 $k_0 > 1$ 时, $k_e$ 增大.

(vi) 影响界面稳定性. 当 $k_0 > 1$ 时, 转动增加了界面不稳定性. 当 $k_0 < 1$ 时,转动晶体产生几种影响,彼此方向相反,因此,得不出一般性结论,影响的好、坏需视具体条件而定[78].

(7) **生长率** 人们总是希望晶体能有较高的生长率. 然而,为了得到宏观完整的晶体,提拉速率不能超过一定的临界值,该临界值(或者说极限生长率)决定于材料的性质和生长参数. 例如,晶体热导率 $K_s$ 较高的材料(如金属和半导体)比 $K_s$ 较低的材料(如氧化物或有机物)可以有较大的生长率. 对于同一种材料,不掺质比有掺质的可具有较大的生长率,小晶体比大晶体可以有较高的生长率等. 限制生长率的主要因素如下:

(i) 界面稳定的临界条件[式(6.57)和式(6.65)或式(6.66)]对于纯材料

$$f_{\max} = \frac{K_s}{\rho l}\left(\frac{\partial T}{\partial z}\right)_s. \tag{6.68}$$

对于掺质的材料

$$f_{\max} = \frac{D\left[k^* + (1 - k^*)\exp\left(-\frac{f}{D}\,\delta_c\right)\right]}{-mc_{l(B)}(1 - k^*)}\left(\frac{\partial T}{\partial z}\right)_l. \tag{6.69}$$

根据这两个方程式,我们可以方便地分析材料的性质和生长条件对极限生长率的影响.

(ii) 晶体中允许的最大热应力(见 6.5.1 节). 当然,为了得到高质量的晶体,通常要求生长率低于上述的极限生长率.

应当指出,在实际生长过程中,由于液面的不断下降,晶体的

宏观生长率 $f_0$ 大于提拉速率 $f_p$。而

$$f_0 = \frac{f_p \rho_l R^2}{\rho_l R^2 - \rho_s r^2}, \quad (6.70)$$

式中 $\rho_l$ 和 $\rho_s$ 分别为固相和液相的密度，$R$ 和 $r$ 分别为坩埚和晶体的半径。如果忽略了两相的密度差异，上式可近似地表示为

$$f_0 = \frac{R^2}{R^2 - r^2} f_p. \quad (6.71)$$

如果不存在温度波动，即生长率为常数，那么晶体的微观生长率 $f = f_0$。如果存在温度波动或振荡，但不存在瞬时回熔或局部回熔现象，那么 $f$ 是一个不小于零的变量，而且微观生长率的平均值 $\bar{f} = f_0$。如果温度波动使界面出现瞬时回熔现象，那么 $f$ 将在负值和正值之间变动。这时晶体中实际存在的微观生长率的平均值 $\bar{f}$ 将大于 $f_0$。根据提拉速率或根据晶体的长度可以得出晶体的宏观生长率 $f_0$，用 $f_0$ 代表晶体的实际生长率是最方便的，在许多情况下也可以接受这种近似的表示方法，但是，当严格地考虑生长率对晶体的不完整性的影响时，由于实际上发生作用的是晶体的微观生长率，因此，必须注意 $f \neq f_0$ 所产生的影响。

(8) *掺质* 如果故意将某种元素(或化合物)加入到熔体中或原料中，只要掺质的分凝系数不是小到可以忽略不计的话，那么，我们将从熔体中生长出含有特定掺质的晶体。生长掺质晶体的目的是为了使晶体具有某种特殊性能，或者是为了改变晶体的某种性能。例如，许多氧化物掺入 $Nd^{+3}$ 离子后就产生了光受激发射的特性。YAG 晶体同时掺入钕和铬(或镥)，是为了改善光泵能量的利用率，或改善晶体的结构完整性。掺质也可以改变晶体的某种特性，例如，GGG 晶体中掺入适量的锆和镁后，晶体的点阵参数由纯晶体的 1.2382 nm 变为 1.2489 nm[79]。

如果掺质的分凝系数是已知的，我们可以利用式 (6.21) 或式 (6.22) 来计算晶体各个部位的掺质浓度 $c_s$。取原料的初始平均掺质浓度 $c_0 = 1$，根据正常凝固方程 $c_s = kc_0(1 - g)^{k-1}$，可以计算出不同 $k$ 值下的 $c_s \sim g$ 关系曲线 (图 6.37) ($k$ 是 $k_e$ 或 $k_0$)，

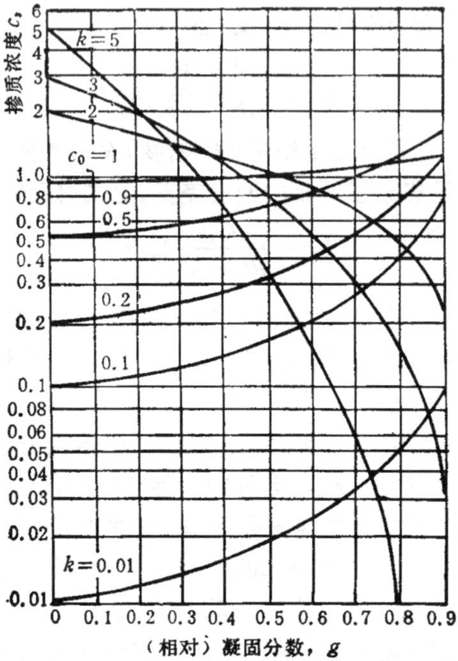


图 6.37　晶体中的掺杂浓度和凝固分数之间的关系[80].

于是我们可以根据相应的 $k$ 值曲线，由凝固分数 $g$ 得出对应的晶体掺质浓度.

由图 6.37[80]中可以看出，在稳态生长的条件下，晶体中的掺质浓度沿生长方向是连续变化的. 要得到轴向成分均匀的晶体（$c_s$ 保持恒定），至少在原则上是可能的(限于稳态生长). 在 $k_0<1$ 的情况下，随着界面的推移，界面不断将过剩的掺质排斥到熔体中，而使熔体的溶质浓度 $c_l$ 升高，从而晶体的溶质浓度 $c_s$ 也不断升高. 如果在生长过程中施加一种使 $c_l$ 减小的因素，并使 $c_l$ 减小的数量正好等于界面排斥掺质，从而使 $c_l$ 增加的数量，那么 $c_l$ 将保持不变，晶体的掺质浓度自然也不变了. 使 $c_l$ 减小的办法是以适当的速率不断向熔体添加低浓度的熔体或固体，这就是所谓的稀释法. 与此类似，假定界面周围的掺质浓度为 $c_s/k_e$，那么在生长过程中，晶体不断从其周围"取走"浓度为 $c_s$ 的熔体. 如

果不断以浓度为 $c_s$ 的熔体补充这些空缺，晶体的 $c_s$ 也能恒定．例如，浮动坩埚法[81]．

掺质往往能改变晶体的结构、性能、完整性和生长特性，人们已获得了许多有重要实用价值的结果，我们将在 6.5.2 节中全面讨论这一问题．

### 6.4.2 提拉法晶体生长实例——掺钕钇铝石榴石晶体(Nd:YAG)的生长

Nd:YAG 晶体和激光器均诞生于 1964 年，由于该晶体具有低阈值、高效率、性能稳定以及可在室温脉冲或连续运转等优点，已成为中、小型固体激光器的主要材料，广泛应用于军事、工业、医疗和科研等领域．近 30 年来，尽管已研制出许多优良的新型激光

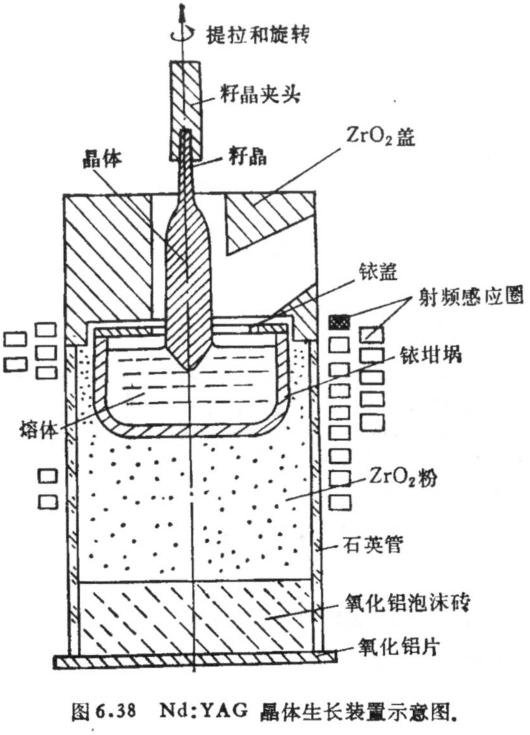


图 6.38　Nd:YAG 晶体生长装置示意图．

晶体,但 Nd:YAG 仍保持其霸主地位。

(1) **生长装置** 图 6.38 示出了生长装置的结构图。采用 RF 加热和铱坩埚以减小生长环境对熔体和晶体的污染。所用高频感应炉为 20kw-200kHz。感应圈为 $9\times6mm^2$ 矩形紫铜管绕成的双层圈,内圈 9 层,外圈 5 层,内圈比外圈高出 1 圈。坩埚盖的高度处于第一圈和第二圈之间(内层自上而下),这样可以使生长界面附近有较大的温度梯度。

(2) **温度控制系统** 温度控制系统的原理图如图 6.39 所示。使用该系统控温,当坩埚温度为 1970℃ 时,瞬间温度波动小于 0.5℃,长时间的温度漂移小于 3℃。

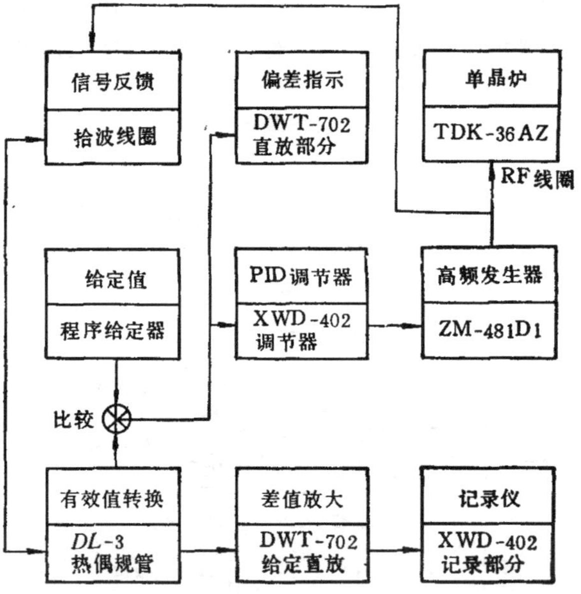


图 6.39 温度控制系统原理图.

(3) **生长参数**

(i) 铱坩埚:材料纯度优于 99.9%,坩埚内腔尺寸为:直径 70(mm),深度 35(mm),壁厚约 2.5(mm)。铱盖尺寸为外径 72(mm),内径 30(mm),厚 1.5(mm)。

(ii) 原料:纯度不低于99.99%,按 $3(1-x)Y_2O_3 \cdot 3xNd_2O_3 \cdot 5Al_2O_3$ 的计量比称量、混合、静水压成型，在900℃下灼烧4h以收缩体积。$3x$ 为5at%。

(iii) 生长气氛: 炉膛抽真空至 $6 \times 10^{-2}$(Pa)，然后充以高纯 $N_2$，实际压强为1.2atm。

(iv) 籽晶取向: 〈111〉,尺寸为,$\phi 3 \times 30$(mm)。

(v) 晶体拉速: 1.2—1.6(mm/h)。

(vi) 晶体转速: 40—50(r/min)。

(vii) 轴向温度梯度: 2—4(℃/mm)(生长界面附近)。

(viii) 界面形状: 凸界面,界面夹角85°±15℃。

(ix) 晶体尺寸: 直径 ≥ 16(mm),等径部分长度大于或等于110(mm),如直径17×120($mm^3$).沿晶体轴心有直径小于2(mm)的不均匀"核心"区。切激光棒时避开。晶体重量约为投料量的40%。

(x) 原料的使用: 每次生长原料总量为340—400(g)，生长完毕后补加重量等于晶体重量的原料(Nd浓度为1at%)，即可再次生长晶体,可重复使用3—5次。

(xi) 升温速率约400(℃/h)，降温速率约250(℃/h)。生长周期 ≤110(h)。经过下籽晶、扩肩和等直径生长3个阶段，生长完毕后将晶体升高以脱离熔体。

生长出的晶体若无宏观缺陷,可直接切棒,无需进行高温退火处理。

(xii) 加热功率: 若以原料熔化的功率为基准，则生长结束时,功率升高8%—10%。除扩肩时要缓慢降低功率外,在生长过程中,功率是逐渐升高的。

(xiii) 长出的晶体用正交偏光检查"核心"和生长条纹,用Ar离子激光来检查散射质点。在无散射质点、生长条纹淡而均匀的非"核心"区切取激光棒。

(4) 晶体性能

(i) 晶体中平均钕浓度为1.1at%,

(ii) 单程损耗：0.004—0.010($cm^{-1}$).

(iii) 消光比：25—34 (dB).

(iv) 干涉条纹：0.5—1 条.

(v) 阈值：静态下约 1(J)，连续运转为 500(W).

(vi) 效率：斜率效率 1.8%—2.0%，连续效率 2%—3.4%.

(5) 生长条件的几点说明

(i) 坩埚：采用直径大、高度小的坩埚可减小液面下降引起的生长条件的变化，减小对流引起的温度波动，并增大温度梯度.

(ii) 晶体拉速为 1.2—1.6(mm/h)，若降低拉速有助于改善晶体质量.

(iii) 晶体转速为 40—50 (r/min)，经动态测量当转速为 45 (r/min) 时，熔体中的温度波动最小.

(iv) Nd 浓度：实验结果表明，掺钕浓度为 5 at% 为佳(原料中)，这种较高 Nd 浓度的晶体，不仅降低阈值，提高效率，而且激光输出能量不易饱和. 另一方面，从生长上也容易保证晶体的光学均匀性.

(v) 对直径小于 20(mm) 的晶体而言，以凸界面生长为宜. 小直径晶体要拉平界面需要很高的转速，从而会引起液流不稳定性，不利于晶体的光学质量. 而且在相同的拉速下，凸界面的法向生长率较低，因此，允许较高的拉速. 凸界面顶角以 85° 左右为好，在此条件下，较大的径向梯度减小了温度波动引起的晶体直径的变化，同时，晶体中不均匀的“核心”区将局限于直径小于 2(mm) 的轴心内. 若顶角小于 75°，晶体核心区出现裂隙，并向外延伸. 若顶角大于 100°，则晶体中的“核心”粗大，界面外沿出现小面生长，形成所谓侧心，而且晶体下部易开裂.

(vi) 严重损害晶体性能的主要缺陷有如下几方面：

(a) 核心：“核心”区有不均匀的钕浓度、较高的位错密度，并形成应力场.

(b) 生长条纹：主要指不均匀的、粗大的生长条纹，它们意味着生长界面上曾发生突变，并引起较大的应力双折射.

(c) 散射质点：Ar 激光束照射下，晶体中密集的片状散射质点将带来较大的散射损耗.

(d) 组分过冷引起的小裂隙和包裹物，这种缺陷将使晶体不能使用.

Nd 的分凝系数小，当掺杂浓度较高时，容易出现组分过冷. 因此，生长装置首先应能提供较大的温度梯度，否则只能降低生长率，后者是个降低经济效益的办法.

(5) 近年来国内外的主要进展　70年代末以来，Nd:YAG 的研究取得的主要进展如下：

(i) 生长大尺寸、高品质晶体，直径 76—150 mm 的晶体已进行商品生产.

生长大晶体除要有相应的设备外，保证成品率和晶体质量的主要措施为

(a) 提高控温精度(如瞬时波动<0.1℃).

(b) 降低晶体生长率(如生长率为 0.1 mm/h).

(c) 平界面生长，并严格控制界面反转的全过程.

(d) 改善温度场，降低晶体的热应力.

(ii) 通过掺质或组元置换来改善晶体性能，如 Nd、Cr:YAG, Nd:YSAG 等.

(iii) 用其他稀土元素作激活离子，以获得更适用的长波输出，如 Er:YAG，输出波长为 2940nm. Cr、Tm、Ho:YAG 输出波长为 2080nm.

## §6.5　提拉法生长中晶体缺陷的形成和控制

现代科学技术的发展需要高度完整的晶体，然而从熔体中生长的晶体往往含有各种类型的微观或宏观缺陷. 因此，研究晶体生长的工作者一项重要的任务就是研究晶体缺陷和生长条件之间的相互联系，以及晶体缺陷对于晶体性能的影响，从而能在最佳生长条件下，生长出高质量的晶体，要想用满意的生长率制备所需

尺寸的高质量晶体，通常的办法是针对特定的材料的要求，从实验上加以解决．但是，如果对于各种晶体缺陷的成因能有一个概况的了解，那么上述问题的解决将会直接的多．

晶体中的可能出现的微观或宏观缺陷是空位、替代式或填隙式杂质原子（或离子）、色心、位错、小角度晶界、孪生、小面、生长层、气泡（或空洞）、分格结构、沉淀物、包裹物和裂隙等．通常，这些缺陷能够吸收、反射、折射或散射晶体内部产生的或者由外部输入的磁、光、声和电能量，从而损害晶体的性能．

第十三章对晶体缺陷作了全面的论述，在这里只从提拉法生长晶体的角度去分析生长条件和晶体缺陷之间的关系，以及减少或消除晶体缺陷的方法．

### 6.5.1 影响晶体完整性的主要原因和改善途径

晶体在生长（或降温）过程中所以会产生缺陷，大体上是由以下几个方面的因素造成的：

（1）物质条件；

（2）热力学因素；

（3）分凝和组分过冷；

（4）温度分布和温度波动．

应当指出，对于缺陷成因的这种叙述方法，主要是为了便于从生长的角度去分析缺陷的成因，而不是对缺陷的成因进行科学的分类．

（1）物质条件的影响

（i）低精度的生长设备．生长界面的移动（或转动）需要有特定的机械传动装置．如果这些装置不能提供均匀的机械运动或者使界面产生振动，那么晶体将有不稳定的生长率．

晶体生长时需要保持界面温度的稳定，如果温度控制系统的精度较差，那么由于加热功率和散热功率的波动将使界面温度产生波动，于是晶体生长率也出现波动．

晶体生长过程中，热交换条件是不断变化的，因此需要不断调节加热功率，以保持等径生长。如果等径控制不好，晶体直径的变化也意味着生长率是不稳定的。

另外，如果温场的中心和晶体的中心不重合(偏离较大)，那么晶体每转一圈，界面上各个点的温度将出现一次波动。

上述的因素均能造成晶体生长率的变化，由式(6.14)可以知道，溶质的有效分凝系数必然产生相应的变化，于是晶体中出现溶质浓度不均匀分布的生长层(生长条纹)。如果原子层之间的溶质浓度差别很大，那么相应的点阵参数的差别所引起的切应力可以产生位错。如果生长率的波动很大，那么瞬时的高生长率将引起瞬时的组分过冷，而在晶体中产生层状分布的缺陷(如细小的片状裂隙或沉淀物等)。例如，当外电压不稳，温度控制器又不灵敏的时候，很容易出现间歇式组分过冷现象。

(ii) 有害的杂质。有害的杂质通常来自不纯的原料或配比不恰当的原料(例如，偏离同成分点)。生长环境(如发热体、坩埚、绝缘材料、气氛等)也可能污染熔体。此外，原料的非同成分挥发，使熔体偏离恰当的配比，熔体中过剩的某种组分将作为杂质而存在，在这个意义上讲，组分的挥发可以看作一种特殊的污染。一般来说，这些杂质对晶体生长是有害的。如果杂质的分凝系数极小，随着晶体的生长，杂质将富集于界面附近，一旦它们的浓度达到了过饱和状态，杂质将在界面上成核，成长，并以包裹物的形式进入晶体。这些包裹物不仅是光散射或光吸收的中心(如 $YVO_4$ 中铱包裹物)，而且也会诱发位错，以降低应变能(如 GGG 中的铱包裹物)。生长环境中的气体作为杂质，溶解于熔体中，也可能在晶体中形成包裹物，即气泡(如宝石单晶中的气泡群)。降低晶体的提拉速率，相当于降低了界面附近的杂质浓度，因此，有助于消除这类包裹物。

如果这些杂质的分凝系数不是太小的话，它们能以原子或离子的形式长入晶体。进入晶体的杂质可能会损害晶体的光学质量或电学性能(如激光晶体中的铁杂质等或半导体中的铜、镍等)。另外，这些长入晶体的杂质离子也可能诱发其他类型的点缺陷，例如，异价离子的存在将在其近邻产生具有反号有效电荷的离子空位(点阵空位)，如果它们捕获一个自由电子或者一个自由空穴，则形成吸收光的色心（如许多氧化物晶体中存在的 $O^-$ 色心）。不言而喻，熔体中的杂质对晶体完整性的影响取决杂质的品种和浓度。

杂质的存在也会增加生长界面的不稳定性。如果生长参数已接近界面稳定的临界条件，那么少量杂质的存在很可能会引起组分过冷。例如，以较高拉速生长较高钕含量的 Nd:YAG 晶体时，如果熔体中含有过量的 $Y_2O_3$，晶体中将会出现丝状或片状缺陷。当组分过冷严重的时候，宏观光滑的生长界面将变为分格界面，即不透明的薄层将透明的晶体分隔成为无数多边形的“格子”。

(iii) 籽晶。使用定向籽晶是熔体生长中的一项重要改进措施。然而，如果籽晶质量不好，那么其中的继承性缺陷(如位错、晶界等)，将引入晶体之中。籽晶下端的加工损伤或污染物，如果在生长之前未能消除，或者籽晶和晶体的点阵参数不匹配，也会在界面形成位错。克服这种缺陷的办法如下：

(a) 选用优质籽晶；

(b) 采用“缩颈”工艺。

一般的过程是在较快的拉速下，将籽晶逐渐收细到直径为1—2mm，并生长 10—20mm，然后降低拉速，使直径扩大到所需要的尺寸。也可以通过调节温度来实现这一过程。

当然，应当选择适当取向的籽晶。以不同的结晶学取向生长的晶体，不仅可能有不同的使用效果，也可能有不同的结晶完整性。例如，沿 $c$ 轴生长的 $LiNbO_3$ 晶体，其光学质量一般优于 $a$ 轴晶体。对于低对称性结构的材料，其热学性能往往有较强的各向异性，用高次对称轴作为生长方向可能会有好处。

另外，像 GaAs 这一类极性材料，其(111)面或者将 Ga 原子或者将 As 原子“暴露”于熔体之中。在这两种情况下，生长的晶体的完整性是不同的。用⟨111⟩方向作为生长方向比用$\langle\bar{1}\bar{1}\bar{1}\rangle$方向容易得到好的晶体。就是说，对于这一类材料，把籽晶调一个头来使用可能会有好处。例如，据报道，用 LEC 技术已长出无位错的 GaP 晶体。获得无位错晶体的一个重要的条件是采用了⟨111⟩籽晶(即将 Ga 原子面"暴露"于熔体之中)，而用$\langle\bar{1}\bar{1}\bar{1}\rangle$籽晶（即 P 原子面"暴露"于熔体之中)得到的晶体总是有位错[182]。

如果要得到无位错的晶体，那么籽晶的选择就要格外严格。因为小的应力足以大大增加位错的密度，但是除非应力很大，否则，原来没有位错的晶体，不会由于受到应力而产生位错(无论是机械应力还是热应力)。下籽晶或者生长完毕摇脱晶体时的热冲击，以及降温过程中晶体的温度梯度均能产生应力。

总之，为了以较快的速率生长高质量晶体，首先必须改善生长晶体的物质条件，这些条件如下:

(a) 使设备理想化，具有精密的机械运转系统、温度控制系统和直径控制系统。

(b) 使用高纯度的原料。一般原则是尽量减少无关杂质，主要是有害杂质的数量。同时要尽量减少生长环境和材料的挥发对于熔体的污染，可以改变生长环境中气体的品种或压强，也可以采用流动的气体。必要时则采用 LEC 技术或者无坩埚生长技术。

(c) 使用适当取向的高度完整的籽晶，以及合适的下种、引晶工艺

**(2) 热力学因素的影响**

(i) 平衡态缺陷。从热力学的角度来看，如果晶体中含有特定浓度的空位(取决于温度)，将使晶体的自由能具有最小值。平衡空位数 $n$ 可以表示为

$$n \sim \exp(-E_v/kT), \tag{6.72}$$

式中 $E_v$ 是形成一个空位所需要的能量，其数值一般为 1—3eV，$k$ 是玻耳兹曼常量，$T$ 是绝对温度。

随着温度的降低，平衡空位数 $n$ 迅速减小，在 1000℃ 时，空位浓度 $n/N$ 约为 $10^{-5}$ 数量级。在更高的温度时，空位浓度可达 $10^{-3}$—$10^{-4}$ 数量级（$N$ 是空位可以占据的点阵格位数)。通常，晶体中的空位浓度不能高于所在温度下的平衡浓度。

从熔体中生长晶体，一般是在高温下进行的，这时晶体中有较高的空位浓度，随着晶体温度的降低允许的平衡浓度迅速减小，因此，晶体中的空位将处于过饱和状态，过饱和的空位可以向晶界和表面扩散，也可以通过位错的攀移而被吸收。然而，由于降温较快，这些空位不能通过扩散而消失，它们将聚集成为空位团，空位团多为圆盘状或者是多面体空洞。除非材料有相当大的自扩散系数，否则，缓慢的降温或退火处理对减少过饱和空位不会有明显的效果。

理论和实验结果都充分说明晶体中存在着空位。不仅空位本身就构成一种点阵缺陷，而且过饱和空位还能够促进位错或其他微观缺陷的形成，并提高位错的增殖率。例如在 GaAs 晶体中，位错的密度随着 Ga 空位浓度的增加而增加[83]。有人用非化学配比的 GaP 原料（富 Ga），也曾得到位错和其他微观缺陷密度极低的晶体[84]。

空位（或其他点缺陷）属于热力学平衡状态下的缺陷。因此，尽管现代先进的生长技术可以成功地生长大直径($\phi\sim 80$mm)的无位错单晶，但是却未能完全避免空位带来的影响。

(ii) 固态相变．一种材料在结晶时总是具有特定的成分和结构，因为该种成分和结构可以使晶体具有最低的自由能(相应于凝固温度)。然而，对许多晶体来说，随着温度由凝固温度向室温冷却，上述情况可能不再成立，晶体会发生固态相变以降低其自由能。这种相变通常会损害晶体的完整性。

晶体冷却过程可能会出现下述相变：

(a) 出现脱溶或共析反应，于是产生了第二相沉淀物或分解物。由此，也可能引起应变、位错、孪生和开裂。例如，铌酸锂、铌酸锶钠锂、铝酸钇、硅酸氧钇钙等晶体就存在这一类问题。为了减少脱溶或共析反应带来的危害，一般的措施是采用较快的生长率和较大的温度梯度(界面附近)。在生长过程中，整个晶体要保持在相变温度以上，晶体生长完毕后，采用较快的降温速率。缩短在相变温度附近停留的时间，可以抑制这种缓慢的相变，从而得室温介稳相。例如，铌酸锂的固-液同成分点 $Li_2O \sim 48.5\ mol\%$，在 500℃ 以下，该晶体稳定的组分为 $Li_2O \sim 50mol\%$。因此，在同成分点生长的晶体降温到 500℃ 以下时，相当于含有过饱和的 $Nb_2O_5$，于是将出现第二相。900℃ 以下快速降温可以抑制这种相变。上述各种措施均有其副作用，过快的降温速率和过高的拉速将导致晶体的开裂或出现孪晶。

(b) 结构相变。降温过程中，晶体也可能出现结构类的变化，由此产生的应变使晶体出现孪晶和开裂问题。例如，铌酸钡钠、铝酸镧、钛酸钡等晶体就存在这一类问题。一般解决办法是，可采用较小的温度梯度和较慢的降温速率。另外，沿适当的轴向对晶体施加机械应力也可以防止某些晶体出现孪晶。

(c) 还有其他类型的固态相变，例如顺电-铁电转变，无序有序转变等。

我们只能尽量抑制固态相变所产生的危害，使晶体具有可接受的光学质量。如果做不到这一点，就要放弃熔体生长法，而设法在相变温度以下生长晶体。

(3) *分凝和组分过冷* 凝固过程中溶质的分凝现象给人们带来了巨大的好处。例如，现代技术的一项巨大成就的大型集成电路就是以高纯度、高完整性的 Si 单晶为基础的，而高纯度半导体材料的获得是以分凝现象为基础的。正是由于溶质具有分凝特性，人们才能经济而有效的制备极高纯度的半导体材料（区熔提纯）。然而，对于非单元系的熔体生长来说，分凝现象却往往带来很大的危害。溶质的分凝特性，使晶体的成分沿生长轴向不断变化，如果生长界面是曲面，还能产生径向的成分变化（在垂直生长轴的截面上，不同半径处的晶体是在不同时刻生长的），在稳态生长的情况下，这种成分的变化是连续的（溶质的宏观分凝）。后面还将提到，实际的提拉生长，通常是在非稳态下进行的，生长率的波动将使晶体的成分产生不连续的变化（微观分凝）。由于晶体的许多重要物理性能是随成分而变化的，因此，成分的变化将使晶体的性能和可用性受到了损害。如何生长成分均匀的晶体是一项重要的问题,这个问题目前尚未妥善解决,特别是固溶体型晶体。

在一定的条件下,溶质的分凝会带来"灾难"性的组分过冷问题。此时,晶体中的溶质分布是极不均匀的。引起组分过冷的溶质可以是掺质,也可以是污染熔体的某种杂质,以及过量的某种组分。例如,Nd:YAG 熔体中的钕,$TeO_2$ 熔体中的坩埚污染物铂[85]等。在§6.2中曾介绍了组分过冷的形成过程和产生组分过冷的临界条件,这里着重说明组分过冷和材料特性以及生长参数之间的关系。

熔体生长系统往往属于二元或多元系,在这种情况下,组分过冷是产生缺陷的一个重要原因。当晶体中出现明显可见的缺陷时,我们自然会想到这个问题,不过即使晶体中没有明显可见的缺陷,最好也不把组分过冷置之脑后。

抑制组分过冷的条件是

$$\left(\frac{\partial T}{\partial z}\right)_l \geqslant \frac{-mfc_{l(B)}(1-k^*)}{D\left[k^*+(1-k^*)\exp(-f\delta_c/D)\right]}. \qquad (6.73)$$

上式也可写为

$$\frac{K_s\left(\frac{\partial T}{\partial z}\right)_s - L\rho f}{K_l} \geqslant \frac{-mfc_{l(B)}(1-k^*)}{D\left[k^*+(1-k^*)\exp(-f\delta_c/D)\right]}, \qquad (6.74)$$

式中 $K_s$ 和 $K_l$ 分别是晶体和熔体的热导率,$L$ 是单位质量的材料在凝固时释放的熔化潜热,$\rho$ 是材料的密度,$m$ 为溶质-溶剂系统的液线斜率,当 $k_0<1$,$m$ 为负值;$k_0>1$,$m$ 为正值。$k^*$ 是界面分凝系数,$D$ 为溶质在熔体中的扩散系数。这些都是与材料有关的参数。另外,$\left(\frac{\partial T}{\partial z}\right)_s$ 和 $\left(\frac{\partial T}{\partial z}\right)_l$ 分别是界面附近晶体中和熔体中的轴向温度梯度,$f$ 为生长率,$c_{l(B)}$ 是熔体主体中的溶质浓度。晶体转速 $\omega$ 则影响溶质边界层的厚度 $\delta_c$。这些都是代表性的生长参数。

显然,改变任何一个参数,如果能使上述不等式左边的数值增

大或者使右边的数值减小，均可提高抑制组分过冷的能力。从材料的角度来看，如果 $K_l$ 或 $D$ 较大或者 $L, \rho, |m|$ 以及 $|1-k^*|$ 较小，这样的溶质-溶剂系统出现组分过冷的可能性就较小。从生长参数的角度来看，如果 $\left(\frac{\partial T}{\partial z}\right)_l$ 较大，或 $f$ 以及 $c_{l(B)}$ 较小，则出现组分过冷的可能就较小。至于 $\omega$ 的影响，一般认为，当 $k_0>1$ 时，搅拌降低了界面稳定性，而当 $k_0<1$ 时，良好的搅拌可以抑制组分过冷。不过，太高的转速将引起液流不稳定性，反而可能产生旋涡状或波纹状的界面。

从原则上讲，抑制组分过冷是十分简便的。降低生长率、降低溶质浓度以及加大界面附近熔体中的温度梯度均可实现上述目的。例如，有人认为生长掺质晶体，其生长率应为不掺质晶体的 1/10 左右[86]。

实际上，问题并不那么简单，人们往往需要具有一定掺质浓度的晶体，而不能随意降低原料中掺质剂的浓度。同时，通常（$k_0<1$），随着晶体的生长，熔体中的溶质浓度愈来愈大，即发生组分过冷的可能性也增大了。可能会出现这样的情况，晶体的上半部是好的，而下半部却逐渐出现宏观缺陷，甚至下端变的不透明。另一方面，过低的生长率，不仅是不经济的，而且可能使污染和挥发带来的危害变得更严重。加大界面附近熔体中的温度梯度可以有效的抑制组分过冷，然而，高的 $\left(\frac{\partial T}{\partial z}\right)_l$ 值意味着晶体与生长环境之间有较强的热量传输，晶体中将有较大的温度梯度，甚至出现弯曲的等温面，这将使晶体产生较大的热应力，较高的位错密度，甚至使晶体炸裂。高的温度梯度还会增加熔体温度的波动，从而带来有害的瞬时效应。

总之，组分过冷的问题是不难克服的，除了要控制污染和挥发问题之外，关键只是如何选择折中的生长参数。

（4）温度分布和温度波动

（i）温度波动和微观分凝效应。无论是掺质还是不掺质的晶体，通常晶体中都有溶质浓度的不均匀变化，形成了所谓的生长层（条纹）。这是由于熔体中的掺质和固有的杂质（或组分）的微观分凝效应造成的。生长层的形状和生长界面的形状是完全一致的。如果生长层是平面，则晶体中只有轴向的成分不均匀性。如果生长层是曲面，则既有轴向的、也有径向的成分不均匀性。这时，晶体中不同部位的物理性能是不同的。例如，晶体中可能出现点阵参数的起伏；光吸收率、折射率或双折射率的起伏；电阻率或载流子寿命的起伏以及铁电居里点、倍频相匹配温度的起伏等等。

关于生长层的形成机制，公认的观点是在非稳态生长条件下，熔体的温度会出现起伏，这种起伏使晶体的生长率出现起伏；在不同生长率下，有不同的有效分凝系数，于是晶体中将产生溶质浓度的起伏。

无规则的或周期性的温度波动产生的生长层，其间距为几个微米到几百个微米。

熔体的温度起伏来自下述的两方面的原因：

（a）熔体本身的热流不稳定性造成温度的起伏或振荡。

（b）生长条件的变化，例如无规则的气体对流引起的晶体散热量的起伏，加热功率的起伏，振动和热场不对称性等。这两点前面已经作了介绍。

改善晶体的均匀性，一方面要改善生长的物质条件（例如设备的精密度，原料的纯度，挥发和污染的控制等）。另一方面就是要抑制不稳定对流产生的温度起伏。

对于自然对流而言，控制对流的是 Rayleigh 数（Ra），Ra 超过临界值时开始湍流，Ra 的数值愈大，湍流愈强。因此，减小温度起伏的办法是降低 Rayleigh 数 $\left(Ra=\frac{\beta g G h^4}{\nu K}\right)$。可以采用的方法如下：

（a）减小轴向梯度 $G$，例如在坩埚上部放置后加热器。

（b）减小熔体的深度 $h$，或在熔体中（生长界面下面）放置挡板，以减小有效的 $h$ 值。

另外,对于电子导电的熔体,可以施加磁场,使温度振荡得到衰减[87]。

对于转动晶体产生的强制对流,Reynolds 数 $Re = \frac{a^2\omega}{\nu}$,当 Re 数超过临界值时,将出现温度不稳定性。减小晶体的转速 $\omega$ 或晶体的半径 $a$,可以减小 Re 的数值,从而减小了强制对流可能引起的不稳定性。

一般来说,虽然晶体转动可以改善热场的径向对称性,并使 $\delta_c$ 沿界面均匀分布。然而,有人在零转速下长出了无生长层的 $Pb_5GeO_4(VO_4)_2$ 晶体[88]和具有高光学质量的 $Ba_2NaNb_5O_{15}$ 晶体[89]。据报道,随着晶体转速的降低(由 90(r/min) → 0),温度振荡的周期和振幅都增大了($\omega = 30$(r/min) 时,振荡周期为 3.7min,振幅为 3℃),然而,当 $\omega = 0$ 时,振荡却消失了,在这种条件下长出了无生长层的晶体[88]。$\omega = 0$,意味着自然对流不再受强制对流的干扰,如果这时熔体中有较小的 $\frac{\partial T}{\partial z}$,将会有良好的热稳定性。

总之,复杂的温度波动谱的低频部分使晶体生长率产生正的或负的加速度,这是生长层的主要成因。

生长层的产生也可能起因于溶质边界层厚度 $\delta_c$ 的瞬时的变化。流体的速度随时间而变化所产生的起伏影响 $\delta_c$ 的厚度,从而影响溶质的分凝(和生长率的影响一样)。在文献[90]中介绍了所谓的脉动界面技术:当固-液界面以恒定的频率(3.5 次/s)上、下振动时,晶体中出现相应的振动生长层(每振动一次出现一个生长层),用这种方法可以研究晶体的微观生长率和生长界面的微观形态。如果振动生长层的间距不变,就说明瞬时生长率不变;反之,可以根据生长层间距的变化计算生长率的瞬时变化。采用这种脉动界面技术,在提拉法生长掺 Te 的 InSb 的实验中发现,当瞬时生长率不变时,仍然出现了杂质浓度的变化。文献[90]的作者认为,这种与瞬时生长率无关的杂质生长层可能起因于 $\delta_c$ 的变化。

温度场和速度场随时间而变化的对流，产生了非稳态的生长条件(生长率和液流速度均与时间相关)，由此引起的微观分凝效应是相当复杂的，它涉及扩散方程与时间相关的解析解．在文献[91]中对这些问题作了全面的评述．

温度波动造成的瞬时生长率的起伏不仅能产生成分不均匀的生长层，而且能够使晶体中产生位错．据报道，在生长 GaP 晶体时，气体对流和加热功率的波动均能引起位错的形成．在生长初期扩大晶体直径的时候，如果扩的太快也能引入位错．当采取了适当措施后，直径 $<15$mm 的晶体是无位错的；然而，当直径大于 15mm 时，位错大量出现[92]．

(ii) 晶体中的温度梯度和弯曲的生长界面．生长着的晶体总是处于较冷的环境之中(相对于界面附近的温度而言)，并向环境散热．因此，晶体中不仅有轴向的温度梯度，而且可能有径向的温度梯度．温度梯度的存在将使晶体产生应变．据文献[93]报道，当轴向温度梯度所产生的应变大于晶体的破裂应变 $\varepsilon_b$ 时，晶体就会开裂．晶体中可接受的最大轴向温度梯度为

$$\left(\frac{dT}{dz}\right)_{\max}=\frac{2\varepsilon_b}{\alpha R^{3/2}}\left(\frac{2}{h}\right)^{1/2} \tag{6.75a}$$

式中 $\alpha$ 为热膨胀系数，$R$ 为晶体的半径，热交换系数 $h=\frac{\varepsilon}{K_s}$，$\varepsilon$ 是晶体温度高于环境温度 1℃ 时晶体单位面积的热损耗率．

该文献还给出了由式(6.75)计算的理论值与实验值的比较(表 6.4)

**表 6.4 生长 $Bi_{12}SiO_{20}$ 时晶最大轴向温度梯度**

| 晶体半径 (mm) | 不开裂晶体所允许的最大轴向温度梯度 | |
|---|---|---|
| | 实验值 (℃/mm) | 计算值 |
| 4 | 18 | 21 |
| 6 | 10 | 12 |
| 10 | 5 | 5 |
| 19 | 2 | 2 |

在表 6.4 中列出了在提拉法生长 $Bi_{12}SiO_{20}$ 晶体中允许的最大轴向温度梯度. 根据测量值 $\alpha = 16 \times 10^{-6}$℃, $\varepsilon_b = 2 \times 10^{-4}$, $h = 0.04\text{mm}^{-1}$, 由式(6.75)求出理论值.

文献[93]的作者将 $\left(\frac{\partial T}{\partial z}\right)_{\max}$ 的表示式改为文献 [94] 中的表示式

$$\left(\frac{\partial T}{\partial z}\right)_{\max} = \frac{4\varepsilon_b}{\alpha R^{3/2}}\left(\frac{1}{h}\right)^{1/2}\left(1 - \frac{1}{2}hR\right). \qquad (6.75b)$$

尽管上述两式是有差别的,但并不妨碍我们得出如下结论,即为了防止晶体开裂,必须减小轴向温度梯度, 而且晶体半径愈大,允许的梯度就愈小.

现在来考虑径向温度梯度的影响. 生长着的晶体中, 任一横截面上, 外部的温度可能低于中心的温度, 即存在着径向温度梯度. 弯曲的等温面所产生的最大应变超过了晶体的最大弹性应变 $\varepsilon_c$, 那么晶体"屈服",同时出现位错以释放应变能. 此时位错密度为 $N = \frac{\alpha}{b}\frac{dT}{dr} - \frac{\varepsilon_c}{bR}$, 式中 $b$ 为 Burgers 矢量, $\frac{dT}{dr}$ 为径向温度梯度. 这个关系式虽然忽略了轴向应变的影响, 但是对于 $\varepsilon_c$ 很小的材料(绝大部分金属和半导体),该式是可以接受的[1].

因此,为了防止晶体开裂和减小位错密度,必须减小晶体中的温度梯度, 采用适当的后热器能够有效地减小晶体中的轴向和径向温度梯度. 当然这种措施不利于导走热量, 更不利于克服组分过冷.

提拉法生长的晶体往往有弯曲的固-液界面(凸面或凹面).界面的形状不仅取决于生长条件,而且与材料的光吸收特性有关.对于高熔点的材料,辐射是热交换的主要形式,如果晶体强烈的吸收热辐射,那么晶体中将有较小的温度梯度,而且常有近乎平的界面如 ($Dy_3Al_5O_{12}$ 和某些铌酸盐材料等), 如果晶体对热辐射是透明的, 热辐射就能从界面处通过晶体透射出去, 晶体的作用如同一个光"导管". 这类材料往往有凸的界面(如 $Y_3Al_5O_{12}$ 等稀土石榴石)[95]．晶体浸没于熔体中的体积正比于晶体的光学透过率,反比于熔体的光学透过率[96]．

弯曲的生长界面上可能会出现多个低指数的小晶面．这些光滑小面的发展,在晶体中形成了平行于生长方向的不均匀“核心”．通常,核心区有较大的应力,较高的溶质浓度和位错密度．弯曲的界面并不是出现小晶面的根本原因，光滑小面的产生与材料的无量纲熵因子 $\alpha$ 的大小密切相关，$\alpha=\frac{L}{kT_e}$,$L$ 是每个分子的熔化潜热，$k$ 是玻耳兹曼常量．严格地讲，还应考虑界面取向因子的影响．对于非金属材料,通常 $\alpha>2$，这类材料可能出现小面;对于金属材料，通常 $\alpha<2$，则不出现小面[97]．尽管弯曲的界面并不是出现小面的充分条件,然而却是出现小面的必要条件(有确定方位的小面是弯曲界面的切面)．对于凸界面晶体,小面主要出现在凸界面的顶端,对于凹界面晶体，小面则主要出现在界面的外沿．另一方面,虽然凸界面能够排除已有的位错,但是弯曲的界面至少意味着界面附近晶体中存在着弯曲的等温面，由此产生的应变也可能产生新的位错．因此,为了消除小面和位错,需要在生长过程中把界面拉平．对于凸界面而言，加大晶体的转速能有效的拉平界面．然而当转速加大时，界面附近熔体中的温度梯度明显地减小了,而且很高的转速将引起液流的不稳定性[95]．

一般来说,浮力产生的向心自然对流倾向于使界面凸向熔体,随着自然对流的加强，界面变化的趋势是凹→平→凸．而晶转产生的离心的强制对流则倾向于使界面凹进晶体，随着强制对流的加强，界面变化的趋势是凸→平→凹．当强制对流足以压倒自然对流时，凸界面将变为平界面(甚至是凹界面)．晶转产生的强制对流可以用 Re 数表示,当 Re 数超过某一临界值时,将使液流反转,从而使界面变平．

因此,不仅提高晶转速率 $\omega$ 可以拉平界面,而且增大晶体的半径也可以拉平界面．图 6.40 所示出的是文献[98]中所报道的实验结果．由该图可以看到,直径较大的晶体,可以在较低的转速下拉平界面．控制界面的形状对于生长无位错晶体是特别重要的．我们知道，位错线通常垂直于固-液界面，因为位错线的张力使它趋向于最短的方位。如果使界面的法线与生长方向成一适当的夹角，就能在生长过程中排除位错．例如，为了生长无位错、无小面的 GGG 晶体，在生长初期（“缩颈”和扩大直径的阶段），采用凸界面生长，使籽晶中的位错以及下种时的热冲击所引入的位错，逐渐排出晶体，这样就得到了无位错的籽晶，并提高了晶体“抗干扰”的能力．随着晶体直径的增大，或者转速的升高，界面将由凸变平，并以平界面继续生长，从而消除了小面并避免了弯曲的等温面引入位错的可能性．这种方法首先由 Cockayne 所采用，尽管对于抑制位错的机制曾有不同的解释．界面由凸变平往往是一个突变过程，许多人都曾观察到这一突变（在界面变平时晶体突然收细），这就是界面回熔引起的所谓界面反转．当 Re 数大于某一临界值时，强制对流处于支配地位，坩埚底部较热的熔体涌向界面，于是凸界面的锥部回熔而成为平界面．当出现界面反转时，热电偶测量的结果表明，界面前方熔体的温度突然上升几十度，称重测量的结果表明，晶体的重量也减小了[98]．另外，根据晶体纵向切片上生长条纹的突变也能间接的证明这一点．上述这种界面的突变往往也能使晶体产生缺陷．

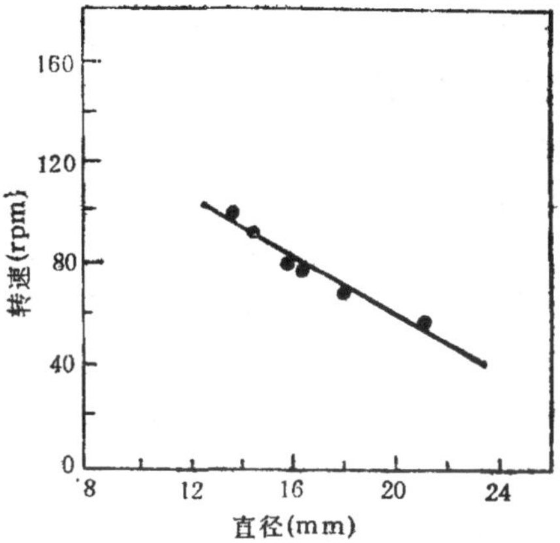


图 6.40　界面由凸变平的直径与转速的关系．

(iii) 熔体流动类型的突变对晶体完整性的影响．§6.2 中曾经介绍了生长过程中，液流类型会发生变化（见图 6.13 和图 6.14）．这种流动类型的变化反映了晶体生长环境的突变，因此使晶体产生缺陷．液流花样由 I 型变为 II 型时，对应于凸界面回熔为平界面，这时，晶体的中心部分出现位错区．这种变化一般发生于生长的前期．随着晶体等径生长，液面高度逐渐下降，液流花样将出现II型到III型的变化，如果在液体深度大于晶体直径时，出现这种变化，那么靠近晶体侧表面的环形区域中将出现位错；如果在熔体深度低于初始深度的20%时发生这种变化，那么整个晶体的横截上将大量出现位错和广泛分布的应变．前一种变化发生于等径以后的生长阶段，而后一种变化则发生于生长的结尾阶段[17]．

因此，为了得到高质量的晶体，应当使生长过程中不发生液流状况的突变．要作到这一点是不容易的，粗略地说，从下籽晶到生长完毕，在这整个的过程中，自然对流是由强到弱，而晶转产生的强制对流则由弱到强，因此，在生长过程中往往出现强制对流压倒了自然对流的突变．然而，如果熔体中只有一种对流形式，问题将大为简化．没有自然对流只有强制对流的提拉生长，或许只能在太空中实现，只有遥远的太空才有一个重力接近于零的环境．没有强制对流只有自然对流的条件是很容易办到的，这就是晶体转速等于零（坩埚也不旋转）．前面曾指出，零转速下长出了无生长层的高质量晶体，这个事实至少说明，$\omega=0$可以避免另一种对流形式所产生的干扰．尽管$\omega=0$有其可取之处，但是从热场对称性、$\delta_c$的均匀性等方面考虑，则有其不利的一面．

### 6.5.2 缺陷的形成和控制

前一节中已经介绍了在晶体的生长过程中，物质条件、热力学因素、分凝和组分过冷以及温度分布和温度波动等因素对晶体完整性的影响．这些因素所引起的各种晶体缺陷，以及减少这些缺陷的方法．下面我们将分别讨论晶体生长工作者常常遇到的若干问题．这些问题是：界面形状、偏心生长、热应力与开裂、包裹物、散射中心、位错、1μm处光吸收、掺杂效应和固溶体生长．它们是关系到如何改善晶体的品质、提高晶体的性能的实际问题．

(1) *界面形状* 界面形状及其稳定性是决定晶体质量的关键因素，凹界面生长时，晶体附近的自然对流花样变的紊乱，晶体直径难以控制，晶体中出现宏观缺陷并极易开裂．凸界面生长，晶体直径容易控制，界面也很稳定，而且随着凸界面的推移有淘汰原有位错的作用．但是凸界面生长会出现结晶小面生长与等温面生长共存的情况，晶体轴心或边缘的小面区周围形成高位错密度和高掺杂浓度的应力区，减小了晶体的利用率．

因此，保持平界面生长是一个重要问题，增加晶体转动速率或直径可以使生长界面由凸变平，平界面对应于某一临界转速或临界直径，它们与晶体转动的临界 Reynolds 数和自然对流的 Grashof 数相关．在文献［99］中给出了临界 Reynolds 数的表示式 $Re_c = 3.18\left[Gr\left(\frac{d}{D}\right)^{2.1}\left(\frac{H}{D}\right)^{0.35}\right]^{0.44}$．我们知道，Grashof 数 $Gr = \beta g\Delta T D^3/\nu^2$，而且 $Re_c = \omega_c d^2/\nu$．在一定的生长条件下，晶体直径 $d$，坩埚直径 $D$，熔体高度 $H$ 以及坩埚与晶体之间的温度差都是已知的，如果知道熔体的体膨胀系数 $\beta$ 和运动粘度 $\nu$($g$ 为重力加速度)，我们就能计算出保持平界面所需的临界（晶体转动）角速度 $\omega_c$．例如在文献［100］中所介绍的计算出大直径 $LiNbO_3$ 晶体保持平界面生长的临界晶体转速为 7.6(r/min)．这与实验结果是一致的．（坩埚直径为 126mm，晶体直径为 80mm，熔体高度为 44mm，$\Delta T = 10K$，$\beta = 1.5K^{-1}$ 和 $\nu = 1.5mm^2/s$)．

通过生长实验也可以得出临界转速：保持所需直径不变，在不同转速下进行实验，就能找到对应于平界面的临界转速．

平界面的特点是自然对流区和晶转引起的强制对流区的分界面位于晶体生长界面外缘的下方，液流分界面上靠近晶体处的温度最低，而且温度波动最小．

（2）**偏心生长**　提拉法生长晶体时，晶体有时会偏离坩埚中心而倾斜生长，即所谓螺旋生长或“长脚”．当熔体中存在分解性或挥发性组分时(如 GGG，$TiO_2$ 等)，这种偏心生长的现象就更为严重，生长实验将无法继续下去．这种偏心生长的成因，迄今尚无一致意见，有人认为分解性组分形成络合物，并受到生长界面的排斥而引起界面不稳定性．有人认为，分解性组分使熔体表面层的表面张力增高，这种表面张力梯度引发的液流导致弯月面处界面不稳定性．也有人认为，进入生长界面的辐射热与晶体表面逸出的辐射热不匹配，破坏了圆柱状生长的稳定性．解决偏心生长的方法是增大熔体表面的径向温度梯度．在 RF 加热的情况下，适当提高坩埚相对于感应圈的位置，或生长过程中逐渐升高坩埚位置(升高的高度为液面下降高度的 1/2 以上)，或在坩埚上放置一个漏斗形埚盖，均可明显增大温度梯度．对于含 Ga 的石榴石型晶体(如 Nd,Cr:GSGG)，熔体中掺入微量二价金属氧化物(CaO，MgO 等)可以减小液面的表面张力，从而有效地抑制偏心生长，而掺入 $SiO_2$，$ZrO_2$，$ThO_2$ 等四价氧化物，则明显增强了偏心生长的趋势．不过 Ca 长入晶体为电价补偿，$Cr^{3+}$ 变成 $Cr^{4+}$，$Cr^{4+}$ 在 1μm 附近的宽带吸收使该晶体不能应用于激光领域，解决这一问题的办法是掺入 $CeO_2$，因为 $Ce^{3+}$ 比 $Cr^{3+}$ 更容易变为四价，可以抑制 $Cr^{4+}$ 的出现．生长气氛中含有较高的氧分压，可以抑制 $Ga_2O_3$ 的分解和 $Ga_2O$ 的挥发，并可抑制偏心生长的出现，但是过高的氧分压将使铱(坩埚)挥发，并在晶体中形成包裹物，所以氧分压以 3% ($O_2$ 与 $N_2$ 的体积百分比)为宜．

对小坩埚而言，生长界面附近的径向温度梯度远大于大坩埚，因此用小坩埚生长晶体较少出现偏心生长．而大坩埚本来温度梯度就小，随着晶体生长和液面的下降，温度梯度会变的更小(裸露的坩埚壁成为附加热源)．所以有时晶体正常生长一段长度以后便出现偏心生长．生长中逐渐提高坩埚位置可以使温度梯度不随液面的下降而减小，因为液面以上的坩埚壁逐渐远离感应圈而减小了发热量．Stokowski 等就采用这种方法得到了长度为 165mm 的圆柱状 GSGG 晶体，他们的坩埚上升速率为液面下降速率的 1/2[101]

另外，有些晶体在生长时，其柱面会小面化，这类晶体的横截面往往失去轴对称性，晶体外形扭曲，计算机控制的称重法也无法控制晶体的直径．例如，生长〈001〉取向的 $Gd_2(MoO_4)_3$ 晶体时，由(100)和(010)面组成的方形截面，由于沿〈110〉方向的快速生长而畸变．在熔体中安放一个限制晶体外形的模具，可以使晶体保持恒定截面而不损害晶体的质量[102]．

高温生长晶体，辐射是热交换的主要途径，由于晶体的特性（如 $DyAlO_3$）或缺陷的特性(如某些钛酸盐)，这些晶体会强烈吸收来自坩埚的热辐射，晶体中聚集的热量使生长界面不能沿生长轴向向下推移，而需要降温，此时界面边沿的随机凸起处将透过弯月面直接向上方辐射热量，使该处温度相对更低，而向外扩展，而且愈扩展，散热愈多，由于径向温度梯度减小，这种扩展的趋势能够继续下去．为抑制突出部分的发展需要升温，这就造成界面其他部分向里回熔，形成偏心生长(长“脚”)．这是我们生长 $La_2Ti_2O_7$，$Li_2Ti_3O_7$ 等晶体时形成的观点．

(3) *热应力和晶体开裂* 人们早已知道平界面生长可以使晶体中的缺陷达到最低水平．然而有些晶体是以非平界面生长．界面形状对晶体的热应力有重大影响．数字模拟的计算结果表明，若凹界面取抛物面的形式，则晶体中心(轴线)处的应力远大于晶体周边的应力，而且界面愈凹，两者的差别愈大．由此产生的应力集中将促进位错的形成和迁移，即显著增加了位错密度[103]．至于凸界面，应力集中的影响要小的多，因此，为得到高质量晶体至少应避免凹界面生长．

晶体生长过程中，温度场的不均匀性和非轴向对称性，温度的波动，晶体直径的变化以及晶体本身的各向异性，均使晶体产生热应力并引起高温非弹性形变和位错的出现．对那些低屈服强度的材料(如 III—V 族化合物)，这一影响就更为严重，后果是损害晶体的电学和光学性能，甚至造成晶体碎裂．通过生长设备的改善，上述问题大致都可以解决．晶体的各向异性影响，可通过选择合适的籽晶取向，以减小其危害．如立方晶系选用〈111〉籽晶．

另一方面，提拉法生长晶体时，晶体中存在着较大的轴向热应力，因为热源在晶体下方，使晶体中有很大的温度梯度．为避免晶体开裂，应当使熔体上方有足够长的空间保持尽可能均一的温度，而较大的温度梯度主要局限于生长界面附近．这可通过后加热器、坩埚盖或降低坩埚在感应圈(或加热体)中的位置来实现,这些措施对抑制组分过冷往往是不利的,需要恰当的折衷处理. 另外,当生长炉内有气体对流时,晶体附近会有较大的温度波动,从而增加了晶体的开裂倾向,应减小气体的气压来抑制这种对流,至少在生长完毕后降温过程中应当这样做. 气体对流有利于晶体散热和保持生长界面附近大的温度,有抑制组分过冷的作用.

对于大直径晶体,要抑制热应力和开裂就困难的多,Stokoski[104]等曾作过多方面的研究,仍未解决直径 130mmNd,Cr:GSGG 晶体的开裂问题,他们将晶体直径减小到 95mm,开裂问题就很好的解决了. 这表明对于一定的生长设备,晶体直径应小于某一临界值,一般认为晶体直径小于或等于 $\frac{1}{2}$ 坩埚直径将是安全的.

总之,减小晶体热应力最重要的是:保持平界面生长并尽量减少晶体与周围环境的热交换. 如果需要考虑组分过冷问题,则应尽可能的将大的温度梯度集中于生长界面附近. 一般而言,降低晶体提拉速率,可以减小晶体下部的轴向温度梯度从而减小晶体的应力.

(4) *包裹物* 从熔体中生长的晶体,有时含有气相、液相或固相包裹物. 人们曾观察过 Si、掺 Gd 的 Ge 和 Salol 等晶体结晶时包裹物的捕获过程. 最近,Bunkin[105] 研究了提拉法生长的 $Pb_5Ge_3O_{11}$ 和 $Gd_2(MoO_4)_3$ 晶体中包裹物的成因. 具有层状生长机制的晶体,在微扰下处于稳定的生长界面,当扰动的振幅明显增大时就会变的不稳定. 在生长界面上会出现陡峭的宏观生长台阶(台阶的高度大于 40μm). 生长界面上这种宏观台阶的运动捕获了液相包裹物. 这种捕获有两种机制:

(i) 台阶沿界面移动较缓慢,慢于界面法向的生长速度. 图 6.41(a) 示出了 $Gd_2(MoO_4)_3$ 中的包裹物,它们被慢速移动的台阶所捕获. 图 6.41(b) 是其示意图.

(ii) 台阶的移动速率快于界面的生长速率. 图 6.42(a) 给出

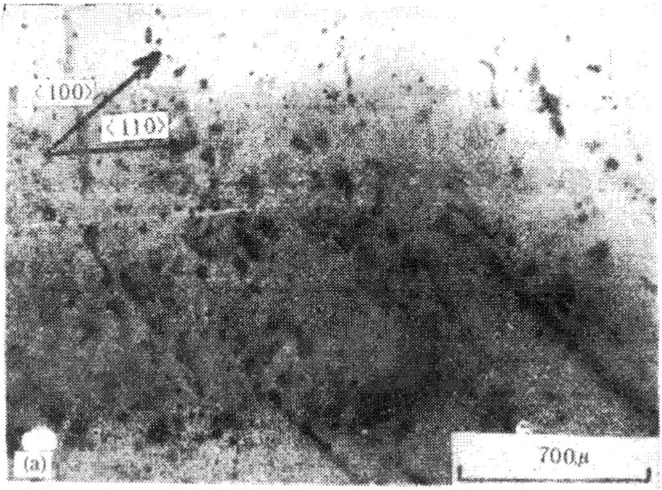


(a)

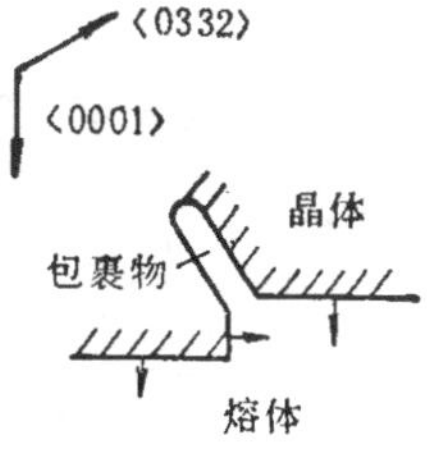


(b)

图 6.41 $Gd_2(MoO_4)_3$ 晶体中的包裹物.
(a) 被慢速移动的宏观台阶捕获的; (b) 捕获过程的示意图.

了 $Pb_5Ge_3O_{11}$ 中的包裹物. 台阶的快速移动, 在其底部捕获包裹物,这些包裹物平行于生长界面. 图 6.42(b) 是其示意图.

应当注意的是,实验研究与理论分析均表明,这种捕获过程是先于组分过冷现象而出现的. 这就是说必须更加远离组分过冷的条件,才能抑制包裹物的出现,当生长掺质晶体时, 或熔体中存在挥发性组元时,尤其需要注意.

生长高熔点氧化物晶体,如 $\alpha$-$Al_2O_3$ 等,为保护 Ir,Mo 等坩埚材料, 需使用 $N_2$,$H_2$,Ar 或其混合物作为保护气氛. 这些气体溶于熔体，当长入晶体时分凝系数均小于1. 随着晶体的生长，界面处气体的浓度将不断增大而达到某一动态平衡值，如果这一数值高于气体在熔体中的溶解极限，气体将在界面上成核，形成气泡并长入晶体. 原料中的可气化物质也有类似的作用. 界面上气体的浓度随原料中的浓度、生长气氛的气压、熔体高度和生长率的增加而增加，因此，抑制气泡包裹物的途径是，降低熔体高度和晶体

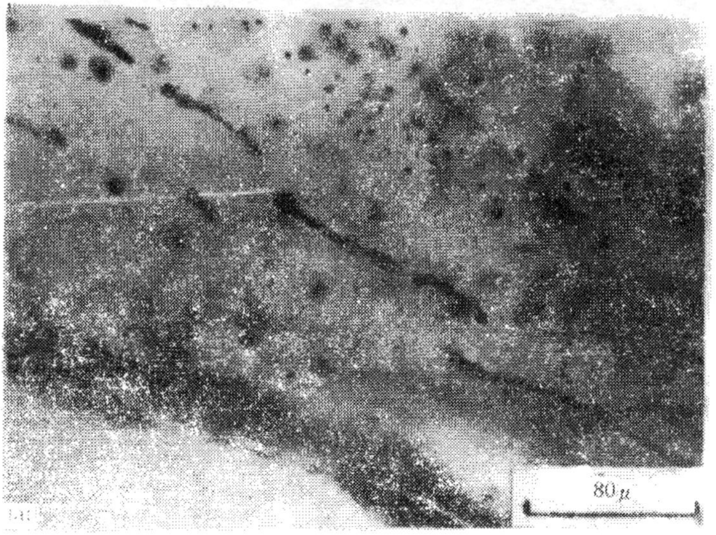


(a)

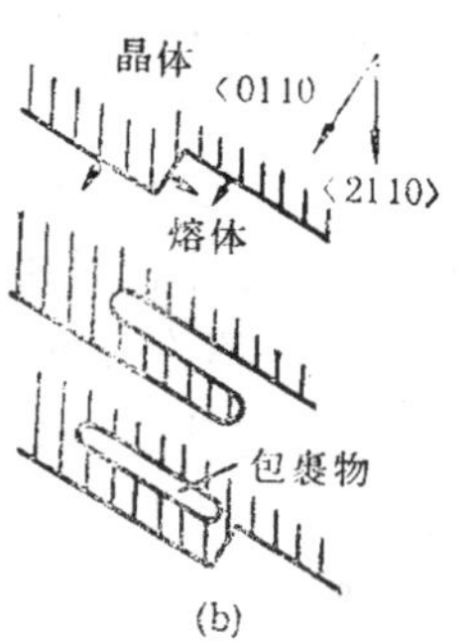


(b)

图 6.42 $Pb_5Ge_3O_{11}$ 晶体中的包裹物.

(a) 快速移动的宏观台阶捕获的包裹物；(b) 捕获过程的示意图.

生长率，降低生长气氛的气压和减少原料中的可气化物．熔体中挥发性主成分或杂质是形成包裹物的另一源泉，当生长环境中含有石墨的时候更容易产生，例如 $\alpha$-$Al_2O_3$ 晶体的包裹物中就含有过量的 Al．

有些氧化物晶体需要一定氧分压的生长气氛，以抑制某种组分的分解与挥发，这些晶体往往含有金属包裹物．以 GGG 型晶体为例，为抑制 $Ga_2O_3$ 在高温时分解为挥发性 $Ga_2O$，$N_2$ 生长气氛中要含有 2—3% 的 $O_2$．晶体生长时，Ir 坩埚与 $O_2$ 反应形成挥发性 $IrO_3$，通过气相输运过程，Ir 由高温坩埚壁到达温度较低的生长界面和熔体表面，并在那里成核、长大．由此产生的后果是，铱包裹物长入晶体，它们将大幅度的降低晶体的激光破坏阈值．而熔体表面的铱层则会造成弯月面的畸变，从而干扰甚至破坏晶体的正常生长．减小铱干扰的途径是，生长前要去除生长炉内的水蒸汽．另外，生长气氛可采用含 20% $CO_2$ 的 $N_2$ 气．$CO_2$ 所提供的氧分压，取决于由温度决定的分解反应，对于 20% $CO_2$ 的气氛，在 1850℃ 时的氧分压为 0.02atm（表压）．目前，晶体中包裹物的最佳水平为 0.001 铱包裹物/$cm^3$．

另外，在 6.2.4 节中已提到组分过冷是产生液相包裹物的重要原因．在组分过冷的条件下，不稳定生长界面上的凹陷处的过热熔体（凝固点降低造成过热）将长入晶体，形成液相包裹物．随着温度的降低，这些液相包裹物将固化，它们的成份与晶体主体部分有明显差别，而且固化时往往由于收缩而形成外形不规则的空洞或裂隙．只要生长条件不处于组分过冷状态，这种包裹物就不会出现．

(5) *散射中心*　晶体中有时含有大量、微小的散射中心（$<$10nm）．在石榴石型晶体中，这是引起光损耗的一个重要原因．用 Ar 离子激光束照射晶体时，可以看到晶体中烟雾状的光路，而没有散射中心的晶体是看不到光路的．当散射中心的尺寸较大时，可以看到激光光路中“雨点”状散射中心．这些散射中心是一些微小的空洞，它们是由正、负离子空位集聚而成．在高温

下，晶体中的空位浓度可以达到很高的数值。例如 GSGG 中含有令人吃惊的 1% 空位。当某一临界数目的空位聚集在一起时，就发生了空洞的成核，这一过程取决于空位的扩散速率，因此，高温下空洞容易成核。但空位的扩散速率是随温度的降低而指数下降，因此，尽管空位的过饱和度随温度的降低而增大，但也只能形成少数空洞。这就是说，作为散射中心的空洞只能在某一临界温度范围内形成。例如 GSGG 晶体的临界温度范围为 1200—1400℃。因此，只要晶体的退火温度偏离这一临界温度范围，就可抑制散射中心的形成(例如，退火温度为 1000—1200℃)。过高或过低的退火温度都会使晶体中形成烟雾状散射中心，从而引起散射光损耗。

散射中心的另一来源是晶体中微小的第二相包裹物，这种包裹物通常由降温过程中的相变引起。如 $LiNbO_3$，$SrNaLiNb_{10}O_{30}$ 和 $Li_2Ti_3O_7$ 等晶体。在相变温度附近，快速降温可抑制这种散射中心的出现。熔体生长是同成分生长，特别是原料有足够的纯度时，晶体生长过程应当不出现第二相。但如果熔体中含有分解性、挥发性成分时，第二相的出现就不可避免。要想得到高品质的晶体必须抑制某些组分的分解与挥发。在许多情况下要实现这一点并不容易，除非对生长方法和设备做重大改变。例如金红石晶体($TiO_2$)是一种组分和结构都很简单的晶体，但是一直到今天，用提拉法不仅未能得到高品质的晶体，而且晶体无法长大(晶体长度≤10mm)。而用无坩埚生长技术(光加热浮区区熔法)则很容易得到大尺寸、高质量的晶体。

(6) 1μm 处光吸收　对石榴石型激光晶体而言，$Cr_2O_3$ 是有效的敏化剂，它可以使光泵能量得到充分的利用。然而，晶体有时在 1μm 附近显示一个强吸收峰。在文献[101]中已证实，引起 1μm 处吸收的是占据四面体格位的四价 $Cr^{4+}$ 离子，这种吸收中心起因于晶体中的 $Ca^{2+}$，$Mg^{2+}$ 等二价离子，吸收中心的浓度与二价离子的浓度成正比。熔体中加入四价离子 $Zr^{4+}$，$Si^{4+}$ 可以降低该吸收中心的浓度，但增强了偏心生长的趋势。降低生长气氛中的氧分压也可降低 1μm 处的光吸收，但会增强熔体中分解性组分的活性。将晶体在还原气氛下高温退火（如含 0.1—1% $H_2$ 的 $N_2$ 气氛、热处理温度高于或等于 1200℃），可以减小 1μm 处的光吸收损耗，但容易诱发新的缺陷，即散射中心。最好的选择是掺入 $TiO_2$ 或 $CeO_2$，它们可以大幅度降低 1μm 处的吸收损耗，又不会引起偏心生长等问题。例如 Ca，Cr 掺杂的 GSGG 晶体，其 1μm 处的光损耗为 $2cm^{-1}$，而同时掺入 $CeO_2$ 后，晶体的损耗降为 0.001 $cm^{-1}$。

此外，金属氧化物晶体，若含有(微量)低价金属组分，则晶体透光波段的透过率会明显降低，且短波吸收边向长波移动，例如，含微量 $Fe^{2+}$ 的 $Y_3Fe_5O_{12}$ 晶体。提高生长气氛中的氧分压可以抑制低价离子的出现，使其保持正常价态。

(7) *掺质效应* 掺质是晶体生长者经常遇到的问题，为了使晶体具有某种特殊性能，晶体中需要掺入某种特定的元素。如激光晶体中掺入 $Nd_2O_3$，Nd 成为基质晶体中的激活离子。掺质产生的效应是多种多样的，它们会引起许多重大的变化。实际上，掺质是一种简单而有效的手段，但是掺质剂的选择以及可能产生的影响往往又是难以预先估计的。在多数情况下，某种掺质的特殊效应不是通过理论分析而是通过实验发现的。所以我们应当重视已有的掺质实验结果，尽管它们也许只适用于某一特定晶体，但是所提供的定性趋势仍然是掺质实验的重要依据。

(i) 掺质抑制相变。从熔体中生长的晶体，生长完毕后将由高温冷却至室温，在这一过程中往往发生相变，相变使晶体开裂，从而使晶体无法使用，相变也能使我们得不到预期结构的晶体。掺质或组元置换常能有效的抑制相变，典型的例子是掺 CaO 或 $Y_2O_3$ (15—30mol%) 稳定的立方 $ZrO_2$ 晶体。$ZrO_2$ 在高温(接近熔点)具有立方(萤石型)结构，冷却时将经历立方→四方→单斜的相变过程，这是一种破坏性相变，因此用熔体生长方法得不到可用的晶体。加入 CaO 或 $Y_2O_3$ 后，抑制了晶体的相变，可以得到掺质稳定的立方 $ZrO_2$ 晶体。70 年代末人们已用冷坩埚法大量生产掺质

并染色的立方 $ZrO_2$ 晶体，成为廉价的“代金刚石”宝石.

掺质抑制相变分为两类：(1)抑制高温相向低温相的转变，以得到室温稳定的高温相；(2)将低温相区扩展到高温区，从而在高温(熔点)下生长出具有低温结构的晶体. 一般而言，用大的阳离子置换晶体中小的阳离子，可使高温结构趋于紧密，以减小降温时结构收缩引起的相变. 例如，$SrTa_2O_6$ 晶体，高温下是四方相，降温至 600℃时转变为正交相，并引起晶体开裂. 用少量 Ba 替代 Sr 后 ($Sr_{0.9}Ba_{0.1}Ta_2O_6$) 相变被抑制，得到了完整的四方相晶体. 与此相反，若用小的阳离子置换晶体中大的阳离子，可使低温结构紧密，避免升温引起的结构“松散”化，使低温相扩展到高温区，从而得到低温相的晶体. 例如 $BaTiO_3$ 是同成分熔化的化合物，本可用方便的提拉法生长单晶，由于 $BaTiO_3$ 在 1460℃ 以上是六方相，所以用提拉法得不到所希望的四方铁电晶体，只能用助熔法在较低温度下生长. 用少量 Sr 替代 Ba (如 $Ba_{0.97}Sr_{0.03}TiO_3$) 就可以用提拉法在熔点附近生长出四方相 $BaTiO_3$ 晶体. 对于四方相 $BaTiO_3$ 晶体来说，当温度降至 10℃ 左右时破坏性的转变为正交相. 上述 Sr 的掺入还使四方-正交相变温度降低，有利于晶体的保存.

应当指出的是，由于晶体结构的复杂性，上述掺质抑制相变的方法并不适用于每一种晶体，有的晶体有时会出现相反的结果.

(ii) 掺质消除小角晶界. 晶体由高温到室温的冷却过程中，晶体中的位错受热应力的作用而重新排列为有序组态 (多边化过程)，从而形成小角晶界. 因此，消除小角晶界最根本的途径是降低晶体中的位错密度和减小晶体中的温度梯度. 虽然人们能够生长近似无位错的晶体，但却大大增加了技术上的复杂性和生产成本(例如需使用超高纯原料). 而一个无温度差的生长环境虽然有利于抑制小角晶界的形成，却不利于热量与物质的输运，而使晶体出现其他缺陷(如包裹物).

掺质是消除小角晶界的一个简便方法. 用浮区区熔法生长金红石 ($TiO_2$) 单晶时，掺入适量的 $ZrO_2$，可以完全消除晶体中的小角晶界. 图 6.43[106] 示出掺 $ZrO_2$ 对 $TiO_2$ 晶体小角晶界的影

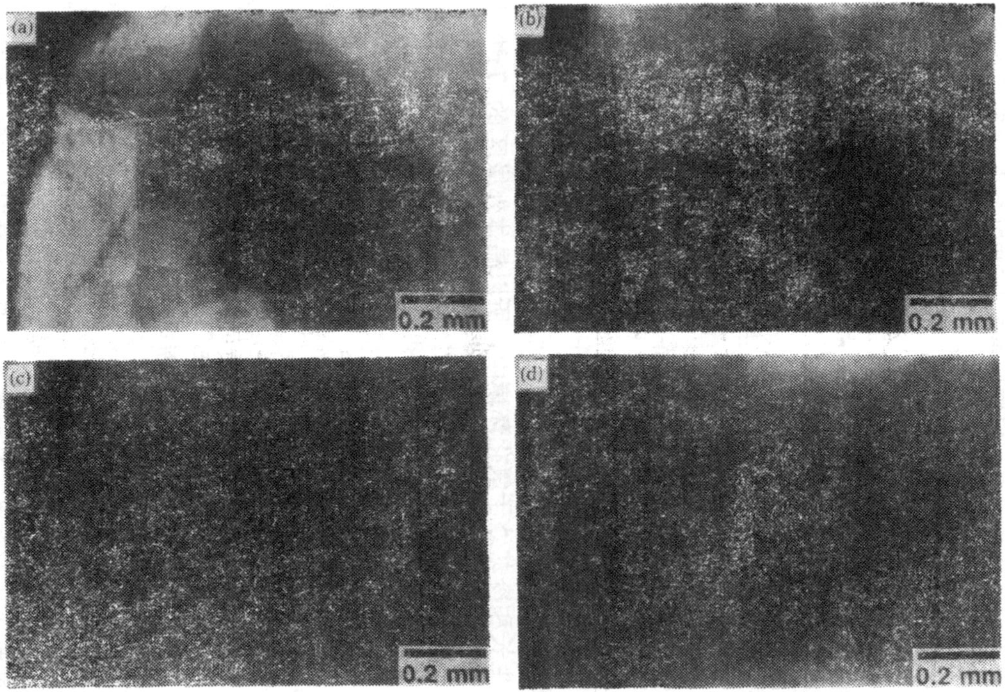


图6.43 掺 $ZrO_2$ 的 $TiO_2$ 单晶横向切向的正交偏光图[106]。

(a) 未掺 $ZrO_2$；(b) 掺 $ZrO_2$ 0.25mol%；(c) 掺 $ZrO_2$ 0.5mol%；(d) 掺 $ZrO_2$ 1mol%。

响：当掺质量为零时，晶体中有许多小角晶界，掺质量为 0.25mol% 时，晶体中仍有小角晶界，当掺质量为 0.5mol% 时得到了完全无小角晶界的晶体．掺质量为 1mol% 时，虽然也可抑制小角晶界，但往往因组分过冷而形成蜂窝状生长机制．Zr 离子的半径大于 Ti 离子的半径，所以用 Zr 替代 Ti 所形成的张力能减小该离子附近刃型位错的应变能，这种"钉扎"效应使位错不能迁移和重排，从而抑制了小角晶界的形成．

对含变价金属的氧化物而言，生长气氛中氧分压的大小也对小角晶界的形成有重要影响．在高氧分压下（如 $1\times10^5$ Pa）生长的 $TiO_2$ 晶体，含有许多小角晶界，而在低氧分压下（如 $3\times10^3$ Pa）生长的晶体，除晶体外缘区外，中心部分是无小角晶界的．因为在低氧分压下，高温生长的晶体中会含有离子半径较大的 $Ti^{3+}$ 离子，它们对位错起到"钉扎"作用，而抑制了小角晶界的形成．由于晶体生长和冷却处于氧化环境中，所以晶体外缘区的 $Ti^{3+}$ 含量低，而不足以抑制位错迁移和重排．

另外，固溶体硬化机制也可以抑制晶界的形成[107]．$LaB_6$ 单晶是一种优良的热电子发射材料，但晶体中的亚晶界降低了发射效率．通过掺入 $CeB_6$ 或 $PrB_6$ 可以消除亚晶界，这两种掺杂剂与 $LaB_6$ 分别形成固溶体 $(La_{1-x}Ce_x)B_6$ 和 $(La_{1-x}Pr_x)B_6$．对于前者，当 $x=0.3$ 时，晶界消失，对于后者，当 $x=0.18$ 时，晶界消失．在这两种掺杂量下，晶体的晶胞常数均收缩了 0.1%．

(iii) 掺质对性能的影响．掺质可以明显改变晶体的某些特性．这也是研究较多的一个领域，许多晶体掺质以后性能有了极大改善．例如，广泛应用于集成光学的 $LiNbO_3$ 晶体，掺入约 5mol% 的 MgO 后，其抗光伤能力提高了 100 倍[108]；掺入 Ti 后，可大幅度改变其折射率，从而能适用于光波导器件[109]；掺入 Sc（～1 mol%）可使其短波光学吸收边紫移[110]．$Sr_{0.6}Ba_{0.4}Nb_2O_6$ 晶体掺入适量的 $CeO_2$ 后，晶体在红外区有很好的光折变特性[111]，而石榴石型掺 Nd 晶体，掺入 $Cr_2O_3$，可以大幅度提高其发射效率．因此，通过掺杂来改善晶体性能，确实是一个有潜力的重要领域. 一个没有解决的问题是,对于某种特定性能,究竟掺入何种杂质才能获得最佳效果. 迄今,并无严格的理论分析作为指导,只能通过定性评估,挑选出一些掺质剂,然后通过实验加以筛选. 例如,对光折变晶体而言,晶体中的光吸收中心、载流子及其捕获陷阱的类型和浓度直接影响着晶体的光折变特性. 过渡族离子能给出和再捕获 $d$ 电子(某些稀土离子可给出和再捕获 $f$ 电子),从而可以影响晶体的光吸收中心、载流子和陷阱,因此,这类离子就被选为掺质剂,如 Fe,Cr,Ni,Cu,Mn,Rh,Co,U,Ce 等. 近年来,国内外的研究结果表明,这些掺质对改善光折变性能是很有效的. 当然,掺质离子的离子半径、配位情况等应与基质晶体相匹配.

微量掺质一般不会损害晶体的光学均匀性,但是重掺质时(如 $LiNbO_3$ 掺 MgO 大于 5 mol%)或掺质的分凝系数远离 1 时,晶体中将出现包裹物、亚晶界以及掺质浓度梯度大等晶体不完整性.

(iv) 掺质退色. 未掺质的晶体通常应为无色或淡黄色,然而有些晶体却是棕色,甚至是蓝黑色,这是由于原料中的微量杂质或固-气平衡使晶体中形成点缺陷,从而引起晶体着色. 这些有色晶体生长时,若掺入少量特定掺质,可以直接得到无色的晶体,例如 $ZnWO_4$ 掺 $CeO_2$,$TiO_2$ 掺 $Sc_2O_3$ 和 $LaAlO_3$ 掺 $ThO_2$ 等. 在下一节我们将详细讨论这一问题. 掺质退色有时还带来其他好处,如掺 Th 的 $LaAlO_3$,其介电损耗明显减小. 此外,晶体中 Th 离子的"钉扎"作用,阻碍了畴界沿某些方向的运动,从而使晶体的畴结构变的简单.

(v) 掺质对生长的影响. 熔体中生长的晶体,其生长界面对应于等温面,因此,微量掺质对生长本身的影响不像溶液生长那么明显. 掺质能明显改善晶体生长的实例就更少,可以列举的是,镓石榴石晶体掺 Mg 等两价金属氧化物,可以抑制偏心生长(见前),$LaAl_{11}O_{18}$ 掺 MgO 可以增加晶体的透明性,并有利于晶体直径的控制.

(8) 固溶体的生长和组分不均匀性 铁电氧化物固溶体 [如

$KTa_{1-x}Nb_xO_3$(KTN)，$Ba_{1-x}Sr_xNb_2O_6$ 和 $Ba_{2-x}Sr_xNaNb_5O_{15}$ 等]具有很好的非线性光学、电光和光折变特性，并可通过调节 $x$ 值，使其铁电相变温度 $T_c$ 处于室温，以利于器件应用。这一类极有应用潜力的晶体，面临的主要障碍是晶体的均匀性尚不能满足应用的要求。对电光、非线性光学的应用而言，要求晶体的折射率不均匀性 $\Delta n$ 小于 $10^{-6}$，即 $\Delta T_c$ 小于 0.02℃，与此对应的组分不均匀性小于 $3\times10^{-5}$。固溶体单晶不均匀性的起因来自下述 4 个方面：

(1) 不稳定的生长条件。

(2) 生长界面上不同部位具有不同的生长机制和生长率。

(3) 由固溶体相图所决定的宏观分凝。

(4) 生长条纹。

第一个问题通过改善生长条件就可以解决。第二个问题通过采用粗糙界面或具有微观阶梯的平滑界面，以提供单一的生长机制而加以解决。第三个问题是固溶体生长的固有问题，如图 6.44 所示。当用缓冷法生长时，随着生长温度由 $T_1$ 降低到 $T_2$，则晶体的 $x$ 值由 $x_1$ 逐渐变为 $x_2$（用大坩埚生长小晶体可以减小这种浓度梯度）。解决这一问题的传统方法是温度梯度输运法，供应生长原料的部位处于较高的温度 $T_3$，晶体生长部位的温度为 $T_4$，这一方法虽然减小了晶体中的组分浓度梯度，但温差 $T_3-T_4$ 仍引起了生长条纹。前面曾经指出，生长条纹起因于对流产生的温度波动。根据 Burton 方程，有效分凝系数 $k_e=k_0/[k_0+(1-k_0)\exp\cdot(-f\delta_c/D)]$。温度波动导致了生长率的变化，从而改变了晶体组分的有效分凝系数，造成晶体组分的周期性（条纹）分布。为减弱对流和由此产生的温度波动，以抑制生长条纹，曾采用了多种方法，如减小熔体的高度（或熔体中安置挡板），施加磁场阻尼和采用微重力环境。但前者的效果并不理想，而后两种方法又使实验条件变的十分复杂和困难。另一方面，减弱对流不利于熔体组分的均匀化和物质向生长界面的输运。因此，人们也曾施加强制对流于生长过程来抑制生长条纹。因为只有生长界面处的温度波动引起生长条纹，而流体动力学波动本身并不引起生长条纹。在实际生长过程中，熔体的混合总是不充分的，此时流动状况的改变所引起的生长率变化反比于边界层厚度 $\delta$，而平衡分凝系数 $k_0$ 和扩散系数 $D$ 均可视为常量，因此，对流的改变虽然同时改变了 $f$ 和 $\delta$，但两者的变化相反，从而相互抵消，根据上式，有效分凝系数 $k_e$ 并不发生变化。因此，人们又采用坩埚加速转动技术（ACRT）来生长均匀的固溶体晶体[112]。这种方法有利于熔体组分的均匀化以及界面附近热量和物质输运。但是采用这种方法必须重视以下事实：

(i) 坩埚必须处于近似等温的环境中，而且热容量要大。

(ii) 必须采用高灵敏度的热电偶（如 PtRh 6-PtRh 30）和高精密的控温系统（如控温精度为 0.03℃）。

(iii) 必须采用恰当的坩埚变速范围和变速周期（例如变速范围由 30 r/s 变为 60r/s，变速的周期为 1—2min）。

(iv) 生长前，熔体要经过充分的高温热炼。

总之，采用了恰当的技术，坩埚加速转动技术可以使生长界面处的温度波动降低到 0.01℃，以获得无生长条纹的晶体，即晶体中

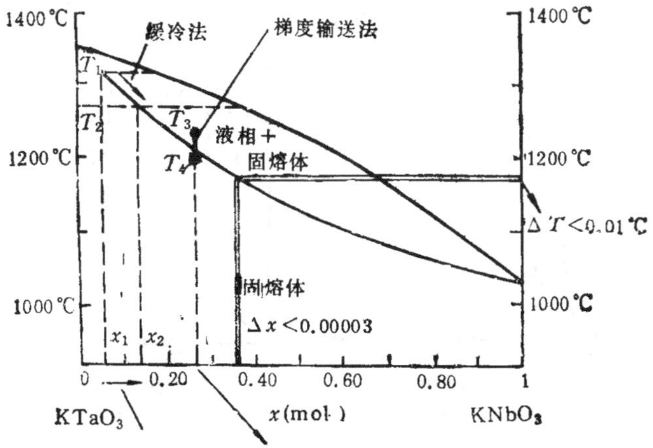


图 6.44 $KTa_{1-x}Nb_xO_3$ 相图.
图中示出了所用的生长方法及相应的晶体不均性.

组分的波动小于干涉仪和电子探针分析的检测精度.

### 6.5.3 晶体的后热处理和掺质退色

对晶体作后热处理的传统概念是：消除晶体在生长过程中所造成的热应力和位错等缺陷. 本节将着重叙述对晶体作后热处理和掺质以消除晶体中不希望具有的色心.

晶体产生色心的原因较为复杂,色心的性质与原料的纯度、所含杂质的种类和价态、晶体生长条件以及晶格缺陷的种类等都有密切关系.

以下仅举几例,说明如果选择合适的温度和气氛,对晶体作后热处理(退火处理)或用掺质的办法，可以消除晶体中不希望的色心,从而提高晶体的光学质量和改进晶体的品质.

(1) Nd:YAG 单晶的热处理　众所周知,常用的激光工作物质 Nd:YAG 晶体应为浅紫色. 用感应法加热生长的 Nd:YAG 晶体也是浅紫色. 但用石墨加热引上法生长的 Nd:YAG 晶体，其颜色都带有棕色. 用吸收光谱法测定该晶体在 370nm 处有一明显的吸收带,如图 6.45(a) 所示,而用感应法生长的晶体，其吸收谱如图 6.45(b) 所示,在 370nm 处只有一个锐峰出现,说明此峰值是 Nd 的特征峰之一. 将图 6.45 (a) 的样品在空气中加热 48 h

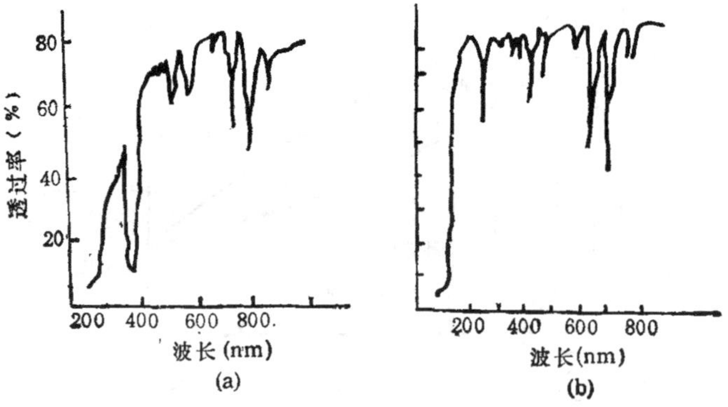


图 6.45　Nd:YAG 晶体的吸收谱.
(a) 石墨加热引上法；(b) 感应加法引上法.

(温度为 1200℃)，作热处理后，再测定其吸收谱又如图 6.45(b) 所示，此时在 370nm 处的附加吸收带消失。上述现象说明，由于晶体在不同的生长条件下形成的晶格缺陷不同，用石墨炉加热生长的晶体是在还原气氛下生长，造成 YAG 晶格中的缺氧，使之产生阴离子空位。通常将生长完的晶体在氧气中加热至1000—1200℃，作后热处理后，即可消除 YAG 晶体中不希望的色心，从而改善了晶体的光学性能[113]。

(2) $SrTiO_3$ 单晶的热处理　可作红外窗口材料和基底材料用的 $SrTiO_3$ 单晶应为淡黄色晶体。通常，用焰熔法生长。但用感应加热法生长的 $SrTiO_3$ 单晶却是蓝黑色[114]。这是由于该晶体在生长过程中，生长室内为缺氧气氛，坩埚内熔体的氧分压和生长室内的氧分压不平衡，造成了晶体的缺氧，所以刚生长完的晶体呈蓝黑色不透明状。将着色的晶片，置于空气中，加热至 1000℃，作短暂的热处理后，蓝黑色的晶片就可以变成淡黄色透明的晶片。如果将不透光的蓝黑色晶片封于石英管中，在 4 个密封管中分别作不抽真空和各种真空度的热处理实验，得到表 6.5 所列出的结果。该表说明晶体的蓝黑色是缺氧所造成的。用热处理改善晶体颜色的情况在文献[115]中也有类似的描述

表 6.5　$SrTiO_3$ 单晶的热处理

| 样品所处的条件 | 热处理前颜色 | 热处理条件 | 热处理后的颜色 |
| --- | --- | --- | --- |
| 密封的石英管中充空气 | 蓝黑 | 700℃,0.5h | 淡黄 |
| 1.33Pa | 蓝黑 | 700℃,0.5h | 蓝黑 |
| $1.33\times10^{-3}$Pa | 蓝黑 | 700℃,0.5h | 蓝黑 |
| $2.66\times10^{-4}$Pa | 蓝黑 | 700℃,0.5h | 蓝黑 |

(3) $ZnWO_4$ 单晶　$ZnWO_4$ 单晶作为一种高效闪烁材料已引起人们的关注。但是用提拉法生长出来的晶体常带有玫瑰色，经测试该颜色的存在将产生自吸收现象，使发光效率大大降低，相应的能量分辨率也变得很差。许多科学工作者经过不懈的努力，研究了晶体产生色心的机理，从而提出产生玫瑰色的三种可能性原

因：（1）晶体的颜色由铁杂质引起.（2）由晶体中铂的包裹物引起.（3）晶体的色心与氧空位有关.

为证实色心起因于(3)机制，有人[116]利用正电子湮没技术，测定了热处理前后晶体正电子捕获中心的情况。晶体经热处理后正电子捕获中心比热处理前捕获的要少得多，而热处理前后晶体颜色的变化恰与样品中正电子捕获中心浓度的变化具有对应的关系．因此，可以认为该正电子捕获中心正是晶体的某种色心，这种色心极有可能是阴离子空位＋电子型的色心，这就证明了 $ZnWO_4$ 单晶中的玫瑰色与氧空位密切有关。事实上，对 $ZnWO_4$ 单晶在氧气氛中作长时间的热处理，是可以从表及里逐渐将玫瑰色退去.

对 $ZnWO_4$ 晶体作掺质的方法也有明显的去色作用[117]，那就是在 $ZnWO_4$ 熔体中掺入少量的 $CeO_2$ 稀土氧化物。此时将有下述反应：

$$2CeO_2 \longrightarrow Ce_2O_3 + O^-,$$

多余的氧填补空位而使晶体去色。若将 $CeO_2$ 先还原为 $Ce_2O_3$，再掺入晶体中，则无去色作用。用双掺质的方法 $(Ce,Li):ZnWO_4$ 晶体以及 $(Sm,Li):ZnWO_4$ 晶体也有明显的去色作用.

（4）$LaAlO_3$ 单晶　近年来，随着氧化物高温超导体的发现，薄膜工作的研究和发展对于作基底用的单晶材料也提出了许多要求，对于 $LaAlO_3$ 单晶来说，由于它的晶胞参数与某些氧化物高温超导体的晶胞参数匹配，并且在微波范围内具有优良的介电性能，从而可作为薄膜基底的材料之一．但是该材料在使用过程中常常遇到色心问题，它将影响光学性能和介电性能.

用感应加热法提拉生长的 $LaAlO_3$ 单晶，刚生长完的晶体为无色透明，但将它置于空气中很快变为浅棕色，随后颜色逐渐加深呈棕色[39]．将带色的晶体在空气中加热至 1350℃，经 24h 以后，该晶体的颜色进一步加深．但若将它置于还原气氛中加热至 1000℃，经 24h 以后，该晶体又回复到无色．带色和无色的晶体，随着不同的热处理气氛，其颜色呈现可逆的变化.

如果在生长 $LaAlO_3$ 单晶时，在原料中预先加入 $ThO_2$ 掺质，其浓度约在0.2wt%左右，则生长出来的晶体是无色的，在空气中放置较长时间，其颜色未见明显加深[118]。因此与下列机制有关：$LaAlO_3$单晶中的色心与晶体中La空位有关，晶体中1个La离子应提供3个电子，若有La空位$[V]_{La}$或La被其他低价金属离子所替代，如Ca替La$[Ca]_{La}$，则此位置上缺少了电子，为保持价态平衡，晶体中形成氧空位，这些缺陷并不形成色心。因为刚生长出的晶体是无色的，晶体在空气中久置以后，氧扩散进入晶体，消除了原有的氧空位，这时缺乏电子的问题由$[V]_{La}$周围的氧来补充，即氧离子提供电子，并在价带形成空穴，这种缺陷组态(La空位-氧空穴)是晶体着色的原因。晶体经高温还原热处理后，在其中再次形成氧空位，并保持价态平衡，此时氧空穴消失，于是晶体的颜色消除。但这种状态并不稳定，环境中的氧仍可扩散进入晶体而再度着色。如果La的格位由四价Th替代，那么La空位所缺少的电子可由Th来补偿，则不形成上述色心。

从上述几个例子中可以看出，对晶体作退火处理或用掺质的方法是消除色心的有效而简便的方法，从而可改善晶体的性能。

(5) 金红石　金红石的掺质退色机制与上述的有所不同。用光加热浮区法生长的$TiO_2$晶体，有良好的光学质量而广泛用作偏振器材料，但生长的晶体是蓝黑色的(氧气氛生长)，这是因为高温下形成了$Ti^{3+}$和相应的氧空位。晶体在800℃氧气中长时期热处理可以使晶体变为淡黄色。然而，掺入$Sc_2O_3$(约0.1 at%)以后，就可以直接得到无色晶体[119]，因为掺入$Sc_2O_3$在晶体中形成的氧空位大大提高了晶体中氧的扩散系数，使晶体在降温过程中就完成了氧扩散和退色。人们曾发现，$TiO_2$晶体中掺入三价金属氧化物(如$Cr_2O_3$或$Al_2O_3$)晶体中氧扩散系数提高了8倍，这就为掺Sc的退色机制提供了佐证[119]。

至此，我们已经介绍了用提拉法生长晶体时各种晶体缺陷的成因以及克服的方法，其中许多内容也适用于熔体生长的其他方法。

## §6.6 坩埚下降法的生长设备、工艺及应用

坩埚下降法又称 Bridgman-Stockbarger 法，是从熔体中生长晶体的一种方法。将要结晶的材料放入特定形状的坩埚内，于结晶炉内加热熔化，然后使坩埚缓慢下降，通过温度梯度较大区域，结晶从坩埚底端开始，逐渐向上推移，进行晶体生长的方法，称之为坩埚下降法或梯度炉法，该方法示意图如图 6.46 所示。这种方法主要用于生长碱卤化物光学晶体如 LiF，$MgF_2$，$CaF_2$，$BaF_2$ 等，闪烁晶体 NaI(Tl)，CsI(Tl)，$Bi_4Ge_3O_{12}$，$BaF_2$，$CeF_3$ 等，激光晶体 $Ni^{2+}:MgF_2$，$V^{2+}:MgF_2$，$Cr^{3+}:KMgF_3$，$Cr^{3+}:KZnF_3$ 等。近年来，此方法已发展到规模化生产，大尺寸异型光学晶体和闪烁晶体的研制已取得很好的效果。

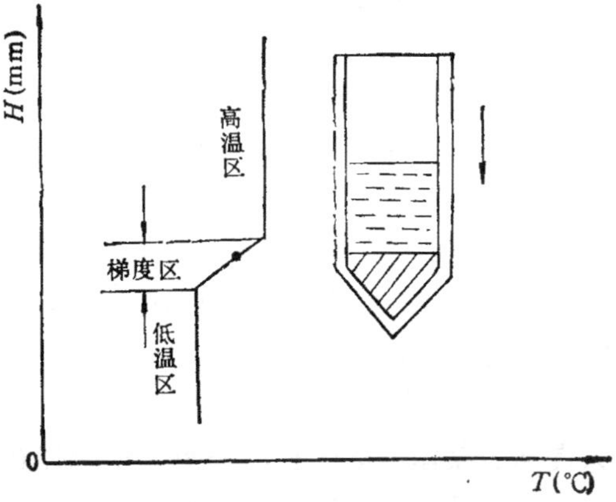

图 6.46 下降法示意图.

下降法的特点如下：

(1) 晶体的形状可以随坩埚的形状而定，适合异型晶体的生长。

(2) 可加籽晶定向生长单晶,也可以自然成核,依据几何淘汰的原理生长单晶。

(3) 可采用全封闭或半封闭的坩埚进行生长。防止熔体、掺质的挥发,造成组分偏离和掺杂浓度下降,并且可以避免有害物质对周围环境的污染。

(4) 适合大尺寸、多数量晶体的生长。一炉可以同时生长几根或几十根不同规格尺寸的晶体。

(5) 操作工艺比较简单,易于实现程序化,自动化。

下降法的主要缺点如下:

(1) 晶体生长全过程都在坩埚内进行,不便于直接观察晶体的生长情况。但生长熔点较低的有机晶体例外,可以采用便于观察的玻璃管炉和玻璃坩埚。

(2) 不同种类的晶体对坩埚材料的物理、化学性能有特定的要求。特别是坩埚与结晶材料的热膨胀系数的匹配要合适,不适于生长结晶时体积膨胀的晶体材料。

(3) 晶体在坩埚内结晶过程中易产生坩埚对晶体的压应力和寄生成核,所以对坩埚的内表面光洁度有较高的要求。

(4) 坩埚下降法生长晶体时,坩埚在下降过程中一般不旋转,因此生长出来的晶体均匀性往往不如提拉法生长出来的晶体好。

### 6.6.1 生长设备

坩埚下降法生长晶体的关键设备是适合不同种类晶体生长的结晶炉和坩埚。

(1) 结晶炉

(i) 悬挂坩埚式管式电阻加热结晶炉。这是 Bridgman 首先使用的结晶炉,其结构示意图如图 6.47 所示。该炉由上炉腔和下炉腔两部分构成。上腔绕有电阻丝加热为高温区,下腔不加热为低温区。坩埚通过金属丝或连杆与传动机构连接,悬挂在结晶炉的中央。电动机通过齿轮变速装置带动坩埚,按一定的速率由高温区向低温区下降进行晶体生长。这种晶体炉一般适合于生长尺寸不大、熔点较低的晶体，如蒽、芪、萘及碱-卤化物晶体等有机闪烁晶体。

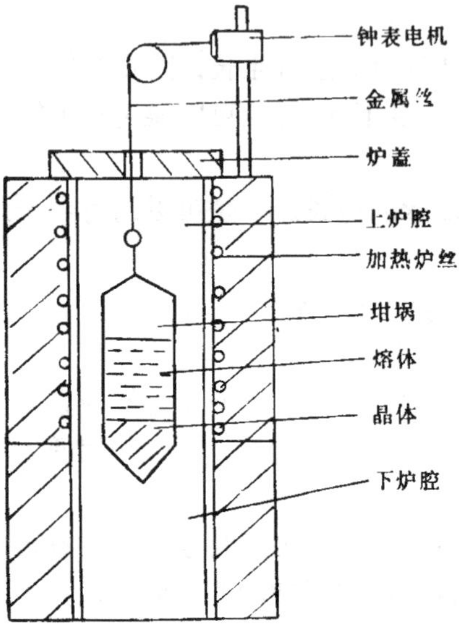

图 6.47 悬挂坩埚式管式电阻加热结晶炉.

(ii) 冷却下降托杆式电阻加热结晶炉. 采用冷却托杆支撑坩埚在结晶炉内下降进行晶体生长是 Stockbarger 对 Bridgman 技术的改进，其结构图如图 6.48 所示. 结晶炉的炉体由上下炉腔构成. 上下炉腔之间加有隔热板，该板一般由金属或耐火材料构成. 目的在于在隔热板以上 30—50mm 处形成较大的纵向温度梯度区，以有利于晶体的生长. 坩埚放在通有冷却水的下降托杆上，这样既增加了固-液界面处轴向温度梯度，也有利于微凸状固-液界面的形成. 下降托杆通过丝杠与机械传动装置连接带动坩埚下降. 加热方式可以是电阻丝加热，也可以是硅碳棒或硅钼棒加热. 可以用间接电阻加热，也可以用直接电阻加热. 炉腔可以是圆形方形或长方形. 这种结晶炉不但适合大尺寸晶体的生长，而且若采用多孔隔热板在一个结晶炉内还可以同时生长多根晶体.

(iii) 真空石墨电阻加热下降结晶炉. 该结晶炉在真空条件下，采用石墨电阻加热，适合熔点较高、易氧化的晶体材料的生长. 保温系统采用多层石墨筒和钼筒做热反射屏蔽材料，其构造图如图 6.49 所示. 结晶炉的炉体由上炉腔和下炉腔组成. 上炉腔为高温区，下炉腔为低温区，坩埚放置在通冷却水的下降托杆上. 并在坩埚托上加反射板，以此来增加固-液界面的轴向温度梯度. 结晶炉密封性好（真空度可达 $1\times10^{-3}$Pa)，并设有充气装置（充气压力可达 50000Pa 气压)．采用力矩电机加谐波减速器带动滚珠丝杠下降坩埚．坩埚下降托杆在炉内部分加不锈钢防护套，有效地阻挡了挥发物在下降托杆上的沉积，从而降低了传动阻力，杜绝了由于坩埚下降托杆沉积物过多,阻力加大,致使力矩电机堵转，中断晶体生长的情况发生．坩埚下降速率 1—30 mm/h,连续可调,传动平稳，无噪音，无爬行．目前，国内此种结晶炉最大直径达 850 mm，最大高度为 1300 mm．降低晶体炉的总高度,便于操作,这种真空炉可以做成两节．内部保温系统采用碳毡保温，效果更佳．实验证明,碳毡保温系统比石墨钼筒保温系统可节省 20—30% 的加热功率．为了不影响真空度和防止碳毡中的有害杂质对晶体的污染，要求碳毡要有很高的纯度,致密度,表面光洁度和极少的挥发物．

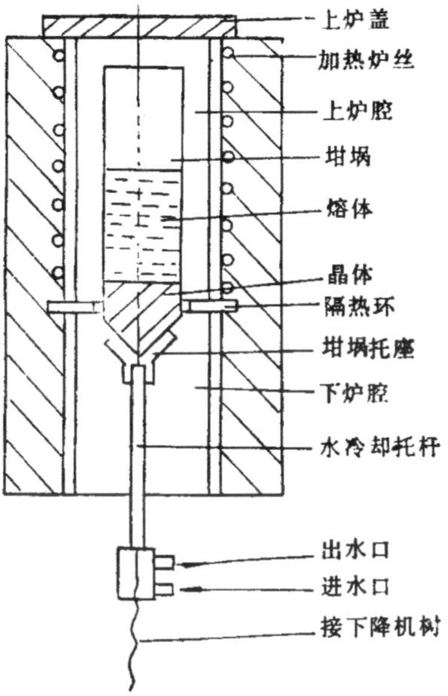

图 6.48　冷却下降托杆式电阻加热结晶炉．

该结晶炉是利用可控硅整流电源通过石墨发热体进行加热．由 DWT-702 单机与程序控温装置进行温度控制，自动升温、降温和恒温．由速度控制系统控制晶体的生长速率．建立晶体生长全过程微机控制系统可以对加热功率、温度、真空度、下降速率、升降温速率等工艺参数进行设置和修改，并可对采集的各类数据进行存储、显示,并打印各种工作状态值及其曲线图，以便于对生长工艺和晶体质量缺陷的研究分析．这种真空石墨加热电阻炉已成为当前生长各种碱卤氟化物晶体的较为理想的设备．

（2）坩埚　坩埚下降法生长晶体从熔料到晶体生长结束都在

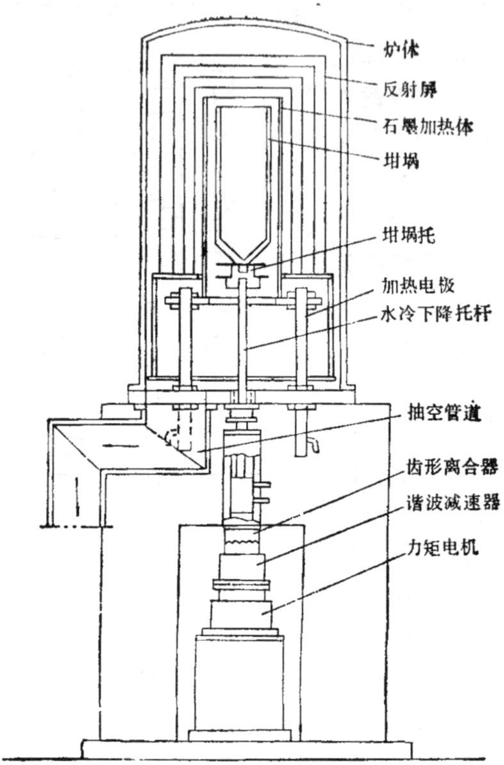

图 6.49 真空石墨电阻加热下降结晶炉.

坩埚内进行，所以坩埚材料的选择和坩埚形状的设计就显得十分重要了.

(i) 坩埚材料的选择. 选择的几个原则:

(a) 坩埚材料应与所生长晶体材料不起反应. 如生长氟化物晶体切忌使用石英玻璃坩埚.

(b) 坩埚材料的热膨胀系数应小于晶体的热膨胀系数，以避免坩埚对晶体产生压应力,使晶体开裂.

(c) 坩埚与熔体应尽量没有浸润和粘附现象. 如在真空炉内采用石墨坩埚生长碱卤氟化物晶体，即可达到此要求.

(d) 坩埚材料在使用工作温度下,要有足够的强度.

(e) 坩埚材料的纯度要高，以避免有害杂质引入晶体。

(f) 坩埚材料要易于加工成型，保证埚内壁有较高的平坦度和光洁度。以避免寄生成核，并利于晶体的取出。

表 6.6 列出了一些坩埚材料的性质[126]，供选择坩埚材料时参考。

**表 6.6　若干坩埚材料的性能**

| 物质 | 热传导率 cal/cm·s·C | 线膨胀系数 ($C^{-1}\times10^6$) | 比　重 ($g/cm^3$) | 最高工作温度 (℃) | 抗热冲击性 |
|---|---|---|---|---|---|
| 氧化铝 | 0.004 | 8.0 | 2.4 | 1900 | 好 |
| 氮化铝 |  | 5.7 | 3.26 | 2000 | 好 |
| 氧化铍 | 0.4 | 8.4 | 2.97 | 2300 | 良好 |
| 氮化硼 | 0.012 | 0.24 和 0.3 | 2.1 | 1700 | 很好 |
| 氧化镁 | 0.08—0.5 | 12.7 | 3.3 | 2600 | 好 |
| 石　英 | 0.005 | 0.5—0.6 | 2.2 | 1250 | 很好 |
| 氮化硅 | 0.023 | 3.2 | 3.4 | 1850 | 很好 |
| 氧化钍 | 0.01 | 6.0 | 10.0 | 2800 | 好 |
| 氧化锆 | 0.0047 | 4.5 | 5.6 | 2300 | 良好 |
| 石　墨 | 0.012 | 2 | 1.5 | 2600 | 很好 |
| 铱 | 0.141 | 6 | 22.7 | 2200 | 很好 |
| 钼 | 0.348 | 5 | 10.2 | 2400 | 很好 |
| 铂 | 0.166 | 9.6 | 21.5 | 1600 | 很好 |

(ii) 坩埚形状的设计。下降法生长单晶可以加籽晶定向生长，也可以自发成核。自发成核是利用坩埚底部的圆锥形尖角(如图 6.50 所示)。在坩埚下降通过温度梯度较大区时，只有少量熔体在坩埚底部开始结晶。如果只产生一个晶核时，便可以由它生长而得到一个单晶。通常是产生几个晶核，它们具有不同的取向，由于晶体生长速度的各向异性，取向生长速度快的晶核淘汰取向生长速度慢的晶核，从而占领整个固-液界面，生长出来的单晶体如图 6.50 (a) 所示。生长低熔点有机晶体使用玻璃坩埚底部的形状可以做得复杂些，如图 6.50 (b,c) 所示的带有毛细管形状，这样更有助于这一淘汰过程的进行。经验证明，圆锥角度与所生长晶

体的晶系有关，正确选择圆锥的角度能得到较高的单晶率。

使用石墨坩埚进行晶体生长时采用图 6.50(d) 所示的多孔柱状坩埚[127]，使自生晶核在锥体中淘汰一次后进入柱体前通过毛细孔再淘汰一次，这样即使在锥体部分晶核淘汰的不完全，也能得到大部分单晶体。使总体单晶的比例大大提高。

目前，生长晶体的坩埚柱体部分也不是简单的圆柱形，而是根

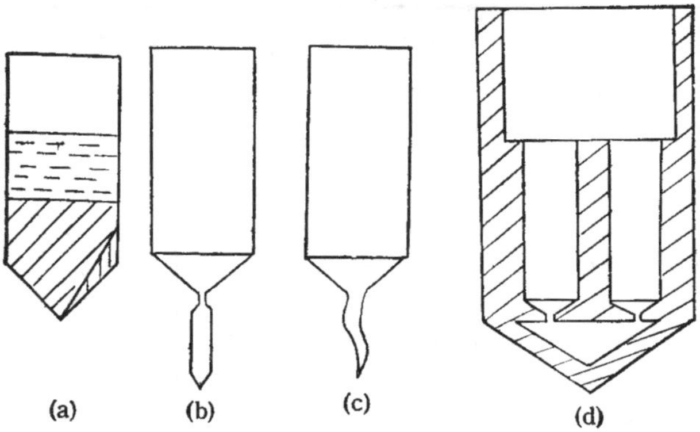

图 6.50　各种形状的坩埚示意图.

图 6.51　用坩埚下降法生长出来的 $BaF_2$, $MgF_2$, $CaF_2$ 晶体毛坯.

据对晶体最终需要的不同规格尺寸、形状加工而成的各种异型坩埚，包括圆柱体型、四方柱型、梯型柱型，锥形柱型等。图 6.51 示出用坩埚下降法所生长的各种形状的大尺寸 $BaF_2$, $MgF_2$, $CaF_2$ 晶体的照片。这样做的结果可以提高每炉晶体的产率，减少加工过程中晶体毛坯的切磨损失，加工方便，节约工时，降低成本。这对于大批量生产是非常有益的尝试。图 6.52 示出的是加工后的晶体照片。

图 6.52　加工后的晶体成品。

### 6.6.2　生长工艺

（1）合适温场和温梯的确定　生长优质的晶体需要设计合适的温场，包括加热器、保温系统和坩埚的结构、尺寸及相对位置，构成适合单晶生长的等温熔化区，进行结晶的温度梯度较大区。从炉丝各部位绕制的疏密程度和加热器各部位的电阻大小及保温措施等方面着手，使熔化区的温度梯度尽量的小，使结晶区的温度梯度尽量的大。确定结晶区温梯的大小还需考虑结晶材料的特性和规格尺寸大小，经反复实验以寻求适合单晶生长的温度梯度。配置辅助下加热器和加强下腔保温是生长大截面超长尺寸晶体所必须考虑的。

（2）*测控温装置* 因为采用坩埚下降法生长晶体，不能直接观察料的熔化和晶体生长的情况，所以测控温装置的准确性、稳定性就显得特别重要。一般采用镍铬-镍铝、铂铑-铂、钨铼热电偶进行测温。选择使用那种热电偶，需根据所生长晶体的温度、环境气氛而定。热电偶测温位置的放置也是非常重要的。需放在温度变化反应灵敏的部位。高温区放一支，结晶区放一支。直接加热的温场热电偶顶端放在离加热器 3 mm 左右的位置比较适宜。间接加热热电偶则应当放在加热炉腔的内壁附近。控温系统一般采用 702 单机配合程序控温仪通过 PID 调节器进行。目前已发展到用微机控制。控温精度可达 ±0.5℃。

（3）*生长速率* 用坩埚下降法生长晶体，晶体的生长速度除和固-液界面的温度梯度有关外，还和结晶材料的特性有直接关系。这一点在提拉法一节中已经讲的很清楚了。下降法同样是晶体生长速度随温度梯度的增大而增大，而且温度梯度大时，也有利于抑制组分过冷现象，从而提高了晶体的质量。杂质富集、固-液界面移动的因素、生长速率等在晶体生长全过程中不是一成不变的。选择合适的下降机构，连续可调，无振动，无爬行，这些是满足下降速率调节的必备条件。

（4）*坩埚下降过程中固-液界面移动的控制* 坩埚下降法生长晶体固-液界面的形状、位置是和生长的晶体的完整性密切相关的。一般固液界面分凸、平、凹三种形状。从排杂、排除位错等缺陷及避免内应力产生的角度来看，平面状的固-液界面最为理想。但是这不容易在实际晶体生长中获得，也难于保持。所以通常以保持稍凸的固-液界面形状进行晶体生长，有利于排杂和单晶的形成，但容易造成径向温度分布不均匀，产生内应力。当固-液界面呈凹状时，晶体从边缘部分向中心生长，容易形成多晶，并且使杂质、气泡包裹在晶体内部，影响了晶体的均匀性和完整性，而且同样容易产生内应力。

在采用多孔柱坩埚生长多根晶体时，往往在靠近坩埚边缘部位的晶体固-液界面呈倾斜状态. 这是因为加热器直径大,造成径向温梯较大所致. 出现了中间部位的晶体已长完，边缘部位的晶体尚未长完的现象. 解决的办法是,可以将下降距离适当加长,以保证边缘部位的晶体全部结晶完.

在晶体生长过程中,随着坩埚的下降,坩埚在高温区的部分在逐渐减少,而在低温区的部分逐渐增加,这必然导致热传输情况的变化. 使固-液界面的位置向高温区移动，固-液界面温度梯度则变小. 出现晶体生长速度大于坩埚下降速度的现象，使晶体内部产生气泡、云层等包裹物. 解决这个问题,一般采用在晶体生长后期适当提高控制温度或降低坩埚下降速率的方法来加以解决.

(5) **加籽晶定向生长工艺** 用坩埚下降法加籽晶定向生长单晶不同于提拉法,籽晶放在坩埚底端,如图 6.53 所示. 籽晶的熔接情况无法观察，一般是根据温场下半部的温度梯度分布情况来确定籽晶的安放位置，使其籽晶自顶端开始熔化 $\frac{1}{3}$—$\frac{1}{2}$ 部分，后与熔体熔接后,然后再开始下降坩埚,从而进行定向生长晶体.

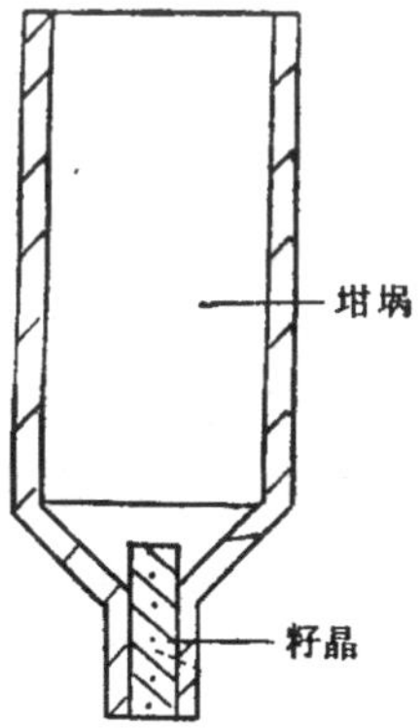

图 6.53 籽晶在坩埚内的位置示意图.

### 6.6.3 几种典型闪烁晶体的性能与应用

近年来坩埚下降法的特点与优势在闪烁晶体的研究与生产中得到了充分的发挥. 从最早得到广泛应用的 NaI(Tl) 到 CsI(Tl), $Bi_4Ge_3O_{12}$, $BaF_2$, $CeF_3$ 等闪烁晶体都是由坩埚下降法生长而扩大到批量生产的. 表 6.7 列出上述几种闪烁晶体的性能参数[128].

(1) NaI(Tl) **晶体** 通常是在带冷却托杆下降的结晶炉内生长的. 使用氧化铝坩埚，晶体生长结束后用高温熔脱的方法将晶体与坩埚分离，再对晶体进行退火的工作. 该晶体的发光波长位置在可见光谱区. 闪烁效率高,又易于生长大尺寸单晶,在核科

表 6.7 闪烁晶体的性能

| | NaI(Tl) | CsI (Tl) | $BaF_2$ | $CeF_3$ | BGO |
|---|---|---|---|---|---|
| 密度 ($g/cm^3$) | 3.74 | 4.51 | 4.88 | 6.16 | 7.13 |
| 辐射长度 (cm) | 2.59 | 1.85 | 2.06 | 1.68 | 1.12 |
| 折射率 | 1.85 | 1.80 | 1.49 | 1.62 | 2.15 |
| 潮解性 | 潮解 | 微潮解 | 不潮解 | 不潮解 | 不潮解 |
| 发光波长位置 (nm) | 410 | 565 | 310<br>210 | 340<br>300 | 480 |
| 衰减时间 (ns) | 230 | 900 | 630<br>0.9 | 25<br>8 | 300 |
| 光产额 | 100 | 45 | 20<br>4 | 6<br>? | 15 |

学和核工业上得到了广泛的应用。

(2) $Bi_4Ge_3O_{12}$ (BGO) 晶体 1973 年 Weber 等发现该晶体在X射线激发下产生荧光[129]。后来又陆续发现其对 γ 射线和 α 粒子流的闪烁效应，使其成为新的热门闪烁晶体。开始时国内外一些研究生产部门均采用提拉法生长此种晶体。80 年代初期中国科学院上海硅酸盐研究所采用坩埚下降法生长大尺寸 BGO 单晶获得成功。晶体尺寸达 30 × 30 × 240mm,年产量为 4t[130]。已有 10t 晶体用于欧洲核子研究中心 L3 正负电子对撞机的电磁量能器上。目前,该对撞机已运转四年半的时间,晶体运转正常。此外，BGO 晶体在核医学等领域也得到了应用。

(3) $BaF_2$ 闪烁晶体是继 BGO 晶体之后又一新型闪烁材料 1983 年 Laval 等[131]发现 $BaF_2$ 的发射光谱中有两个峰，一个波峰在 210nm 处,荧光衰减时间常数为 0.6ns，称之为快成分。另一个波峰值在 310nm 处，荧光衰减时间常数为 620ns 称之为慢成分。快成分的荧光衰减时间比常用的塑料闪烁体 (1.6ns) 还快，并且有较高的光产额,可以用来测量时间。慢成分发光强度更高，有很好的能量分辨率，利用它可以测量能量。像 $BaF_2$ 闪烁晶体这样可以同时测量能谱和时间谱，而且能量和时间分辨率都较高的晶体是 BGO NaI(Tl) 等闪烁晶体所不能比拟的。我们采用坩埚下降法于真空石墨电阻加热的结晶炉内成功的生长出长达 400mm 的大尺寸异型优质 $BaF_2$ 闪烁晶体，并已应用于科研和工业上。

$BaF_2$ 闪烁晶体在高能物理工程中应用也有它的不足之处，一是较慢的慢成分输出，二是有辐照损伤存在。位于 310nm 的慢成分，其衰减时间约为 620ns，大大影响了 $BaF_2$ 的计数效率，并且该慢成分受温度影响[132]，Schotons[133] 发现，掺 La 的 $BaF_2$ 晶体的慢成分得到较好的抑制，我们的实验也证实了这一点[134]。更新的研究结果表明，采用 CsTe 光电二极管可以更好地解决这一问题[135]。这种二极管对 $BaF_2$ 晶体慢成分波段以及更长的波长光不响应，而在 $BaF_2$ 快成分波段有着很好的量子效率。

随着慢成分问题的解决，提高 $BaF_2$ 晶体的抗辐照性能则成为 $BaF_2$ 晶体能否在高能物理工程中应用的关键。$BaF_2$ 晶体的辐照损伤表现为晶体经一定剂量的高能射线辐照以后，晶体的荧光输出较辐照前有所下降，辐照后晶体由无色透明转化为有一定程度的着色。晶体的透光性能有所降低。实验结果表明 $BaF_2$ 晶体的辐照损伤与晶体中的杂质和缺陷有关。在大尺寸晶体的 Bridgman 技术生长过程中，随着晶体生长固液界面的推移，杂质将不断的在晶体的末端富集，导致晶体从首端到末端存在一个杂质分布的浓度梯度。经对大尺寸的晶体的辐照后，观察晶体的末端及晶体中有气泡，散射颗粒等包裹物存在的部位辐照损伤严重。通过对不同种类的杂质离子掺杂及不同工艺条件下制得的结构完整性不一的样品测得的结果认为，在诸多的阳离子杂质中，以易变价的过渡元素离子和部分稀土元素离子最为有害，含氧阴离子杂质（特别是 $O^{2-}$ 和 $OH^{-1}$ 离子）是最为有害的阴离子杂质。晶体的完整性好坏与晶体的辐照损伤程度呈对应关系。$BaF_2$ 晶体的辐照损伤在经过光退火或热退火后可以得到恢复。通过减少有害阳离子杂质，含氧阴离子杂质的含量，提高大尺寸晶体的完整性使 $BaF_2$ 闪烁晶体的抗辐照性能（经 $^{60}Co$ 的 γ 射线总剂量为 $10^6$ rad 照射后）

得到明显的提高．再通过光退火处理，进一步提高了 $BaF_2$ 闪烁晶体的抗辐照性能，同时也提高了 $BaF_2$ 晶体在高能物理工程中应用的可靠性．

$BaF_2$ 晶体除在高能物理中应用以外，在低能物理方面已用于正电子湮没谱仪，使谱仪的分辨率和计数效率均得到很大的提高．在核物理方面正在研究 $BaF_2$ 探测器在检测隐藏爆炸物、石油探测及放射性矿物探测等方面应用的可能性，在核医学方面 $BaF_2$ 闪烁晶体用于正电子发射层析照相（简称 PET），$BaF_2$ 探头因为它的优良的时间特性，大大提高了定位精度，有代替现在使用的 NaI(Tl)，BGO 探头的趋势，其应用前景是非常好的．

（4）$CeF_3$ 晶体　这是近年来新发现的另一种闪烁晶体[136]．与 $BaF_2$ 这一较好的闪烁晶体材料相比，它具有更为优良的特性．

（i）$CeF_3$ 晶体机械强度好，不潮解．

（ii）在 $-200-+100$℃ 范围内有较好的温度相关性．

（iii）$CeF_3$ 晶体有两个衰减时间都很短的荧光输出不存在 $BaF_2$ 晶体那样的慢成分．无需特殊装置的光电倍增管就可以测量．由于两个发光成份都可以用于计数，使得探测效率成倍增高．

（iv）$CeF_3$ 晶体发光在 310nm 和 340nm，不像 $BaF_2$ 那样必须采用价格较为昂贵的石英窗口的光电倍增管．这对于在核物理和高能物理的应用是十分重要的．

（v）$CeF_3$ 晶体密度大，辐照长度短，这样就缩小了探测器的体积，降低了成本．

（vi）$CeF_3$ 晶体的抗辐照性能也比较好．

欧洲核子研究中心的大型强子对撞机（LHC）已将 $CeF_3$ 晶体作为首选的电磁量能器材料．预计总用量为几十吨．目前，这种晶体正处在研究开发阶段．该晶体熔点较高(1460℃)，密度大，晶体生长过程中易开裂，比较难长．经过一年多时间的研究实验，现已于真空石墨加热电阻炉内生长出长达 260mm 的完整透明的 $CeF_3$ 晶体．经测量表明，$CeF_3$ 晶体的闪烁性能与晶体的透光性能的优劣是一致的．研究表明，晶体原料的合成工艺对晶体的透光性能有明显的影响．不少 $CeF_3$ 晶体在光谱透过区出现一些吸收峰，较为常见的是位于 340nm 的吸收峰．这些吸收峰的出现与晶体生长工艺和初始原料有关．在一些大尺寸的晶体样品中，这些吸收峰常表现在晶体的末端，这说明吸收峰与晶体中杂质离子的分布有关．氧掺杂的 $CeF_3$ 晶体表现出类似的吸收峰曲线．样品经 $^{60}Co$ 的 γ 射线辐照后，有 340nm 吸收峰的晶体，其辐照损伤严重．由此看出，生长出完整透明无宏观缺陷抗辐照损伤好的晶体，从原料合成开始注意降低氧离子杂质的含量是非常必要的．有关 $CeF_3$ 晶体的性能的深入研究还正在进行中，$CeF_3$ 晶体在其它方面的应用也正在研究开发阶段．

(5) CsI(Tl) 晶体　这是一种较成熟的闪烁材料．此种晶体比较容易生长，但 Tl 的毒性较大，晶体生长和加工都必须注意安全防护．晶体生长比较简单的方法是，将原料装入石英玻璃坩埚内，抽真空密封，于管状电阻加热的结晶炉内用下降法生长．也有使用白金坩埚在密封的提拉炉内进行提拉生长的．

CsI(Tl) 晶体由于它的密度大，发光效率高，相当于 NaI(Tl) 的 45%，其机械强度，抗潮解性均优于 NaI(Tl) 晶体，是目前国际上要建造的几个 B 介子工厂的量能器的入选材料．

对于实际的晶体生长而言，有下述几点众所周知的常识这里还要重复一遍：

(i) 不同类型的材料，可能出现的和需要控制的主要缺陷往往不同，因此需要采用不同的生长参数．

(ii) 为了抑制某种缺陷而改变某项生长参数时，往往会助长另一种缺陷的形成．因此，必须考虑正、反两个方面的作用．

(iii) 生长装置的结构不同，可能会得出不同的结果．例如 Wilcox[120] 曾指出，转动的坩埚能减小温度波动，以改善晶体的均匀性；而 Whiffin[121] 则得出了完全相反的结果．因此，除非设备条件完全相同，否则，不能机械的照搬所谓的最佳生长参数．

(iv) 晶体生长过程是十分复杂的，有时甚至是难于捉摸的．

因此，从个别实验结果得出的普遍的规律或者说从实验上升为理论,需要经过艰苦的努力。

(v) 然而,人们对于生长过程的了解正在不断深入,在某些晶体上取得的经验,已经成功地运用于其他一些晶体,从而加快了研制的速度。例如,国外研制大直径的无位错硅单晶用了近 20 年的时间,后来研制大直径的无位错 $Gd_3Ga_5O_{12}$ 晶体却只用了 5 年的时间,而后者并不比前者更容易生长。因此,要善于学习才能少走弯路。

最后,作者想引用 Brice 的几句话作为本章的结束语[1]。

“晶体不仅是美丽的,而且也是有用的。它们是能够不断给人们带来实惠的科研对象”

“从事晶体生长工作既不是廉价的,也不是简单的。但是，一个配合良好的小组,能够在实验方面取得实际的进展,在理论方面也是如此”。

“整个的面貌是基础研究、应用研究和技术研究恰当的配合，从而取得了迅速的进展”。

## 参 考 文 献


[1] J. C. Brice, *Rep. Prog. Phys.*, **40**, 567(1977).

[2] C. J. Betin, *J. Crystal Growth*, **34**, 341 (1976).

[3] D. R. H. Jones, et al., *Phil. Mag.*, **24**, 995(1971).

[4] J. A. Burton, et al., *J. Chem. Phys.*, **21**, 1987(1953).

[5] D. T. J. Hurle, Crystal Growth an Introduction, ed. P. Hartman, 223 (1973).

[6] W. G. Cochran, *Proc. Camb. Phil. Soc.*, **30**, 365(1934).

[7] J. C. Brice, The Growth of Crystal from Liquid, 143(1973).

[8] V. S. Troitsky, *Phil. Mag.*, **A264**, 145(1969).

[9] J. C. Brice, *J. Crystal Growth*, **2**, 395(1968).

[10] T. Arizumi, et al., *Jap. J. Appl. Phys.*, **8**, 1091(1969).

[11] T. Arizumi, *Jap. J. Appl. Phys.*, **9**. 361(1970).

[12] T. Arizumi, *Jap. J. Appl. Phys.*, **9**, 1255(1970).

[13] N. J. Kobayashi, *J. Crystal Growth*, **43**, 357 (1978).

[14] W. E. Langlois, *J. Crystal Growth*, **42**, 386 (1977).

[15] W. E. Langlois, et al., *Computer Methods in Applied Mechanics and Engineering*, **12**, 143(1977).

[16] J. R. Carruthers, K. Nassau, *J. Appl. Phys.*, **39**, 5205(1968).
[17] C. D. Brandle, *J. Crystal Growth*, **42**, 400 (1977).
[18] N. Kobayashi, T. Arizumi, *J. Crystal Growth*, **30**, 177(1975).
[19] Ch. H. Chun, *J. Crystal Growth*. **48**, 600(1980).
[20] D. Schwabe, A. Scharmann, *J. Crystal Growth*, **52**, 435(1981).
[21] G. Muller, Crystal Growth from the Melt, 18(1988).
[22] G. K. Batchelor, *Quart, J. Appl. Math*. **12**, 209(1954).
[23] D. T. Hurle, *J., Phil. Mag.*, **13**, 305(1966).
[24] K. M. Kim, et al., *J. Electrochem. Soc.*,**119**, 1218(1972).
[25] R. Krishnamurti, *J. Fluid. Mech.*, **42**, 308(1970).
[26] J. R. Carruthers, *J. Crystal Growth*, **32**, 13(1976).
[27] J. C. Brice, *J. Crystal Growth*, **2**, 395(1968).
[28] J. R. Carruthers, *J. Electrochem. Soc.*, **114**, 1077(1967).
[29] J. R. Carruthers, Preparation and Properties of Solid State Materials, ed. W. R. Wilcox, **2** (1975).
[30] W. A. Tiller, et al., *Acta. Met.*, **1**, 428(1953).
[31] J. W. Rutter, B. Chalmers, *Cand. J. Phys.*, **31**, 15(1953).
[32] D. T. Hurle, *J., Solid State Electronics*, **3**, 37(1961).
[33] S. R. Cotiell, et al., *J. Crystal Growth*, **34**, 157(1976).
[34] T. Sato, G. Ohira, *J. Crystal Growth*. **40**, 78(1977).
[35] J. D. Weeks, et al., *J. Crystal Growth*, **112**, 244(1991).
[36] D. R. Jenkins, *J. Crystal Growth*, **102**, 481(1990).
[37] J. W. Rutter, Liquid Metals and Solidification, 250(1958).
[38] J. Czochralski, *Z. Phys. Chem.*, **92**, 219(1918).
[39] G. W. Berkstresser, et al., *J. Crystal Growth*, **109**, 457(1991).
[40] V. Ya. Apilat, *Instruments and Techniques for Experiments*, **3**, **216** (1966).
[41] Yu. P. Belogurov, et al., *Control Instruments and Systems*, **8**, 48(1970).
[42] S. Kyropoulos, *Z. Anorg. Chem.*, **154**, 308(1926).
[43] P. W. Bridgman, *Proc. Amer. Acad. Arts. Sci.*, **60**, 305(1925).
[44] D. C. Stockbarger, *Rev. Sci. Instr.*, **7**, 133(1936).
[45] F. Stober, *Z. Krist.* **61**, 299(1925).
[46] 殷芳卿,人工晶体,**13**,230(1984).
[47] F. Schmid, et al., *J. Amer. Ceram. Soc.*, **53**, 528(1970).
[48] F. Schmid, Proc. Electro-Optics/Laser 78 Conf. & Exposition, Sept (1978).
[49] W. G. Pfann, *Trans. AIME*, **194**, 747(1952).
[50] 吴光恒等,人工晶体学报,**20**,1(1991).
[51] P. H. Keek, et al., *Phys. Rev.*, **89**, 1297(1953).
[52] C. Kooy, et al., *Phylips Tech. Rev.*, **23**, 161, 237(1961/1962).
[53] 郑红等,硅酸盐学报,**21**,326(1993).
[54] 陈溪芳等,人工晶体学报,**19**,235(1990)
[55] D. Gazit, R. S. Feigelson, *J. Crystal Growth*, **91**, 318(1988).
[56] J. C. Brice, The Growth of Crystal from Liquids, Ch. 5, Ch. 7

(1973).
[57] J. S. Shah, H. H. Wills, Crystal Growth, ed B. R. Pamplin, Ch 9 (1975); R. C. J. Draper., (同书) Ch. 12(1975).
[58] E. J. Patzner, et al., SCP and Solids State Tech, 25 (1967).
[59] K. E. Demey, *Solids State Tech.*, **41** (1971).
[60] U. Cross, R. Kersten, *J. Crystal growth*, **15**, 85(1972).
[61] K. J. Gartner, et al., *J. Crystal Growth*, **13/14**, 619(1972).
[62] D. F. Okane, et al., *J. Crystal Growth*, **13/14**, 624(1972).
[63] H. J. A. Van Dijk, et al., *J. Crystal Growth*, **21**, 310(1974).
[64] W. Bardsley, et al., *J. Crystal Growth*, **16**, 277(1972).
[65] A. E. Zinner, et al., *J. Crystal Growth*, **19**, 187(1973).
[66] W. Bardsley, et al., *J. Crystal Growth*, **40**, 21(1977).
[67] P. Sveshtarov, *J. Crystal Growth*, **113**, 186(1991).
[68] S. Vojdanl, et al., *J. Crystal Growth*, **24/25**, 374(1974).
[69] S. J. Bass, et al., *J. Crystal Growth*, **3/4**, 286(1968).
[70] J. B. Mullin, et al., *J. Crystal Growth*, **13/14**,629(1972).
[71] J. B. Mullin, Crystal Growth and Characterization ed. R. Ueda, J. B. Mullin, 75(1975).
[72] H. E. Laballe, et al., *Mater. res. Bull.*, **6**, 571(1971).
[73] T. Fukuda, et al., *J. Crystal Growth*, **35**, 127(1976).
[74] E. Kuroda, et al., *J. Crystal Growth*, **43**, 388(1978).
[75] 王崇鲁等，人工晶体学报，**19**，292(1990).
[76] D. S. Harvey, *J. Crystal Growth*, **104**, 88(1990).
[77] V. A. Borodin, et al., *J. Crystal Growth*, **104**, 69(1990).
[78] S. R. Coriell, et al., *J Crystal Growth*, **32**, 1(1976).
[79] D. Mateika, Ch. Rusche, *J. Crystal Growth*, **42**, 440(1977).
[80] W. G. Pfann, *Zone Melting*, 9(1958).
[81] J. Goorissen, *Philips. Tech. Rev.*, **21**, 185(1960).
[82] P. J. Roksnoer, et al., *J. Crystal Growth*, **40**, 6(1977).
[83] J. C. Brice, *Solid State Electronics*, **10**, 335(1967).
[84] G. A. Rozgonyi, et al., *J. Appl. Phys.*, **40**, 3141(1972).
[85] J. G. Grabmaier, et al., *J. Crystal Growth*, **20**, 82(1973).
[86] H. M. Dess, Crystallization from Solutions and Melts ed. J. A. Palermo, M. A. Larson, 100(1969).
[87] H. A. Chedzey, et al., *Nature*, **210**, 933(1966).
[88] K. M. Kin, et al., *J. Crystal Growth*, **34**, 177(1976).
[89] H. D. Quandt, et al., *J. Crystal Growth*, **42**, 435(1977).
[90] A. F. Witt, et al., *J.Electrochem. Soc.*, **115**, 70(1968).
[91] J. R. Carruthers, A. F. Witt, Crystal Growth and Charaterization ed. R. Ueda, J. B. Mullin, 107(1975).
[92] P. J. Rosksnoer, et al., *J. Crystal Growth*, **40**, 6(1977).
[93] J. C. Brice, *Acta Electronics*, **16**, 291(1973).
[94] J. C. Brice, *J. Crystal Growth*, **42**, 427(1977).
[95] B. Cockayne, *J. Mater. Sci.*, **4**, 450(1969).

[96] B. Perner, et al., *Czechoslovak J. Physiee*, **B24**, 1091(1974).
[97] B. R. Pamplin, Crystal Growth, ed. B. R. Pamplin, Ch. 1 (1975).
[98] B. Cockayne, *J. Mater. Sci.*, **11**, 259(1976).
[99] V. Nikolov, et al., *J. Crystal Growth*, **88**, 324(1988).
[100] S. H. Lee, et al., *J Crystal Growth*, **125**, 175 (1992).
[101] S. E. Stokowski, et al., *IEEE J. Quantum Electronics*, **24**, 934(1988).
[102] I. S. Petkov, et al., *J. Crystal Growth*, **131**, 598(1993).
[103] J. C. Lambropoulos, et al., *J. Crystal. Growth*, **92**, 390 (1988).
[104] S. E. Stokoski, et al., *IEEE J. Quantum Electronics* **24**, 934(1988).
[105] A. Yu. Bunkin, *J. Crystal Growth*, **123**, 459(1992).
[106] M. Higuchi, K. Kodaira, *J. Crystal Growth*, **123**, 495(1992).
[107] S. Otani, et al., *J. Crystal Growth*, **113**, 329(1991).
[108] L. J. Hu, et al., *J. Crystal Growth*, **114**, 191(1991).
[109] R. J. Holmes, et al., *J. Appl. Phys.*, **55**, 353(1984).
[110] J. K. Yamamoto, et al., *J. Crystal Growth*, **121**, 522(1992).
[111] R. R. Neurgaonkar, et al., Topical meeting on Photorefractive Materials, Effects and Devices, Aussois, France, 13(1990).
[112] H. J. Scheel, et al., *J. Crystal Growth*, **62**, 291(1983).
[113] 颜声辉等，人工晶体学报，**19**，331(1990).
[114] 常英传等，人工晶体，**12**，61(1984).
[115] 李运奎等，人工晶体学报，**19**，119(1990).
[116] 周亚栋等，硅酸盐学报，**14**，479(1986).
[117] 田玉金等，人工晶体学报，**18**，199(1989).
[118] Y. C. Chang, et al., *J. Crystal Growth*, **129**, 362(1993).
[119] M. Higuchi, et al., *J. Crystal Growth*, **125**, 571(1992).
[120] W. R. Wilcox, et al., *J. Appl.Phys.*, **36**, 2201(1965).
[121] P. A. C. Whiffin, et al., *J. Crystal Growth*, **10**, 91(1971).
[122] Y. D. Jiang, et al., *J. Crystal Growth*, **80**, 403(1987).
[123] M. Higuchi, et al., *J. Crystal Growth*, **112**, 354(1991).
[124] H. Kopetsch, *J. Crystal Growth*, **102**, 505(1990).
[125] A. D. Ostrogorsky, et al., *J. Crystal Growth*, **121**, 587(1992).
[126] C. H. L. Goodman, Crvstal Growth Theory and Techniques, Plenum Press, **1**, 249(1974).
[127] 北京玻璃研究所，玻璃技术，**4**，13(1975).
[128] B. Newman, Harvey Heavy Scintillators 12(1992).
[129] M. J. Weber, et al., *Journal of Applied Physics*, **44**, 5495(1973).
[130] 侯印春等，光功能晶体，中国计量出版社，105，(1991).
[131] Laval M, Moszynski M, Allemand R, et al., *Nucl. Instr. and Meth.*, **A206**, 169(1983).
[132] P. Schotanus, et al., Ibid, **A238**, 564(1985).
[133] P. Schotanus, et al., Ibid, **A281**, 162(1989).
[134] 张天保、任绍霞等，高能物理与核物理，**15**，6，481(1991).
[135] H. Kobayashi, A. Konaka, et al., Ibid, **A270**, 106(1988).
[136] D. F. Anderso, *IEEE Transaction on Nuclear Science*, **36**, 137(1989).

# 第七章　半导体晶体生长

叶式中　　陆大成

半导体晶体是当今纯度最高和最完整的晶体材料，因此它在晶体生长学中占有重要的一席．半导体晶体生长继承了金属和非金属晶体生长理论和工艺技术，还随着电子和光电子器件的迅速发展而开拓了晶体生长科学的新领域．因此，把半导体晶体生长单独列为一章加以阐述这是非常合适，也是十分必要的．

## §7.1　熔体生长

熔体生长法是半导体晶体生长的最基本方法，不仅是因为它最早用于半导体晶体生长，而且它至今仍然是生长半导体最简便最经济的方法．随着科技发展，半导体晶体生长技术发明了各种各样的外延生长以满足器件的需要，但是无论哪一种外延生长都需要一个晶体完美而且面积较大的衬底材料，绝大多数的衬底材料是由熔体生长获得的单晶体，再按一定的晶向切割、研磨和抛光而制成的晶片．

本节内容包括水平生长、无坩埚悬浮区熔生长和垂直提拉法等各部分，并对各种生长条件、方法作一个简述．

### 7.1.1　水平法生长晶体

用水平法生长半导体材料具有设备简单、技术容易、成本低廉等优点，这种方法至今仍然是一种很受重视的生长半导单晶的方法．锗单晶生长工艺中也常常使用水平生长方法．锗单晶可以用提拉法工艺生长，也可以用水平法晶体生长．水平法生长锗单晶工艺需要的人力很少，一个人可以照看许多台设备．早期利用水平法生长出来的锗单晶，其特性不好，少数载流子寿命较短，后来在水平法生长炉中加了一个晶体的后加热器，提高了锗单晶的少数载流子寿命．

随着半导器件的发展，砷化镓逐渐成为高速电子器件、微波器

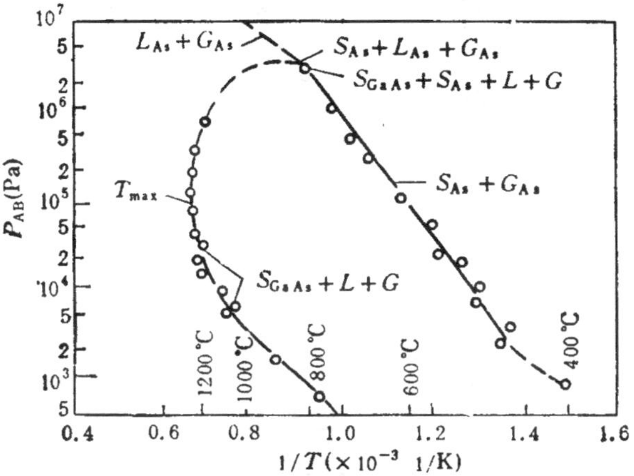


图 7.1(a)　GaAs 体系的 $P$-$T$ 投影图.

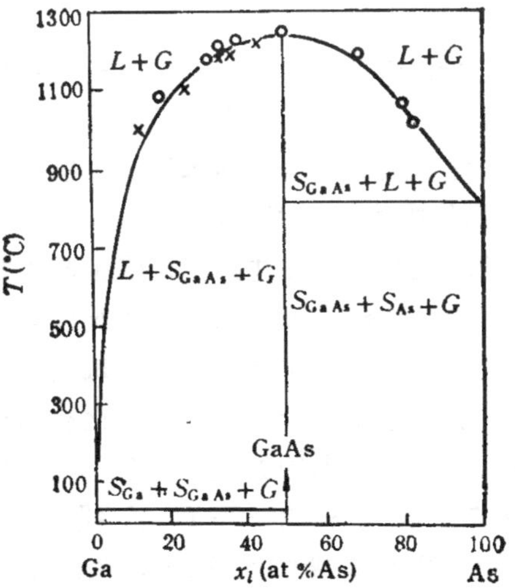


图 7.1(b)　Ga-As 体系 $T$-$x_l$ 投影图.

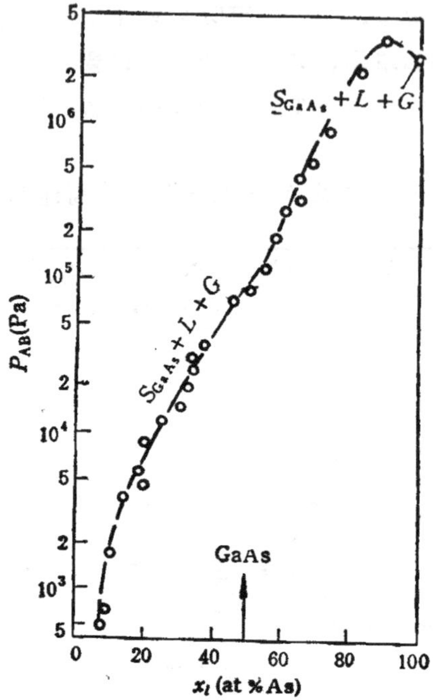


图 7.1(c) Ga-As 体系的 $P$-$x_l$ 投影图.

件和光电器件的重要材料. 砷化镓单晶材料的生长方法也随之有所发展. 但是至今, 水平法晶体生长仍然是砷化镓单晶生长的一种重要手段. 这种方法的特点是晶体生长过程中温度梯度所产生的热应力较小,晶体中位错密度较低.

水平法生长砷化镓单晶往往是把合成工艺和晶体生长工艺结合在一起, 因此砷化镓合成工艺和晶体生长过程中存在着砷蒸气压力的平衡问题. 只有在砷化镓熔点的砷蒸气离解压力和生长容器中砷蒸气压平衡时才能生长出较好的砷化镓单晶. 因此, 必须了解化合物中固、液、气三相的关系. 图 7.1 示出的是 GaAs 体系的砷蒸气压-熔点温度-组分比 ($P$-$T$-$x_l$) 投影图[1].

表 7.1 列出的 $T_3$ 为砷端的温度, $P_{As}$ 为熔体中的 As 离解压和在容器中与之相平衡的 As 蒸气压. $T_1$ 为砷原子溶入镓中而

表 7.1 Ga-As 体系中化合物三相线的 $P$-$T$-$x_l$ 值

| As, $T_3$(℃) | $P_{As}$(Pa) | 熔点 $T_1$ (℃) | 液相中砷含量 (at%) |
|---|---|---|---|
| 386 | $6.3\times10^2$ | 781±20 | 7.5 |
| 438 | $1.82\times10^3$ | 895±20 | 10.5 |
| 485 | $5.26\times10^3$ | 1055±3 | 18 |
| 492 | $6.12\times10^3$ | 1068±10 | 19 |
| 508 | $8.91\times10^3$ | 1085±5 | 20.5 |
| 532 | $1.56\times10^4$ | 1181±3 | 31 |
| 543 | $2.03\times10^4$ | 1190±3 | 33 |
| 562 | $3.23\times10^4$ | 1196±3 | 34.5 |
| 569 | $3.85\times10^4$ | 1221±3 | 38 |
| 600 | $7.7\times10^4$ | 1234±3 | 46 |
| 616 | $1.2\times10^5$ | 1235±4 | 55 |
| 645 | $1.97\times10^5$ | 1231±4 | 57.5 |
| 673 | $3.39\times10^5$ | 1205±5 | 64.5 |
| 711 | $6.68\times10^5$ | 1185±5 | 68 |
| 816* | $2.94\times10^6$ | 816 | 100 |

* 实际上此处已是纯 As 的三相点，即固、液、气共存.

改变的溶液熔点. $x_l$ 为该溶液中砷原子的百分数.

由 GaAs 的相图可知， GaAs 的熔点为 1237±0.1℃，在熔点的 As 离解压为 $9.1\times10^4$Pa，此时对纯 As 的蒸气压达到 $9.1\times10^4$Pa 应处于 610℃，根据上述数据设计了布里几曼法和水平区熔法，用这两种方法生长的 GaAs 单晶都可得到较好的结果. 这里介绍三温区制备 GaAs 单晶的方法，其示意图如图 7.2 所示. 将 Ga 和 As 按 1:1 的原子比置于反应管的两端，并另加一定量余砷，以保证 GaAs 化合以后在反应管内仍保持 $9.1\times10^4$Pa 的砷蒸气压. 在 $10^{-3}$Pa 的真空条件下，分别以 700℃ 和 300℃ 对 Ga 和 As 进行脱氧化物处理，然后密封石英管，并撞破两种元素隔离的细管，使两种元素在石英容器中连通.

Ga 区温度 $T_1$ 升到 1250℃，中间石英细管处升到 1100—1200℃($T_2$)，砷端温度 $T_3$ 升到 610℃. 3 个温区存在着下列化学反应，

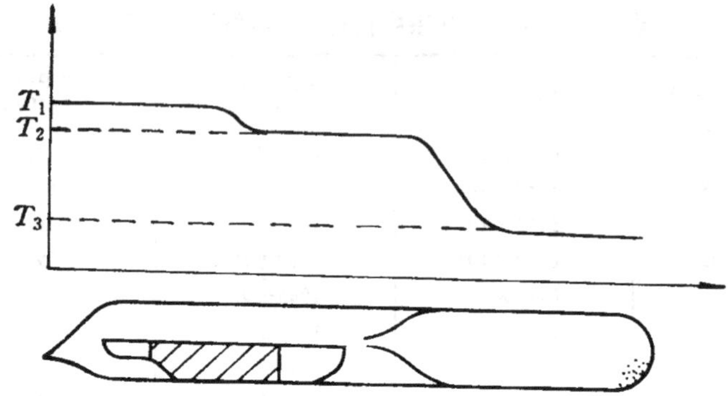


图 7.2 反应管及温度分布示意图.

$T_1$ 区:

$$4Ga(液) + As_4(气) \rightleftharpoons 4GaAs(液), \tag{7.1}$$

$$4Ga(液) + SiO_2(固) \rightleftharpoons Si + 2Ga_2O(气), \tag{7.2}$$

$$Si + SiO_2(固) \rightleftharpoons 2SiO(气); \tag{7.3}$$

$T_2$ 区($T_2 < 1100℃$ 时):

$$3Ga_2O(气) + As_4(气) \rightleftharpoons Ga_2O_3(固) + 4GaAs(固), \tag{7.4}$$

$$SiO(气) \rightleftharpoons SiO(固); \tag{7.5}$$

$T_3$ 区:

$$4As(固) \rightleftharpoons As_4(气). \tag{7.6}$$

$T_2 < 1100℃$ 时, $Ga_2O_3$ 固体凝于石英管壁,也就是式 (7.4) 的反应始终向右, 由于 $Ga_2O$ 在反应管中的浓度下降, 促使式 (7.2) 的反应也总是向右进行, 生成的 Si, 一部分成为 SiO 气体, 大部分溶入 GaAs 熔体中, 如果 $T_2 > 1100℃$, 则防止了 $Ga_2O_3$ 凝固,从而阻止了式 (7.4) 向右进行,停止了硅对 GaAs 的沾污,也阻止了 GaAs 和石英的"湿润", 可以用接籽晶的方法定向生长 GaAs 单晶. 实际上 $Ga_2O_3$ 会凝在 $T_3$ 区, 但由于细管直径很小, $Ga_2O$ 气扩散较慢,因此 GaAs 中硅沾污量很小, 也不影响接籽晶定向生长. 为了使 Si 沾污量减小, 可以在管内先封装一定量的 $Ga_2O_3$ 固体, 加热后气化生成 $Ga_2O$, 阻止式 (7.2) 反应向右进行或充一定量的氧, 加热后与 Ga 反应生成 $Ga_2O$, 阻止

Si 沾污．用三温区 HB 法可生长 8kg 的锭条．GaAs 锭条可以切割分成 50mm 或 75mm 的标准晶片．

除了 GaAs 以外，水平法还可用于生长 InSb，GaSb 单晶．

### 7.1.2 无坩埚悬浮熔区生长

无坩埚悬浮熔区生长是由水平法熔区生长发展而来的．在半导体材料的提纯工艺中，锗材料的区域熔融提纯法对半导体学科的发展起了重要的作用．随着半导体材料和器件的发展，硅单晶的纯度受到很大的重视，由于硅熔体很活泼，也很易与容器反应，因此发展了硅材料的悬浮熔区提纯方法．最初是考虑到硅熔体的表面张力较大，有可能在垂直的硅棒中形成悬浮熔区，随后由于要求晶体的直径越来越大，提纯硅材料已不能完全靠熔体的表面张力来维持悬浮熔区的稳定．因此设计出具有托浮熔区能力的高频感应线圈，采用电磁力托浮，以及压缩熔区的技术可以制备出直径为 75—100mm 的硅单晶． 无坩埚悬浮熔区的方法可以生长高纯度的硅单晶，电阻率可达到 1000Ω · cm． 这种高电阻率的硅单晶主要用于生产高电压整流器、高电压可控硅以及一些特种的探测器．这种方法的优点是：硅材料的纯度高、纵向电阻率均匀性好．缺点是晶体直径不如提拉法生长的晶体． 生长 100mm 以上的晶体工艺操作有一定的难度．

经过无坩埚悬浮熔区法生长的硅单晶，用中子嬗变掺杂技术可以获得电阻率十分均匀的硅单晶． 1986 年中子嬗变掺杂硅单晶已很成熟，年产量达到 60 t ． 估计有 100% 闸流管，60% 晶体管，30% 整流管所用的硅材料是用中子嬗变掺杂技术得到的．它不仅仅提高了器件的质量，而且也降低了成本．

中子嬗变掺杂的机理是很清楚的．中子流辐照硅单晶，因为中子不带电，故原子核库仑势的影响很小，热中子很容易进入原子核，事实上中子的运动越慢，它与硅原子核的作用时间越长，被原子核俘获的几率越大．

硅中含有天然同位素 $Si^{30}$ 约 3.1%，即 $Si^{30}$ 自然丰度为 3.1%，

受热中子轰击后产生不稳定的 $Si^{31}$，$Si^{31}$ 嬗变为 $p^{31}$ 掺入到硅单晶中去，它们的核反应方程式为

$$Si^{30} \xrightarrow[\sigma = 0.116]{n\gamma} Si^{31} \xrightarrow[2.6h]{\beta^-} p^{31}. \tag{7.7}$$

方程中放射性原子的半衰期很短，热中子辐照后，通常 21—28 星期就无放射危害。这主要是硅材料经过区熔提纯，总杂质浓度很少，半衰期完全由 $Si^{31}$ 来确定。掺杂的剂量也可以精确地计算出来。

$$N_p = \int_0^{ti}\int_0^{\infty} N_{30}\sigma_{30}(E)\phi(E\cdot t)dEdt, \tag{7.8}$$

式中，$N_p$ 为掺入硅中磷的浓度；$N_{30}$ 为 $Si^{30}$ 在硅中的自然丰度；$\sigma_{30}(E)$ 为中子反应中 $Si^{30}$ 的俘获截面，它是能量的函数；$\phi$ 为热中子瞬时流强，它是能量和时间的函数。

上式也可简单写成

$$N_p = N_{30}\sigma_{30}\Phi, \tag{7.9}$$

$\Phi$ 为短时间辐照的通量。实验中 $N_p$ 可以控制十分精确。

中子嬗变掺杂技术有下列优点：

（1）由于 $Si^{30}$ 在硅单晶中分布均匀，而且中子吸收长度可达数十厘米，因此在整个锭条中都能均匀掺杂，并能在锭条的纵向或径向都能保证杂质的均匀性。例如，高压整流器和可控闸流管的击穿电压可达到 5000V。

（2）通过精确地控制中子的通量，就可以精确地控制硅单晶的电阻率，做到低浓度的杂质补偿，生产 $10^4\Omega\cdot cm$ 的硅单晶。

它的缺点是硅单晶经过热中子辐照后会产生晶格损伤，但这种损伤可以通过热处理的方法来消除。照射后的材料为半绝缘体，经 800℃ 的热处理后，可得到精确控制的电阻率。经各种检测证明，晶体的完整性与原始生长的硅单晶没有什么差别。

### 7.1.3 提拉法单晶生长（CZ）

提拉法单晶生长技术是制备半导体单晶材料的重要方法。用

提拉法可以生长直径为250mm的硅单晶．由于大规模集成电路的发展集成度也越来越高，为了降低集成电路的成本，提高成品率，要求采用大直径的硅单晶．除了晶体直径的要求外，还由于电路的密集度很高，光刻线条的宽度已达到1μm以下，晶体中的微小缺陷会影响器件的失效率，因此在大规模、超大规模的集成电路制作中对晶体的缺陷和杂质沉积等都很重视．

(1) *用直拉法生长硅单晶* 硅单晶主要是采用提拉法生长的，虽然它是当今最纯最完整的晶体，但它仍含有缺陷．

(i) 硅单晶中的位错．硅单晶中往往存在很多位错，为了消除位错，提高晶体完整性，曾研究位错的产生机理．

位错攀移和延伸．位错可以从籽晶中延伸下来，在新生长的晶体中出现，与籽晶中的位错对应．由于生长的晶体直径比籽晶的直径大很多，按理位错密度会明显减少，而事实并非如此．

位错可以产生和繁殖．晶体生长时，刚结晶的单晶温度仍然很高，当外应力超过临界切应力时，可以产生新的位错．而更多的则是在位错受到应力时，弯曲而成为位错环这就是Frank-Read机构．

点缺陷集团的崩塌而形成位错环．晶体中总是存在着平衡的热缺陷，晶体生长温度很高，在高温状态热缺陷也较多，由于冷却等条件的影响，过饱和的热缺陷被冻结下来．有时它们也能被湮没在位错上使位错减少，但较多的情况是形成位错环，在一定的条件下也可成为新的位错源．

杂质沉淀在晶体中产生挤压造成位错群．由于位错周围的应力会引起能带的弯曲及杂质的吸附，因此集成电路等器件要求用无位错的单晶材料，而现在从工艺上完全可以制作大直径的无位错硅单晶．但是，事物也并不是绝对的，对某些器件来说正好可以利用位错的某些性质，如某些分立元件用位错密度$10^3cm^{-2}$的硅单晶制作器件的成品率反而高于无位错硅单晶．这是由于晶体中一些有害的杂质被位错吸附，因而提高了器件的成品率．此外，无位错单晶中，点缺陷明显增加，这也会使器件制造的成品率下降．

(ii) 硅单晶中位错的检测

(a) 腐蚀坑法. 由于位错附近存在应力场，位错和杂质原子相互作用吸引杂质. 化学腐蚀剂的原子也向位错附近运动，从而使位错的周围受到腐蚀，因此在晶体表面位错所在的地方出现小坑,可以用金相显微镜进行观测. 表 7.2[2] 列出了几种硅单晶显示剂,表 7.3 列出它们在(100)晶面上各种试样的优劣.

用化学腐蚀法检验比较方便，缺点是只能显示位错在晶体表面的露头.

(b) 杂质缀饰法. 由于位错吸引杂质，在高温时杂质富集于位错周围,当晶体很快冷却，过饱和杂质析出，沉淀在位错周围，可用红外显微镜观测杂质沉淀的线. 缀饰工艺是硅片用 HF: $HNO_3$ = 1:5 溶液进行化学抛光,然后滴上 $Cu(NO_3)_2$ 溶液，将样品在氢气中加热到 900℃，约 20min 左右将样品取出，数分钟冷却到室温，再经化学抛光即可观测. 这种方法观察位错线很直观,缺点是样品无法再利用.

除上两种方法以外,还可用X射线形貌照相. 采用这种方法，其样品还可以再利用(但生产上不再利用),检测也较直观,缺点是照相时间较长,并且有一定的晶向要求. 因此,这种方法常用来校验其它方法的准确性,但不用在生产上.

(iii) 硅单晶中的微缺陷. 无位错硅单晶被广泛地用于电子工业,但无位错单晶并非是完美单晶,它们包含着各种微缺陷，如空位团、电中性杂质等. 所以无位错单晶中可以观察到许多浅坑，这些缺陷会使器件的电学特性变坏,如 $p$-$n$ 结漏电流变大. 有时微缺陷排列成旋涡状或成云雾状. 这些微缺陷称为旋涡缺陷，可以用 Sirtl 腐蚀剂或 Wright 腐蚀剂显示出来. 缺陷中包含 $A$ 团和 $B$ 团,主要是尺寸和浓度的不同，较大的称为 $A$ 团,较小的称为 $B$ 团. 这些缺陷被认为是空位团引起的，晶体冷却过程发生空位饱和. $A$ 团浓度测定是用 Li 缀饰慢冷却来观测, $B$ 团浓度用 Cu 缀饰来观测. 旋涡状排列是由于非对称热场，在生长旋转过程产生回熔所致. 这些缺陷可以在晶体生长中消除. 硅单晶在

表 7.2 几种硅单晶位错显示剂

| 显示剂名称 | 配　　方 | 腐蚀条件和腐蚀速率 |
|---|---|---|
| Sirtl | $HF:CrO_3(5M) = 1:1$ | $3.5(\mu m)/min$（非线性腐蚀） |
| Secce（更换） | $HF:CrO_3(0.15M) = 2:1$ | $\approx 1(\mu m)/min$（用超声搅拌） |
| Dash | $HF:HNO_3:CH_3COOH = 1:3:10$ | $\approx 0.1(\mu m)/min$（非线性），$n^-$-Si |
| Schimmel | $HF:HNO_3 = 155:1$ | $\approx 1.8(\mu m)/min$（非线性），$n^-$-Si |
| Wright | $[Cu(NO_3)_2(g) + 6(ml)H_2O] + 60(ml)HF + 3(ml) + 60(ml)CH_3COOH + [1(g)CrO_3 + 2(ml)H_2O]$ | |

表 7.3 几种显示剂使用情况的比较

| 试　验　样　品 | Sirtl | 改变的 Secco | Dash | Schimmel |
|---|---|---|---|---|
| 平坦的衬底（$N^+$,P） | 2—3 | 1 | (不) | (不) |
| 氧化的 $n$ 型衬底 | 2 | 1 | (不) | (2) |
| 氧化的 $p$ 型衬底 | 2 | 1 | 3(不) | 2(光) |
| 离子注入或扩散硼的 $n$ 型衬底或外延层 | 3 | 1 | 2(光) | 1—2(光) |
| 扩散磷（$POCl_3$）的 $n$ 型衬底或 $n$ 型外延层 | 3 | 1 | 2(光) | 3(光) |

注：1.可推荐使用； 2.适用； 3.介于能用和不能用的边缘； 4.(不)不宜采用，(光)表面光照.

$Ar + H_2 10\%$ 的气氛中，以 3(mm/min) 的速度生长，可以生长无旋涡的晶体。在纯 Ar 中，晶体生长速度超过 4.5(mm/min) 也没有旋涡形成，这归因于晶体快速冷却，避免空位冻结核心的形成。除了以上两种方法外，还有一种慢拉速方法，当晶体的拉速为 0.2(mm/min) 时，缺陷的形成被抑制了，也获得无旋涡的晶体，这是归因于空位的外扩散。这些微缺陷也和非金属杂质的含量有一定的关系。

(iv) 硅单晶中氧、碳、氮等非金属杂质的影响。在通常情况下，我们说硅的纯度很高是指电活性的金属杂质，而并不包括氧、碳、氮等非金属杂质，事实上它们的含量是比较高的，特别是在氩气中拉制的硅单晶。硅单晶中氧的浓度可达 $10^{17}$—$10^{18}cm^{-3}$，碳的浓度为 $10^{14}$—$10^{17}cm^{-3}$，氮的浓度为 $10^{14}$—$10^{16}cm^{-3}$。

硅单晶中的氧大部分被以间隙状态溶解在晶体中，并形成非电活性的 $SiO_2$ 群体。硅中的氧含量是用红外吸收的方法进行测量的，由于 $SiO_2$ 群 Si—O 键振动，在红外光波长为 9μm 处有较强的吸收。硅单晶经 400℃ 的热处理会出现电活性的热施主，热施主浓度是 Si 内间隙氧浓度的三次幂成正比即 $n \propto N^3$。经 400—780℃ 温度的热处理，溶解氧的 9μm 吸收峰会随温度增加而减弱。用透射电镜可观察到直径为 60nm 左右的沉淀物，其直径会随热处理温度的增加而变大，当温度超过 870℃，沉淀物直径为 100—200nm，温度到 930℃，沉淀物直径为 250nm。当温度升至 1000℃ 这些沉淀物成片状，直径可达 400nm。但温度高于 1200℃，则沉淀物会重新溶解。

氧在硅中所处的状态不同，在能带中具有不同的能级，这些能级会影响硅的电阻率或少数载流子寿命。但硅中的氧也有可利用之处，当氧的浓度达到 $4.5 \times 10^{17}cm^{-3}$ 以上时，对硅单晶的机械强度有增强作用，这种增强作用只有氧处于溶解状态时才会产生，当氧沉淀时，不但不能增强反而会有所破坏。氧沉淀的情况也可以加以利用，氧沉淀会在晶体中形成应力区，也可形成一定数量的悬挂键，可以吸收杂质和缺陷，在硅表面(工作表面)形成洁净区。当

氧浓度在 $1.5\times10^{18}\text{cm}^{-3}$ 时，则可产生明显的吸杂效果。在硅器件中适当控制氧含量是很重要的，但这也与器件的工艺条件有关，不可能有一个规范的氧含量标准。材料中的氧含量可以通过氩气的气压、晶体的转速、晶体直径来调整，由器件工艺的要求来决定。

硅中的碳是由蒸发出来的 SiO 和单晶炉中的石墨器具作用，生成 CO 熔入硅中，硅中的碳会影响器件的反向特性，引起软击穿，碳原子在 5ppm 以上，器件性能很快老化。碳也会促进氧的沉淀，并与晶体中的微缺陷有直接的关系。为了降低硅单晶中的碳含量，除了在多晶材料中要尽量减少碳以外，在拉单晶的工艺中也应避免碳沾污。为了减少碳沾污，要求石英坩埚和石墨托贴得较紧密，使接触处 CO 的浓度较高，阻止 $SiO_2$ 和石墨的反应继续进行，稳定晶体生长速度，减少熔体的热对流，例如减少熔体重量或在拉晶装置上加磁场（控制对流形式减少温度起伏），主要是注意氩气流向，希望氩气从炉顶通入，在硅液和石墨器具间形成一个氩气的隔离层，流过的氩气在炉底出去不再返回。通过以上途径可有效地抑制碳沾污。

在硅中的碳是非电活性的，可以替位方式占据 Si 位，C 和 Si 形成键振动，可用红外光吸收的方法，在 1.66μm 处测定吸收强度来测定碳含量。

硅中的氮浓度可达 $10^{14}$—$10^{16}\text{cm}^{-3}$，氮可以增加晶体的强度，并在一定程度上抑制旋涡缺陷，在区熔硅单晶的制备过程中，在 Ar 气中加入 $N_2$，在直拉硅单晶制备过程中可以减压通 $N_2$，由于氮在硅中的分凝系数很小（$k_N=10^{-7}$），因此较难掺入。在冷却过程中形成氮化硅，氮浓度达到 $10^{15}\text{cm}^{-3}$，可得到较高质量的硅单晶，抑制 $A$，$B$ 型微缺陷，氮在硅中是替位式的，其能级在导带下 0.14eV，氮在硅晶格中引起 10.6μm 波长的红外吸收，可以测定吸收峰的强度来确定硅单晶中的氮含量。

在 III—V 族化合物半导体中，提拉法单晶生长也占有相当重要的地位。

（2）*用直拉法制备 GaAs 单晶* 在 GaAs 晶体生长时要保持一定的蒸气压，曾用过磁拉法和镓封法生长 GaAs 单晶，它们的装置示意图如图 7.3 所示[4]。

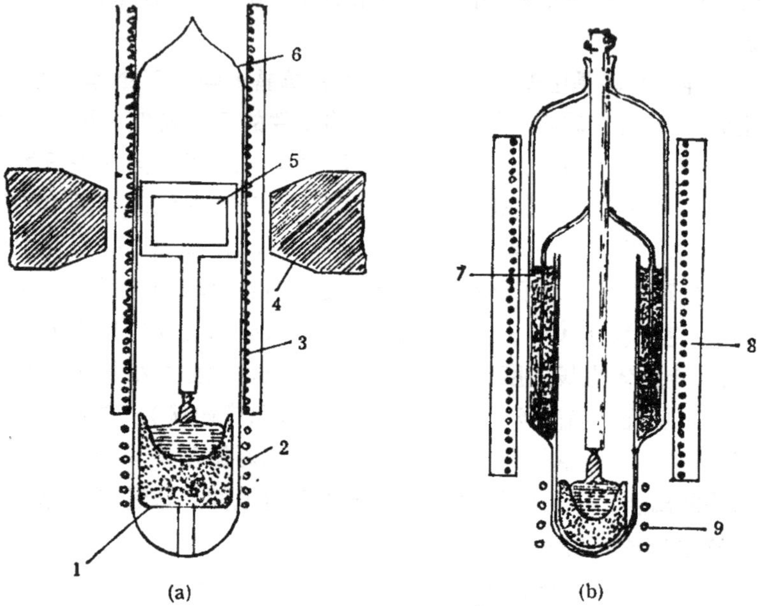


图 7.3 密封的晶体拉制装置示意图.

（a）磁拉法装置示意图；（b）镓封法装置示意图.

1.石墨坩埚； 2.射频线圈； 3.辅助熔炉； 4.磁铁； 5.高居里点合金；6.密封石英容器； 7.密封用的镓液； 8.辅助熔炉； 9.射频线圈.

坩埚中放入合成的 GaAs 多晶锭料，在低温端放砷，并保持 610℃，容器中保持 $9.1 \times 10^4$Pa 的砷蒸气。磁拉法的磁铁也是处在 610℃ 的温度下，因此在反应器内的磁性材料必须是高居里点温度的合金，用纯铁也可以。外部磁铁可用电磁铁或永久磁铁。

镓封法是因为温度在 610℃ 时镓中溶入的 As 量很少，也不会结晶，并且镓液的蒸气压也很低可以用来控制 GaAs 单晶。

（3）*液体覆盖直拉法*（LEC）[3] LEC 法的特点是可以用普通的拉晶装置加以适当的覆盖剂，防止 GaAs 熔体的分解。这种覆盖剂选用的原则如下：

(i) 密度小于 GaAs 熔体的才有可能覆盖在它的表面。

(ii) 性能稳定，不与 GaAs 熔体、也不与坩埚材料起反应。

(iii) 覆盖剂熔体透明，并不与 GaAs 溶混。

(iv) 覆盖剂本身对 GaAs 的性质没有影响。

(v) 纯度较高不会沾污 GaAs。

(vi) 蒸气压较低，熔点低于 GaAs 的熔点。

$B_2O_3$ 比较符合上述条件，软化点为 450℃，沸点为 2300℃，性质稳定不和 GaAs、石英坩埚或氮化硼坩埚起反应，在 1237℃ 时蒸气压为 10Pa，熔体无色透明，密度为 1.8(g/cm³)。但 $B_2O_3$ 也并非尽善尽美的，在拉制 GaAs 单晶过程中，常见 $B_2O_3$ 发黑，透明度降低，这主要是 $B_2O_3$ 中的水使 Ga 氧化成 $Ga_2O$，混入 $B_2O_3$ 熔体。石英缓慢溶于 $B_2O_3$，$B_2O_3$ 与硅有少量反应，即

$$3Si + 2B_2O_3(液) \rightleftharpoons 4B + 3SiO_2(固). \qquad (7.10)$$

由于硅与 $B_2O_3$ 作用，在 GaAs 中溶入硼。硼在 GaAs 中是一种等价电子材料(与 Ga 的价电子相同)，对 GaAs 晶体的电学性质及其它性质影响不大。但用 LEC 法制备高浓度掺 Si 的 GaAs 单晶有一些困难。$B_2O_3$ 在 1000℃ 以上经过长时间的真空脱水，可以明显地减小上述缺点，并可制备载流子浓度为 $10^{18}cm^{-3}$ 的掺 Si 的 GaAs。VI 族元素 S, Se, Te 可作为 $n$ 型掺杂剂。IIB 族元素 Zn, Cd 可作为 $p$ 型掺杂剂，掺 Cr 可制成半绝缘体 GaAs。各种元素在 GaAs 中的分凝系数列于表 7.4 中。

用 LEC 法拉制 GaAs 单晶，可以直接将 GaAs 多晶料放在坩埚中，上面放一定量经脱水的 $B_2O_3$，加热后拉制 GaAs 单晶，炉内气氛为 Ar 或 $N_2$，气压为 $(1.5—2)\times 10^5$Pa。这种方法所用的多晶料仍需在合成管内合成。为了降低单晶的成本，可用原位合成，即在单晶炉内合成 GaAs，并拉制单晶。原位合成还可分为两种：一种称为注入法；另一种为高压原位合成法[7]。注入法是将除去氧化膜的 Ga 和脱去水分的 $B_2O_3$ 装于坩埚，单晶炉内充入 $N_2$ 或 Ar，使其气压为 $(1.5—2)\times 10^5$Pa 再加热到

表 7.4 砷化镓中杂质的分凝系数

| 杂质元素 | $k$ | 杂质元素 | $k$ |
|---|---|---|---|
| Al | 0.2 | Pb | $<1\times10^{-5}$ |
| Ag | $4\times10^{-3}$ | Mg | 0.1 |
| Bi | $5\times10^{-5}$ | Mn | 0.02 |
| Be | 3 | Ni | $4\times10^{-5}$ |
| Ca | $2\times10^{-3}$ | P | 3 |
| C | 0.8 | Sb | 0.016 |
| Cr | $5.7\times10^{-4}$ | Se | 0.30 |
| Co | $4\times10^{-4}$ | Si | 0.14 |
| Cu | $<2\times10^{-3}$ | S | 0.30 |
| Ge | 0.01 | Te | 0.059 |
| In | 0.13 | Sn | 0.08 |
| Fe | $1\times10^{-3}$ | Zn | 0.40 |

1237℃，将细颈的装 As 的石英管插入 Ga 液中，使 As 管和 Ga 管连通，加热 As 管（也可利用单晶炉的辐射热），使 As 蒸气通入 Ga 合成 GaAs 熔体，合成过程要保持气压和温度稳定，防止熔体吸入 As 管，使其结晶并堵塞 As 蒸气出口引起 As 管爆炸。待 As 全部溶入 Ga 液完成 GaAs 的合成，即可拉制单晶。

高压原位合成法必须在高压单晶炉内进行，由 Ga-As 体系的 *P-T* 投影图可见，As 的三相点 *T*：816℃，*P*：$3.6\times10^6$Pa。在 GaAs 的熔点为 1237℃ 时，As 蒸气压为 $5.6\times10^6$Pa。利用这些数据可以进行高压原位合成，Ga 和 As 直接放入 BN 坩埚，炉体充气压为 $3.5\times10^6$Pa 的 Ar 气，加热到 816℃，炉内气压大于 $3.6\times10^6$Pa 即进入合成阶段，由于温度低于 GaAs 熔点合成是不充分的，继续升温致使 GaAs 熔化，此时合成完毕。由于合成是一个放热过程，因此合成过程升温不能太快，并且还要保持炉内的气压大于 $5.6\times10^6$Pa，以防止 As 蒸气逸出 $B_2O_3$。用高压原位合成法拉制的不掺杂的半绝缘砷化镓材料已广泛地用于制作 GaAs 集成电路。

掺 Cr 的半绝缘 GaAs 是深受主补偿硅施主. 由于 GaAs 在石英坩埚中受到硅沾污，硅原子占 Ga 位表现为浅施主（能级为 0.058eV)，Cr 在 GaAs 中是深受主（0.79eV). 掺 Cr 的半绝缘 GaAs，由于总杂质浓度较高，而且是深受主补偿，因此迁移率较低，不能用直接的离子注入法制作集成电路.

不掺杂的半绝缘 GaAs 是在氮化硼的坩埚中生长没有硅沾污，GaAs 中少量的碳(来自原料或石墨加热系统的沾污）为浅受主（$E_v + 0.02$eV). 在富 As 的条件下，会在 GaAs 中形成能级为 0.769eV 的深施主，即常称为 $EL_2$ 能级，这个深施主是由反位缺陷组成的络合物而产生的. 有关 $EL_2$ 能级的论述很多，至今尚未有定论. 不论它的本质如何，但它对制备不掺杂的半绝缘 GaAs 是至关重要的. 不掺杂的 GaAs 热稳定性好、迁移率高，并可以直接用离子注入杂质的方法制作砷化镓器件.

**(4) 用高压 LEC 法生长 GaP 单晶**[6,7] 用该法生长 GaP 单晶的高压单晶炉结构示意图如图 7.4 所示.

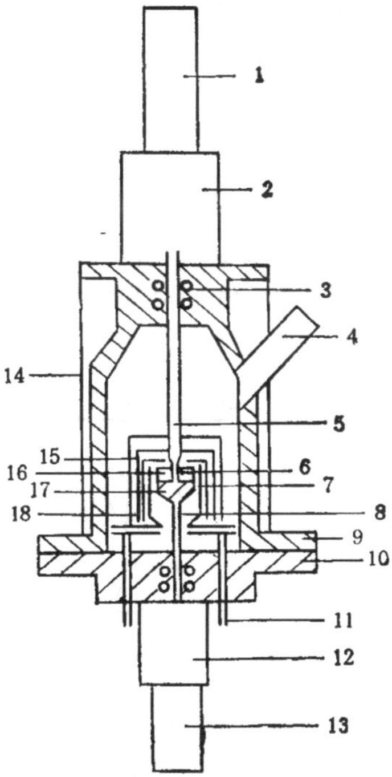


图 7.4 高压单晶炉结构示意图.

1.上压力平衡室； 2.上传动器； 3.密封圈； 4.观察窗； 5.籽晶杆； 6.晶体； 7.坩埚； 8.坩埚； 9.高压容器； 10.高压底座； 11.电极； 12.下传动器； 13.下压力平衡室； 14.水冷套； 15.防热辐射罩； 16.三氧化二硼； 17.材料熔体； 18.加热器.

将合成的 GaP 多晶放在坩埚中，上面覆盖经过脱水的 $B_2O_3$，高压炉内充以压力大于 $3.5 \times 10^6$ Pa 的 Ar 或 $N_2$，即可控制 GaP 单晶，拉晶条件和方法与拉制 Si 或 GaAs 相似. 每次生长 4kg 的 GaP 单晶，晶体表面是灰蓝色，内部为橙色透明晶体。

大多数发光二极管是使用高压 LEC 法制得的 GaP 单晶作衬底，因为这种方法可以做成大直径 GaP 单晶，产量大，成本低。但由于熔体生长的温度较高，晶体中本征缺陷也较多。除了有 $10^4cm^{-2}$ 的位错密度外，还存在很多的点缺陷，用腐蚀方法可以观察到盘状的平底腐蚀坑，通常称为 $s$ 坑，而正是这些 $s$ 坑对发光效率的影响最大（用溶液生长或溶质扩散法生长的晶体几乎没有 $s$ 坑），因此不能直接用高压 LEC 法生长的单晶做发光器件，而必须用液相外延方法生长一层过渡层。虽然增加了工序，但总的经济效益较高。

### 7.1.4 限边法薄片状晶体生长（EFG）

提拉法生长可以获得大块的单晶，制作器件所用的单晶片是由这些单晶锭切割而成的。在切割过程中，材料的损耗较大。在集成电路等高增值的器件产生时可以忽略材料的成本，而在一些器件生产时，增值较低，而对材料质量要求并不很高的器件生产工艺中往往十分重视降低晶体材料的成本，例如普通的二极管生产、太阳电池的生产等都要求材料成本低廉，避免晶体的切割。太阳能电池生产甚至可以采用浇铸法，枝蔓薄片或蹼状薄片晶体生长，由于以上几种方法获得的不一定是单晶体，有关于这方面的内容，在这里就从略了，现在只介绍一种限边法薄片状晶体的生长。

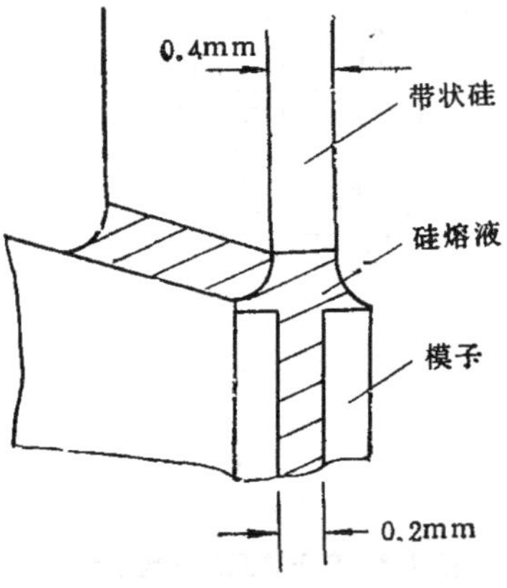

图 7.5 限边薄片硅的生长法示意图.

限边薄带生长法可用于薄片硅的生长，示意图如图 7.5 所示。在熔体中浮一氮化硼盖片，中间有一扁平孔，晶体以 0.05m/min

的速度向上提拉，硅片厚0.4mm、宽10mm，最好的晶片拉速可达300—600(mm/min)，宽度为40—50mm，这种硅片用于太阳能电池的价格为直拉的硅单晶的1/100。这种带状结晶生长也可用水平法来拉制。

## §7.2 高温溶液生长

### 7.2.1 溶液生长晶片

溶液生长是最简单的生长方法，也是早期生长单晶的方法。饱和溶液由于冷却而生长出结晶小片，例如在高温时，Ga中溶入As，Ga中溶入P，In中溶入P，当温度下降后都会沿(111)面生长出小晶片，晶片的大小都随着降温条件而变。这种方法通常只用于特性测量或用于生长那些制作单晶很困难的材料，很难应用于生产上。因为采用溶液生长而获得的晶片都很小，挑选整理晶片很不方便。但这种晶片生长温度很低，晶体中的本征缺陷要比熔体生长的小得多。例如，直接用熔体生长的GaP做发光二极管发光效率很低，这是由于熔体生长的GaP中非辐射复合中心较多，必须通过外延方法生长过渡层，在过渡层上制作发光器件，而用溶液生长的小晶片上可以直接制作发光器件。

### 7.2.2 液相外延生长[8,9]

液相外延是通过溶液生长的方法在衬底上延伸出一层单晶，其所长出的晶体材料可用于各种器件。

(1) GaAs 液相外延生长(LPE-GaAs) LPE-GaAs生长是基于Ga-As体系的相图，在一定温度下已经饱和的溶液随着温度下降产生过饱和结晶。在饱和溶液中放入GaAs单晶片作为衬底，当达到过饱和结晶时，以单晶的方式淀积在GaAs衬底上。这种晶体生长的方式称为液相外延。这里的溶液是Ga，溶质是As，为了控制导电类型和载流子浓度也可掺入一定量的杂质。液相外延生长的温度低，可以获得纯度较高、缺陷较少的 GaAs 外延薄膜，外延生长的薄膜广泛地用于光电子器件上，这是由于无辐射复合较少，光量子效率也较高．这种方法是目前制作红外发光管、*p-n* 结注入式的半导体激光器以及大面积 GaAs 太阳能电池等光电器件的主要手段．

砷化镓液相外延的方法较多，按照改变溶液中 GaAs 饱和度的方法来划分可以分为两大类：一类为瞬态降温法；另一类为稳态梯度法．瞬态降温法是在 Ga 中溶入 GaAs，在一定温度下使溶液达到饱和，然后再放入衬底(如何放入衬底又可分很多种)，这时衬底既不溶解又不生长，瞬时将温度降低几度或连续降低温度则使 Ga 溶液过饱和，并在衬底上外延生长．稳态温度梯度法是在 Ga 溶液中建立温度梯度，在高温区放 GaAs 原料，由于高温区溶解度大，低温区溶解度小，GaAs 源在高温不断地溶入 Ga 溶液，并向低温区扩散．当低温区 As 原子浓度达到饱和时插入 GaAs 衬底，在 Ga 液中保持 As 原子的浓度梯度，则可在衬底上生长 GaAs 外延层．在上述的两类方法中又可分倾舟法、旋转法、浸渍法等等．无论哪一种方法，主要是考虑衬底和溶液接触方便；生长以后表面脱离 Ga 液干净；有利于外延层厚度的控制，并实现薄层、厚层、多层生长．除此，还要考虑外延生长的成本和产率，为此可采用多片外延生长等．各种生长方法都可以通过掺杂来生长 *n* 型或 *p* 型外延层，*n* 型外延层可以在 Ga 溶液中掺硫或硒或碲，*p* 型可掺锌．由于 Si 在 GaAs 中是两性杂质，在 As 蒸气压很低的条件下生长 GaAs，硅进入 As 位是一个浅受主，As 蒸气压较高．则 Si 进入 Ga 位是一个浅施主．在给定的 Si 浓度当量的母液中，在某一转变温度以上外延层为 *n* 型，此温度以下则生长 *p* 型层．利用 Si 的性质在掺 Si 的 Ga 溶液中，一次外延生长就可以生长成一个 *p-n* 结． 这种方法广泛地用于各种光电器件上．

(2) GaP 液相外延[10] 随着显示器的发展，发光二极管(LED)的需求量大大增加．最近在图象显示、交通信号，甚至在照明等方面也广泛使用发光二极管。要求 LED 的亮度大，效率高。迄今为止，最好的 LED 都是用液相外延生长的。GaP 红色发光二极管是由掺 Zn，O 晶体构成。*n* 型杂质可以掺 S，*p* 型载流子浓度由加入镓溶液的 Zn 量来调节，含氧的浓度由加入镓溶液中 $Ga_2O_3$ 的量来控制，镓液可以重复使用，也可以连续生长。*n* 型层的载流子浓度为 $(1-10) \times 10^{17}(1/cm^3)$，厚度为 10—90μm。*p* 型层载流子浓度为 $2 \times 10^{17}(1/cm^3)$，厚度为 15—60μm。

绿色发光管是在 GaP 中掺氮，形成等电子中心，提高发光效率。在 *p-n* 结中降低 *n* 型杂质浓度，可以提高反向电压，并可以提高效率。因此往往是外延三层，中间一层为施主浓度较低的过渡层。图 7.6 示出的是液相外延法制作绿色 LED 装置示意图。图 7.7 示出制作绿色 LED 外延层的生长过程。实际是采用多片(大于 40 片)外延制作。

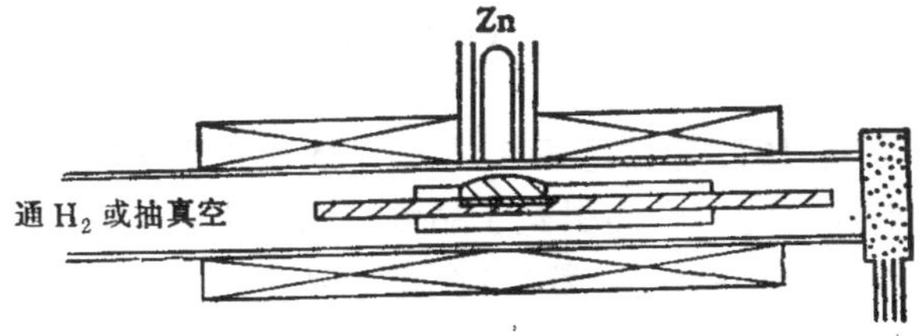


图 7.6 液相外延法制作绿色 LED 装置示意图.

Ga 溶液中放入 GaP，并掺 S，经 1000℃ 稳定 1h，Ga 溶液中磷原子饱和后推入 *n* 型 GaP 衬底，15min 后，降温生长，生长 1h 后降到 950℃。关闭出气口，并抽真空，将 Ga 溶液中的 S 真空蒸发掉，经 120min 真空蒸发，通入 $(H_2 + NH_3)$，掺 N，并降温生长过渡层，经 45min 生长，温度降到 900℃。加热 Zn 源，通入 Zn 蒸气约 30min，然后继续降温 50min，当温度降到 810℃ 时，将 GaP 片脱离 Ga 溶液。

(3) 三元化合物半导体的液相外延[11] 三元化合物半导体的性质与二元化合物的性质很相似，只是由于它们的成分不同而引

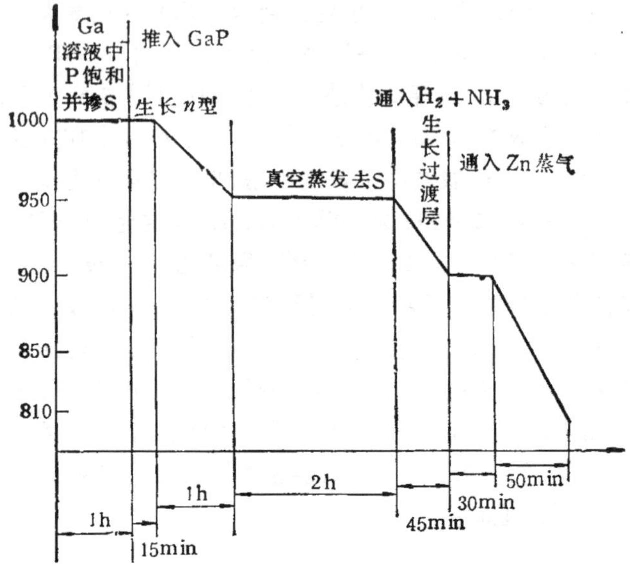


图 7.7 制作绿色 LED 外延层的生长过程.

起了晶格常数、禁带宽度、能带结构、杂质能级等等的变化[11]. 也正因为它们成分的不同而引起了晶体特性变化，使人们可以按照需要来选择组元和配比. 表 7.5 列出了某些 III—V 族三元化合物半导体的组分和禁带宽度. 从表 7.5 中可以看出：随着化合物成分的变化直接带能隙 $E_g$ 也有变化，随着组分 $x$ 值的变化，估算的直接能隙 $E_g$ 值也有所不同. 禁带性质不同的材料所形成的固溶体，其禁带的性质也随组分变化而改变. 图 7.8 示出三元化合物半导体 $Ga_{1-x}Al_xAs$ 的禁带随 $x$ 值的变化. 由图可以看到，$\Gamma(K=0)x(K=[100])$、$l(K=[111])$ 处的能带随 $x$ 值的变化，带隙 $E_g$ 与 $E_\Gamma$, $E_x$, $E_l$ 中的最小值相对应，$x<0.4$ 的 $(Ga_{1-x}Al_x)As$ 为直接跃迁型的半导体，在 $x>0.4$ 的 $(Ga_{1-x}Al_x)As$ 为间接跃迁型，$x<0.4$ 的 $(Ga_{1-x}Al_x)As$ 可以用来制作激光器

$(Ga_{1-x}Al_x)As$ 可用液相外延方法来制作，因为 $(Ga_{1-x}Al_x)As$

表 7.5 某些 III—V 三元固溶体的组分与禁带宽度

| 固体体系 | 直接能隙 $E_g$ | 间接能隙 $E_g$(eV) | |
|---|---|---|---|
| | | $x$ 极小 | $l$ 极小 |
| $Al_xIn_{1-x}P$ | $1.351 + 2.23x$ | — | — |
| $Al_xGa_{1-x}As$ | $1.424 + 1.247x + 1.47(x - 0.145)^2$ | $1.300 + 0.125x + 0.143x^2$ | $1.708 + 0.642x$ |
| $Al_xIn_{1-x}As$ | $0.360 + 2.012x + 0.698x^2$ | — | — |
| $Al_xGa_{1-x}Sb$ | $0.726 + 1.129x + 0.368x^2$ | $1.020 + 0.492x + 0.077x^2$ | $0.799 + 0.746x + 0.334x^2$ |
| $Al_xIn_{1-x}Sb$ | $0.172 + 1.621x + 0.43x^2$ | — | — |
| $Ga_xIn_{1-x}P$ | $1.351 + 0.643x + 0.786x^2$ | — | — |
| $Ga_xIn_{1-x}As$ | $0.36 + 1.064x$ | — | — |
| $Ga_xIn_{1-x}Sb$ | $0.172 + 0.139x + 0.415x^2$ | — | — |
| $GaP_xAs_{1-x}$ | $1.441 + 1.091 + 0.210x^2$ | — | — |
| $GaAs_xSb_{1-x}$ | $0.726 - 0.502x + 1.2x^2$ | — | — |
| $InP_xAs_{1-x}$ | $0.360 + 0.891x + 0.101x^2$ | — | — |
| $InAs_xSb_{1-x}$ | $0.18 - 0.41x + 0.58x^2$ | — | — |

材料主要用于激光器等光电器件上。液相外延生长的晶体中缺陷较少，发光效率高，制作方法和掺杂的 GaAs 液相外延方法接近。Ga 在 600℃ 下烘烤 4h，使 Ga 注入到各个装有 GaAs，Al 和其它掺杂剂的母液槽内，再升温到 780℃ 保持 1.5h，推动片托使衬底与母液接触，同时降温生长。整个生长过程在含氧量小于 0.02ppm 的 $H_2$ 气氛中进行，Al 是在高温气氛中加到母液里的，这就是使 $Al_2O_3$ 的形成和其他沾污降到最小。在 800℃ 温度条件下，在 Ga 溶液中，GaAs 和 Al 的加入量 $w_1$ 和 $w_2$ 与晶体中 $x$ 值有一个经验的关系式，即

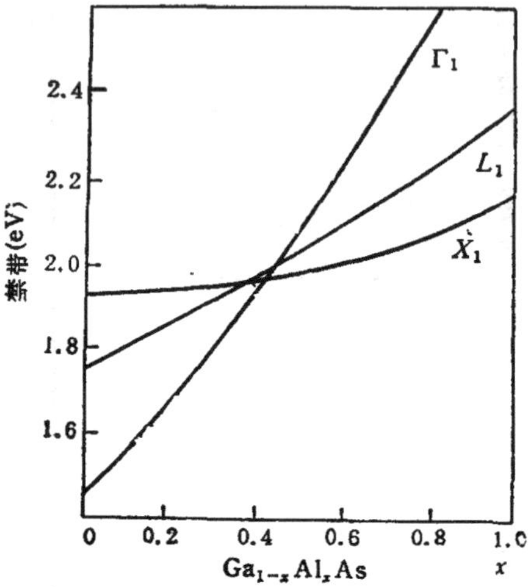


图 7.8 $(Ga_{1-x}Al_x)As$ 的禁带宽度随 $x$ 的变化.

$$w_1 = 48.1 - 43.1x - 2.5x^2, \tag{7.11}$$

$$w_2 = 1.5x + 3.5x^2 + 3.7 \times 10^{-4}e^{11x}. \tag{7.12}$$

在 780℃ 的条件下，有

$$w_1 = 38.6 - 34.6x - 20x^2, \tag{7.13}$$

$$w_2 = 1.6x + 24.6x^2 + 4.2 \times 10^{-4}e^{11x}. \tag{7.14}$$

图 7.9 示出不同温度下 $(Ga_{1-x}Al_x)As$ 的生长速率，由图中可以看出，当 $x$ 值较小时，降低生长温度可以降低生长速率，而 $x$ 值较高时生长速率随生长温度的变化较平缓。

(4) **四元化合物半导体的液相外延** 四元化合物不仅可以随组分的变化而调整材料的禁带宽度，又可调整它的晶格常数。使外延展与衬底相匹配，生长出完整的外延层，可供制作优质器件，并能延长器件使用寿命[12]。图 7.10 示出各种化合物的禁带宽度

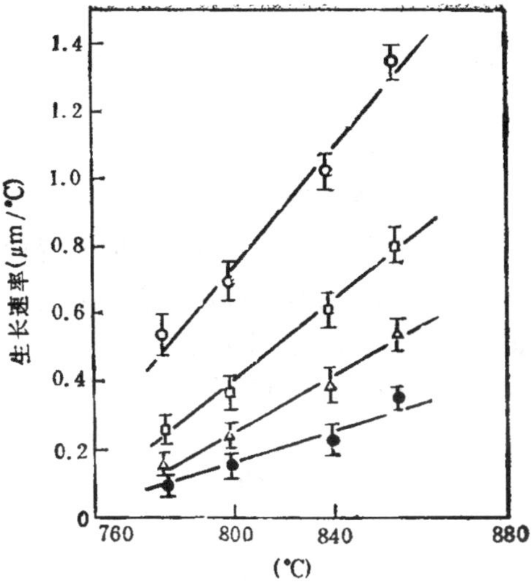


图 7.9 $(Ga_{1-x}Al_x)As$ 的生长速率与生长温度的关系.

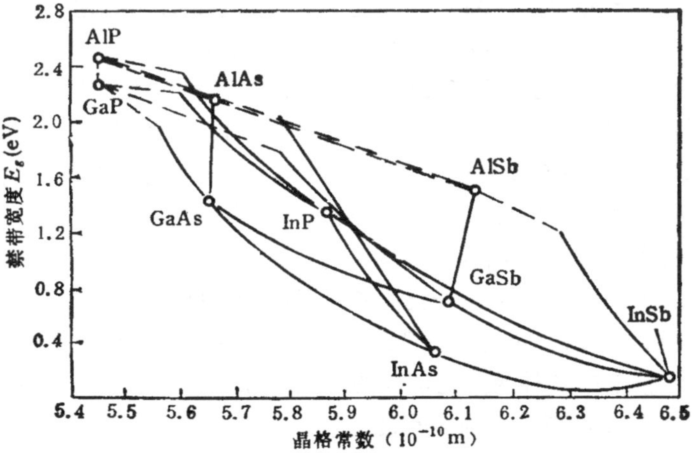


图 7.10 各种化合物半导体的禁带宽度和晶格常数的关系.

和晶格常数随配比而变化的情况.

$Ga_xIn_{1-x}As_yP_{1-y}$: 由 (GaIn)As, (GaIn)P, Ga(AsP), In(AsP) 系、室温禁带宽度 $E_g$、晶格常数 $a_0$ 导出 $Ga_xIn_{1-x}As_{1-y}P_y$

合金成分和 $E_g$、$a_0$ 的关系式如下:

$$a_0 = 5.87 + 0.18y - 0.42x + 0.02xy(0.1\text{nm}),$$

$$E_g = 1.35 - y + 1.4x - 0.33xy - (0.758 - 0.28y)x(1 - x) - (0.101 + 0.109x)y(1 - y)(\text{eV}). \quad (7.15)$$

$Ga_xI_{(1-x)}As_yP_{(1-y)}$ 四元化合物与 InP 匹配,界面复合速度低,用 LPE 法生长的 $Ga_{0.18}In_{0.82}As_{0.32}P_{0.68}$ 的光阴极在 $-90$℃, 1.06μm 波长处的量子产额为 7.5%. $In_{(1-x)}Ga_xAs_yP_{(1-y)}$/InP 的激光器波长范围为 0.95—1.68μm. 由于光纤通信所用的 $SiO_2$ 光导纤维在 1.27μm 处的介质损耗最低,色散最小,故 (InGa) (AsP) 与 InP 衬底可以组成晶格匹配很好的 1.27μm 波长的激光器.

$In_{(1-x)}Ga_xAs_{(1-y)}P_y$ 通常用于光电器件上,从晶体缺陷以及发光效率来看,用液相外延方法是最好的. 其所用装置和 GaAs 或 GaP 的液相外延装置相似,只是 In 母液中按所要求的化学配比溶入一定量的 Ga, As, P 的元素. 实际上, 通常是用一定量的 GaAs, InAs, InP 溶入 In 中. 生长常用降温法, 这也和 GaAs 液相外延一样,可采用步冷法、平衡冷却法和超冷法. 用步冷法能生长出均匀的、恒定组分的四元化合物,生长出来的外延层的晶格常数、晶带宽度与步冷的总量无关, 而与起始的温度有关. 例如, Ga,As,InAs,InP 加入到经过烘烤的 In 中去,在 650℃ 饱和所形成组分为 $In_{0.95707}$ $Ga_{0.0040}$ $As_{0.0353}$ $P_{0.00363}$ 的生长溶液. 这种成分可在(100) InP 衬底上生长出生长晶匹配的 (InGa) (AsP) 四元系外延层. 将以上的溶液温度升至 670℃, 保持 40min, 目的是保证 In 溶液中各种成分全部溶解,使其扩散均匀,然后在 10min 内降至 640℃, 在上述预热的过程中, InP 衬底用石墨舟盖住, 但 InP 衬底表面仍有明显的离解, 更好的方法是在石墨盖的内侧安装一片 InP 晶片,使此片先离解,在石墨舟内保持一定的磷压,从而避免了衬底表面的离解. 还有一种方法是, 在生长四元化合物前先用纯 In 将衬底表面溶掉一层,然后才与生长溶液接触,在恒温 640℃ 的温度下生长四元化合物, 生长速率为 0.4μm/min. 用超冷法或平衡冷却法生长的晶片都存在组分梯度。

生长 (InGa)(AsP) 四元化合物过程中，Ga，As，P 原子在 In 溶液中也被看作是杂质，这些元素分凝对 (InGa)(AsP) 的组分产生影响. 图 7.11 示出 Ga, As, P 在 In 作母液的熔体中的分凝系数和温度的关系,在 600—700℃ 之间，Ga 的分凝系数保持常数,而 P 和 As 的分凝系数在该温度范围内变化较大。

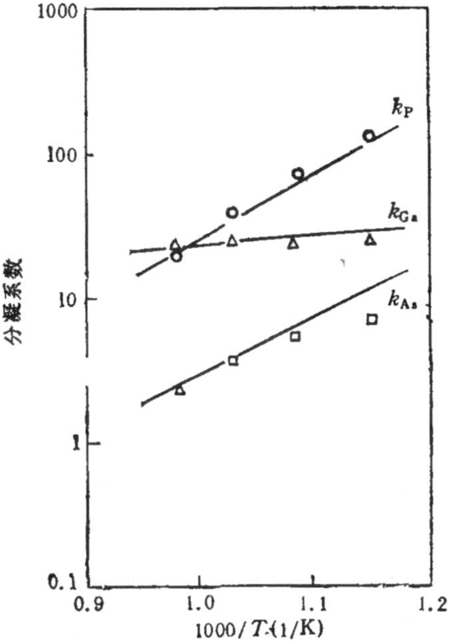


图 7.11 Ga,As,P 在 In 作母液熔体中分凝系数和温度的关系.

随着低损耗的卤化物光纤的发展，以 GaSb 或 InAs 作衬底的 (GaIn)(AsSb)，(GaAl) (AsSb) 的半导体激光器发展也很快。这是因为光在介质中的损耗和色散都随着波长的增加而下降。卤化物光导纤维发展最快的是卤化物玻璃如用氟化锆、氟化铝制作光导纤维。和它匹配的激光器是在 GaSb 衬底上液相外延生长的 $In_{(1-x)}Ga_xAs_{(1-y)}Sb_y$ 激光器，其波长为 2.2μm 预期用于洲际光纤通信。现在主要的问题是光纤的质量尚未达到预定的目标。但现在已大量用于光探测器等敏感元件。

### 7.2.3 饱和溶质扩散法晶体生长 (SSD)[13,14]

在溶液中生长的晶体虽然由于生长温度较低，晶体内的本征点缺陷较少,但溶液生长法生长的晶体较小，不能获得大块晶体. 现介绍一种饱和溶质扩散法生长大块单晶体。以 GaP 为例，用饱和溶质扩散法生长的 GaP 单晶可以直接制作发光二极管，其发光效率较高，设备简单，可以在低气压下生长 GaP 单晶，饱和溶质扩散法生长 GaP 单晶装置的示意图如图 7.12 所示。把 Ga 放在坩埚内，Ga 的顶部为 1100—1150℃坩埚底部温度为 1000—1050℃，磷源温度为 420℃，反应器内磷蒸气压力为 $1\times10^5$Pa，磷蒸气与镓表面反应生成 GaP，也可通入 $PH_3$ 生成 GaP，也可直接放入 GaP 多晶。由于镓顶部温度高，磷原子浓度大，磷向底部扩散，在底部形成过饱和，并结晶，如果在容器底部放一个籽晶，也可以作定向生长。

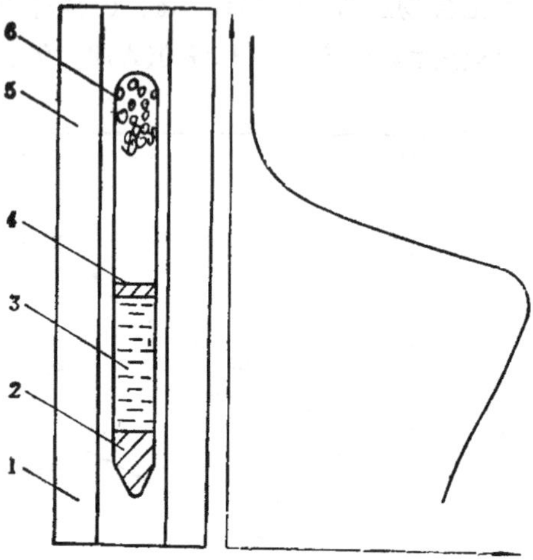


图 7.12　饱和溶质扩散法（SSD）生长 GaP 单晶的装置示意图.
1.加热炉；　2.生长的 GaP 单晶；　3. Ga 溶液；　4.表面生长的 GaP；　5.加热炉；　6.磷.

SSD 法生长 GaP 设备简单，控制也很方便，但晶体的尺寸比 LEC 法生长的晶体小，而且不利于进行大规模生产。

## §7.3　气相外延生长

在单晶衬底上气相生长半导体外延层是本世纪 60 年代以来蓬勃发展起来的重要技术[15,16]。由于气相外延生长的温度远低于所生长材料的熔点，因此有利于获得高纯材料、具有高离解压难于从熔体中生长的材料和陡峭 *p-n* 结或异质结构材料。气相外延生长速度典型值为每小时几到几十微米，适于生长超晶格与量子阱结构，因此这种技术广泛用于半导体材料和固态器件的研究与生产中。本节讨论的两种开管流动气相外延生长技术，都可归于化学气相淀积技术之中。进入外延生长室的反应剂(亦称源)在衬底区发生化学反应，产生的固相在衬底上形成外延层，气态副产物则排出反应室。使用的化学反应包括：

(1) 氢还原反应

$$SiCl_4(g) + 2H_2(g) = Si(s) + 4HCl(g). \tag{7.16}$$

(2) 歧化反应(自身氧化-还原反应)

$$2SiCl_2H_2(g) \rightleftharpoons Si(s) + SiCl_4(g) + 2H_2(g), \tag{7.17}$$

$$3GaCl(g) + \frac{1}{2} As_4(g) \rightleftharpoons 2GaAs(s) + GaCl_3(g). \tag{7.18}$$

(3) 热分解反应

$$SiH_4(g) = Si(s) + 2H_2(g). \tag{7.19}$$

(4) 热分解-合成反应

$$Ga(CH_3)_3(g) + AsH_3(g) = GaAs(s) + 3CH_4(g). \tag{7.20}$$

反应室中所发生的过程远比上述表示原理的化学方程式复杂。图 7.13 示出气相外延生长的输运和反应基本过程的示意图，可归纳为下述步骤：

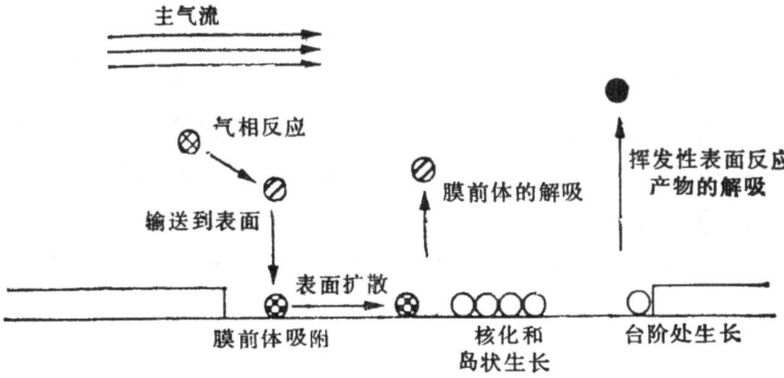


图 7.13 气相外延生长过程示意图[16].

(1) 反应剂(源)从主气流区输运到沉积区；

(2) 反应剂在高温沉积区内发生气相反应，产生"成膜前体"

(film precursor) 和副产物；

(3) 成膜前体输运到生长表面，接着吸附到生长表面；

(4) 成膜前体通过表面扩散到生长点；

(5) 表面反应，生成的固相并入到生长膜中；

(6) 表面反应产生的副产物的脱附；

(7) 副产物输运到主气流中离开沉积区，并流出反应室。

因此，气相外延涉及气相输运、气相及表面反应和晶体生长的复杂过程，已经采用多种实验方法来研究这些过程。例如，烟雾缀示的气流可视化方法来研究反应室内的流场[17]；有几种光学方法(如吸收光谱、Raman 光谱和 Coherent Antistokes Raman Scattering)可用来测量反应室气相分解产物[18]；质谱法广泛地用来探测气相反应产物[19]；掠射X射线散射用来研究晶体生长表面过程[20]，等等。近年来，由于计算机和计算技术的发展，从热力学、化学动力学和流体力学等方面的模型化工作也取得了进展[21-23]。随着对生长过程日益深入的了解，气相外延生长的工艺技术已发展到相当成熟的程度，外延反应室的容量日益增大，硅外延已可容纳 21 片直径为 150mm 的硅片，GaAs 外延已发展到可容 20 片 75mm 的衬底。本节难以详细叙述气相外延所涉及的丰富、并且正在快速发展的内容，有兴趣的读者可以查阅有关的文献。

习惯上气相外延方法常以起始源化合物来命名，如卤化物气相外延、氢化物气相外延和金属有机物气相外延。做为源的金属和非金属卤化物(主要是氯化物)、非金属氢化物和金属有机化合物在常温下或是气态的或者是具有较高蒸汽压的凝聚态，其蒸汽可以用载带气体输运到反应区中。限于篇幅仅讨论以 GaAs 为代表的化合物半导体的氯化物气相外延生长和金属有机物气相外延生长。

### 7.3.1 卤化物气相外延生长

GaAs 的氯化物气相外延生长以 $AsCl_3$ 为砷源，以 Ga 或 GaAs 为镓源，载气通常为 $H_2$[24,25]，亦可使用 $N_2$ 或 Ar 气[26,27]。

反应室如图 7.14 所示。镓源置于高温区（～800℃），$AsCl_3$ 与 Ga（或 GaAs）反应以产生 GaCl，同时反应生成的 $As_4$ 溶解于 Ga 中直至在镓的表面生成完整的 GaAs 多晶壳层。在生长 GaAs 壳后，源区的反应产物 GaCl，$As_4$，HCl 等流向温度较低的生长区

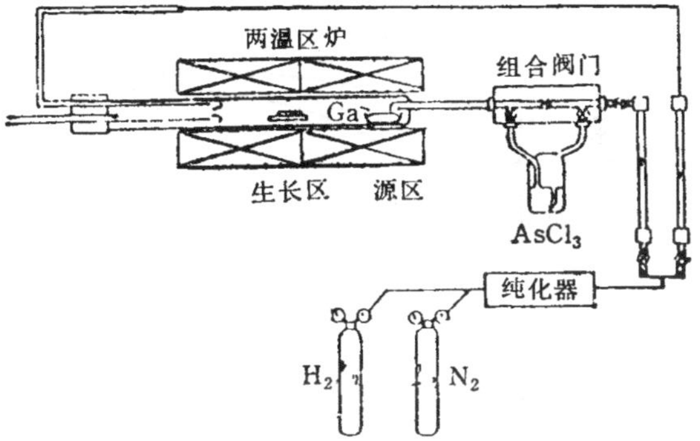


图 7.14　GaAs 氯化物气相外延装置示意图[27].

（～650℃），按前述放热反应式（7.19）在 GaAs 衬底上生长出 GaAs 外延层。显然，从源区流出的气相成分对外延生长影响极大，利用化学热力学原理可以计算出与固相 GaAs 达到平衡时的气相中的各组分分压。在开管流动系统中，气相反应剂（HCl 等）与固相 GaAs 壳接触时间有限或者由于石英壁的隔离，不能与 GaAs 壳接触，从而直接流至源区。这两种效果均造成流出源区的气相组分偏离热力学平衡值。这种偏离可以分别用反应效率（$\gamma$）和流动效率（$\eta$）来计入[28]。图 7.15 示出在考虑了上述两种效率因素的热力学分析结果。离开源区的气相流向下游低温区，到某一温度下与 GaAs 固相成平衡，此温度就是起始沉积温度或称为饱和温度。在源温至饱和温度之间的温度区间内 GaAs 衬底将被腐蚀。这一现象可以用来对衬底表面进行生长前的清洁处理。图 7.16 示出实验观测到的 GaAs 沉积速度与衬底温度的关系[29]。当温度低于起始沉积温度后，生长速度随温度的下降而上升，并达到极大值，因为气相相对于衬底来说变得更为饱和了。生长速度略低于平衡计算的预期值，并且与衬底的晶向无关，这个区

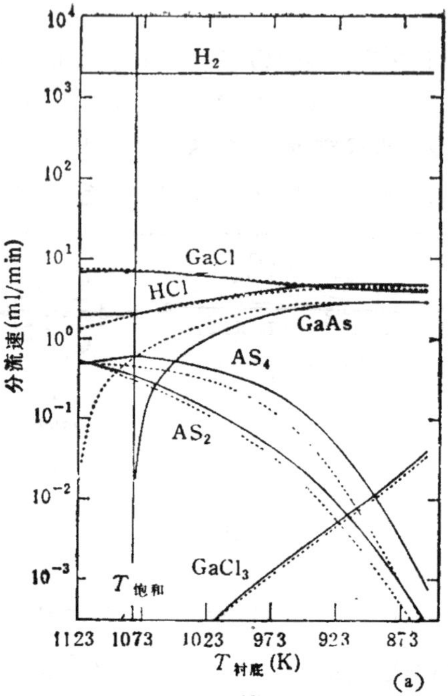


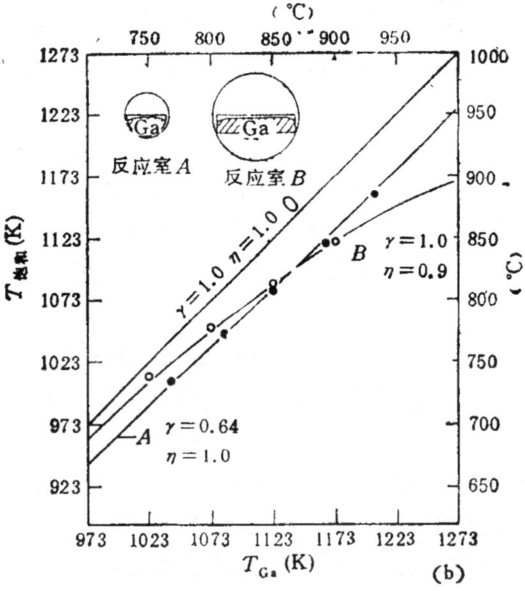


**图 7.15** (a) 示出气相中各品种的分流速($v_{p_i}$)与温度的关系；
(b) 示出饱和温度与镓舟温度的关系. 计算中考虑了反应效率 $\gamma$ 和流动效率 $\eta$[28].

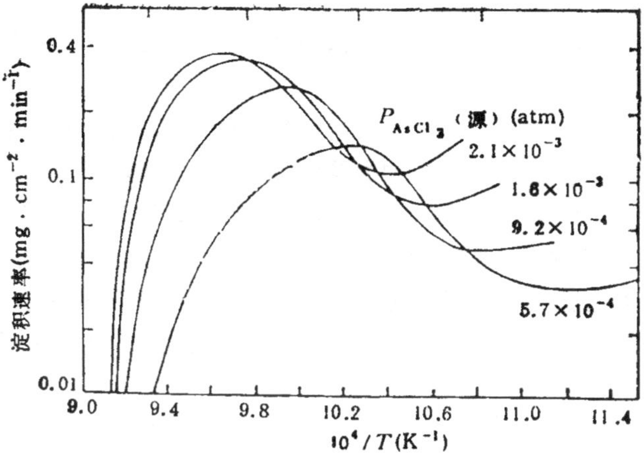


图 7.16 GaAs 淀积速率与衬底温度的关系．源温为 850℃[29]．

称为生长速度的质量输运控制区。当衬底温度进一步下降时，生长速度亦下降，这一趋势与热力学预言的相反，沉积已被某一表面过程所限制，此时衬底表面晶向对生长速度影响很大，如图 7.17 所示。GaAs 晶体的极性对生长速度的影响清晰地显现在图 7.17

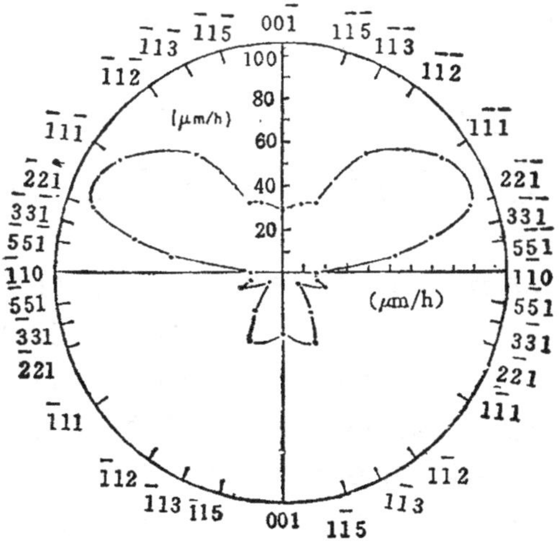


图 7.17 GaAs 沉积速率与结晶学取向的关系[49]．

中。{111} Ga 面和{111} As 面分别处于图的上半部和下半部，前者生长速率比后者的要快 16 倍，并且与无极性晶面{001}和{110}呈鲜明对照[30]。

生长速度还依赖于其他因素，如气体流速、输入 $AsCl_3$ 分压、反应室压力和使用载气的种类是氢还是惰性气体。

为了得到高纯外延层，必须采用高纯 $AsCl_3$ 与 Ga(99.9999%以上)，非有意掺杂的 GaAs 外延层通常呈 $n$ 型，经常发现 Si 是主要的剩余施主，石英反应管成为 Si 沾污的主要来源之一。在 $Ga/AsCl_3/H_2$ 体系中源区生成的 HCl 与石英反应生成一系列的挥发性氯硅烷

$$nHCl(g)+(4-n)H_2(g)+SiO_2(s)\overset{K_{5-n}}{\rightleftharpoons}SiH_{4-n}Cl_n(g)+2H_2O(g)\quad(n=4,3,2,1).\tag{7.21}$$

在淀积区内，这些氯硅烷按下述反应生成 Si 掺入生长的 GaAs 层中：

$$SiH_{4-n}Cl_m(g)+(n-2)H_2\overset{K_{10-n}}{\rightleftharpoons}nHCl(g)+Si(\text{在 GaAs 中})\quad n=(4,3,2,1).\tag{7.22}$$

假设上述反应在生长温度达到平衡，GaAs 中 Si 的活度可以表示为

$$a_{Si}=\frac{(K_1P^4_{HCl}+K_2P^3_{HCl}+K_3P^2_{HCl}+K_4P_{HCl})}{\left(\frac{1}{K_6}P^4_{HCl}+\frac{1}{K_7}P^3_{HCl}+\frac{1}{K_8}P^2_{HCl}+\frac{1}{K_9}P_{HCl}\right)\cdot P^2_{H_2O}},\tag{7.23}$$

式中 $K_i$ 为平衡常数，$P_i$ 为各组分的分压。表 7.6 列出该模型的计算结果。该结果表明，增加 HCl 和 $H_2O$ 分压均能减少 GaAs 中的硅沾污。HCl 分压的增加抑制了反应式(7.22)的进行，引入微量超过平衡值的 $H_2O$ 会使腐蚀石英管的反应式(7.21)向右移动。然而，氧也能并入到 GaAs 中，形成深能级，从而对某些器件不利。实验上增加进入反应管的 $AsCl_3$ 摩尔分数以提高 $P_{HCl}$，已观察到外延层的迁移率提高，净载流子浓度下降，称为 $AsCl_3$ 摩

尔分数效应，见图 7.18。阻止氯硅烷生成的另一途径是用惰性气体 Ar（或 $N_2$）来代替氢气作载气。以 $N_2$（含 1%—2% $H_2$）为载气生长的 GaAs 层净电子浓度可低至 $7.7 \times 10^{13}/cm^3$，在 77K 温度下，电子迁移率高达 $2.1 \times 10^5 cm^2/V \cdot s$，4.2K 光致发光谱表明，主要剩余杂质为碳。

为满足器件对外延层电学性质的要求，需要有意地引入杂质。

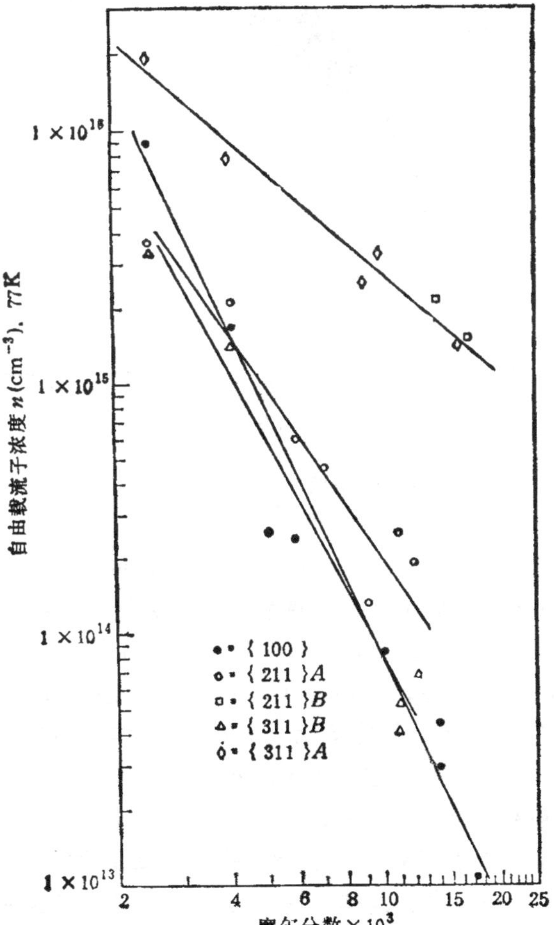

(a)

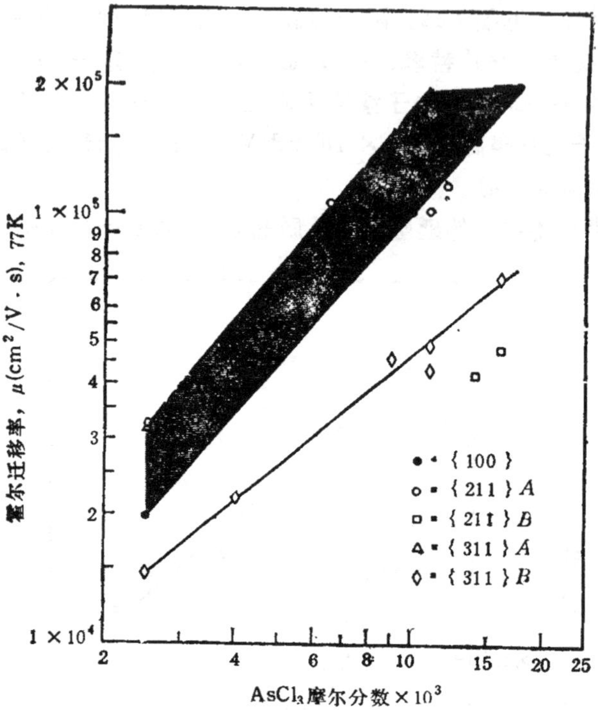


(b)

图 7.18 $AsCl_3$ 摩尔分数对 GaAs 外延层的载流子浓度(a)和迁移率(b)的影响[50]

常用的 $n$ 型杂质为 S, Se, Te 和 Sn, $p$ 型杂质为 Zn。上述杂质可以直接以元素形态作掺杂剂使用，也可使用含有杂质元素的液态或气态化合物。杂质元素可单独置于石英舟中，也可放在 Ga 舟中与 Ga 形成合金。在输运 Ga 的同时，杂质也被输运到淀积区。然而，杂质与 Ga 的输运比通常的并不相等。也可用重掺杂的 GaAs 晶体放在源区进行掺杂。液态的 $SnCl_4$ 可以直接掺入 $AsCl_3$ 中，被载气携入反应室。由于 $SnCl_4$ 的蒸气压低，在使用过程中 $SnCl_4$ 富集于 $AsCl_3$ 中，使得掺杂浓度逐渐提高。气态的 $H_2S$, $H_2Se$ 等可以直接被载气导入衬底区，其掺杂的重现性较好。在淀积区杂质的并入率与衬底温度、晶面取向等因素有关，并遵循

表 7.6 不同 HCl 和 $H_2O$ 分压对 Si 在 GaAs 中活度的影响 ($T = 900K$)[31]

| $P_{HCl}$(Pa) | $P_{H_2O}$(Pa) | $\alpha_{Si}$ |
|---|---|---|
| 10.13 | 0 | $6.9\times10^{-8}$ |
| | 0.1013 | $4.0\times10^{-9}$ |
| | 1.013 | $4.1\times10^{-11}$ |
| 101.3 | 0 | $1.5\times10^{-8}$ |
| | 0.1013 | $3.8\times10^{-9}$ |
| | 1.013 | $4.1\times10^{-11}$ |
| 10.13 | 0 | $9.0\times10^{-8}$ |
| | 0.1013 | $2.8\times10^{-9}$ |
| | 1.013 | $4.0\times10^{-11}$ |

自己的规律。例如，当进行掺 Sn 的外延生长时，GaAs 的生长速率是受质量输运控制，而 Sn 的并入却是动力学控制的。

用 Ga + In 合金代替 Ga 源时，可以生长 $Ga_xIn_{1-x}As$ 固溶体。然而，氯化物法制备 $Al_xGa_{1-x}As$ 固溶体时遇到困难，因为 AlCl 与石英作用。用 $In/PCl_3/H_2$ 和 $Ga/PCl_3/H_2$ 体系可以分别获得 InP 和 GaP 外延层。

氯化物方法虽然生长设备简单，可以得到高纯度外延层，然而由于 GaCl（或 InCl）是在源区由化学反应生成的，其分压重现性差。在制备三元、四元固溶体及其异质结构方面灵活性差。以气态 HCl 与 Ga 或 In 反应生成 GaCl 或 InCl，并以 $AsH_3$ 和 $PH_3$ 为Ⅴ族源的氢化物工艺，与氯化物工艺很相似。氢化物工艺在反应剂分压控制上优于氯化物法。

### 7.3.2 金属有机物气相外延生长

金属有机物气相外延（MOVPE）或称金属有机物化学气相淀积（MOCVD）始于 1968 年 Manasevit 的早期工作[32]。基于金属有机物和非金属氢化物的热分解-合成反应[见式(7.20)]，该技术具有生长多种高纯材料的广泛适用性，在大面积衬底上重现生长纳米级薄层和陡峭异质结构的能力，今天已经成为化合物半导体气相外延生长的主要技术手段。与第八章将要介绍的分子束外延相比 MOVPE 更具有生长多种化合物材料的灵活性(如磷化物和连续组分梯度外延层生长),并适合于工业批量生产[33,34]。

(1) MOVPE 生长设备 MOVPE 设备一般包括气体处理系统、反应室、尾气处理和控制系统,如图 7.19 所示。气体处理系统的功能是向反应室输送反应剂,并精确控制其浓度、送入的时间和顺序以及流经反应室的总气体流速，从而达到生长指定成分与结构的外延层的目的。为了生长组分突变结构，通常采用"生长-排空多路阀门组",其基本结构是快速动作的三通阀门。反应剂从入口进入阀门，然后根据控制指令流入排空管线或者生长管线。进入生长管线的反应剂被一股连续流动的高速载气迅速带进反应室，进入排空线的反应剂则被另一股载气输运到尾气系统中。先进的气体处理系统设计有生长线与排空线间的压力平衡与流量补偿,并尽可能消除生长管线的死空间,以保证反应剂在两线间突变切换[35]。

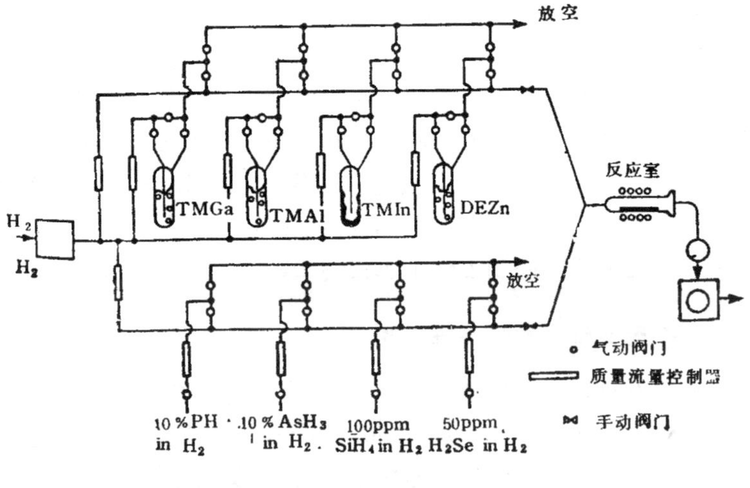


图 7.19 MOVPE 生长设备示意图[43]

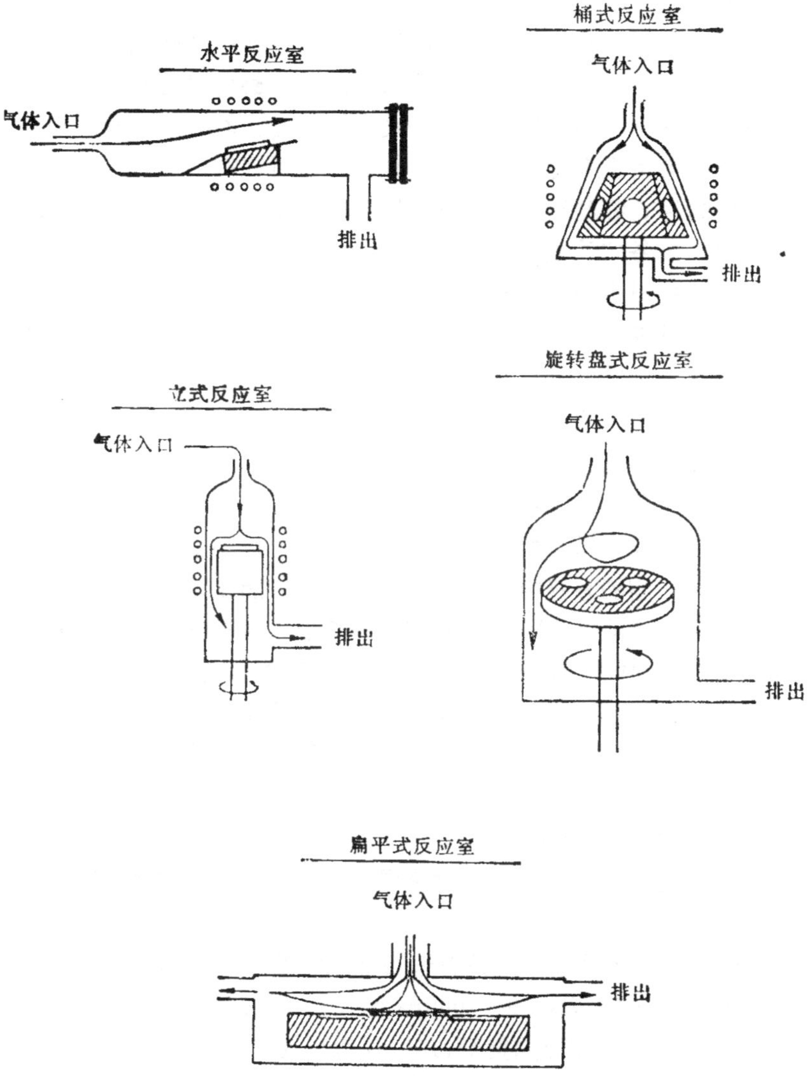


图 7.20　MOVPE 生长室的几种类型[40].

MOVPE 反应室的设计对外延层厚度和组分均匀性、异质界面梯度、本底杂质浓度以及产量均有极大的影响。图 7.20 示出的是最常用的反应室示意图，反应室通常由石英玻璃制成，衬底置于石墨基座上，基座可由射频感应，电阻加热器，红外线辐射等方式加热。反应室内的气体流动应为层流流动，避免强迫对流和热对流形成的涡流。降低反应室压力是抑制热对流的有效手段，并且抑制气相寄生反应与气相成核，减弱来自衬底的自掺杂，可以使用较低的生长温度和较低蒸气压的金属有机化合物。然而低压 MOVPE 设备较为复杂。

尾气处理系统的功能是在尾气排放前去除有毒、自燃的未反应的源和反应副产物。去除的方法包括颗粒过滤器、活性碳过滤器、利用化学反应吸收毒气的干式或湿式过滤器。上述方法常常组合起来使用。为了保证 MOVPE 设备的安全运行，应备有危险气体探测器等监测仪器并与控制系统相联，构成安全连锁装置的重要组成部分。

控制系统则负责控制气体流量、压力、衬底温度和气路中的各种阀门等。控制系统中的安全连锁装置可以防止人工控制时的误操作，并在事故发生时自动使整个装置进入保护状态。利用微计算机可以使 MOVPE 装置按事先设计的程序运行。在生长超晶格、量子阱或组分梯度层时，计算机控制尤为重要。

(2) MOVPE 的源材料　源的物理和化学性质在很大程度上决定了源的输运和沉积反应过程，因而对生长条件、生长层的质量、生长装置、生长过程的安全性和成本都有很大影响。表 7.7 列出最常使用源的蒸气压[34]。对金属有机化合物的要求可综合如下：

(i) 室温下为液体，并有适当而且稳定的蒸气压（—10—+20℃区间蒸气压为 20—1000Pa 为宜），以保证能精确和重现的控制送入反应室的源的剂量，并得到适当的生长速度。

(ii) 适宜的热分解温度，在外延生长温度下基本分解完全，以提高源的利用率。在贮存温度下又是稳定的。

(iii) 反应活性较低。不与配合使用的其他源发生预淀积反应。最好对空气和水不敏感。

表 7.7 MOVPE 常用源的蒸气压

| 化合物及缩写名称 | 状态 | 298K 时的蒸气压 (hPa) | 蒸气压常数* | |
|---|---|---|---|---|
| | | | $A$ | $B$ |
| $Zn(CH_3)_2$, DMZn | 液态 | 490 | 1560 | 9.92585 |
| $Zn(C_2H_5)_2$, DEZn | 液态 | 11.4 | 2190 | 10.4039 |
| $Cd(CH_3)_2$, DMCd | 液态 | 47.5 | 1850 | 9.88785 |
| $Hg(CH_3)_2$, DMHg | 液态 | 68 | 1750 | 9.6989 |
| $Al_2(CH_3)_6$, TMAl | 液态 | 18.9 | 2134.83 | 10.3478 |
| $Al(C_2H_5)_3$, TEAl | 液态 | 0.06 | $11.12285 - 2361.2/(T - 73.82)$ | |
| $Ga(CH_3)_3$, TMGa | 液态 | 317.3 | 1703 | 10.1938 |
| $Ga(C_2H_5)_3$, TEGa | 液态 | 6.4 | 2222 | 10.3479 |
| $In(CH_3)_3$, TMIn | 固态 | 2.3 | 3014 | 12.6439 |
| $In(C_2H_5)_3$, TEIn | 液态 | 0.4 | 2815 | 11.054 |
| $PH_3$ | 气态 | $4.45\times10^4$ | — | — |
| $H_2PC(CH_3)_3$, TBP | 液态 | 354.6 | 1539 | 9.7089 |
| $AsH_3$ | 气态 | $2.52\times10^4$ | — | — |
| $H_2AsC(CH_3)_3$, TBAs | 液态 | 200 | 1562.3 | 9.6239 |
| $Sb(CH_3)_3$, TMSb | 液态 | 132 | 1697 | 9.8307 |
| $Se(C_2H_5)_2$, TESe | 液态 | 37.4 | 1924 | 10.0289 |
| $Te(C_2H_5)_2$, TETe | 液态 | 12.3 | 2093 | 10.1139 |
| $Te(CH(CH_3)_2)_2$, $i$-$Pr_2Te$ | 液态 | 4.6 | 2309 | 10.4119 |

* $\lg P(\mathrm{Pa}) = B - A/T(\mathrm{K})$, $T(\mathrm{K})$ 为绝对温度.

(iv) 易于合成与提纯。

(v) 低毒性与可接受的价格。

(vi) 易于提纯到 99.999% 以上的高纯度。

事实上很难找到全部满足上述要求的源. 普遍使用的金属有机化合物是甲基和乙基化合物. 其中 TMIn 室温下为固态. 由于升华速率强烈依赖于气-固接触面积和接触时间，TMIn 的挥发速率随使用时间迅速缩短. 采用多个源瓶串联或用超声波浓度计在线测控气相 TMIn 浓度可以克服上述缺点. 在典型的 MRn 型 II, III 族金属有机化合物中，由于金属原子上存在空的电子轨道，是路易斯酸，具有很高的化学活性. 它们与能提供电子的 V, VI 族氢化物形成配合物. 在某些情况下，这种寄生的预反应会导致低蒸气压的聚合物生成，并沉淀到反应管的入口处（例如 DMZn 与 $H_2Se$），以致需要把两者分别导入反应室，让它们到达衬底前几厘米处才混合。$(CH_3)_2Zn$-$[N(C_2H_5)_3]_2$ 配合物由于 Zn 原子的空轨道已填满，因此完全消除了与 $H_2Se$ 的预反应。铝的配合物源 $(CH_2)_5Al(CH_2)_3N(CH_3)_2$ 价键也已经饱和，在空气中已不自燃。用它来取代 TMAl 能明显降低 AlGaAs 外延层中的氧沾污水平。用液态的特丁基二氢砷（TBA）和特丁基二氢磷（TBP）来取代剧毒的贮存在高压钢瓶中常温下为气态的 $AsH_3$ 和 $PH_3$，可以大大减小 MOVPE 的潜在危险性。

(3) *金属有机物气相外延生长过程* MOVPE 生长过程也可用图 7.13 来描述，这是涉及气相输运以及气相和表面反应的复杂过程。下面我们从热力学、动力学和流体动力学几个方面来讨论 MOVPE 的生长过程。

(i) 热力学。尽管气相外延是由化学动力学和输运现象所控制的非平衡过程，平衡分析在了解 MOVPE 过程方面仍然可以提供许多有用信息[35]。

通常，当生长温度较低时外延层的生长速度是由表面反应过程所控制，表现为生长速度随生长温度升高而迅速加大，不同衬底晶面对生长速度影响很大。然而，当生长温度升到一定程度，表面反应速度已经足够快时，则生长速度被反应剂向衬底的输运速度所限制。此时生长温度的进一步升高和衬底晶向对生长速度的影响很弱，而气体流速则表现出强烈影响。在这种情况下，可以认为在气-固界面处已经接近平衡状态，热力学计算结果与实验值符合的较好[38]。热力学分析使我们可以避开尚未了解清楚的反应机构，从而得到固溶体生长时气相组分与固相组分之间的关系[38,39]，这里仅以 InAsP 体系为例进行进一步说明。

使用 TEIn，$AsH_3$ 和 $PH_3$ 为源在 600℃ 以上生长 $InAs_{1-y}P_y$ 时，在气-固界面处的气相可以认为有下述品种存在：In，$As_2$，$As_4$，$AsH_3$，$P_2$，$P_4$，$PH_3$，$H_2$ 和 $C_2H_6$。当界面存在化学平衡时，可以写出下列质量作用方程组：

$$K_1 = a_{InAs}/(P_{In}P_{As_4}^{1/4}), \tag{7.24}$$

$$K_2 = a_{InP}/(P_{In}P_{P_4}^{1/4}), \tag{7.25}$$

$$K_3 = P_{As_2}^2/P_{As_4}, \tag{7.26}$$

$$K_4 = P_{P_2}^2/P_{P_4}, \tag{7.27}$$

$$K_5 = P_{As_2}^{1/2}P_{H_2}^{3/2}/P_{AsH_3}, \tag{7.28}$$

$$K_6 = P_{P_2}^{1/2}P_{H_2}^{3/2}/P_{PH_3}, \tag{7.29}$$

式中 $K_i$ 为平衡常数，$a_{InAs}$ 和 $a_{InP}$ 分别为 InAs 和 InP 在固溶体中的活度. $P_i$ 为各品种的分压. 从守恒约束条件又可得到

$$P_{III}^0 - P_{In} = P_V^0 - 4(P_{As_4} + P_{P_4}) - 2(P_{As_2} + P_{P_2}) - (P_{AsH_3} + P_{PH_3}), \tag{7.30}$$

$$P_{C_2H_6} = 3P_{III}^0, \tag{7.31}$$

$$y = (P_P^0 - 4P_{P_4} - 2P_{P_2} - P_{PH_3})/[(P_P^0 - 4P_{P_4} - 2P_{P_2} - P_{PH_3}) + (P_{As}^0 - 4P_{As_4} - 2P_{As_2} - P_{AsH_3})], \tag{7.32}$$

$$\Sigma P_i = P_{In} + P_{As_4} + P_{As_2} + P_{AsH_3} + P_{P_4} + P_{P_2} + P_{PH_3} + P_{H_2} + P_{C_2H_6}, \tag{7.33}$$

式中 $P_i^0$ 为输入反应管时相应物质的分压. $\Sigma P_i$ 等于反应管总压力，$y$ 为 $InAs_{1-y}P_y$ 固溶体中磷的摩尔分数. 假设固溶体为正规溶液，式(7.23)和式(7.24)中的活度可表示为

$$a_{InP} = y\exp[\alpha(1-y)^2/RT], \tag{7.34}$$

$$a_{InAs} = (1-y)\exp[\alpha y^2/RT], \tag{7.35}$$

式中 $\alpha$ 为互作用参数，其值为 1673.6J/mol. 从上述方程组便可以求出平衡气相各品种分压与合金成分的关系. 图 7.21 示出的是计算结果（实线）与实验数据点的比较. 固-气组分关系呈现强烈的非线性，这使得在某一范围内，固溶体组分极难控制. 计算表明，输入到反应室中的总 V 族反应剂的摩尔量与总 III 族反应剂的摩尔量之比（通常称为 V/III 比）对固-气分配有极大影响，当 V/III = 1 时，固-气间组分呈线性关系.

(ii) 金属有机物气相外延反应室内输运现象与模型化. MOVPE 反应室的气体压力在绝大多数情况下都是大于 13.3Pa，因此，反应室内气体输运是粘性流动. 反应室内的传热与传质决

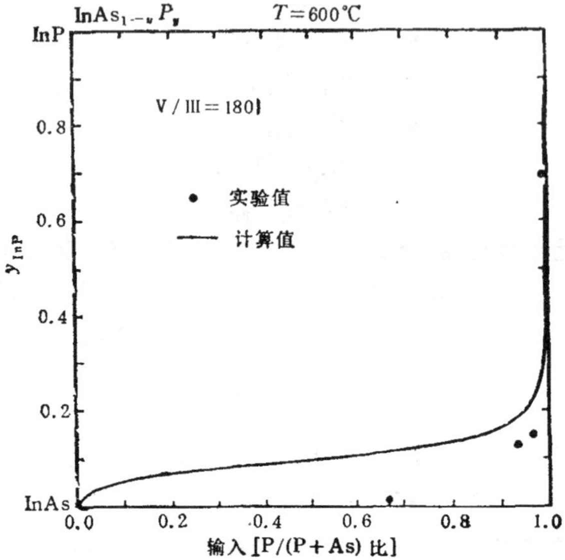


图 7.21 实验的与计算的 $InAs_{1-y}P_y$ 组分的比较[38].

定了反应室内的温度场、气相反应进程和反应剂向衬底表面的输运，从而影响外延层厚度与组分均匀性和异质结界面组分梯度等. 随着人们对化学气相外延认识的深化和计算技术的发展，气相外延生长速度模型从分析解转为数值模拟[16]. 由于 MOVPE 生长过程涉及复杂的气相和表面化学反应，目前的数值模拟工作大都对化学反应、反应器形状和边界条件进行简化. 模型化工作与对反应室内流场、温度场、气相反应和表面反应的实验观测结合起来，逐步加深了对 MOVPE 过程的了解并产生积极效果. 例如，反应室外形设计的优化和工作条件(流速、压力等)的正确选择，可以抑制因强迫对流或热对流引起的涡流，推动了大型反应器的发展和使用. 本文仅讨论简单的轴对称垂直反应室模型，读者可以从参考文献[16,40]中了解更多情况.

在轴对称垂直反应室中，当气体流速较低时，流动是层流，而且稳定. 气体接近热基座时的热膨胀行为可用理想气体方程来计算. 在一般的 MOVPE 实验条件下，反应剂在载气中的浓度较低，可以忽略化学反应造成分子数目变化引起的体积变化以及反应热对能量分配的影响，使我们不用考虑气体流动-传热问题与质量输运-反应问题之间的耦合关系.

控制载气运动的动量守恒公式取如下形式:

$r$ 分量方程

$$
\begin{aligned}
&\rho\left(v_r \frac{\partial v_r}{\partial r}-\frac{v^2\theta}{r}+v_z \frac{\partial v_r}{\partial z}\right)+\frac{\partial P}{\partial r} \\
&-\frac{1}{r} \frac{\partial}{\partial r} \mu_r\left[\frac{4}{3} \frac{\partial v_r}{\partial r}-\frac{2}{3}\left(\frac{v_r}{r}+\frac{\partial v_z}{\partial z}\right)\right] \\
&+\frac{\mu}{r}\left(\frac{4}{3} \frac{v_r}{r}-\frac{2}{3}\left(\frac{\partial v_r}{\partial r}+\frac{\partial v_z}{\partial z}\right)\right) \\
&-\frac{\partial}{\partial z}\left(\mu\left(\frac{\partial v_z}{\partial r}+\frac{\partial v_r}{\partial z}\right)\right)=0 ; \qquad (7.36)
\end{aligned}
$$

$\theta$ 分量方程

$$
\begin{aligned}
&\rho\left(v_r \frac{\partial v_\theta}{\partial r}+\frac{v_r v_\theta}{r}+v_z \frac{\partial v_\theta}{\partial z}\right) \\
&-\frac{1}{r^2} \frac{\partial}{\partial r}\left(\mu\left(r^2 \frac{\partial v_\theta}{\partial r}-r v_\theta\right)\right) \\
&-\frac{\partial}{\partial z}\left(\mu \frac{\partial v_\theta}{\partial z}\right)=0 ; \qquad (7.37)
\end{aligned}
$$

$z$ 分量方程

$$
\begin{aligned}
&\rho\left(v_r \frac{\partial v_z}{\partial r}+v_z \frac{\partial v_z}{\partial z}\right)+\frac{\partial P}{\partial z} \\
&-\frac{1}{r} \frac{\partial}{\partial r} \mu_r\left(\frac{\partial v_z}{\partial r}+\frac{\partial v_r}{\partial z}\right) \\
&-\frac{\partial}{\partial z} \mu\left(\frac{4}{3} \frac{\partial v_z}{\partial z}-\frac{2}{3}\left(\frac{\partial v_r}{\partial r}+\frac{v_r}{r}\right)\right)+\rho g=0, \qquad (7.38)
\end{aligned}
$$

式中 $v_r$ 为径向速度，$v_\theta$ 为角速度，$v_z$ 为轴向速度，$\mu$ 为载气粘度，$\rho$ 为载气密度，$P$ 为压力，$g$ 为重力加速度，$r$ 为径向坐标，$\theta$ 为角标，$z$ 为轴向坐标. 仅当基座是旋转的情况下才需要考虑角动量守恒式(7.37)。

在低流速下,可认为气体是不可压缩的,连续性方程为

$$\frac{1}{r}\frac{\partial}{\partial r}(\rho r v_r)+\frac{\partial}{\partial z}(\rho v_z)=0. \tag{7.39}$$

根据理想气体定律,压力、温度和密度之间的关系为

$$\rho=PM_w/RT, \tag{7.40}$$

式中 $M_w$ 为载气分子量,$R$为气体常量。

能量守恒关系为

$$\rho c_p\left(v_r\frac{\partial T}{\partial r}+v_z\frac{\partial T}{\partial z}\right)-\frac{1}{r}\left(\frac{\partial}{\partial r}\left(\kappa r\frac{\partial T}{\partial r}\right)-\frac{\partial}{\partial z}\left(\kappa\frac{\partial T}{\partial z}\right)\right)=0, \tag{7.41}$$

式中 $c_p$ 为载气的热容,$\kappa$ 为载气的热导。

实验观察得到,在通常的条件下,用 $Ga(CH_3)_3$ 和 $AsH_3$ 生长 GaAs 时,其生长速度由 III 族品种的质量输运所控制,假定 TMG 是唯一的扩散品种,质量守恒为

$$\frac{\partial c_{TMG}}{\partial t}+c\left(v_r\frac{\partial x_{TMG}}{\partial r}+v_z\frac{\partial x_{TMG}}{\partial z}\right)-\frac{1}{r}\frac{\partial}{\partial r}\left(cD_{TMG,H_2}r\left[\frac{\partial x_{TMG}}{\partial r}+k_T\frac{\partial \ln T}{\partial r}\right]\right)+\frac{\partial}{\partial z}\left(cD_{TMG,H_2}\left[\frac{\partial x_{TMG}}{\partial z}+k_T\frac{\partial \ln T}{\partial z}\right]\right), \tag{7.42}$$

式中 $c$ 为浓度,$D_{TMG,H_2}$ 为 TMG 在 $H_2$ 中的扩散系数,$k_T$ 是热扩散系数,$x$ 为质量分数。

在一定的边界条件下,将上述方程组可化为无量纲形式,对它进行求解就可以得到反应室内温度场、流场和衬底上生长速度的分布情况。图 7.22 示出反应室形状对温场、流场和外延层生长速度的巨大影响。类似还可以得到气体流量、反应室压力、衬底温度、反应室壁温、衬底和基座旋转速度对温场、流场和生长速度的影响。

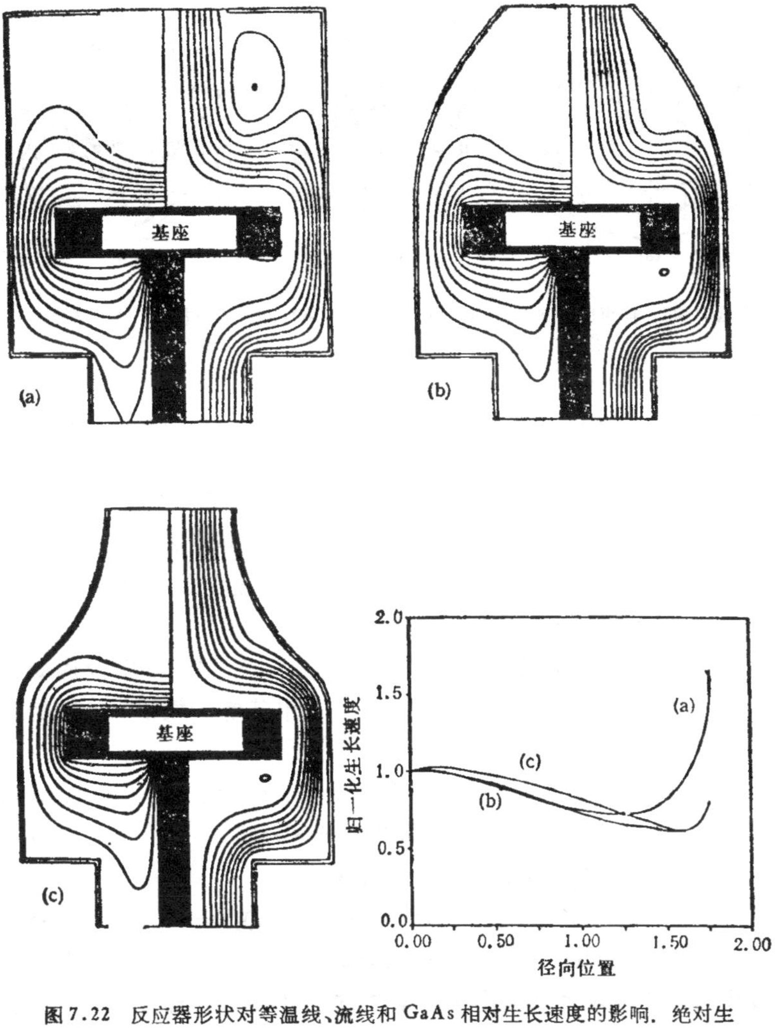


图 7.22 反应器形状对等温线、流线和 GaAs 相对生长速度的影响. 绝对生长速是 (a) 1.7μm/hr; (b) 2.0μm/hr; (c) 2.1μm/hr. 反应室右侧示出流线,左侧为等温线,线间温差相等,入口处为 300K,到基座为 900K[31].

实际上,工作于常压下的垂直反应室内保持轴对称的气体流动并不容易,几何上的或热场的不对称均会使气流更加复杂. 图 7.23 示出了计算机模拟的三维流体路径,其中 (a) 为轴对称情况,

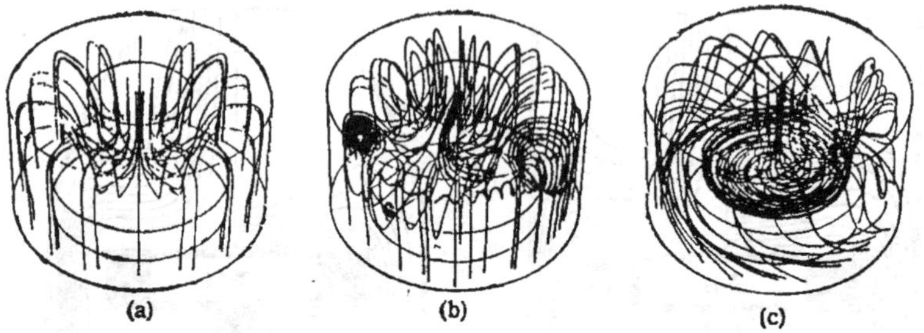

图 7.23 垂直反应室内三维流动结构的流体路径的计算机模拟. (a) 轴对称流; (b) 非对称混合流; (c) 旋转盘流[21].

(b) 为非对称热场引起的复杂流动. 如果在 (b) 的情况下, 让衬底以每分钟 500r 的速度旋转,对称性得到了明显改善, 如 (c) 所示[40]. 基座旋转不仅改善了温度均匀性,而且还由于固-气界面粘性曳力,高速旋转的基座还起着泵的作用,改善了基座上方温度和反应剂浓度分布均匀性,加大了气相温度和浓度梯度,有助于获得均匀的外延层和较高的生长速度.

(iii) 金属有机物气相外延反应动力学. MOVPE 反应动力学涉及气相反应与表面反应两部分. 三甲基镓的气相热分解是涉及自由基的典型事例,可以表示为

$$Ga(CH_3)_3 \longrightarrow Ga(CH_3)_2^\circ + CH_3^\circ, \tag{7.43}$$

$$Ga(CH_3)_2^\circ \longrightarrow GaCH_3 + CH_3^\circ, \tag{7.44}$$

$$H_2 + CH_3^\circ \longrightarrow H^\circ + CH_4, \tag{7.45a}$$

$$Ga(CH_3)_3 + H^\circ \longrightarrow Ga(CH_3)_2^\circ + CH_4, \tag{7.45b}$$

$$CH_3^\circ + CH_3^\circ \longrightarrow C_2H_6, \tag{7.46}$$

式中 $CH_3^\circ$ 表示甲基自由基, 余类推. TMG 分解过程中产生的活泼的 $CH_3^\circ$ 容易吸附到生长表面,而并入 GaAs 晶格,造成对外延层的碳沾污. 碳在 GaAs 中占据 As 格点位置, 成为受主杂质. 在 $AsH_3$ 大量过量的情况下(即采用大 V/III 比),一方面降低了 GaAs 晶格中的 As 空位浓度,另一方面吸附在生长表面的 $AsH_x$ 释放的活泼氢原子与 $CH_3^\circ$ 反应形成稳定的 $CH_4$ 而从表

面解吸，于是使 GaAs 外延层中的碳浓度下降.

三乙基镓则经由 $\beta$ 氢消去反应，分解出稳定的乙烯分子

$$Ga(C_2H_5)_3 \longrightarrow GaH(C_2H_5)_2 + C_2H_4. \qquad (7.47)$$

而产生乙基自由基的反应不占主导地位

$$Ga(C_2H_5)_3 \longrightarrow Ga(C_2H_5)_2 + C_2H_5^{\circ}, \qquad (7.48)$$

因此使用 TEGa 时，GaAs 外延层中的碳浓度较低. 目前对大多数 MOVPE 过程的表面反应了解甚少，但这方面的工作正成为研究的热点[20].

(4) GaAs 与 AlGaAs 的 MOVPE 生长 GaAs 与 AlGaAs 是重要的半导体材料，因而也是迄今研究的最深入的材料. 通常，使用 TMGa，TEGa，TMAl 和 $AsH_3$ 为源. 由于 Al 的化学活性高，生长 AlGaAs 较为困难. AlGaAs 中的氧和碳含量随 Al 组分的增加而增大. 下面介绍主要生长参数的影响[41].

(i) 生长温度. 生长温度影响外延层的生长速度，杂质浓度，表面形貌和晶体完整性. 以 TMGa 和 $AsH_3$ 为源生长 GaAs 时，常用的生长温度在 600—800℃ 之间，高纯 GaAs 则通常在 600—650℃ 温度区间下生长. 图 7.24 示出的是生长温度与外延层纯度的关系. 上述温度范围处于生长速度的扩散控制区中，生长速度与衬底温度几乎无关，仅正比于 TMGa 的浓度. 因此，外延层的生长速度易于调节，厚度均匀性较好. 典型的生长速度为 5nm/min 到 30nm/min. 在扩散控制区中，生长的外延层通常呈镜面的表面形貌. 使用 TEGa 时，生长温度可以降低，迄今报道的用 MOVPE 技术获得的最高迁移率的 GaAs 外延层就是在 510℃ 下生长的.

通常，AlGaAs 要在较高的生长温度（例如 780℃）下才能获得高质量的材料，这可能与吸附到生长表面的低价氧化铝在高温下更容易挥发有关. 然而，随着生长温度的升高，外延层中的碳浓度也增加了. 但是对于器件应用来说，降低氧沾污更为重要. 氧在 AlGaAs 中产生深能级，不但降低了光荧光强度，还使材料变成高阻，增加 V/III 比或使用 TEGa 和 TEAl 为源可以降低碳

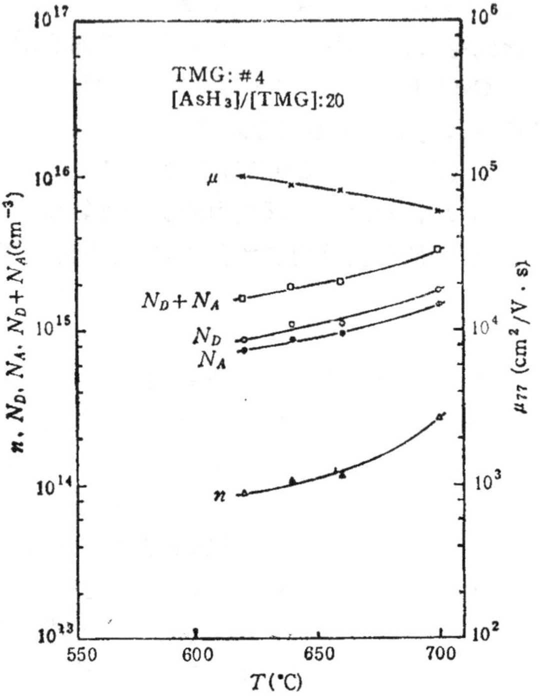


图 7.24 GaAs 的 $n, N_D, N_A, N_D+N_A, \mu_{77}$ 与生长温度的关系[41].

沾污，这对需要高纯 AlGaAs 的器件来说是重要的. 另外，$AsH_3$ 的纯度、载气的纯度和系统的漏气速率、乃至装入衬底时空气对反应室的污染都会影响 AlGaAs 层中的氧含量. 故意往反应室中引入 $H_2O$，可降低外延层中的 Al 含量，但不影响光荧光强度；而引入 $O_2$ 时，则会使光荧光强度下降，表面形貌变差和电阻率升高.

在生长 GaAs/AlGaAs 异质结构时，可以分别在 GaAs 和 AlGaAs 各自的最佳温度下生长，也可从在统一的折中温度（例如 700℃）下生长.

(ii) 输入 V/III 比. 为了避免 GaAs 外延层表面出现 Ga 滴，输入到反应室的 $AsH_3$ 与 TMG 的摩尔比(通常称 V/III 比)

必须大于 1． 然而，V/III 比的重要性还在于它对外延层中的剩余杂质浓度有重大影响。当用 TMG 和 $AsH_3$ 为源时，随着 V/III 比的增加，GaAs 外延层从 *p* 型转变到 *n* 型，见图 7.25。在低 V/III 比，碳受主占优势；随着 $AsH_3$ 分压的提高，碳浓度下降，而 $AsH_3$ 中的 *n* 型杂质(可能是 $GeH_4$) 的分压提高以致最终施主杂质占优势． *p* 型到 *n* 型转变点的 V/III 比值与源的纯度和生长温度有关。当反应室的压力降低时，*p* 到 *n* 型转变点的 V/III 比增大。然而，当用 TEG 取代 TMG 来生长 GaAs 时，外延层的电学性质与 V/III 比基本无关。

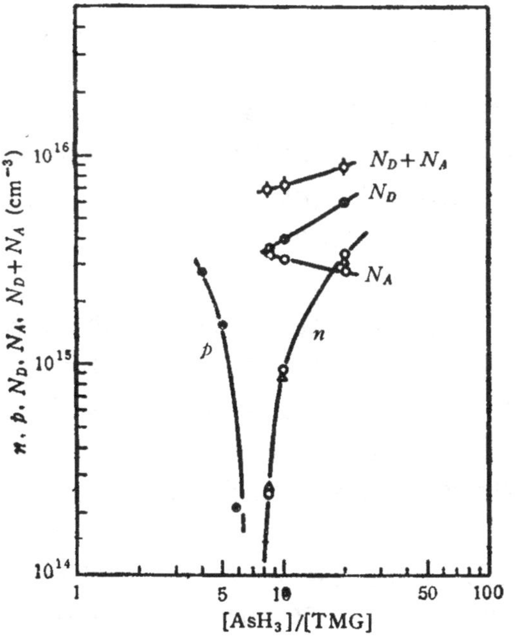


图 7.25 GaAs 外延层中 $n, p, N_D, N_A$ 和 $N_D+N_A$ 与输入 V/III 比的关系[41]．

V/III 比对于与少数载流子寿命有关的 $El_2$ 的深能级浓度也有影响，在 MOVPE 生长的 GaAs 样品中总是有较高浓度的 $El_2$，这与富 As 生长条件有关，其浓度随 V/III 比升高而增加．

Watanabe 等报道两类 $El_2$ 中心，$El_{2a}$(0.82eV) 和 $El_{2b}$(0.78eV). $El_{2a}$ 的浓度在高生长温度的 GaAs 中占主要地位，其浓度与 $(V/III)^{1/2}$ 成正比；而 $El_{2b}$ 在低生长温度的材料中为主，其浓度与 $(V/III)^{1/4}$ 成正比.

$Al_xGa_{1-x}As$ 外延层也有类似的导电类型随 V/III 比的转变. 转变点的 V/III 比值与 Al 含量有关. 对于 $Al_{0.2}Ga_{0.8}As$，V/III 比大于 100 时才为 $n$ 型材料. 在 $x$ 值小于 0.33 时，$El_2$ 也是主要的电子陷阱. 当 $x$ 值超过 0.3 时，出现 $DX$ 中心.

(iii) 衬底取向. 衬底取向通常为低指数方向. 最常用的 III—V 族半导体衬底表面是(100)晶面. (100)面易于化学抛光，易于获得镜面外延层形貌，适于选择外延生长和图形衬底生长，也适于后序的器件工艺要求. 偏离(100)面向(110)面倾斜 1°—5° 的小角度的衬底表面，提供了更多的生长台阶，更易获得镜面光洁的外延表面. 小角度偏离对杂质的并入也有影响，例如当偏角加大时，掺硫 GaAs 的电子浓度下降. 其他常用的衬底取向为 〈311〉$A$, 〈311〉$B$, 〈111〉$A$ 和 〈111〉$B$. 不同衬底取向对外延层载流子浓度和迁移率都有影响.

(iv) 反应室压力. 反应室压力对生长速度的影响较弱. 反应室压力下降导致反应剂的扩散系数增大，然而，这种对生长速度的正影响被反应剂分压随总压力降低的影响所抵消. 降低反应室压力有助于消除反应室内的热驱动对流和抑制气相寄生反应，因而外延层的厚度与组分均匀性以及异质界面组分变化陡峭程度会有所改善.

反应室压力对非有意掺杂 GaAs 层电学性质的影响示于图 7.26. 当压力从 1.01bar 下降到 0.027bar 时，GaAs 的迁移率略有上升，压力进一步下降时，碳并入增强，到了分子流区，气相分子间无相互作用，此时碳浓度骤然上升.

(5) GaAs/AlGaAs **量子阱结构的生长** MOVPE 具有生长多种材料的灵活性和纳米级甚至单分子层的能力. 使它成为实现“能带工程”的重要手段之一. 所谓能带工程是指人工在几何空间

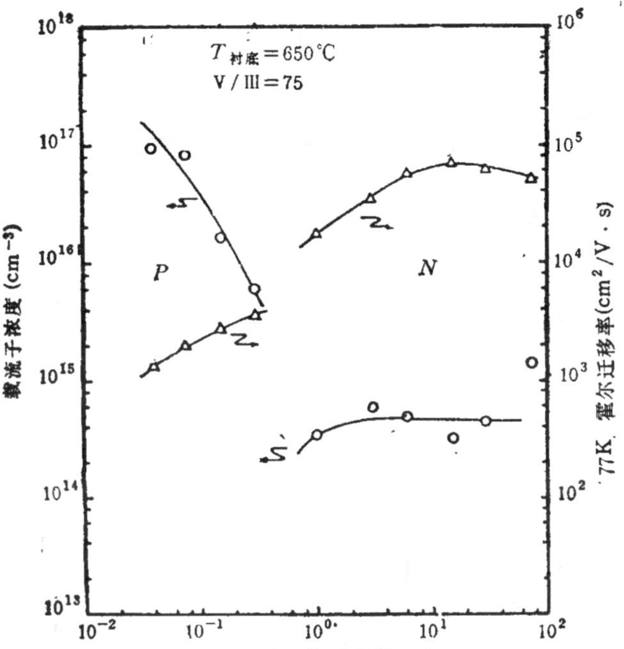


图 7.26 GaAs 净载流子浓度和 77K 时 Hall 迁移率与反应室压力的关系.
外延层生长温度为 650℃, V/III 比等于 75[52].

(宏观)和动量空间或 $K$ 空间 (微观) 上设计半导体材料的能带结构,以提高半导体器件的性能。以 GaAs/AlGaAs 量子阱为作用区的半导体激光器就是一例,它具有优异的阈电流值,频率和线宽等特性。

图 7.27 示出 GaAs/AlGaAs 量子阱能带结构示意图和量子阱的低温光致发光光谱。量子阱(以及超晶格)结构需要生长层厚小于 50nm (德布罗意波长尺寸)以至单分子层的薄层。原则上利用调节生长速度和控制生长时间就可以获得所需要的任意厚度薄层。但是当薄层的厚度仅为几个纳米以下时,界面质量(包括平坦度、组分变化梯度和界面缺欠密度等)的控制就极为重要。异质结界面组分梯度受下列因素的影响:反应室内的气相成分能否突变;新的气相与原来固相最顶层的几层原子之间是否会发生交换

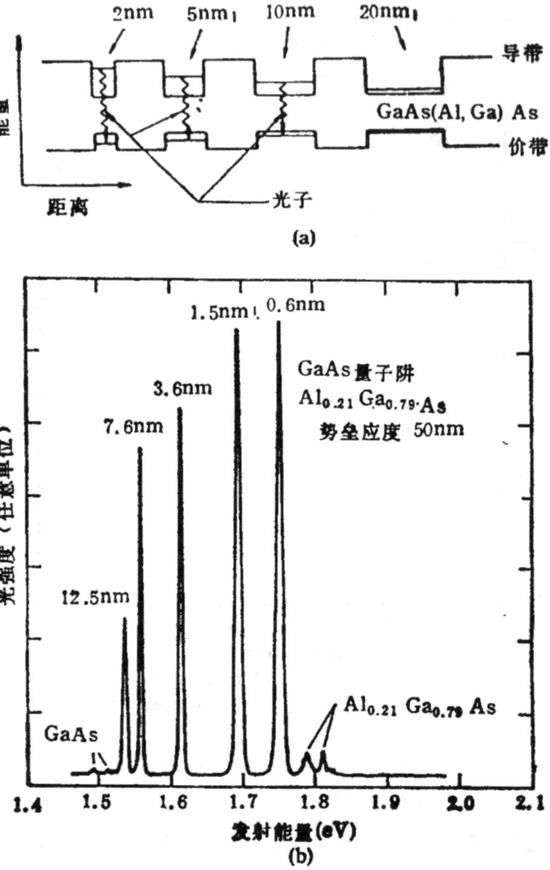

(b)

**图 7.27　GaAs/AlGaAs 量子阱的结构示意（a）和光致发光谱（b）[40].**

反应；新的固相是二维成核还是三维岛状成核以及异质结生长后固相中的内扩散。对 GaAs/AlGaAs 体系来说，陡峭异质结的获得主要是气相 TMAl 浓度能否突变。除了前述良好设计的气体处理系统和层流反应室外，普遍采用“生长中断”方法来提高界面组分梯度，即在异质结界面处，中断生长若干秒，仅通以 $AsH_3$ 以保护生长表面。过长的生长中断会引起杂质在界面的富集。图 7.27(b) 的样品是在 750℃ 和 6s 的界面生长中断条件下生长的。

量子阱的光致发光谱线的线宽与材料的纯度（特别是 AlGaAs 层）和界面陡峭度有关，该样品其阱宽为 6—28ML（单分子层，1ML＝0.283nm），在 4.2K 的线宽已低达 6—4meV[40]。

本节在有限的篇幅内仅能对 MOVPE 技术的概貌和个别典型材料的生长加以简介。MOVPE 在 InP/InGaAsP 和 GaInP/(GaAl)InP 系上也取得了巨大成功，成为含磷元素的化合物半导体材料及其器件的主要生长手段，推动着半导体光电子器件和石英光纤通信的发展。读者可以从参考文献 [31, 32] 两本有关 MOVPE 的专著和参考文献 [14,38,39,41] 等综述性文章中得到更全面的了解。

## § 7.4 升华法晶体生长

II-VI 族化合物半导体的范围很广，它们是很重要的发光材料，由于它们具有直接跃迁型能带结构，因此在激光器、发光二极管、荧光管及场致发光器件等方面都有广泛的应用前景。因为它们有很宽的禁带宽度，发光的色彩比较丰富，但它的制备有很多困难。首先，II 族和 VI 族元素都有很高的蒸气压，它们化合物的蒸气压也很高。如 ZnS 熔点蒸气压为 $1 \times 10^7$Pa，ZnSe 熔点蒸气压为 $7.0 \times 10^6$Pa。原则上它们都可以用高压液封法拉制大块的单晶，但是还有很多困难，必须要寻找一种合适的液封剂。同时 S 化物中的 S 蒸气会和石墨起反应，生成 $CS_2$，易引起爆炸，因此不用石墨作加热器及保温罩。

这些材料熔点较高，熔体生长比较困难。

### 7.4.1 直接升华生长法[44,45]

ZnS，CdS 以及其它 II-VI 族化合物原则上都可以用升华法生长晶体，即在高温区使材料蒸发，利用蒸气的扩散或惰性气体携带，在低温区生成晶体。晶体生长条件与很多因素有关，包括温度梯度、过饱和比（晶体生长处实际的蒸气压/该点温度下的平衡蒸气压)、携带气体的流速、系统的热导、分子的扩散等等，每一个系统都有它本身特定的参量，很难用动力学过程来分析。升华法生长晶体装置示意图如图 7.28 所示，生长的晶体为薄片状。

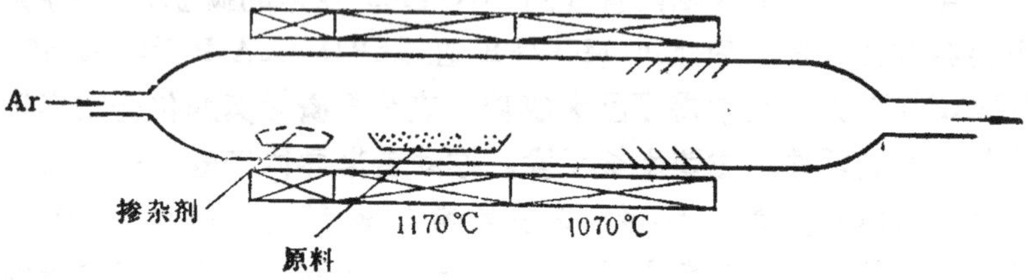


图 7.28　升华法晶体生长示意图.

在密闭的升华系统中，存在适当的温度梯度可以发生材料的质量传输，在接近平衡的条件下可以凝结出晶体，这种凝结生长可以得到较大的单晶体。ZnSe 的晶体生长装置和温度分布如图 7.29 所示，这种升华法生长 ZnSe 的参数列在表 7.8 上，生长的晶

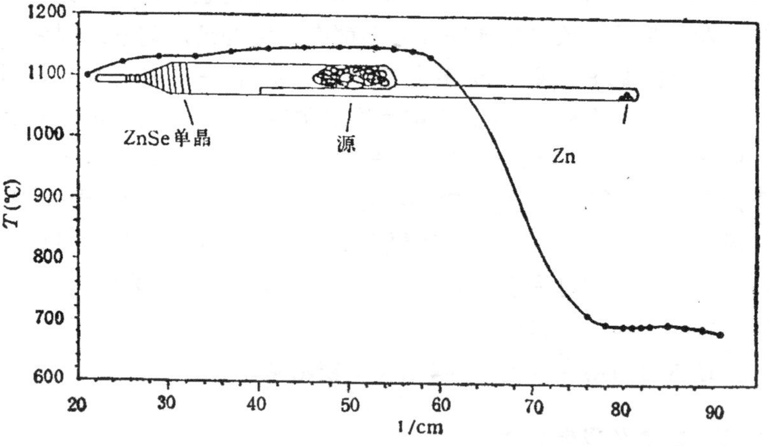


图 7.29　ZnSe 的晶体生长装置和温度分布图.

体尺寸大约为 $\phi 25 \times 25$mm 的柱体。生长速度通常为 $10^{-9}$—$5 \times 10^{-7}$mol/cm$^3$ · s。当温度梯度为 10℃/cm，最高可达 $10^{-7}$—$10^{-6}$mol/cm$^3$ · s。

表 7.8 离解升华法生长 ZnSe 晶体的参数

| | |
|---|---|
| 生长管的直径 | 6—25mm |
| 生长管的长度 | 50—250mm |
| ZnSe 源的温度 $T_s$ | 1100—1250℃ |
| 生长温度 $T_g$ | 1050—1230℃ |
| 表观过冷量 $\Delta T$ | 5—50℃ |
| 内表面的温度梯度 $dT/dx$ | 0.5—10℃/cm |
| 真空度 | $8\times10^{-4}$Pa |
| 生长时间 ($t$) | 2—21d |
| 生长速率 | $1\times10^{-9}$—$4\times10^{-7}$mol/cm²·s |

在高蒸气的 II，VI 族化合物半导体中采用气相生长较为普遍，ZnS，ZnSe 和 ZnTe 单晶生长的参数列在表 7.9 上，气相生长法生长周期较长，但由于设备简单而被采用。

SiC 是一种很重要的宽禁带半导体，它的晶体结构很复杂，组成许多种碳化硅晶型。通常只说 α-SiC 和 β-SiC，α-SiC 主要属 6*H* 结构型，少量 15*R* 型(此外还有几十种)。α-SiC 在室温下禁带宽度为 2.86eV，β-SiC 是立方结构，禁带宽度为 1.9eV。SiC 可以制成 *p-n* 结，并可制成在 500℃ 温度下工作的面接触型整流器，也可制成场效应管在高温下工作，由于它的禁带宽度很宽，可制作蓝色或其他颜色的发光二极管。

SiC 晶体生长，因 SiC 的熔点和蒸气压都很高，通常 α-SiC 是用升华法制备的。生长装置如图 7.30 所示。将 SiC 的粉末做成桶状中空的 SiC 墙，厚度为 20mm。中空部分为升华室，其直径 φ25—30mm，炉内充有一定气压的 Ar 气，当加温度到 2500—2600℃ 时，SiC 墙外部的蒸气压高于内部进入中空部分，当内部蒸气过饱和很大时凝结成 SiC 片。在 2500～2700℃ 左右加热 6—8h，则可生长一部分直径为 10mm、厚为 2—3mm 的 SiC 单晶片，晶片较好的为白色透明，次之为绿色，更次的为黑色。

升华法气相外延生长炉结构如图 7.31 所示。

对气相外延生长晶体来说，分子必须被吸收到晶体表面，然后在衬底的螺旋位错开始扩展开来，当衬底处于过饱和蒸气中，被晶

表 7.9　ZnS, ZnSe 和 ZnTe 晶体生长条件

| | ZnS | ZnSe | ZnTe |
|---|---|---|---|
| 原料部位的温度 $T$(℃) | (a) 1350 | 1280 | 1100 |
| | (b) 950 | 800 | 750 |
| 表观过冷量 $\Delta T$(℃) | 10—20 | 10—20 | 10—20 |
| 生长区温度梯度 $dT/dx$(℃/cm) | 1—5 | 1—5 | 1—5 |
| 冷却速率（℃/h) | (a) 50—600 | 50—600 | 50—600 |
| | (b) 20—600 | 20—600 | 20—600 |
| 气氛 | (a) $P_{Ar}\approx$0.005—0.014(atm)（室温) | | |
| | (b) 2mg/cm³ 碘蒸气 | | |
| 生长温度总压力 $P_{total}$(atm) | (a) 0.05—0.065 | 0.05—0.065 | 0.05—0.065 |
| | (b) 0.9 | 0.9 | 0.9 |
| 生长时间（h) | (a) 72 | 72 | 72 |
| | (b) 350 | 350 | 350 |
| 生长管几何尺寸（mm) | (a) $d$ = 5—10 | $l$ = 50—200 | |
| | (b) $d$ = 12—15 | $l$ = 200 | |
| 晶体平均尺寸 | (a) 5×3×3 | 5×15×3 | 10×5×5 |
| | (b) 8×8×5 | 10×10×5 | 5×5×5 |
| 择优晶面 | (a) (110)(111)(211) | | |
| | (b) (111)(100)(221) | | |
| 平均质量转移速率（mol/cm²·s) | $10^{-7}$—$10^{-8}$ | $10^{-7}$—$10^{-8}$ | $10^{-7}$—$10^{-8}$ |

注：(a) 升华；(b) 化学输运

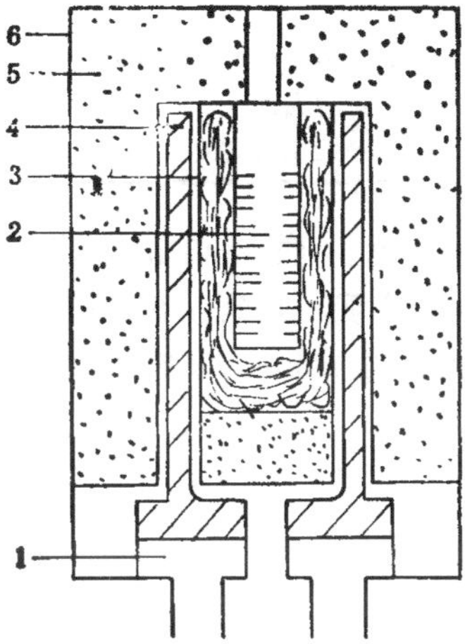


图 7.30 升华法 SiC 晶体生长装置图.

1.电极； 2.SiC 单晶； 3.SiC 粉末；
4.石墨加热器； 5.碳墨； 6.保温罩.

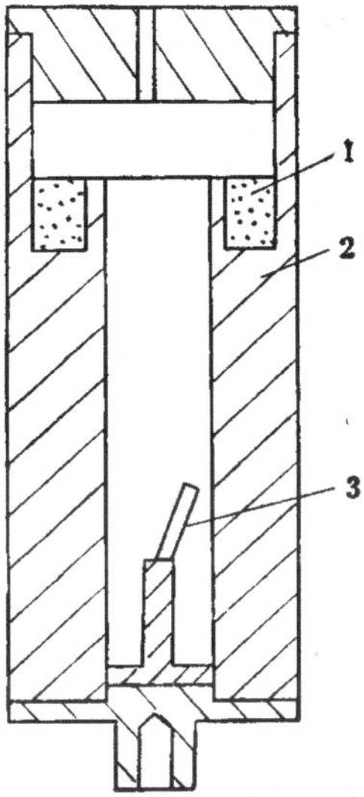


图 7.31 碳化硅气相外延生长装置示意图.

1.碳化硅粉末； 2.石墨容器；
3.碳化硅衬底.

片吸收的分子多于从衬底上蒸发出来的分子，则晶体长大，从热力学角度上来看，在一定的温度下，小晶粒比大晶粒具有较高的蒸气压，如果蒸气浓度足够高，则小晶既可生成又能成长，如果浓度较低，则不生成小晶粒，即使生成个别小晶粒，也会由于它本身的蒸气压较高而蒸发掉，而对衬底这样的大晶体还可能处于过饱和状态，可以按外延方式进行生长。这要求在衬底表面有适当的过饱和度，可以进行外延生长，又不产生新的晶核。在生长时使衬底先达到 2000℃，然后使 SiC 炉料加温超过 2000℃，否则在衬底处温度较低而 SiC 炉料温度很高，大量蒸气在炉料处蒸发出来，而在衬底处的过饱和度太大，会产生杂乱的晶体生长。

衬底在生长以前，在熔融的 NaOH 或 KOH 中腐蚀，衬底倾斜 45°，生长速度可达 120μm/h。如果衬底平放，则晶体的中部生长很慢，而边缘很快。SiC 晶体腐蚀剂表 7.10 所列。

表 7.10 SiC 晶体腐蚀剂

| 腐 蚀 剂 | 用 途 |
|---|---|
| 磷 酸 | 晶体表面腐蚀 |
| $Na_2O_2 + N_2CO_3$ 900℃ | 腐蚀六方 SiC{0001} 的位错 |
| NaOH 900℃ | β-SiC {晶界腐蚀；螺旋位错腐蚀} |

由于原料部位的温度高于 2000℃，而衬底部位的温度为 2000℃，SiC 蒸气淀积在衬底上，从而实现了外延生长。由于近年来接近平衡条件气相凝结生长的发展，也就是类似 SiC 气相淀积生长成为当前制备大直径 SiC 单晶体的主要手段。最大的晶体直径 50mm 左右。这为制作蓝色 *p-n* 结发光二极管以及在 500℃ 温度下工作的高温晶体管创造了条件。

### 7.4.2 气相合成升华生长法

气相合成法是利用化学反应生成化合物晶体。图 7.32 示出

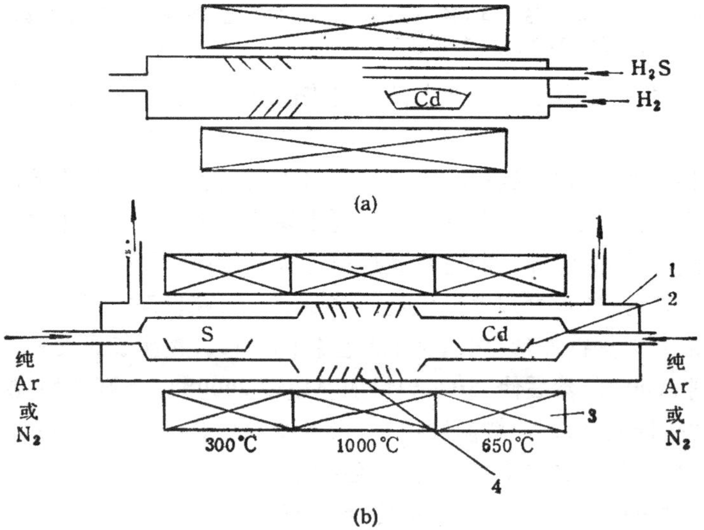


图 7.32 气相合成法晶体生长装置示意图.

(a) $H_2S$ 和 Cd 蒸气的气相反应系统；(b) S 和 Cd 蒸气的气相反应系统.

的是气相合成法晶体生长装置示意图，图 7.32(a) 示出用 $H_2S$ 气体和 Cd 的反应系统，$H_2$ 和 $H_2S$ 气体通入反应系统内，Cd 舟的温度为 800—1000℃，$H_2$ 携带 Cd 蒸气和 $H_2S$ 气进行反应，生成 CdS。图 7.32(b) 示出 S 和 Cd 的蒸气产生合成的气相反应系统。无论用升华法或气相合成法，它们所生长出来的晶体都比较小，成片状或柱状的 *n* 型单晶。用同样方法也可生产 Zn，Se，CdSe 单晶。

## §7.5 离子束、离子团束外延生长

(1) 离子束外延技术　离子束外延技术是由等离子体技术发展而来的，它包括溅射、等离子体气相淀积及离子镀膜。本世纪60年代将低能离子淀积技术应用到单晶外延技术，是用低能离子束在真空环境中将材料淀积在单晶衬底上进行单晶薄膜的外延生长。近年来，由于晶体的成分和结构的变化，产生一系列新的特性，促使人们采用不同的手段对晶体的成分进行精确的控制和对晶体结构进行设计、组合和剪裁。因此，离子束外延受到了广泛的重视，由于它引入了一定能量的离子束流进行薄膜生长，从而可以在更广阔的范围内控制薄膜的性能。

离子束外延生长的原理和特点：低能离子束薄膜淀积设备是由离子束系统和真空淀积室两部分组成。被淀积的材料质点在离子源装置中被离化形成带有一定电荷的离子，这些离子被高电场加速从离子源中引出形成离子流。这束离子流经过磁分析器。由于材料和内含的各种杂质质荷比不同，在磁分析器中进行质量分离，起到了提纯作用，材料达到同位素纯度，接着离子束经过二次聚焦及偏转进入超高真空的外延生长室。离子束在生长室中通过减速透镜，降低材料质点的动能，达到预定的低能值最后到达衬底表面。这些离子在衬底表面相互作用的过程中失去电荷和加速的动能，最后在衬底表面淀积成薄膜。此外，也可采用双束离子束外延装置是为了外延生长化合物半导体材料，图 7.33 示出的是一台

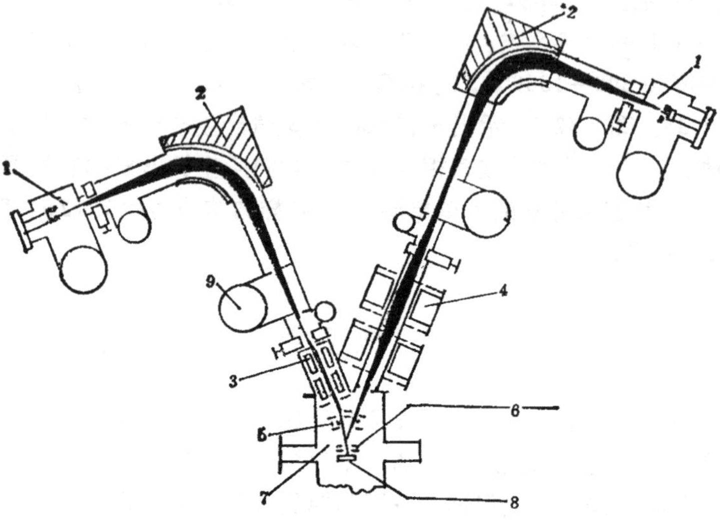


图 7.33 双束 IBE 装置示意图.

1.离子源； 2.磁分析器； 3.电四极透镜； 4.磁四极透镜； 5.偏转板；
6.减速透镜； 7.超高真空外延生长室； 8.衬底； 9.真空泵系统.

双束 IBE 装置的示意图.

左右两束作用是相同的只是设计结构上左侧是采用磁四极透镜二次聚焦，右侧是采用电四极透镜二次聚焦，离子源要使材料离化，真空度 $5\times10^{-5}$Torr，进入磁分析器前真空度 $<1\times10^{-5}$Torr，离子进入电四极或磁四极二次聚焦时真空度为 $2\times10^{-7}$Torr，外延生长室真空度为 $5\times10^{-8}$Torr. 由于材料离化的真空度不能太高而在整个系统中又有通过离子流的通道. 而外延生长室则要求超高真空所以只能采用逐级抽真空装置.

离子束外延与分子束外延、化学汽相淀积等通常的薄膜淀积技术不同之处是被淀积的材料质点带有一定能量的离子，而非中性原子或分子形式淀积到衬底上去的. 离子束外延根据不同的薄膜淀积条件，离子到达衬底表面的能量一般设定在 10—1000eV 之间，比通常方法中材料质点的热动能（一般低于 1eV）要高得多.

这些离子对衬底及生长出来的薄膜表面的轰击以及对整个生长过程都会产生很大的影响。例如，离子轰击引起的吸附于衬底表面的杂质原子的脱附淀积于衬底表面的原子在表面上运动迁移率的增加，以及表面缺陷的产生导致晶核密度的增加等都会对淀积薄膜的晶体生长起了促进作用，因而离子束外延可以在更低的衬底温度下进行外延生长。低衬底温度的外延生长技术将有可能用于新的器件工艺。这是离子束外延生长的一个重要特点。此外，离子携带的能量以及离子本身的化学活性都有利于合成一些在通常热平衡条件下难以合成的高温化合物或亚稳态薄膜材料，这就开拓了外延生长材料的范围，获得一些新材料薄膜，这是这种技术的第二个特点。再者离子束外延装置具有的质量分离功能，多种材料的离子都能以同位素的纯度分离出来，因而对原材料的纯度的要求就降低了很多，而获得较纯的外延薄膜材料，这是第三个特点。

离子束外延的各项应用研究中，超薄层半导体外延薄膜及多层结构的低温生长是当前离子束外延应用研究的一个重要方面。目前已能在 400℃ 的低温下用能量为 30—40eV 的 $Ge^{74}$ 离子在 Ge(100) 面和 GaAs(100) 面衬底上，以及用 30eV 的 $Si^{30}$ 离子在 Si(100) 面衬底上生长出高质量的外延层。甚至在衬底温度低到 350℃ 条件下，用 20eV 的 $Si^{30}$ 离子在 Si(100) 面也生长出了高质量的外延层。

除了单元素材料的外延生长以外，可以利用双离子束系统或双离子顺序系统合成二元化合物外延薄膜[46]。例如 $Si^{28}$ 及 $Co^{59}$ 两种离子束在 600℃ 下在 Si(111) 面或 Si(100) 面衬底上生长 $CoSi_2$ 薄膜，并实现了 Si-$CoSi_2$-Si 多层异质结构的外延生长。

制备通常难以得到的高温高蒸气压半导体或亚稳态材料薄膜是离束外延技术另一项重要应用。例如在蓝宝石($1\bar{1}02$)面衬底上用 $Ga^{69}$ 及 $N^{14}$ 两种离子束可在 600℃ 下生长 GaN 外延薄膜，以及用 900eV 能量的 $C^{12}$ 离子在 700℃ 下在金刚石衬底上外延生长了金刚石单晶薄膜等。

由离子束外延与分子束外延组成的复合系统为制备多种化合物半导体外延薄膜提出了更大的灵活性。用这种方法可以制备出InP，GaAs，InGaAsP 等化合物半导体薄膜。

随着离子束外延技术的发展，可望这种技术在一些多层超薄层材料生长方面作出贡献，生长一些特殊材料或特殊结构的薄膜，拓宽半导体外延技术。

（2）**离子团束外延**[47,48] 离子团束的外延是离子束外延和分子束外延之间的一种技术。图 7.34 所示出的是离子团束外延装置的示意图。

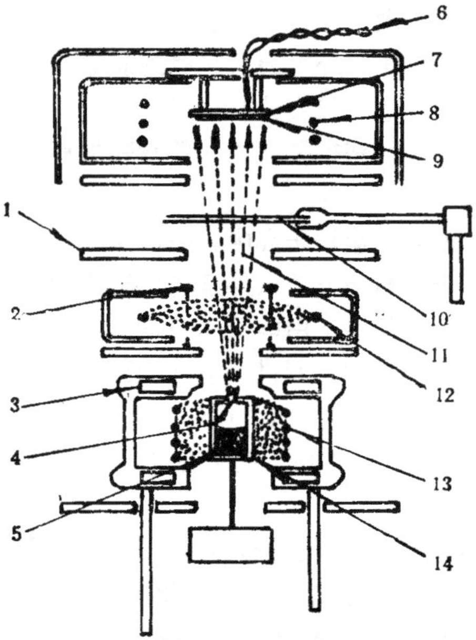


图 7.34 离子团束外延装置示意图.

1.离子团加速极； 2.使团束离化的电子加速电极； 3.冷却水； 4.喷口； 5.原料； 6.热电偶； 7.衬底支座； 8.加热器； 9.衬底； 10.快门； 11.离子团和原子团； 12.电离用的电子发射极； 13.坩埚加热用的电子发射极； 14.坩埚.

离子团束外延的设备简单，可用电子束蒸发设备改装，它的特点是淀积速度较快，离子携带一定的能量，化学活性都有利于淀积，促进原子在衬底表面扩展，因此真空度用不到像分子束外延那么高。典型的条件：Si 原料 $N$ 型电阻率 3—6Ω/cm，衬底为 $P$ 型(111)晶向的硅单晶，坩埚由电子束加热至 2000—2600℃，离化率为 30—50%，加速电压为 4—8kV，真空度为 $10^{-6}$—$10^{-7}$ Torr，衬底温度为 700℃，在此条件下可以生长出较好的 Si 外延薄膜。

## 参 考 文 献


[1] Van den Boomgard, K. J. Schol, *Philip Res. Rep.*, **12**, 127(1957).
[2] D. G. Sehimmel, *J. Electrochem Soc.*, **123**, 734 (1976).
[3] T. B. Mullin, *J. Phys. Chem Solid*, **26**, 782(1965).
[4] N. B. Hannay, Semiconductors, Reinhold Publishing Co., 112(1959).
[5] H. Kressel, J. U. Dunse, H. Nelson, F. Z. Hawylo, *IEEE Transaction on Electron Diveces*, **DE 28**, 135 (1981).
[6] A. S. Jordon, *Appl. Phys. Letter*, **16**, 477(1970).
[7] G. A. Rozgonyi, *J. Appl. phys.*, **43**, 3141 (1972).
[8] H. Kressel, J. U. Dunsi, H. Nelsen, F. Z. Hawrylo, *J. Appl. Phys.*, **39**, 2006(1968).
[9] W. H. Hackett, *Appl Phys Letter*, **16**, 477(1970).
[10] 叶式中、杨树人、康昌鹤，半导体材料及其应用，机械工业出版社 (1986).
[11] 周煌，稀有金属，8(5)，76(1984).
[12] 南日康夫，材料科学(日)，**10**(4)，160(1973).
[13] T. S. Slaskett, *J. Electrochem.* Sec., **115**, 1723(1969).
[14] 渡部尚三，电子材料(日)，1(1973).
[15] J. W. Mathews, Epitaxial Growth, Academic Press, New York (1975).
[16] K. F. Jensen, W. Kern, Thin Film Processes II, ed. J. L. Vossea, W. Kern, Academic Press, Boston, 238(1991).
[17] S. Patnaik, et al., *J. Crystal Growth*, **68**, 422(1989).
[18] W. Richter, et al., *J. Crystal Growth*, **107**, 13(1991).
[19] P. Lee, et al., *J. Crystal Growth*, **85**, 165(1987).
[20] D. W. Kisker, et al., *J. Crystal Growth*, **124**, 1(1992).
[21] K. F. Jensen, et al., *J. Crystal Growth*, **107**, 1(1991).
[22] A. Boucher, L. Hollan, *J. Electrochem. Soc.*, **117**, 932 (1970).
[23] J. M. Jasinski, et al., *Ann. Rev. Phys. Chem.*, **38**, 109 (1987).
[24] J. R. Knight, et al., *Solid State Electron*, **8**, 178 (1965).
[25] C. M., Wolfe, et al., *J. Electrochem., Soc.*, **117**, 129 (1970).
[26] M. Ihara, et al., *J. Appl. Phys.*, **45**, 528(1974).
[27] Lin Lan-Ying, et al., *J. Crystal Growth*, **56**, 344 (1982).
[28] K. Morizane, Y. Mori, *J. Crystal Growth*, **45**, 164(1978).
[29] D. W. Shaw, *J. Crystal Growth*, **35**, 1(1976).
[30] L. Hollan, C. Schiller, *J. Crystal Growth*, **22**, 175(1974).

[31] M. E. Weiner, *J. Electrochem. Soc.*, **119**, 496(1972).
[32] H. M. Manasevit, *Appl. Phys. Lett.*, **12**, 156 (1968).
[33] G. B. Stringfellow, Organometallic Vapor Phase Epitaxy, Academic Press, San Diego, California (1989).
[34] M. Razeghi, The MOCVD Challenge, 1, Aclarn, Hilger, Bristol and Philadelphia (1988).
[35] J. S. Roberts, et al., *J. Crystal Growth*, **68**, 422(1984).
[36] 陆大成,稀有金属, **17**, 301(1993).
[37] G. B. Stringfellow, *J. Crystal Growth*, **68**, 111(1984).
[38] H. Seki, A. Koukitu, *J. Crystal Growth*, **74**, 172(1986).
[39] D. C. Lu, *J. Crystal Growth*, **129**, 629(1993).
[40] T. F. Kuech, K. F. Jensen, Thin Film Processes II, III-2, Academic Press, Boston, 370(1991).
[41] T. Nakanisi, Semiconductors and Semimetals, **30**, Chp. 3, ed. T. Ikoma, Academic Press (1990).
[42] R. D. Dupis, et al., *J. Crystal Growth*, **124**, 558(1992).
[43] M. A. Ludowise, *J. Appl. Phys.*, **58**, R31(1985).
[44] H. Hartmann, *J. Crystal Growth*, **42**, 144 (1977).
[45] H. Hartmann, D. Siche, *J. Cryslal Growth*, **138**, 206(1994).
[46] Lin Lanying., Qin Fuguang and Ren Zhizhang, Proc. of China and Japan Symposium on Growth and Charaterization of Crystals, Oct. 1990, Huangshan, 229(1990).
[47] T. Tatagi, I. Yamada, A. Sasaki, *Thin Solid Film*, **45**, 569(1977).
[48] T. Takagi, I. Yamada, Proc. 2nd Symp on Ion Sources and Appl. Teck (ISAT) (1978).
[49] D. W. Shaw, *J. Electrochem. Soc.*, **115**, 405 (1968).
[50] J. V. Dilorenzo, *J. Crystal Growth*, **17**, 189(1972).
[51] D. I. Fotiadis, et al., *J. Crystal Growth*, **102**, 441(1990).
[52] S. Takagishi, H. Mori, *J. Appl. Phys.*, **22**, 759(1983).

# 主 题 词 索 引*



* 本书的主题词索引不同于常规的“页码”查法，而是采用“章、节、小节”查法，即索引中所列的每一个主题词，它所在的位置可按“章、节、小节”顺序去查得．例如“凹界面”一词为“6.5.1”，即指明“凹界面”这一主题词处在第六章第五节第一小节的地方。

| 中文词 | 英文词 | 章.节.小节 |
| --- | --- | --- |
| 动量输运 | momentum transport | 2.2.1 |
| 对流传输 | convective transport | 6.2.2 |
| 多形转变(相变,同素异形转变) | allotropism | 1.1.5 |
| **E** | | |
| 二维成核 | two-dimensional nucleation | 2, 2.6 |
| 二维成核理论 | two-dimensional nucleation theory | 2.6.5 |
| 二维晶格气体模型 | two-dimensional Ising model | 2.6.5 |
| **F** | | |
| 反应室 | reactor | 7.3.2 |
| 非均匀自成核 | heterogeneous nucleation | 2.6.4 |
| 非化学比成分配料 | nonstoichiometric mixture of ingredients | 1.3.1 |
| 非同成分熔化 | incongruent melting | 1.2.2, 6.1 |
| 非完整光滑面 | imperfect smooth face | 2.4.2 |
| 非稳态生长 | nonsteady-state growth | 6.2.3 |
| 分层沉淀 | stratified deposition | 2.7.5 |
| 分凝系数(分配系数,偏析系数) | segregation coefficient (distribution coefficient) | 1.2.2, 2.2.2, 3.2.2, 6.2.2, 6.5.1, 7.1.3 |
| 辐照损伤 | radiation damage | 4.5.1 |
| 浮区法 | floating zone method | 6.3.8 |
| 复分解化学反应法 | double decomposition chemical reaction method | 3.5.2 |
| 复合梯度法 | composite gradient technique (CGT) | 4.5.2 |
| **G** | | |
| 坩埚下降法 | Bridgman-Stockbarger method | 6.6 |
| 杠杆定理 | lever rule | 1.2.2 |
| 高聚物晶体 | polymer crystal | 2.5.6 |
| 高温溶液法 | growth from high temperature solution | 5.1 |
| 高压釜 | autoclave | 4.1, 4.4.1 |
| 高压溶液法 | high pressure solution method | 4 |
| 格拉斯霍夫数 | Grashorf number | 6.2.3 |
| 共晶反应 | eutectic reaction | 1.2.2 |
| 共析反应 | eutectoid reaction | 1.2.2, 6.5.1 |

| 中文词 | 英文词 | 章.节.小节 |
|---|---|---|
| 扩散理论 | diffusion theory | 2.6, 2.7.3 |
| 扩散流 | diffusion flow | 6.2.2 |
| 扩散系数 | diffusion coefficient | 2.2.1, 3.1.6 |
| **L** | | |
| 拉普拉斯方程 | Laplace's equation | 6.2.3 |
| 蓝晶 | blue quartz | 4.5.3 |
| 雷诺数 | Reynolds number | 6.2.3 |
| 立式高压釜 | vertical autoclave | 4.5.1 |
| 粒子束外延 | ion beam epitaxy (IBE) | 7.5 |
| 粒子团束外延 | ionized-cluster beam epitaxy | 7.5 |
| 量子阱 | quantum well | 7.3.2 |
| 磷酸铝 | α-berlinite(aluminum phosphate) | 4.2.3, 4.3.1, 4.3.2, 4.5.2 |
| 磷酸钛氧钾 | potassium titanyl phosphate | 4.2.3, 4.3.1, 4.5.4 |
| 磷酸镓 | gallium phosphate | 4.2.3, 4.5.2 |
| 流动法 | flow method | 3.3.2 |
| 流线 | streamline | 7.3.2 |
| 卤化物气相外延 | halide vapor phase epitaxy | 7.3.1 |
| 铝酸镧单晶 | single crystal of lanthanum aluminate | 6.5.3 |
| 氯化物气相外延 | chloride vapor phase epitaxy | 7.3.1 |
| 绿晶 | green quartz | 4.5.3 |
| 孪晶层错生长机制 | twin lamella crystal growth mechanism | 2.6.5 |
| 螺旋位错 | screw dislocation | 2.5.2, 2.6 |
| 螺旋位错理论 | screw dislocation theory | 2.6.5 |
| 落管 | drop tube | 2.7.1 |
| 落塔 | drop tower | 2.7.1 |
| 络合分解法 | complex decomplexion method | 3.5.3 |
| 络合合成法 | complex synthetic method | 3.5.4 |
| **M** | | |
| 马赫-曾德干涉术 | Mach-Zehnder interferometry | 2.6.2 |
| 马栾格尼数 | Marangoni number | 6.2.3 |
| 慢加热法 | slow heating technique (SHT) | 4.5.2 |
| 蒙特卡罗法 | Monte-Carlo method | 2.6.5 |
| 密度 | density | 3.1.6 |
| 面网密度理论 | surface network density theory | 2.6 |

| 中文词 | 英文词 | 章. 节. 小节 |
|---|---|---|
| 溶解度温度系数 | solubility temperature coefficient | 4.1 |
| 溶解热 | heat of solution | 3.1.6 |
| 溶液 | solution | 3.1.1 |
| 溶质 | solute | 3.1.2 |
| 溶质边界层 | solute boundary layer | 2.2.2、6.2.2 |
| 溶质分布 | solute distribution | 6.2.2, 6.5 |
| 溶质输运 | solute transportation | 5.3.2 |
| 瑞利散射 | Rayleigh scattering | 2.6.4 |
| 瑞利数 | Rayleigh number | 6.2.3 |
| **S** | | |
| 三维网络 | three dimension network | 3.5.1 |
| 三相点 | triple point | 1.2.1 |
| 散射中心 | scattering center | 6.5.2 |
| 色心 | color center | 6.5, 6.5.2 |
| 闪烁晶体 | scintillation crystals | 6.6.3 |
| 熵 | entropy | 6.2.1 |
| 砷化镓单晶 | single crystal of gallium arsenide | 7.1.1 |
| 砷酸钛氧钾 | potassium titanyl arsenate | 4.2.2, 4.5.4 |
| 生长层 | growth layer (striation) | 2.6.3, 6.5.1 |
| 生长方法的选择 | selection of growth method | 1.3.2 |
| 生长机理(制) | growth mechanism | 2, 5.3 |
| 生长率 | growth rate | 5.3.1, 6.2.3, 6.4.1, 6.5.1 |
| 生长形态 | growing morphology | 2.1, 2.7.4 |
| 失重状态 | weightlessness | 2.7.1 |
| 时效 | aging | 1.2.2 |
| 输运过程 | transport process | 2.2 |
| 输运现象 | transport phenomenon | 7.3.2 |
| 数字模拟 | numerical simulation | 6.2.3 |
| 水晶 | quartz crystal | 4, 4.2.3, 4.3.1, 4.3.2, 4.5.1 |
| 水平温差法 | horizontal gradient technique (HGT) | 4.5.2 |
| 水热(合成)法 | hydrothermal synthesis | 4, 4.1, 4.5.5 |
| 速度边界层 | velocity boundary layer | 2.2.2 |
| 速率过程 | rate process | 2.6 |
| 速率决定过程 | rate determining stage | 5.3.1 |
| **T** | | |

| 中文词 | 英文词 | 章.节.小节 |
|---|---|---|
| 稳定生长降温程序 | temperature program for stable growth | 5.4.2 |
| 稳态生长 | steady growth | 5.3.4, 5.3.5 |
| 涡流 | eddy currents | 3.1.4 |
| 涡流探伤法 | eddy-current flaw detection | 4.4.1 |
| 卧式高压釜 | horizontal autoclave | 4.5.1 |
| 钨酸锌单晶 | single crystal of zinc tungstate | 6.5.3 |
| 无坩埚熔区生长 | crucible-free floating zone growth | 7.1.2 |
| **X** | | |
| 吸附层理论 | absorption layer theory | 2.6 |
| 显微照相 | microphotography | 2.6.3 |
| 显微照相法 | microphotograph method | 2.6.3 |
| 相变 | phase transition | 1.1.5 |
| 相衬显微镜 | contrast microscope | 2.6.3 |
| 相对过饱和度 | relative supersaturation | 3.1.3 |
| 相律 | phase rule | 1.1.4 |
| 相图(平衡图) | phase diagram (equilibrium diagram) | 1.2 |
| 小角晶界 | low-angle grain boundary | 6.5.1, 6.5.2 |
| 小菱面 | minor rhombohedral | 4.3.1 |
| 楔化度 | taper | 3.4.3 |
| 旋涡缺陷 | swirl defect | 7.1.3 |
| **Y** | | |
| 压力传感器 | pressure transducer | 4.4.3 |
| 亚稳区 | metastable region | 3.1.3, 5.4.1 |
| 亚稳态 | metastable state | 1.2.1 |
| 亚稳相生长 | metastable phase growth | 3.2.3 |
| 烟晶 | smoky quartz | 4.5.3 |
| 氧化还原反应法 | oxidation reduction reaction method | 3.5.5 |
| 液封技术 | liquid encapsulation technique | 6.4.1 |
| 液(相)线 | liquidus | 1.2.2, 6.2.2 |
| 钇铝石榴石 | yttrium aluminum garnet | 6.4.2, 6.5 |
| 钇铝石榴石相图 | $Al_2O_3$-$Y_2O_3$ phase diagram | 1.3.1 |
| 异质结构 | heterostructure | 7.3.2 |
| 有效分凝(配)系数 | effective segregation coefficient | 1.3.1, 3.2.2, 6.2.2, 6.5.1 |
| 有序固溶体 | ordered solid solution | 1.2.2 |

| 中文词 | 英文词 | 章.节.小节 |
|---|---|---|
| 有序无序转变 | order-disorder transition | 1.2.2 |
| 诱导条纹技术 | induced striation method | 5.5.4 |
| 原位实时观察法 | real time and in-situ observation | 2.6.2 |
| 原子簇 | cluster | 3.5.6 |
| 源 | source | 7.3.2 |
| **Z** | | |
| 杂质分凝 | impurity segregation | 2.6 |
| 杂质条纹 | impurity striation | 2.7.5 |
| 杂质原子 | impurity atom | 6.5 |
| 粘度 | viscosity | 3.1.6, 5.2.3 |
| 涨落理论 | fluctuation theory | 2.7.3 |
| 折射率 | refraction | 3.1.6 |
| 蒸发法 | vaporization method | 3.3.3 |
| 正常凝固 | normal freezing | 6.2.2, 6.3 |
| 枝蔓生长 | dendritic growth | 6.2.4 |
| 质量（物质）输运（传输） | mass transport | 2.2.1, 2.6, 6.2.2 |
| 中间体中性凝胶 | mediate neutral gel | 3.5.6 |
| 中子嬗变掺杂 | neutron transmutation doping (NTD) | 7.1.2 |
| 周期键理论 | period-bond-chain theory | 2.6.5 |
| 周期键链理论 | theory of periodic bond chain | 2.1 |
| 逐区凝固 | zone freezing | 6.2.2, 6.3 |
| 柱面 | prism | 4.3.1 |
| 助熔剂 | flux | 5.2 |
| 助熔剂的挥发性 | flux evaporation | 5.2.3 |
| 助熔剂的密度 | flux density | 5.2.3 |
| 助熔剂的熔点 | flux melting point | 5.2.3 |
| 助熔剂的溶解度 | solubility in flux | 5.2.3 |
| 助熔剂的粘滞性 | flux viscosity | 5.2.3 |
| 助熔剂反应法 | flux reaction technique | 5.2, 5.4 |
| 助熔剂挥发法 | flux evaporation method | 5.4.3 |
| 助熔剂生长 | flux growth | 5.1 |
| 准晶模型 | quasi-crystal model | 2.7.3 |
| 紫晶 | amethyst | 4.5.3 |
| 籽晶 | seed | 3.4.1, 4.1, 4.3.6 6.2.1 |
| 自紧式密封 | self-tightened seal | 4.4.1 |

| 中文词 | 英文词 | 章.节.小节 |
| --- | --- | --- |
| 自扩散 | self-diffusion | 2.7.3 |
| 自然对流 | natural convection | 2.2.1 |
| 自由度 | degree of freedom | 1.1.4 |
| 自由落体 | free-fall body | 2.7.1 |
| 自由平台 | free station | 2.7.1 |
| 自由体积模型 | free volume model | 2.7.3 |
| 棕晶 | brown quartz | 4.5.3 |
| 纵截面 | vertical section | 1.2.3 |
| 祖母绿 | emerald | 4.5.3 |
| 组分过冷 | constitutional supercooling | 1.3.3, 6.2.4, 6.5.1 |

# 后　　记

《晶体生长》是我国第一部关于晶体生长的专著。该书于1981年出版后，受到同行和读者的重视和好评，并在很短时间内就销售一空。此后，全国各地不断有读者索要此书和打听此书的再版时间，并纷纷要求出第二版。

该书第一版问世至今已有10多年了，在这期间，我国改革开放和社会主义建设迅速发展，各个领域都发生了巨大的变化。我国的晶体生长学科同样也获得了飞快的发展，取得了令世人公认的卓越成就，其中有许多晶体产品已打入国际市场，在某些方面已处于国际领先地位。为及时总结这些所取得的新成果、新技术、新理论、新进展，同时满足广大读者的迫切要求和进一步促使我国晶体事业走上更高的新台阶，在中科院科学出版基金委资助和许多科技界老前辈们的大力支持和帮助下，在两位主编和该书责任编辑的倡导下，促成了在原书第一版基础上编写第二版。

参加新版书撰写工作的共有29位有关方面的专家，并组成该书的编委会。在首次召开的京区编委扩大会上，通过大家的充分讨论，集思广益，明确了新版书的出版宗旨，提出了高标准的编写要求、编写内容、章节安排、具体分工和注意事项等。会上确定的出版宗旨是：质量第一，水平第一，兼顾基础，突出实用性，朝着将科学技术转化为生产力的方向努力，使该书具有明显的时代感和科学性。为促进整个编写工作的顺利进展，加强协调和组织工作，会上决定由姜彦岛、刘琳和常英传三位同志组成秘书组，协助主编工作。

由于晶体生长不仅仅是指生长晶体的技术和方法，而是包含着极其广泛的科学内容；目前国际上通常都把有关半导体和薄膜等内容都归入晶体生长学科，这些内容在新版中都有专门章节进行论述，这样使得新版书内容更加完善与充实。正是考虑这种种原因，编委们一致同意将《晶体生长》更名为《晶体生长科学与技术》，这一更名能更确切地反映出晶体生长这一学科的特点和本质。

经过两位主编、责任编辑和编委们的几年来的共同奋斗以及来自各方面的大力支持和扶助，此书终于和读者见面了。

我国科技界老前辈严济慈院士特地为本书题写书名，前中国科学院院长卢嘉锡院士为本书作序言，钱临照院士、章综院士、原我国晶体生长专业委员会主任吴乾章研究员、原国家建材局人工晶体研究所总工程师范纯学先生等都给予很大的关怀、帮助和支持。

在本书审稿工作中，聘请了多位有关专家*审理，他们均付出了辛勤的劳动。

在每次编委会开会时，中科院物理研究所提供了大力帮助。

《晶体生长科学与技术》一书的成功出版和上述领导、专家和同志们的大力支持和帮助是分不开的，特向他们表示最衷心的谢意。

由于本书编者们的水平和能力有限，同时也受到各种条件的限制，因此书中难免有错误和不妥之处，恳请读者予以批评、指正，以便在第三版时进行更正和改进。

---

* 在本书的审稿工作中以下人员付出了辛勤的劳动，他们是（以拼音字母排序）：范纯学，黄朝恩，孔梅影，梁敬魁，刘金龙，戚立昌，沈保林，沈德忠，石家纬，吴光恒，徐孝贞，严秀丽，杨华光，赵绵，仲维卓，朱沛然，以及部分编委。

此外，中国科学院何仁甫先生对本书的出版也给予了及时的支持和帮助中国科学院物理研究所的樊玉灵、刘宏斌和刘海润同志为每次编委会开会提供了大力帮助。